원샷! 원킬! 한방에 합격하는 합격비법서!

토목기사시리즈

| Engineer Civil Engineering Series |

토질 및 기초

이진녕 지음

독자 여러분께 알려드립니다

토목기사 필기시험을 본 후 그 문제 가운데 토질 및 기초 10여 문제를 재구성해서 성안당 출판사로 보내주시면, 채택된 문제에 대해서 성안당 도서 1부를 증정해 드립니다. 독자 여러분이 보내주시는 기출문제는 더 나은 책을 만드는 데 큰 도움이 됩니다. 감사합니다.

 e-mail coh@cyber.co.kr (최옥현)

★ 메일을 보내주실 때 성명, 연락처, 주소를 기재해 주시기 바랍니다.
★ 보내주신 기출문제는 집필자가 검토한 후에 도서를 증정해 드립니다.

■ 도서 A/S 안내

성안당에서 발행하는 모든 도서는 저자와 출판사, 그리고 독자가 함께 만들어 나갑니다.

좋은 책을 펴내기 위해 많은 노력을 기울이고 있습니다. 혹시라도 내용상의 오류나 오탈자 등이 발견되면 "좋은 책은 나라의 보배"로서 우리 모두가 함께 만들어 간다는 마음으로 연락주시기 바랍니다. 수정 보완하여 더 나은 책이 되도록 최선을 다하겠습니다.

성안당은 늘 독자 여러분들의 소중한 의견을 기다리고 있습니다. 좋은 의견을 보내주시는 분께는 성안당 쇼핑몰의 포인트(3,000포인트)를 적립해 드립니다.

잘못 만들어진 책이나 부록 등이 파손된 경우에는 교환해 드립니다.

저자문의 e-mail : ljny2k@hanmail.net(이진녕)
본서 기획자 e-mail : coh@cyber.co.kr(최옥현)
홈페이지 : http://www.cyber.co.kr   전화 : 031) 950-6300

머리말

　최근 토질 및 기초 과목이 포함된 토목기사 시험의 평가방식이 CBT(Computer Based Test)로 변경되어 한국산업인력공단의 기출문제를 입수하거나 출제경향을 파악하기가 다소 어려워진 상황이다. 하지만 기사 시험의 출제경향과 난이도는 과거 기출문제의 범주를 크게 벗어날 수 없기에 본서는 최근 20년간 출제되었던 문제의 경향을 파악하여 단원별 기본이론을 정리하였고, 각 단원별로 문제를 구성하여 보다 근본적인 이해와 적응능력의 함양에 중점을 두었다. 또한 단답형 암기보다는 논리의 이해를 높이기 위한 방식으로 내용을 구성하였다. 본서는 출제경향을 파악하고자 하는 독자, 단기간에 시험과목 전반의 내용을 이해하고자 하는 독자들을 감안하여 기출문제의 해설을 보다 상세하고 깊이 있게 정리하려 노력했다.

　본서는 한국산업인력공단의 출제기준에 준하여 총 13개 장으로 구분되어 있으며, 이 중 토질역학이 1~9장, 기초공학이 10~13장으로 구성되어 있다. 그 내용은 흙의 성질, 투수, 응력분포, 압밀, 전단강도, 토압, 다짐, 안정, 지반조사, 얕은 기초, 깊은 기초, 연약지반개량이다. 본서를 통한 원활한 학습을 위해 다음의 학습방법을 제안한다.

이 책의 특징
1. 각 장의 서두에 학습포인트를 넣어 학습의 방향성을 제시하였다.
2. 3회독 플래너를 넣어 단계적이고 체계적인 학습이 되도록 일정을 제시하였다.
3. 필수 내용을 본문으로 구성하고, 과년도 기출문제 중 빈출문제를 선별해서 단원별로 수록하였다.
4. 유형별 문제의 해설을 보다 자세하게 수록하여 문제를 학습하며 본문의 내용을 정리할 수 있도록 구성하였다.
5. 각 장마다 과년도 기출문제의 출제빈도표를 구성하고, 빈출되는 중요한 문제는 별표(★)로 강조하였다.
6. 시험에 임박했을 때 빠른 시간 안에 내용을 정리할 수 있도록 요점노트를 첨부하였다.

　아무쪼록 이 책이 국가자격시험을 준비하는 수험생에게 작은 도움이라도 되기를 바라며 미흡한 내용이나 부족한 점은 계속해서 수정 보완해 나갈 것을 약속드린다. 끝으로 출간을 위해 애써 주신 도서출판 성안당의 임직원분들에게 깊은 감사를 드린다.

저자 이진녕

출제기준

필기

직무분야	건설	중직무분야	토목	자격종목	토목기사	적용기간	2026. 1. 1. ~ 2027. 12. 31.

직무내용: 도로, 공항, 철도, 하천, 교량, 댐, 터널, 상하수도, 사면, 항만 및 해양시설물 등 다양한 건설사업을 계획, 설계, 시공, 관리 등을 수행하는 직무이다.

필기검정방법	객관식	문제 수	120	시험시간	3시간

필기과목명	출제문제 수	주요항목	세부항목	세세항목
응용역학	20	1. 역학적인 개념 및 건설 구조물의 해석	(1) 힘과 모멘트	① 힘 ② 모멘트
			(2) 단면의 성질	① 단면 1차 모멘트와 도심 ② 단면 2차 모멘트 ③ 단면 상승 모멘트 ④ 회전반경 ⑤ 단면계수
			(3) 재료의 역학적 성질	① 응력과 변형률 ② 탄성계수
			(4) 정정보	① 보의 반력 ② 보의 전단력 ③ 보의 휨모멘트 ④ 보의 영향선 ⑤ 정정보의 종류
			(5) 보의 응력	① 휨응력 ② 전단응력
			(6) 보의 처짐	① 보의 처짐 ② 보의 처짐각 ③ 기타 처짐 해법
			(7) 기둥	① 단주 ② 장주
			(8) 정정트러스(truss), 라멘(rahmen), 아치(arch), 케이블(cable)	① 트러스 ② 라멘 ③ 아치 ④ 케이블
			(9) 구조물의 탄성변형	① 탄성변형
			(10) 부정정 구조물	① 부정정구조물의 개요 ② 부정정구조물의 판별 ③ 부정정구조물의 해법

필기과목명	출제 문제 수	주요항목	세부항목	세세항목
측량학	20	1. 측량학 일반	(1) 측량기준 및 오차	① 측지학 개요 ② 좌표계와 측량원점 ③ 측량의 오차와 정밀도
			(2) 국가기준점	① 국가기준점 개요 ② 국가기준점 현황
		2. 평면기준점측량	(1) 위성측위시스템(GNSS)	① 위성측위시스템(GNSS) 개요 ② 위성측위시스템(GNSS) 활용
			(2) 삼각측량	① 삼각측량의 개요 ② 삼각측량의 방법 ③ 수평각 측정 및 조정 ④ 변장계산 및 좌표계산 ⑤ 삼각수준측량 ⑥ 삼변측량
			(3) 다각측량	① 다각측량 개요 ② 다각측량 외업 ③ 다각측량 내업 ④ 측점전개 및 도면작성
		3. 수준점측량	(1) 수준측량	① 정의, 분류, 용어 ② 야장기입법 ③ 종·횡단측량 ④ 수준망 조정 ⑤ 교호수준측량
		4. 응용측량	(1) 지형측량	① 지형도 표시법 ② 등고선의 일반 개요 ③ 등고선의 측정 및 작성 ④ 공간정보의 활용
			(2) 면적 및 체적 측량	① 면적계산 ② 체적계산
			(3) 노선측량	① 중심선 및 종횡단 측량 ② 단곡선 설치와 계산 및 이용방법 ③ 완화곡선의 종류별 설치와 계산 및 이용방법 ④ 종곡선 설치와 계산 및 이용방법
			(4) 하천측량	① 하천측량의 개요 ② 하천의 종횡단측량
수리학 및 수문학	20	1. 수리학	(1) 물의성질	① 점성계수 ② 압축성 ③ 표면장력 ④ 증기압
			(2) 정수역학	① 압력의 정의 ② 정수압 분포 ③ 정수력 ④ 부력

필기과목명	출제 문제 수	주요항목	세부항목	세세항목
			(3) 동수역학	① 오일러방정식과 베르누이식 ② 흐름의 구분 ③ 연속방정식 ④ 운동량방정식 ⑤ 에너지 방정식
			(4) 관수로	① 마찰손실 ② 기타 손실 ③ 관망 해석
			(5) 개수로	① 전수두 및 에너지방정식 ② 효율적 흐름 단면 ③ 비에너지 ④ 도수 ⑤ 점변 부등류 ⑥ 오리피스 ⑦ 위어
			(6) 지하수	① Darcy의 법칙 ② 지하수 흐름 방정식
			(7) 해안 수리	① 파랑 ② 항만구조물
		2. 수문학	(1) 수문학의 기초	① 수문 순환 및 기상학 ② 유역 ③ 강수 ④ 증발산 ⑤ 침투
			(2) 주요 이론	① 지표수 및 지하수 유출 ② 단위 유량도 ③ 홍수추적 ④ 수문통계 및 빈도 ⑤ 도시 수문학
			(3) 응용 및 설계	① 수문모형 ② 수문조사 및 설계
철근콘크리트 및 강구조	20	1. 철근콘크리트 및 강구조	(1) 철근콘크리트	① 설계일반 ② 설계하중 및 하중조합 ③ 휨과 압축 ④ 전단과 비틀림 ⑤ 철근의 정착과 이음 ⑥ 슬래브, 벽체, 기초, 옹벽, 라멘, 아치 등의 구조물 설계
			(2) 프리스트레스트 콘크리트	① 기본개념 및 재료 ② 도입과 손실 ③ 휨부재 설계 ④ 전단 설계 ⑤ 슬래브 설계
			(3) 강구조	① 기본개념 ② 인장 및 압축부재 ③ 휨부재 ④ 접합 및 연결

필기과목명	출제 문제 수	주요항목	세부항목	세세항목
토질 및 기초	20	1. 토질역학	(1) 흙의 물리적 성질과 분류	① 흙의 기본성질 ② 흙의 구성 ③ 흙의 입도 분포 ④ 흙의 소성특성 ⑤ 흙의 분류
			(2) 흙 속에서의 물의 흐름	① 투수계수 ② 물의 2차원 흐름 ③ 침투와 파이핑
			(3) 지반 내의 응력분포	① 지중응력 ② 유효응력과 간극수압 ③ 모관현상 ④ 외력에 의한 지중응력 ⑤ 흙의 동상 및 융해
			(4) 압밀	① 압밀이론 ② 압밀시험 ③ 압밀도 ④ 압밀시간 ⑤ 압밀침하량 산정
			(5) 흙의 전단강도	① 흙의 파괴이론과 전단강도 ② 흙의 전단특성 ③ 전단시험 ④ 간극수압계수 ⑤ 응력경로
			(6) 토압	① 토압의 종류 ② 토압이론 ③ 구조물에 작용하는 토압 ④ 옹벽 및 보강토옹벽의 안정
			(7) 흙의 다짐	① 흙의 다짐특성 ② 흙의 다짐시험 ③ 현장다짐 및 품질관리
			(8) 사면의 안정	① 사면의 파괴거동 ② 사면의 안정해석 ③ 사면안정 대책공법
			(9) 지반조사 및 시험	① 시추 및 시료 채취 ② 원위치 시험 및 물리탐사 ③ 토질시험
		2. 기초공학	(1) 기초일반	① 기초일반 ② 기초의 형식
			(2) 얕은 기초	① 지지력 ② 침하
			(3) 깊은 기초	① 말뚝기초 지지력 ② 말뚝기초 침하 ③ 케이슨기초
			(4) 연약지반개량	① 사질토 지반개량공법 ② 점성토 지반개량공법 ③ 기타 지반개량공법

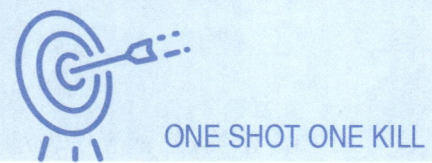

필기 과목명	출제 문제 수	주요항목	세부항목	세세항목
상하수도 공학	20	1. 상수도계획	(1) 상수도 시설 계획	① 상수도의 구성 및 계통 ② 계획급수량의 산정 ③ 수원 ④ 수질기준
			(2) 상수관로 시설	① 도수, 송수계획 ② 배수, 급수계획 ③ 펌프장 계획
			(3) 정수장 시설	① 정수방법 ② 정수시설 ③ 배출수 처리시설
		2. 하수도계획	(1) 하수도 시설계획	① 하수도의 구성 및 계통 ② 하수의 배제방식 ③ 계획하수량의 산정 ④ 하수의 수질
			(2) 하수관로 시설	① 하수관로 계획 ② 펌프장 계획 ③ 우수조정지 계획
			(3) 하수처리장 시설	① 하수처리방법 ② 하수처리시설 ③ 오니(sludge) 처리시설

실기

직무 분야	건설	중직무 분야	토목	자격 종목	토목기사	적용 기간	2026. 1. 1. ~ 2027. 12. 31.

직무내용: 도로, 공항, 철도, 하천, 교량, 댐, 터널, 상하수도, 사면, 항만 및 해양시설물 등 다양한 건설사업을 계획, 설계, 시공, 관리 등을 수행하는 직무이다.
수행준거: 1. 토목시설물에 대한 타당성 조사, 기본설계, 실시설계 등의 각 설계단계에 따른 설계를 할 수 있다.
    2. 설계도면 이해에 대한 지식을 가지고 시공 및 건설사업관리 직무를 수행할 수 있다.

실기검정방법	필답형	시험시간	3시간

실기과목명	주요항목	세부항목	세세항목
토목설계 및 시공실무	1. 토목설계 및 시공에 관한 사항	(1) 토공 및 건설기계 이해하기	① 토공계획에 대해 알고 있어야 한다. ② 토공시공에 대해 알고 있어야 한다. ③ 건설기계 및 장비에 대해 알고 있어야 한다.
		(2) 기초 및 연약지반 개량 이해 하기	① 지반조사 및 시험방법을 알고 있어야 한다. ② 연약지반 개요에 대해 알고 있어야 한다. ③ 연약지반 개량공법에 대해 알고 있어야 한다. ④ 연약지반 측방유동에 대해 알고 있어야 한다. ⑤ 연약지반 계측에 대해 알고 있어야 한다. ⑥ 얕은기초에 대해 알고 있어야 한다. ⑦ 깊은기초에 대해 알고 있어야 한다.
		(3) 콘크리트 이해하기	① 특성에 대해 알고 있어야 한다. ② 재료에 대해 알고 있어야 한다. ③ 배합 설계 및 시공에 대해 알고 있어야 한다. ④ 특수 콘크리트에 대해 알고 있어야 한다. ⑤ 콘크리트 구조물의 보수, 보강 공법에 대해 알고 있어야 한다.
		(4) 교량 이해하기	① 구성 및 분류를 알고 있어야 한다. ② 가설공법에 대해 알고 있어야 한다. ③ 내하력 평가방법 및 보수, 보강 공법에 대해 알고 있어야 한다.
		(5) 터널 이해하기	① 조사 및 암반 분류에 대해 알고 있어야 한다. ② 터널공법에 대해 알고 있어야 한다. ③ 발파개념에 대해 알고 있어야 한다. ④ 지보 및 보강 공법에 대해 알고 있어야 한다. ⑤ 콘크리트 라이닝 및 배수에 대해 알고 있어야 한다. ⑥ 터널계측 및 부대시설에 대해 알고 있어야 한다.
		(6) 배수구조물 이해하기	① 배수구조물의 종류 및 특성에 대해 알고 있어야 한다. ② 시공방법에 대해 알고 있어야 한다.

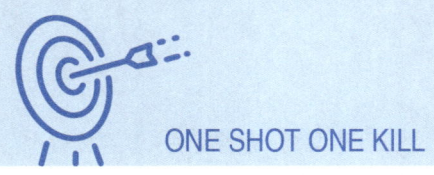

실기과목명	주요항목	세부항목	세세항목
		(7) 도로 및 포장 이해하기	① 도로의 계획 및 개념에 대해 알고 있어야 한다. ② 포장의 종류 및 특성에 대해 알고 있어야 한다. ③ 아스팔트 포장에 대해 알고 있어야 한다. ④ 콘크리트 포장에 대해 알고 있어야 한다. ⑤ 포장 유지 보수에 대해 알고 있어야 한다.
		(8) 옹벽, 사면, 흙막이 이해하기	① 옹벽의 개념에 대해 알고 있어야 한다. ② 옹벽설계 및 시공에 대해 알고 있어야 한다. ③ 보강토 옹벽에 대해 알고 있어야 한다. ④ 흙막이 공법의 종류 및 특성에 대해 알고 있어야 한다. ⑤ 흙막이 공법의 설계에 대해 알고 있어야 한다. ⑥ 사면 안정에 대해 알고 있어야 한다.
		(9) 하천, 댐 및 항만 이해하기	① 하천공사의 종류 및 특성에 대해 알고 있어야 한다. ② 댐공사의 종류 및 특성에 대해 알고 있어야 한다. ③ 항만공사의 종류 및 특성에 대해 알고 있어야 한다. ④ 준설 및 매립에 대해 알고 있어야 한다.
	2. 토목시공에 따른 공사·공정 및 품질관리	(1) 공사 및 공정관리하기	① 공사 관리에 대해 알고 있어야 한다. ② 공정관리 개요에 대해 알고 있어야 한다. ③ 공정계획을 할 수 있어야 한다. ④ 최적공기를 산출할 수 있어야 한다.
		(2) 품질관리하기	① 품질관리의 개념에 대해 알고 있어야 한다. ② 품질관리 절차 및 방법에 대해 알고 있어야 한다.
	3. 도면 검토 및 물량산출	(1) 도면기본 검토하기	① 도면에서 지시하는 내용을 파악할 수 있다. ② 도면에 오류, 누락 등을 확인할 수 있다.
		(2) 옹벽, 슬래브, 암거, 기초, 교각, 교대 및 도로 부대시설물 물량산출하기	① 토공량을 산출할 수 있어야 한다. ② 거푸집량을 산출할 수 있어야 한다. ③ 콘크리트량을 산출할 수 있어야 한다. ④ 철근량을 산출할 수 있어야 한다.

출제경향 분석

[최근 10년간 출제분석표(단위 : %)]

구분	2016년	2017년	2018년	2019년	2020년	2021년	2022년	2023년	2024년	2025년	10개년 평균
제1편 토질역학											
제1장 흙의 물리적 성질과 분류	13.3	8.3	10	10	10	6.7	11.7	11.7	15	15	11.2
제2장 흙 속의 물의 흐름	13.3	13.3	11.7	13.3	6.7	11.7	11.7	15	10	13.3	12.0
제3장 지반 내의 응력분포	10	8.3	16.6	11.7	15	11.7	11.7	11.7	5	6.7	10.8
제4장 압밀	6.7	8.3	1.7	10	11.7	10	10	5	13.3	6.7	8.3
제5장 흙의 전단강도	11.7	15	16.6	16.7	15	18.2	16.6	8.3	18.3	13.3	15.0
제6장 토압	3.3	5	5	3.3	5	5	3.3	5	6.7	5	4.7
제7장 흙의 다짐	6.7	6.7	5	8.3	6.7	6.7	3.3	6.7	3.3	3.3	5.7
제8장 사면의 안정	8.3	6.7	5	3.3	5	5	5	5	1.7	5	5.0
제9장 지반조사 및 시험	6.7	10	8.3	5	6.7	8.3	10	10	10	13.3	8.8
제2편 기초공학											
제10장 기초일반	1.7	0	0	1.8	1.5	1.7	3.3	1.6	1.7	1.7	1.5
제11장 얕은 기초	5	10	11.7	5	5	5	1.7	5	3.3	15	6.7
제12장 깊은 기초	8.3	3.4	6.7	8.3	5	5	5	6.7	5	0	5.3
제13장 연약지반개량공법	5	5	1.7	3.3	6.7	5	6.7	8.3	6.7	1.7	5.0
합계											100.0

[단원별 출제비율]

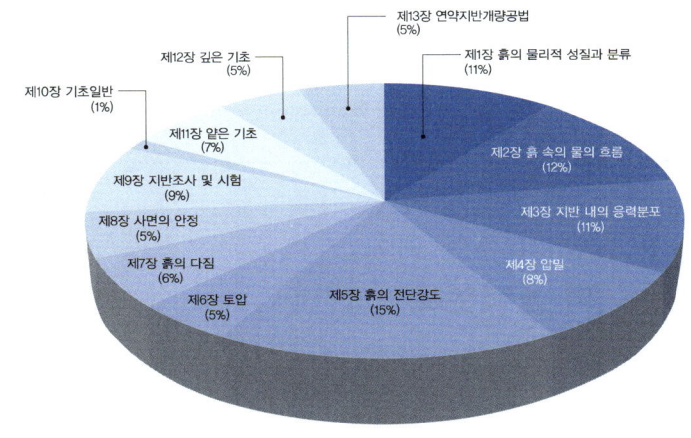

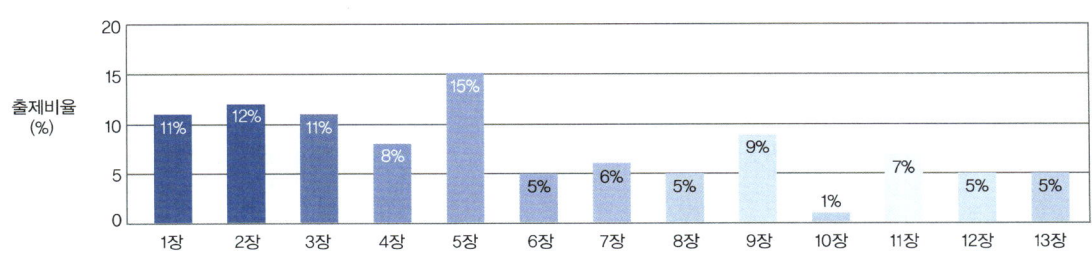

차례

[PART 1. 토질역학]

CHAPTER 01 흙의 물리적 성질과 분류

SECTION 01 흙의 기본적 성질 ·· 2
SECTION 02 흙(soil)의 구성 ··· 9
SECTION 03 흙의 입도분포 ··· 12
SECTION 04 흙의 소성특성 ··· 22
SECTION 05 흙의 공학적 분류 ·· 24
■ 단원별 기출문제 ·· 30

CHAPTER 02 흙 속의 물의 흐름

SECTION 01 투수계수 ··· 40
SECTION 02 물의 2차원 흐름 ··· 47
SECTION 03 침투와 파이핑 ··· 50
■ 단원별 기출문제 ·· 56

CHAPTER 03 지반 내의 응력분포

SECTION 01 지중응력 ··· 64
SECTION 02 유효응력과 간극수압 ··· 65
SECTION 03 모관현상 ··· 71
SECTION 04 외력에 의한 지중응력 ··· 74
SECTION 05 흙의 동상 및 융해 ·· 82
■ 단원별 기출문제 ·· 84

CHAPTER 04 압밀

SECTION 01 압밀 이론 ··· 92
SECTION 02 압밀시험 ··· 95
SECTION 03 압밀도 ··· 102
SECTION 04 압밀시간 ··· 103
SECTION 05 압밀침하량 산정 ··· 104
■ 단원별 기출문제 ··· 106

CHAPTER 05 흙의 전단강도

SECTION 01 흙의 파괴이론과 전단강도 ······································· 114
SECTION 02 흙의 전단특성 ··· 118
SECTION 03 전단시험 ··· 120
SECTION 04 간극수압계수 ··· 130
SECTION 05 응력경로 ··· 131
■ 단원별 기출문제 ··· 134

CHAPTER 06 토압

SECTION 01 토압의 종류 ··· 142
SECTION 02 토압 이론 ··· 145
SECTION 03 구조물에 작용하는 토압 ··· 152
SECTION 04 옹벽 및 보강토 옹벽의 안정 ································· 154
■ 단원별 기출문제 ··· 156

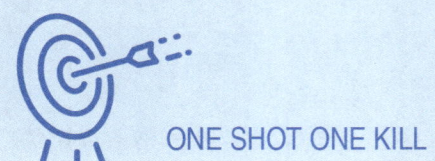

CHAPTER 07 흙의 다짐

SECTION 01 흙의 다짐특성 ·· 162
SECTION 02 흙의 다짐시험 ·· 166
SECTION 03 현장다짐 및 품질관리 ··· 168
■ 단원별 기출문제 ··· 173

CHAPTER 08 사면의 안정

SECTION 01 사면의 파괴거동 ·· 182
SECTION 02 유한사면의 안정 ·· 184
SECTION 03 무한사면의 안정 ·· 186
SECTION 04 사면안정 해석법 ·· 190
SECTION 05 사면안정 대책공법 ··· 193
■ 단원별 기출문제 ··· 195

CHAPTER 09 지반조사 및 시험

SECTION 01 개 요 ··· 202
SECTION 02 지반조사의 절차 ·· 202
SECTION 03 시추 및 시료 채취 ··· 204
SECTION 04 원위치 시험 및 물리탐사 ···································· 206
SECTION 05 토질시험 ··· 208
■ 단원별 기출문제 ··· 210

[PART 2. 기초공학]

CHAPTER 10 기초일반

SECTION 01 기초일반 ·· 216
SECTION 02 기초의 형식 ··· 217
　　　　■ 단원별 기출문제 ·· 221

CHAPTER 11 얕은 기초

SECTION 01 얕은 기초의 종류 ·· 226
SECTION 02 지지력 ·· 227
SECTION 03 침 하 ·· 233
　　　　■ 단원별 기출문제 ·· 237

CHAPTER 12 깊은 기초

SECTION 01 말뚝기초(pile foundation) ·· 244
SECTION 02 피어기초(pier foundation) ·· 256
SECTION 03 케이슨 기초(caisson foundation) ··································· 259
　　　　■ 단원별 기출문제 ·· 262

CHAPTER 13 연약지반개량공법

SECTION 01 개 요 ·· 266
SECTION 02 사질토 지반개량공법 ·· 267
SECTION 03 점성토 지반개량공법 ·· 270
SECTION 04 기타 지반개량공법(일시적인 지반개량공법) ··················· 274
　　　　■ 단원별 기출문제 ·· 279

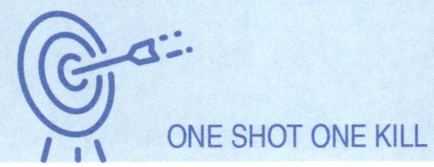
ONE SHOT ONE KILL

부록 I 최근 과년도 기출문제

- 2018년 제1회 토목기사 ·············· 2
- 2018년 제2회 토목기사 ·············· 7
- 2018년 제3회 토목기사 ·············· 12
- 2019년 제1회 토목기사 ·············· 17
- 2019년 제2회 토목기사 ·············· 21
- 2019년 제3회 토목기사 ·············· 26
- 2020년 제1·2회 통합 토목기사 31
- 2020년 제3회 토목기사 ·············· 35
- 2020년 제4회 토목기사 ·············· 40
- 2021년 제1회 토목기사 ·············· 45
- 2021년 제2회 토목기사 ·············· 50
- 2021년 제3회 토목기사 ·············· 55
- 2022년 제1회 토목기사 ·············· 60
- 2022년 제2회 토목기사 ·············· 65

> 2022년 3회 기출문제부터는 CBT 전면시행으로 시험문제가 공개되지 않아 수험생의 기억을 토대로 복원된 문제를 수록했습니다.

• 기출복원문제 •

- 2022년 제3회 토목기사 ·············· 70
- 2023년 제1회 토목기사 ·············· 75
- 2023년 제2회 토목기사 ·············· 79
- 2023년 제3회 토목기사 ·············· 83
- 2024년 제1회 토목기사 ·············· 88
- 2024년 제2회 토목기사 ·············· 92
- 2024년 제3회 토목기사 ·············· 97
- 2025년 제1회 토목기사 ·············· 101
- 2025년 제2회 토목기사 ·············· 105
- 2025년 제3회 토목기사 ·············· 109

부록 II CBT 실전 모의고사

- 1회 CBT 실전 모의고사 ·············· 114
- 1회 CBT 실전 모의고사 정답 및 해설 ·············· 117
- 2회 CBT 실전 모의고사 ·············· 119
- 2회 CBT 실전 모의고사 정답 및 해설 ·············· 122
- 3회 CBT 실전 모의고사 ·············· 124
- 3회 CBT 실전 모의고사 정답 및 해설 ·············· 127

핵심 암기노트

[PART 1. 토질역학]

CHAPTER 01 | 흙의 물리적 성질과 분류

1. 흙의 상태정수
- 1그룹 : 부피를 기준으로 하는 상태정수
- 2그룹 : 무게를 기준으로 하는 상태정수
- 3그룹 : 부피와 무게를 기준으로 하는 상태정수

(1) 부피를 기준으로 하는 상태정수

① 간극비 : $e = \dfrac{V_v}{V_s}$

② 간극률 : $n = \dfrac{V_v}{V} \times 100\%$

③ 간극비와 간극률의 상관관계

$$n = \dfrac{e}{1+e} \times 100\%$$

$$e = \dfrac{n/100}{1 - n/100}$$

④ 포화도 : $S = \dfrac{V_w}{V_v} \times 100\%$

(2) 무게를 기준으로 하는 상태정수

① 함수비 : $w = \dfrac{W_w}{W_s} \times 100\%$

② 함수율 : $w' = \dfrac{W_w}{W} \times 100\%$

(3) 부피와 무게를 기준으로 하는 상태정수

① 단위중량 : $\gamma = \dfrac{W}{V}$

② 비중 : $G_s = \dfrac{\gamma_s}{\gamma_w} = \dfrac{W_s}{V_s} \dfrac{1}{\gamma_w}$

(4) 함수비, 포화도 및 간극비의 상관관계

$$G_s w = Se$$

2. 흙의 단위중량($V_s = 1$인 경우)
- 흙 입자의 무게 : $W_s = G_s \gamma_w$
- 간극 속의 물의 무게 : $W_w = Se\gamma_w$
- 흙 전체의 무게 : $W = (G_s + Se)\gamma_w$
- 흙의 전체 부피 : $V = V_s + V_v = 1 + e$

(1) 습윤 단위중량(γ_t)

$$\gamma_t = \dfrac{W}{V} = \dfrac{(G_s + Se)\gamma_w}{1+e}$$

(2) 건조 단위중량(γ_d)

$$\gamma_d = \dfrac{W_s}{V} = \dfrac{G_s \gamma_w}{1+e}$$

(3) 포화 단위중량(γ_{sat})

$$\gamma_{sat} = \dfrac{(G_s + e)\gamma_w}{1+e}$$

(4) 수중 단위중량(γ_{sub})

$$\gamma_{sub} = \dfrac{(G_s - 1)\gamma_w}{1+e}$$

3. 흙의 정의
① 일반적인 개념 : 흙 입자 자체
② 공학적인 개념 : 흙 입자+[간극(물+기체)]

4. 흙의 구조에 따른 분류

(1) 개요
① 사질토 : 흙 입자의 크기와 모양이 구조를 지배한다.
② 점성토 : 입자의 크기와 모양뿐만 아니라 구성 광물, 입자를 둘러싸고 있는 물의 성질 등이 구조를 지배한다.

(2) 비점성토(사질토)의 구조
① 단립구조 : 가장 단순한 흙 입자의 배열
② 봉소구조 : 아주 가는 모래나 실트가 물속에 침강될 때 생기는 구조

(3) 점성토의 구조
① 면모구조 : 입자 사이의 인력이 우세하여 서로 접근하려는 현상으로 인해 생긴 구조
② 분산구조 : 반발력이 우세하여 입자가 서로 떨어지려고 하는 구조

(4) 3대 점토광물
① 카올리나이트 : 1개의 실리카판과 1개의 알루미나판으로 이루어진 구조
② 일라이트 : 2개의 실리카판과 1개의 알루미나판으로 이루어진 구조

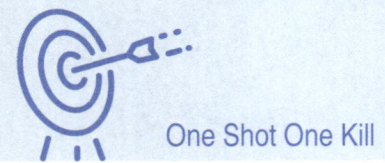

③ 몬모릴로나이트 : 2개의 실리카판과 1개의 알루미나판으로 이루어진 구조

(5) 3대 점토광물의 공학적 특성
① 카올리나이트 : 공학적으로 가장 안정된 구조
② 일라이트 : 중간 정도의 결합력
③ 몬모릴로나이트 : 공학적 안정성이 제일 작은 구조

5. 흙의 입도분석

(1) 체가름 시험
① 조립분 체가름 시험 : 시료를 채취하여 물로 씻으면서 No. 10체(2mm)로 체가름하여 남은 시료를 75mm, 53mm, 37.5mm, 26.5mm, 19mm, 9.5mm, 4.75mm체를 사용하여 체가름 시험을 한다.
② 세립분 체가름 시험 : 비중계 시험이 끝난 시료를 No. 200체(0.075mm) 위에서 물로 세척한 후 잔류시료를 노건조하여 No. 20, No. 40, No. 60, No. 140, No. 200체를 사용하여 체가름 시험을 한다.

(2) 비중계 분석
① Stokes 법칙 : 흙의 각 입자를 구라고 가정했을 때 흙 입자의 침강속도
$$v = \frac{(\gamma_s - \gamma_w)d^2}{18\eta}$$
② 입자의 최대지름
$$d = \sqrt{\frac{30\eta}{980(G - G_t)\gamma_w}} \times \sqrt{\frac{L}{t}} = C\sqrt{\frac{L}{t}}$$

6. 흙의 성질을 나타내는 요소

(1) 상대밀도
자연상태의 조립토의 조밀한 정도를 나타내는 것
$$D_r = \frac{e_{max} - e}{e_{max} - e_{min}} \times 100$$
$$= \frac{\gamma_{dmax}}{\gamma_d} \times \frac{\gamma_d - \gamma_{dmin}}{\gamma_{dmax} - \gamma_{dmin}} \times 100$$

(2) 흙의 연경도
점착성이 있는 흙의 함수량이 점점 감소함에 따라 액성, 소성, 반고체, 고체의 상태로 변화하는 성질

(3) 액성한계
① 흙의 액성 상태와 소성 상태의 경계가 되는 함수비
② 소성을 나타내는 최대 함수비
③ 점성유체가 되는 최소 함수비

(4) 소성한계
소성과 반고체의 경계함수비로, 흙이 소성을 나타내는 최소 함수비이며, 반고체 영역의 최대 함수비이다.

(5) 수축한계
반고체와 고체의 경계함수비로, 고체 영역의 최대 함수비이며, 반고체 영역의 최소함수비이다

고체 상태	반고체 상태	소성한계	액체 상태
수축한계(W_s)	소성한계(W_p)	액성한계(W_l)	함수비 증가

[아터버그 한계]

(6) 소성지수
흙이 소성상태로 존재할 수 있는 함수비의 범위
$$I_P = W_l - W_p$$

(7) 수축지수
흙이 반고체 상태로 존재할 수 있는 함수비의 범위
$$I_S = W_p - W_s$$

(8) 액성지수
흙이 자연상태에서 함유하고 있는 함수비의 정도를 표시하는 지수
$$I_L = \frac{W_n - W_p}{I_P} = \frac{W_n - W_p}{W_l - W_p}$$

(9) 유동지수
$$I_F = \frac{W_1 - W_2}{\log N_2 - \log N_1} = \frac{W_1 - W_2}{\log \frac{N_2}{N_1}}$$

(10) 터프니스지수
유동지수에 대한 소성지수의 비
$$I_T = \frac{I_P}{I_F}$$

(11) 활성도

점토 입자 성분의 함유량과 소성지수 사이의 관계(기울기)

$$A = \frac{I_P}{2\mu m \text{ 이하인 점토의 중량백분율(\%)}}$$

(12) 활성도의 특징
① 활성도는 흙의 팽창성을 판단하는 기준으로, 건설재료 판단에 사용됨
② 미세한 점토분이 많으면 활성도는 크며, 활성도가 클수록 공학적으로 불안정함

(13) 팽창작용
① bulking : 모래 속의 물이 표면장력에 의해 팽창하는 현상
② swelling : 점토가 모관작용으로 팽창하는 현상

(14) 비화작용

점토가 물을 흡수하여 고체, 반고체, 소성, 액성의 단계를 거치지 않고 물을 흡착함과 동시에 입자 간의 결합력이 약해져 바로 액성 상태로 되어 붕괴되는 현상

(15) 원심함수당량

포화된 흙이 중력의 1,000배와 같은 힘(원심력)을 1시간 동안 받은 후의 함수비

(16) 원심함수당량의 특성
① 불투수성인 흙 : 점토가 많을수록 CME가 커지고 CME>12%인 흙
② 동상이 잘 일어나는 흙 : CME>12%이면 투수성이 작고 보수력·모관작용이 큰 흙
③ 동상이 잘 일어나지 않는 흙 : CME<12%이면 투수성이 크고 보수력·모관작용이 적은 흙

(17) 현장함수당량

습윤 시료를 매끈하게 만든 표면에 한 방울의 물을 떨어뜨렸을 때 흡수되지 않고 30초간 없어지지 않으며 매끈한 표면상에서 광택이 있는 모양을 띠면서 퍼질 때의 함수비

7. 흙의 소성특성

(1) 입도분포곡선
① 가로축에는 입자 지름을 대수(log) 눈금으로 표시한다.
② 세로축은 통과백분율을 산술 눈금으로 표시한다.

(2) 유효입경

통과중량 백분율 10%에 해당하는 입자의 지름

(3) 균등계수(C_u)

$$C_u = \frac{D_{60}}{D_{10}}$$

(4) 곡률계수(C_g)

$$C_g = \frac{(D_{30})^2}{D_{10} \cdot D_{60}}$$

(5) 양입도의 입도분포

균등계수와 곡률계수의 조건을 모두 만족
① 흙일 때 : $C_u > 10$, $C_g = 1 \sim 3$
② 모래일 때 : $C_u > 6$, $C_g = 1 \sim 3$
③ 자갈일 때 : $C_u > 4$, $C_g = 1 \sim 3$

(6) 입도분포의 형태

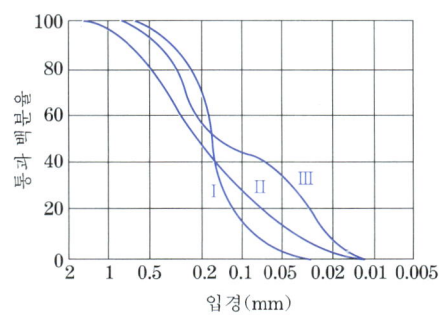

[입도분포곡선의 형태]

① 곡선 Ⅰ : 대부분의 입자가 거의 균등하므로 입도분포 불량
② 곡선 Ⅱ : 흙 입자가 크고 작은 것이 고루 섞여 있으므로 입도분포 양호
③ 곡선 Ⅲ : 2종류 이상의 흙들이 섞여 있는 상태

8. 흙의 공학적 분류

(1) 흙의 일반적인 분류
  ① 조립토 : 입자형이 모가 나 있으며, 일반적으로 점착성이 없는 흙
  ② 세립토 : 실트, 점토
  ③ 유기질토 : 동식물의 부패물이 함유되어 있는 흙

(2) 삼각좌표 분류법
  ① 농학적 흙의 분류법 중 가장 대표적인 방법
  ② 자갈을 제외한 모래, 실트, 점토의 함유율을 이용하여 삼각좌표에 의하여 흙을 분류
  ③ 주로 농학적인 분류에 이용

(3) 소성도표
  ① 세립토를 분류하는 데 이용
  ② A선 위는 점토를, A선 아래는 실트 및 유기질토를 나타냄
  ③ U선은 액성한계와 소성지수의 상한선을 나타냄
  ④ 액성한계 50%를 기준으로 H(고압축성)와 L(저압축성)을 구분

(4) 통일분류법에 필요한 요소
  ① No. 200체 통과율
  ② No. 4체 통과율
  ③ 액성한계
  ④ 소성한계
  ⑤ 소성지수

(5) 통일분류법의 분류
  ① 1문자 : 조립토(G, S)와 세립토(M, C, O), 유기질토(Pt)의 구분
  ② 2문자 : 조립토(W, P, M, C)와 세립토(L, H)

(6) 군지수(GI, group index)
  $GI = 0.2a + 0.005ac + 0.01bd$
  여기서, a : No. 200체 통과중량 백분율 $-35(0\sim40$의 정수$)$
  b : No. 200체 통과중량 백분율 $-15(0\sim40$의 정수$)$
  c : $W_l - 40(0\sim20$의 정수$)$
  d : $I_p - 10(0\sim20$의 정수$)$

(7) 통일분류법과 AASHTO 분류법의 차이점
  ① 조립토와 세립토의 분류 : 통일분류법은 No. 200체 통과량 50%, AASHTO 분류법은 35%를 기준으로 한다.
  ② 모래와 자갈의 분류 : 통일분류법은 No. 4체를, AASHTO 분류법은 No. 10체를 기준으로 한다.
  ③ 통일분류법은 자갈질 흙과 모래질 흙의 구분이 명확하나, AASHTO 분류법에서는 명확하지 않다.
  ④ 유기질 흙은 통일분류법에는 있으나 AASHTO 분류법에는 없다.

CHAPTER 02 | 흙 속의 물의 흐름

1. 투수계수

(1) 투수계수(K)
  ① 흙의 투수계수는 흙을 통과하는 물의 성질과 흙 입자의 성상에 따라 결정
  ② 속도(유속)와 같은 차원(m/s)
  $$K = D_s^2 \frac{\gamma_w}{\eta} \frac{e^3}{1+e} C$$

(2) 투수계수에 영향을 미치는 요소
  유체의 점성, 온도, 흙의 입경, 간극비, 형상, 포화도, 흙 입자의 거칠기 등

(3) 정수위 투수시험
  ① 수두차를 일정하게 유지하면서 일정 기간 동안 침투하는 유량을 측정한 후 다르시(Darcy)의 법칙을 사용하여 투수계수를 구한다.
  ② 투수계수가 큰 조립토($K = 10^{-3} \sim 10^{-2}$cm/s)에 적당하다.
  $$K = \frac{Q}{iAt} = \frac{QL}{hAt}$$

(4) 변수위 투수시험
  ① 스탠드 파이프(stand pipe) 내의 물이 시료를 통과해 수위차를 이루는 데 걸리는 시간을 측정하여 투수계수를 구한다.

② 투수계수가 작은 세립토($K=10^{-6} \sim 10^{-3}$cm/s)에 적당하다.

$$K = \frac{al}{A}\frac{1}{t_2-t_1}\ln\left(\frac{h_1}{h_2}\right)$$

$$= 2.303 \times \frac{al}{A}\frac{1}{t_2-t_1}\log\left(\frac{h_1}{h_2}\right)$$

(5) 현장 투수시험
① 현장 흐름 방향의 평균투수계수를 측정한다.
② 균일한 조립토의 투수계수를 측정하는 데 적합하다.

(6) 깊은 우물에 의한 투수계수

$$K = \frac{2.3Q\log\left(\frac{r_1}{r_2}\right)}{\pi(h_1^2 - h_2^2)}$$

(7) 굴착정에 의한 투수계수

$$K = \frac{2.3Q\log\left(\frac{r_1}{r_2}\right)}{2\pi H(h_1 - h_2)}$$

(8) 압밀시험에 의한 투수계수

$$K = C_v m_v \gamma_w$$

(9) 헤이즌의 경험식

$$K = CD_{10}^2$$

(10) 수평방향 평균투수계수

$$K_h = \frac{1}{H}(K_{h_1}H_1 + K_{h_2}H_2 + \cdots + K_{h_n}H_n)$$

(11) 수직방향 평균투수계수

$$K_z = \frac{H}{\frac{H_1}{K_{z_1}} + \frac{H_2}{K_{z_2}} + \cdots + \frac{H_n}{K_{z_n}}}$$

(12) 이방성 투수계수

균질한 흙이라도 한 위치에서 지반 형성과정에 따라 수직 및 수평 방향의 투수계수가 다른 경우 이방성 투수계수로 간주한다.

$$K' = \sqrt{K_h K_z}$$

2. 물의 2차원 흐름

(1) 흙 속에서의 전수두

흙 속의 물의 속도가 느리기 때문에 속도수두는 무시

$$h_t = \frac{u}{\gamma_w} + z$$

(2) 침투유량

$$Q = qt = Avt = AKit$$

3. 침투와 파이핑

(1) 유선망의 기본 가정
① 다르시(Darcy)의 법칙을 적용한다.
② 흙은 등방성이 있고 균질하다.
③ 흙은 포화되어 있고, 모관현상은 무시한다.
④ 흙 입자와 물은 비압축성이다

(2) 유선 관련 용어
① 유선 : 물이 흐르는 경로
② 등수두선 : 손실수두가 같은 점을 연결한 선으로, 동일선상의 모든 점에서 전수두는 같다.
③ 유로 : 인접한 두 유선 사이의 통로
④ 등수두면 : 인접한 두 등수두선 사이의 공간

(3) 유선망의 특성
① 각 유로의 침투유량은 동일
② 각 등수두면 간의 수두차는 도두 동일
③ 유선과 등수두선은 서로 직교
④ 유선망으로 되는 사각형은 이론상 정사각형
⑤ 침투속도 및 동수구배는 유선망 폭에 반비례

(4) 침투수량의 계산
① 등방성 흙인 경우

$$q = KH\frac{N_f}{N_d}$$

② 이방성 흙인 경우

$$q = \sqrt{K_h K_v}H\frac{N_f}{N_d}$$

(5) 침윤선의 성질
① 제체 내의 흐름의 최외측
② 일종의 유선
③ 형상은 포물선으로 가정

④ 자유수면이므로 압력수두는 0으로 위치수두만 존재

(6) 침윤선의 작도
① G점의 결정
② 준선의 결정
③ G_o점의 결정
④ 기본 포물선의 작도
⑤ 기본 포물선의 보정

(7) 분사현상
상향 침투 시 침투수압에 의해 동수경사가 점점 커져서 한계동수경사보다 커지게 되면 토립자가 물과 함께 위로 솟구쳐 오르게 되는 현상

(8) 분사현상의 조건
① 분사현상이 일어날 조건 : $i > \dfrac{G_s-1}{1+e}$

② 분사현상이 일어나지 않을 조건 : $i < \dfrac{G_s-1}{1+e}$

③ 안전율 : $F_s = \dfrac{i_c}{i} = \dfrac{\dfrac{G_s-1}{1+e}}{\dfrac{h}{L}}$

(9) 보일링현상
분사현상에 의하여 흙 입자 구조 골격이 흐트러져서 붕괴상태가 되면 흙 입자가 지하수와 더불어 물이 끓는 모습과 같이 분출되는 현상

(10) 파이핑현상
분사현상으로 흙 입자가 이탈된 위치에 유량이 집중되어 흙 입자 이탈이 더욱 가속화되므로 끝내는 파이프와 같은 공동이 형성되는 현상

CHAPTER 03 | 지반 내의 응력분포

1. 지중응력

(1) 부시네스크의 가정(탄성론)
① 흙은 균질하고 등방성이 있다.
② 지반은 탄성체이다.
③ 지반은 인장응력을 지지할 수 있다.

④ 외력이 작용하기 전에는 지반에 어떤 응력도 작용하지 않는다.

2. 유효응력과 간극수압

(1) 응력
단위면적당 작용하는 하중(힘)
$$\sigma = \dfrac{P}{A}[\text{kN/m}^2]$$

(2) 연직응력
$$\sigma_v = \dfrac{P}{A} = \dfrac{\gamma A z}{A} = \gamma z$$

(3) 흙 요소가 받는 응력
① 전응력(σ) : 전체 흙에 작용하는 단위면적당 법선응력
② 간극수압(중립응력, u) : 간극 속의 물이 부담하는 응력
③ 유효응력(σ') : 흙 입자가 부담하는 응력

(4) 수면 아래 지반의 임의의 점
① 전응력(σ)
$$\sigma = \gamma_w h_w + \gamma_{sat} h$$
② 간극수압(u)
$$u = \gamma_w h_w + \gamma_w h = \gamma_w(h_w + h)$$
③ 유효응력(σ')
$$\sigma' = \sigma - u = (\gamma_{sat} - \gamma_w)h = \gamma_{sub}h$$

(5) 간극수압계를 설치하여 간극수압을 측정한 경우
① 전응력(σ)
$$\sigma = \gamma_{sat}h$$
② 간극수압(u)
$$u = \gamma_w(h_w + h)$$
③ 유효응력(σ')
$$\sigma' = \gamma_{sub}h - \gamma_w h_w$$

(6) 지하수위가 지반 내에 있는 경우
① 전응력(σ)
$$\sigma = \gamma_t h + \gamma_{sat} h_w$$
② 간극수압(u)
$$u = \gamma_w h_w$$
③ 유효응력(σ')
$$\sigma' = \gamma_t h + \gamma_{sub} h_w$$

(7) 유효응력의 물리적 의미
  ① 공학적 성질이 동일한 두 흙의 유효응력이 동일하다면, 공학적 거동은 동일하다.
  ② 흙에 하중을 가하거나 제거하는 동안 체적변화가 없으면, 유효응력은 항상 동일하다.
  ③ 전응력은 일정하고 간극수압이 증가되면, 흙 시료는 팽창하고 강도는 감소된다.

(8) 모관현상에 의해 지표면까지 포화된 경우

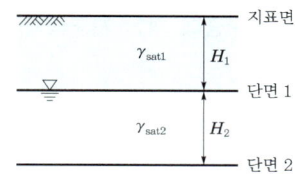

[모관현상에 의해 지표면까지 포화된 경우]

① 지표면
  • 전응력 $\sigma = 0$
  • 간극수압 $u = -\gamma_w H_1$
  • 유효응력 $\sigma' = \gamma_w H_1$

② 단면1
  • 전응력 $\sigma = \gamma_{sat1} H_1$
  • 간극수압 $u = 0$
  • 유효응력 $\sigma' = \gamma_{sat1} H_1$

③ 단면2
  • 전응력 $\sigma = \gamma_{sat1} H_1 + \gamma_{sat2} H_2$
  • 간극수압 $u = \gamma_w H_2$
  • 유효응력 $\sigma' = \gamma_{sat1} H_1 + \gamma_{sub2} H_2$

(9) 모관현상에 의해 일부 지역까지만 포화된 경우

[모관현상에 의해 일부만 포화된 경우]

① 지표면
  • 전응력 $\sigma = 0$
  • 간극수압 $u = 0$
  • 유효응력 $\sigma' = \sigma - u = 0$

② 단면 1
  • 전응력 $\sigma = \gamma_{t1} H_1$
  • 간극수압 $u = -\gamma_w H_2$
  • 유효응력 $\sigma' = \gamma_{t1} H_1 + \gamma_w H_2$

③ 단면 2
  • 전응력 $\sigma = \gamma_{t1} H_1 + \gamma_{sat2} H_2$
  • 간극수압 $u = 0$
  • 유효응력 $\sigma' = \gamma_{t1} H_1 + \gamma_{sat2} H_2$

④ 단면 3
  • 전응력 $\sigma = \gamma_{t1} H_1 + \gamma_{sat2} H_2 + \gamma_{sat3} H_3$
  • 간극수압 $u = \gamma_w H_3$
  • 유효응력
    $\sigma' = \gamma_1 H_1 + \gamma_{sat2} H_2 + \gamma_{sub3} H_3$

3. 모관현상

(1) 모관현상
  표면장력 때문에 물이 표면을 따라 상승하는 현상

(2) 모관 상승고 (h_c)
  모관현상에 의한 물기둥의 높이
  $$h_c = \frac{4T\cos\alpha}{\gamma_w d}$$

(3) 모관 상승고에 영향을 주는 인자
  ① 물의 표면장력 : 비례
  ② 물의 단위중량 : 반비례
  ③ 접촉각 : 반비례
  ④ 흙의 유효입경 : 반비례
  ⑤ 간극비 : 반비례

(4) 모관 퍼텐셜의 성질
  ① 함수비, 직경, 간극비가 작을수록 낮은 퍼텐셜
  ② 온도가 낮을수록 표면장력이 증가하므로 낮은 퍼텐셜
  ③ 염류가 클수록 낮은 퍼텐셜
  ④ 불포화 수분은 퍼텐셜이 높은 곳에서 낮은 곳으로 흐름

4. 외력에 의한 지중응력

(1) 집중하중에 의한 지반 내의 연직응력 증가량 ($\Delta\sigma_v$) 및 영향계수(I)

$$\Delta\sigma_v = \frac{3Qz^3}{2\pi R^5} = \frac{3Q\cos^5\phi}{2\pi z^2} = \frac{QI}{z^2}$$

$$I = \frac{3z^5}{2\pi R^5}$$

① 연직응력의 증가량은 깊이의 제곱에 반비례
② 연직응력의 증가량은 하중의 작용점에서 수평방향으로 갈수록 작아짐
③ 윤하중과 같은 집중하중으로 인한 침하량 산정 시 유용

(2) 집중하중에 의한 지반 내의 수평응력의 증가량

$$\Delta\sigma_x = \frac{Q}{2\pi}\left[\frac{3y^2z}{R^5} - (1-2\mu) \times \left(\frac{y^2-x^2}{Rr^2(R+z)} + \frac{x^2z}{R^3r^2}\right)\right]$$

① 푸아송비와 관련
② 탄성계수와 무관

(3) 집중하중에 의한 지반 내의 전단응력 증가량

$$\Delta r_v = \frac{2Qrz^2}{2\pi R^5}$$

① 푸아송비와 무관
② 탄성계수와 무관

(4) 선하중에 의한 지반 내의 연직응력 증가량

① 편심거리 x만큼 떨어진 곳

$$\Delta\sigma_z = \frac{2qz^3}{\pi(x^2+z^2)^2} = \frac{2qz^3}{\pi R^4}$$

② 하중작용점 직하

$$\Delta\sigma_z = \frac{2qz^3}{\pi z^4} = \frac{2q}{\pi z}$$

(5) 선하중에 의한 지반 내의 수평응력 증가량

$$\Delta\sigma_x = \frac{qz}{\pi R^2} = \frac{2q}{\pi}\frac{x^2z}{(x^2+z^2)^2}$$

(6) 선하중에 의한 지반 내의 전단응력 증가량

$$\Delta\tau_v = \frac{2qxz^2}{\pi R^3} = \frac{2qxz^2}{\pi(x^2+z^2)^4}$$

(7) 등분포 대상하중(띠하중)에 의한 지중응력

$$\Delta\sigma_z = \frac{q}{\pi}[\beta + \sin\beta\cos(\beta+2\delta)]$$

(8) 원형 등분포하중에 의한 지중응력 증가량

$$\Delta\sigma_z = q_s\left[1 - \frac{1}{[(R/z)^2+1]^{3/2}}\right] = q_sI_c$$

(9) 직사각형 등분포하중에 의한 응력 증가량

$$\Delta\sigma_z = q_sI$$

(10) 사다리꼴 하중에 의한 지중응력(연직응력) 증가량

$$\Delta\sigma_z = q\frac{1}{\pi}\left[\left(1+\frac{b}{a}\right)\theta_a - \frac{b}{a}\theta_b\right] = qI$$

(11) New-Mark 영향원법
① 불규칙한 형상의 단면에 등분포하중이 작용할 경우에 이용
② 방사선의 간격 20개, 동심원 10개로 200개의 망의 $1/200 = 0.005$

(12) 지중응력의 약산법
① 2 : 1 분포법, $\tan\theta = \frac{1}{2}$, Kögler 간편법
② 하중에 의한 지중응력이 수평 1, 연직 2의 비율로 분포된다고 가정
③ 하중이 분포되는 범위까지 동일하다고 가정하여 그 분포면적으로 하중을 나누어 평균 지중응력을 구하는 방법

(13) 등분포하중의 평균지중응력

$$\Delta\sigma_z = \frac{Q}{(B+Z)(L+Z)} = \frac{qBL}{(B+Z)(L+Z)}$$

(14) 띠하중의 평균지중응력

$$\Delta\sigma_z = \frac{q_sB}{(B+z)}$$

5. 흙의 동상 및 융해

(1) 동상이 일어나기 쉬운 조건
① 실트질 흙
② 영하의 온도가 지속되어 흙 속의 온도가 0℃ 이하의 지속
③ 충분한 물의 공급(아이스렌즈를 형성할 수 있도록)

(2) 동상을 지배하는 인자
  ① 모관 상승고의 높이
  ② 흙의 투수성
  ③ 동결온도의 지속기간
  ④ 동결심도 하단에서 지하수면까지의 거리가 모관 상승고보다 작다.

(3) 동결심도(데라다식)
  $Z = C\sqrt{F}$

(4) 동상방지대책
  ① 지하수위를 낮춘다.
  ② 지하수위보다 높은 곳에 조립의 차단층을 설치한다.
  ③ 동결심도보다 위에 있는 흙을 동결하기 어려운 재료로 치환한다.
  ④ 지표면 근처에 단열재료를 채운다.
  ⑤ 지표의 흙에 화학약품을 처리하여 동결온도를 낮춘다.

(5) 연화현상(융해)의 원인
  ① 융해수가 배수되지 않고 머물러 있는 것
  ② 지표수의 유입
  ③ 지하수의 상승

(6) 연화현상 방지대책
  ① 동결부분의 함수량 증가를 방지한다.
  ② 동결깊이 아랫부분에 배수층을 설치한다.

CHAPTER 04 | 압밀

1. 압밀 이론

(1) 압축과 압밀
  ① 압축 : 흙이 하중을 받으면 체적이 감소하는 현상
  ② 압밀 : 흙 속의 물이 빠져나올 때 체적 변화가 발생하는 현상

(2) 지반의 체적변화의 원인
  ① 외력작용
  ② 지반의 구조적 특성
  ③ 지반 함침
  ④ 온도변화
  ⑤ 지반의 동결
  ⑥ 지반의 함수비 변화
  ⑦ 구성광물의 용해

(3) 흙의 압밀에 영향을 미치는 요소
  ① 흙의 투수계수
  ② 흙의 압축성

(4) 테르자기(Terzaghi)의 1차원 압밀 가정
  ① 흙은 균질하다.
  ② 흙은 완전히 포화되어 있다.
  ③ 흙 입자와 물은 비압축성을 가진다.
  ④ 투수와 압축은 1차원이다. 즉, 연직으로만 발생한다.
  ⑤ 물의 흐름은 다르시(Darcy)의 법칙에 따른다.
  ⑥ 흙의 성질은 압력의 크기에 관계없이 일정하다.

(5) 침하의 종류
  ① 즉시침하(탄성침하) : 함수비의 변화 없이 탄성변형에 의해 일어나는 침하
  ② 압밀침하 : 간극수가 서서히 배출되면서 발생하는 체적변화

2. 압밀시험

(1) 압밀시험의 목적
  ① 최종침하량의 산정
  ② 침하속도의 산정
  ③ 흙의 이력상태 파악
  ④ 투수계수 파악

(2) 압밀시험의 결과
  ① 흙 입자의 높이(H_s)
  $$H_s = \frac{W_s}{AG_s\gamma_w}$$
  ② 간극의 초기높이(H_v)
  $$H_v = H - H_s$$
  ③ 초기 간극비(e_0)
  $$e_0 = \frac{V_v}{V_s} = \frac{H_v \times A}{H_s \times A} = \frac{H_v}{H_s}$$
  ④ 압축계수(a_v)
  $$a_v = \frac{e_1 - e_2}{\sigma_2' - \sigma_1'}$$

⑤ 체적변화계수(m_v)
$$m_v = \frac{a_v}{1+e}$$
⑥ 압축지수(C_c)
$$C_c = \frac{e_1 - e_2}{\log\sigma_2' - \log\sigma_1'} = \frac{e_1 - e_2}{\log\frac{\sigma_2'}{\sigma_1'}}$$

(3) 선행압밀응력(σ')
  ① 선행압밀응력 : 어떤 점토가 과거에 받았던 최대응력
  ② σ_c' 결정법 : Casagrande의 작도법

(4) 과압밀비의 이용
  ① OCR<1인 경우 : 현재 압밀이 진행 중인 점토
  ② OCR=1인 경우 : 현재 받고 있는 유효연직응력이 최대 유효연직응력인 경우
  ③ OCR>1인 경우 : 현재 받고 있는 유효연직응력이 과거 최대유효연직응력보다 작은 경우

(5) 압밀계수(C_v)
흙의 체적변화속도, 즉 압밀진행의 속도를 나타내는 계수
  ① 압밀방정식에 의한 방법
$$C_v = \frac{K}{m_v \gamma_w}$$
  ② 시간-침하곡선에 의한 방법($\sqrt{t}$법)
$$C_v = \frac{T_{90}H^2}{t_{90}} = \frac{0.848H^2}{t_{90}}$$
  ③ 시간-침하곡선에 의한 방법($\log t$법)
$$C_v = \frac{T_{50}H^2}{t_{50}} = \frac{0.197H^2}{t_{50}}$$

3. 압밀도
(1) 압밀도
$$U = \frac{현재의\ 압밀량}{최종\ 압밀량} \times 100 = \frac{\Delta H_t}{\Delta H} \times 100\%$$
(2) 과잉간극수압을 이용한 압밀도의 산정
$$U = \frac{u_i - u_e}{u_i} \times 100 = \left(1 - \frac{u_e}{u_i}\right) \times 100\%$$

(3) 시간계수
$$U = f(T_v) \propto \frac{C_v t}{d^2}$$
  ① 압밀도는 압밀계수(C_v)에 비례
  ② 압밀도는 압밀시간(t)에 비례
  ③ 압밀도는 배수거리(d)의 제곱에 반비례

(4) 평균압밀도와 시간계수(T_v)의 관계(Terzaghi의 근사식)
  ① $0 \leq \overline{U} \leq 60\%$: $T_v = \frac{\pi}{4}\left(\frac{\overline{U}[\%]}{100}\right)^2$
  ② $\overline{U} \geq 60\%$: $T_v = 1.781 - 0.933\log(100 - \overline{U})$

(5) 면적에 의한 평균압밀도
$$U = \frac{면적(B)}{면적(A+B)}$$

(6) 소정의 압밀도에 소요되는 압밀 소요시간
$$t = \frac{T_v d^2}{C_v}$$

(7) 압밀시간의 특성
  ① 배수거리의 제곱에 비례한다.
  ② 시간계수에 비례한다.
  ③ 압밀계수에 반비례한다.

(8) 정규압밀점토의 압밀침하량
$$\Delta H = \frac{a_v \Delta p H}{1 + e_1}$$

(8) 과압밀점토의 압밀침하량
  ① $p_1 < p_c < p_c + \Delta p$인 경우
$$\Delta H = \frac{C_s}{1 + e_1} \times H \log \frac{p_c}{p_1} + \frac{C_c}{1 + e_1} \times H \log \frac{p_1 + \Delta p}{p_c}$$
  ② $p_1 + \Delta p < p_c$인 경우
$$\Delta H = \frac{C_c}{1 + e_1} \times H \log \frac{p_1 + \Delta p}{p_1}$$

CHAPTER 05 | 흙의 전단강도

1. 흙의 파괴이론과 전단강도

(1) 전단강도

활동에 저항하는 내부저항력

(2) 모어-쿨롱(Mohr-Coulomb)의 파괴 규준

$\tau = c + \sigma \tan\phi$

(3) 모어-쿨롱의 파괴포락선

① A점: 전단파괴가 일어나지 않는다.
② B점: 전단파괴가 일어난다.
③ C점: 전단파괴가 이미 일어난 이후로 이러한 경우는 이론상 존재할 수 없다.

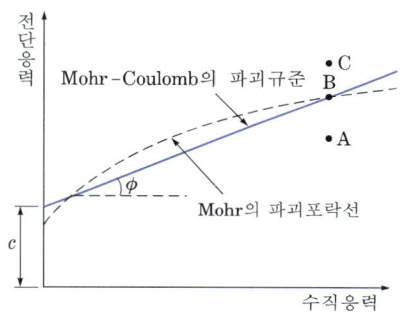

[모어-쿨롱(Mohr-Coulomb)의 파괴 규준]

(4) 흙의 종류에 따른 파괴포락선

① 일반 흙: $c \neq 0$, $\phi \neq 0$이므로
$\tau = c + \sigma \tan\phi$
② 모래: $c = 0$, $\phi \neq 0$이므로 $\tau = \sigma \tan\phi$
③ 포화점토: $c \neq 0$, $\phi = 0$이므로 $\tau = c$

(5) 모어(Mohr) 응력원

① 모어원: 임의의 흙 요소에 작용하는 연직응력과 전단응력을 모어원으로 나타낸 것
② 주응력면: 지반 내 임의의 한 요소에 대하여 연직응력이 최대가 되고 전단응력이 0이 되는 단면
③ 주응력: 주응력면에 작용하는 법선응력

(6) 파괴면에 작용하는 연직 및 전단응력

① 연직응력
$\sigma = \dfrac{\sigma_1 + \sigma_3}{2} + \dfrac{\sigma_1 - \sigma_3}{2}\cos 2\theta$

② 전단응력
$\tau = \dfrac{\sigma_1 - \sigma_3}{2}$

③ 최대주응력면과 파괴면이 이루는 각
$\theta = 45° + \dfrac{\phi}{2}$

(7) 도해법을 이용한 연직응력 및 전단응력

① 모어원에서 평면상에 작용하는 응력을 구하는 방법
② 극점법 또는 평면기점법 등이 있다.

2. 흙의 전단특성

(1) 예민비

교란된 흙(재성형)의 일축압축강도에 대한 교란되지 않은 흙의 일축압축강도의 비
$S_t = \dfrac{q_u}{q_{ur}}$

(2) 틱소트로피(thixotropy) 현상

재성형(remolding)한 시료를 함수비의 변화 없이 그대로 방치하면 시간이 경과되면서 강도가 회복되는 현상

(3) 리칭(leaching) 현상

해수에 퇴적된 점토가 담수에 의해 오랜 시간에 걸쳐 염분이 빠져나가 단위중량이 감소하면서 강도가 저하되는 현상

(4) 다일러턴시(dilatancy) 현상

시료가 조밀하거나 과압밀된 경우에는 전단과정 중에 체적이 팽창하는 현상을 보이며, 느슨하거나 정규압밀된 시료는 체적이 감소하는 현상

(5) 액상화 현상(액화현상)

느슨하고 포화된 모래지반에 충ㅈ, 즉 지진이나 발파 등에 의한 충격하중이 작용하면 체적이 수축하여 지반 내에 간극수압이 증가하여 유효응력이 감소되어 전단강도가 작아지는 현상
$\tau = \sigma' \tan\phi = (\sigma - u)\tan\phi$

3. 전단시험

(1) 전단시험의 종류

① 실내시험: 직접전단시험, 일축압축시험, 삼축압축시험

② 현장시험 : 베인전단시험, 원추관입시험, 표준관입시험

(2) 직접전단시험
① 가장 오래되고 간단한 시험
② 사질토의 강도정수 결정에 적합

(3) 직접전단시험의 특징
① 시험이 간단하고 조작이 용이
② 배수가 용이
③ 배수 조절이 어려움
④ 간극수압의 측정이 곤란
⑤ 응력이 전단면에 골고루 분포되지 않음

(4) 일축압축시험
① 점토의 압축성 및 강도추정을 위한 시험
② 일축압축강도
$$\sigma = \frac{P}{A_0} = \frac{P}{\dfrac{A}{1-\varepsilon}} = \frac{P(1-\varepsilon)}{A}$$

(5) 변형계수(E_{50})
$$E_{50} = \frac{q_u/2}{\varepsilon_{50}} = \frac{q_u}{2\varepsilon_{50}}$$
① 일축압축강도의 1/2 되는 곳의 응력과 변형률의 비
② 응력-변형률 곡선의 기울기
③ 기초의 즉시침하량 산정에 이용

(6) 삼축압축시험
① 현장 조건과 가장 유사한 실내전단강도시험
② Casagrande가 직접전단시험의 단점을 보완하려고 개발

(7) 삼축압축시험의 특징
① 신뢰도가 높음
② 모든 토질에 적용 가능
③ 간극수압의 측정 가능
④ 배수 방법에 따라 다양한 시험이 가능
⑤ 실제 지반의 응력 상태를 재현할 수 있음
⑥ 이론적으로 양호하지만 실험이 어려움

(8) 배수방법에 따른 분류
① 비압밀 비배수시험(UU-test) : 시료 내의 간극수의 배출을 허용하지 않는 상태에서 구속압을 가한 다음 비배수 상태에서 축차응력을 가해 시료를 전단시키는 시험
② 압밀 비배수시험(CU-test) : 포화시료에 구속압을 가해 과잉간극수압이 0이 될 때까지 압밀시킨 다음 비배수 상태에서 축차응력을 가하여 시료를 전단시키는 시험
③ 압밀 배수시험(CD-test) : 포화시료에 구속압을 가하여 압밀시킨 후, 전단 시 배수가 허용되도록 배수밸브를 열고 간극수압이 발생하지 않도록 천천히 축차응력을 가해 시료를 전단시키는 시험

(9) 배수 조건에 따른 시험 결과의 적용
① 비압밀 비배수시험(UU-test) : 재하속도가 과잉간극수압이 소산되는 속도보다 빠른 경우에 적용
② 압밀 비배수시험(CU-test) : 사전압밀공법으로 압밀된 후 급격한 재하 시의 안정해석에 사용
③ 압밀 배수시험(CD-test) : 연약한 점토지반 위에 성토 하중에 의해 서서히 압밀이 진행되고 파괴도 극히 완만하게 진행되는 경우

(10) Dunham 공식(N값과 ϕ의 관계)
① 흙 입자가 모가 나고 입도가 양호
$$\phi = \sqrt{12N} + 25$$
② 흙 입자가 모가 나고 입도가 불량
$$\phi = \sqrt{12N} + 20$$
③ 흙 입자가 둥글고 입도가 양호
$$\phi = \sqrt{12N} + 20$$
④ 흙 입자가 둥글고 입도가 불량
$$\phi = \sqrt{12N} + 15$$

(11) 점토지반에서 N값으로 추정되는 사항
① 연경도
② 일축압축강도
③ 점착력
④ 파괴에 대한 극한지지력
⑤ 파괴에 대한 허용지지력

4. 간극수압계수

(1) 간극수압계수

전응력의 증가량에 대한 간극수압의 변화량의 비

간극수압계수 $= \dfrac{\Delta u}{\Delta \sigma}$

(2) 간극수압계수의 종류

① B계수 : 등방압축 시의 간극수압계수

$$B = \dfrac{\Delta u}{\Delta \sigma_3}$$

② D계수 : 축차응력 작용 시의 간극수압계수

$$D = \dfrac{\Delta u}{\Delta \sigma_1 - \Delta \sigma_3}$$

③ A계수
  ㉠ 삼축압축 시의 간극수압은 등방압축 시의 간극수압과 축차응력 작용 시의 간극수압이 동시에 작용하여 발생한다.
  ㉡ 등방압축 시의 간극수압과 축차응력 작용 시의 간극수압의 합

5. 응력경로

(1) 압밀 비배수시험의 응력경로 특징

① TSP는 모두 오른쪽으로 그려지고 동일한 직선이다.
② 정규압밀점토의 ESP는 왼쪽 상향으로 휘어진다.

(2) 압밀 배수시험의 응력경로 특징

간극수압이 항상 0이므로 TSP와 ESP가 일치한다.

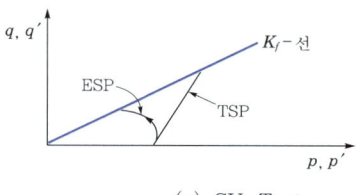

(a) CU-Test

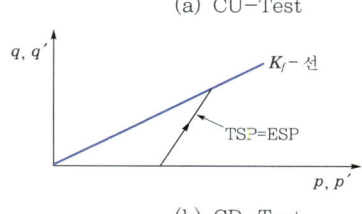

(b) CD-Test

[삼축압축시험의 응력경로]

CHAPTER 06 | 토압

1. 토압의 종류

(1) 토압의 종류

① 정지토압(P_o) : 횡방향 변위가 없는 상태에서 수평방향으로 작용하는 토압
② 주동토압(P_a) : 뒤채움 흙의 압력에 의해 벽체가 뒤채움 흙으로부터 멀어지는 경우, 뒤채움 흙이 팽창하여 파괴될 때의 수평방향 토압
③ 수동토압(P_p) : 어떤 외력에 의하여 벽체가 뒤채움 흙 쪽으로 변위를 일으킬 경우, 뒤채움 흙이 압축하여 파괴될 때의 수평방향 토압

(2) 토압계수

① 정지토압계수 : $K_o = \dfrac{\sigma_h}{\sigma_v}$
② Jaky의 경험식 : $K_o = 1 - \sin\phi'$
③ 정규압밀점토 : $K_o = 0.95 - \sin\phi'$
④ 과압밀점토 : $K_{o(\text{과압밀})} = K_{o(\text{정규압밀})}\sqrt{OCR}$

(3) Rankine의 토압계수

① 주동토압계수(K_a)

$$K_a = \dfrac{1-\sin\phi}{1+\sin\phi} = \tan^2\left(45° - \dfrac{\phi}{2}\right)$$

② 수동토압계수(K_p)

$$K_p = \dfrac{1+\sin\phi}{1-\sin\phi} = \tan^2\left(45° + \dfrac{\phi}{2}\right)$$

(4) 토압의 크기

① 토압계수의 크기 : 수동토압계수 > 정지토압계수 > 주동토압계수
② 토압의 크기 : 수동토압 > 정지토압 > 주동토압

(5) 내부마찰각과 토압의 관계

① 내부마찰각이 증가함에 따라 주동토압계수는 감소
② 내부마찰각이 증가함에 따라 수동토압계수는 증가
③ 내부마찰각이 증가함에 따라 주동토압계수와 수동토압계수의 차가 증가
④ 토압의 크기는 토압계수의 크기에 비례

2. 토압 이론

(1) 토압의 기본 가정
① 흙은 균질하고 등방성을 가진다.
② 중력만 작용하며 지반은 소성평형상태에 있다.
③ 파괴면은 2차원적인 평면이다.
④ 흙은 입자 간의 마찰력에 의해서만 평형을 유지한다(벽 마찰각 무시).
⑤ 토압은 지표면에 평행하게 작용한다.
⑥ 지표면은 무한히 넓게 존재한다.
⑦ 지표면에 작용하는 하중은 등분포하중이다 (선하중, 대상하중, 집중하중은 해석 불가).

(2) 뒤채움 흙이 사질토인 경우($c=0$)
① 주동토압
$$P_a = \frac{1}{2}\gamma H^2 K_a$$
② 수동토압
$$P_p = \frac{1}{2}\gamma H^2 K_p$$
③ 토압의 작용점
$$\bar{y} = \frac{H}{3}$$

(3) 뒤채움 흙이 사질토이고 상재하중이 작용하는 경우
① 주동토압
$$P_a = q_s K_a H + \frac{1}{2}\gamma H^2 K_a$$
② 수동토압
$$P_p = q_s K_p H + \frac{1}{2}\gamma H^2 K_p$$
③ 토압의 작용점
$$\bar{y} = \frac{P_{a_1} \times \frac{H}{2} + P_{a_2} \times \frac{H}{3}}{P_a}$$

(4) 뒤채움 흙이 이질층인 경우
① 주동토압
$$P_a = \frac{1}{2}\gamma_1 H_1^2 K_{a_1} + \gamma_1 H_1 H_2 K_{a_2} + \frac{1}{2}\gamma_2 H_2^2 K_{a_2}$$
② 수동토압
$$P_p = \frac{1}{2}\gamma_1 H_1^2 K_{p_1} + \gamma_1 H_1 H_2 K_{p_2} + \frac{1}{2}\gamma_2 H_2^2 K_{p_2}$$

③ 토압의 작용점
$$\bar{y} = \frac{P_{a_1} \times \left(\frac{H_1}{3}+H_2\right) + P_{a_2} \times \frac{H_2}{2} + P_{a_3} \times \frac{H_2}{3}}{P_a}$$

(5) 지하수위가 있는 경우
① 주동토압
$$P_a = \frac{1}{2}\gamma_t H_1^2 K_a + \gamma_t H_1 H_2 K_a$$
$$+ \frac{1}{2}\gamma_{sub} H_2^2 K_a + \frac{1}{2}\gamma_w H_2^2$$
② 수동토압
$$P_p = \frac{1}{2}\gamma_t H_1^2 K_p + \gamma_t H_1 H_2 K_p$$
$$+ \frac{1}{2}\gamma_{sub} H_2^2 K_p + \frac{1}{2}\gamma_w H_2^2$$
③ 토압의 작용점
$$\bar{y} = \frac{P_{a_1} \times \left(\frac{H_1}{3}+H_2\right) + P_{a_2} \times \frac{H_2}{2} + P_{a_3} \times \frac{H_2}{3} + P_{a_4} \times \frac{H_2}{3}}{P_a}$$

(6) 지표면이 경사진 경우
① 주동토압
$$P_a = \frac{1}{2}\gamma H^2 K_a \cos i$$
② 수동토압
$$P_p = \frac{1}{2}\gamma H^2 K_p \cos i$$

(7) 뒤채움 흙이 점성토인 경우($c \neq 0$)
① 주동토압
$$P_a = \frac{1}{2}\gamma H^2 K_a - 2cH\sqrt{K_a}$$
② 수동토압
$$P_p = \frac{1}{2}\gamma H^2 K_p + 2cH\sqrt{K_p}$$
③ 인장균열깊이(점착고, Z_c)
$$Z_c = \frac{2c}{\gamma}\tan\left(45° + \frac{\phi}{2}\right)$$
④ 한계고(H_c)
$$H_c = 2Z_c = \frac{4c}{\gamma}\tan\left(45° + \frac{\phi}{2}\right)$$

(8) Coulomb의 흙쐐기 이론
① 실제로 소성파괴가 발생되는 흙쐐기 전체에 대한 소성평형 이론으로 토압을 구하는 방법
② 파괴면은 직선으로 가정
③ 옹벽과 뒤채움 흙 사이의 마찰력을 고려

(9) Coulomb의 토압론과 Rankine의 토압론과의 관계
① 옹벽 배면각이 90°이고, 뒤채움 흙이 수평이고, 벽마찰을 무시하면 쿨롱의 토압은 랭킨의 토압과 같다.
② 옹벽 배면각이 90°이고, 지표면의 경사각과 옹벽 배면과 흙의 마찰각이 같은 경우는 쿨롱의 토압은 랭킨의 토압과 같다.

3. 옹벽 및 보강토 옹벽의 안정

(1) 옹벽의 안정
① 전도에 대한 안정
$$F_s = \frac{M_r}{M_o} > 2$$
② 활동에 대한 안정
$$F_s = \frac{R_v \tan\delta}{R_h} \geq 1.5$$
③ 지지력에 대한 안정
$$F_s = \frac{q_a}{q_{\max}} \geq 1$$

(2) 보강토 옹벽에 작용하는 토압
① 주동토압계수
$$K_a = \tan^2\left(45° - \frac{\phi}{2}\right) = \frac{1-\sin\phi}{1+\sin\phi}$$
② 옹벽 저면에 작용하는 수평응력(주동토압강도)
$$\sigma_{ha} = K_a \gamma H$$
③ 보강띠가 받는 최대힘($T_{\max}$)
$$T_{\max} = \sigma_{ha} S_v S_h = K_a \gamma H S_v S_h$$

CHAPTER 07 | 흙의 다짐

1. 흙의 다짐특성

(1) 다짐의 효과
① 흙의 전단강도를 증가시켜 사면의 안정성이 개선된다.
② 흙의 단위중량이 증가시킨다.
③ 투수성이 감소된다.
④ 압축성이 감소되어 지반의 침하를 감소시킬 수 있다.
⑤ 지반의 지지력이 증대된다.
⑥ 동상, 팽창, 건조수축 등의 영향을 감소시킬 수 있다.

(2) 다짐과 압밀의 차이
① 압밀은 계속적인 흙의 자중이나 상재하중 등의 압력에 의하여 흙의 간극수가 서서히 배출되면서 압축되는 현상
② 다짐은 순간적으로 공기만을 배출하여 물과 흙 입자가 공기와 함께 결착되는 현상

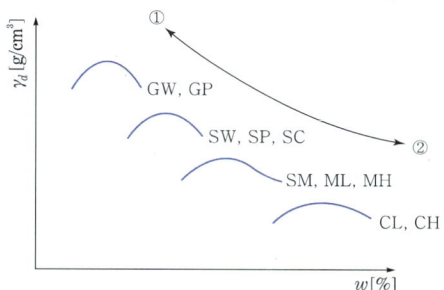

[흙의 종류에 따른 다짐곡선]

(3) 다짐이 점성토에 미치는 영향
① 최적함수비보다 건조측에서 다지면 면모구조가 되고 습윤측에서 다지면 이산구조가 된다.
② 최적함수비보다 약간 습윤측에서 다지면 최소 투수계수를 얻을 수 있다.
③ 최적함수비의 약간 건조측에서 최대전단강도를 얻을 수 있다.
④ 흡수, 팽창은 건조측으로 갈수록 팽창성이 크고 습윤측으로 갈수록 작아진다.
⑤ 낮은 압력에서는 건조측에서 다진 흙의 압축성이 훨씬 작고 더 빨리 압축된다.

(4) 함수비의 변화에 따른 흙 상태의 변화
   ① 제1단계 : 수화단계(반고체 영역)
   ② 제2단계 : 윤활단계(탄성 영역)
   ③ 제3단계 : 팽창단계(소성 영역)
   ④ 제4단계 : 포화단계(반점성 영역)

2. 흙의 다짐시험

(1) 다짐곡선
   ① 시험에서 얻어진 함수비와 흙의 건조단위중량의 관계 곡선
   ② 횡축에는 함수비(%), 종축에는 건조단위중량을 축으로 하여 그린다.

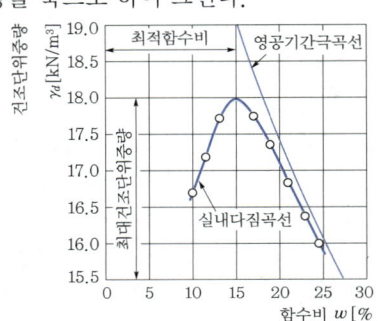

[다짐곡선]

(2) 다짐곡선의 특징
   ① 함수비를 증가시키면 건조단위중량도 증가하지만 함수비가 OMC보다 커지면 건조단위중량은 오히려 감소한다.
   ② OMC 상태일 때의 흙이 가장 잘 다져진다.
   ③ 다짐곡선은 다짐에너지에 관계없이 항상 영공기간극곡선보다 왼쪽 아래에 있어야 한다.

(3) 다짐도

$$C_d = \frac{\text{현장의 } \gamma_d}{\text{실내다짐시험에 의한 } \gamma_{d\max}} \times 100\%$$

(4) 다짐의 종류
   ① 정적 다짐 : 자중에 의하여 다지는 방법
   ② 동적 다짐 : 낙하 에너지를 이용하는 다지는 방법
   ③ 니딩 다짐 : 연약한 점토지반에 반죽을 하는 것과 같이 다지는 방법

3. 현장다짐 및 품질관리

(1) 평판재하시험
   콘크리트 포장과 같은 강성포장의 두께를 결정하기 위해 실시
   ① $K_{75} = \dfrac{K_{40}}{1.5} = \dfrac{K_{30}}{2.2}$
   ② $K_{30} > K_{40} > K_{75}$
   ③ $K_{75} = \dfrac{1}{2.2}K_{30} = \dfrac{1}{1.5}K_{40}$

(2) 재하판 크기에 대한 보정
   ① 점토지반의 지지력 : 재하판 폭과 무관
   ② 모래지반의 지지력 : 재하판 폭에 비례
   ③ 점토지반의 침하량 : 재하판 폭에 비례
   ④ 모래지반의 침하량 : 재하판이 커지면 약간 커지나 폭 B에 비례하는 정도는 아님

(3) CBR시험의 목적
   아스팔트 포장과 같은 가요성 포장, 즉 연성포장의 두께를 산정할 때 사용

(4) 팽창비

$$\text{팽창비} = \frac{\begin{pmatrix}\text{다이얼게이지최종읽음} \\ -\text{다이얼게이지최초읽음}\end{pmatrix}}{\text{공시체의 최초높이}} \times 100\%$$

(5) 노상토 지지력비(CBR)

$$CBR = \frac{\text{실험하중}}{\text{표준하중}} \times 100\%$$

$$= \frac{\text{실험단위하중}}{\text{표준단위하중}} \times 100\%$$

CHAPTER 08 | 사면의 안정

1. 사면의 파괴거동

(1) 규모에 따른 분류
   ① 유한사면 : 사면의 활동 깊이가 사면의 높이에 비해 비교적 큰 사면
   ② 무한사면 : 사면의 활동 깊이가 사면의 높이에 비해 작은 사면

(2) 단순사면의 파괴형태
  ① 사면 내 파괴
  ② 사면 선단 파괴
  ③ 사면 저부 파괴

(3) 안전율
  ① 전단에 대한 안전율
  $$F_s = \frac{활동면상의\ 전단강도의\ 합}{활동면상의\ 실제\ 전단응력의\ 합} = \frac{\tau_f}{\tau_d}$$
  ② 모멘트에 대한 안전율
  $$F_s = \frac{활동을\ 저항하는\ 힘의\ 모멘트}{활동을\ 일으키는\ 힘의\ 모멘트} = \frac{M_r}{M_d}$$
  ③ 평면활동에 대한 안전율
  $$F_s = \frac{활동에\ 저항하려는\ 힘}{활동을\ 일으키려는\ 힘} = \frac{P_r}{P_d}$$
  ④ 높이에 대한 안전율
  $$F_s = \frac{한계고}{사면의\ 높이} = \frac{H_c}{H}$$

2. 유한사면의 안정

(1) Culmann의 도해법
  ① 한계고
  $$H_c = \frac{4c}{\gamma_t} \frac{\sin\beta\cos\phi}{1-\cos(\beta-\phi)}$$
  ② 직립사면의 한계고
  $$H_c = \frac{4c}{\gamma_t}\left(\frac{\cos\phi}{1-\sin\phi}\right) = \frac{4c}{\gamma_t}\tan\left(45°+\frac{\phi}{2}\right)$$
  ③ 안전율
  $$F_s = \frac{H_c}{H}$$

(2) 직립사면의 안정해석
  ① 한계고의 위치
  $$H_c = 2Z_c = \frac{4c}{\gamma_t}\tan\left(45°+\frac{\phi}{2}\right) = \frac{2q_u}{\gamma_t}$$
  ② 안전율
  $$F_s = \frac{H_c}{H}$$

(3) 단순사면의 파괴 형태
  ① 사면경사각 $\beta \geq 53°$이면, 심도계수(N_d)와 관계없이 항상 사면 선단 파괴가 발생한다.
  ② $\beta \geq 53°$이면, 심도계수(N_d) 따라 파괴 형태가 달라진다. N_d가 클수록 사면 내 파괴, 사면 선단 파괴, 사면 저부 파괴로 진행된다.

3. 무한사면의 안정

(1) 지하수위가 파괴면 아래에 있는 무한사면
  ① 수직력(법선력, N)
  $$N = W\cos\beta = LH\gamma\cos\beta$$
  ② 수직응력(σ)
  $$\sigma = \gamma H\cos^2\beta$$
  ③ 전단력(T)
  $$T = W\sin\beta = LH\gamma\sin\beta$$
  ④ 전단응력(τ)
  $$\tau = \gamma H\cos\beta\sin\beta$$

(2) 지하수위가 지표면과 일치하는 무한사면
  ① 수직력(지하수의 영향을 고려)
  $$\sigma = \gamma_{sat}H\cos^2\beta$$
  ② 간극수압
  $$u = \gamma_w H\cos^2\beta$$
  ③ 전단응력
  $$\tau = \gamma_{sat}H\cos\beta\sin\beta$$
  ④ 안전율
  $$F_s = \frac{c'}{\gamma_{sat}H\cos\beta\sin\beta} + \frac{\gamma_{sub}\tan\phi}{\gamma_{sat}\tan\beta}$$
  $$F_s = \frac{\gamma_{sub}\tan\phi}{\gamma_{sat}\tan\beta} \quad (모래지반)$$

(3) 침투수가 사면에 평행하게 작용하는 무한사면
  ① 수직응력
  $$\sigma = (\gamma_t H_1 + \gamma_{sat}H_2)\cos^2\beta$$
  ② 간극수압
  $$u = \gamma_w H_2\cos^2\beta$$
  ③ 전단응력
  $$\tau_d = (\gamma_t H_1 + \gamma_{sat}H_2)\cos\beta\sin\beta$$
  ④ 안전율
  $$F_s = \frac{\tau_f}{\tau_d} = \frac{c' + (\sigma-u)\tan\phi'}{\tau_d}$$

4. 사면안정 해석법
(1) 질량법
  ① 활동을 일으키는 파괴면 위의 흙을 하나로 취급하는 방법
  ② 흙이 균질할 경우에만 적용가능한 방법으로 자연사면에서는 거의 적용할 수 없음
(2) $\phi = 0°$ 해석법
  비배수상태인 포화점토 사면의 안정해석에 적용하는 방법
(3) 마찰원법
  ① 테일러(Taylor)가 발전시킨 전응력 해석 방법
  ② 임의의 활동원을 가정하여 $F_\phi = F_c = F_s$ 가 되도록 반복하여 계산하고, 중심 0의 위치를 바꾸어 몇 개의 활동원을 가정하여 안전율을 구하여 최소안전율 및 임계원을 결정하는 방법
(4) 절편법
  활동을 일으키는 파괴면 위의 흙을 여러 개의 절편으로 나눈 후, 각각의 절편에 대한 안정해석을 실시하는 방법
(5) 절편법의 종류
  ① Fellenius의 간편법
  ② Bishop의 간편법
  ③ Janbu의 간편법
(6) Fellenius 간편법의 특징
  ① 사면의 단기 안정해석에 유효
  ② $\phi = 0°$ 해석법
  ③ 간극수압을 고려하지 않는 전응력 해석법
  ④ 정밀도가 낮고 안전율이 과소평가되지만, 계산이 매우 간편함
(7) Bishop 간편법의 특징
  ① 사면의 장기안정해석에 유효
  ② 간극수압을 고려하는 방법
  ③ 전응력, 유효응력 해석이 가능
  ④ 가장 널리 사용하는 방법
  ⑤ 시행착오법으로 Fellenius법보다 훨씬 복잡하나 안전율은 거의 정확

5. 사면안정 대책공법
(1) 시공 목적에 따른 사면안정 공법의 분류
  ① 활동력 감소공법
  ② 저항력 증강공법
  ③ 표면보호공법
  ④ 낙석방지시설
  ⑤ 배수시설
  ⑥ 옹벽공
  ⑦ 기타시설 및 특수공법

CHAPTER 09 | 지반조사 및 시험

1. 개요
(1) 토질조사의 목적
  ① 축조될 구조물에 적합한 기초의 종류와 깊이를 결정
  ② 기초지반의 지지력 평가
  ③ 구조물의 예상되는 침하량 산정
  ④ 잠정적인 기초지반의 문제 파악
  ⑤ 지하수위의 위치 파악

2. 지반조사의 절차
(1) 토질조사의 절차
  ① 자료조사
  ② 현지답사
  ③ 개략조사
  ④ 정밀조사
  ⑤ 보충조사
(2) 자료조사
  지형도, 지질도, 항공사진, 시공에 관한 시방서, 공사기록 등 기존자료 수집
(3) 현지답사
  ① 지표조사 : 지질, 지형, 토질 및 기존 구조물 등 관찰
  ② 지하조사 : 사운딩 실시
(4) 개략조사
  보링(boring), 사운딩(sounding), 물리 탐사 및 실내시험 등 실시

(5) 본조사
① 정밀조사 : 기초의 설계, 시공에 필요한 자료를 위해 보링, 원위치시험, 실내 토질시험 등 실시
② 보충조사 : 정밀조사 시 누락되었거나 추가로 필요한 사항을 위해 보충적으로 시행하는 조사

3. 시추 및 시료 채취
(1) 보링조사의 목적
① 지층 변화와 구조를 파악하기 위해
② 실내 토질시험을 위한 교란 및 불교란 시료의 채취
③ 시추공에서 원위치 시험 실시
④ 지하수위 관측 및 현장투수시험 실시

(2) 보링의 종류
① 오거 보링
② 충격식 보링
③ 회전식 보링

(3) 시료의 교란 판정
① 면적비 : $A_r = \dfrac{D_w^2 - D_e^2}{D_e^2} \times 100\%$
② 내경비 : $C_r = \dfrac{D_s - D_e}{D_e} \times 100\%$

(4) 회수율(TCR)
$$TCR = \dfrac{회수된\ 암석의\ 길이}{암석\ 코어의\ 이론상\ 길이} \times 100\%$$

(5) 암질지수(RQD)
$$RQD = \dfrac{\begin{pmatrix} 10cm\ 이상으로\ 회수된 \\ 암석\ 조각들의\ 길이의\ 합 \end{pmatrix}}{암석\ 코어의\ 이론상\ 길이} \times 100\%$$

4. 원위치 시험 및 물리탐사
(1) 정적 사운딩
① 휴대용 원추관입시험
② 화란식 원추관입시험
③ 스웨덴식 관입시험
④ 이스키미터 시험
⑤ 베인전단시험

(2) 동적 사운딩
① 동적 원추관입시험
② 표준관입시험

(3) 재하판 크기에 의한 영향(scale effect)
① $K_{75} = \dfrac{K_{40}}{1.5} = \dfrac{K_{30}}{2.2}$
② $K_{30} > K_{40} > K_{75}$

구분	지지력	침하량
점성토	재하판 폭과 무관 $q_{u(F)} = q_{u(P)}$	재하판 폭에 비례 $S_F = S_P \times \dfrac{B_F}{B_P}$
사질토	재하판 폭에 비례 $q_{u(F)} = q_{u(P)} \times \dfrac{B_F}{B_P}$	재하판 폭에 어느 정도 비례 $S_F = S_P \times \left(\dfrac{2 \times B_F}{B_F + B_P} \right)^2$

[PART 2. 기초공학]

CHAPTER 10 | 기초일반

1. 기초일반
(1) 기초의 필요조건
① 최소한의 근입깊이(D_f)를 가질 것
② 지지력에 대해 안정할 것
③ 침하에 대해 안정할 것
④ 시공이 가능하고 경제적일 것

(2) 기초형식 선정 시 고려사항
① 지반조사 결과를 토대로 지지층으로 분류할 수 있는 기반암층이 비교적 얕게 형성되어 있거나, 하중의 영향 범위 내에 압축성이 큰 지층이 존재하지 않으면 얕은 기초를 고려
② 얕은 기초의 적용이 불가능하면 깊은 기초를 고려하며, 일반적으로 사용하는 말뚝기초와 우물통기초에 대해 비교
③ 말뚝기초와 우물통기초의 비교는 지반조건을 감안한 안정성과 해당 부지에서의 적용성 및 시공성을 우선 검토한 후 시공기간을 포함한 경제성을 비교하여 선정

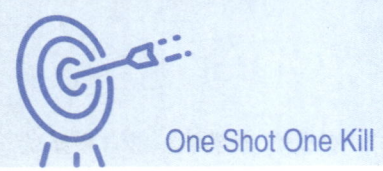

④ 직접기초의 적용을 우선 검토하고 지층심도 및 현장여건상 적용이 불가능할 경우에는 깊은 기초 적용을 검토

2. 기초의 형식

(1) 얕은 기초의 종류
  ① 확대기초(푸팅기초) : 독립기초, 복합기초, 연속기초, 캔틸레버 기초
  ② 전면기초(mat foundation)

(2) 얕은 기초
  ① $\dfrac{D_f}{B} \leq 1$인 경우
  ② 구조물의 무게가 비교적 가볍거나 지지층이 얕아서 상부구조물의 하중을 지반으로 직접 전달하도록 지반 위에 설치하는 기초

(3) 확대기초의 종류
  ① 독립기초
  ② 복합기초
  ③ 캔틸레버식 기초
  ④ 연속기초

(4) 깊은 기초
  ① $\dfrac{D_f}{B} > 1$인 경우
  ② 구조물의 무게가 무겁거나 지지층이 깊고 지표면 부근에 연약층이 있는 경우
  ③ 상부구조물의 하중을 말뚝이나 케이슨을 통해서 깊은 지지층에 지지시키는 기초형식

(5) 깊은 기초의 종류
  ① 말뚝기초 : 지지층이 깊은 경우 푸팅의 설치에 지장이 없고 구조물 하중이 극히 크지 않는 경우에 해당
  ② 피어(pier)기초 : 지반에 직경 1m 이상을 굴착한 후 그 속에 현장콘크리트를 타설하여 만든 기초로, 굴착심도는 깊은 기초 중에서 가장 깊으며 저진동과 저소음으로 도심지 공사에 적합
  ③ 케이슨 기초 : 육상 또는 수상에서 건조된 것을 케이슨 자중 또는 적재하중에 의하여 소정의 깊이까지 침하시켜 상부하중을 지지하는 기초공법. 하중의 크기가 크거나 지지층이 깊은 대형구조물 기초에 적당하며 깊은 기초 중에서 지지력과 수평저항력이 가장 큼

(6) 케이슨의 종류
  ① 우물통기초
  ② 공기 케이슨 기초
  ③ BOX 케이슨 기초

CHAPTER 11 │ 얕은 기초

1. 얕은 기초의 종류

(1) 확대기초(푸팅기초)의 종류
  ① 독립기초   ② 복합기초
  ③ 캔틸레버 기초   ④ 연속기초

2. 지지력

(1) 지반의 파괴형태
  ① 전반전단파괴 : q_u보다 큰 하중이 가해지면 급격한 침하가 일어나고 주위 지반이 융기하며 지표면에 균열이 생김
  ② 국부전단파괴 : 활동 파괴면이 명확하지 않으며 파괴의 발달이 지표면까지 도달하지 않고 지반 내에서만 발생하므로 약간의 융기가 생기며 흙 속에서 국부적으로 파괴됨
  ③ 관입전단파괴 : 기초가 지반에 관입할 때 주위 지반이 융기하지 않고 오히려 기초를 따라 침하를 일으키며 파괴됨

(2) 얕은 기초의 지지력에 영향을 미치는 요소
  ① 지반의 경사
  ② 기초의 깊이
  ③ 기초의 형상
  ④ 각 푸팅의 고저차

(3) 테르자기(Terzaghi)의 가정
  ① 연속기초에 대한 지지력의 계산
  ② 기초 저부는 거칠다.
  ③ 근입깊이까지의 흙 중량은 상재하중으로 가정한다.
  ④ 근입깊이에 대한 전단강도는 지지력을 구할 때 무시한다.

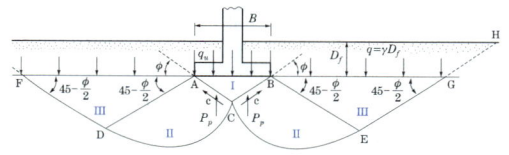

[테르자기(Terzaghi)의 기초파괴형상]

(4) 테르자기(Terzaghi)의 기초파괴 형상
① 영역Ⅰ: 탄성영역(흙쐐기)
② 영역 Ⅱ: 과도영역 또는 방사 전단영역
③ 영역 Ⅲ: 랭킨의 수동영역
④ 파괴 순서는 Ⅰ→Ⅱ→Ⅲ

(5) 테르자기(Terzaghi)의 극한지지력공식과 형상계수

$$q_u = \alpha c N_c + \beta \gamma_1 B N_\gamma + \gamma_2 D_f N_q$$

형상계수	연속	정사각형	직사각형
α	1.0	1.3	$1+0.3\dfrac{B}{L}$
β	0.5	0.4	$0.5-0.1\dfrac{B}{L}$

(6) 스켐턴(Skempton) 공식
① 점토지반의 극한지지력
② 비배수 상태($\phi_u = 0$)인 포화점토의 극한지지력

$$q_u = c N_c + \gamma D_f$$

(7) 마이어호프(Meyerhof) 공식
① 모래지반의 극한지지력
② 두꺼운 모래층 위에 축조된 기초지에 적합하다.
③ 사용이 간편하며, 신뢰도가 높다.

$$q_u = \frac{3}{40} q_c B \left(1 + \frac{D_f}{B}\right)$$

3. 침하

(1) 점토지반의 침하
① 즉시침하량: 배수가 일어나지 않는 상태에서 발생하는 침하

$$S_i = qB \frac{1-\mu^2}{E} I_s$$

② 압밀침하량: 간극수의 소산으로 인한 지반의 체적 변화

(2) 사질토지반의 침하
① 사질토지반 위의 기초 침하는 즉시침하뿐이다.
② 즉시침하가 전체 침하량이다.

(3) 점토지반의 접지압과 침하량
① 연성기초: 접지압은 일정하며, 침하량은 기초 중앙부에서 최대이다.
② 강성기초: 접지압은 양단부에서 최대가 되며, 침하량은 일정하다.

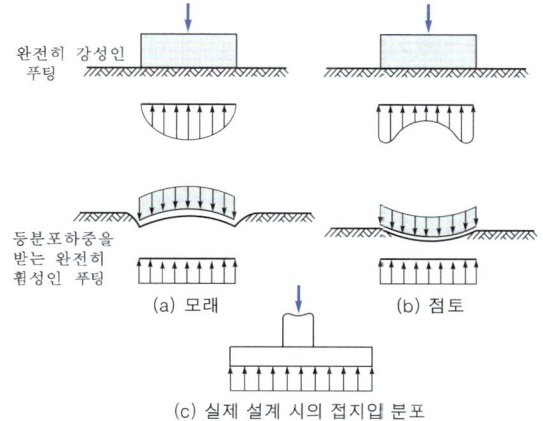

[접지압 분포]

(4) 얕은 기초의 굴착
① 개착 공법: 지반이 양호하고 넓은 대지면적이 있을 때 사용하는 공법
② 아일랜드 공법: 굴착할 부분의 중앙부를 먼저 굴착하여, 일부분의 기초를 먼저 만들어 이것에 의지하여 둘레 부분을 파고 나머지 부분을 시공하는 공법
③ 트렌치 컷 공법: 아일랜드 공법과 반대로 먼저 둘레 부분을 굴착하고 기초의 일부분을 만든 후 중앙부를 굴착·시공하는 공법

CHAPTER 12 | 깊은 기초

1. 말뚝기초

(1) 지지방법에 따른 말뚝의 분류
  ① 선단지지말뚝
  ② 마찰말뚝
  ③ 하부지반 지지말뚝

(2) 기능에 따른 말뚝의 분류
  ① 다짐말뚝
  ② 인장말뚝
  ③ 활동방지말뚝
  ④ 횡력저항말뚝

(3) 재료에 따른 말뚝의 분류
  ① 나무말뚝
  ② 기성 콘크리트 말뚝
  ③ 강말뚝
  ④ 합성말뚝

(4) 현장 타설 콘크리트 말뚝의 종류
  ① Franky 말뚝
  ② Pedestal 말뚝
  ③ Raymond 말뚝

(5) 현장 타설 콘크리트 말뚝의 장점
  ① 지지층의 깊이에 따라 말뚝길이를 자유로이 조정할 수 있으므로 재료의 낭비가 적다.
  ② 말뚝 선단부에 구근을 형성할 수 있으므로 어느 정도 지지력을 크게 할 수 있다.
  ③ 운반취급이 용이하며 강도와 내구성이 크다.
  ④ 말뚝체의 양생기간이 필요 없다.

(6) 말뚝 타입 방법
  ① 타입식(drop hammer, 증기해머, 디젤 해머)
  ② 진동식
  ③ 압입식
  ④ 사수식

(7) 말뚝지지력을 구하는 공식의 종류(정역학적 공식)
  ① 테르자기(Terzaghi)의 공식
  ② 마이어호프(Meyerhof)의 공식
  ③ 되르(Dörr)의 공식
  ④ 던햄(Dunham)의 공식

(8) 테르자기(Terzaghi)의 공식
  ① 극한지지력
  $$Q_u = Q_p + Q_f = q_p A_p + f_s A_s$$
  ② 허용지지력
  $$Q_a = \frac{Q_u}{F_s}(F_s = 3)$$

(9) 마이어호프(Meyerhof)의 공식
  ① 극한지지력
  $$Q_u = Q_p + Q_f = 40NA_p + \frac{1}{5}\overline{N_s}A_s$$
  ② 말뚝 둘레의 모래층의 평균 N값($\overline{N_s}$)
  $$\overline{N_s} = \frac{N_1 H_1 + N_2 H_2 + N_3 H_3}{H_1 + H_2 + H_3}$$
  ③ 허용지지력
  $$Q_a = \frac{Q_u}{F_s} = \frac{Q_u}{3}$$

(10) 말뚝지지력을 구하는 공식(동역학적 공식)
  ① 힐리(Hiley)의 공식
  ② Engineering News 공식
  ③ 샌더(Sander)의 공식
  ④ 바이스바흐(Weisbach)의 공식

(11) Engineering News의 공식
  ① 드롭 해머의 극한지지력
  $$Q_u = \frac{W_h h}{S + 2.54}$$
  ② 단동식 스팀 해머의 극한지지력
  $$Q_u = \frac{W_h h}{S + 0.254}$$
  ③ 복동식 스팀 해머의 극한지지력
  $$Q_u = \frac{(W_h + A_p P)h}{S + 0.254}$$

(12) 샌더(Sander)의 극한지지력
  $$Q_u = \frac{W_h h}{S}$$

(13) 부마찰력
  ① 말뚝 주위 지반의 침하량이 말뚝의 침하량보다 상대적으로 클 때 주면마찰력이 하향으로 발생하여 하중역할을 하게 된다.

② (−)의 주면마찰력이 부마찰력이다.
③ 부마찰력이 발생하면 극한지지력은 감소한다.

(14) 무리말뚝(군항)의 판정
① 지반에 타입된 2개 이상의 말뚝에서 지중응력의 중복 여부로 판정
$D_0 = 1.5\sqrt{rL}$
② 판정
$S < D_0$: 무리말뚝
$S > D_0$: 단말뚝

(15) 무리말뚝(군항)의 허용지지력
① 허용지지력
$Q_{ag} = ENQ_a$
② 효율
$E = 1 - \dfrac{\phi}{90}\left[\dfrac{(m-1)n + m(n-1)}{mn}\right]$

2. 피어기초

(1) 피어기초
① 구조물의 하중을 견고한 지반에 전달시키기 위하여 먼저 지반을 굴착한 후, 그 속에 현장 콘크리트를 타설하여 만드는 직경이 큰 ($\phi = 750mm$) 기둥모양의 기초
② 사람이 들어가 작업하기에 충분한 직경으로 굴착하며, 선단을 확장하는 경우도 있음

(2) 인력굴착 피어공법의 종류
① 시카고(Chicago) 공법 : 연직판으로 흙막이하는 연직공법
② 가우(Gow) 공법 : 원형 강제케이싱을 사용하여 굴착 내부의 흙막이벽을 지지하는공법

(3) 베노토(Benoto) 공법
케이싱 튜브를 땅속에 압입하면서 해머 그래브로 굴착한 후 케이싱 내부에 철근망을 넣고 콘크리트를 타설하면서 케이싱 튜브를 인발하여 현장타설 콘크리트 말뚝을 만드는 공법

(4) Earth drill 공법(Calwelde 공법)
굴착공 내에 벤토나이트 안정액을 주입하면서 회전식 bucket으로 굴착한 후 철근망을 넣고 콘크리트를 타설하여 현장타설 콘크리트 말뚝을 만드는 공법

(5) Reverse Circulation Drill 공법(RCD, 역순환 공법)
특수 비트의 회전으로 토사를 굴착한 후 공벽을 정수압($0.2kg/cm^2$)으로 보호하고 철근망을 삽입한 후 콘크리트를 타설하여 현장타설 콘크리트 말뚝을 만드는 공법

3. 케이슨 기초

(1) 개요
케이슨(지상 또는 지중에 구축한 중공 대형의 철근콘크리트 구조물)을 자중 또는 별도의 하중을 가하여 지지층까지 침하시켜 설치 하는 기초

(2) 케이슨 기초의 종류
① 오픈 케이슨(open caisson) : 정통기초 또는 우물통 기초로 상·하면이 모두 뚫린 케이슨을 소정의 위치에 설치한 후 케이슨 내의 흙을 굴착하여 소정의 깊이까지 도달시키는 공법
② 공기 케이슨(pneumatic caisson) : 케이슨 저부에 작업실을 만들고 이 작업실에 압축공기를 가하여 건조상태에서 인력에 의해 굴착하여 케이슨을 침하시키는 공법
③ 박스 케이슨(Box caisson) : 밑바닥이 막힌 box형으로 설치 전에 미리 지지층까지 굴착하고 지반을 수평으로 고른 다음 육상에서 건조한 후에 해상에 진수시켜서 정위치에 온 다음 내부에 모래, 자갈, 콘크리트 또는 물을 채워서 침하시키는 공법

CHAPTER 13 | 연약지반개량공법

1. 개요

(1) 연약지반의 정의
① 점성토 연약지반 : 압밀침하와 간극수압의 변화가 현장시공관리에 중요하게 작용하는 지반
② 사질토 연약지반 : 진동이나 충격하중이 작용하면 액상화되는 지반

(2) 지반개량공법

① 사질토 지반개량공법

구분	종류
다짐공법	• 다짐말뚝공법 • compozer공법 • vibroflotation • 전기충격식 공법 • 폭파다짐공법
고결공법	약액주입공법

② 점성토 지반개량공법

구분	종류
탈수공법	• sand drain • paper drain • preloading • 침투압공법 • 생석회말뚝공법
치환공법	• 굴착치환공법 • 자중에 의한 치환공법 • 폭파에 의한 치환공법

③ 기타 지반개량공법(일시적 개량공법) : 웰포인트(well point) 공법, 딥웰(deep well) 공법, 대기압공법, 동결공법, 소결공법, 특수개량공법

2. 사질토 지반개량공법

(1) 다짐말뚝공법

① 충격 또는 진동타입에 의하여 지반에 모래를 압입하여 모래말뚝을 만드는 공법
② 느슨한 모래지반의 개량에 효과적
③ 모래가 70% 이상인 사질토 지반에서 효과가 현저하며 경제적
④ 점토 지반에도 적용이 가능

(2) 바이브로플로테이션 공법

수평으로 진동하는 봉상의 바이브로플롯(지름 20cm)으로 수사와 진동을 동시에 일으켜서 생긴 빈틈에 모래나 자갈을 채워서 느슨한 모래지반을 개량하는 공법

(3) 약액주입공법

지반 내에 주입관을 삽입하여 적당한 양의 약액(주입재)을 압력으로 주입하거나 혼합하여 지반을 고결 또는 경화시켜 강도 증대 또는 차수효과를 높이는 공법

(4) 전기충격공법

지반에 미리 물을 주입하여 지반을 거의 포화상태로 만든 다음 워터 제트에 의해 방전전극을 지중에 삽입한 후 이 방전전극에 고압전류를 일으켜서 생긴 충격력에 의해 지반을 다지는 공법

3. 점성토 지반개량공법

(1) 점성토 지반개량공법

① 탈수공법 : sand drain 공법, paper drain 공법, preloading 공법, 침투압공법, 생석회말뚝공법
② 치환공법 : 굴착치환공법, 자중에 의한 치환공법, 폭파에 의한 치환공법

(2) 프리로딩 공법

탈수구조물 축조 전에 미리 하중을 재하하여 하중에 의한 압밀을 미리 끝나게 하여 지반의 강도를 증진시키는 공법

(3) 샌드드레인 공법

연약점토층이 깊은 경우 연약점토층에 모래말뚝을 설치하여 배수거리를 짧게 하여 압밀을 촉진시키는 공법

(4) 샌드드레인 영향원의 직경

① 정삼각형 배열
$D_e = 1.05S$

② 정사각형 배열
$D_e = 1.13S$

(5) 평균압밀도
$U = 1 - (1-U_v)(1-U_h)$

(6) 페이퍼드레인 환산직경
$D = \dfrac{2\alpha(t+b)}{\pi}$

4. 기타 지반개량공법

(1) 토목섬유의 기능

필터기능, 분리기능, 배수기능, 차수기능, 보강기능

PART 1

토질역학

CHAPTER 1 | 흙의 물리적 성질과 분류
CHAPTER 2 | 흙 속의 물의 흐름
CHAPTER 3 | 지반 내의 응력분포
CHAPTER 4 | 압 밀
CHAPTER 5 | 흙의 전단강도
CHAPTER 6 | 토 압
CHAPTER 7 | 흙의 다짐
CHAPTER 8 | 사면의 안정
CHAPTER 9 | 지반조사 및 시험

CHAPTER 01 흙의 물리적 성질과 분류

회독 체크표
- 1회독 월 일
- 2회독 월 일
- 3회독 월 일

최근 10년간 출제분석표

2015	2016	2017	2018	2019	2020	2021	2022	2023	2024
13.3%	13.3%	8.3%	10%	10%	10%	6.7%	11.7%	11.7%	15%

출제 POINT

학습 POINT
- 흙의 삼상도
- 3대 점토광물
- 흙의 입도분포시험
- 흙의 연경도
- 흙의 소성특성
- 아터버그 한계
- 통일분류법

■ 흙의 체적
$$V = V_s + V_v = V_s + (V_w + V_a)$$

■ 흙의 중량
$$W = W_s + W_w$$

SECTION 1 흙의 기본적 성질

1 흙의 기본적 성질

1) 흙의 삼상도

흙은 삼상, 즉 고체(solid), 액체(liquid), 기체(gas)로 이루어져 있다.

(1) 흙의 체적
$$V = V_s + V_v = V_s + (V_w + V_a)$$

여기서, V_s : 흙 입자만의 체적, V_v : 간극의 체적
V_w : 간극 속의 물의 체적, V_a : 간극 속의 공기의 체적

(2) 흙의 중량
$$W = W_s + W_w$$

여기서, W_s : 흙 입자만의 중량, W_w : 물의 중량

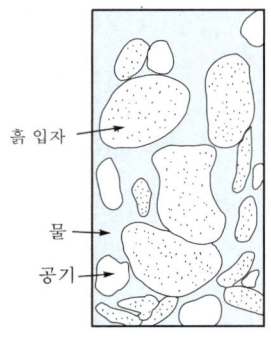
[자연상태의 흙의 요소]

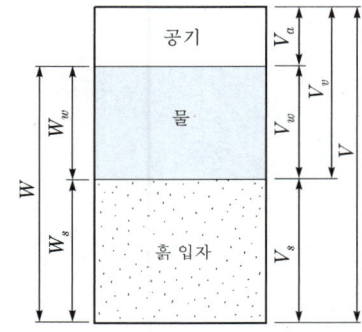
[흙의 삼상도]

2) 흙의 상태정수

크게 3개의 그룹으로 나누어서 생각할 수 있다.
- 1그룹 : 부피를 기준으로 하는 상태정수
- 2그룹 : 무게를 기준으로 하는 상태정수
- 3그룹 : 부피와 무게를 기준으로 하는 상태정수

(1) 부피를 기준으로 하는 상태정수

① 간극비(공극비, e)
  ㉠ 흙 입자의 체적에 대한 간극의 체적비

  $$e = \frac{V_v}{V_s}$$

  여기서, V_v : 간극의 체적, V_s : 흙 입자의 체적

  ㉡ 간극비의 범위 : 0~∞
  ㉢ 대단히 촘촘하고 입도분포가 좋은 사질토는 $e = 0.3$ 정도밖에 되지 않는 반면, 어떤 점토는 $e = 0.2$ 또는 그 이상이 될 수도 있다.

② 간극률(n)
  ㉠ 흙 전체의 체적에 대한 간극의 체적을 백분율로 나타낸 것

  $$n = \frac{V_v}{V} \times 100\%$$

  ㉡ 간극률의 범위 : 0~100%

③ 간극비와 간극률의 상관관계

  ㉠ $n = \dfrac{V_v}{V} \times 100 = \dfrac{V_v}{V_s + V_v} \times 100$

   $= \dfrac{V_v/V_s}{V_s/V_s + V_v/V_s} \times 100 = \dfrac{e}{1+e} \times 100\%$

   $\therefore n = \dfrac{e}{1+e} \times 100\%$

  ㉡ $e = \dfrac{V_v}{V_s} = \dfrac{V_v}{V - V_v}$

   $= \dfrac{V_v/V}{V/V - V_v/V} = \dfrac{n/100}{1 - n/100}$

   $\therefore e = \dfrac{n/100}{1 - n/100}$

출제 POINT

■ 흙의 상태정수
① 1그룹 : 부피를 기준으로 하는 상태정수
② 2그룹 : 무게를 기준으로 하는 상태정수
③ 3그룹 : 부피와 무게를 기준으로 하는 상태정수

■ 부피를 기준으로 하는 상태정수
① 간극비 : $e = \dfrac{V_v}{V_s}$
② 간극률 : $n = \dfrac{V_v}{V} \times 100\%$
③ 간극비와 간극률의 상관관계
$n = \dfrac{e}{1-e} \times 100\%$
$e = \dfrac{n/100}{1 - n/100}$
④ 포화도 : $S = \dfrac{V_w}{V_v} \times 100\%$

출제 POINT

■ 무게를 기준으로 하는 상태정수

① 함수비 : $w = \dfrac{W_w}{W_s} \times 100\%$

② 함수율 : $w' = \dfrac{W_w}{W} \times 100\%$

④ 포화도(S)
  ㉠ 간극의 전체 부피 중에서 물이 차지하는 부피의 비율을 백분율로 나타낸 것

  $$S = \dfrac{V_w}{V_v} \times 100\%$$

  여기서, V_w : 간극 속의 물의 체적
  ㉡ 포화도의 범위 : 0~100%

(2) 무게를 기준으로 하는 상태정수

① 함수비(w)
  ㉠ 물의 무게와 흙 입자의 무게의 비를 백분율로 나타낸 것

  $$w = \dfrac{W_w}{W_s} \times 100\%$$

  여기서, W_w : 간극 속에 있는 물의 무게
  W_s : 흙 입자만의 무게
  ㉡ 함수비의 범위 : 0~∞
  ㉢ 함수비의 측정 방법 : KS F 2306

② 함수율(w')
  ㉠ 흙 전체의 무게에 대한 간극 속의 물의 무게의 비를 백분율로 나타낸 것

  $$w' = \dfrac{W_w}{W} \times 100\%$$

  여기서, W : 흙 전체의 무게
  ㉡ 함수율의 범위 : 0~100%
  ㉢ 함수비와 함수율의 상관관계

  $$w' = \dfrac{W_w}{W} \times 100 = \dfrac{W_w}{W_s + W_w} \times 100$$
  $$= \dfrac{W_w/W_s}{W_s/W_s + W_w/W_s} \times 100$$
  $$\therefore w' = \dfrac{w/100}{1 + w/100} \times 100 = \dfrac{w}{1 + w/100}$$

(3) 부피와 무게를 기준으로 하는 상태정수

① 단위중량(γ) : 밀도와 같은 개념

$$\gamma = \frac{W}{V}$$

여기서, W : 흙 전체의 무게
V : 흙 전체의 부피

② 비중(G_s) : 4℃에서의 물의 단위중량에 대한 어느 물질의 단위중량

$$G_s = \frac{\gamma}{\gamma_{w(4℃)}}$$

㉠ 흙 입자의 비중

$$G_s = \frac{\gamma_s}{\gamma_w} = \frac{W_s}{V_s}\frac{1}{\gamma_w}$$

㉡ 비중 시험에 의한 흙 입자의 비중(KS F 2308) : 한국공업규격(KS F)에서는 15℃를 기준으로 비중을 측정한다.

$$G_s = \frac{W_s K}{W_s + (W_a - W_b)}$$

여기서, W_s : 비중병에 넣는 흙의 노 건조 무게
W_a : T[℃]에서 비중병+증류수의 무게
W_b : T[℃]에서 비중병+노 건조 흙+증류수의 무게
K : 보정계수(온도 T[℃]에서의 비중을 15℃의 물의 비중으로 나눈 수)

$$W_a = \frac{T[℃]에서의 물의 비중}{T'[℃]에서의 물의 비중} \times (W_a' - W_f) + W_f$$

여기서, W_a' : T'[℃]에서의 비중병+증류수의 무게
W_f : 비중병의 무게

㉢ 일반적으로 세립토는 조립토에 비하여 비중은 크지만, 간극비가 크기 때문에 단위중량은 작다.

(4) 함수비, 포화도 및 간극비의 상관관계

$G_s = \dfrac{\gamma_s}{\gamma_w} = \dfrac{W_s}{V_s}\dfrac{1}{\gamma_w}$ 을 W_s 에 대해 전개하면,

$$W_s = G_s \gamma_w V_s$$

출제 POINT

■ 부피와 무게를 기준으로 하는 상태정수

① 단위중량 : $\gamma = \dfrac{W}{V}$

② 비중 : $G_s = \dfrac{\gamma_s}{\gamma_w} = \dfrac{W_s}{V_s}\dfrac{1}{\gamma_w}$

■ 단위중량과 비중

① 단위중량 : 밀도와 같은 개념
② 비중 : 4℃에서의 물의 단위중량에 대한 어느 물질의 단위중량

출제 POINT

■ 함수비, 포화도 및 간극비의 상관관계

$G_s w = Se$

$\gamma_w = \dfrac{W_w}{V_w}$ 를 W_w에 대해 전개하면,

$$W_w = \gamma_w V_w$$

$$\begin{aligned}
w &= \dfrac{W_w}{W_s} = \dfrac{\gamma_w V_w}{G_s \gamma_w V_s} \\
&= \dfrac{\gamma_w}{\gamma_w} \dfrac{(V_w/V_v)V_v}{G_s V_s} \quad \left(\because \dfrac{V_w}{V_v} = S\right) \\
&= \dfrac{\gamma_w}{\gamma_w} \dfrac{SV_v}{G_s V_s} \quad \left(\because \dfrac{V_v}{V_s} = e\right) \\
&= \dfrac{Se}{G_s}
\end{aligned}$$

$$\therefore G_s w = Se$$

3) 흙의 단위중량

(1) $V_s = 1$인 경우

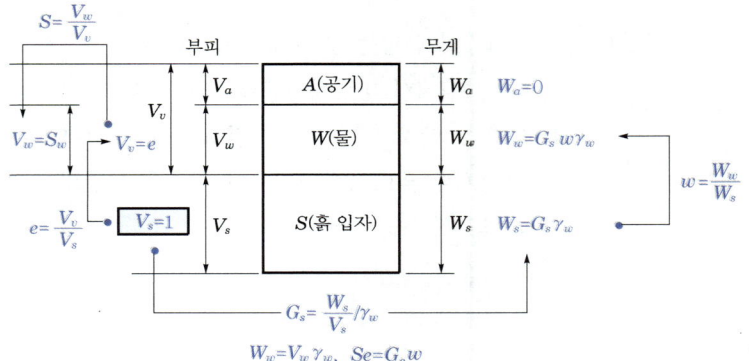

[흙의 삼상관계 개념도]

① 흙 입자의 무게(W_s)

■ 흙 입자의 무게

$W_s = G_s \gamma_w$

$$G_s = \dfrac{\gamma_s}{\gamma_w} = \dfrac{W_s}{V_s} \dfrac{1}{\gamma_w}$$

$$\therefore W_s = G_s V_s \gamma_w \quad (\because V_s = 1)$$
$$\quad\quad\quad = G_s \gamma_w$$

② 간극 속의 물의 무게(W_w)

$$Se = G_s w = G_s \frac{W_w}{W_s}$$

$$= G_s \frac{W_w}{G_s \gamma_w} \quad (\because W_s = G_s \gamma_w)$$

$$= \frac{W_w}{\gamma_w}$$

$$\therefore W_w = Se\gamma_w$$

③ 흙 전체의 무게(W)

$$W = W_s + W_w = G_s \gamma_w + Se\gamma_w$$

$$\therefore W = (G_s + Se)\gamma_w$$

④ 간극 속의 물의 부피(V_w)

$$S = \frac{V_w}{V_v}$$

$$V_w = SV_v$$

※ $e = V_v/V_s \rightarrow V_v = eV_s$

$$V_w = SeV_s \quad (\because V_s = 1)$$

$$\therefore V_w = Se$$

⑤ 간극의 부피(V_v)

$$e = \frac{V_v}{V_s} \quad (\because V_s = 1)$$

$$\therefore V_v = e$$

⑥ 흙의 전체 부피(V)

$$V = V_s + V_v = 1 + e$$

(2) 습윤 단위중량(γ_t)

① 자연 상태에 있는 흙의 중량을 이에 대응하는 체적으로 나눈 값

$$\gamma_t = \frac{W}{V} = \frac{(G_s + Se)\gamma_w}{1 + e}$$

② 자연 상태에 있는 흙의 단위중량값은 그 흙의 다져진 상태, 입경과 입도 분포, 함수비에 따라 크게 달라진다.

출제 POINT

■ 간극 속의 물의 무게
$W_w = Se\gamma_w$

■ 흙 전체의 무게
$W = (G_s + Se)\gamma_w$

■ 흙의 전체 부피
$V = V_s + V_v = 1 + e$

■ 습윤 단위중량(γ_t)
$\gamma_t = \frac{W}{V} = \frac{(G_s + Se)\gamma_w}{1 + e}$

SOIL MECHANICS FOUNDATION

출제 POINT

■ 건조 단위중량(γ_d)

$$\gamma_d = \frac{W_s}{V} = \frac{G_s \gamma_w}{1+e}$$

(3) 건조 단위중량(γ_d)

흙을 건조시켰을 때($S=0$)의 단위중량

$$\gamma_d = \frac{W_s}{V} = \frac{G_s \gamma_w}{1+e}$$

> **참고**
>
> 건조 단위중량과 습윤 단위중량과의 상관관계
>
> $$\gamma_t = \frac{(G_s + Se)\gamma_w}{1+e} \quad (\because G_s w = Se)$$
>
> $$= \frac{(G_s + G_s w)\gamma_w}{1+e} = \frac{(1+w)G_s \gamma_w}{1+e}$$
>
> $$\therefore \gamma_t = (1+w)\gamma_d$$

■ 포화 단위중량(γ_{sat})

$$\gamma_{sat} = \frac{(G_s+e)\gamma_w}{1+e}$$

(4) 포화 단위중량(γ_{sat})

간극에 물이 가득 찼을 때($S=100\%$)의 습윤 단위중량을 포화 단위중량이라 한다.

$$\gamma_{sat} = \frac{(G_s + e)\gamma_w}{1+e}$$

■ 수중 단위중량(γ)

$$\gamma_{sub} = \frac{(G_s-1)\gamma_w}{1+e}$$

(5) 수중 단위중량(γ_{sub})

흙이 지하수위 아래에 있으면 부력을 받는다. 이때의 단위중량은 포화 단위중량에서 부력을 뺀 값만큼 감소한다.

$$\gamma_{sub} = \gamma' = \gamma_{sat} - \gamma_w$$

$$= \frac{(G_s+e)\gamma_w}{1+e} - \gamma_w$$

$$= \left(\frac{G_s+e}{1+e} - 1\right)\gamma_w$$

$$= \left[\frac{(G_s+e)-(1+e)}{1+e}\right]\gamma_w$$

$$\therefore \gamma_{sub} = \frac{(G_s-1)\gamma_w}{1+e}$$

PART 01 토질역학

SECTION 2 흙(soil)의 구성

출제 POINT

학습 POINT
- 3대 점토광물

1 흙(soil)의 정의

1) 흙의 특성
① 흙의 응력-변형 거동은 탄성을 보이지 않는다.
② 흙은 본질적으로 비균질성, 비등방성을 가진다.
③ 흙의 거동은 응력뿐만 아니라 시간과 환경에도 의존한다.

2) 흙의 정의

(1) 흙
암석이 풍화되어 지름 10cm 미만의 크기로 부서져 모여 있는 상태
① 일반적인 개념 : 흙 입자 자체
② 공학적인 개념 : 흙 입자+[간극(물+기체)]

(2) 불연속체
① 흙의 입자 자체는 고체이지만 각 입자가 강하게 부착되어 있지 않다.
② 외력을 받으면 입자 상호 간의 변위가 쉽게 발생한다.

■ 흙의 정의
① 일반적 개념 : 흙 입자 자체
② 공학적 개념 : 흙 입자+[간극(물+기체)]

2 흙의 구조

1) 개요
흙 입자가 배열된 상태와 입자 사이에 작용하는 여러 가지 힘을 통틀어서 흙의 구조라 한다.
① 사질토 : 흙 입자의 크기와 모양이 구조를 지배한다.
② 점성토 : 입자의 크기와 모양뿐만 아니라 구성 광물, 입자를 둘러싸고 있는 물의 성질 등이 구조를 지배한다.

■ 흙의 구조에 따른 분류
① 사질토 : 흙 입자의 크기와 모양이 구조를 지배
② 점성토 : 입자의 크기와 모양뿐만 아니라 구성 광물, 입자를 둘러싸고 있는 물의 성질 등이 구조를 지배

2) 비점성토의 구조 및 특징
자갈, 모래 또는 실트는 구나 입방체와 같이 둥그스름한 모양을 하고 있으며, 각각의 입자는 인력이나 점착력 없이 중력을 받아 서로 접촉되어 있다.

(1) 단립구조
① 자갈, 모래, 실트 등의 재료에서 볼 수 있는 대표적인 구조로서 가장 단순한 흙 입자의 배열
② 입자가 크고 모가 날수록 강도가 크다.
③ 입자 사이에 점착력이 없이 마찰력에 의해 맞물려 있어 상당히 안정하다.

■ 비점성토(사질토)의 구조
① 단립구조 : 가장 단순한 흙 입자의 배열
② 봉소구조 : 아주 가는 모래나 실트가 물 속에 침강될 때 생기는 구조

CHAPTER 01 흙의 물리적 성질과 분류

출제 POINT

(2) 봉소구조(벌집구조)
① 아주 가는 모래나 실트가 물속에 침강될 때 생기는 구조
② 흙 입자가 서로 접촉 위치를 지키려는 힘에 의해 아치(arch)를 형성하는 구조
③ 단립구조보다 공극비가 크다.
④ 충격, 진동에 약하다.

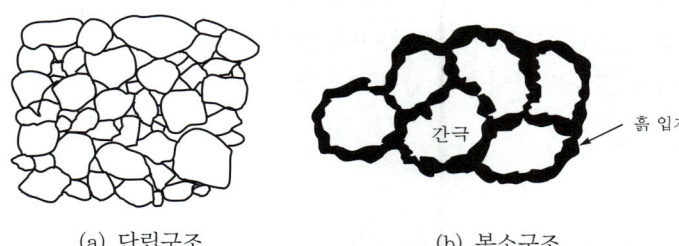

(a) 단립구조   (b) 봉소구조

[비점성토의 구조]

■ 점성토의 구조
① 면모구조 : 입자 사이의 인력이 우세하여 서로 접근하려는 현상으로 인해 생긴 구조
② 분산구조 : 반발력이 우세하여 입자가 서로 떨어지려고 하는 구조

3) 점성토의 구조 및 특징

직접적인 결합이 아닌 전기화학적인 힘에 의해 형성되며, 평면이나 바늘형태를 이룬다.

(1) 면모구조
① 두 입자 사이의 인력이 반발력보다 우세하여 서로를 향하여 접근하려는 현상으로 인해 생긴 구조이다.
② 면(face) 대 단(edge)의 연결구조이다.
③ 해수 또는 담수에서 점토 입자가 퇴적되면 그 퇴적층은 면모구조를 가진다.
④ 분산구조보다 투수성과 강도가 크다.
⑤ 간극비, 압축성 등이 커서 기초지반으로서는 부적당하다.

(2) 분산구조(이산구조)
① 인력보다 반발력이 우세하여 입자가 서로 떨어지려고 하는 구조이다.
② 면 대 면의 연결구조이다.
③ 면모구조보다 투수성과 강도가 작다.

(a) 면모구조   (b) 분산구조

[점성토의 구조]

3 점토광물

지표면의 1차 광물이 화학적으로 변화된 광물로서 결정질 또는 비결정질 물질이다.

1) 점토광물의 구조

(1) 기본 단위

① 규산 사면체 : 규소(Si) 원자를 중심으로 4개의 산소(O)가 자리 잡아 사면체를 이루는 구조
② 알루미나 팔면체 : 알루미늄(Al)[또는 마그네슘(Mg)]을 중심으로 여섯 개의 수산기(OH)로 둘러싸여 팔면체를 이루는 구조
③ 전기적으로 중립이 아니다. 따라서 독립적으로 존재할 수 없고, 산소끼리 또는 수산기끼리 서로 공유하면서 횡방향으로 결합되어 있다.

(2) 기본 구조 단위

① 실리카판 : 실리카 사면체의 횡방향 결합
② 팔면체판
  ㉠ 깁사이트판 : 알루미늄 팔면체의 횡방향 결합
  ㉡ 브루사이트판 : 마그네슘 팔면체의 횡방향 결합

2) 3대 점토광물

(1) 카올리나이트(kaolinite)

① 1개의 실리카판과 1개의 알루미나판으로 이루어진 구조
② 2층 구조의 단위들이 수소결합으로 결정되어 있다.
③ 결합력이 크다.
④ 공학적으로 가장 안정된 구조를 이룬다.
⑤ 물에 포화되더라도 팽창성이 작다.

(2) 일라이트(illite)

① 2개의 실리카판과 1개의 알루미나판으로 이루어진 구조
② 3층 구조의 단위들이 불치환성 양이온으로 결정되어 있다.
③ 중간 정도의 결합력을 가진다.

(3) 몬모릴로나이트(montmorillonite)

① 2개의 실리카판과 1개의 알루미나판으로 이루어진 구조
② 3층 구조의 단위들이 치환성 양이온으로 결정되어 있다.
③ 결합력이 매우 작다.
④ 수축, 팽창이 크다.
⑤ 공학적 안정성이 제일 작다.

■ 3대 점토광물
① 카올리나이트 : 1개의 실리카판과 1개의 알루미나판으로 이루어진 구조
② 일라이트 : 2개의 실리카판과 1개의 알루미나판으로 이루어진 구조
③ 몬모릴로나이트 : 2개의 실리카판과 1개의 알루미나판으로 이루어진 구조

■ 3대 점토광물의 공학적 특성
① 카올리나이트 : 공학적으로 가장 안정
② 일라이트 : 중간 정도의 결합력
③ 몬모릴로나이트 : 공학적 안정성이 가장 작은 구조

SECTION 3 흙의 입도분포

1 흙의 입도분석

- 입도분석시험(KS F 2302)
- 입도분포를 결정하는 방법에는 체분석(sieve analysis)과 비중계 분석(hydrometer analysis)이 있다.

| 체분석 | 비중계분석(hydrometer analysis) |
| (sieve analysis) | 체분석 |

2.0mm(No.10)　　　　0.075mm(No.200)

[입도분석의 구분]

■ 학습 POINT
- 흙의 입도분포시험
- 흙의 연경도

■ 체가름 시험

① 조립분 체가름 시험 : 시료를 채취하여 물로 씻으면서 No. 10체(2mm)로 체가름하여 남은 시료를 75mm, 53mm, 37.5mm, 26.5mm, 19mm, 9.5mm, 4.75mm체를 사용하여 체가름

② 세립분 체가름 시험 : 비중계 시험이 끝난 시료를 No. 200체(0.075mm) 위에서 물로 세척한 후 잔류시료를 노건조하여 No. 20, No. 40, No. 60, No. 140, No. 200체를 사용하여 체가름

1) 세립분 체분석(sieve analysis)

시료를 No. 200체 위에서 맑은 물이 나올 때까지 세척하여 노건조시킨 후 No. 20, No. 40, No. 60, No. 140, No. 200체를 이용하여 남은 흙의 중량을 측정한다.

① 잔유율

$$P_\gamma = \frac{W_{s\gamma}}{W_s} \times 100\%$$

여기서, W_s : 전체 시료의 노건조 중량
　　　　$W_{s\gamma}$: 각 체에 남은 시료의 노건조 중량

② 가적 잔유율

$$P_\gamma' = \sum P_\gamma$$

③ 가적 통과율

$$P' = 100 - P_\gamma'$$

④ 보정 가적 통과율

$$P = P' \times P_{2.0}$$

여기서, $P_{2.0}$: No. 10(2.0mm)체에 대한 가적 통과율

2) 비중계 분석(hydrometer analysis)

No. 200(0.075mm)보다 작은 세립토의 입경을 결정하는 방법으로, 수중에서 흙 입자가 침강하는 원리에 근거를 둔 것이다.

(1) Stokes 법칙
① 흙의 각 입자를 구로 가정했을 때 흙 입자의 침강속도

$$v = \frac{(\gamma_s - \gamma_w)d^2}{18\eta}$$

여기서, v : 침강속도(cm/s)
γ_s : 흙 입자의 단위중량(g/cm^3)
γ_w : 물의 단위중량(g/cm^3)
η : 물의 점성계수(g/cm·s)
d : 흙의 지름(cm)

② 입경의 적용범위 : 0.0002~0.2mm
  ㉠ 0.2mm 이상이면 침강 시 교란 발생
  ㉡ 0.0002mm 이하이면 브라운(Brown) 현상 발생

(2) 입자의 최대지름(mm)

$$d = \sqrt{\frac{30\eta}{980(G-G_t)\gamma_w}} \times \sqrt{\frac{L}{t}} = C\sqrt{\frac{L}{t}}$$

여기서, G : 흙의 비중
G_t : $t[℃]$의 물의 비중
L : 비중계 유효깊이(cm)
t : 침강시간(분)

(3) 비중계의 유효깊이

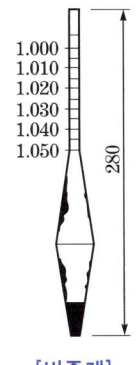

[비중계]

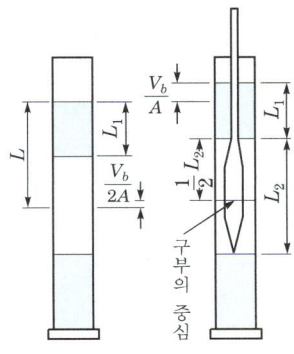

[비중계의 유효깊이]

SOIL MECHANICS FOUNDATION

출제 POINT

$$L = L_1 + \frac{1}{2}\left(L_2 - \frac{V_b}{A}\right)$$

여기서, L : 비중계의 유효깊이(cm)
L_1 : 비중계 구부 상단에서 읽은 점까지의 거리(cm)
L_2 : 비중계 구부의 길이(cm)
V_b : 비중계 구부의 체적(cm³)
A : 메스실린더의 단면적(cm²)

① 유효깊이 산정 시 비중계의 체적은 구부만의 체적이다.
② 비중계의 비중 값은 비중계 구부 중앙의 볼록한 부분의 현탁액의 값을 나타낸다.

(4) 분산제

① 시료의 면모화를 방지하는 목적으로 규산나트륨, 과산화수소를 사용한다.
② 종류 : 분산제는 소성지수에 따라 다르게 사용한다.
  ㉠ 소성지수가 20 미만이면, 규산나트륨을 사용한다.
  ㉡ 소성지수가 20 이상이면, 과산화수소 6% 용액, 규산나트륨을 사용한다.
  ㉢ 현탁액이 산성이면 알칼리성 분산제를 사용하고, 알칼리성이면 산성 분산제를 사용한다.

■ 분산제의 종류
① 소성지수가 20 미만 : 규산나트륨 사용
② 소성지수가 20 이상 : 과산화수소 6% 용액, 규산나트륨 사용
③ 현탁액이 산성이면 알칼리성 분산제, 알칼리성이면 산성 분산제 사용

2 흙의 성질을 나타내는 요소

1) 상대밀도(relative density, D_r)

① 자연상태의 조립토의 조밀한 정도를 나타내는 것으로, 사질토의 다짐 정도를 표시한다. 즉, 느슨한 상태에 있는가 촘촘한 상태에 있는가를 나타낸다.

$$D_r = \frac{e_{\max} - e}{e_{\max} - e_{\min}} \times 100 = \frac{\gamma_{d\max}}{\gamma_d} \times \frac{\gamma_d - \gamma_{d\min}}{\gamma_{d\max} - \gamma_{d\min}} \times 100$$

여기서, $e_{\max}$: 가장 느슨한 상태의 간극비
$e_{\min}$: 가장 조밀한 상태의 간극비
e : 자연상태의 간극비
$\gamma_{d\max}$: 가장 조밀한 상태에서의 건조단위중량
$\gamma_{d\min}$: 가장 느슨한 상태에서의 건조단위중량
γ_d : 자연상태의 건조단위중량

■ 상대밀도(D_r)

$$D_r = \frac{e_{\max} - e}{e_{\max} - e_{\min}} \times 100$$
$$= \frac{\gamma_{d\max}}{\gamma_d} \times \frac{\gamma_d - \gamma_{d\min}}{\gamma_{d\max} - \gamma_{d\min}} \times 100$$

② 최소·최대 간극비(건조단위중량)를 결정하는 방법
　㉠ 국내에서는 아직 표준화되어 있지 않다.
　㉡ ASTM D-2049 방법
　　• $\gamma_{d\min}$: 다짐 몰드(부피 2,830cm³=0.1ft²)에 사질토를 1inch(2.54cm) 높이에서 살살 떨어뜨렸을 때의 건조단위중량
　　• $\gamma_{d\max}$: 다짐 몰드에 사질토를 넣고 진동을 주어 아주 조밀한 상태를 인위적으로 만들었을 때의 건조단위중량

> **참고**
>
> **ASTM D-2049 시험 사항**
> • 몰드 뚜껑의 압력 : 13.8kN/m²
> • 진동시간 : 8분
> • 진동폭 : 0.635mm
> • 진동주파수 : 3,600rpm

③ 상대밀도의 범위 : 0~100%
④ 현장에서 모래 지반의 상대밀도를 측정하는 데는 표준관입시험이 주로 이용된다.

흙의 상태	상대밀도(D_r, %)	N 값
매우 느슨	0	0~4
느슨	15~35	4~10
중간	35~65	10~30
촘촘	65~85	30~50
매우 촘촘	85~100	50 이상

2) 연경도(consistency)

점착성이 있는 흙은 함수량이 점점 감소함에 따라 액성, 소성, 반고체, 고체의 상태로 변화하는데 함수량에 의하여 나타나는 이러한 성질을 흙의 연경도라 한다.

(1) 아터버그 한계(Atterberg limit)
① 종류
　㉠ 액성한계(liquid limit, W_l)
　㉡ 소성한계(plastic limit, W_p)
　㉢ 수축한계(shrinkage limit, W_s)
② No. 40체를 통과한 흐트러진 시료(교란시료)를 사용한다.

■ 흙의 상대밀도와 N 값

흙의 상태	상대밀도(D_r, %)	N 값
매우 느슨	0	0~4
느슨	15~35	4~10
중간	35~65	10~30
촘촘	65~85	30~50
매우 촘촘	85~100	50 이상

■ 흙의 연경도

점착성이 있는 흙의 함수량이 점점 감소함에 따라 액성, 소성, 반고체, 고체의 상태로 변화하는 성질

출제 POINT

■ 액성한계
① 흙의 액성 상태와 소성 상태의 경계가 되는 함수비
② 소성을 나타내는 최대 함수비
③ 점성유체가 되는 최소 함수비

③ 단위 : 함수비(%)

| 고체 상태 | 반고체 상태 | 소성한계 | 액체 상태 |

수축한계(W_s)　소성한계(W_p)　액성한계(W_l)　함수비 증가

[아터버그 한계]

(2) 액성한계(liquid limit, W_l)

① 흙의 액성 상태와 소성 상태의 경계가 되는 함수비
② 소성을 나타내는 최대 함수비
③ 점성유체가 되는 최소 함수비
④ 시험 방법(KS F 2303)
　㉠ No. 40체 통과시료를 적당한 함수비로 반죽하고 규정된 기구로 홈을 판 다음, 낙하높이 1cm, 낙하속도 2회/s로 양쪽 부분이 약 1.5cm 정도 달라붙을 때의 함수비를 측정한다.
　㉡ 함수비를 조금씩 변화시키면서 시험을 4회 이상 반복한다.
　㉢ 유동곡선에서 낙하횟수 25회에 해당하는 함수비가 액성한계이다.
⑤ 유동곡선(flow line)
　㉠ 반대수용지 사용 : 횡축-log N(낙하횟수), 종축-함수비
　㉡ 낙하횟수 25회에 해당하는 함수비가 그 흙의 액성한계

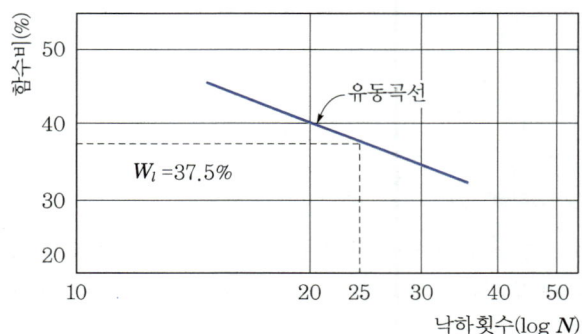

[유동곡선]

⑥ 1점법(one-point method)

$$W_l = W_n\left(\frac{N}{25}\right)^{\tan\beta} = W_n\left(\frac{N}{25}\right)^{0.121}$$

여기서, W_n : 타격횟수가 N일 때의 함수비(N은 20~30회)
　　　　β : 유동곡선의 기울기

⑦ 콘 낙하시험법(fall cone method)
  ㉠ 시험 방법(BS 1377)
    - 표준 콘 : 두부의 각도 30°, 중량 80g
    - 함수비를 변화시키며 4회 이상 실시한다.
    - 반대수용지를 이용한 유동곡선을 그린다.
  ㉡ 액성한계 : 표준 콘을 5초 동안 20mm 관입할 때의 함수비
⑧ 액성한계의 특징
  ㉠ 점토분이 많을수록 액성한계가 크며, 소성지수가 크다.
  ㉡ 점토분이 많을수록 함수비의 변화에 대한 수축, 팽창이 크다.
  ㉢ 점토분이 많을수록 압밀침하가 생기므로 노반의 재료로 적합하지 않다.
  ㉣ 자연함수비가 액성한계보다 크거나 같으면, 그 지반은 대단히 연약한 지반이다.
  ㉤ 액성한계시험은 전단강도시험의 일종이며, 액성한계 때의 전단강도는 약 1.5kPa이다.
  ㉥ 액성한계에서는 모든 흙의 강도가 거의 같으며, 이는 흙의 최소 전단강도를 뜻한다.

(3) **소성한계**(plastic limit, W_p)
① 소성과 반고체의 경계함수비로, 흙이 소성을 나타내는 최소 함수비이며 반고체 영역의 최대 함수비이다.
② 소성한계시험을 통하여 구한다.
③ 시험 방법(KS F 2303) : 유리판 위에서 흙을 지름 3mm의 국수 모양으로 만들어 막 갈라지려는 상태가 되었을 때의 함수비 측정
④ 비소성(Non Plastic, NP)
  ㉠ 소성한계를 구할 수 없는 경우
  ㉡ 소성한계와 액성한계가 일치하는 경우
  ㉢ 소성한계가 액성한계보다 큰 경우

(4) **수축한계**(shrinkage limit, W_s)
① 반고체와 고체의 경계함수비로, 고체 영역의 최대 함수비이며 반고체 영역의 최소 함수비이다.
② 함수비를 감소시켜도 체적이 감소하지 않고, 함수비가 그 양 이상으로 증가하면 체적이 증대하는 한계의 함수비
③ 시험 방법(KS F 2305) : 노건조 시료의 체적을 구하기 위하여 수은을 사용한다.

■ 액성한계의 특징
① 점토분이 많을수록 액성한계, 소성지수가 큼
② 점토분이 많을수록 함수비의 변화에 대한 수축, 팽창이 큼
③ 점토분이 많을수록 압밀침하가 생겨 노반의 자료로 부적합
④ 자연함수비가 액성한계보다 크거나 같으면 다단히 연약한 지반임
⑤ 액성한계시험은 전단강도시험의 일종이며, 액성한계 시 전단강도는 약 1.5kPa
⑥ 액성한계에서는 모든 흙의 강도가 거의 같음(흙의 최소 전단강도)

■ 소성한계
소성과 탄체의 경계함수비로, 흙이 소성을 나타내는 최소 함수비이며 반고체 영역의 최대 함수비

■ 수축한계
① 반고체와 고체의 경계함수비로, 고체 영역의 최대 함수비이며 반고체 영역의 최소 함수비
② 함수비를 감소시켜도 체적이 감소하지 않고, 함수비가 그 양 이상으로 증가하면 체적이 증대하는 한계의 함수비

출제 POINT

④ 수축한계(W_s)

$$W_s = w - \left[\frac{(V-V_0)\gamma_w}{W_0} \times 100\right]$$
$$= \left(\frac{1}{R} - \frac{1}{G_s}\right) \times 100$$

여기서, w : 습윤토의 자연함수비(%)
W_0 : 노건조 시료의 중량(g)
V : 습윤시료의 체적(cm³)
V_0 : 노건조 시료의 체적(cm³)
G_s : 흙 입자의 비중
R : 수축비

⑤ 수축비(shrinkage ratio, R) : 수축한계 이상의 부분에의 체적변화와 이에 대응하는 함수비 변화의 비를 말한다.

$$R = \frac{W_0}{V_0}\frac{1}{\gamma_w}$$

3) 연경도에서 구하는 지수

(1) 소성지수(Plasticity Index, PI, I_P)

① 흙이 소성상태로 존재할 수 있는 함수비의 범위
② 균열이나 점성적 흐름 없이 쉽게 모양을 변화시킬 수 있는 범위를 표시한다.

$$I_P = W_l - W_p$$

③ 특징
  ㉠ 점토의 함수율이 높을수록 소성지수는 증가한다.
  ㉡ 소성지수가 클수록 연약지반이므로 기초지반으로는 적합하지 않다.

(2) 수축지수(Shrinkage Index, SI, I_S)

흙이 반고체 상태로 존재할 수 있는 함수비의 범위

$$I_S = W_p - W_s$$

(3) 액성지수(Liquidity Index, LI, I_L)

① 흙이 자연 상태에서 함유하고 있는 함수비의 정도를 표시하는 지수
② 흙의 유동 가능성의 정도를 나타낸 것으로, 0에 가까울수록 흙은 안정하다.

■ **소성지수**
흙이 소성상태로 존재할 수 있는 함수비의 범위
$I_P = W_l - W_p$

■ **수축지수**
흙이 반고체 상태로 존재할 수 있는 함수비의 범위
$I_S = W_p - W_s$

■ **액성지수**
흙이 자연상태에서 함유하고 있는 함수비의 정도
$I_L = \dfrac{W_n - W_p}{I_P} = \dfrac{W_n - W_p}{W_l - W_p}$

$$I_L = \frac{W_n - W_p}{I_P} = \frac{W_n - W_p}{W_l - W_p}$$

③ 범위 : $-\infty \sim +\infty$, 일반적으로는 0~1
④ 특성 : 흙의 안정성 파악에 이용된다.
  ㉠ 자연함수비가 소성한계보다 작으면, $I_L < 0$이 되어 전단 시 흙이 잘게 쪼개진다.
  ㉡ 자연함수비가 소성한계에 있으면, $I_L = 0$이 되어 비예민성 흙이 된다.
  ㉢ 자연함수비가 소성한계와 액성한계 사이에 있으면, $0 < I_L < 1$이 되어 소성과 같은 성질이 된다.
  ㉣ 자연함수비가 액성한계 이상이 되면, $I_L \geq 1$이 되어 강도가 매우 저하되고 아주 예민한 구조가 된다.

(4) 연경지수(Consistency Index, CI, I_C)
① 액성한계와 자연함수비의 차를 소성지수로 나눈 값
② 점토의 상대적인 굳기를 나타낸 것

$$I_C = \frac{W_l - W_n}{I_P} = \frac{W_l - W_n}{W_l - W_p}$$

③ 범위 : $-\infty \sim +\infty$
④ 특성
  ㉠ 자연함수비가 소성한계에 있으면 $I_C = 1$이 되어, 비예민성 흙이 된다.
  ㉡ 자연함수비가 액성한계에 접근할수록 $I_C = 0$에 가까워져서 불안정한 상태가 된다.
  ㉢ 액성지수와 연경지수의 합은 1이다.

$$I_C + I_L = \frac{W_l - W_n}{I_P} + \frac{W_n - W_p}{I_P} = \frac{W_l - W_p}{I_P} = 1$$

  ㉣ 흙의 안정성 파악에 이용된다.

(5) 유동지수(Flow Index, FI, I_F)
① 유동곡선의 기울기

$$I_F = \frac{W_1 - W_2}{\log N_2 - \log N_1} = \frac{W_1 - W_2}{\log \frac{N_2}{N_1}}$$

■ 연경지수
액성한계와 자연함수비의 차를 소성지수로 나눈 값
$$I_C = \frac{W_l - W_n}{I_P} = \frac{W_l - W_n}{W_l - W_p}$$

■ 유동지수
$$I_F = \frac{W_1 - W_2}{\log N_2 - \log N_1} = \frac{W_1 - W_2}{\log \frac{N_2}{N_1}}$$

출제 POINT

■ 터프니스지수
유동지수에 대한 소성지수의 비
$I_T = \dfrac{I_P}{I_F}$

■ 활성도
점토 입자 성분의 함유량과 소성지수 사이의 관계(기울기)
$A = \dfrac{I_P}{2\mu \text{ 이하인 점토의 중량백분율(\%)}}$

■ 활성도의 특징
① 활성도는 흙의 팽창성을 판단하는 기준으로, 건설재료 판단에 사용
② 미세한 점토분이 많으면 활성도는 크며, 활성도가 클수록 공학적으로 불안정

② 특성
 ㉠ 유동곡선의 기울기가 급할수록 유동지수가 크며, 점토의 함유율은 작다.
 ㉡ 함수비에 따른 전단강도의 변화 및 흙의 안정성 파악에 이용된다.

(6) 터프니스지수(Toughness Index, TI, I_T)
① 흙의 반죽 질기를 표현하는 지수로, 유동지수에 대한 소성지수의 비

$$I_T = \dfrac{I_P}{I_F}$$

② 특성
 ㉠ 점토분이 많을수록 유동지수가 작아지고, 소성지수는 커지므로 터프니스지수는 커진다.
 ㉡ 터프니스지수는 콜로이드가 많은 흙일수록 값이 크고, 활성도 크다.

4) 활성도(activity, A)
① 흙의 입경이 작을수록 그 흙의 단위중량당 표면적이 증가하기 때문에 흙 입자에 흡착되어 있는 수분은 그 흙 속에 존재하는 점토 입자의 크기와 밀접한 관계가 있다.
② 스켐턴(Skempton, 1953)은 점토 입자 성분의 함유량과 소성지수 사이에 직선관계가 성립함을 밝혀내고, 이를 활성도라 정의하였다.

$$A = \dfrac{I_P}{2\mu \text{ 이하인 점토의 중량백분율(\%)}}$$

③ 특성
 ㉠ 활성도는 흙의 팽창성을 판단하는 기준으로, 활주로·도로 등의 건설재료를 판단하는 데 사용된다.
 ㉡ 미세한 점토분이 많으면 활성도가 크고, 활성도가 클수록 공학적으로 불안정한 상태가 되며, 팽창·수축이 커진다.
④ 활성도에 따른 점토의 분류

구분	활성도	점토광물	수축·팽창	결합력	공학적 안정
비활성	$A < 0.75$	카올리나이트	없다	크다	크다
보통	$A = 0.75 \sim 1.25$	일라이트	거의 없다	중간	중간
활성	$A > 1.25$	몬모릴로나이트	크다	작다	작다

5) 기타 물리적 성질

(1) 팽창작용
① 벌킹(bulking) : 모래 속의 물의 표면장력에 의해 팽창하는 현상
② 팽윤현상(swelling)
  ㉠ 점토가 모관작용으로 팽창하는 현상
  ㉡ 몬모릴로나이트가 특히 크다.

(2) 비화작용(slaking)
① 점토가 물을 흡수하여 고체, 반고체, 소성, 액성의 단계를 거치지 않고 물을 흡착함과 동시에 입자 간의 결합력이 약해져 바로 액성 상태로 되어 붕괴되는 현상
② 비화작용이 생기면 전단강도가 감소한다.

(3) 원심함수당량(Centrifuge Moisture Equivalent, CME)
① 포화된 흙이 중력의 1,000배와 같은 힘(원심력)을 1시간 동안 받은 후의 함수비
② 시험
  ㉠ 목적 : 흙의 보수력을 알기 위한 시험
  ㉡ 방법 : KS F 2315
  ㉢ 시료 : No. 40체 통과 시료 사용

$$CME = \frac{(A_1 - b_2) - (A_2 - b_2)}{A_2 - (C + b_2)} \times 100$$

여기서, A_1 : 원심분리한 후의 도가니 및 내용물의 중량(g)
A_2 : 건조 후의 도가니 및 내용물의 중량(g)
C : 도가니의 중량(g)
b_1 : 젖은 여과지의 중량(g)
b_2 : 건조한 여과지의 중량(g)

③ 원심함수당량의 특성
  ㉠ 점토가 많을수록 CME가 커지고 CME>12%인 흙을 보통 불투성인 흙이라 한다.
  ㉡ CME>12%이면 투수성이 작고 보수력·모관작용이 크며 팽창·수축이 크기 때문에 동상이 잘 일어난다.
  ㉢ CME<12%이면 투수성이 크고 보수력·모관작용이 작으며 팽창·수축이 작기 때문에 동상이 잘 일어나지 않는다.
  ㉣ 흙의 모관작용의 크기 정도를 나타내는 것으로, 흙의 동상성을 판정하는 데 이용된다.

출제 POINT

■ 팽창작용
① bulking : 모래 속의 물이 표면장력에 의해 팽창하는 현상
② swelling : 점토가 모관작용으로 팽창하는 현상

■ 비화작용
점토가 물을 흡수하여 고체, 반고체, 소성, 액성의 단계를 거치지 않고 물을 흡착함과 동시에 입자 간의 결합력이 약해져 바로 액성 상태로 되어 붕괴되는 현상

■ 원심함수당량
포화된 흙이 중력의 1,000배와 같은 힘(원심력)을 1시간 동안 받은 후의 함수비

■ 원심함수당량의 특성
① 점토가 많을수록 CME가 커지고 CME>12%인 흙(불투수성 흙)
② CME>12%이면 투수성이 작고 보수력·모관작용이 크며 동상이 잘 일어난다.
③ CME<12%이면 투수성이 크고 보수력·모관작용이 작으며 동상이 잘 일어나지 않는다.

SOIL MECHANICS FOUNDATION

출제 POINT

■ 현장함수당량
습윤 시료를 매끈하게 만든 표면에 한 방울의 물을 떨어뜨렸을 때 흡수되지 않고 30초간 없어지지 않으며 매끈한 표면상에서 광택이 있는 모양을 띠면서 퍼질 때의 함수비

(4) 현장함수당량(Field Moisture Equivalent, FEM)
① 습윤 시료를 매끈하게 만든 표면에 한 방울의 물을 떨어뜨렸을 때 흡수되지 않고 30초간 없어지지 않으며 매끈한 표면상에서 광택이 있는 모양을 띠면서 퍼질 때의 함수비
② 시험 방법 : KS F 2307
③ 신뢰도가 낮아 비합리적이다.
④ 실내에서 시험할 수 없을 때 사용하므로 결과치가 주관적이기 쉽다.

SECTION 4 흙의 소성특성

학습 POINT
- 흙의 소성특성
- 입도분포곡선의 형태

1) 입도분포곡선(입경가적곡선, grain size distribution curve)

(1) 입도분포곡선 - 반대수용지(세미로그)
① 입도 분석결과를 이용하여 입도분포곡선을 그린다.
② 가로축에는 입자 지름을 대수(log) 눈금으로 표시한다.
③ 세로축은 통과백분율을 산술 눈금으로 표시한다.
④ 입도분포곡선의 중간에는 요철 부분이 있을 수 없다.

■ 입도분포곡선
① 가로축에는 입자 지름을 대수(log) 눈금으로 표시한다.
② 세로축은 통과백분율을 산술 눈금으로 표시한다.

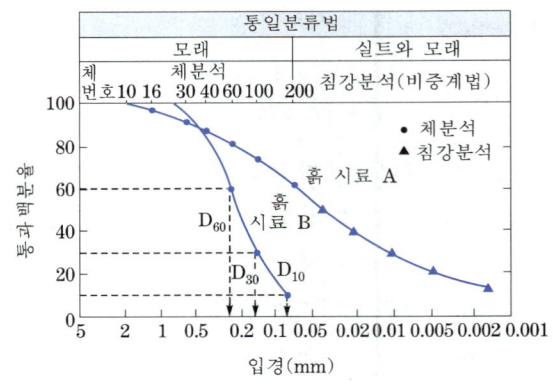

[입도분포곡선]

■ 유효입경
통과중량 백분율 10%에 해당하는 입자의 지름

(2) 유효입경(effective diameter, D_{10})
① 통과중량 백분율 10%에 해당하는 입자의 지름
② 투수계수의 추정 등 공학적인 목적으로 사용된다.

■ 균등계수(C_u)
$$C_u = \frac{D_{60}}{D_{10}}$$

(3) 균등계수(coefficient of uniformity, C_u)

$$C_u = \frac{D_{60}}{D_{10}}$$

여기서, D_{60} : 통과중량 백분율 60%에 해당하는 입자의 지름

① 입도분포가 좋고 나쁜 정도를 나타내는 계수
② 균등계수가 크면, 입도분포곡선의 기울기가 완만하다. 즉, 입도분포가 양호하다.
③ 균등계수가 작으면, 입도분포곡선의 기울기가 급하다. 즉, 입도분포가 불량하다.

(4) **곡률계수**(coefficient of curvature, C_g)

입도분포 상태를 정량적으로 나타내는 계수

$$C_g = \frac{D_{30}^2}{D_{10}D_{60}}$$

■ 곡률계수(C_g)

$$C_g = \frac{D_{30}^2}{D_{10}D_{60}}$$

여기서, D_{30} : 통과중량 백분율 30%에 해당하는 입자의 지름

2) 입도분포의 판정

(1) **양입도**(well graded)

① 흙 : $C_u > 10$, $C_g = 1\sim3$
② 모래 : $C_u > 6$, $C_g = 1\sim3$
③ 자갈 : $C_u > 4$, $C_g = 1\sim3$

■ 양입도의 입도분포

균등계수와 곡률계수의 조건을 모두 만족
① 흙 : $C_u > 10$, $C_g = 1\sim3$
② 모래 : $C_u > 6$, $C_g = 1\sim3$
③ 자갈 : $C_u > 4$, $C_g = 1\sim3$

(2) **빈입도**(poorly graded)

C_u, C_g 둘 중 어느 하나라도 만족하지 못하면 입도분포가 나쁘다.

(3) **입도균등**(uniform graded)

하천이나 백사장의 모래와 같이 입경이 고른 흙은 $C_u \fallingdotseq 1$ 이다.

3) 입도분포의 형태

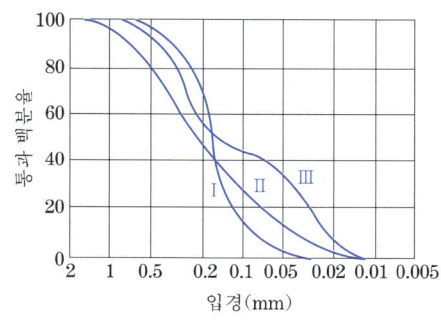

[입도분포곡선의 형태]

■ 입도분포의 형태

① 곡선 Ⅰ : 대부분의 입자가 거의 균등하므로 입도분포 불량
② 곡선 Ⅱ : 흙 입자가 크고 작은 것이 고루 섞여 있으므로 입도분포 양호
③ 곡선 Ⅲ : 2종류 이상의 흙이 섞여 있는 상태

① 곡선 Ⅰ : 대부분의 입자가 거의 균등하므로 입도분포 불량(빈입도, poorly graded)
② 곡선 Ⅱ : 크고 작은 흙 입자가 고루 섞여 있으므로 입도분포 양호(양입도, well graded)

출제 POINT

③ 곡선 Ⅲ
  ㉠ 두 종류 이상의 흙이 섞여 있는 상태
  ㉡ 균등계수는 크지만 곡률계수가 만족되지 않으므로 입도분포 불량(빈입도, gap graded)

구분	곡선 Ⅰ	곡선 Ⅱ
입도분포	빈입도	양입도
균등계수	작다	크다
입자분포	입자가 균등	흙 입자가 골고루 분포
간극비	크다	작다
투수계수	크다	작다
다짐 효과	적다	크다
공학적 성질	불량	양호
곡선의 경사	급하다	완만하다

SECTION 5 흙의 공학적 분류

학습 POINT
- 아터버그 한계
- 통일분류법

■ 흙의 일반적인 분류
① 조립토 : 입자형이 모가 나 있으며 일반적으로 점착성이 없는 흙
② 세립토 : 실트, 점토
③ 유기질토 : 동식물의 부패물이 함유되어 있는 흙

1 일반적인 분류

1) 조립토

   ① 돌(호박돌), 자갈, 모래 등
   ② 입자형이 모가 나 있으며 일반적으로 점착성이 없다.

2) 세립토

   실트, 점토가 있다.

3) 유기질토

   ① 동식물의 부패물이 함유되어 있는 흙
   ② 한랭하고 습윤한 지역에서 잘 발달된다.
   ③ 함수비, 압축성이 크고, 이탄(peat) 등이 있다.

4) 입경에 따른 흙의 성질

구분	간극률	압축성	투수성	압밀 속도	마찰력	소성	점착성	전단 강도	지지력
조립토	작다	작다	크다	순간적	크다	NP	0	크다	크다
세립토	크다	크다	작다	장기적	작다	소성	크다	작다	작다

2 삼각좌표 분류법

① 농학적 흙의 분류법 중 가장 대표적인 방법
② 입도분포곡선에서 자갈을 제외한 모래, 실트, 점토의 함유율(백분율)을 이용하여 삼각좌표에 의하여 흙을 분류한다.
③ 점의 위치에 의해 모래, 롬(loam), 점토 등 10종류로 나뉜다.
④ 주로 농학적인 분류에 이용된다.
⑤ 흙 입자의 크기만 고려할 뿐 점토의 연경도에 대한 고려가 없기 때문에 공학적인 목적으로는 거의 사용하지 않는다.

> **출제 POINT**
>
> ■ 삼각좌표 분류법
> ① 농학적 흙의 분류법 중 가장 대표적인 방법
> ② 자갈을 제외한 모래, 실트, 점토의 함유율을 이용하여 삼각좌표에 의하여 흙을 분류
> ③ 주로 농학적인 분류에 이용

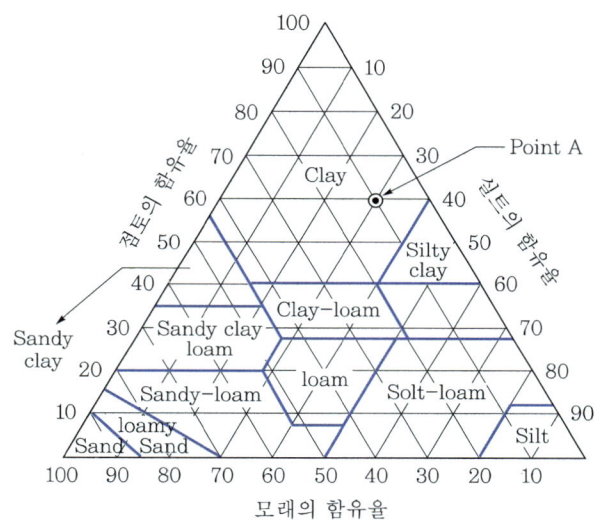

[삼각좌표 분류법]

3 아터버그(Atterberg) 한계를 사용한 흙의 분류

아터버그 한계, 특히 액성한계, 소성한계, 소성지수를 써서 흙의 물리적 성질을 지수적으로 구분하는 것으로, 몇 가지 방법이 있다.

1) 소성도표

① 카사그란데(Casagrande)가 액성한계와 소성지수를 사용하여 소성도표를 만들었다.
② 세립토를 분류하는 데 이용된다.
③ A-선은 점토와 실트 또는 유기질 흙을 구분한다. 즉, A-선 위는 점토를, A-선 아래는 실트 및 유기질토를 나타낸다.
④ U-선은 액성한계와 소성지수의 상한선을 나타낸다.
⑤ 액성한계 50%를 기준으로 H(고압축성)와 L(저압축성)을 구분한다.

> ■ 소성도표
> ① 세립토를 분류하는 데 이용
> ② A선 위는 점토를, A선 아래는 실트 및 유기질토를 나타냄
> ③ U선은 액성한계와 소성지수의 상한선을 나타냄
> ④ 액성한계 50%를 기준으로 H(고압축성)와 L(저압축성)을 구분

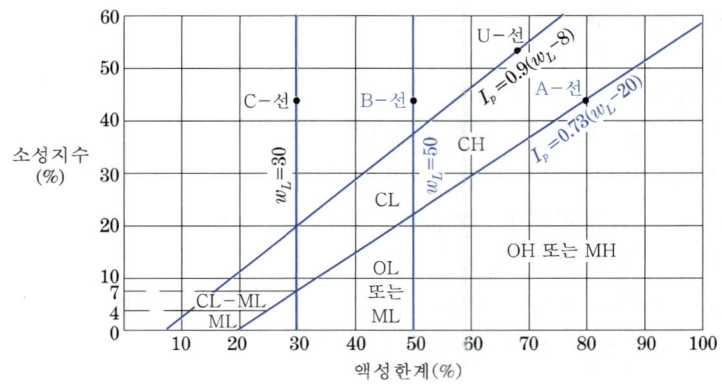

[Casagrande의 소성도표]

2) 컨시스턴시 지수와 액성지수

흙의 컨시스턴시 지수는 흙의 함수비가 소성 영역의 어느 부분에 해당하는가를 보여주는 하나의 지수이다.

4 통일분류법(USCS)

1) 개요

① 통일분류법은 제2차 세계대전 당시 미공병단의 비행장 활주로를 건설하기 위해 카사그란데(Casagrande)가 고안한 분류법으로, 1952년에 수정된 후 세계적으로 가장 많이 사용된다.
② 통일분류법에 필요한 요소
  ㉠ No. 200체 통과율
  ㉡ No. 4체 통과율
  ㉢ 액성한계
  ㉣ 소성한계
  ㉤ 소성지수

■ 통일분류법에 필요한 요소
① No. 200체 통과율
② No. 4체 통과율
③ 액성한계
④ 소성한계
⑤ 소성지수

2) 분류 방법

조립토의 경우는 입도분포에 의해 분류하고, 세립토인 경우에는 아터버그 한계를 이용하여 분류한다.

(1) 제1문자

■ 통일분류법의 분류
① 제1문자 : 조립토(G, S)와 세립토(M, C, O), 유기질토(Pt)의 구분
② 제2문자 : 조립토(W, P, M, C), 세립토(L, H)의 표시

① 조립토와 세립토의 분류 : No. 200체 통과량 50% 기준
  ㉠ 조립토 : No. 200체 통과량 50% 이하(G, S)
  ㉡ 세립토 : No. 200체 통과량 50% 이상(M, C, O)

② 조립토의 분류
  ㉠ 자갈(G) : No. 4체 통과량 50% 이하
  ㉡ 모래(S) : No. 4체 통과량 50% 이상
③ 세립토의 분류 : 소성도를 이용하여 분류
  ㉠ 실트(M)
  ㉡ 점토(C)
  ㉢ 유기질의 실트 및 점토(O)
④ 고유기질토 : 이탄(Pt)

(2) 제2문자

① 조립토의 표시
  ㉠ No. 200체 통과량이 5% 이하일 때(C_u, C_g)
    • W : 양입도(well graded)
    • P : 빈입도(poorly graded)
  ㉡ No. 200체 통과량이 12% 이상일 때(I_p)
    • M : 실트질(silty)
    • C : 점토질(clayey)
② 세립토의 표시 : 액성한계(W_l) 50%를 기준으로 분류
  ㉠ $W_l > 50\%$: H(고압축성, high compressibility)
  ㉡ $W_l \leq 50\%$: L(저압축성, low compressibility)

(3) 통일분류법에 사용되는 기호

흙의 종류		제1문자	흙의 특성	제2문자	
조립토	자갈 (gravel)	G	양입도, 세립분 5% 이하 (well graded)	W	조립토
	모래 (sand)	S	빈입도, 세립분 5% 이하 (poorly graded)	P	
세립토	실트 (silt)	M	세립분 12% 이상, a-선 아래에 위치, 소성지수 4 이하	M	세립토
	점토 (clay)	C	세립분 12% 이상, a-선 위에 위치, 소성지수 7 이상	C	
	유기질토 (organic soil)	O	압축성 낮음, 액성한계≤50	L	
유기질토	이탄 (peat)	Pt	압축성 높음, 액성한계>50	H	

출제 POINT

5 AASHTO 분류법(개정 PR법)

1) 개요
① 미국 연방도로국(Federal Highway Administration)에서 1929년에 발표
② 여러 차례의 수정을 거친 후 현재에는 AASHTO 분류법이라 부른다.
③ 도로, 활주로의 노상토 재료의 적부를 판단하기 위해 사용된다.

2) AASHTO 분류
① 흙의 입도, 액성한계, 소성지수, 군지수 등이 사용된다.
② A−1에서 A−7까지 7개의 군으로 분류하고, 각각을 세분하여 총 12개의 군으로 분류한다.
③ 조립토와 세립토의 분류
  ㉠ 조립토의 분류 : No. 200체 통과량 35% 이하(G, S)
  ㉡ 세립토의 분류 : No. 200체 통과량 35% 이상(M, C, O)

3) 군지수(GI, group index)

$$GI = 0.2a + 0.005ac + 0.01bd$$

여기서, a : No. 200체 통과중량 백분율−35(0~40의 정수)
b : No. 200체 통과중량 백분율−15(0~40의 정수)
c : $W_l - 40$(0~20의 정수)
d : $I_p - 10$(0~20의 정수)

군지수를 결정하는 규칙은 다음과 같다.
① GI값이 음(−)의 값을 가지면 0으로 한다.
② GI값은 가장 가까운 정수로 반올림한다.
③ 군지수의 상한선은 없다. 그러나 a, b, c, d의 상한값을 사용하면 20이 되므로 0~20까지의 정수를 가진다.
④ 군지수가 클수록 공학적 성질이 불량하며, 도로 노반재료로서 부적당하다.

■ 군지수(GI)

$GI = 0.2a + 0.005ac + 0.01bd$
여기서, a : No. 200체 통과중량 백분율−35(0~40의 정수)
b : No. 200체 통과중량 백분율−15(0~40의 정수)
c : $W_l - 40$(0~20의 정수)
d : $I_p - 10$(0~20의 정수)

4) AASHTO 분류법에 의한 흙의 공학적 분류

일반적 분류	입상토 (No. 200체 통과율 35% 이하)							실트-점토 (No. 200체 통과율 36% 이하)			
분류 기호	A-1		A-3	A-2				A-4	A-5	A-6	A-7-1 A-7-5 A-7-6
	A-1-a	A-1-b		A-2-4	A-2-5	A-2-6	A-2-7				
체분석, 통과량의 % No. 10체 No. 40체 No. 200체	50 이하 30 이하 15 이하	50 이하 10 이하	51 이하 10 이하	35 이하	35 이하	35 이하	35 이하	36 이하	36 이상	36 이상	36 이상
No. 40체 통과분의 성질 액성한계 소성지수	6 이하		*N.P	40 이하 10 이하	41 이상 10 이하	40 이하 11 이상	41 이상 11 이상	40 이하 10 이하	41 이상 10 이하	40 이하 11 이하	41 이상 11 이상
군지수	0		0	0		4 이하		8 이하	12 이하	16 이하	30 이하
주요 구성 재료	석편, 자갈, 모래		세사	실트질 또는 점토질 (자갈, 모래)				실트질 흙		점토질 흙	
노상토로서의 일반적 등급	우 또는 양							가 또는 불가			

5) 통일분류법과 AASHTO 분류법의 차이점

① 조립토와 세립토의 분류 : 통일분류법은 No. 200체 통과량 50%, AASHTO 분류법은 35%를 기준으로 한다.
② 모래와 자갈의 분류 : 통일분류법은 No. 4체를, AASHTO 분류법은 No. 10체를 기준으로 한다.
③ 통일분류법은 자갈질 흙과 모래질 흙의 구분이 명확하나, AASHTO 분류법에서는 명확하지 않다.
④ 유기질 흙은 통일분류법에는 있으나 AASHTO 분류법에는 없다.

분류항목	통일분류법	AASHTO 분류법
조립토 · 세립토 구분	$75\mu m$체 통과량 50%	$75\mu m$체 통과량 35%
자갈 · 모래 경계 입경	4.75mm	2mm
실트 · 점토의 구분	A-Line, $PI=0.73(LL-20)$	$PI=10$
유기질토의 분류	Pt, OH, OL	없음(A-8)
조립토의 분류	자세한 분류(GW, GC)	A-1, A-2, A-3
기호의 의미	서술적 의미있는 기호	익숙하지 않은 경우 의미 파악 곤란

출제 POINT

■ 통일분류법과 AASHTO 분류법의 차이점

① 조립토와 세립토 : 통일분류법은 No. 200체 통과량 50%, AASHTO 분류법은 35%를 기준으로 함
② 모래와 자갈 : 통일분류법은 No. 4체를, AASHTO 분류법은 No. 10체를 기준으로 함
③ 통일분류법은 자갈질 흙과 모래질 흙의 구분이 명확하나, AASHTO 분류법에서는 명확하지 않음
④ 유기질 흙은 통일분류법에는 있으나 AASHTO 분류법에는 없음

CHAPTER 01 기출문제

01 다음 그림과 같은 흙의 구성도에서 체적 V를 1로 했을 때의 간극의 체적은? (단, 간극률은 n, 함수비는 w, 흙 입자의 비중은 G_s, 물의 단위중량은 γ_w)

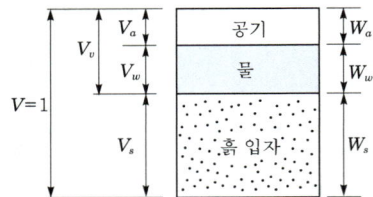

① n
② wG_s
③ $\gamma_w(1-n)$
④ $[G_s - n(G_s-1)]\gamma_w$

해설 흙의 구성도

$V=1$인 경우 $n = \dfrac{V_v}{V} = \dfrac{V_v}{1}$ 이므로 $V_v = n$

02 흙 입자의 비중은 2.56, 함수비는 35%, 습윤단위중량은 1.75g/cm³일 때 간극률은 약 얼마인가?

① 32%   ② 37%
③ 43%   ④ 49%

해설 ㉠ 습윤단위중량

$\gamma_t = \dfrac{G_s + Se}{1+e}\gamma_w = \dfrac{G_s + wG_s}{1+e}\gamma_w$ 에서

$1.75 = \dfrac{2.56 + 0.35 \times 2.56}{1+e} \times 1$ 이므로

$e = 0.975$

㉡ 간극률

$n = \dfrac{e}{1+e} \times 100 = \dfrac{0.975}{1+0.975} \times 100$
$= 49.37\%$

03 어떤 흙의 건조단위중량 $\gamma_d = 1.65$g/cm³이고, 비중은 2.73일 때 이 흙의 간극률은?

① 31.2%   ② 35.5%
③ 39.4%   ④ 42.6%

해설 ㉠ 건조단위중량

$\gamma_d = \dfrac{G_s}{1+e}\gamma_w$

$1.65 = \dfrac{2.73}{1+e} \times 1$

$\therefore e = 0.65$

㉡ 간극률

$n = \dfrac{e}{1+e} \times 100 = \dfrac{0.65}{1+0.65} \times 100$
$= 39.4\%$

04 100% 포화된 흐트러지지 않은 시료의 부피가 20cm³이고 질량이 36g이었다. 이 시료를 건조로에서 건조시킨 후의 질량이 24g일 때 간극비는 얼마인가?

① 1.36   ② 1.50
③ 1.62   ④ 1.70

해설 ㉠ 포화도 $S_r = 100\%$일 때

$V_s = V - V_v$

㉡ 간극비

$e = \dfrac{V_v}{V_s} = \dfrac{V_v}{V - V_v} = \dfrac{12}{20-12}$
$= 1.5$

05 다음 그림과 같이 흙 입자가 크기가 균일한 구(직경 : d)로 배열되어 있을 때 간극비는?

① 0.91
② 0.71
③ 0.51
④ 0.35

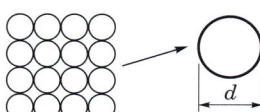

해설 간극비

$$e = \frac{V_v}{V_s} = \frac{V - V_s}{V_s}$$

$$= \frac{(4d)^3 - \frac{\pi d^3}{6} \times 64}{\frac{\pi d^3}{6} \times 64} = 0.91$$

06 부피 100cm³의 시료가 있다. 젖은 흙의 무게가 180g인데 노건조 후 무게를 측정하니 140g이었다. 이 흙의 간극비는? (단, 이 흙의 비중은 2.65이다.)

① 1.472
② 0.893
③ 0.627
④ 0.470

해설 간극비

㉠ $\gamma_d = \frac{W_s}{V} = \frac{140}{100} = 1.4 \text{g/cm}^3$

㉡ $\gamma_d = \frac{G_s}{1+e} \gamma_w$

$1.4 = \frac{2.65}{1+e} \times 1$

$\therefore e = 0.893$

07 비중이 2.5인 흙에 있어서 간극비가 0.5이고 포화도가 50%이면 흙의 함수비는 얼마인가?

① 10%
② 25%
③ 40%
④ 62.5%

해설 흙의 함수비 계산

$Se = G_s w$에서

$w = \frac{Se}{G_s} = \frac{50 \times 0.5}{2.5} = 10\%$

08 직경 60mm, 높이 20mm인 점토시료의 습윤중량이 250g, 건조로에서 건조시킨 후의 중량이 200g이었다. 이 시료의 함수비는?

① 20%
② 25%
③ 30%
④ 40%

해설 흙의 함수비 계산

$$w = \frac{W_w}{W_s} \times 100 = \frac{250 - 200}{200} \times 100 = 25\%$$

09 1m³의 포화점토를 채취하여 습윤단위무게와 함수비를 측정한 결과 각각 1.68t/m³와 60%였다. 이 포화점토의 비중은 얼마인가?

① 2.14
② 2.84
③ 1.58
④ 1.31

해설 ㉠ $Se = wG_s$

$1 \times e = 0.6 \times G_s$

$\therefore e = 0.6 G_s$

㉡ $\gamma_{sat} = \frac{G_s + e}{1+e} \gamma_w = \frac{G_s + 0.6 G_s}{1 + 0.6 G_s} = 1.68$

$\therefore G_s = 2.84$

10 포화된 흙의 건조단위중량이 1.70t/m³이고, 함수비가 20%일 때 비중은 얼마인가?

① 2.58
② 2.68
③ 2.78
④ 2.88

해설 포화된 흙의 건조단위중량 $\gamma_d = \frac{\gamma_w}{\frac{1}{G_s} + \frac{w}{S}}$ 에서

$1.7 = \frac{1}{\frac{1}{G_s} + \frac{20}{100}}$ 이므로

$G_s = \frac{1}{\frac{1}{1.7} - \frac{20}{100}} ≒ 2.58$

11 풍화작용에 의하여 분해되어 원위치에서 이동하지 않고 모암의 광물질을 덮고 있는 상태의 흙은?

① 호성토(lacustrine soil)
② 충적토(alluvial soil)
③ 빙적토(glacial soil)
④ 잔적토(residual soil)

> **해설** 잔적토(잔류토)
> 풍화작용에 의해 생성된 흙이 운반되지 않고 원래 암반상에 남아서 토층을 형성하고 있는 흙이다.

12 어느 점토의 체가름 시험과 액·소성시험 결과 0.002mm(2μm) 이하의 입경이 전 시료중량의 90%, 액성한계 60%, 소성한계 20%이었다. 이 점토광물의 주성분은 어느 것으로 추정되는가?

① kaolinite
② illite
③ calcite
④ montmorillonite

> **해설** 광물의 주성분
> ㉠ 소성지수(PI, I_P)
> $$I_P = W_l - W_p = 60 - 20 = 40\%$$
> ㉡ 활성도(A)
> $$A = \frac{\text{소성지수}(I_P)}{2\mu \text{보다 작은 입자의 중량백분율}(\%)}$$
> $$= \frac{40}{90} = 0.44$$
> ㉢ 활성도에 따른 점토의 분류
> 활성도 $A = 0.44 < 0.75$이므로 점토광물은 카올리나이트이다.

13 흐트러진 흙을 자연상태의 흙과 비교하였을 때 잘못된 설명은?

① 투수성이 크다.
② 간극이 크다.
③ 전단강도가 크다
④ 압축성이 크다.

> **해설** 흐트러진 흙의 특성
> ㉠ 흐트러진 흙은 자연상태의 흙에 비하여 공학적 성질이 나빠지지만 물리적 성질은 변하지 않는다.
> ㉡ 흐트러진 흙은 교란된 상태이므로 전단강도가 작아진다.

14 점성토를 다지면 함수비의 증가에 따라 입자의 배열이 달라진다. 최적함수비의 습윤측에서 다짐을 실시하면 흙은 어떤 구조로 되는가?

① 단립구조
② 봉소구조
③ 이산구조
④ 면모구조

> **해설** 흙의 구조
> ㉠ 점토는 OMC보다 큰 함수비인 습윤측으로 다지면 입자가 서로 평행한 분산구조(이산구조)를 이룬다.
> ㉡ 점토는 OMC보다 작은 함수비인 건조측으로 다지면 입자가 엉성하게 엉기는 면모구조를 이룬다.

15 비교적 가는 모래와 실트가 물속에서 침강하여 고리 모양을 이루며 작은 아치를 형성한 구조로 단립구조보다 간극비가 크고 충격과 진동에 약한 흙의 구조는?

① 봉소구조
② 낱알구조
③ 분산구조
④ 면모구조

> **해설** 흙의 구조
> ㉠ 점토는 OMC보다 큰 함수비인 습윤측으로 다지면 입자가 서로 평행한 분산구조를 이룬다.
> ㉡ 점토는 OMC보다 작은 함수비인 건조측으로 다지면 입자가 엉성하게 엉기는 면모구조를 이룬다.
> ㉢ 봉소구조는 아주 가는 모래, 실트가 물속에 침강하여 이루어진 구조로서 아치형태로 결합되어 있으며 단립구조보다 공극이 크고 충격, 진동에 약하다.

정답 11. ④ 12. ① 13. ③ 14. ③ 15. ①

16 미세한 모래와 실트가 작은 아치를 형성한 고리모양의 구조로서 간극비가 크고, 보통의 정적하중을 지탱할 수 있으나, 무거운 하중 또는 충격하중을 받으면 흙 구조가 부서지고 큰 침하가 발생되는 흙의 구조는?

① 면모구조
② 벌집구조
③ 분산구조
④ 단립구조

> **해설** 벌집(봉소)구조
> 아주 가는 모래, 실트가 물속에 침강하여 이루어진 구조로서 아치형태로 결합되어 있다. 단립구조보다 공극이 크고 충격, 진동에 약하다.

17 어떤 흙의 입도분석 결과 입경가적곡선의 기울기가 급경사를 이룬 빈입도일 때 예측할 수 있는 사항으로 틀린 것은?

① 균등계수가 작다.
② 간극비가 크다.
③ 흙을 다지기가 힘들 것이다.
④ 투수계수가 작다.

> **해설** 빈입도(poorly graded)
> ㉠ 같은 크기의 흙들이 섞여 있는 경우로서 입도분포가 나쁘다.
> ㉡ 특징
> • 균등계수가 작다.
> • 공극비가 크다.
> • 다짐에 부적합하다.
> • 투수계수가 크다.
> • 침하가 크다.

18 세립토를 비중계법으로 입도분석을 할 때 반드시 분산제를 쓴다. 다음 설명 중 옳지 않은 것은?

① 입자의 면모화를 방지하기 위하여 사용한다.
② 분산제의 종류는 소성지수에 따라 달라진다.
③ 현탁액이 산성이면 알칼리성의 분산제를 쓴다.
④ 시험 도중 물의 변질을 방지하기 위하여 분산제를 사용한다.

> **해설** 비중계시험법(hydrometer analysis)
> ㉠ 비중계 시험은 No.200(0.075mm)보다 작은 세립토의 입경을 결정하는 방법으로 수중에서 흙 입자가 침강하는 원리에 근거를 둔 것이다.
> ㉡ 현탁액 : 시료의 면모화 방지를 목적으로 규산나트륨, 과산화수소를 사용한다.

19 시험종류와 시험으로부터 얻을 수 있는 값의 연결이 틀린 것은?

① 비중계분석시험 – 흙의 비중(G_s)
② 삼축압축시험 – 강도정수(c, ϕ)
③ 일축압축시험 – 흙의 예민비(S_t)
④ 평판재하시험 – 지반반력계수(k_s)

> **해설** 비중계분석시험과 비중시험
> ㉠ 비중계분석시험은 세립토의 입경을 결정하는 방법이다.
> ㉡ 흙의 비중은 비중시험을 하여 얻는다.

20 자연상태의 모래지반을 다져 $e_{\min}$에 이르도록 했다면 이 지반의 상대밀도는?

① 0%
② 50%
③ 75%
④ 100%

> **해설** 상대밀도
> $$D_r = \frac{e_{\max} - e}{e_{\max} - e_{\min}} \times 100 에서$$
> $e_{\min} = e$ 이므로
> $$D_r = \frac{e_{\max} - e_{\min}}{e_{\max} - e_{\min}} \times 100 = 100\%$$

21 어떤 모래의 건조단위중량이 $1.7 t/m^3$이고, 이 모래의 $\gamma_{d\max} = 1.8 t/m^3$, $\gamma_{d\min} = 1.6 t/m^3$라면, 상대밀도는?

① 47%
② 49%
③ 51%
④ 53%

정답 16. ② 17. ④ 18. ④ 19. ① 20. ④ 21. ④

> **[해설]** 상대밀도
> $D_r = \dfrac{\gamma_{d\max}}{\gamma_d} \times \dfrac{\gamma_d - \gamma_{d\min}}{\gamma_{d\max} - \gamma_{d\min}}$ 에서
> 백분율이므로 100을 곱하여 구하면
> $D_r = \dfrac{1.8}{1.7} \times \dfrac{1.7 - 1.6}{1.8 - 1.6} \times 100 \fallingdotseq 53\%$

22 ★ 점토지반에서 N값으로 추정할 수 있는 사항이 아닌 것은?

① 상대밀도
② 컨시스턴시
③ 일축압축강도
④ 기초지반의 허용지지력

> **[해설]** N값으로 추정할 수 있는 사항
> ㉠ 사질토 : D_r, ϕ, 탄성계수
> ㉡ 점성토 : q_u, c, 컨시스턴시

23 ★★ 현장 흙의 단위중량을 구하기 위해 부피 500cm³의 구멍에서 파낸 젖은 흙의 무게가 900g이고, 건조시킨 후의 무게가 800g이다. 건조한 흙 400g을 몰드에 가장 느슨한 상태로 채운 부피가 280cm³이고, 진동을 가하여 조밀하게 다진 후의 부피는 210cm³이다. 흙의 비중이 2.7일 때 이 흙의 상대밀도는?

① 33%
② 38%
③ 43%
④ 48%

> **[해설]** ㉠ $\gamma_d = \dfrac{W_s}{V} = \dfrac{800}{500} = 1.6\text{g/cm}^3$
> ㉡ $\gamma_{d\min} = \dfrac{W_s}{V} = \dfrac{400}{280} = 1.43\text{g/cm}^3$
> $\gamma_{d\max} = \dfrac{W_s}{V} = \dfrac{400}{210} = 1.9\text{g/cm}^3$
> ㉢ $D_\gamma = \dfrac{\gamma_{d\max}}{\gamma_d} \times \dfrac{\gamma_d - \gamma_{d\min}}{\gamma_{d\max} - \gamma_{d\min}} \times 100$
> $= \dfrac{1.9}{1.6} \times \dfrac{1.6 - 1.43}{1.9 - 1.43} \times 100 = 42.95\%$

24 ★★ 현장에서 다짐된 사질토의 상대다짐도가 95%이고 최대 및 최소 건조단위중량이 각각 1.76t/m³, 1.5t/m³라고 할 때 현장시료의 상대밀도는?

① 74%
② 69%
③ 64%
④ 59%

> **[해설]** ㉠ 상대다짐도 $C_d = \dfrac{\gamma_d}{\gamma_{d\max}} \times 100$에서
> $\gamma_d = \dfrac{C_d \times \gamma_{d\max}}{100} = \dfrac{95 \times 1.76}{100} = 1.67\text{t/m}^3$
> ㉡ 상대밀도
> $D_r = \dfrac{\gamma_{d\max}}{\gamma_d} \times \dfrac{\gamma_d - \gamma_{d\min}}{\gamma_{d\max} - \gamma_{d\min}}$
> $= \dfrac{1.76}{1.67} \times \dfrac{1.67 - 1.5}{1.76 - 1.5} \times 100$
> $= 68.91\%$

25 ★★★ 흙의 연경도(consistency)에 관한 설명으로 틀린 것은?

① 소성지수는 점성이 클수록 크다
② 터프니스지수는 colloid가 많은 흙일수록 값이 작다.
③ 액성한계시험에서 얻어지는 유동곡선의 기울기를 유동지수라 한다.
④ 액성지수와 컨시스턴시지수는 흙지반의 무르고 단단한 상태를 판정하는 데 이용된다.

> **[해설]** 흙의 연경도
> ㉠ 터프니스지수는 소성지수와 유동지수의 비이다.
> ㉡ 몬모릴로나이트계 혹은 활성이 큰 콜로이드를 많이 함유한 점토는 터프니스지수가 크다.

> **정답** 22. ① 23. ③ 24. ② 25. ②

26 표준관입시험에 관한 설명 중 옳지 않은 것은?

① 표준관입시험의 N값으로 모래지반의 상대밀도를 추정할 수 있다.
② N값으로 점토지반의 연경도에 관한 추정이 가능하다.
③ 지층의 변화를 판단할 수 있는 시료를 얻을 수 있다.
④ 모래지반에 대해서도 흐트러지지 않은 시료를 얻을 수 있다.

> **해설** 표준관입시험
> ㉠ 동적인 사운딩으로서 교란된 시료가 얻어진다.
> ㉡ 사질토에 가장 적합하고 점성토에도 시험이 가능하다.

27 다음 중 흙의 연경도(consistency)에 대한 설명 중 옳지 않은 것은?

① 액성한계가 큰 흙은 점토분을 많이 포함하고 있다는 것을 의미한다.
② 소성한계가 큰 흙은 점토분을 많이 포함하고 있다는 것을 의미한다.
③ 액성한계나 소성지수가 큰 흙은 연약점토지반이라고 볼 수 있다.
④ 액성한계와 소성한계가 가깝다는 것은 소성이 크다는 것을 의미한다.

> **해설** 흙의 연경도
> ㉠ 점토분이 많을수록 W_l, I_P가 크다.
> ㉡ $I_P = W_l - W_P$이므로 소성지수가 작을수록 소성이 작다는 것을 의미한다.

28 액성한계(LL : Liquid Limit) 40%, 소성한계(PL : Plastic Limit) 20%, 현장함수비(w) 30%인 흙의 액성지수(LI : Liquidity Index)는?

① 0   ② 0.5
③ 1.0   ④ 1.5

> **해설** 흙의 액성지수(LI)
> $$LI = \frac{w - PL}{LL - PL} = \frac{30 - 20}{40 - 20} = 0.5$$

29 흙의 액성·소성한계 시험에 사용하는 흙 시료는 몇 mm체를 통과한 흙을 사용하는가?

① 4.75mm체   ② 2.0mm체
③ 0.425mm체   ④ 0.075mm체

> **해설** 흙의 액성한계 및 소성한계시험
> ㉠ 아터버그 한계
>   • 시료는 No. 40체를 통과한 흐트러진 흙을 사용한다.
>   • 단위는 함수비(%)로서 나타낸다.
> ㉡ 액성한계(W_l), 소성한계(W_p) No. 40(0.425mm)체를 통과한 시료를 사용한다.

30 시료가 점토인지 아닌지를 알아보고자 할 때 다음 중 가장 거리가 먼 사항은?

① 소성지수
② 소성도 A선
③ 포화도
④ 200번(0.075mm)체 통과량

> **해설** 시료의 구분
> ㉠ 점토분이 많을수록 액성한계가 크고, 소성지수가 크다.
> ㉡ A선은 $I_p = 0.73(W_l - 20)$으로서, A선 위는 점토를, A선 아래는 실트 및 유기질토를 나타낸다.
> ㉢ No. 200체 통과량이 50% 이상이면 세립토(M, C, O)이다.

정답 26.④ 27.④ 28.② 29.③ 30.③

31 입경가적곡선에서 가적통과율 30%에 해당하는 입경이 D_{30} = 1.2mm일 때, 다음 설명 중 옳은 것은?

① 균등계수를 계산하는 데 사용된다.
② 이 흙의 유효입경은 1.2mm이다.
③ 시료의 전체 무게 중에서 30%가 1.2mm보다 작은 입자이다.
④ 시료의 전체 무게 중에서 30%가 1.2mm보다 큰 입자이다.

>[해설] 가적통과율 30%에 해당하는 입경(D_{30})
>D_{30} = 1.2mm는 시료의 전체 무게 중에서 30%가 1.2mm보다 작은 입자이다.

32 다음과 같은 흙의 입도분포곡선에 대한 설명으로 옳은 것은?

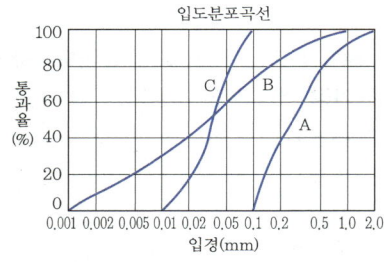

① A는 B보다 유효경이 작다.
② A는 B보다 균등계수가 작다.
③ C는 B보다 균등계수가 크다.
④ B는 C보다 유효경이 크다.

>[해설]
>| 균등계수(C_u) | B > C > A |
>|---|---|
>| 유효입경(D_{10}) | A > C > B |

33 어떤 모래의 입경가적곡선에서 유효입경 D_{10} = 0.01mm이었다. Hazen 공식에 의한 투수계수는? [단, 상수(C)는 100을 적용한다.]

① 1×10^{-4} cm/s   ② 2×10^{-6} cm/s
③ 5×10^{-4} cm/s   ④ 5×10^{-6} cm/s

>[해설] Hazen 공식에 의한 투수계수(K)
>D_{10} = 0.01mm = 0.001cm 이므로
>$K = C(D_{10})^2 = 100 \times 0.001^2$
>$= 1 \times 10^{-4}$ cm/s

34 Hazen이 제안한 균등계수가 5 이하인 균등한 모래의 투수계수(K)를 구할 수 있는 경험식으로 옳은 것은? (단, c는 상수이고, D_{10}은 유효입경이다.)

① $K = cD_{10}$ [cm/s]   ② $K = cD_{10}^2$ [cm/s]
③ $K = cD_{10}^3$ [cm/s]   ④ $K = cD_{10}^4$ [cm/s]

>[해설] Hazen의 경험식
>Hazen은 $C_u < 5$인 경우 균등한 모래에 대한 투수계수의 경험식을 제시하였다.
>$K = cD_{10}^2$ [cm/s]

35 유효입경이 0.1mm이고 통과백분율 80%에 대응하는 입경이 0.5mm, 60%에 대응하는 입경이 0.4mm, 40%에 대응하는 입경이 0.3mm, 20%에 대응하는 입경이 0.2mm일 때 이 흙의 균등계수는?

① 2   ② 3
③ 4   ④ 5

>[해설] 흙의 균등계수
>$C_u = \dfrac{D_{60}}{D_{10}} = \dfrac{0.4}{0.1} = 4$

36 흙의 입도시험에서 얻어지는 유효입경(有效粒經, D_{10})이란?

① 10mm체 통과분을 말한다.
② 입도분포곡선에서 10% 통과백분율을 말한다.
③ 입도분포곡선에서 10% 통과백분율에 대응하는 입경을 말한다.
④ 10번체 통과 백분율을 말한다.

정답 31.③ 32.② 33.① 34.② 35.③ 36.③

> **해설** 유효입경
> $D_e = D_{10}$
> 입도분포곡선에서 10% 통과백분율에 대응하는 입경을 말한다.

> **해설** 통일분류법에 의한 흙의 분류
> ㉠ 통일분류법은 0.075mm체 통과율 50%를 기준으로 조립토와 세립토로 분류한다.
> ㉡ AASHTO 분류법은 0.075mm체 통과율 35%를 기준으로 조립토와 세립토로 분류한다.

37 흙의 분류 중에서 유기질이 가장 많은 흙은?
① CH ② CL
③ MH ④ Pt

> **해설** Pt(이탄)는 고유기질토이다.

38 흙의 분류방법 중 통일분류법에 대한 설명으로 틀린 것은?
① No. 200(0.075mm)체 통과율이 50%보다 작으면 조립토이다.
② 조립토 중 No. 4(4.75mm)체 통과율이 50%보다 작으면 자갈이다.
③ 세립토에서 압축성의 높고 낮음을 분류할 때 사용하는 기준은 액성한계 35%이다.
④ 세립토를 여러 가지로 세분하는 데는 액성한계와 소성지수의 관계 및 범위를 나타내는 소성도표가 사용된다.

> **해설** 통일분류법
> ㉠ No. 200체 통과율로 조립토와 세립토를 구분한다.
> ㉡ No. 4체 통과율로 자갈과 모래를 구분한다.
> ㉢ $W_l = 50\%$로 저압축성과 고압축성을 구분한다.

39 통일분류법에 의한 흙의 분류에서 조립토와 세립토를 구분할 때 기준이 되는 체의 호칭번호와 통과율로 옳은 것은?
① No. 4(4.75mm)체, 35%
② No. 10(2mm)체, 50%
③ No. 200(0.075mm)체, 35%
④ No. 200(0.075mm)체, 50%

40 흙의 분류에 사용되는 Casagrande 소성도에 대한 설명으로 틀린 것은?
① 세립토를 분류하는 데 이용된다.
② U선은 액성한계와 소성지수의 상한선으로 U선 위쪽으로는 측점이 있을 수 없다.
③ 액성한계 50%를 기준으로 저소성(L) 흙과 고소성(H) 흙으로 분류한다.
④ A선 위의 흙은 실트(M) 또는 유기질토(O)이며, A선 아래의 흙은 점토(C)이다.

> **해설** Casagrande 소성도
> ㉠ A선 위의 흙은 점토(C)이고 A선 아래의 흙은 실트(M) 또는 유기질토(O)이다.
> ㉡ B선 좌측은 압축성이 작고(L), B선 우측은 압축성이 크다(H).

41 흙의 공학적 분류법으로 통일분류법(USCS)과 AASHTO 분류법이 있다. 이들 분류법의 차이를 나타낸 것 중 가장 옳지 않은 것은?
① AASHTO 분류법은 조립토와 세립토의 구분을 No. 200체 통과율 35%를 기준으로 한다.
② AASHTO 분류법은 유기질토의 판정이 없다.
③ 통일분류법의 소성도표에서 U선은 액성한계와 소성지수의 하한선을 나타낸다.
④ 통일분류법의 조립토에서 No. 200체 통과량이 5% 미만일 때는 이중기호를 사용하지 않는다.

> **해설** 통일분류법의 소성도표
> ㉠ A선은 점토와 실트 또는 유기질 흙을 구분한다.
> ㉡ U선은 액성한계와 소성지수의 상한선을 나타낸다.
> ㉢ 액성한계 50%를 기준으로 H(고압축성), L(저압축성)을 구분한다.

정답 37. ④ 38. ③ 39. ④ 40. ④ 41. ③

42 흙의 분류법인 AASHTO 분류법과 통일분류법을 비교·분석한 내용으로 틀린 것은?

① 통일분류법은 0.075mm체 통과율 35%를 기준으로 조립토와 세립토로 분류하는데 이것은 AASHTO 분류법보다 적합하다.
② 통일분류법은 입도분포, 액성한계, 소성지수 등을 주요 분류인자로 한 분류법이다.
③ AASHTO 분류법은 입도분포, 군지수 등을 주요 분류인자로 한 분류법이다.
④ 통일분류법은 유기질토 분류방법이 있으나 AASHTO 분류법은 없다.

> **해설** 통일분류법과 AASHTO 분류법
> ㉠ 통일분류법은 No. 200체(0.075mm) 통과율 50%를 기준으로 조립토와 세립토를 구분한다.
> ㉡ AASHTO 분류법은 No. 200체(0.075mm) 통과율 35%를 기준으로 조립토와 세립토를 구분한다.

43 통일분류법에 의해 흙이 MH로 분류되었다면, 이 흙의 공학적 성질로 가장 옳은 것은?

① 액성한계가 50% 이하인 점토이다.
② 액성한계가 50% 이상인 실트이다.
③ 소성한계가 50% 이하인 실트이다.
④ 소성한계가 50% 이상인 점토이다.

> **해설** 세립토의 구분 : 200번체에 50% 이상 통과 여부
> ㉠ $W_L > 50\%$인 실트나 점토 : MH, CH, OH로 구분
> ㉡ $W_L \leq 50\%$인 실트나 점토 : ML, CL, OL로 구분

44 어떤 시료를 입도분석한 결과, 0.075mm체 통과율이 65%이었고, 아터버그한계 시험결과 액성한계가 40%이었으며 소성도표(plasticity chart)에서 A선 위의 구역에 위치한다면 이 시료의 통일분류법(USCS) 상 기호로서 옳은 것은? (단, 시료는 무기질이다.)

① CL ② ML
③ CH ④ MH

> **해설** 통일분류법
> ㉠ $P_{No.200} = 65\% > 50\%$이므로 세립토(C)이다.
> ㉡ $W_L = 40\% < 50\%$이므로 저압축성(L)이고, A선 위의 구역에 위치하므로 CL이다.

45 통일분류법으로 흙을 분류할 때 사용하는 인자가 아닌 것은?

① 입도 분포 ② 아터버그 한계
③ 색, 냄새   ④ 군지수

> **해설** 흙의 공학적 분류
> ㉠ 통일분류법 : 흙의 입경을 나타내는 제1문자와 입도 및 성질을 나타내는 제2문자를 사용하여 흙을 분류한다.
> ㉡ AASHTO 분류법(개정 PR법) : 흙의 입도, 액성한계, 소성지수, 군지수를 사용하여 흙을 분류한다.

정답 42.① 43.② 44.① 45.④

MEMO

CHAPTER 02 흙 속의 물의 흐름

회독 체크표
- 1회독 월 일
- 2회독 월 일
- 3회독 월 일

최근 10년간 출제분석표

2015	2016	2017	2018	2019	2020	2021	2022	2023	2024
11.7%	13.3%	13.3%	11.7%	13.3%	6.7%	11.7%	11.7%	15%	10%

출제 POINT

학습 POINT
- 투수계수의 결정 및 시험법
- 비균질 토층의 평균투수계수
- 다르시(Darcy)의 법칙
- 유선망과 침윤선
- 분사현상, 보일링 및 파이핑 현상

■ **투수계수(K)**
① 흙의 투수계수는 통과하는 물의 성질과 흙 입자의 성상에 따라 결정
② 속도(유속)와 같은 차원(m/s)

$$K = D_s^2 \frac{\gamma_w}{\eta} \frac{e^3}{1+e} C$$

SECTION 1 투수계수

1 투수계수

1) 개요

흙의 투수계수는 통과하는 물의 성질과 흙 입자의 성상에 따라 결정되며, 속도(유속)와 같은 차원(m/s)을 가진다.

$$K = D_s^2 \frac{\gamma_w}{\eta} \frac{e^3}{1+e} C$$

여기서, K : 투수계수(cm/s)
  D_s : 흙 입자의 입경(보통 D_{10})
  γ_w : 물의 단위중량(g/cm³)
  η : 물의 점성계수(g/cm · s)
  e : 공극률
  C : 합성 형상계수

① 흙 입자의 크기가 클수록 투수계수는 증가한다.
② 물의 밀도와 농도가 클수록 투수계수는 증가한다.
③ 물의 점성계수가 클수록 투수계수는 감소한다.
④ 온도가 높을수록 물의 점성계수가 감소하여 투수계수는 증가한다.
⑤ 간극비가 클수록 투수계수는 증가한다.
⑥ 지반의 포화도가 클수록 투수계수는 증가한다.
⑦ 점토의 구조에 있어서 면모구조가 분산구조보다 투수계수가 크다.
⑧ 점토는 입자에 붙어 있는 이온농도와 흡착수층의 두께에 영향을 받는다.
⑨ 흙 입자의 비중은 투수계수와 무관하다.

2) 투수계수에 영향을 미치는 요소

투수계수는 유체의 점성, 온도, 흙의 입경, 간극비, 형상, 포화도, 흙 입자의 거칠기 등의 요소에 의해 지배된다.

(1) 간극비
투수계수는 간극비의 제곱에 비례한다.

$$K_1 : K_2 = \frac{e_1^3}{1+e_1} : \frac{e_2^3}{1+e_2} ≒ e_1^2 : e_2^2$$

(2) 점성계수
투수계수는 점성계수에 반비례한다.

$$K_1 : K_2 = \frac{1}{\eta_1} : \frac{1}{\eta_2}$$

2 투수계수의 결정

침투수량을 알기 위해서는 투수계수의 값을 알아야 한다.

1) 실내 투수시험

(1) 정수위 투수시험
① 수두차를 일정하게 유지하면서 일정 기간 동안 침투하는 유량을 측정한 후 다르시(Darcy)의 법칙을 사용하여 투수계수를 구한다.
② 투수계수가 큰 조립토($K=10^{-2}$~10^{-3}cm/s)에 적당하다.
③ 원리
  ㉠ 물이 유입하는 수위와 유출하는 수위를 각각 일정한 높이로 정하고 흙 속으로 물을 통과시킨다.
  ㉡ 수두차는 항상 일정 ⇒ i 계산
  ㉢ 침투유량은 실린더로 받아 측정

$$Q = KiAt = K\left(\frac{h}{L}\right)At$$

$$K = \frac{Q}{iAt} = \frac{QL}{hAt}$$

여기서, t : 측정시간, L : 물이 시료를 통과한 거리
 Q : 측정시간 동안 침투한 유량
 A : 시료의 단면적
 i : 동수경사(무차원)

출제 POINT

■ 투수계수에 영향을 미치는 요소
유체의 점성, 온도, 흙의 입경, 간극비, 형상, 포화도, 흙 입자의 거칠기 등

■ 정수위 투수시험
① 수두차를 일정하게 유지하면서 일정 기간 동안 침투하는 유량을 측정한 후 Darcy의 법칙을 사용하여 투수계수를 구함
② 투수계수가 큰 조립토($K=10^{-2}$~10^{-3}cm/s)에 적당

$$K = \frac{Q}{iAt} = \frac{QL}{hAt}$$

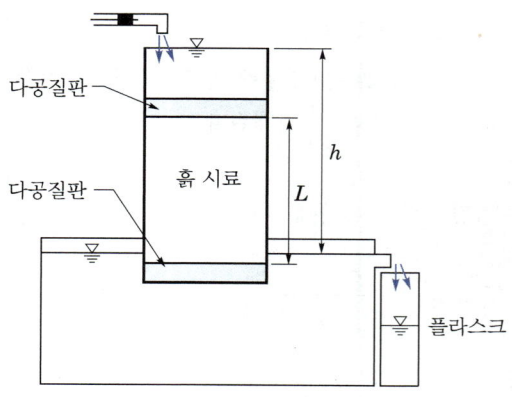

[정수위 투수시험]

■ 변수위 투수시험

① 스탠드 파이프(stand pipe) 내의 물이 시료를 통과해 수위차를 이루는 데 걸리는 시간을 측정하여 투수계수를 구함
② 투수계수가 작은 세립토($K=10^{-3}$~10^{-6}cm/s)에 적당

$$K = \frac{al}{A}\frac{1}{t_2-t_1}\ln\left(\frac{h_1}{h_2}\right)$$
$$= 2.3 \times \frac{al}{A}\frac{1}{t_2-t_1}\log\left(\frac{h_1}{h_2}\right)$$

(2) 변수위 투수시험

① 스탠드 파이프(stand pipe) 내의 물이 시료를 통과해 수위차를 이루는 데 걸리는 시간을 측정하여 투수계수를 구한다.
② 투수계수가 작은 세립토($K=10^{-6}$~10^{-3}cm/s)에 적당하다.
③ 원리
   ㉠ 물이 스탠드 파이프를 통해 흙 속으로 자유롭게 유입된다.
   ㉡ 유입되는 물의 하강속도를 측정하여 투수계수를 산정한다.
   ㉢ 단면적이 a인 스탠드 파이프를 통해 흙 속으로 유입하는 수위가 시간(Δt)에 Δh만큼 변화한다.
   ㉣ 단위시간당 유입유량 $-a \cdot \dfrac{dh}{dt}$ [(−)부호는 수위의 하강을 뜻함]
   ㉤ 유입유량 = 유출유량

   $$-a\frac{dh}{dt} = K\left(\frac{h}{l}\right)A$$
   $$-a\frac{dh}{h} = K\left(\frac{A}{l}\right)dt$$

   ㉥ t_1에서의 수위 h_1, t_2에서의 수위 h_2 ⇒ 적분

   $$-a\int_{h_1}^{h_2}\frac{dh}{h} = K\left(\frac{A}{l}\right)\int_{t_1}^{t_2}dt$$

   $$K = \frac{al}{A}\frac{1}{t_2-t_1}\ln\left(\frac{h_1}{h_2}\right)$$
   $$= 2.3 \times \frac{al}{A}\frac{1}{t_2-t_1}\log\left(\frac{h_1}{h_2}\right)$$

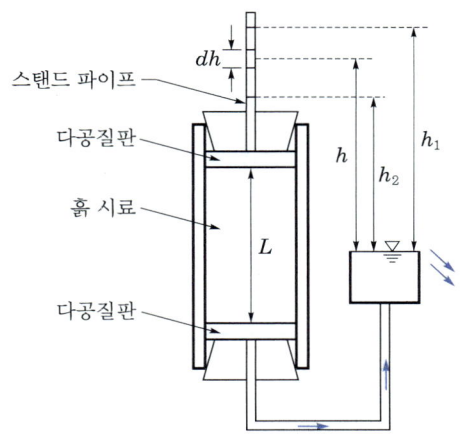

[변수위 투수시험]

2) 현장 투수시험

(1) 양정시험
① 현장의 흐름 방향의 평균투수계수를 측정한다.
② 균일한 조립토의 투수계수를 측정하는 데 적합하다.
③ 시험 방법
  ㉠ 시험정을 투수층까지 판다.
  ㉡ 우물 속의 수위가 일정할 때 천천히 퍼 올린다.
  ㉢ 시험정 근처에 관측정을 파서 수위를 기록한다.
  ㉣ 시험정으로 들어오는 유량을 측정한다.
  • 깊은 우물(deep well)에 의한 방법

$$v = K\left(\frac{dh}{dr}\right)$$

$$Q = 2\pi rHv = 2\pi rhK\left(\frac{dh}{dr}\right)$$

$$\int_{r_2}^{r_1} \frac{1}{r}dr = \left(\frac{2\pi K}{Q}\right)\int_{h_2}^{h_1} hdh$$

$$\therefore K = \frac{2.3Q\log\left(\frac{r_1}{r_2}\right)}{\pi(h_1^2 - h_2^2)}$$

■ 현장 투수시험
① 현장의 흐름 방향의 평균투수계수를 측정
② 균일한 조립토의 투수계수를 측정하는 데 적합

■ 깊은 우물에 의한 투수계수

$$K = \frac{2.3Q\log\left(\frac{r_1}{r_2}\right)}{\pi(h_1^2 - h_2^2)}$$

SOIL MECHANICS FOUNDATION

■ 출제 POINT

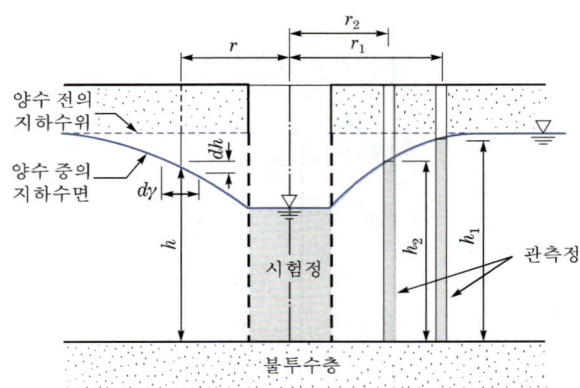

[깊은 우물의 양수에 의한 투수시험]

■ 굴착정에 의한 투수계수

$$K = \frac{2.3Q\log\left(\dfrac{r_1}{r_2}\right)}{2\pi H(h_1 - h_2)}$$

• 굴착정(artesian well)에 의한 방법

$$Q = 2\pi r H v = 2\pi r H K\left(\frac{dh}{dr}\right)$$

$$\int_{r_2}^{r_1} \frac{1}{r} dr = \left(\frac{2\pi K}{Q}\right)\int_{h_2}^{h_1} H dh$$

$$\therefore K = \frac{2.3Q\log\left(\dfrac{r_1}{r_2}\right)}{2\pi H(h_1 - h_2)}$$

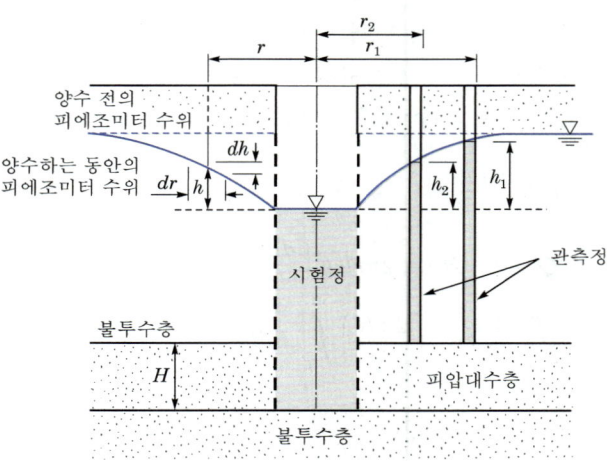

[굴착정의 양수에 의한 투수시험]

(2) 주수법

지반 내의 지하수위가 매우 낮거나 암반과 같이 투수계수가 작을 때 실시하는 방법이다.

3) 경험식 및 간접적인 방법

(1) 압밀시험

① 적용 범위 : $K = 1 \times 10^{-7}$ cm/s 이하의 불투수성 흙에 적용

② 압밀시험에 의한 간접적인 측정 방법

$$K = C_v m_v \gamma_w$$

여기서, C_v : 압밀계수(cm^2/s)
m_v : 체적변화계수(cm^2/kg)
γ_w : 물의 단위중량(kg/cm^3)

(2) 헤이즌(Hazen)의 경험식

매우 균등한 모래에 적용한다.

$$K = cD_{10}^2$$

여기서, c : 상수(100~150/cm · s), 둥근 입자의 경우 : 150/cm · s
D_{10} : 유효입경

■ 압밀시험에 의한 투수계수
$K = C_v m_v \gamma_w$

■ 헤이즌의 경험식
$K = cD_{10}^2$

3 비균질 토층의 평균투수계수

자연상태의 지반은 일반적으로 퇴적 등의 영향으로 인하여 지반 내의 흐름이 수평방향과 수직방향이 다르게 나타난다. 즉, 투수계수는 흐름의 방향에 따라 변하기 때문에 주어진 방향에 대해 각 토층의 평균투수계수, 즉 수평방향의 평균투수계수와 수직방향의 평균투수계수를 결정하여야 한다.

1) 수평방향 평균투수계수

① 투수의 방향이 수평으로 발생할 경우 각 층에서의 동수경사가 같다.
즉, $i_h = i_1 = i_2 = \cdots = $ constant

② 단위시간당 전단면을 통해 흐르는 전유량은 각 층의 유량의 합과 같다.

③ 전체 층의 유량=각 층의 유량의 합

$$q = K_h i A = K_h i L H$$
$$= K_{h_1} i_1 L H_1 + K_{h_2} i_2 L H_2 + \cdots + K_{h_n} i_n L H_n$$
$$= (K_{h_1} H_1 + K_{h_2} H_2 + \cdots + K_{h_n} H_n) i L$$
$$\therefore K_h H = K_{h_1} H_1 + K_{h_2} H_2 + \cdots + K_{h_n} H_n$$

■ 수평방향 평균투수계수
$K_h = \dfrac{1}{H}(K_{h_1} H_1 + K_{h_2} H_2 + \cdots + K_{h_n} H_n)$

출제 POINT

$$K_h = \frac{1}{H}(K_{h_1}H_1 + K_{h_2}H_2 + \cdots + K_{h_n}H_n)$$

여기서, $H = H_1 + H_2 + \cdots + H_n$

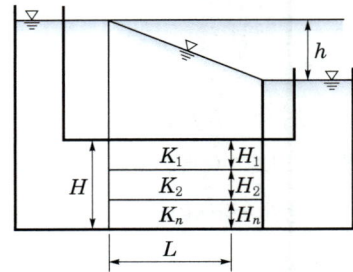

[수평방향 평균투수계수]

■ 수직방향 평균투수계수

$$K_z = \frac{H}{\dfrac{H_1}{K_{z_1}} + \dfrac{H_2}{K_{z_2}} + \cdots + \dfrac{H_n}{K_{z_n}}}$$

2) 수직방향 평균투수계수

① 투수가 연직방향으로 발생하는 경우는 각 층에서의 유출속도가 동일하다 (동수구배 i는 각 층마다 다르다).

$$v_z = v_1 = v_2 = \cdots = K_n i_n$$

$$v_z = K_z i_z = K_z \frac{h}{H} \rightarrow h = \frac{vH}{K_z}$$

$$v_1 = K_1 i_1 \rightarrow i_1 = \frac{v_1}{K_{z_1}} = \frac{v}{K_{z_1}}$$

$$v_2 = K_2 i_2 \rightarrow i_2 = \frac{v_2}{K_{z_2}} = \frac{v}{K_{z_2}}$$

$$v_n = K_n i_n \rightarrow i_n = \frac{v_n}{K_{z_n}} = \frac{v}{K_{z_n}}$$

② 전손실수두는 각 층의 손실수두의 합과 같다.

$$h = h_1 + h_2 + \cdots + h_n$$
$$= i_1 h_1 + i_2 h_2 + \cdots + i_n h_n$$

③ 식 ①을 식 ②에 대입하여 정리하면,

$$\frac{v}{k_z}H = \frac{v}{k_{z_1}}H_1 + \frac{v}{k_{z_2}}H_2 + \cdots + \frac{v}{k_{z_n}}H_n$$

$$K_z = \frac{H}{\dfrac{H_1}{K_{z_1}} + \dfrac{H_2}{K_{z_2}} + \cdots + \dfrac{H_n}{K_{z_n}}}$$

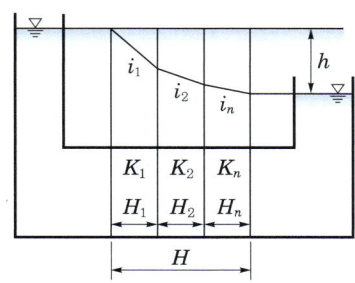

[수직방향 평균투수계수]

3) 이방성 투수계수

① 균질한 흙이라도 한 위치에서 지반 형성 과정에 따라 수직 및 수평방향의 투수계수가 다를 수 있는데, 이것을 투수에 있어서의 이방성(anisotropic)이라 한다.

② 이방성 지반의 경우에는 일반적인 투수계수(수평 혹은 수직방향 투수계수)를 사용하지 않고 등가 등방성 투수계수를 사용하여 지반의 투수계수를 구한다.

$$K' = \sqrt{K_h K_z}$$

여기서, K' : 등가 등방성 투수계수
K_h : 수평방향 투수계수
K_z : 수직방향 투수계수

■ 이방성 투수계수

균질한 흙이라도 한 위치에서 지반 형성 과정에 따라 수직 및 수평방향의 투수계수가 다른 경우 이방성 투수계수로 간주
$K' = \sqrt{K_h K_z}$

SECTION 2 물의 2차원 흐름

1 다르시(Darcy)의 법칙

학습 POINT
• 다르시(Darcy)의 법칙

1) 수두

(1) 전수두

베르누이(Bernoulli) 방정식에 따르면,
전수두(h_t) = 압력수두(h_p) + 위치수두(h_e) + 속도수두(h_v)이므로

$$h_t = \frac{u}{\gamma_w} + z + \frac{v^2}{2g}$$

여기서, u : 간극수압, z : 위치수두, v : 유속, g : 중력가속도

■ 베르누이 방정식

$h_t = \dfrac{u}{\gamma_w} + z + \dfrac{v^2}{2g}$

출제 POINT

■ 흙 속에서의 전수두

흙 속의 물의 속도가 느리기 때문에 속도수두는 무시

$h_t = \dfrac{u}{\gamma_w} + z$

(2) 흙 속에서의 전수두

토질역학에서는 일반적으로 흙 속의 물의 속도가 느리기 때문에 속도수두는 무시한다.

$$h_t = \dfrac{u}{\gamma_w} + z$$

2) 동수경사

(1) 두 점 A, B의 수두차

$$\Delta h = h_{At} - h_{Bt} = \left(\dfrac{u_A}{\gamma_w} + z_A\right) - \left(\dfrac{u_B}{\gamma_w} + z_B\right)$$

(2) 동수경사

전수두차를 물이 통과한 거리 L로 나눈 값

$$i = \dfrac{\Delta h}{L}$$

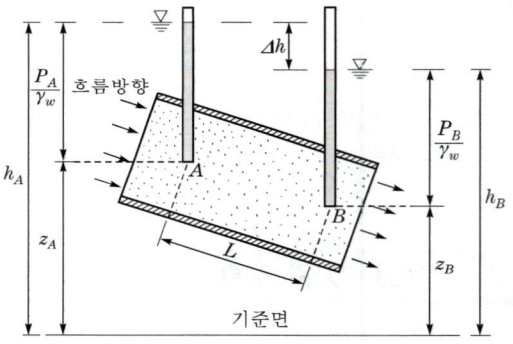

[흙 속의 물의 흐름으로 인한 수두]

3) 다르시(Darcy)의 법칙

■ 유출속도

$v = Ki = K\dfrac{h}{L}$

(1) 유출속도

다르시(Darcy, 1856)는 여과 모래의 실험적 연구를 통해 유출속도에 대한 식을 제안하였다.

$$v = Ki = K\dfrac{h}{L}$$

여기서, v : 유출속도, K : 투수계수
i : 동수경사, h : 수두차

출제 POINT
■ 침투유량
$$Q = qt = Avt = AKit$$

(2) 침투유량(Q)

시간 t 사이에 시료의 전단면적 A를 통과하는 유량

$$Q = qt = Avt = AKit$$

여기서, q : 단위시간당 유량

(3) 적용 범위

① $R_e = 1 \sim 10$인 층류에서 적용된다.

② 지하수의 흐름은 $R_e \fallingdotseq 1$이므로 다르시의 법칙이 적용된다.

(4) 실제 침투속도(v_s)

① 실제 흙 속에서 물은 전단면적 A로 흐르는 것이 아니라 간극, 즉 A_v로 흐른다.

② 연속방정식에 의해

$$Q = Av = A_v v_s$$

$$v_s = \frac{A}{A_v}v = \frac{AL}{A_v L}v = \frac{V}{V_v}v = \frac{v}{n/100}$$

여기서, v_s : 실제 침투속도
 v : 평균유속
 A_v : 간극의 단면적
 A : 시료의 전단면적
 n : 간극률(%)

③ $v_s > v$

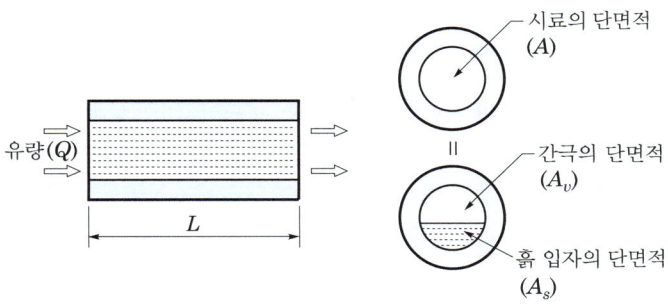

[유출속도와 침투속도]

SOIL MECHANICS FOUNDATION

출제 POINT

학습 POINT
- 유선망과 침윤선
- 분사현상, 보일링 및 파이핑 현상

■ 유선망의 기본 가정
① 다르시의 법칙을 적용한다.
② 흙은 등방성이 있고 균질하다.
③ 흙은 포화되어 있고, 모관현상은 무시한다.
④ 흙 입자와 물은 비압축성이다.

■ 유선 관련 용어
① 유선 : 물이 흐르는 경로
② 등수두선 : 손실수두가 같은 점을 연결한 선
③ 유로 : 인접한 두 유선 사이의 통로
④ 등수두면 : 인접한 두 등수두선 사이의 공간

■ 유선망의 특성
① 각 유로의 침투유량은 동일
② 각 등수두면 간의 수두차는 모두 동일
③ 유선과 등수두선은 서로 직교
④ 유선망으로 되는 사각형은 이론상 정사각형
⑤ 침투속도 및 동수구배는 유선망 폭에 반비례

SECTION 3 침투와 파이핑

1 유선망(flow net)

1) 개요

(1) 정의
① 제체 및 투수성 지반에서 침투수의 방향과 등위선을 그림으로 나타낸 것
② 유선과 등수두선이 이룬 군(群)

(2) 기본 가정
① 다르시(Darcy)의 법칙을 적용한다.
② 흙은 등방성이 있고 균질하다.
③ 흙은 포화되어 있고, 모관현상은 무시한다.
④ 흙 입자와 물은 비압축성이다.

(3) 유선망의 해석 방법
　도해법, 수학적 방법, 모형 실험에 의한 방법, 수치해석에 의한 방법 등이 있다.

2) 용어 정리

① 유선 : 물이 흐르는 경로
② 등수두선 : 손실수두가 같은 점을 연결한 선으로, 동일선상의 모든 점에서 전수두는 같다.
③ 유로 : 인접한 두 유선 사이의 통로
④ 등수두면 : 인접한 두 등수두선 사이의 공간

3) 유선망 작도의 목적

① 침투수량을 알 수 있다.
② 임의의 점에 작용하는 간극수압을 알 수 있다.
③ 동수경사의 결정이 가능하다.
④ 파이핑(piping)에 대한 안전검토를 할 수 있다.

4) 유선망의 특성

① 각 유로의 침투유량은 같다.
② 각 등수두면 간의 수두차는 모두 같다.
③ 유선과 등수두선은 서로 직교한다.

④ 유선망으로 되는 사각형은 이론상 정사각형이므로 유선망의 폭과 길이는 같다(내접원을 형성한다).
⑤ 침투속도 및 동수구배는 유선망 폭에 반비례한다.

5) 경계조건

① 투수층의 상류 표면(선분 ab)은 전수두가 동일하므로 등수두선이다.
② 투수층의 하류 표면(선분 de)은 전수두가 동일하므로 등수두선이다.
③ 선분 bcd(지반에 박혀 있는 널말뚝)는 유선이다.
④ 불투수층의 경계면(선분 fg)은 유선이다.

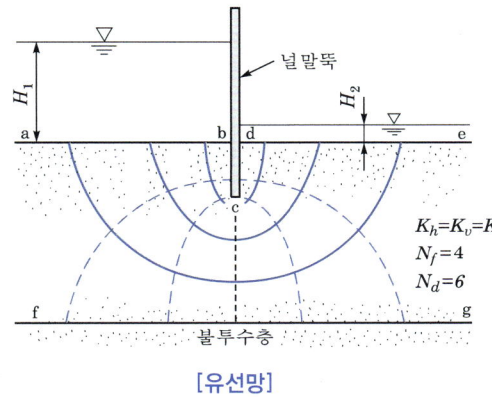

[유선망]

6) 침투수량의 계산

(1) 등방성 흙인 경우($K_h = K_z$)

$$q = KH\frac{N_f}{N_d}$$

여기서, q : 단위폭당 제체의 침투유량(cm^3/s)
　　　　K : 투수계수(cm/s)
　　　　N_f : 유로의 수
　　　　N_d : 등수두면의 수
　　　　H : 상류와 하류면의 수두차(cm)(＝전수두차)

(2) 이방성 흙인 경우($K_h \neq K_z$)

투수계수 사용 시 등가 등방성 투수계수를 사용한다.

$$q = \sqrt{K_h K_v}\, H\frac{N_f}{N_d}$$

■ 침투수량의 계산
① 등방성 흙인 경우
$q = KH\dfrac{N_f}{N_d}$
② 이방성 흙인 경우
$q = \sqrt{K_h K_v}\, H\dfrac{N_f}{N_d}$

출제 POINT

7) 임의의 점에서의 간극수압 결정

① 임의의 점에서의 전수두(h_t) : 인접한 두 등수두선 사이의 수두손실(Δh)은 어느 등수두선 사이든지 동일하다.

$$\Delta h = \frac{1}{N_d} H$$

$$\therefore h_t = \frac{n_d}{N_d} H$$

여기서, n_d : 하류에서부터 구하는 점까지의 등수두면 수
N_d : 등수두면의 수
H : 전수두차

② 위치수두(z)
㉠ 하류면을 기준으로 높이를 측정한다.
㉡ 측정하고자 하는 위치가 기준선 아래에 있는 경우는 (−)값을 가진다.

③ 압력수두(h_p)

압력수두(h_p) = 전수두(h_t) − 위치수두(z)

④ 간극수압(u)

$$u = \gamma_w h_p$$

2 침윤선(seepage line)

1) 개요

(1) 정의
흙댐의 제체를 통해 물이 통과할 때 최상부의 자유수면

(2) 침윤선의 성질
① 제체 내의 흐름의 최외측이다.
② 일종의 유선이다.
③ 형상은 포물선을 가정한다.
④ 자유수면이므로 압력수두는 0이고 위치수두만 존재한다.

■ 침윤선의 성질
① 제체 내의 흐름의 최외측
② 일종의 유선
③ 형상은 포물선으로 가정
④ 자유수면이므로 압력수두는 0으로 위치수두만 존재

2) 경계조건

① 상류측 경사(AE)는 전수두가 동일하므로 등수두선이다.
② 불투수층과의 경계면(AD)은 최하부 유선이다.

③ 하류측 경사(CD)는 등수두선도 아니고, 유선도 아니다.
④ ED는 최상단의 유선으로 **침윤선**이다.
⑤ 필터가 있을 경우에는 필터층은 전수두가 0인 등수두선이다.

■ 출제 POINT

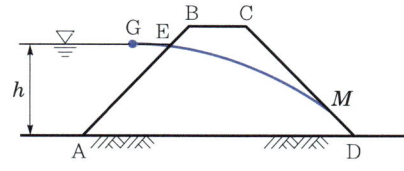

[침윤선의 경계조건]

3) 침윤선의 작도

Casagrande에 의한 방법으로, 필터가 없는 경우 다음과 같은 순서로 작도한다.

■ 침윤선의 작도
① G점의 결정
② 준선의 결정
③ G_o점의 결정
④ 기본 포물선의 작도
⑤ 기본 포물선의 보정

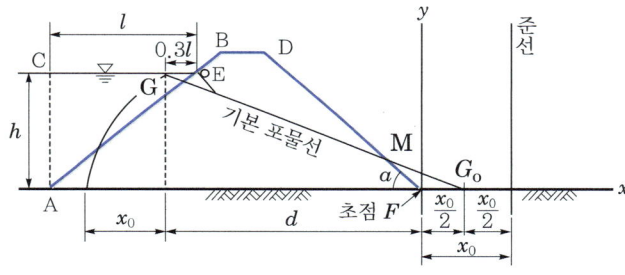

[침윤선의 작도]

(1) G점 결정

AE의 수평거리(l)의 30% 지점을 잡는다.

(2) 준선 결정

F와 G의 수평거리를 d라 하고 FG 거리 $\sqrt{h^2+d^2}$ 과 d의 거리차를 y_o라 표시한다.

$$y_o = \sqrt{h^2+d^2} - d$$

(3) G_o점의 결정

F에서 하류측으로 $\dfrac{x_o}{2}$ 만큼 떨어진 점을 G_o라 한다.

(4) 기본 포물선의 작도

F를 초점으로 하여 기본 포물선 방정식 $x = \dfrac{y^2 - x_o^2}{2x_o}$ 에 의해 G, M, G_o를 통과하는 기본 포물선을 그린다.

출제 POINT

(5) 기본 포물선의 보정

① 상류측 보정 : 상류측 경사면 AE는 하나의 등수두선이므로 침윤선은 이 면에 직교해야 하므로 E점에서 직각으로 유입하게 하고, 기본 포물선과 접하도록 한다.

② 하류측 보정 : 기본 포물선과 하류측 경사면의 교점을 M, 침윤선과 하류측 경사면과의 교점을 N이라 하면 N점을 통과하도록 하여 E, N을 통과하는 실제 침윤선을 작도한다.

③ 분사현상, 보일링 및 파이핑현상

1) 분사현상(quick sand)

■ 분사현상

상향 침투 시 침투수압에 의해 동수경사가 점점 커져서 한계동수경사보다 커지게 되면 토립자가 물과 함께 위로 솟구쳐 오르게 되는 현상

(1) 정의

① 상향 침투 시 침투수압에 의해 동수경사가 점점 커져서 한계동수경사보다 커지게 되면 토립자가 물과 함께 위로 솟구쳐 오르는 현상이다.

② 주로 사질토 지반(특히 모래)에서 일어난다.

(2) 한계동수경사

① 토층 표면에서 임의의 깊이 Z에서의 유효응력은 물의 상향 침투 때문에 감소한다.

$$\overline{\sigma} = \gamma_{sub}Z - i\gamma_w Z$$

② 침투압이 커져서 $\overline{\sigma} = 0$일 때의 경사를 한계동수경사라 하므로 $\gamma_{sub}Z - i\gamma_w Z = 0$에서

$$i_{cr} = \frac{\gamma_{sub}}{\gamma_w} = \frac{G_s - 1}{1 + e}$$

■ 분사현상의 조건

① 분사현상이 일어날 조건
$i > \dfrac{G_s - 1}{1 + e}$

② 분사현상이 일어나지 않을 조건
$i < \dfrac{G_s - 1}{1 + e}$

③ 안전율
$F_s = \dfrac{i_c}{i} = \dfrac{\dfrac{G_s - 1}{1 + e}}{\dfrac{h}{L}}$

(3) 분사현상의 조건

① 분사현상이 일어날 조건

$$i > \frac{G_s - 1}{1 + e}$$

② 분사현상이 일어나지 않을 조건

$$i < \frac{G_s - 1}{1 + e}$$

③ 안전율

$$F_s = \frac{i_c}{i} = \frac{\dfrac{G_s-1}{1+e}}{\dfrac{h}{L}}$$

2) 보일링현상

① 분사현상에 의하여 흙 입자 구조 골격이 흐트러져서 붕괴상태가 되면 흙 입자가 지하수와 더불어 물이 끓는 모습과 같이 분출되는 현상이다.
② 굴착저면과 굴착배면의 수위차로 인해 침투수압이 모래와 같이 솟아오르는 현상이다.
③ 투수성이 좋은 사질지반에서 주로 발생한다.
④ 방지대책
   ㉠ 흙막이벽의 근입장을 불투수층까지 깊게 한다.
   ㉡ 수밀성이 큰 흙막이벽을 선정한다.
   ㉢ 지하수위를 저하시킨다.

3) 파이핑현상

① 분사현상으로 흙 입자가 이탈된 위치에 유량이 집중되어 흙 입자 이탈이 더욱 가속화되므로 끝내는 파이프와 같은 공동이 형성되는 현상이다.
② 수위차가 있는 지반 중에 파이프 형태의 수맥이 생겨 사질층의 물이 배출되는 현상이다.
③ 수밀성이 적은 흙막이벽 또는 흙막이벽의 부실로 인한 구멍, 이음새로 물이 배출되어 발생한다.
④ 방지대책
   ㉠ 지하수위 저하
   ㉡ 차수성(수밀성)이 좋은 흙막이 공법 선정

■ 보일링현상

분사현상에 의하여 흙 입자 구조 골격이 흐트러져서 붕괴상태가 되면 흙 입자가 지하수와 더불어 물이 끓는 모습과 같이 분출되는 현상

■ 파이핑현상

분사현상으로 흙 입자가 이탈된 위치에 유량이 집중되어 흙 입자 이탈이 더욱 가속화되므로 끝내는 파이프와 같은 공동이 형성되는 현상

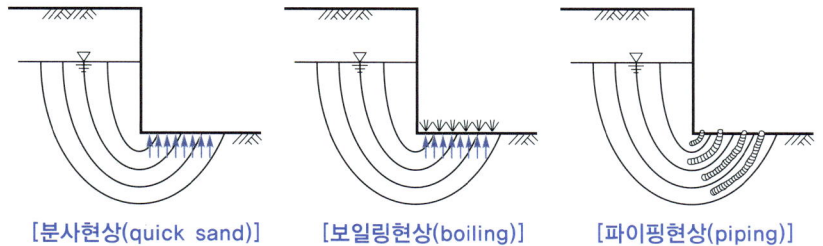

[분사현상(quick sand)]　　[보일링현상(boiling)]　　[파이핑현상(piping)]

CHAPTER 02 기출문제

01 모관상승 속도가 가장 느리고, 상승고가 가장 높은 흙은 다음 중 어느 것인가?

① 점토 ② 실트
③ 모래 ④ 자갈

> **해설** 모관상승고가 높은 흙
> ㉠ 세립토일수록 투수계수가 작아지므로 모관상승 속도는 느리지만 모관상승고는 높다.
> ㉡ 모관상승 속도가 가장 느리고, 상승고가 가장 높은 흙은 점토이다.

02 안지름이 0.6mm인 유리관을 15℃의 정수 중에 세웠을 때 모관상승고(h_c)는? (단, 접촉각 α는 0°, 표면장력은 0.075g/cm)

① 6cm ② 5cm
③ 4cm ④ 3cm

> **해설** ㉠ 유리관 지름(D)
> $D = 0.6\text{mm} = 0.06\text{cm}$
> ㉡ 모관상승고(h_c)
> $h_c = \dfrac{4T\cos\alpha}{\gamma_w D}$
> $= \dfrac{4 \times 0.075 \times \cos 0°}{1 \times 0.06} = 5\text{cm}$

03 투수계수에 관한 설명으로 옳지 않은 것은?

① 투수계수는 수두차에 반비례한다.
② 수온이 상승하면 투수계수는 증가한다.
③ 투수계수는 일반적으로 흙의 입자가 작을수록 작은 값을 나타낸다.
④ 같은 종류의 흙에서 간극비가 증가하면 투수계수는 작아진다.

> **해설** 투수계수
> ㉠ $K = D_s^2 \dfrac{\gamma_w}{\eta} \dfrac{e^3}{1+e} c$
> ㉡ 간극비가 증가하면 투수계수는 커진다.

04 다음의 토질시험 중 투수계수를 구하는 시험이 아닌 것은?

① 다짐시험 ② 변수두 투수시험
③ 압밀시험 ④ 정수두 투수시험

> **해설** 실내투수시험의 종류
>
> | 시험방법 | 적용범위(K) | 적용지반 |
> |---|---|---|
> | 정수위 투수시험 | $10^{-2} \sim 10^{-3}$cm/s | 투수계수가 큰 모래지반 |
> | 변수위 투수시험 | $10^{-3} \sim 10^{-6}$cm/s | 투수성이 작은 흙 |
> | 압밀시험 | 10^{-7}cm/s 이하 | 불투수성 흙 |

05 단면적이 100cm², 길이가 30cm인 모래 시료에 대하여 정수위 투수시험을 실시하였다. 이때 수두차가 50cm, 5분 동안 집수된 물이 350cm³이었다면 이 시료의 투수계수는?

① 0.001cm/s ② 0.007cm/s
③ 0.01cm/s   ④ 0.07cm/s

> **해설** 정수위 투수시험
> 침투수량 $Q = KiA = K \times \dfrac{h}{L} \times A$에서
> 투수계수
> $K = \dfrac{QL}{Ah} = \dfrac{\left(\dfrac{350}{5 \times 60}\right) \times 30}{100 \times 50} = 0.007\text{cm/s}$

정답 1.① 2.② 3.④ 4.① 5.②

06 흙의 투수성에서 사용되는 Darcy의 법칙 $\left(Q = K\dfrac{\Delta h}{L}A\right)$에 대한 설명으로 틀린 것은?

① Δh는 수두차이다.
② 투수계수(K)의 차원은 속도의 차원(cm/s)과 같다.
③ A는 실제로 물이 통하는 공극부분의 단면적이다.
④ 물의 흐름이 난류인 경우에는 Darcy의 법칙이 성립하지 않는다.

> 해설 다르시(Darcy)의 법칙
> A는 시료의 전단면적으로 고체 토립자 면적(A_v)과 간극 면적(A_s)의 합이다.

07 다음 중 투수계수를 좌우하는 요인과 관계가 먼 것은?

① 포화도
② 토립자의 크기
③ 토립자의 비중
④ 토립자의 형상과 배열

> 해설 투수계수를 좌우하는 요인
> 투수계수 $K = (D_s)^2 \dfrac{\gamma_w}{\eta} \dfrac{e^3}{1+e} C$
> K : 투수계수(cm/s)
> D_s : 흙 입자의 입경(보통 D_{10})
> γ_w : 물의 단위중량(g/cm³)
> η : 물의 점성계수(g/cm·s)
> e : 공극비
> C : 합성형상계수(composite shape factor)

08 흙 속에서 물의 흐름에 영향을 주는 주요 요소가 아닌 것은?

① 흙의 유효입경
② 흙의 간극비
③ 흙의 상대밀도
④ 유체의 점성계수

> 해설 ㉠ 투수계수에 영향을 미치는 요소
> $K = D_s^2 \dfrac{\gamma_w}{\eta} \dfrac{e^3}{1+e} C$
> ㉡ 흙의 상대밀도는 투수계수와 관계가 없다.

09 다음 그림과 같은 정수위 투수시험에서 시료의 길이는 L, 단면적은 A, t시간 등안 메스실린더에 계량된 물의 양이 Q, 수위차는 h로 일정할 때 이 시료의 투수계수는?

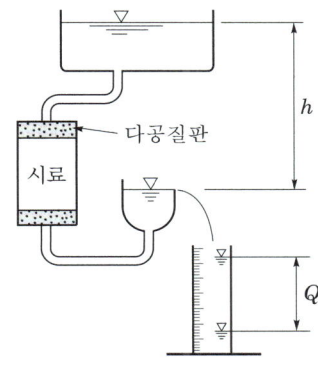

① $\dfrac{QL}{Aht}$
② $\dfrac{Qh}{ALt}$
③ $\dfrac{Qt}{ALh}$
④ $\dfrac{QA}{Lht}$

> 해설 $Q = KiAt = K\dfrac{h}{L}At$ 이므로
> 투수계수 $K = \dfrac{QL}{Aht}$ 이다.

10 단면적 20cm², 길이 10cm의 시료를 15cm의 수두차로 정수위 투수시험을 한 결과 2분 동안 150cm³의 물이 유출되었다. 이 흙의 비중은 2.67이고, 건조중량이 420g이었다. 공극을 통하여 침투하는 실제 침투유속 V_s는 약 얼마인가?

① 0.018cm/s
② 0.296cm/s
③ 0.437cm/s
④ 0.628cm/s

해설 **정수위 투수시험 투수계수**

㉠ 투수계수
$$K = \frac{QL}{Aht} = \frac{150 \times 10}{20 \times 15 \times 2 \times 60}$$
$$= 0.042\text{cm/s}$$

㉡ 유속
$$V = Ki = K \times \frac{\Delta h}{L} = 0.042 \times \frac{15}{10}$$
$$= 0.063\text{cm/s}$$

㉢ 건조단위중량
$$\gamma_d = \frac{W}{V} = \frac{420}{20 \times 10} = 2.1\text{g/cm}^3 \text{ 이고}$$
$$\gamma_d = \frac{G_s \gamma_w}{1+e} \text{ 이므로}$$
간극비 $e = \frac{G_s \gamma_w}{\gamma_d} - 1 = \frac{2.67 \times 1}{2.1} - 1$
$$= 0.271$$

㉣ 간극률 $n = \frac{e}{1+e} = \frac{0.27}{1+0.27} = 0.213$

㉤ 실제 침투유속
$$V_s = \frac{V}{n} = \frac{0.063}{0.213} = 0.296\text{cm/s}$$

11 그림과 같이 정수위 투수시험을 실시하였다. 30분 동안 침투한 유량이 500cm³일 때 투수계수는?

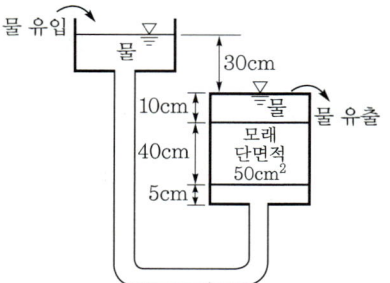

① 6.13×10^{-3}cm/s ② 7.41×10^{-3}cm/s
③ 9.26×10^{-3}cm/s ④ 10.02×10^{-3}cm/s

해설 **정수두 투수시험**
$$Q = KiA = K \times \frac{h}{L} \times A$$
$$\frac{500}{30 \times 60} = K \times \frac{30}{40} \times 50$$
$$\therefore K = 7.41 \times 10^{-3}\text{cm/s}$$

12 어떤 흙의 변수위 투수시험을 한 결과 시료의 직경과 길이가 각각 5.0cm, 2.0cm이었으며, 유리관의 내경이 4.5mm, 1분 10초 동안에 수두가 40cm에서 20cm로 내렸다. 이 시료의 투수계수는?

① 4.95×10^{-4}cm/s ② 5.45×10^{-4}cm/s
③ 1.60×10^{-4}cm/s ④ 7.39×10^{-4}cm/s

해설 **투수계수의 계산**

㉠ $A = \frac{\pi \times 5^2}{4} = 19.63\text{cm}^2$

㉡ $a = \frac{\pi \times 0.45^2}{4} = 0.16\text{cm}^2$

㉢ $K = \frac{2.3al}{At} \log \frac{h_1}{h_2}$
$$= \frac{2.3 \times 0.16 \times 2}{19.63 \times 70} \times \log \frac{40}{20}$$
$$= 1.61 \times 10^{-4}\text{cm/s}$$

13 다음 그림과 같은 다층지반에서 연직방향의 등가 투수계수는?

1m	$K_1 = 5.0 \times 10^{-2}$cm/s
2m	$K_2 = 4.0 \times 10^{-2}$cm/s
1.5m	$K_3 = 2.0 \times 10^{-2}$cm/s

① 5.8×10^{-3}cm/s ② 6.4×10^{-3}cm/s
③ 7.6×10^{-3}cm/s ④ 1.4×10^{-2}cm/s

해설 **다층지반에서 연직방향의 등가투수계수의 계산**

㉠ 다층지반 두께(H)
$$H = H_1 + H_2 + H_3 = 100 + 200 + 150$$
$$= 450\text{cm}$$

㉡ 연직방향 등가투수계수(K_v)
$$K_v = \frac{H}{\frac{H_1}{K_1} + \frac{H_2}{K_2} + \frac{H_3}{K_3}}$$
$$= \frac{450}{\frac{100}{5.0 \times 10^{-2}} + \frac{200}{4.0 \times 10^{-2}} + \frac{150}{2.0 \times 10^{-2}}}$$
$$= 7.6 \times 10^{-3}\text{cm/s}$$

정답 11. ② 12. ③ 13. ③

14 그림과 같이 3개의 지층으로 이루어진 지반에서 토층에 수직한 방향의 평균투수계수(K_v)는?

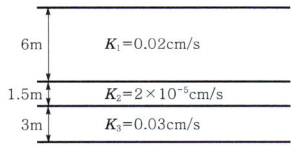

① 2.516×10^{-6}cm/s ② 1.274×10^{-5}cm/s
③ 1.393×10^{-4}cm/s ④ 2.0×10^{-2}cm/s

> **해설** 토층에 수직한 방향의 평균투수계수(K_v)
> ㉠ 전 지층 두께(H)
> $H = H_1 + H_2 + H_3 = 600 + 150 + 300$
> $= 1,050$cm
> ㉡ 수직방향 등가투수계수(K_v)
> $K_v = \dfrac{H}{\dfrac{H_1}{K_1} + \dfrac{H_2}{K_2} + \dfrac{H_3}{K_3} + \dfrac{H_4}{K_4}}$
> $= \dfrac{1,050}{\dfrac{600}{0.02} + \dfrac{150}{2 \times 10^{-5}} + \dfrac{300}{0.03}}$
> $= 1.393 \times 10^{-4}$cm/s

15 그림과 같이 동일한 두께의 3층으로 된 수평모래층이 있을 때 토층에 수직한 방향의 평균투수계수(K_v)는?

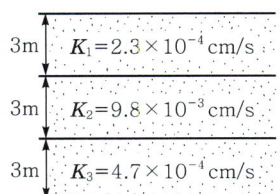

① 2.38×10^{-3}cm/s ② 3.01×10^{-4}cm/s
③ 4.56×10^{-4}cm/s ④ 5.60×10^{-4}cm/s

> **해설** 수직방향 평균투수계수
> $K_v = \dfrac{H}{\dfrac{h_1}{K_1} + \dfrac{h_2}{K_2} + \dfrac{h_3}{K_3}}$
> $= \dfrac{900}{\dfrac{300}{2.3 \times 10^{-4}} + \dfrac{300}{9.8 \times 10^{-3}} + \dfrac{300}{4.7 \times 10^{-4}}}$
> $\fallingdotseq 4.56 \times 10^{-4}$cm/s

16 간극비 $e_1 = 0.80$인 어떤 모래의 투수계수가 $K_1 = 8.5 \times 10^{-2}$cm/s일 때, 이 모래를 다져서 간극비를 $e_2 = 0.57$로 하면 투수계수 K_2는?

① 4.1×10^{-1}cm/s ② 8.1×10^{-2}cm/s
③ 3.5×10^{-2}cm/s ④ 8.5×10^{-3}cm/s

> **해설** 간극비와 투수계수
> $K_1 : K_2 = \dfrac{(e_1)^3}{1+e_1} : \dfrac{(e_2)^3}{1+e_2}$ 에서
> $8.5 \times 10^{-2} : K_2 = \dfrac{0.8^3}{1+0.8} : \dfrac{0.57^3}{1+0.57}$ 이므로
> $K_2 = 3.52 \times 10^{-2}$cm/s

17 다음 그림과 같은 흙댐의 유선망을 작도하는 데 있어서 경계조건으로 틀린 것은?

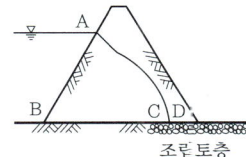

① $\overline{AB}$는 등수두선이다.
② $\overline{BC}$는 유선이다.
③ $\overline{AD}$는 유선이다.
④ $\overline{CD}$는 침윤선이다.

> **해설** 유선망의 경계조건
> | 유선 | AD, BC |
> |---|---|
> | 등수두선 | AB, CD |

18 유선망의 특징을 설명한 것으로 옳지 않은 것은?
① 각 유로의 침투유량은 같다.
② 유선과 등수두선은 서로 직교한다.
③ 유선망으로 이루어지는 사각형은 이론상 정사각형이다.
④ 침투속도 및 동수구배는 유선망의 폭에 비례한다.

정답 14. ③ 15. ③ 16. ③ 17. ④ 18. ④

> [해설] **유선망의 특징**
> ㉠ 각 유로의 침투유량은 같다.
> ㉡ 인접한 등수두선 간의 수두차는 모두 같다.
> ㉢ 유선과 등수두선은 서로 직교한다.
> ㉣ 유선망으로 되는 사각형은 정사각형이다.
> ㉤ 침투속도 및 동수구배는 유선망의 폭에 반비례한다.

19 다음과 같이 널말뚝을 박은 지반의 유선망을 작도하는 데 있어서 경계조건에 대한 설명으로 틀린 것은?

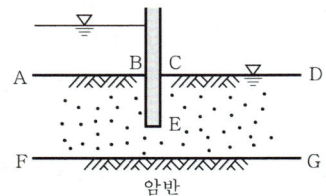

① $\overline{AB}$는 등수두선이다.
② $\overline{CD}$는 등수두선이다.
③ $\overline{FG}$는 유선이다.
④ $\overline{BEC}$는 등수두선이다.

> [해설] **유선망 작도의 경계조건**
> ㉠ 선분 AB는 전수두가 동일하므로 등수두선이다.
> ㉡ 선분 CD는 전수두가 동일하므로 등수두선이다.
> ㉢ BEC는 하나의 유선이다.
> ㉣ FG는 하나의 유선이다.

20 유선망을 작도하는 주된 목적은?

① 침하량의 결정   ② 전단강도의 결정
③ 침투수량의 결정   ④ 지지력의 결정

> [해설] **유선망을 작도하는 주된 목적**
> 유선망을 작도하여 침투수량, 간극수압, 동수경사 등을 구할 수 있다.

21 유선망을 이용하여 구할 수 없는 것은?

① 간극수압   ② 침투수량
③ 동수경사   ④ 투수계수

> [해설] **유선망을 작도하는 주된 목적**
> 유선망을 작도하여 침투수량, 간극수압, 동수경사 등을 구할 수 있다.

22 유선망의 특징에 대한 설명으로 틀린 것은?

① 균질한 흙에서 유선과 등수두선은 상호 직교한다.
② 유선 사이에서 수두감소량(head loss)은 동일하다.
③ 유선은 다른 유선과 교차하지 않는다.
④ 유선망은 경계조건을 만족하여야 한다.

> [해설] **유선망의 특징**
> ㉠ 각 유로의 침투유량은 같다.
> ㉡ 유선과 등수두선은 서로 직교한다.
> ㉢ 인접한 등수두선 간의 수두차는 모두 같다.
> ㉣ 침투속도 및 동수경사는 유선망의 폭에 반비례한다.
> ㉤ 유선망으로 되는 사각형은 정사각형이다.

23 유선망(flow net)의 성질에 대한 설명으로 틀린 것은?

① 유선과 등수두선은 직교한다.
② 동수경사(i)는 등수두선의 폭에 비례한다.
③ 유선망으로 되는 사각형은 이론상 정사각형이다.
④ 인접한 두 유선 사이, 즉 유로를 흐르는 침투수량은 동일하다.

> [해설] **다르시(Darcy)의 법칙**
> ㉠ 침투속도 $v = Ki = K \times \dfrac{h}{L}$
> ㉡ 인접한 두 등수두선 사이의 전수두(손실수두)는 일정하다
> ㉢ 인접한 두 등수두선 사이의 동수경사는 두 등수두선의 폭에 반비례한다.

정답 19.④ 20.③ 21.④ 22.② 23.②

24 그림의 유선망에 대한 설명 중 틀린 것은? (단, 흙의 투수계수는 2.5×10⁻³cm/s이다.)

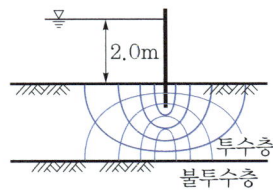

① 유선의 수=6
② 등수두선의 수=6
③ 유로의 수=5
④ 전침투유량 $Q = 0.278\text{m}^3/\text{s}$

해설

	유선	유면(N_f)	등수두선	등수두면(N_d)
개수	6	5	10	9

침투수량 $Q = KH\dfrac{N_f}{N_d}$

$= (2.5 \times 10^{-3}) \times 200 \times \dfrac{5}{9}$

$= 0.278 \text{cm}^3/\text{s}$

25 어떤 유선망에서 상하류면의 수두차가 4m, 등수두면의 수가 13개, 유로의 수가 7개일 때 단위 폭 1m당 1일 침투수량은 얼마인가? (단, 투수층의 투수계수 $K = 2.0 \times 10^{-4}$cm/s)

① $9.62 \times 10^{-1} \text{m}^3/\text{day}$
② $8.0 \times 10^{-1} \text{m}^3/\text{day}$
③ $3.72 \times 10^{-1} \text{m}^3/\text{day}$
④ $1.83 \times 10^{-1} \text{m}^3/\text{day}$

해설 유선망도에 의한 침투량

침투수량 $Q = KH\dfrac{N_f}{N_d}$ 이므로

$Q = (2.0 \times 10^{-6}) \times 4 \times \dfrac{7}{13}$

$= 4.31 \times 10^{-6} \text{m}^3/\text{s}$

$= 4.31 \times 10^{-6} \times 3,600 \times 24$

$= 0.372 \text{m}^3/\text{day}$

26 어떤 유선망도에서 상하류의 수두차가 3m, 투수계수가 2.0×10⁻³cm/s, 등수두면의 수가 9개, 유로의 수가 6개일 때 단위폭 1m당 침투량은?

① $0.0288\text{m}^3/\text{h}$ ② $0.1440\text{m}^3/\text{h}$
③ $0.3240\text{m}^3/\text{h}$ ④ $0.3436\text{m}^3/\text{h}$

해설 유선망도에 의한 침투량

$Q = KH\dfrac{N_f}{N_d} = (2 \times 10^{-5}) \times 3 \times \dfrac{6}{9}$

$= 4 \times 10^{-5} \text{m}^3/\text{s}$

$= 4 \times 10^{-5} \times 3,600$

$= 0.144 \text{m}^3/\text{h}$

27 그림과 같은 지반 내의 유선망이 주어졌을 때 폭 10m에 대한 침투 유량은? (단, 투수계수 K는 2.2×10^{-2}cm/s이다.)

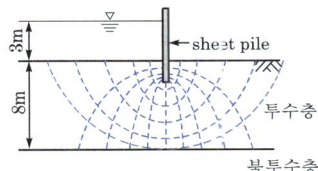

① $3.96 \text{cm}^3/\text{s}$ ② $39.6 \text{cm}^3/\text{s}$
③ $396 \text{cm}^3/\text{s}$ ④ $3,960 \text{cm}^3/\text{s}$

해설 ㉠ 단위폭당 침투유량

$q = KH\dfrac{N_f}{N_d}$

$= (2.2 \times 10^{-2}) \times 300 \times \dfrac{6}{10}$

$= 3.96 \text{cm}^3/\text{s}$

㉡ 폭 10m에 대한 침투유량

$Q = 3.96 \times 1,000 = 3,960 \text{cm}^3/\text{s}$

28 유선망은 이론상 정사각형으로 이루어진다. 동수경사가 가장 큰 곳은?

① 어느 곳이나 동일함
② 땅속 제일 깊은 곳
③ 정사각형이 가장 큰 곳
④ 정사각형이 가장 작은 곳

해설 ㉠ 동수경사 $i = \dfrac{\Delta h}{L}$는 Δh에 비례하고 L에 반비례한다.
㉡ 유선망은 유선과 등수두선은 직교하고 이론상 정사각형이다.
㉢ 동수경사가 크면 등압선의 폭은 작으므로 정사각형이 가장 작은 곳의 동수경사가 가장 크다.

29★★ 수직방향의 투수계수가 4.5×10⁻⁶m/s이고, 수평방향의 투수계수가 1.6×10⁻⁶m/s인 균질하고 비등방(比等方)인 흙댐의 유선망을 그린 결과 유로(流路)수가 4개이고 등수두면의 수가 18개이다. 단위길이(m)당 침투수량은? (단, 댐의 상하류 수두차는 18m이다.)

① $1.1 \times 10^{-7} \text{m}^3/\text{s}$
② $2.3 \times 10^{-7} \text{m}^3/\text{s}$
③ $2.3 \times 10^{-6} \text{m}^3/\text{s}$
④ $1.5 \times 10^{-6} \text{m}^3/\text{s}$

해설 ㉠ 이방성 토량의 평균투수계수
$K = \sqrt{K_h \times K_v}$
$= \sqrt{(1.6 \times 10^{-8}) \times (4.5 \times 10^{-8})}$
$= 2.68 \times 10^{-8} \text{m/s}$
㉡ 침투수량 $Q = KH \dfrac{N_f}{N_d}$
$= 2.68 \times 10^{-8} \times 18 \times \dfrac{4}{18}$
$= 1.1 \times 10^{-7} \text{m}^3/\text{s}$

30★★ 느슨하고 포화된 사질토에 지진이나 폭파, 기타 진동으로 인한 충격을 받았을 때 전단강도가 급격히 감소하는 현상은?

① 액상화 현상 ② 분사 현상
③ 보일링 현상 ④ 다일러턴시 현상

해설 ㉠ 틱소트로피 현상(thixotrophy)은 흐트러진 시료를 함수비의 변화없이 그대로 두면 시간이 경과함에 따라 강도가 회복되는 현상으로 점토지반에서 일어난다.
㉡ 액상화 현상(liquefaction)은 느슨하고 포화된 가는 모래에 충격을 주면 체적이 수축하여 정(+)의 간극수압이 발생하여 유효응력이 감소되어 전단강도가 작아지는 현상으로, 느슨하고 포화된 가는 모래지반에서 일어난다.

31★★ 파이핑(piping) 현상을 일으키지 않는 동수경사(i)와 한계동수경사(i_c)의 관계로 옳은 것은?

① $\dfrac{h}{L} > \dfrac{G_s - 1}{1 + e}$
② $\dfrac{h}{L} < \dfrac{G_s - 1}{1 + e}$
③ $\dfrac{h}{L} > \dfrac{(G_s - 1)\gamma_W}{1 + e}$
④ $\dfrac{h}{L} < \dfrac{(G_s - 1)\gamma_W}{1 + e}$

해설 파이핑(분사현상)이 일어나지 않는 조건은 $i < i_c$일 때, 즉 $i = \dfrac{h}{L} < i_c = \dfrac{G_s - 1}{1 + e}$이다.

32★ 흙 속에서 물의 흐름에 대한 설명으로 틀린 것은?

① 투수계수는 온도에 비례하고 점성에 반비례한다.
② 불포화토는 포화토에 비해 유효응력이 작고, 투수계수가 크다.
③ 흙 속의 침투수량은 Darcy 법칙, 유선망, 침투해석 프로그램 등에 의해 구할 수 있다.
④ 흙 속에서 물이 흐를 때 분사현상이 발생한다.

해설 불포화토는 포화토에 비해 유효응력이 크고, 투수계수는 작다.

33★★ 어느 흙댐의 동수경사 1.0, 흙의 비중이 2.65, 함수비 40%인 포화토에 있어서 분사현상에 대한 안전율을 구하면?

① 0.8 ② 1.0
③ 1.2 ④ 1.4

해설 ㉠ 포화도 $Se = wG_s$에서
$e = 0.4 \times 2.65 = 1.06$
㉡ 분사현상 안전율
$F_s = \dfrac{i_c}{i} = \dfrac{\dfrac{G_s - 1}{1 + e}}{i}$
$= \dfrac{\dfrac{2.65 - 1}{1 + 1.06}}{1} = 0.8$

정답 29. ① 30. ① 31. ② 32. ② 33. ①

34 그림과 같은 조건에서 분사현상에 대한 안전율을 구하면? (단, 모래의 γ_{sat} =2.0t/m³이다.)

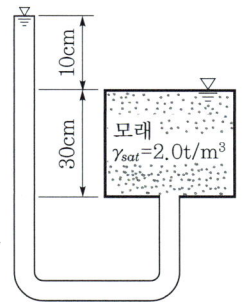

① 1.0 ② 2.0
③ 2.5 ④ 3.0

> **해설** 분사현상 안전율
> $F_s = \dfrac{i_c}{i} = \dfrac{i_c}{\dfrac{h}{L}}$ 에서
> $i_c = \dfrac{\gamma_{sub}}{\gamma_w} = \dfrac{2-1}{1} = 1$ 이므로
> $F_s = \dfrac{1}{\dfrac{10}{30}} = 3$

35 분사현상에 대한 안전율이 2.5 이상이 되기 위해서는 Δh를 최대 얼마 이하로 하여야 하는가? [단, 간극률(n)=50%]

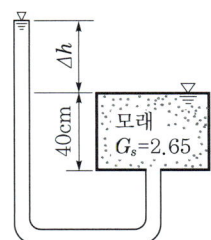

① 7.5cm ② 8.9cm
③ 13.2cm ④ 16.5cm

> **해설** 수두차(Δh) 계산
> ㉠ 간극비 $e = \dfrac{n}{100-n} = \dfrac{50}{100-50} = 1$
> ㉡ 안전율 $F_s = \dfrac{i_c}{i} = \dfrac{\dfrac{G_s-1}{1+e}}{\dfrac{h}{L}}$ 에서
> $F_s = \dfrac{\dfrac{2.65-1}{1+1}}{\dfrac{\Delta h}{40}} = \dfrac{33}{\Delta h} \geq 2.5$ 이므로
> $\Delta h \leq 13.2\text{cm}$

36 다음 그림에서 안전율 3을 고려하는 경우, 수두차 h를 최소 얼마로 높일 때 모래시료에 분사현상이 발생하겠는가?

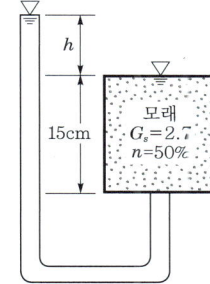

① 12.75cm ② 9.75cm
③ 4.25cm ④ 3.25cm

> **해설** 수두차(h)
> ㉠ 간극비 $e = \dfrac{n}{100-n} = \dfrac{50}{100-50} = 1$
> ㉡ 분사현상 안전율
> $F_s = \dfrac{i_c}{i} = \dfrac{\dfrac{G_s-1}{1+e}}{\dfrac{h}{L}}$
> $= \dfrac{\dfrac{2.7-1}{1+1}}{\dfrac{h}{15}} = \dfrac{25.5}{2h} = 3$ 이므로
> $h = 4.25\text{cm}$

정답 34.④ 35.③ 36.③

CHAPTER 03 지반 내의 응력분포

최근 10년간 출제분석표

2015	2016	2017	2018	2019	2020	2021	2022	2023	2024
6.7%	10%	8.3%	16.7%	11.7%	15%	11.7%	11.7%	11.7%	5%

출제 POINT

학습 POINT
- 부시네스크의 가정
- 응력의 개념과 지중응력
- 여러 상태에서의 유효응력
- 모관현상과 모관상승고
- 외력에 의한 지중응력
- 동상이 일어나는 조건
- 동상방지대책
- 연화현상

■ 부시네스크의 가정(탄성론)
① 흙은 균질하고 등방성이 있다.
② 지반은 탄성체이다.
③ 지반은 인장응력을 지지할 수 있다.
④ 외력이 작용하기 전에는 지반에 어떤 응력도 작용하지 않는다.

SECTION 1 지중응력

1 개요

① 지반에 외력이 작용하면 그 외력에 의해 지반 내의 응력 분포가 달라진다.
② 외력에 의한 지반 내의 응력 증가는 한정된 깊이에서만 발생되며, 이 깊이를 한계깊이(critical depth)라 한다.
③ 지중응력을 구하는 방법
  ㉠ 부시네스크(Boussinesq)의 식을 이용하는 방법
  ㉡ 경험치나 측정치를 이용하는 방법
  ㉢ 수치해석(유한요소법, 유한차분법 등)을 이용하는 방법

2 탄성론에 의한 지중응력

① 외력으로 인해 발생되는 지반 내의 응력 증가를 탄성론, 즉 부시네스크(Boussinesq) 식을 이용하여 계산한다.
② 부시네스크의 가정(탄성론)
  ㉠ 흙은 균질하고 등방성이 있다.
  ㉡ 지반은 탄성체이다.
  ㉢ 지반은 인장응력을 지지할 수 있다.
  ㉣ 외력이 작용하기 전에는 지반에 어떤 응력도 작용하지 않는다. 즉, 지반은 무게가 없다.
③ 이러한 가정은 실제 지반과는 거리가 멀지만, 탄성론으로 얻어진 응력은 실제와 상당히 유사한 값으로 구해진다.

SECTION 2 유효응력과 간극수압

1 응력의 정의

1) 응력(stress, σ)

   단위면적당 작용하는 하중(힘)으로 정의된다.

   $$\sigma = \frac{P}{A} [\text{kN/m}^2]$$

   여기서, A : 작용면적, P : 작용하중

2) 임의의 깊이(z) 아래에 있는 흙 요소(A)가 받는 응력

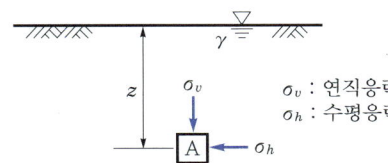

   [지반 내 임의의 점에 작용하는 응력]

   ① 연직응력(σ_v)

   $$\sigma_v = \frac{P}{A} \text{에서,}$$

   $$P = \text{단위중량} \times \text{체적} = \gamma A z$$

   $$\therefore \sigma_v = \frac{P}{A} = \frac{\gamma A z}{A} = \gamma z$$

   여기서, P : 깊이 z만큼의 흙의 무게(하중)

   ② 수평응력(σ_h)

   $$\sigma_h = K\sigma_v$$

   여기서, K : 토압계수

   ③ 흙 요소(A)가 받는 응력은 간극이 받는 부분과 흙 입자가 받는 부분으로 나누어 생각할 수 있다. 즉, 전체 응력=흙 입자의 응력+간극(수)의 응력이 된다.

   $$\sigma = \sigma' + u$$

   여기서, σ : 전응력, σ' : 유효응력, u : 간극수압

■ 출제 POINT

학습 POINT
- 응력의 개념과 지중응력
- 여러 상태에서의 유효응력

■ 응력

단위면적당 작용하는 하중(힘)

$\sigma = \frac{P}{A} \text{kN/m}^2$

■ 연직응력

$\sigma_v = \frac{P}{A} = \frac{\gamma A z}{A} = \gamma z$

■ 수평응력

$\sigma_h = K\sigma_v$

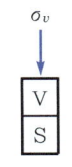

[흙 요소 A]

SOIL MECHANICS FOUNDATION

출제 POINT

■ 흙 요소가 받는 응력
① 전응력(σ) : 전체 흙에 작용하는 단위면적당 법선응력
② 간극수압(u) : 간극 속의 물이 부담하는 응력
③ 유효응력(σ') : 흙 입자가 부담하는 응력

㉠ 전응력(σ) : 전체 흙에 작용하는 단위면적당 법선응력
㉡ 간극수압(중립응력, u) : 간극 속의 물(간극수)이 부담하는 응력

$$u = \gamma_w z$$

㉢ 유효응력(σ')
- 흙 입자가 부담하는 응력
- 흙 입자 간의 접촉면에서 발생한다.
- 흙의 파괴, 체적변화(압밀, 침하) 및 강도 등을 지배한다.

$$\sigma' = \sigma - u$$

2 정수압 상태에서의 유효응력

■ 수면 아래 지반의 임의의 점
① 전응력(σ)
  $\sigma = \gamma_w h_w + \gamma_{sat} h$
② 간극수압(u)
  $u = \gamma_w h_w + \gamma_w h = \gamma_w (h_w + h)$
③ 유효응력(σ')
  $\sigma' = \sigma - u$
  $= (\gamma_{sat} - \gamma_w)h = \gamma_{sub} h$

1) 수면 아래 지반의 임의의 점(A)에서의 유효응력

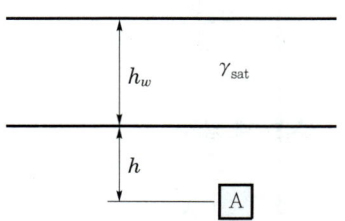

[수면 아래 지반의 임의의 점]

① 전응력
$$\sigma = \gamma_w h_w + \gamma_{sat} h$$

② 간극수압
$$u = \gamma_w h_w + \gamma_w h = \gamma_w (h_w + h)$$

③ 유효응력
$$\sigma' = \sigma - u$$
$$= \gamma_w h_w + \gamma_{sat} h - \gamma_w (h_w + h)$$
$$= (\gamma_{sat} - \gamma_w)h = \gamma_{sub} h$$

2) 간극수압계를 설치하여 간극수압을 측정한 경우

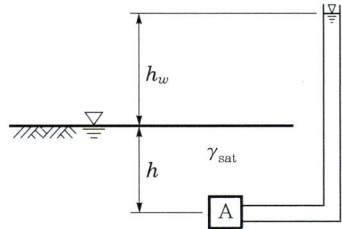

[간극수압계를 설치한 경우]

① 전응력

$$\sigma = \gamma_{sat} h$$

② 간극수압 : 간극수압계의 상승 높이만큼 더 수압이 작용한다.

$$u = \gamma_w(h_w + h)$$

③ 유효응력

$$\begin{aligned}\sigma' &= \sigma - u \\ &= \gamma_{sat} h - \gamma_w(h_w + h) \\ &= (\gamma_{sat} - \gamma_w)h - \gamma_w h_w \\ &= \gamma_{sub} h - \gamma_w h_w\end{aligned}$$

3) 지하수위가 지반 내에 있는 경우

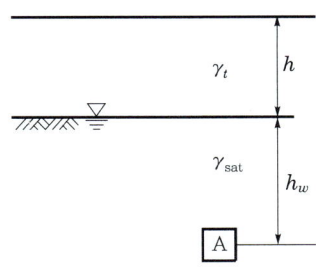

[지반 내 지하수위에서의 임의의 점]

지하수위 위에 있는 토층의 무게와 그 아래에 있는 토층의 무게를 각각 구하여 합한다.

① 전응력

$$\sigma = \gamma_t h + \gamma_{sat} h_w$$

출제 POINT

■ 간극수압계를 설치하여 간극수압을 측정한 경우

① 전응력(σ)
$\sigma = \gamma_{sat} h$
② 간극수압(u)
$u = \gamma_w(h_w + h)$
③ 유효응력(σ')
$\sigma' = \sigma - u = \gamma_{sub} h - \gamma_w h_w$

■ 지하수위가 지반 내에 있는 경우

① 전응력(σ)
$\sigma = \gamma_t h + \gamma_{sat} h_w$
② 간극수압(u)
$u = \gamma_w h_w$
③ 유효응력(σ')
$\begin{aligned}\sigma' &= \sigma - u \\ &= \gamma_t h + (\gamma_{sat} - \gamma_w)h_w \\ &= \gamma_t h + \gamma_{sub} h_w\end{aligned}$

② 간극수압
$$u = \gamma_w h_w$$

③ 유효응력
$$\sigma' = \sigma - u \\ = \gamma_t h + \gamma_{sat} h_w - \gamma_w h_w \\ = \gamma_t h + (\gamma_{sat} - \gamma_w) h_w = \gamma_t h + \gamma_{sub} h_w$$

4) 유효응력의 물리적 의미

① 공학적 성질이 동일한 두 흙의 유효응력이 동일하다면 공학적 거동은 동일하다. 지표면 위의 수위가 증가하거나 감소하여도 이로 인해 그 요소는 변형이 일어나지 않는다.
② 흙에 하중을 가하거나 제거하는 동안 체적변화가 없으면, 유효응력은 항상 동일하다.
③ 전응력은 일정하고 간극수압이 증가되면, 흙 시료는 팽창하고 강도는 감소되며, 반대로 간극수압이 감소하면 흙의 체적은 감소하고 강도는 증가한다.

③ 모관 영역에서의 유효응력

1) 해석 방법

① 모관현상이 있는 부분은 (−)간극수압이 발생하여 유효응력이 증가한다.
$$\sigma' = \sigma - u = \sigma - (-\gamma_w h) = \sigma + \gamma_w h$$

② 지하수위면에서의 간극수압은 0이다. 지하수위면과 모관현상은 관계가 없다.
③ 모관현상에 의해 지표면이 포화되어 있는 경우, 지표면의 전응력은 0이지만 유효응력은 0이 아니다.

2) 모관현상에 의해 지표면까지 포화된 경우의 유효응력

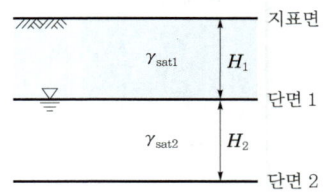

[모관현상에 의해 지표면까지 포화된 경우]

(1) 지표면
① 전응력
$$\sigma = \gamma H = \gamma \times 0 = 0$$
② 간극수압
$$u = -\frac{S\gamma_w H_1}{100} = -\gamma_w H_1 \quad (\because S = 100)$$
③ 유효응력
$$\sigma' = \sigma - u = 0 - (-\gamma_w H_1) = \gamma_w H_1$$

(2) 단면 1
① 전응력
$$\sigma = \gamma_{sat1} H_1$$
② 간극수압
$$u = \gamma_w H = \gamma_w \times 0 = 0$$
③ 유효응력
$$\sigma' = \sigma - u = \gamma_{sat1} H_1 - 0 = \gamma_{sat1} H_1$$

(3) 단면 2
① 전응력
$$\sigma = \gamma_{sat1} H_1 + \gamma_{sat2} H_2$$
② 간극수압
$$u = \gamma_w H_2$$
③ 유효응력
$$\begin{aligned}\sigma' &= \sigma - u \\ &= \gamma_{sat1} H_1 + \gamma_{sat2} H_2 - \gamma_w H_2 \\ &= \gamma_{sat1} H_1 + (\gamma_{sat2} - \gamma_w) H_2 \\ &= \gamma_{sat1} H_1 + \gamma_{sub2} H_2\end{aligned}$$

∴ 모관현상이 일어나는 경우가 모관현상이 없는 경우에 비해서 유효응력이 크다.

출제 POINT

■ 모관현상에 의해 지표면까지 포화된 경우

① 지표면
- 전응력(σ) : $\sigma = 0$
- 간극수압(u)
$$u = -\frac{S\gamma_w H_1}{100} = -\gamma_w H_1$$
- 유효응력(σ') : $\sigma' = \gamma_w H_1$

② 단면 1
- 전응력(σ) : $\sigma = \gamma_{sat1} H_1$
- 간극수압(u) : $u = 0$
- 유효응력(σ') : $\sigma' = \gamma_{sat1} H_1$

③ 단면 2
- 전응력(σ)
$$\sigma = \gamma_{sat1} H_1 + \gamma_{sat2} H_2$$
- 간극수압(u) : $u = \gamma_w H_2$
- 유효응력(σ')
$$\sigma' = \gamma_{sat1} H_1 + \gamma_{sub2} H_2$$

출제 POINT

■ 모관현상에 의해 일부 지역까지만 포화된 경우

① 지표면
- 전응력(σ) : $\sigma = 0$
- 간극수압(u) : $u = 0$
- 유효응력(σ') : $\sigma' = 0$

② 단면 1
- 전응력(σ) : $\sigma = \gamma_{t1}H_1$
- 간극수압(u)
$$u = -\frac{S\gamma_w H_2}{100} = -\gamma_w H_2$$
- 유효응력(σ')
$$\sigma' = \sigma - u = \gamma_{t1}H_1 + \gamma_w H_2$$

③ 단면 2
- 전응력(σ) : $\sigma = \gamma_{t1}H_1 + \gamma_{sat2}H_2$
- 간극수압(u) : $u = 0$
- 유효응력(σ')
$$\sigma' = \gamma_{t1}H_1 + \gamma_{sat2}H_2$$

④ 단면 3
- 전응력(σ)
$$\sigma = \gamma_{t1}H_1 + \gamma_{sat2}H_2 + \gamma_{sat3}H_3$$
- 간극수압(u) : $u = \gamma_w H_3$
- 유효응력(σ')
$$\sigma' = \gamma_1 H_1 + \gamma_{sat2}H_2 + \gamma_{sub3}H_3$$

3) 모관현상에 의해 일부 지역까지만 포화된 경우의 유효응력

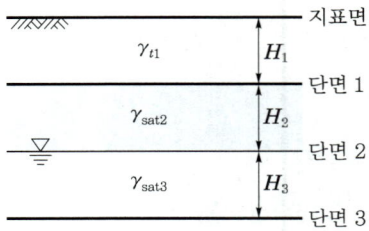

[모관현상에 의해 일부만 포화된 경우]

(1) 지표면

① 전응력
$$\sigma = 0$$

② 간극수압
$$u = 0$$

③ 유효응력
$$\sigma' = \sigma - u = 0$$

(2) 단면 1

① 전응력
$$\sigma = \gamma_{t1}H_1$$

② 간극수압
$$u = -\frac{S\gamma_w H_2}{100} = -\gamma_w H_2 \quad (\because S = 100)$$

③ 유효응력
$$\sigma' = \sigma - u = \gamma_{t1}H_1 - (-\gamma_w H_2) = \gamma_{t1}H_1 + \gamma_w H_2$$

(3) 단면 2

① 전응력
$$\sigma = \gamma_{t1}H_1 + \gamma_{sat2}H_2$$

② 간극수압
$$u = 0$$

③ 유효응력

$$\sigma' = \sigma - u$$
$$= \gamma_{t1}H_1 + \gamma_{sat2}H_2 - 0 = \gamma_{t1}H_1 + \gamma_{sat2}H_2$$

(4) 단면 3

① 전응력

$$\sigma = \gamma_{t1}H_1 + \gamma_{sat2}H_2 + \gamma_{sat3}H_3$$

② 간극수압

$$u = \gamma_w H_3$$

③ 유효응력

$$\sigma' = \sigma - u$$
$$= \gamma_1 H_1 + \gamma_{sat2}H_2 + \gamma_{sat3}H_3 - \gamma_w H_3$$
$$= \gamma_1 H_1 + \gamma_{sat2}H_2 + (\gamma_{sat3} - \gamma_w)H_3$$
$$= \gamma_1 H_1 + \gamma_{sat2}H_2 + \gamma_{sub3}H_3$$

SECTION 3 모관현상

1 모관현상

1) 모관현상

(1) 정의

표면장력에 의해 물이 표면을 따라 상승하는 현상을 모관현상이라 한다.

(2) 모관 상승고(h_c)

① 모관 상승고, 즉 물기둥의 높이를 유지하려면 유리관 속의 물 무게와 표면장력에 의해 물을 끌어 올리려는 힘이 평형을 유지해야 한다.

② 물의 중량=표면장력

$$\gamma_w \frac{\pi d^2}{4} h_c = \pi d T \cos\alpha$$

$$\therefore h_c = \frac{4T\cos\alpha}{\gamma_w d}$$

■ 모관현상

표면장력에 의해 물이 표면을 따라 상승하는 현상

■ 모관 상승고(h_c)

모관현상에 의한 물기둥의 높이
$h_c = \dfrac{4T\cos\alpha}{\gamma_w d}$

여기서, T : 표면장력(g/cm)
α : 접촉각(°)
d : 유리관(모관)의 지름
γ_w : 물의 단위중량(N/cm³)

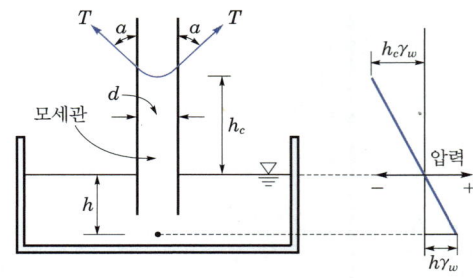

[모관현상]

(3) 표준온도(15℃)에서의 모관 상승고

15℃일 때 $T=0.075$g/cm이고, 매끄러운 유리관의 $\alpha=0°$이므로

$$h_c = \frac{0.3}{d}$$

이다.

(4) 헤이즌(Hazen)의 실험식(1930)

건조한 모래를 이용한 실험식

$$h_c = \frac{C}{eD_{10}}$$

여기서, C : 입자의 모양, 상태에 의한 상수(0.1~0.5cm²)
e : 간극비
D_{10} : 유효입경(cm)

(5) 모관 상승고의 특징

① 세립토일수록 투수계수가 작으므로 모관 상승속도는 느리지만 모관 상승고는 크다.
② 조립토일수록 모관 상승속도는 빠르지만 모관 상승고는 작다.
③ 시간이 무한대일 때의 흙의 종류에 따른 모관 상승고는 점토, 실트, 모래, 자갈순이다.

(6) 모관 상승고에 영향을 주는 인자

① 물의 표면장력 : 비례
② 물의 단위중량 : 반비례
③ 접촉각 : 반비례

■ 모관 상승고에 영향을 주는 인자

① 물의 표면장력 : 비례
② 물의 단위중량 : 반비례
③ 접촉각 : 반비례
④ 흙의 유효입경 : 반비례

④ 흙의 유효입경 : 반비례
⑤ 간극비 : 반비례

2) 모관 퍼텐셜(capillary potential)

(1) 정의
① 흙이 모관수를 지지하는 힘
② 모관 퍼텐셜은 (−)간극수압과 같다.

(2) 모관 퍼텐셜
① 포화된 경우

$$\phi = -\gamma_w h$$

여기서, h : 지하수면으로부터 구하고자 하는 임의의 지점까지 측정한 높이

② 불포화된 경우

$$\phi = -\frac{S\gamma_w h}{100}$$

여기서, S : 포화도

3) 모관 퍼텐셜의 성질

① 함수비, 직경, 간극비가 작을수록 저퍼텐셜이다.
② 온도가 낮을수록 표면장력이 증가하므로 저퍼텐셜이다.
③ 염류가 클수록 저퍼텐셜이다.
④ 일반적으로 불포화 수분은 고퍼텐셜에서 저퍼텐셜로 흐른다.

4) 자연지반의 모관현상

자연 상태의 흙은 간극으로 이루어진 관망을 가지고 있다. 관의 모양이나 크기가 불규칙할 뿐만 아니라 관이 구불구불하다. 관경이 좁아졌다 넓어졌다 하기 때문에 지반 내에서의 모관현상은 매우 복잡하다.

(1) 자연지반의 모관현상
① 유리관의 모관 상승과 원리는 동일하다.
② 흙에 있어서는 유효경의 1/5을 모관의 직경으로 가정하여 개략적인 모관 상승고를 구할 수 있다.
③ 흙의 간극의 크기는 상대밀도와 구조에 크게 지배되므로 동일한 유효경에 대해서도 간극의 변화가 대단히 크다.

(2) 모관 포화대(capillary fringe)
① 표면장력에 의해 흡수된 물은 모관 상승고까지 연속적으로 연결되어 있으나, 흙의 간극을 모두 채우지 못한다.

---

⑥ 간극비 : 팔례 POINT

■ 모관 퍼텐셜의 성질
① 함수비, 직경, 간극비가 작을수록 낮은 퍼텐셜
② 온도가 낮을수록 표면장력이 증가하므로 낮은 퍼텐셜
③ 염류가 클수록 낮은 퍼텐셜
④ 불포화 수분은 퍼텐셜이 높은 곳에서 낮은 곳으로 흐름

출제 POINT

② 수면 위 어느 높이까지는 지하수위 아래처럼 완전히 포화되나 그 이상에서는 공기가 흡입되어 포화도가 떨어져서 불포화 상태가 된다.
③ 모관작용에 의해 포화된 구역을 모관 포화대라 한다.

5) 대표적인 흙의 개략적인 모관 상승고(McCarthy, 1982)

흙의 종류	모관 상승고(cm)
잔 자갈	2~10
굵은 자갈	15
가는 모래	30~100
실트	100~1,000
점토	1,000~3,000

SECTION 4 외력에 의한 지중응력

학습 POINT
- 외력에 의한 지중응력

1 집중하중에 의한 지중응력

무한히 넓은 지표면상에 작용하는 집중하중으로 인하여 발생되는 지중응력의 증가를 다음과 같이 결정할 수 있다.

1) 집중하중에 의한 지반 내의 연직응력 증가량

   (1) 연직응력 증가량($\Delta\sigma_v$)

   $$\Delta\sigma_v = \frac{3Qz^3}{2\pi R^5} = \frac{3Q\cos^5\phi}{2\pi z^2} = \frac{QI}{z^2}$$

   여기서, $R = \sqrt{r^2 + z^2}$
   I : 영향계수

   (2) 영향계수(I)

   $$I = \frac{3z^5}{2\pi R^5}$$

   하중 작용점 연직 아래에서는 $R = z$이므로

   $$I = \frac{3}{2\pi} = 0.4775$$

   이다.

■ 집중하중에 의한 지반 내의 연직응력 증가량

$\Delta\sigma_v = \frac{3Qz^3}{2\pi R^5} = \frac{3Q\cos^5\phi}{2\pi z^2} = \frac{QI}{z^2}$

$I = \frac{3z^5}{2\pi R^5}$

① 연직응력의 증가량은 깊이의 제곱에 반비례
② 연직응력의 증가량은 하중의 작용점에서 수평방향으로 갈수록 작아짐
③ 윤하중과 같은 집중하중으로 인한 침하량 산정 시 유용

(3) 특징
① 연직응력의 증가량은 깊이의 제곱에 반비례한다.
② 연직응력의 증가량은 하중의 작용점에서 수평방향으로 갈수록 작아진다.
③ 윤하중과 같은 집중하중으로 인한 침하량 산정 시 유용하게 활용된다.

2) 집중하중에 의한 지반 내의 수평응력 증가량

(1) 수평응력의 증가량($\Delta \sigma_x$)

$$\Delta \sigma_x = \frac{Q}{2\pi}\left[\frac{3y^2 z}{R^5} - (1-2\mu)\left\{\frac{y^2-x^2}{Rr^2(R+z)} + \frac{x^2 z}{R^3 r^2}\right\}\right]$$

여기서, μ : 푸아송비

(2) 특징
① 푸아송비와 상관이 있다.
② 탄성계수와 무관하다.

3) 집중하중에 의한 지반 내의 전단응력 증가량

(1) 전단응력 증가량(Δr_v)

$$\Delta r_v = \frac{2Qrz^2}{2\pi R^5}$$

(2) 특징
① 푸아송비와 무관하다.
② 탄성계수와 무관하다.

■ 출제 POINT

■ 집중하중에 의한 지반 내의 수평응력의 증가량

$$\Delta \sigma_x = \frac{Q}{2\pi}\left[\frac{3y^2 z}{R^5} - (1-2\mu)\right.$$
$$\left.\cdot \frac{y^2-x^2}{Rr^2(R+z)} + \frac{x^2 z}{R^3 r^2}\right\}\right]$$

① 푸아송비와 관련
② 탄성계수와 무관

■ 집중하중에 의한 지반 내의 전단응력 증가량

$$\Delta r_v = \frac{2Qrz^2}{2\pi R^5}$$

① 푸아송비와 무관
② 탄성계수와 무관

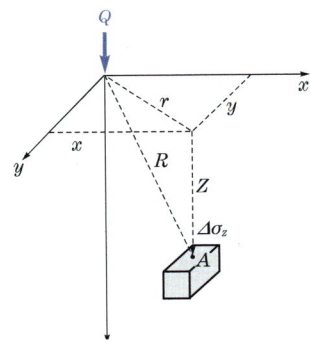

[집중하중에 의한 지중응력]

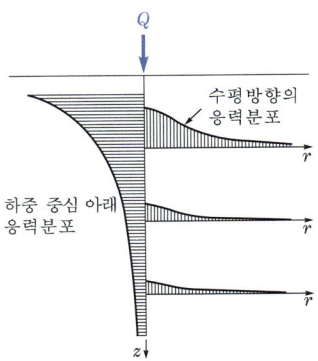

[표면에 집중하중이 놓일 때 지중응력 분포]

출제 POINT

■ 선하중에 의한 지반 내의 연직응력 증가량

① 편심거리 x만큼 떨어진 곳
$$\Delta\sigma_z = \frac{2qz^3}{\pi(x^2+z^2)^2} = \frac{2q}{\pi}\frac{z^3}{R^4}$$

② 하중작용점 직하
$$\Delta\sigma_z = \frac{2q}{\pi}\frac{z^3}{z^4} = \frac{2q}{\pi z}$$

■ 선하중에 의한 지반 내의 수평응력 증가량
$$\Delta\sigma_x = \frac{q}{\pi} \times \frac{z}{R^2}$$
$$= \frac{2q}{\pi} \times \frac{x^2 z}{(x^2+z^2)^2}$$

■ 선하중에 의한 지반 내의 전단응력 증가량
$$\Delta\tau_v = \frac{2q}{\pi R^4} \times xz^2$$
$$= \frac{2q}{\pi} \times \frac{xz^2}{(x^2+z^2)^2}$$

2 선하중에 의한 응력 증가

반무한지반 위의 지표면상에 단위길이당 선하중(q/단위길이)이 무한히 길게 작용하고 있을 때 연직응력의 증가량을 다음과 같이 결정할 수 있다.

1) 선하중에 의한 지반 내의 연직응력 증가량

　(1) 편심거리 x만큼 떨어진 곳에서의 연직응력 증가량($\Delta\sigma_z$)

$$\Delta\sigma_z = \frac{2qz^3}{\pi(x^2+z^2)^2} = \frac{2q}{\pi} \times \frac{z^3}{R^4}$$

　(2) 하중작용점 직하에서의 연직응력 증가량
　　하중작용점 직하에서는 $R=z$이므로

$$\Delta\sigma_z = \frac{2q}{\pi} \times \frac{z^3}{z^4} = \frac{2q}{\pi z}$$

이다.

2) 선하중에 의한 지반 내의 수평응력 증가량

$$\Delta\sigma_x = \frac{q}{\pi} \times \frac{z}{R^2} = \frac{2q}{\pi} \times \frac{x^2 z}{(x^2+z^2)^2}$$

3) 선하중에 의한 지반 내의 전단응력 증가량

$$\Delta\tau_v = \frac{2q}{\pi R^4} \times xz^2 = \frac{2q}{\pi} \times \frac{xz^2}{(x^2+z^2)^2}$$

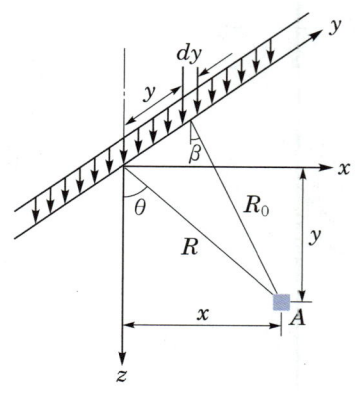

[선하중에 의한 지중응력]

3 등분포하중에 의한 지중응력

1) 등분포 대상하중(띠하중)에 의한 지중응력

등분포 대상하중에 의한 지반 내의 응력은 선하중에 대한 결과를 이용하여 구할 수 있다.

$$\Delta \sigma_z = \frac{q}{\pi}[\beta + \sin\beta\cos(\beta+2\delta)]$$

■ 등분포 대상하중(띠하중)에 의한 지중응력

$\Delta\sigma_z = \frac{q}{\pi}[\beta+\sin\beta\cos(\beta+2\delta)]$

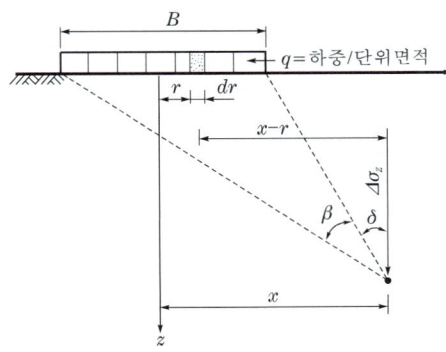

[등분포 대상하중에 의한 지중응력]

2) 원형 등분포하중에 의한 지중응력

(1) 원형 등분포하중에 의한 지중응력 증가량

$$\Delta\sigma_z = q_s\left[1 - \frac{1}{\{(R/z)^2+1\}^{3/2}}\right] = q_s I_c$$

여기서, I_c : 영향계수

(2) 영향계수(I_c)

원형 단면에 작용하는 등분포하중에 의하여 원형 단면의 중심 아래 깊이 z인 위치에서의 지중응력을 구하는 영향계수

$$I_c = 1 - \frac{1}{[(R/z)^2+1]^{3/2}}$$

■ 원형 등분포하중에 의한 지중응력 증가량

$\Delta\sigma_z = q_s\left[1 - \frac{1}{\{(R/z)^2+1\}^{3/2}}\right]$
$= q_s I_c$

$I_c = 1 - \frac{1}{[(R/z)^2+1]^{3/2}}$

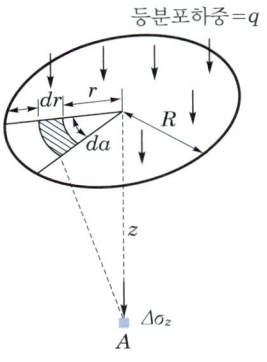

[원형 등분포하중에 의한 지중응력]

3) 직사각형 등분포하중에 의한 응력 증가

(1) 연직응력의 증가량

$$\Delta\sigma_z = q_s I$$

■ 직사각형 등분포하중에 의한 응력 증가량

$\Delta\sigma_z = q_s I$
$I = f(m,\ n)$

(2) 영향계수

$$I = f(m, n)$$

여기서, $m = \dfrac{B}{z}$, $n = \dfrac{L}{z}$

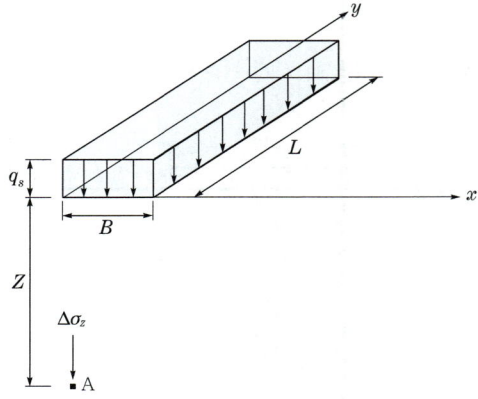

[직사각형 등분포하중에 대한 연직응력]

(3) **직사각형 단면 안의 어떤 점 또는 재하단면 바깥쪽 한 점 아래의 연직응력**

그 점이 직사각형 단면의 한 모서리가 되도록 각 직사각형 단면마다 계산한 값을 가감하여 구한다.

(4) **직사각형 단면 내부의 한 점(A) 아래의 지중응력[그림 (a)]**

A점을 기준으로 사등분하여 각각의 영향을 구한 뒤 합하여 구한다.

$$\Delta \sigma_z = \sigma_z I(\mathrm{aeAh}) + \sigma_z I(\mathrm{bfAe}) + \sigma_z I(\mathrm{cgAf}) + \sigma_z I(\mathrm{dhAg})$$

(5) **직사각형 단면 외부의 한 점(G) 아래의 지중응력[그림 (b)]**

겹침의 원리를 이용하여 구한다.

$$\Delta \sigma_z = \sigma_z I(\mathrm{Gebh}) + \sigma_z I(\mathrm{Gfdg}) - \sigma_z I(\mathrm{Geag}) - \sigma_z I(\mathrm{Gfch})$$

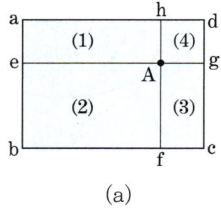 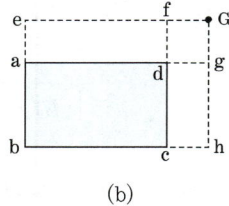

(a)   (b)

[모서리 이외의 점에서의 연직응력 증가량의 계산]

4 사다리꼴 하중에 의한 지중응력

제방, 도로, 축제, 흙댐(earth dam)과 같은 제상하중에 의한 지중응력은 오스터버그(Osterberg)의 도표(1957)를 사용하여 구할 수 있다.

1) 연직응력 증가량($\Delta\sigma_z$)

$$\Delta\sigma_z = q\frac{1}{\pi}\left[\left(1+\frac{b}{a}\right)\theta_a - \frac{b}{a}\theta_b\right] = qI$$

여기서, I : 영향계수

2) 영향계수(I)

영향계수(I)는 오스터버그 도표를 이용하여 구한다.

$$I = \frac{1}{\pi} \times f\left(\frac{a}{z}, \frac{b}{z}\right)$$

출제 POINT

■ 사다리꼴 하중에 의한 지중응력(연직응력) 증가량

$$\Delta\sigma_z = q\frac{1}{\pi}\left[\left(1+\frac{b}{a}\right)\theta_a - \frac{b}{a}\theta_b\right]$$
$$= qI$$
$$I = \frac{1}{\pi} \times f\left(\frac{a}{z}, \frac{b}{z}\right)$$

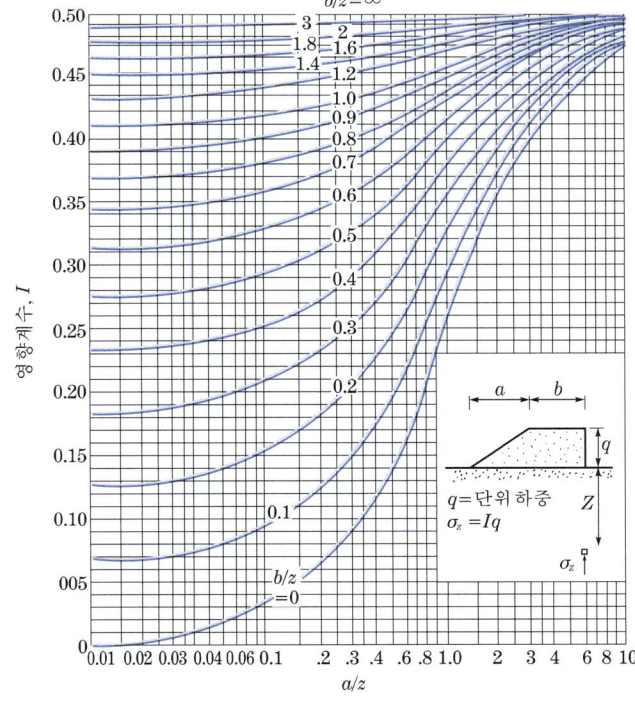

[오스터버그(Osterberg) 도표]

출제 POINT

■ New-Mark 영향원법
① 불규칙한 형상의 단면에 등분포하중이 작용할 경우에 지중응력을 구하는 방법
② 방사선의 간격 20개, 동심원 10개로 200개의 망의 1/200=0.005

5 New-Mark 영향원법

1) 개요

① 불규칙한 형상의 단면에 등분포하중이 작용할 경우 지반 내에 발생되는 연직 지중응력은 New-Mark(1935, 1942)의 방법으로 구할 수 있다.
② 방사선의 간격 20개, 동심원 10개를 그렸을 때 200개의 망이 생긴다. 이때 영향치는 0.005이다.

2) 연직응력 증가량

$$\Delta \sigma_z = 0.005 nq$$

여기서, n : 작도된 재하면적 내의 영향원 블록 수
q : 재하면상의 단위하중

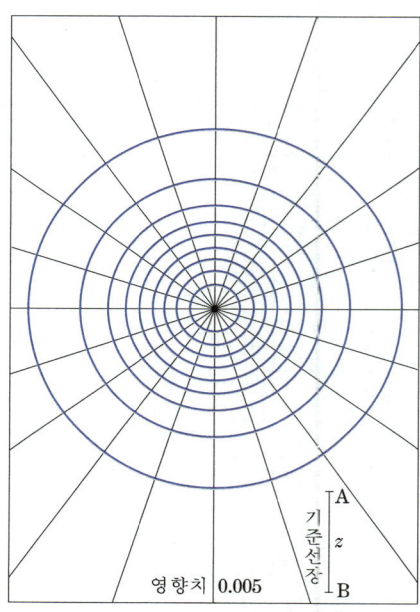

[New-Mark 영향원]

6 지중응력의 약산법

1) 개요

① 2 : 1 분포법, $\tan\theta = \dfrac{1}{2}$, Kögler 간편법이라고 부른다.

② 하중에 의한 지중응력이 수평 1, 연직 2의 비율로 분포되고, 하중이 분포되는 범위가 동일하다고 가정하여 그 분포면적으로 하중을 나누어 평균 지중응력을 구하는 방법이다.

③ 예비설계 단계에서 흔히 적용한다.

2) 등분포하중

$$Q = q_s BL = \Delta\sigma_z (B+z)(L+z)$$

$$\Delta\sigma_z = \dfrac{Q}{(B+Z)(L+Z)} = \dfrac{qBL}{(B+Z)(L+Z)}$$

3) 띠하중

$$q_s B \times 1 = \Delta\sigma_z (B+z)$$

$$\Delta\sigma_z = \dfrac{q_s B}{B+z}$$

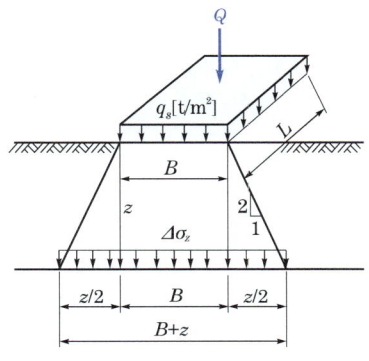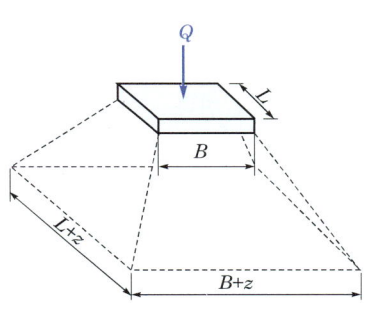

[2 : 1 분포법]

출제 POINT

■ 지중응력의 약산법

① 2 : 1 분포법, $\tan\theta = \dfrac{1}{2}$, Kögler 간편법

② 하중에 의한 지중응력이 수평 1, 연직 2의 비율로 분포된다고 가정

③ 하중이 분포되는 범위까지 동일하다고 가정하여 그 분포면적으로 하중을 나누어 평균지중응력을 구하는 방법

■ 등분포하중의 평균지중응력

$$\Delta\sigma_z = \dfrac{Q}{(B+Z)(L+Z)}$$
$$= \dfrac{qBL}{(B+Z)(L+Z)}$$

■ 띠하중의 평균지중응력

$$\Delta\sigma_z = \dfrac{q_s B}{B+z}$$

SOIL MECHANICS FOUNDATION

출제 POINT

학습 POINT
- 동상이 일어나는 조건
- 동상방지대책
- 연화현상

SECTION 5 흙의 동상 및 융해

1 동상현상

1) 정의

대기의 온도가 0℃ 이하로 내려가 영하의 기온이 유지되면 흙 속의 공극수가 동결하여 흙 속에 얼음층(ice lens)이 형성, 체적이 팽창하여 지표면이 부풀어 오르는 현상을 말한다.

■ 동상이 일어나기 쉬운 조건
① 동상을 받기 쉬운 흙 : 실트질 흙
② 영하의 온도가 지속되어 흙 속의 온도가 0℃ 이하의 지속
③ 충분한 물의 공급(ice lens가 형성될 수 있도록)

2) 동상이 일어나는 조건

① 동상을 받기 쉬운 흙 : 실트질 흙
② 흙 속의 온도 0℃ 이하의 지속
③ 충분한 물의 공급(아이스렌즈가 형성될 수 있도록)

■ 동상을 지배하는 인자
① 모관 상승고의 높이
② 흙의 투수성
③ 동결온도의 지속기간
④ 동결심도 하단에서 지하수면까지의 거리가 모관 상승고보다 작다.

3) 동상을 지배하는 인자

① 모관 상승고의 높이
② 흙의 투수성
③ 동결온도의 지속기간
④ 동결심도 하단에서 지하수면까지의 거리가 모관 상승고보다 작다.

■ 동결심도(데라다식)
$Z = C\sqrt{F}$

4) 동결심도

0℃ 이하의 온도가 지속되면 지표면 아래에는 0℃인 등온선이 존재하는데 이것을 동결선(frost line)이라 하고, 지표면에서 동결선까지의 깊이를 동결심도라고 한다.

$$Z = C\sqrt{F}$$

여기서, F : 영하의 온도×지속시간(℃·day)
C : 정수(3~5)

■ 동상방지대책
① 지하수위를 낮춘다.
② 지하수위보다 높은 곳에 조립의 차단층을 설치한다.
③ 동결심도보다 위에 있는 흙을 동결하기 어려운 재료로 치환한다.
④ 지표면 근처에 단열재료를 채운다.
⑤ 지표의 흙에 화학약품 처리하여 동결온도를 낮춘다.

5) 동상방지대책

① 배수구 등을 설치하여 지하수위를 저하시킨다.
② 모관수의 상승을 차단하기 위해 지하수위보다 높은 곳에 조립의 차단층을 설치한다.
③ 동결심도보다 위에 있는 흙을 동결하지 않는 재료(자갈, 쇄석, 석탄재)로 치환한다.

④ 지표면 근처에 단열재료(석탄재, 코크스)를 채운다.
⑤ 지표의 흙을 화학약품($CaCl_2$, $NaCl$, $MgCl_2$)으로 처리하여 동결온도를 낮춘다.

2 연화현상(융해)

1) 정의
겨우내 동결된 지반이 융해할 때 흙 속에 과잉의 수분이 존재하므로 지반이 연약화되어 강도가 떨어지는 현상을 말한다.

2) 원인
① 융해수가 배수되지 않고 머물러 있는 것
② 지표수의 유입
③ 지하수의 상승

3) 방지대책
① 동결 부분의 함수량 증가를 방지한다.
② 융해수의 배제를 위해 동결깊이 아랫부분에 배수층을 설치한다.

■ 연화현상의 원인
① 융해수가 배수되지 않고 머물러 있는 것
② 지표수의 유입
③ 지하수의 상승

■ 연화현상 방지대책
① 동결 부분의 함수량 증가 방지
② 동결깊이 아랫부분에 배수층 설치

기출문제

10년간 출제된 빈출문제

01 다음 중 임의 형태 기초에 작용하는 등분포하중으로 인하여 발생하는 지중응력계산에 사용하는 가장 적합한 계산법은?

① Boussinesq법
② Osterberg법
③ New-Mark 영향원법
④ 2:1 간편법

> **해설** New-Mark 영향원법
> ㉠ 하중의 모양이 불규칙할 때 쓰는 방법
> ㉡ 방사선의 간격 20개, 동심원 10개를 그렸을 때 200개의 요소가 생긴다.
> ㉢ 영향치는 $0.005 = \dfrac{1}{200}$ 이다.

02 유효응력에 관한 설명 중 옳지 않은 것은?

① 포화된 흙인 경우 전응력에서 공극수압을 뺀 값이다.
② 항상 전응력보다는 작은 값이다.
③ 점토지반의 압밀에 관계되는 응력이다.
④ 건조한 지반에서는 전응력과 같은 값으로 본다.

> **해설** 유효응력(effective pressure)
> ㉠ 단위면적 중의 입자 상호 간의 접촉점에 작용하는 압력으로 토립자만을 통해서 전달하는 연직응력이다.
> ㉡ 모관 상승영역에서는 $-u$가 발생하므로 유효응력이 전응력보다 크다.

03 유효응력에 대한 설명으로 틀린 것은?

① 항상 전응력보다는 작은 값이다.
② 흙 입자가 부담하는 응력이다.
③ 흙 입자 간의 접촉면에서 발생한다.
④ 흙의 파괴, 체적변화 및 강도 등을 지배한다.

> **해설** 유효응력(effective pressure)
> ㉠ 단위면적 중의 입자 상호 간의 접촉점에 작용하는 압력으로, 흙 입자만을 통해서 전달하는 연직응력이다.
> ㉡ 모관 상승영역에서는 $-u$가 발생하므로 유효응력이 전응력보다 크다.

04 지표면에 집중하중이 작용할 때, 지중연직 응력증가량($\Delta\sigma_z$)에 관한 설명 중 옳은 것은? (단, Boussinesq 이론을 사용)

① 탄성계수 E에 무관하다.
② 탄성계수 E에 정비례한다.
③ 탄성계수 E의 제곱에 정비례한다.
④ 탄성계수 E의 제곱에 반비례한다.

> **해설** Boussinesq 이론
> ㉠ 지표면에 작용하는 하중으로 인한 지반 내의 응력증가량을 구하는 방법이다.
> ㉡ 지반을 균질, 등방성의 자중이 없는 반무한탄성체라고 가정하고, 탄성계수(E)를 고려하지 않았다.

05 지반 내 응력에 대한 다음 설명 중 틀린 것은?

① 전응력이 커지는 크기만큼 간극수압이 커지면 유효응력은 변화없다.
② 정지토압계수 K_o는 1보다 클 수 없다.
③ 지표면에 가해진 하중에 의해 지중에 발생하는 연직응력의 증가량은 깊이가 깊어지면서 감소한다.
④ 유효응력이 전응력보다 클 수도 있다.

> **해설** 정지토압계수(K_o)
> ㉠ 실용적인 개략치 : $K_o ≒ 0.5$
> ㉡ 과압밀점토 : $K_o \geq 1$

정답 1. ③ 2. ② 3. ① 4. ① 5. ②

06 흙 속에서의 물의 흐름 중 연직유효응력의 증가를 가져오는 것은?

① 정수압상태 ② 상향흐름
③ 하향흐름 ④ 수평흐름

> **해설** 흙 속에서의 연직유효응력의 증가
> 하향침투 시 $\bar{\sigma} = \bar{\sigma'} + F$ 이므로 유효응력이 증가한다.

07 다음 보기 중 유효응력이 증가하는 것은?

① 땅속의 물이 정지해 있는 경우
② 땅속의 물이 아래로 흐르는 경우
③ 땅속의 물이 위로 흐르는 경우
④ 분사현상이 일어나는 경우

> **해설** 유효응력
> 땅속의 물이 아래로 흐르는 경우 침투수압만큼 유효응력이 증가한다.

08 다음 그림과 같은 지반에서 A점의 주동에 의한 수평방향의 전응력 σ_h는 얼마인가?

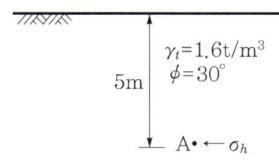

① 8.0t/m^2 ② 1.65t/m^2
③ 2.67t/m^2 ④ 4.84t/m^2

> **해설** 전응력의 계산
> ㉠ $\sigma_v = \gamma_t h = 1.6 \times 5 = 8 \text{t/m}^2$
> ㉡ $K_a = \tan^2\left(45° - \dfrac{\phi}{2}\right) = \tan^2\left(45° - \dfrac{30°}{2}\right)$
> $= \dfrac{1}{3}$
> ㉢ $\sigma_h = \sigma_v K_a = 8 \times \dfrac{1}{3} = 2.67 \text{t/m}^2$

09 다음 그림과 같은 지반에 널말뚝을 박고 기초굴착을 할 때 A점의 압력수두가 3m라면 A점의 유효응력은?

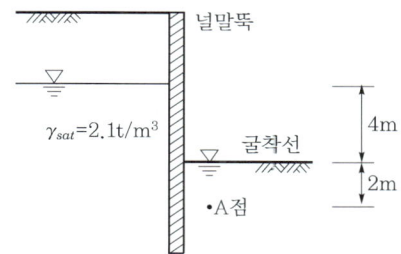

① 0.1t/m^2 ② 1.2t/m^2
③ 4.2t/m^2 ④ 7.2t/m^2

> **해설** 유효응력의 계산
> ㉠ 전응력 $\sigma = \gamma_{sat} H = 2.1 \times 2 = 4.2 \text{t/m}^2$
> ㉡ 간극수압 $u = \gamma_w h_w = 1 \times 3 = 3 \text{t/m}^2$
> ㉢ 유효응력 $\bar{\sigma} = \sigma - u = 4.2 - 3 = 1.2 \text{t/m}^2$

10 다음 그림과 같은 지반에서 유효응력에 대한 점착력 및 마찰각이 각각 $c' = 10 \text{kN/m}^2$, $\phi' = 20°$일 때, A점에서의 전단강도는? (단, 물의 단위중량은 9.81kN/m^3이다.)

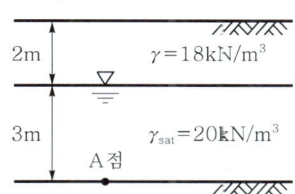

① 34.25kN/m^2 ② 44.94kN/m^2
③ 54.25kN/m^2 ④ 66.17kN/m^2

> **해설** 전단강도의 계산
> ㉠ 전응력 $\sigma = 18 \times 2 + 20 \times 3 = 96 \text{kN/m}^2$
> ㉡ 간극수압 $u = 9.81 \times 3 = 29.43 \text{kN/m}^2$
> ㉢ 유효응력
> $\sigma' = \sigma - u = 96 - 29.43 = 66.57 \text{kN/m}^2$
> ㉣ 전단강도 $\tau = c' + \sigma' \tan\phi$에서
> $\tau = 10 + 66.57 \times \tan 20° = 34.23 \text{kN/m}^2$

정답 6. ③ 7. ② 8. ③ 9. ② 10. ①

11 다음 그림과 같은 지반의 A점에서 전응력(σ), 간극수압(u), 유효응력(σ')을 구하면? (단, 물의 단위중량은 9.8kN/m³이다.)

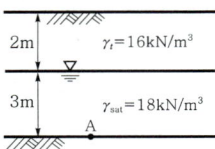

① $\sigma=86\text{kN/m}^2$, $u=9.8\text{kN/m}^2$, $\sigma'=76.2\text{kN/m}^2$
② $\sigma=86\text{kN/m}^2$, $u=29.4\text{kN/m}^2$, $\sigma'=56.6\text{kN/m}^2$
③ $\sigma=100\text{kN/m}^2$, $u=29.4\text{kN/m}^2$, $\sigma'=70.6\text{kN/m}^2$
④ $\sigma=100\text{kN/m}^2$, $u=9.8\text{kN/m}^2$, $\sigma'=90.2\text{kN/m}^2$

> **해설** 유효응력의 계산
> ㉠ 전응력 $\sigma=16\times2+18\times3=86\text{kN/m}^2$
> ㉡ 간극수압 $u=9.8\times3=29.4\text{kN/m}^2$
> ㉢ 유효응력
> $\sigma'=\sigma-u=86-29.4=56.6\text{kN/m}^2$

12 다음 그림에서 A점 흙의 강도정수가 $c=3\text{t/m}^2$, $\phi=30°$일 때 A점의 전단강도는?

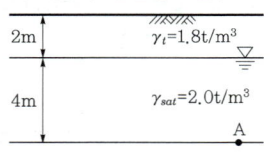

① 6.93t/m^2 ② 7.39t/m^2
③ 9.93t/m^2 ④ 10.39t/m^2

> **해설** 전단강도의 계산
> ㉠ 전응력
> $\sigma=\gamma_t H_1+\gamma_{sat}H_2=1.8\times2+2.0\times4$
> $=11.6\text{t/m}^2$
> ㉡ 간극수압 $u=\gamma_w h_w=1\times4=4\text{t/m}^2$
> ㉢ 유효응력 $\bar\sigma=\sigma-u=11.6-4=7.6\text{t/m}^2$
> ㉣ 전단강도
> $\tau=c+\bar\sigma\tan\phi=3.0+7.6\tan30°$
> $=7.39\text{t/m}^2$

13 그림과 같은 지반에서 $x-x'$ 단면에 작용하는 유효응력은? (단, 물의 단위중량은 9.81kN/m³이다.)

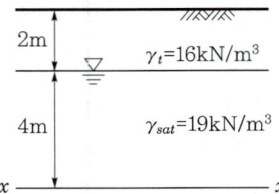

① 46.7kN/m^2 ② 68.8kN/m^2
③ 90.5kN/m^2 ④ 108kN/m^2

> **해설** 유효응력의 계산
> ㉠ 전응력
> $\sigma=\gamma_{sat}H=16\times2+19\times4=108\text{kN/m}^2$
> ㉡ 간극수압
> $u=\gamma_w h_w=9.81\times4=39.24\text{kN/m}^2$
> ㉢ 유효응력
> $\bar\sigma=\sigma-u=108-39.24=68.76\text{kN/m}^2$

14 다음 그림과 같은 모래지반에서 깊이 4m 지점에서의 전단강도는? (단, 모래의 내부마찰각 $\phi=30°$, 점착력 $c=0$)

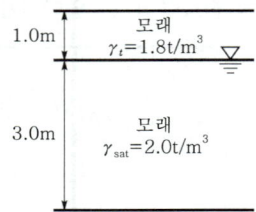

① 4.50t/m^2 ② 2.77t/m^2
③ 2.32t/m^2 ④ 1.86t/m^2

> **해설** 전단강도의 계산
> ㉠ 전응력
> $\sigma=\gamma_t H_1+\gamma_{sat}H_2=1.8\times1+2.0\times3$
> $=7.8\text{t/m}^2$
> ㉡ 간극수압 $u=\gamma_w h_w=1\times3=3\text{t/m}^2$
> ㉢ 유효응력 $\bar\sigma=\sigma-u=7.8-3=4.8\text{t/m}^2$
> ㉣ 전단강도
> $\tau=c+\bar\sigma\tan\phi=0+4.8\tan30°$
> $≒2.77\text{t/m}^2$

정답 11. ② 12. ② 13. ② 14. ②

15 다음 그림과 같은 지반의 A점에서 전응력(σ), 간극수압(u), 유효응력(σ')을 구하면? (단, 물의 단위중량은 9.81kN/m³이다.)

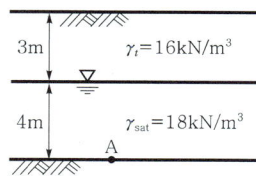

① $\sigma = 100\text{kN/m}^2$, $u = 9.8\text{kN/m}^2$, $\sigma' = 90.2\text{kN/m}^2$
② $\sigma = 100\text{kN/m}^2$, $u = 29.4\text{kN/m}^2$, $\sigma' = 70.6\text{kN/m}^2$
③ $\sigma = 120\text{kN/m}^2$, $u = 19.6\text{kN/m}^2$, $\sigma' = 100.4\text{kN/m}^2$
④ $\sigma = 120\text{kN/m}^2$, $u = 39.2\text{kN/m}^2$, $\sigma' = 80.8\text{kN/m}^2$

해설 유효응력의 계산
㉠ 전응력 $\sigma = 16 \times 3 + 18 \times 4 = 120\text{kN/m}^2$
㉡ 간극수압 $u = 9.81 \times 4 = 39.2\text{kN/m}^2$
㉢ 유효응력
$\sigma' = \sigma - u = 120 - 39.2 = 80.8\text{kN/m}^2$

16 그림과 같이 모래층에 널말뚝을 설치하여 물막이공 내의 물을 배수하였을 때, 분사현상이 일어나지 않게 하려면 얼마의 압력을 가하여야 하는가? (단, 모래의 비중은 2.65, 간극비는 0.65, 안전율은 3)

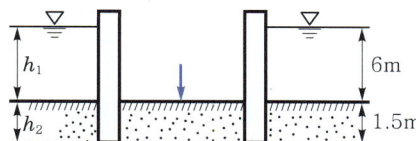

① 6.5t/m^2 ② 13t/m^2
③ 33t/m^2 ④ 16.5t/m^2

해설 분사현상이 일어나지 않을 조건
㉠ 수중밀도
$\gamma_{sub} = \dfrac{G_s - 1}{1 + e}\gamma_w = \dfrac{2.65 - 1}{1 + 0.65} = 1\text{t/m}^2$
㉡ 유효응력 $\overline{\sigma} = \gamma_{sub}h_2 = 1 \times 1.5 = 1.5\text{t/m}^2$
㉢ 공극응력 $F = \gamma_w h_1 = 1 \times 6 = 6\text{t/m}^2$
㉣ $F_s = \dfrac{\overline{\sigma} + \Delta\overline{\sigma}}{F}$ 에서 $3 = \dfrac{1.5 + \Delta\overline{\sigma}}{6}$ 이므로
추가압력 $\Delta\overline{\sigma} = 16.5\text{t/m}^2$

17 그림과 같이 피압수압을 받고 있는 2m 두께의 모래층이 있다. 그 위로 포화된 점토층을 5m 깊이로 굴착하는 경우 분사현상이 발생하지 않기 위한 수심(h)은 최소 얼마를 초과하도록 하여야 하는가?

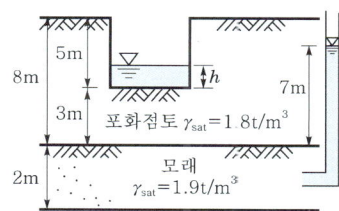

① 1.3m ② 1.6m
③ 1.9m ④ 2.4m

해설 ㉠ 전응력 $\sigma = 3 \times 1.8 + 1 \times h$
$= 5.4 + h$
㉡ 간극수압 $u = 1 \times 7 = 7$
㉢ 유효응력 $\overline{\sigma} = \sigma - u$
$= (5.4 + h) - 7 = 0$
$\therefore h = 1.6\text{m}$

18 응력경로(stress path)에 대한 설명으로 틀린 것은?
① 응력경로는 특성상 전응력으로만 나타낼 수 있다.
② 응력경로란 시료가 받는 응력의 변화과정을 응력공간에 궤적으로 나타낸 것이다.
③ 응력경로는 Mohr의 응력원에서 전단응력이 최대의 점을 연결하여 구한다.
④ 시료가 받는 응력상태에 대한 응력경로는 직선 또는 곡선으로 나타난다.

> **해설** 응력경로
> ㉠ 지반 내 임의의 요소에 작용되어 온 하중의 변화과정을 응력평면 위에 나타낸 것으로, 최대 전단응력을 나타내는 모어원 정점의 좌표인 (p, q)점의 궤적이 응력경로이다.
> ㉡ 응력경로는 전응력으로 표시하는 전응력경로와 유효응력으로 표시하는 유효응력경로로 구분된다.
> ㉢ 응력경로는 직선 또는 곡선으로 나타낸다.

19 2m×3m 크기의 직사각형 기초에 6t/m²의 등분포하중이 작용할 때 기초 아래 10m 되는 깊이에서의 응력증가량을 2:1 분포법으로 구한 값은?
① $0.23t/m^2$ ② $0.54t/m^2$
③ $1.33t/m^2$ ④ $1.83t/m^2$

> **해설** 2:1 분포법에 의한 지중응력 증가량
> $$\Delta\sigma_v = \frac{BLq_s}{(B+Z)(L+Z)}$$
> $$= \frac{2\times 3\times 6}{(2+10)(3+10)} = 0.23t/m^2$$

20 크기가 1m×2m인 기초에 10t/m²의 등분포하중이 작용할 때 기초 아래 4m인 점의 압력 증가는 얼마인가? (단, 2:1 분포법을 이용한다.)
① $0.67t/m^2$ ② $0.33t/m^2$
③ $0.22t/m^2$ ④ $0.11t/m^2$

> **해설** 2:1 분포법에 의한 지중응력 증가량
> $$\Delta\sigma_v = \frac{BLq_s}{(B+Z)(L+Z)}$$
> $$= \frac{1\times 2\times 10}{(1+4)(2+4)} = 0.67t/m^2$$

21 지표면에 설치된 2m×2m의 정사각형 기초에 100kN/m²의 등분포하중이 작용하고 있을 때 5m 깊이에 있어서의 연직응력 증가량을 2:1 분포법으로 계산한 값은?
① $0.83kN/m^2$ ② $8.16kN/m^2$
③ $19.75kN/m^2$ ④ $28.57kN/m^2$

> **해설** 2:1 분포법에 의한 지중응력 증가량
> $$\Delta\sigma_v = \frac{BLq_s}{(B+Z)(L+Z)}$$
> $$= \frac{2\times 2\times 100}{(2+5)(2+5)} = 8.16kN/m^2$$

22 5m×10m의 장방형 기초 위에 $q=60kN/m^2$의 등분포하중이 작용할 때, 지표면 아래 10m에서의 연직응력 증가량($\Delta\sigma_v$)은? (단, 2:1 응력분포법을 사용한다.)
① $10kN/m^2$ ② $20kN/m^2$
③ $30kN/m^2$ ④ $40kN/m^2$

> **해설** 2:1 분포법에 의한 지중응력 증가량
> $$\Delta\sigma_v = \frac{BLq_s}{(B+Z)(L+Z)}$$
> $$= \frac{5\times 10\times 60}{(5+10)\times(10+10)} = 10kN/m^2$$

23 지표에 설치된 3m×3m의 정사각형 기초에 80kN/m²의 등분포하중이 작용할 때, 지표면 아래 5m 깊이에서의 연직응력의 증가량은? (단, 2:1 분포법을 사용한다.)
① $7.15kN/m^2$ ② $9.20kN/m^2$
③ $11.25kN/m^2$ ④ $13.10kN/m^2$

> **해설** 2 : 1 분포법에 의한 지중응력 증가량
> $$\Delta\sigma_v = \frac{BLq_s}{(B+Z)(L+Z)}$$
> $$= \frac{3\times3\times80}{(3+5)(3+5)} = 11.25\text{kN/m}^2$$

24 동일한 등분포하중이 작용하는 그림과 같은 (A)와 (B) 두 개의 구형 기초판에서 A와 B점의 수직 z 되는 깊이에서 증가되는 지중응력을 각각 σ_A, σ_B라 할 때 다음 중 옳은 것은? (단, 지반 흙의 성질은 동일함)

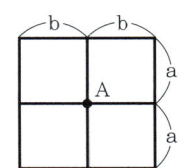

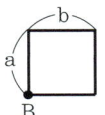

① $\sigma_A = \frac{1}{2}\sigma_B$ ② $\sigma_A = \frac{1}{4}\sigma_B$

③ $\sigma_A = 2\sigma_B$ ④ $\sigma_A = 4\sigma_B$

> **해설** 지중응력 증가량
> $\sigma_A = 4 \times I \times q$ 이고, $\sigma_B = I \times q$ 이므로
> $\sigma_A = 4\sigma_B$ 이다.

25 다음 중 사면안정 해석법과 관계가 없는 것은?

① 비숍(Bishop)의 방법
② 마찰원법
③ 펠레니우스(Fellenius)의 방법
④ 뷰지네스크(Boussinesq)의 이론

> **해설** 뷰지네스크(Boussinesq)의 이론은 지표면에 작용하는 하중으로 인한 지반 내의 응력증가량을 구하는 방법이다.

26 그림과 같이 폭이 2m, 길이가 3m인 기초에 100kN/m² 의 등분포하중이 작용할 때, A점 아래 4m 깊이에서의 연직응력 증가량은? (단, 아래 표의 영향계수값을 활용하여 구하며, $m = B/z$, $n = L/z$ 이고, B는 직사각형 단면의 폭, L은 직사각형 단면의 길이, z는 토층의 깊이이다.)

[영향계수(I)값]

m	0.25	0.5	0.5	0.5
n	0.5	0.25	0.75	1.0
I	0.048	0.048	0.115	0.122

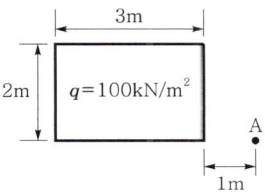

① 6.7kN/m^2 ② 7.4kN/m^2
③ 12.2kN/m^2 ④ 17.0kN/m^2

> **해설** 사각형 등분포하중 모서리 직하의 깊이가 z 되는 점에서 생기는 연직응력 증가량은 $\Delta\sigma_z = q_s I$ 이므로
> ㉠ $q = 100\text{kN/m}^2$가 전체 단면에 작용하는 경우
> $m = \frac{B}{z} = \frac{2}{4} = 0.5$, $n = \frac{L}{z} = \frac{4}{4} = 1$이므로
> $I = 0.122$이며,
> $\Delta\sigma_{z1} = q_s I = 100 \times 0.122 = 12.2\text{kN/m}^2$
> ㉡ $q = 100\text{kN/m}^2$가 작은 단면에 작용하는 경우
> $m = \frac{B}{z} = \frac{1}{4} = 0.25$, $n = \frac{L}{z} = \frac{2}{4} = 0.5$
> 이므로 $I = 0.048$이며,
> $\Delta\sigma_{z2} = q_s I = 100 \times 0.048 = 4.8\text{kN/m}^2$
> ㉢ 중첩원리의 적용
> $\Delta\sigma_z = \Delta\sigma_{z1} - \Delta\sigma_{z2} = 12.2 - 4.8$
> $= 7.4\text{kN/m}^2$

정답 24. ④ 25. ④ 26. ②

27 다음 중 흙의 동상을 방지하기 위한 대책으로 옳지 않은 것은?

① 배수구를 설치하여 지하수위를 저하시킨다.
② 지표의 흙을 화학약품으로 처리한다.
③ 포장 하부에 단열층을 시공한다.
④ 모관수를 차단하기 위해 세립토층을 지하수면 위에 설치한다.

> **해설** 동상을 방지하기 위한 대책
> 모관수를 차단하기 위해 지하수위보다 높은 곳에 모래, 콘크리트, 아스팔트 등의 조립의 차단층을 설치한다.

28 흙이 동상을 일으키기 위한 조건으로 가장 거리가 먼 것은?

① 아이스렌즈를 형성하기 위한 충분한 물의 공급이 있을 것
② 양(+)이온을 다량 함유할 것
③ 0℃ 이하의 온도가 오랫동안 지속될 것
④ 동상이 일어나기 쉬운 토질일 것

> **해설** 흙이 동상작용을 일으키기 위한 조건
> ㉠ 동상을 받기 쉬운 흙(실트질토)이 존재한다.
> ㉡ 0℃ 이하의 온도 지속시간이 길다.
> ㉢ 아이스렌즈(ice lens)를 형성할 수 있도록 물의 공급이 충분해야 한다.

29 흙이 동상작용을 받았다면 이 흙은 동상작용을 받기 전에 비해 함수비는?

① 증가한다.
② 감소한다.
③ 동일하다.
④ 증가할 때도 있고 감소할 때도 있다.

> **해설** 동상작용으로 인한 함수비의 변화
> 동상작용을 받게 되면, 흙의 함수비는 증가한다.

30 다음 중 동상(凍上)현상이 가장 잘 일어날 수 있는 흙은?

① 자갈   ② 모래
③ 실트   ④ 점토

> **해설** 동해를 가장 받기 쉬운 흙은 실트질토이다.

31 흙의 동상에 영향을 미치는 요소가 아닌 것은?

① 모관 상승고
② 흙의 투수계수
③ 흙의 전단강도
④ 동결온도의 계속시간

> **해설** 흙의 동상에 영향을 미치는 요소
> ㉠ 모관 상승고
> ㉡ 흙의 투수성(투수계수)
> ㉢ 동결온도의 지속(계속)시간

32 흙의 동해(凍害)에 관한 다음 설명 중 옳지 않은 것은?

① 동상현상은 빙층(ice lens)의 생장이 주된 원인이다.
② 사질토는 모관상승높이가 작아서 동상이 잘 일어나지 않는다.
③ 실트는 모관상승높이가 작아서 동상이 잘 일어나지 않는다.
④ 점토는 모관상승높이는 크지만 동상이 잘 일어나는 편은 아니다.

> **해설** 동상현상의 특징
> 동해가 가장 심하게 발생하는 흙은 실트질토이다.

정답 27. ④ 28. ② 29. ① 30. ③ 31. ③ 32. ③

33 다음 설명 중 동상(凍上)에 대한 대책으로 틀린 것은?

① 지하수위와 동결심도 사이에 모래, 자갈층을 형성하여 모세관 현상으로 인한 물의 상승을 막는다.
② 동결심도 내의 실트질 흙을 모래나 자갈로 치환한다.
③ 동결심도 내의 흙에 염화칼슘이나 염화나트륨 등을 섞어 빙점을 낮춘다.
④ 아이스렌즈(ice lens) 형성이 될 수 있도록 충분한 물을 공급한다.

해설 아이스렌즈가 형성될 수 있도록 충분한 물이 공급되면 동상현상이 잘 일어난다.

34 흙 속의 물이 얼어서 빙층(ice lens)이 형성되기 때문에 지표면이 떠오르는 현상은?

① 연화현상
② 동상현상
③ 분사현상
④ 다일러턴시(dilatancy)

해설 **동상현상(frost heaving)**
흙 속의 공극수가 동결하여 얼음층(ice lens)이 형성되기 때문에 체적이 팽창하여 지표면이 부풀어 오르는 현상

35 동상방지대책에 대한 설명으로 틀린 것은?

① 배수구 등을 설치하여 지하수위를 저하시킨다.
② 지표의 흙을 화학약품으로 처리하여 동결온도를 내린다.
③ 동결깊이보다 깊은 흙을 동결하지 않는 흙으로 치환한다.
④ 모관수의 상승을 차단하기 위해 조립의 차단층을 지하수위보다 높은 위치에 설치한다.

해설 **동상방지대책**
동상방지대책 중 치환공법은 동결심도보다 상부에 있는 흙을 동결에 강한 재료인 자갈, 쇄석, 석탄재로 치환하는 공법이다.

정답 33. ④ 34. ② 35. ③

CHAPTER 04 압밀

최근 10년간 출제분석표

2015	2016	2017	2018	2019	2020	2021	2022	2023	2024
5%	6.7%	8.3%	1.7%	10%	11.7%	10%	10%	5%	13.3%

출제 POINT

학습 POINT
- 흙의 압축성
- 압밀의 정의
- 테르자기 압밀의 가정
- 압밀시험의 목적과 방법
- 압밀시험의 결과
- 압밀도와 평균압밀도
- 압밀시간과 압밀침하량

■ 압축과 압밀
① 압축 : 흙이 하중을 받으면 체적이 감소하는 현상
② 압밀 : 흙 속의 물이 빠져나올 때 체적 변화가 발생하는 현상

■ 지반의 체적변화 원인
① 외력작용
② 지반의 구조적 특성
③ 지반 함침
④ 온도변화
⑤ 지반의 동결
⑥ 지반의 함수비 변화
⑦ 구성광물의 용해

SECTION 1 압밀 이론

1 흙의 압축성

1) 정의

흙은 외력, 즉 하중을 받으면 체적이 감소하고 단위중량이 증가하는데, 이 때 외력에 의해 흙의 체적이 감소하는 현상을 흙의 압축성이라고 한다.

2) 흙의 압축성을 나타내는 대표적인 현상

① 압축(compression)
  ㉠ 흙의 체적과 유효응력의 관계가 시간과 무관한 경우
  ㉡ 재하 즉시 발생한다.
  ㉢ 모래지반에서 발생한다.
② 압밀(consolidation)
  ㉠ 물이 간극으로부터 빠져 나올 때 흙의 체적변화가 시간 의존적인 과정으로 발생하는 현상이다.
  ㉡ 장시간에 걸쳐서 일어난다.
  ㉢ 점토지반에서 발생한다.

3) 지반의 체적변화(침하) 원인

① 외력작용(구조물 하중, 지하수위 강하)
② 지반의 구조적 특성
③ 지반 함침
④ 온도변화
⑤ 지반의 동결

⑥ 지반의 함수비 변화(점성토의 건조수축)
⑦ 구성광물의 용해

2 압밀

1) 압밀의 정의

지반에 유효상재하중이 작용하면 흙 속의 간극에서 간극수가 배출되면서 오랜 시간에 걸쳐 압축(침하)되는 현상을 말한다.

■ 압밀의 정의
지반에 유효상재하중이 작용하면 흙 속의 간극에서 간극수가 배출되면서 오랜 시간에 걸쳐 압축(침하)되는 현상

2) 압밀의 원리

부분 또는 완전히 포화상태의 지반에 외력(하중)을 가했을 때 그 외력으로 인하여 발생한 간극수압을 과잉간극수압(u_e)이라 한다. 과잉간극수압이 발생하면 압력수두가 커져서 수두차가 발생하고, 이 수두차로 인하여 간극수의 흐름이 발생하게 된다. 이와 같이 과잉간극수압이 발생하여 간극수가 유출되면서 지반의 부피가 감소하는 현상을 압밀이라 한다.

3) 테르자기(Terzaghi)의 압밀 모델(1925)

(1) 압밀의 과정

테르자기(Terzaghi)는 압밀 과정을 스프링(흙 입자)과 물(간극수)을 이용하여 설명하였다.

① 재하 전($t = 0$)
   ㉠ 상단의 밸브가 닫혀 있는 상태
   ㉡ 간극수압의 변화는 없다.
   ㉢ $\Delta u = 0$

② 재하 순간($t = 0$)
   ㉠ 상단의 밸브가 닫혀 있는 상태
   ㉡ 스프링은 압축되지 않는다. 즉, 피스톤의 위치변화는 없다.
   ㉢ 물이 모든 외력을 지지한다(과잉간극수압 발생).
   ㉣ $\Delta u = \dfrac{P}{A}$

③ 압밀 진행($0 < t < \infty$)
   ㉠ 상단의 밸브를 개방한다.
   ㉡ 밸브로 물이 유출되면서 스프링은 압축되고 피스톤은 침하가 발생한다.
   ㉢ 외력은 물과 스프링이 분담한다.
   ㉣ $\Delta u < \dfrac{P}{A}$

④ 압밀 후($t = \infty$)
 ㉠ 오랜 시간 경과 후 더 이상의 물의 유출이 없는 상태
 ㉡ 가해진 하중을 모두 스프링이 지지한다.
 ㉢ 더 이상 피스톤의 변위가 발생하지 않는다.
 ㉣ $\Delta u = 0$

(2) 하중 분담

경과시간(t)	과잉공극수압(u_e)	유효응력(σ')	피스톤에 가해진 힘(σ)
$t = 0$	$u_e = u_i$	0	$\sigma = u_i$
$0 < t < \infty$	u_e	σ'	$\sigma = \sigma' + u_e$
$t = \infty$	0	σ'	$\sigma = \sigma'$

u_i : 초기과잉간극수압

■ 흙의 압밀에 영향을 미치는 요소
① 흙의 투수계수
② 흙의 압축성

(3) 흙의 압밀에 영향을 미치는 요소
① 흙의 투수계수(밸브 구멍의 크기) : 투수계수가 클수록 배수속도가 빨라 짧은 시간에 압밀이 완료된다.
② 흙의 압축성(스프링의 강성) : 흙의 압축성이 클수록(스프링의 강성이 작을수록) 압축량이 커지고, 배수되어야 할 수량이 많으므로 압밀이 완료되는 데 많은 시간이 소요된다.

■ 테르자기의 1차원 압밀 가정
① 흙은 균질하다.
② 흙은 완전히 포화되어 있다.
③ 흙 입자와 물은 비압축성을 가진다.
④ 투수와 압축은 1차원이다. 즉, 연직 방향으로만 발생한다.
⑤ 물의 흐름은 다르시의 법칙에 따른다.
⑥ 흙의 성질은 압력의 크기에 관계없이 일정하다.

4) 테르자기(Terzaghi)의 1차원 압밀 가정
① 흙은 균질하다.
② 흙은 완전히 포화되어 있다.
③ 흙 입자와 물은 비압축성을 가진다.
④ 투수와 압축은 1차원이다. 즉, 연직 방향으로만 발생한다.
⑤ 물의 흐름은 다르시(Darcy)의 법칙에 따른다.
⑥ 흙의 성질은 압력의 크기에 관계없이 일정하다.

■ 침하의 종류
① 즉시침하(탄성침하) : 함수비의 변화 없이 탄성변형에 의해 일어나는 침하
② 압밀침하 : 간극수가 서서히 배출되면서 발생하는 체적변화

5) 침하의 종류

(1) 즉시침하(탄성침하)
① 함수비의 변화 없이 탄성변형에 의해 일어나는 침하
② 투수성이 큰 모래지반에서 단기적으로 발생한다.
③ 지표에 하중을 가하면 침하가 발생하지만, 하중을 제거하면 원상태로 되돌아간다.

(2) 압밀침하

간극수가 서서히 배출되면서 발생하는 체적변화로, 투수성이 작은 점토지반에서 장기적으로 발생한다.

① 1차 압밀침하 : 과잉공극수압이 소산되면서 빠져나간 물만큼 흙이 압축되어 발생하는 침하

$$u_e = 0 \sim 100\%$$

② 2차 압밀침하
  ㉠ 과잉공극수압이 완전히 소산된 후에 발생하는 침하
  ㉡ 흙 구조의 소성적 재조정 때문에 발생하는 압축변형
  ㉢ 하중의 지속적인 재하로 인한 크리프(creep) 변형이 원인이 된다.
  ㉣ 점토층의 두께가 클수록, 소성이 클수록, 유기질이 많이 함유된 흙일수록 2차 압밀침하량이 크다.

SECTION 2 압밀시험

1 압밀시험의 개요

① 만약 흙이 완전히 포화되어 있다면 압축은 유동성을 가진 물이 유출되면서 발생한다. 이때의 압축속도는 간극수의 유출속도에 달려 있다. 따라서 흙 속으로부터 물이 빠져나가면서 지반이 압축되는 압밀현상을 실내에서 실험적으로 구하는 시험을 압밀시험(consolidation test)이라 한다.
② KS F 2316에 시험 방법이 규정되어 있다.

2 압밀시험의 목적

① 최종침하량의 산정
② 침하속도의 산정
③ 흙의 이력상태 파악
④ 투수계수 파악

3 시험 방법(KS F 2316)

① 사용 시료 : 일반적으로 현장에서 채취한 불교란 시료 사용
② 공시체의 크기 : 지름 60mm, 높이 20mm

■ 압밀시험의 목적
① 최종침하량의 산정
② 침하속도의 산정
③ 흙의 이력상태 파악
④ 투수계수 파악

출제 POINT

■ 압밀시험 방법
① 사용 시료 : 일반적으로 현장에서 채취한 불교란 시료 사용
② 공시체의 크기 : 지름 60mm, 높이 20mm
③ 압축량-시간 관계 그래프 작성
④ 하중-간극비 관계 그래프 작성

③ 시험 방법
 ㉠ 압밀링에 공시체를 넣고 하중을 0.05, 0.1, 0.2, …, 12.8kg/cm² 로 가하고, 각 단계마다 6초, 9초, 15초, 30초, …, 24시간 간격으로 침하량을 측정한다.
 ㉡ 그 후 최종 단계의 압밀이 끝나면 하중을 제거하여 시료의 무게와 함수비를 측정한다.
 ㉢ 각 하중단계마다 압축량-시간 관계 그래프 작성
 ㉣ 전 단계에 대한 하중-간극비 관계 그래프 작성

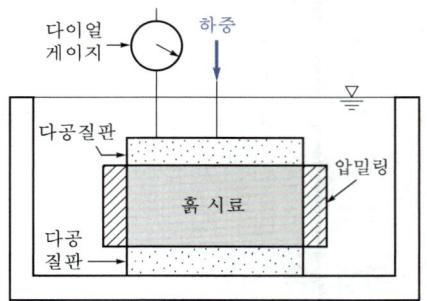

[압밀시험장치]

4 시험 결과 정리

1) 흙 입자의 높이(H_s)

$$G_s = \frac{1}{\gamma_w} \times \gamma_s = \frac{1}{\gamma_w} \times \frac{W_s}{V_s} = \frac{1}{\gamma_w} \times \frac{W_s}{H_s A}$$

$$H_s = \frac{W_s}{A G_s \gamma_w}$$

여기서, W_s : 시료의 건조중량
 G_s : 흙 입자의 비중
 A : 시료의 단면적
 γ_w : 물의 단위중량

2) 간극의 초기높이(H_v)

$$H_v = H - H_s$$

여기서, H : 시료의 초기높이

3) 초기 간극비(e_0)

$$e_0 = \frac{V_v}{V_s} = \frac{H_v \times A}{H_s \times A} = \frac{H_v}{H_s}$$

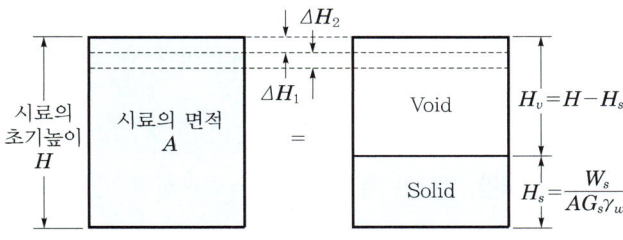

[압밀시험에서 시료의 높이 변화]

4) 압축계수(a_v)

① 하중 증가에 대한 간극비의 감소비율
② $e - \sigma'$ 곡선의 기울기

$$a_v = \frac{e_1 - e_2}{\sigma_2' - \sigma_1'} \, [\text{cm}^2/\text{kN}]$$

5) 체적변화계수(m_v)

하중 증가량에 대한 체적의 감소비율

$$m_v = \frac{\Delta V / V}{\Delta \sigma'} = \frac{\Delta V}{V \times \Delta \sigma'} = \frac{1}{1+e} \times \frac{e_1 - e_2}{\sigma_2' - \sigma_1'}$$

$$\therefore m_v = \frac{a_v}{1+e} \, [\text{cm}^2/\text{kN}]$$

6) 압축지수(C_c)

$e - \log\sigma'$ 곡선에서 직선 부분의 기울기, 즉 처녀압밀곡선의 기울기로 무차원수이다.

$$C_c = \frac{e_1 - e_2}{\log\sigma_2' - \log\sigma_1'} = \frac{e_1 - e_2}{\log \frac{\sigma_2'}{\sigma_1'}}$$

출제 POINT

■ 압밀시험의 결과

① 흙 입자의 높이(H_s)

$$H_s = \frac{W_s}{A G_s \gamma_w}$$

② 간극의 초기높이(H_v)

$$H_v = H - H_s$$

③ 초기 간극비(e_0)

$$e_0 = \frac{V_v}{V_s} = \frac{H_v \times A}{H_s \times A} = \frac{H_v}{H_s}$$

④ 압축계수(a_v)

$$a_v = \frac{e_1 - e_2}{\sigma_2' - \sigma_1'}$$

⑤ 체적변화계수(m_v)

$$m_v = \frac{a_v}{1+e}$$

⑥ 압축지수(C_c)

$$C_c = \frac{e_1 - e_2}{\log\sigma_2' - \log\sigma_1'} = \frac{e_1 - e_2}{\log \frac{\sigma_2'}{\sigma_1'}}$$

① 테르자기(Terzaghi) & 펙(Peck)의 경험식(1967)
  ㉠ 불교란 시료 : $C_c = 0.009(W_l - 10)$
  ㉡ 교란된 시료 : $C_c = 0.007(W_l - 10)$
② 특성
  ㉠ 압축지수의 일반적인 분포범위는 0.2~0.9이다.
  ㉡ 점토의 함유량이 많을수록 크다. 예민비가 큰 점토나 유기질 점토는 1.0보다 훨씬 큰 값을 갖는다.
  ㉢ 흙이 연약할수록 압축지수는 크다.
  ㉣ 시료의 교란 정도가 클수록 처녀압밀곡선의 기울기는 감소한다.

7) 팽창지수(C_s)

$e - \log\sigma'$ 곡선의 하중 제거 시 팽창곡선의 기울기

$$C_s = \left(\frac{1}{10} \sim \frac{1}{5}\right) C_c$$

8) 선행압밀응력(σ_c')

① 어떤 점토가 과거에 받았던 최대응력을 선행압밀응력이라 한다.
② σ_c' 결정법(Casagrande의 작도법, 1936)
  ㉠ $e - \log\sigma'$ 곡선에서 최대곡률점(최소곡률반경)인 점 a를 찾는다.
  ㉡ 점 a에서 수평선 ab를 긋는다.
  ㉢ 점 a에 접하는 접선 ac를 긋는다.
  ㉣ 각 bac를 이등분하는 선분 ad를 긋는다.
  ㉤ $e - \log\sigma'$ 곡선의 직선 부분 gh의 연장선과 선분 ad가 만나는 점의 하중이 선행압밀응력이다.

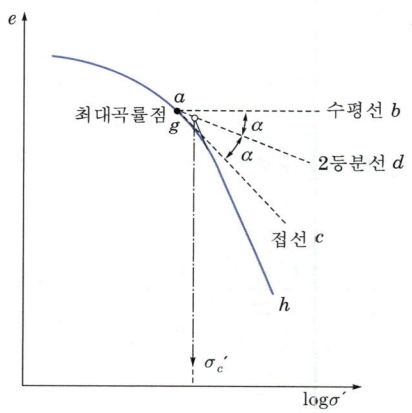

[선행압밀응력의 결정]

③ 과압밀비(OCR)

$$OCR = \frac{\sigma_c{'}}{\sigma_o{'}}$$

여기서, $\sigma_c{'}$: 선행압밀응력

$\sigma_o{'}$: 현재의 유효연직응력

④ 과압밀비의 이용

 ㉠ OCR<1인 경우

  • 현재 압밀이 진행 중인 점토

  • 하중을 가하지 않아도 압밀이 진행된다.

 ㉡ OCR=1인 경우

  • 현재 받고 있는 유효연직응력이 과거에 받았던 최대 유효연직응력인 경우

  • 정규압밀점토(NCC)

 ㉢ OCR>1인 경우

  • 현재 받고 있는 유효연직응력이 과거에 받았던 최대유효연직응력보다 작은 경우

  • 과압밀점토(OCC)

  • 공학적으로 가장 안정된 지반이다.

⑤ 과압밀비에 따른 지반상태

과압밀비	흙의 상태	공학적 성질
OCR < 1	압밀 진행 중인 상태	불안정
OCR = 1	정규압밀 상태	
OCR > 1	과압밀 상태	안정

■ 과압밀비의 이용
① OCR<1인 경우 : 현재 압밀이 진행 중인 점토
② OCR=1인 경우 : 현재 받고 있는 유효연직응력이 최대 유효연직응력인 경우
③ OCR>1인 경우 : 현재 받고 있는 유효연직응력이 과거 최대유효연직응력보다 작은 경우

9) $e-\log\sigma'$ 곡선에 영향을 미치는 요인

① 시료의 교란 : 시료의 교란 정도가 크면 클수록 $e-\log\sigma'$ 곡선의 기울기가 완만해진다.

② 하중 증가율 : 표준압밀시험에서의 하중 증가율은 1이다.

③ 재하시간의 변화 : 표준압밀시험에서 각 단계의 하중작용시간은 24시간이다.

④ 압밀링의 측면 마찰 : 측면 마찰로 인하여 작용하중보다 작은 하중이 시료에 전단된다.

SOIL MECHANICS FOUNDATION

출제 POINT

■ 압밀계수(C_v)

흙의 체적변화속도, 즉 압밀진행의 속도를 나타내는 계수
① 압밀방정식에 의한 방법

$$C_v = \frac{k}{m_v \gamma_w}$$

② 시간-침하곡선에 의한 방법($\sqrt{t}$ 법)

$$C_v = \frac{T_{90} H^2}{t_{90}} = \frac{0.848 H^2}{t_{90}}$$

③ 시간-침하곡선에 의한 방법($\log t$ 법)

$$C_v = \frac{T_{50} H^2}{t_{50}} = \frac{0.197 H^2}{t_{50}}$$

10) 압밀계수(C_v)

압밀계수는 흙의 체적변화속도, 즉 압밀진행의 속도를 나타내는 계수로 압밀방정식 또는 시간-침하곡선에서 구한다.

(1) 압밀방정식에 의한 방법

$$C_v = \frac{k}{m_v \gamma_w}$$

(2) 시간-침하곡선에 의한 방법

① $\sqrt{t}$ 법(Taylor, 1942)
  ㉠ 시간-침하곡선의 초기 직선 부분을 연장하여 세로축에 대한 각도를 구한다.
  ㉡ 직선이 세로축과 만나는 점 d_0(수정영점)를 찾는다. 이 점이 곧 초기 보정치이다.
  ㉢ 수정영점에서 1/1.15 기울기로 직선을 긋는다.
  ㉣ 새로운 직선이 시간-침하곡선과 만나는 점이 90% 압밀도에 해당되는 점이다(t_{90}).

$$C_v = \frac{T_{90} H^2}{t_{90}} = \frac{0.848 H^2}{t_{90}}$$

여기서, T_{90} : 압밀도 90%에 해당되는 시간계수($T_{90} = 0.848$)
t_{90} : 압밀도 90%에 소요되는 압밀시간
H : 배수거리

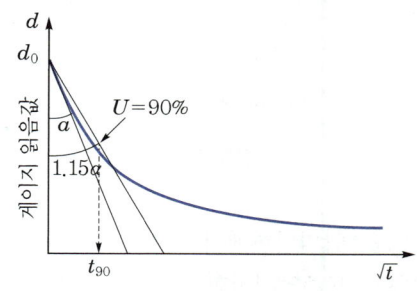

[시간-침하곡선($\sqrt{t}$ 법)]

  ㉤ 1차 압밀비(γ_p)
    • 1차 압밀량과 전 압밀량의 비

$$\gamma_p = \frac{\frac{10}{9}(d_0 - d_{90})}{d_s - d_f}$$

여기서, d_0 : 초기 보정치
d_s : 초기 측정치
d_f : 최종 측정치
d_{90} : 90% 압밀일 때의 측정치

② $\log t$법(Casagrande & Fadum, 1940)
  ㉠ 시간-침하곡선의 초기보정은 $t_1 : t_2 = 1 : 4$가 되도록 임의의 시간 t_1, t_2에 대한 d_1, d_2를 읽는다.

  $$\text{초기보정량}(d_0) = 2d_1 - d_2$$

  ㉡ 시간-침하곡선의 중간부 직선과 우측 하단부 직선 구간을 연장하여 만나는 점이 $U = 100\%$에 대한 침하량 d_{100}이 된다.
  ㉢ $U = 50\%$에 해당하는 $d_{50} = (d_0 + d_{100})/2$이 되도록 압밀도 50%에 해당하는 t_{50}을 구한다.

  $$C_v = \frac{T_{50}H^2}{t_{50}} = \frac{0.197H^2}{t_{50}}$$

  여기서, T_{50} : 압밀도 50%에 해당되는 시간계수($T_{50} = 0.197$)
  t_{50} : 압밀도 50%에 소요되는 압밀시간

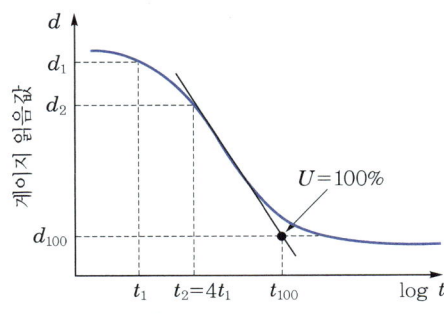

[시간-침하곡선($\log t$법)]

  ㉣ 1차 압밀비(γ_p)

  $$\gamma_p = \frac{d_0 - d_{100}}{d_s - d_f}$$

  여기서, d_{100} : 100% 압밀일 때의 측정치

■ 압밀도와 시간계수
① 압밀도 90%에 대한 시간계수(T_{90})는 0.848이다.
② 압밀도 50%에 대한 시간계수(T_{50})는 0.197이다.
③ 압밀시간은 투수계수에 반비례하고, 체적변화계수에 비례한다.

SOIL MECHANICS FOUNDATION

출제 POINT

학습 POINT
- 압밀도
- 평균압밀도

■ 압밀도

$$U = \frac{현재의 압밀량}{최종 압밀량} \times 100$$
$$= \frac{\Delta H_t}{\Delta H} \times 100\%$$

■ 과잉간극수압을 이용한 압밀도의 산정

$$U = \frac{u_i - u_e}{u_i} \times 100$$
$$= \left(1 - \frac{u_e}{u_i}\right) \times 100\%$$

■ 시간계수

$$U = f(T_v) \propto \frac{C_v t}{d^2}$$

① 압밀도는 압밀계수(C_v)에 비례
② 압밀도는 압밀시간(t)에 비례
③ 압밀도는 배수거리(d)의 제곱에 반비례

■ 평균압밀도와 시간계수(T_v)의 관계
 (테르자기의 근사식)

① $0 \leq \overline{U} \leq 60\%$
$T_v = \frac{\pi}{4}\left(\frac{\overline{U}[\%]}{100}\right)^2$

② $\overline{U} \geq 60\%$
$T_v = 1.781 - 0.933 \log(100 - \overline{U})$

SECTION 3 압밀도

1 압밀도

1) 압밀도의 개념

① 지반 내의 임의의 지점에서 임의의 시간 t가 경과한 후의 압밀의 정도
② 지반 내의 임의의 지점에서 임의의 시간 t가 경과한 후의 과잉간극수압의 소산 정도

$$U = \frac{현재의 압밀량}{최종 압밀량} \times 100 = \frac{\Delta H_t}{\Delta H} \times 100\%$$

여기서, ΔH_t : 임의의 시간 t에서의 침하량
ΔH : 어느 하중에 의한 최종 압밀침하량

2) 과잉간극수압을 이용한 압밀도의 산정

$$U = \frac{u_i - u_e}{u_i} \times 100 = \left(1 - \frac{u_e}{u_i}\right) \times 100\%$$

여기서, u_i : 초기 과잉간극수압, u_e : 임의의 점에서의 과잉간극수압

3) 시간계수

$$U = f(T_v) \propto \frac{C_v t}{d^2}$$

① 압밀도는 압밀계수(C_v)에 비례
② 압밀도는 압밀시간(t)에 비례
③ 압밀도는 배수거리(d)의 제곱에 반비례

2 평균압밀도($\overline{U}$)

점토층 전체의 압밀도를 평균압밀도라 한다.

1) 평균압밀도와 시간계수(T_v)의 관계(테르자기의 근사식)

① $0 \leq \overline{U} \leq 60\%$: $T_v = \frac{\pi}{4}\left(\frac{\overline{U}[\%]}{100}\right)^2$

② $\overline{U} \geq 60\%$: $T_v = 1.781 - 0.933 \log(100 - \overline{U})$

2) 면적에 의한 평균압밀도

$$U = \frac{\text{면적}(B)}{\text{면적}(A+B)}$$

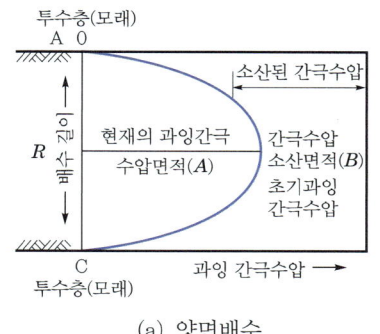

[면적에 의한 평균압밀도]

① 일면배수 상태의 점토지반에서 실제 배수층과 접하는 연약토층의 경계면은 실제로 과잉간극수압이 발생되지 않는다.
② 임의의 지점의 압밀도는 과잉간극수압에 반비례하므로 과잉간극수압이 소산됨에 따라 압밀도가 증가한다.

SECTION 4 압밀시간

1) 개요

어떤 지반에서 압밀이 진행되는 데 걸리는 시간(t)은 압밀도-시간계수 곡선에서 압밀도(U)에 해당하는 시간계수(T_v)를 구한 후, 그 지반의 압밀계수와 배수거리(d)를 이용하여 계산한다.

2) 소정의 압밀도에 소요되는 압밀 소요시간

$$t = \frac{T_v d^2}{C_v}$$

여기서, T_v : 시간계수
d : 배수거리
C_v : 압밀계수

출제 POINT

■ 면적에 의한 평균압밀도
$$U = \frac{\text{면적}(B)}{\text{면적}(A+B)}$$

학습 POINT
- 압밀시간
- 압밀침하량

■ 소정의 압밀도에 소요되는 압밀 소요시간
$$t = \frac{T_v d^2}{C_v}$$

출제 POINT

① 압밀시간은 배수거리의 제곱에 비례한다.
② 압밀시간은 시간계수에 비례한다.
③ 압밀시간은 압밀계수에 반비례한다.

3) 설계검토 시 이용되는 압밀도와 시간계수(T_v)

압밀도 U(%)	10	30	50	90
시간계수 T_v	0.008	0.071	0.197	0.848

■ 압밀시간의 특성
① 배수거리의 제곱에 비례
② 시간계수에 비례
③ 압밀계수에 반비례

4) 임의의 시간 t에서의 압밀침하량

$$\Delta H_t = U \Delta H$$

여기서, ΔH_t : 압밀 개시 후 t시간이 경과한 후의 압밀침하량
U : 압밀도
ΔH : 최종 압밀침하량

SECTION 5 압밀침하량 산정

1) 정규압밀점토

학습 POINT
• 정규압밀점토의 압밀침하량
• 과압밀점토의 압밀침하량

■ 정규압밀점토의 압밀침하량
$\Delta H = m_v \Delta p H$
$= \dfrac{C_c}{1+e_1} H \log \dfrac{p_2}{p_1}$

$$m_v = \frac{\Delta V/V}{\Delta p} = \frac{\Delta V}{V \Delta p} = \frac{A \Delta H}{AH} \frac{1}{p} = \frac{\Delta H}{H} \frac{1}{p}$$

$$\Delta H = m_v \Delta p H \quad \left(\because m_v = \frac{a_v}{1+e_1} \right)$$

$$= \frac{a_v}{1+e_1} \times \Delta p H \quad \left(\because a_v = \frac{e_1 - e_2}{p_2 - p_1} = \frac{e_1 - e_2}{\Delta p} \right)$$

$$= \frac{e_1 - e_2}{1+e_1} \times H \quad \left(\because C_c = \frac{e_1 - e_2}{\log(p_2/p_1)} \right)$$

$$= \frac{C_c}{1+e_1} \times H \log \frac{p_2}{p_1}$$

여기서, p_1 : 초기 유효연직응력
p_2 : $p_1 + \Delta p$
e_1 : 초기간극비
e_2 : p_2 작용 후의 간극비
H : 점토층의 두께
C_c : 압축지수

2) 과압밀점토

① $p_1 < p_c < p_c + \Delta p$인 경우

$$\Delta H = \frac{C_s}{1+e_1} H \log \frac{p_c}{p_1} + \frac{C_c}{1+e_1} H \log \frac{p_1 + \Delta p}{p_c}$$

② $p_1 + \Delta p < p_c$인 경우

$$\Delta H = \frac{C_c}{1+e_1} H \log \frac{p_1 + \Delta p}{p_1}$$

출제 POINT

■ 과압밀점토의 압밀침하량

① $p_1 < p_c < p_c + \Delta p$인 경우

$$\Delta H = \frac{C_s}{1+e_1} H \log \frac{p_c}{p_1}$$
$$+ \frac{C_c}{1+e_1} H \log \frac{p_1 + \Delta p}{p_c}$$

② $p_1 + \Delta p < p_c$인 경우

$$\Delta H = \frac{C_c}{1+e_1} H \log \frac{p_1 + \Delta p}{p_1}$$

CHAPTER 04 기출문제

01 Terzaghi의 1차 압밀에 대한 설명으로 틀린 것은?
① 압밀방정식은 점토 내에 발생하는 과잉간극수압의 변화를 시간과 배수거리에 따라 나타낸 것이다.
② 압밀방정식을 풀면 압밀도를 시간계수의 함수로 나타낼 수 있다.
③ 평균압밀도는 시간에 따른 압밀침하량을 최종 압밀침하량으로 나누면 구할 수 있다.
④ 압밀도는 배수거리에 비례하고, 압밀계수에 반비례한다.

> **해설** 압밀도와 시간계수의 함수
> $$U = f(T_v) \propto \frac{C_v t}{d^2}$$
> ㉠ 압밀도는 압밀계수(C_v)에 비례한다.
> ㉡ 압밀도는 압밀시간(t)에 비례한다.
> ㉢ 압밀도는 배수거리(d)의 제곱에 반비례한다.

02 Terzaghi는 포화점토에 대한 1차 압밀이론에서 수학적 해를 구하기 위하여 다음과 같은 가정을 하였다. 이 중 옳지 않은 것은?
① 흙은 균질하다.
② 흙은 완전히 포화되어 있다.
③ 흙 입자와 물의 압축성을 고려한다.
④ 흙 속에서의 물의 이동은 Darcy 법칙을 따른다.

> **해설** 테르자기(Terzaghi)의 1차원 압밀이론에 대한 가정
> ㉠ 흙은 균질하고 완전히 포화되어 있다.
> ㉡ 흙 입자와 물은 비압축성이다.
> ㉢ 압축과 투수(흐름)는 1차원적이다.
> ㉣ 투수계수는 일정하다.
> ㉤ Darcy의 법칙이 성립한다.

03 Terzaghi의 압밀이론에서 2차 압밀이란?
① 과대하중에 의해 생기는 압밀
② 과잉간극수압이 "0"이 되기 전의 압밀
③ 횡방향의 변형으로 인한 압밀
④ 과잉간극수압이 "0"이 된 후에도 계속되는 압밀

> **해설** 테르자기(Terzaghi)의 2차 압밀이론
> 과잉공극수압이 모두 소진된 후에도 계속되는 압밀을 2차 압밀이라 한다.

04 2차 압밀에 관한 설명이다. 틀린 것은?
① 과잉간극수압이 완전히 소멸된 후에 일어난다.
② 유기질이고 소성이 풍부한 흙일수록 많이 일어난다.
③ 2차 압밀의 크기는 지층이 얇을수록 크다.
④ 일반토인 경우 그 양은 적다.

> **해설** 테르자기(Terzaghi)의 2차 압밀
> 점토층이 두꺼울수록, 유기질이 많이 함유된 흙일수록 2차 압밀은 많이 일어난다.

05 압밀시험에서 시간-침하곡선으로부터 직접 구할 수 있는 사항은?
① 선행압밀압력
② 점성보정계수
③ 압밀계수
④ 압축지수

> **해설** 각 곡선으로부터 구할 수 있는 요소
>
> | 시간-침하곡선 | 하중-간극비곡선 |
> |---|---|
> | • 압밀계수 | • 압축지수 |
> | • 1차 압밀비 | • 선행압밀하중 |
> | • 체적변화계수 | • 압축계수 |
> | • 투수계수 | • 체적변화계수 |

정답 1.④ 2.③ 3.④ 4.③ 5.③

06 연약점토지반에 성토제방을 시공하고자 한다. 성토로 인한 재하속도가 과잉간극수압이 소산되는 속도보다 빠를 경우, 지반의 강도정수를 구하는 가장 적합한 시험방법은?

① 압밀 배수시험
② 압밀 비배수시험
③ 비압밀 비배수시험
④ 직접전단시험

> **해설** UU-test(비압밀 비배수시험)를 사용하는 경우
> ㉠ 포화된 점토지반 위에 급속 성토 시 시공 직후의 안정검토
> ㉡ 시공 중 압밀이나 함수비의 변화가 없다고 예상되는 경우
> ㉢ 점토지반에 푸팅(footing) 기초 및 소규모 제방을 축조하는 경우

07 압밀시험에서 시간-압축량곡선으로부터 구할 수 없는 것은?

① 압밀계수(C_v)
② 압축지수(C_c)
③ 체적변화 계수(m_v)
④ 투수계수(K)

> **해설** 압축지수(C_c)와 선행압밀하중(P_0)은 $e - \log P$ 곡선에서 구한다.
> **시간-압축량곡선(시간-침하곡선)**
> 하중단계마다 시간-침하곡선을 작도하여 t를 구하고 압밀계수(C_v)를 결정한다.
> $$C_v = \frac{K}{m_v \gamma_w}$$

08 다음 중 압밀계수를 구하는 목적은?

① 압밀침하량을 구하기 위하여
② 압축지수를 구하기 위하여
③ 선행압밀하중을 구하기 위하여
④ 압밀침하속도를 구하기 위하여

> **해설** 압밀계수를 구하는 목적
> ㉠ 압밀계수는 압밀 진행의 속도를 나타내는 계수로서 시간-침하곡선에서 구한다.
> ㉡ 압밀계수는 지반의 압밀침하속도를 구하는 데 이용된다.

09 다음의 흙 중에서 2차 압밀량이 가장 큰 흙은?

① 모래
② 점토
③ Silt
④ 유기질토

> **해설** 유기물이나 섬유질을 많이 함유한 흙은 2차 압밀량이 다른 흙보다 많다.

10 압밀시험 결과 시간-침하량곡선에서 구할 수 없는 값은?

① 초기 압축비
② 압밀계수
③ 1차 압밀비
④ 선행압밀압력

> **해설** 선행하중(선행압밀압력)을 구하기 위해서는 $\log P - e$곡선이 필요하며, 시간-침하량곡선으로는 압밀계수(C_v), 초기 침하비(γ_0), 1차 압밀비(γ_p) 등을 구할 수 있다.

11 어떤 점토의 압밀계수는 1.92×10^{-3}cm²/s, 압축계수는 2.86×10^{-2}cm²/g이었다. 이 점토의 투수계수는? (단, 이 점토의 초기간극비는 0.8이다.)

① 1.05×10^{-5}cm/s
② 2.05×10^{-5}cm/s
③ 3.05×10^{-5}cm/s
④ 4.05×10^{-5}cm/s

> **해설** 압밀시험에 의한 투수계수
> ㉠ 체적변화계수
> $$m_v = \frac{a_v}{1+e_1} = \frac{2.86 \times 10^{-2}}{1+0.8} = 1.589 \times 10^{-2} \text{cm}^2/\text{g}$$
> ㉡ 투수계수
> $$K = C_v m_v \gamma_w = (1.92 \times 10^{-3}) \times (1.589 \times 10^{-2}) \times 1 = 3.05 \times 10^{-5} \text{cm/s}$$

정답 6. ③ 7. ② 8. ④ 9. ④ 10. ④ 11. ③

12 어떤 점토의 압밀계수는 $1.92 \times 10^{-7} \text{m}^2/\text{s}$, 압축계수는 $2.86 \times 10^{-1} \text{m}^2/\text{kN}$이었다. 이 점토의 투수계수는? (단, 이 점토의 초기간극비는 0.8이고, 물의 단위중량은 9.81kN/m^3이다.)

① $0.99 \times 10^{-5} \text{cm/s}$
② $1.99 \times 10^{-5} \text{cm/s}$
③ $2.99 \times 10^{-5} \text{cm/s}$
④ $3.99 \times 10^{-5} \text{cm/s}$

해설 압밀시험에 의한 투수계수
㉠ 체적변화계수(m_v)
$$m_v = \frac{a_v}{1+e_1} = \frac{2.86 \times 10^{-1}}{1+0.8}$$
$$= 0.159 \text{m}^2/\text{kN}$$
㉡ 투수계수(K)
$$K = C_v m_v \gamma_w$$
$$= (1.92 \times 10^{-7}) \times 0.159 \times 9.81$$
$$= 2.99 \times 10^{-7} \text{m/s} = 2.99 \times 10^{-5} \text{cm/s}$$

13 흙 시료채취에 대한 설명으로 틀린 것은?

① 교란의 효과는 소성이 낮은 흙이 소성이 높은 흙보다 크다.
② 교란된 흙은 자연상태의 흙보다 압축강도가 작다.
③ 교란된 흙은 자연상태의 흙보다 전단강도가 작다.
④ 흙 시료채취 직후의 비교적 교란되지 않은 코어(core)는 부(負)의 과잉간극수압이 생긴다.

해설 교란의 효과

일축압축시험	삼축압축시험
• 교란된 만큼 압축강도가 작아진다. • 교란된 만큼 파괴변형률이 커진다. • 교란된 만큼 변형계수가 작아진다.	교란될수록 흙 입자 배열과 흙 구조가 흐트러져서 교란된 만큼 내부마찰각이 작아진다.

14 그림과 같은 지반에서 하중으로 인하여 수직응력($\Delta \sigma_1$)이 1.0kg/cm^2 증가되고 수평응력($\Delta \sigma_3$)이 0.5kg/cm^2 증가되었다면 간극수압은 얼마나 증가되었는가? (단, 간극수압계수 $A = 0.5$이고 $B = 1$이다.)

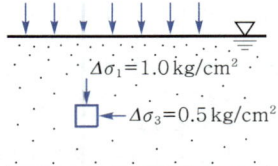

① 0.50kg/cm^2
② 0.75kg/cm^2
③ 1.00kg/cm^2
④ 1.25kg/cm^2

해설 삼축압축 시에 생기는 과잉간극수압
$\Delta u = B \Delta \sigma_3 + D(\Delta \sigma_1 - \Delta \sigma_3)$에서
$D = AB$이므로
$\Delta u = B[\Delta \sigma_3 + A(\Delta \sigma_1 - \Delta \sigma_3)]$
$= 1 \times [0.5 + 0.5 \times (1.0 - 0.5)]$
$= 0.75 \text{kg/cm}^2$

15 다음 그림과 같은 지반에서 하중으로 인하여 수직응력($\Delta \sigma_1$)이 100kN/m^2 증가되고 수평응력($\Delta \sigma_3$)이 50kN/m^2 증가되었다면 간극수압은 얼마나 증가되었는가? (단, 간극수압계수 $A = 0.5$이고, $B = 1$이다.)

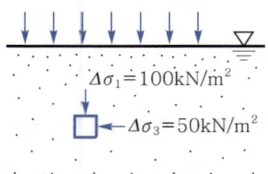

① 50kN/m^2
② 75kN/m^2
③ 100kN/m^2
④ 125kN/m^2

해설 삼축압축 시에 생기는 과잉간극수압
$\Delta u = B \Delta \sigma_3 + D(\Delta \sigma_1 - \Delta \sigma_3)$에서
$D = AB$이므로
$\Delta u = B[\Delta \sigma_3 + A(\Delta \sigma_1 - \Delta \sigma_3)]$
$= 1 \times [50 + 0.5 \times (100 - 50)]$
$= 75 \text{kN/m}^2$

정답 12. ③ 13. ① 14. ② 15. ②

16 단위중량이 1.8t/m³인 점토지반의 지표면에서 5m 되는 곳의 시료를 채취하여 압밀시험을 실시한 결과 과압밀비(over consolidation ratio)가 2임을 알았다. 선행압밀압력은?

① 9t/m² ② 12t/m²
③ 15t/m² ④ 18t/m²

> **해설** 과압밀비
> $OCR = \dfrac{P_c}{P}$ 에서
> $P_c = P \times OCR = 1.8 \times 5 \times 2 = 18\text{t/m}^2$

17 전단마찰력이 25°인 점토의 현장에 작용하는 수직응력이 5t/m²이다. 과거 작용했던 최대하중이 10t/m²라고 할 때 대상지반의 정지토압계수를 추정하면?

① 0.04 ② 0.57
③ 0.82 ④ 1.14

> **해설** ㉠ 과압밀비
> $OCR = \dfrac{\text{선행압밀하중}}{\text{현재의 유효상재하중}} = \dfrac{10}{5} = 2$
> ㉡ 모래 및 정규압밀점토인 경우 정지토압계수
> $K_0 = 1 - \sin\phi' = 1 - \sin 25° = 0.577$
> ㉢ 과압밀점토인 경우 정지토압계수
> $K_{0(\text{과압밀})} = K_{0(\text{정규압밀})}\sqrt{OCR}$
> $= 0.577\sqrt{2} ≒ 0.82$

18 모래나 점토 같은 입상재료를 전단할 때 발생하는 다일러턴시(dilatancy) 현상과 간극수압의 변화에 대한 설명으로 틀린 것은?

① 정규압밀점토에서는 (−)다일러턴시에 (+)의 간극수압이 발생한다.
② 과압밀점토에서는 (+)다일러턴시에 (−)의 간극수압이 발생한다.
③ 조밀한 모래에서는 (+)다일러턴시가 일어난다.
④ 느슨한 모래에서는 (+)다일러턴시가 일어난다.

> **해설** ㉠ 느슨한 모래나 정규압밀점토에서는 (−)dilatancy에 (+)공극수압이 발생한다.
> ㉡ 조밀한 모래나 과압밀점토에서는 (+)dilatancy에 (−)공극수압이 발생한다.

19 지표면에 4t/m²의 성토를 시행하였다. 압밀이 70% 진행되었다고 할 때 현재의 과잉간극수압은?

① 0.8t/m² ② 1.2t/m²
③ 2.2t/m² ④ 2.8t/m²

> **해설** 과잉간극수압
> 압밀도 $U = \dfrac{u_i - u_e}{u_i} \times 100$에서
> $u_e = u_i - \dfrac{U u_i}{100}$
> $= 4 - \dfrac{70 \times 4}{100} = 1.2\text{t/m}^2$
> 여기서, u_i : 초기 과잉간극수압
> u_e : 임의의 점에서의 과잉간극수압

20 연약지반에 구조물을 축조할 때 피에조미터를 설치하여 과잉간극수압의 변화를 측정한 결과 어떤 점에서 구조물 축조 직후 과잉간극수압이 100kN/m²였고, 4년 후에 20kN/m²였다. 이때의 압밀도는?

① 20% ② 40%
③ 60% ④ 80%

> **해설** 과잉간극수압을 이용한 압밀도의 산정
> $U = \dfrac{u_i - u_e}{u_i} \times 100$
> $= \dfrac{100 - 20}{100} \times 100 = 80\%$
> 여기서, u_i : 초기 과잉간극수압
> u_e : 임의의 점에서의 과잉간극수압

정답 16. ④ 17. ③ 18. ④ 19. ② 20. ④

21 다음 그림과 같이 6m 두께의 모래층 밑에 2m 두께의 점토층이 존재한다. 지하수면은 지표 아래 2m 지점에 존재한다. 이때, 지표면에 $\Delta P = 5.0\text{t/m}^2$의 등분포하중이 작용하여 상당한 시간이 경과한 후, 점토층의 중간높이 A 점에 피에조미터를 세워 수두를 측정한 결과, $h = 4.0\text{m}$로 나타났다면 A 점의 압밀도는?

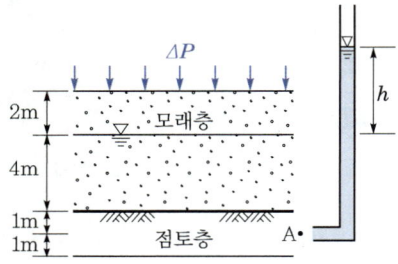

① 20% ② 30%
③ 50% ④ 80%

> **해설** 압밀도
> ㉠ 간극수압
> $u_e = \gamma_w h = 1 \times 4 = 4\text{t/m}^2$
> ㉡ 압밀도
> $U = \dfrac{u_i - u_e}{u_i} \times 100 = \dfrac{5-4}{5} \times 100 = 20\%$

22 다음 그림과 같은 지반에 재하순간 수주(水柱)가 지표면으로부터 5m이었다. 20% 압밀이 일어난 후 지표면으로부터 수주의 높이는? (단, 물의 단위중량은 9.81kN/m³이다.)

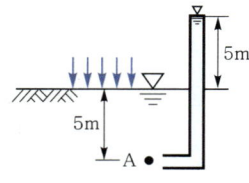

① 1m ② 2m
③ 3m ④ 4m

> **해설** ㉠ 초기 과잉공극수압
> $u_i = \gamma_w h = 9.81 \times 5 = 49.05\text{kN/m}^2$
> ㉡ 압밀도 $u_z = \dfrac{u_i - u_e}{u_i} \times 100$에서
> $u_e = u_i - \dfrac{u_z \times u_i}{100} = 49.05 - \dfrac{20 \times 49.05}{100}$
> $= 39.24\text{kN/m}^2$
> ㉢ 과잉공극수압 $u_e = \gamma_w h$에서
> $h = \dfrac{u_e}{\gamma_w} = \dfrac{39.24}{9.81} = 4\text{m}$

23 두께 H인 점토층에 압밀하중을 가하여 요구되는 압밀도에 달할 때까지 소요되는 기간이 단면배수일 경우 400일이었다면 양면배수일 때는 며칠이 걸리겠는가?

① 800일 ② 400일
③ 200일 ④ 100일

> **해설** 압밀소요시간의 계산
> 압밀소요시간 $t = \dfrac{T_v H^2}{C_v}$에서 압밀시간 t는 점토의 두께(배수거리) H의 제곱에 비례하므로
> $t_1 : t_2 = H^2 : \left(\dfrac{H}{2}\right)^2$에서
> $400 : t_2 = H^2 : \dfrac{H^2}{4}$ 이므로 $t_2 = 100$일

24 다음 그림과 같은 5m 두께의 포화점토층이 10t/m²의 상재하중에 의하여 30cm의 침하가 발생하는 경우에 압밀도는 약 $u = 60\%$에 해당하는 것으로 추정되었다. 향후 몇 년이면 이 압밀도에 도달하겠는가? [단, 압밀계수(C_v)=3.6×10⁻⁴cm²/s]

		U[%]	T_v
	모래	40	0.126
5m	점토층	50	0.197
		60	0.287
	모래	70	0.403

① 약 1.3년 ② 약 1.6년
③ 약 2.2년 ④ 약 2.4년

정답 21.① 22.④ 23.④ 24.②

해설 **압밀소요시간(t_{60})의 계산**

$$t_{60} = \frac{0.287H^2}{C_v}$$

$$= \frac{0.287\left(\frac{500}{2}\right)^2}{3.6 \times 10^{-4}} = 49,826,388.89s$$

$$= \frac{49826388.89}{365 \times 24 \times 60 \times 60} = 1.58년$$

해설 **압밀소요시간(t_{50})의 계산**

$$t_{50} = \frac{0.197H^2}{C_v}$$

$$= \frac{0.197 \times \left(\frac{400}{2}\right)^2}{2 \times 10^{-4}}$$

$$= 39,400,000초 ≒ 456일$$

★
25 두께 2cm인 점토시료의 압밀시험 결과 전 압밀량의 90%에 도달하는 데 1시간이 걸렸다. 만일 같은 조건에서 같은 점토로 이루어진 2m의 토층 위에 구조물을 축조한 경우 최종침하량의 90%에 도달하는 데 걸리는 시간은?

① 약 250일 ② 약 368일
③ 약 417일 ④ 약 525일

해설 **압밀소요시간의 계산**

㉠ 압밀소요시간 $t_{90} = \frac{0.848H^2}{C_v}$ 에서

$$C_v = \frac{0.848H^2}{t_{90}} = \frac{0.848 \times \left(\frac{0.02}{2}\right)^2}{1}$$

$$= 8.48 \times 10^{-5} \text{m}^2/\text{h}$$

㉡ $t_{90}' = \frac{0.848H'^2}{C_v} = \frac{0.848 \times \left(\frac{2}{2}\right)^2}{8.48 \times 10^{-5}}$

$$= 10,000\text{h}$$
$$≒ 417일$$

★★
26 두께가 4m인 점토층이 모래층 사이에 끼어 있다. 점토층에 3t/m²의 유효응력이 작용하여 최종침하량이 10cm가 발생하였다. 실내압밀시험 결과 측정된 압밀계수(C_v)=2×10⁻⁴cm²/s라고 할 때 평균 압밀도 50%가 될 때까지 소요일수는?

① 288일 ② 312일
③ 388일 ④ 456일

★
27 두께 2cm의 점토시료에 대한 압밀시험 결과 50%의 압밀을 일으키는 데 6분이 걸렸다. 같은 조건하에서 두께 3.6m의 점토층 위에 축조한 구조물이 50%의 압밀에 도달하는 데 며칠이 걸리는가?

① 1,350일 ② 270일
③ 135일   ④ 27일

해설 **50% 압밀소요시간**

㉠ 6분에 대한 압밀소요시간 $t_{50} = \frac{T_v H^2}{C_v}$ 에서

$$6 = \frac{T_v \left(\frac{2}{2}\right)^2}{C_v} 이므로\ 6 = \frac{T_v}{C_v}$$

㉡ 3.6m에 대한 압밀소요시간

$$t_{50} = \frac{T_v}{C_v} \times H^2 = 6 \times \left(\frac{360}{2}\right)^2$$

$$= 194,400\text{min} = 135일$$

★
28 모래지층 사이에 두께 6m의 점토층이 있다. 이 점토의 토질 실험결과가 다음 표와 같을 때, 이 점토층의 90% 압밀을 요하는 시간은 약 얼마인가? (단, 1년은 365일로 계산)

- 간극비 : 1.5
- 압축계수(a_v) : 4×10^{-4}cm²/g
- 투수계수 $K = 3 \times 10^{-7}$cm/s

① 52.2년 ② 12.9년
③ 5.22년 ④ 1.29년

정답 25. ③ 26. ④ 27. ③ 28. ④

SOIL MECHANICS FOUNDATION

> [해설] 압밀소요시간의 계산
> ㉠ 압밀시험에 의한 투수계수
> $$K = C_v m_v \gamma_w = C_v \frac{a_v}{1+e_1}\gamma_w \text{에서}$$
> 압밀계수
> $$C_v = \frac{K(1+e_1)}{a_v \times \gamma_w} = \frac{3\times 10^{-7}\times(1+1.5)}{4\times 10^{-4}\times 1}$$
> $$= 1.875\times 10^{-3}\,\text{cm}^2/\text{s}$$
> ㉡ 압밀소요시간 $t_{90} = \dfrac{0.848 H^2}{C_v}$에서
> $$t_{90} = \frac{0.848\times\left(\frac{600}{2}\right)^2}{1.875\times 10^{-3}} = 40{,}704{,}000\,\text{s}$$
> $$= 40{,}704{,}000 \div (365\times 24\times 60\times 60)$$
> $$= 1.29\text{년}$$

29 점토층에서 채취한 시료의 압축지수(C_c)는 0.39, 간극비(e)는 1.26이다. 이 점토층 위에 구조물이 축조되었다. 축조되기 이전의 유효압력은 80kN/m², 축조된 후에 증가된 유효압력은 60kN/m²이다. 점토층의 두께가 3m일 때 압밀침하량은 얼마인가?

① 12.6cm ② 9.1cm
③ 4.6cm   ④ 1.3cm

> [해설] 압밀침하량(ΔH)의 계산
> $$\Delta H = \frac{C_c}{1+e_1}\times\log\left(\frac{P_2}{P_1}\right)\times H$$
> $$= \frac{0.39}{1+1.26}\times\log\left(\frac{80+60}{80}\right)\times 300$$
> $$= 12.58\,\text{cm}$$

30 두께 5m의 점토층이 있다. 이 점토의 간극비(e_0)는 1.4이고 액성한계(W_l)는 50%이다. 압밀하중을 98.1kN/m²에서 137.34kN/m²로 증가시킬 때 예상되는 압밀침하량은? (단, 압축지수 C_c는 흐트러지지 않은 시료에 대한 Terzaghi & Peck의 경험식을 이용할 것)

① 0.11m ② 0.22m
③ 0.65m ④ 0.87m

> [해설] 압밀침하량의 계산
> ㉠ 압축지수(C_c)
> $$C_c = 0.009(w_l - 10) = 0.009\times(50-10)$$
> $$= 0.36$$
> ㉡ 압밀침하량(S_c)
> $$S_c = \frac{C_c}{1+e_1}\cdot\log\left(\frac{\sigma_2}{\sigma_1}\right)\cdot H$$
> $$= \frac{0.36}{1+1.4}\times\left(\log\frac{137.34}{98.1}\right)\times 5 = 0.110\,\text{m}$$

31 다음 그림과 같은 지층단면에서 지표면에 가해진 5t/m²의 상재하중으로 인한 점토층(정규압밀점토)의 1차압밀 최종 침하량(S)을 구하고, 침하량이 5cm일 때 평균압밀도(u)를 구하면?

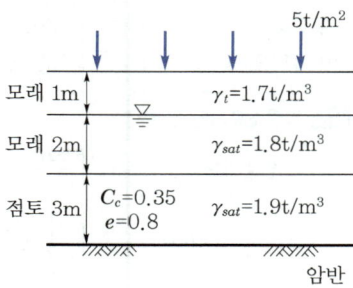

① $S=18.5\text{cm}$, $u=27\%$
② $S=14.7\text{cm}$, $u=22\%$
③ $S=18.5\text{cm}$, $u=22\%$
④ $S=14.7\text{cm}$, $u=27\%$

> [해설] ㉠ 최종 침하량
> $$P_1 = 1.7\times 1 + 0.8\times 2 + 0.9\times\frac{3}{2}$$
> $$= 4.65\,\text{t/m}^2$$
> $$P_2 = P_1 + \Delta P = 4.65 + 5 = 9.65\,\text{t/m}^2$$
> 최종 압밀침하량
> $$\Delta H = \frac{C_c}{1+e_1}\log\frac{P_2}{P_1}H$$
> $$= \frac{0.35}{1+0.8}\times\log\frac{9.65}{4.65}\times 3 = 18.5\,\text{cm}$$
> ㉡ 평균압밀도
> $\Delta H' = \Delta H u$에서
> $$u = \frac{\Delta H'}{\Delta H} = \frac{5}{18.5} = 0.27 = 27\%$$

정답 29.① 30.① 31.①

CHAPTER 05 흙의 전단강도

회독 체크표
- 1회독 월 일
- 2회독 월 일
- 3회독 월 일

최근 10년간 출제분석표

2015	2016	2017	2018	2019	2020	2021	2022	2023	2024
18.3%	11.7%	15%	16.7%	16.7%	15%	18.3%	16.7%	8.3%	18.3%

출제 POINT

학습 POINT
- 전단강도와 파괴포락선
- 모어의 응력원
- 연직응력과 전단응력

■ 전단강도
활동에 저항하는 내부저항력

■ Mohr-Coulomb의 파괴 규준
$\tau_f = c + \sigma \tan\phi$

■ Mohr-Coulomb의 파괴포락선
① A점 : 전단파괴가 일어나지 않는다.
② B점 : 전단파괴가 일어난다.
③ C점 : 전단파괴가 이미 일어난 이후

SECTION 1 흙의 파괴이론과 전단강도

1 모어-쿨롱(Mohr-Coulomb)의 파괴이론

1) 전단강도

(1) 정의
① 흙의 내부 임의의 면(파괴면)을 따라 파괴, 즉 활동에 저항하는 내부저항력
② 전단저항의 최댓값

(2) 모어-쿨롱(Mohr-Coulomb)의 파괴 규준
흙의 전단강도는 흙 입자 사이에 작용하는 점착력(c)과 내부마찰각(ϕ)으로 이루어진다.

$$\tau_f = c + \sigma \tan\phi$$

여기서, τ_f : 전단강도
c : 흙의 점착력
σ : 연직응력
ϕ : 흙의 내부마찰각

2) 모어-쿨롱(Mohr-Coulomb)의 파괴포락선

① A점 : 전단파괴가 일어나지 않는다.
② B점 : 전단파괴가 일어난다.
③ C점 : 전단파괴가 이미 일어난 이후로, 이러한 경우는 이론상 존재할 수 없다.

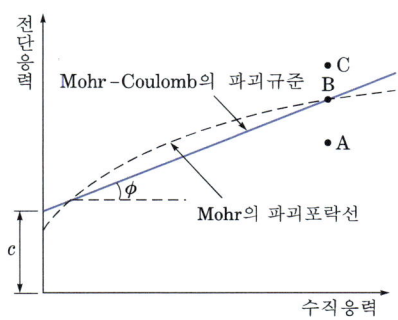

[모어-쿨롱(Mohr-Coulomb)의 파괴 규준]

3) 흙의 종류에 따른 파괴포락선

 (1) 일반 흙(그림의 Ⓐ)

  $c \neq 0$, $\phi \neq 0$이므로 $\tau = c + \sigma \tan\phi$

 (2) 모래(그림의 Ⓑ)

  $c = 0$, $\phi \neq 0$이므로 $\tau = \sigma \tan\phi$

  조립토의 전단강도는 내부마찰각에 지배된다.

 (3) 포화점토(그림의 Ⓒ)

  $c \neq 0$, $\phi = 0$이므로 $\tau = c$

  점성이 큰 흙의 전단강도는 점착력에 지배된다.

■ 흙의 종류에 따른 파괴포락선
① 일반 흙: $c \neq 0$, $\phi \neq 0$이므로
 $\tau = c + \sigma \tan\phi$
② 모래: $c = 0$, $\phi \neq 0$이므로
 $\tau = \sigma \tan\phi$
③ 포화점토: $c \neq 0$, $\phi = 0$이므로
 $\tau = c$

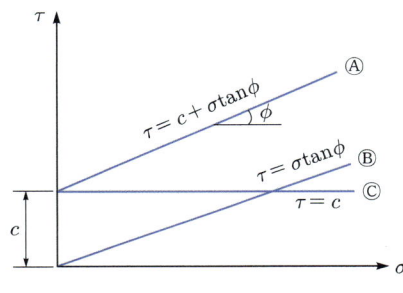

[흙의 종류에 따른 파괴포락선]

4) 유효응력항으로 표시되는 전단강도

 유효응력은 전응력에서 간극수압을 뺀 값이다.

$$\tau' = c' + (\sigma - u)\tan\phi' = c' + \sigma' \tan\phi'$$

 여기서, c' : 점착력
    σ' : 유효연직응력
    ϕ' : 내부마찰각

출제 POINT

■ 모어(Mohr) 응력원
① 모어원 : 임의의 흙 요소에 작용하는 연직응력과 전단응력을 모어원으로 나타낸 것
② 주응력면 : 지반 내 임의의 한 요소에 대하여 연직응력이 최대가 되고 전단응력이 0이 되는 단면
③ 주응력 : 주응력면에 작용하는 법선응력

2 모어(Mohr) 응력원

1) 개요

① 임의의 흙 요소에 작용하는 연직응력과 전단응력을 모어원으로 나타낸 것
② 최대주응력(σ_1)과 최소주응력(σ_3)을 이용하여 그린다.

2) 주응력면

지반 내 임의의 한 요소에 대하여 연직응력이 최대가 되고 전단응력이 최소(0)가 되는 단면

3) 주응력

① 주응력면에 작용하는 법선응력
② 최대인 것을 최대주응력(σ_1), 최소인 것을 최소 주응력(σ_3)이라 한다.

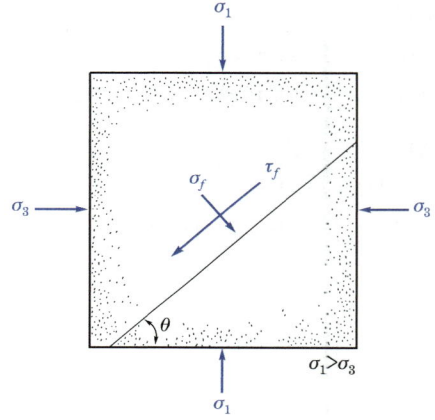

[최대 및 최소 주응력]

4) 파괴면에 작용하는 연직 및 전단응력

(1) 연직응력

$$\sigma = \frac{\sigma_1 + \sigma_3}{2} + \frac{\sigma_1 - \sigma_3}{2}\cos 2\theta$$

(2) 전단응력

$$\tau_f = \frac{\sigma_1 - \sigma_3}{2}\sin 2\theta$$

여기서, θ : 수평면(최대주응력면)과 파괴면이 이루는 각

■ 파괴면에 작용하는 연직응력 및 전단응력
① 연직응력
$\sigma = \frac{\sigma_1 + \sigma_3}{2} + \frac{\sigma_1 - \sigma_3}{2}\cos 2\theta$
② 전단응력
$\tau_f = \frac{\sigma_1 - \sigma_3}{2}\sin 2\theta$
③ 최대주응력면과 파괴면이 이루는 각
$\theta = 45° + \frac{\phi}{2}$

(3) 최대주응력면과 파괴면이 이루는 각

$$\theta = 45° + \frac{\phi}{2}$$

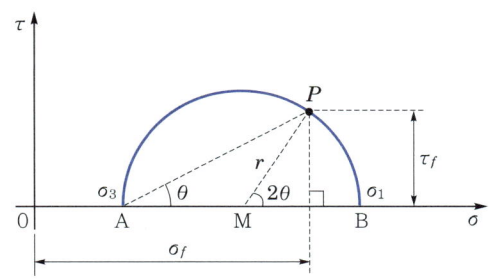

[모어(Mohr)의 응력원]

(4) 도해법을 이용한 연직응력 및 전단응력
① 모어원에서 평면상에 작용하는 응력을 구하는 방법
② 극점법 또는 평면기점법 등이 있다.
③ 작도방법
  ㉠ σ_1, σ_3의 크기로 축척에 맞추어 모어원을 그린다.
  ㉡ σ_1점에서 최대주응력면과 평행선을 그어 모어원과 만난 점을 평면기점(O_p) 또는 극점이라 한다.
  ㉢ σ_3점에서도 최소주응력면에 평행선을 그어도 같은 결과가 얻어진다.
  ㉣ 평면기점에서 파괴면과 평행선을 그어 모어원과 만나는 점이 구하고자 하는 응력점(σ_f, τ_f)이 된다.

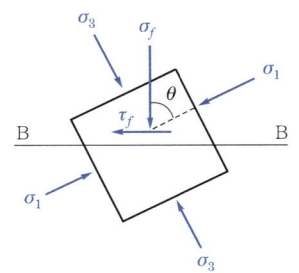 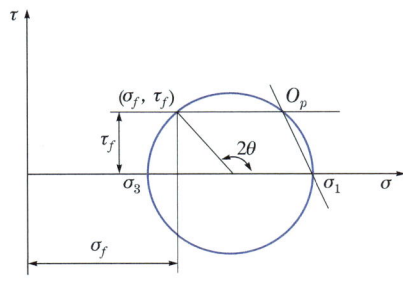

[평면기점법]

■ 도해법을 이용한 연직응력 및 전단응력
① 모어원에서 평면상에 작용하는 응력을 구하는 방법
② 극점법, 평면기점법 등

출제 POINT

학습 POINT
- 다일러턴시 현상

■ 예민비
교란된 흙(재성형)의 일축압축강도에 대한 교란되지 않은 흙의 일축압축강도의 비

$$S_t = \frac{q_u}{q_{ur}}$$

SECTION 2 흙의 전단특성

1 토질에 따른 전단특성

1) 점성토의 전단특성

(1) 예민비(S_t)

① 개요
  ㉠ 교란된 흙(재성형)의 일축압축강도에 대한 교란되지 않은 흙의 일축압축강도의 비
  ㉡ 예민비를 이용하여 점토를 분류한다.

② 예민비

$$S_t = \frac{q_u}{q_{ur}}$$

여기서, q_u : 자연상태의 일축압축강도
q_{ur} : 재성형한 시료의 일축압축강도

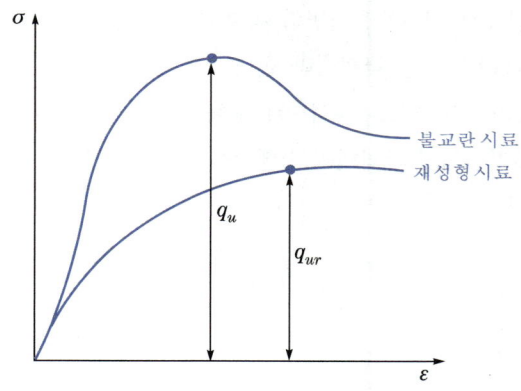

[일축압축시험 결과]

③ 재성형한 시료의 일축압축강도
  ㉠ 재성형한 시료의 파괴 양상은 진행성 파괴, 즉 첨두강도가 나타나지 않는다.
  ㉡ 첨두강도가 나타나지 않는 경우는 변형률 15%에 해당하는 일축압축강도를 사용한다.

④ 예민비에 따른 점토의 분류

S_t	분류	공학적 성질
≒1	비예민성 점토	강도의 변화가 크다. 공학적 성질이 나쁘다. 설계 시 안전율을 크게 잡아야 한다.
1~8	예민성 점토	
8~64	quick clay	
>64	extra quick clay	

(2) 틱소트로피(thixotropy) 현상

재성형(remolding)한 시료를 함수비의 변화 없이 그대로 방치하면 시간이 경과되면서 강도가 회복되는 현상

(3) 리칭(leaching) 현상

① 해수에 퇴적된 점토가 담수에 의해 오랜 시간에 걸쳐 염분이 빠져나가 단위중량이 감소하면서 강도가 저하되는 현상

② 퀵클레이(quick clay)의 원인이 된다.

2) 사질토의 전단특성

(1) 전단 시의 체적 변화

① 촘촘한 모래 : 전단력에 의해 입자 간의 간격이 멀어지기 때문에 전단 시 체적이 증가한다.

② 느슨한 모래 : 입자 간에 서로 붙으려는 움직임 때문에 전단 시 체적이 감소한다.

③ 한계간극비 : 느슨한 모래는 전단될 때 체적이 감소하고 조밀한 모래는 체적이 증가하며 어느 한계에 도달하면 체적이 일정하게 된다. 이때의 간극비를 한계간극비라고 한다.

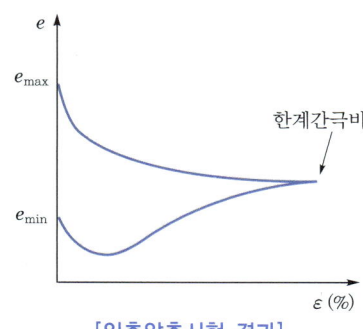

[일축압축시험 결과]

(2) 다일러턴시(dilatancy) 현상

① 시료가 조밀하거나 과압밀된 경우에는 전단과정 중에 체적이 팽창하는 현상을 보이며, 느슨하거나 정규압밀된 시료는 체적이 감소하는 현상을 보인다. 이렇듯 전단 중에 시료의 체적이 변하는 현상을 다일러턴시 현상이라 한다.

■ 틱소트로피 현상

재성형(remolding)한 시료를 함수비의 변화 없이 그대로 방치하면 시간이 경과되면서 강도가 회복되는 현상

■ 리칭 현상

해수에 퇴적된 점토가 담수에 의해 오랜 시간에 걸쳐 염분이 빠져나가 단위중량이 감소하면서 강도가 저하되는 현상

■ 다일러턴시(dilatancy) 현상

전단 중에 시료의 체적이 변하는 현상
① 시료가 조밀하거나 과압밀된 경우 : 전단과정 중에 체적이 팽창
② 느슨하거나 정규압밀된 시료 : 체적이 감소

출제 POINT

② 흙의 종류에 따른 특징

흙의 종류	체적 변화	다일러턴시	간극수압
촘촘한 모래(과압밀점토)	팽창	(+)	(−)
느슨한 모래(정규압밀점토)	수축	(−)	(+)

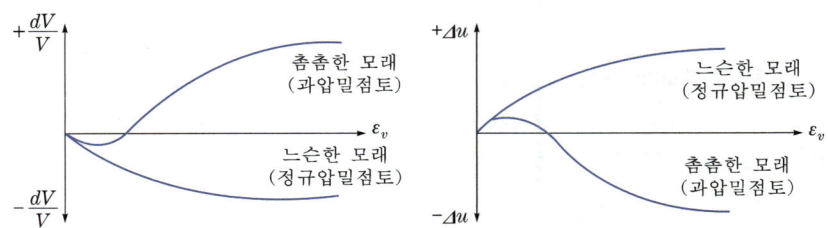

[체적 변화 및 간극수압의 변화]

■ 액상화 현상

느슨하고 포화된 모래지반에 충격, 즉 지진이나 발파 등에 의한 충격하중이 작용하면 체적이 수축하여 지반 내에 간극수압이 증가하여 유효응력이 감소되어 전단강도가 작아지는 현상
$\tau = \sigma' \tan\phi = (\sigma - u)\tan\phi$

(3) 액상화 현상

① 느슨하고 포화된 모래지반에 충격, 즉 지진이나 발파 등에 의한 충격하중이 작용하면 체적이 수축하여 지반 내에 간극수압이 증가하고, 유효응력이 감소되어 전단강도가 작아지는 현상

② $\tau = \sigma' \tan\phi = (\sigma - u)\tan\phi$

③ 방지 대책 : 자연간극비를 한계간극비 이하로 한다.

SECTION 3 전단시험

학습 POINT
- 전단시험의 종류
- 강도정수의 결정
- 표준관입시험
- 베인전단시험

1 개요

강도정수를 결정하기 위한 시험을 전단시험이라 한다.

1) 대표적인 전단시험의 종류

■ 전단시험의 종류
① 실내시험 : 직접전단시험, 일축압축시험, 삼축압축시험
② 현장시험 : 베인전단시험, 원추관입시험, 표준관입시험

실내시험	· 직접전단시험 · 일축압축시험 · 삼축압축시험
현장시험	· 베인전단시험 · 원추관입시험 · 표준관입시험

2) 전단력을 가하는 방법에 따른 분류

변형률 제어 방식	응력 제어 방식
• 변형률 속도를 일정하게 하여 전단시험을 실시 • 최대전단강도 및 파괴 후의 전단저항을 측정	• 시료에 가하는 전단력을 일정한 비율로 증가시키면서 전단시험을 실시 • 최대전단저항만을 측정

2 실내시험에 의한 강도정수의 결정

1) 직접전단시험

전단시험 중 가장 오래되고 간단한 방법이다.

(1) **적용 범위**

사질토의 강도정수 결정에 적합하다.

(2) **시험 방법**

① 수평으로 분할된 전단상자에 시료를 넣고 수직력을 가한 후, 전단력(수평력)을 가하여 파괴 시의 최대전단응력을 구한다.
② ①과 같은 방법으로 수직력을 증가시켜 3번 이상 시험을 실시한다.
③ 각각의 시험에서 구한 최대전단응력을 이용하여 파괴포락선을 그려 강도정수(c, ϕ)를 구한다.

(3) **전단응력의 계산**

① 1면 전단시험

$$\tau = \frac{S}{A}$$

여기서, S : 전단력
A : 단면적

② 2면 전단시험

$$\tau = \frac{S}{2A}$$

(4) **시험 결과**

① 조립토일수록 내부마찰각이 크다.
② 모래는 조밀할수록 내부마찰각이 크다.

(5) **직접전단시험의 특징**

① 시험이 간단하고 조작이 용이하다.
② 배수가 용이하다.

■ 직접전단시험
① 가장 오래되고 간단한 시험
② 사질토의 강도정수 결정에 적합

■ 직접전단시험의 특징
① 시험이 간단하고 조작이 용이
② 배수가 용이
③ 배수 조절이 어려움
④ 간극수압의 측정이 곤란
⑤ 응력이 전단면에 골고루 분포되지 않음

③ 배수 조절이 어렵다.
④ 간극수압의 측정이 곤란하다.
⑤ 응력이 전단면에 골고루 분포되지 않는다.

- 일축압축시험
① 점토의 압축성 및 강도 추정을 위한 시험
② 일축압축강도
$$\sigma = q_u = \frac{P}{A_0} = \frac{P}{\dfrac{A}{1-\varepsilon}}$$
$$= \frac{P(1-\varepsilon)}{A}$$

2) 일축압축시험

(1) 적용 범위
점토의 압축성 및 강도 추정을 위한 시험이다.

(2) 특징
① 비압밀 비배수시험에서 $\sigma_3 = 0$인 상태의 삼축압축시험과 같다.
② 모어원이 하나밖에 그려지지 않는다.

(3) 시험 결과
① 변형률(ε)
$$\varepsilon = \frac{\Delta H}{H}$$
여기서, H : 시료의 처음 높이

② 일축압축시험에 의한 일축압축강도
$$\sigma = q_u = \frac{P}{A_0} = \frac{P}{\dfrac{A}{1-\varepsilon}} = \frac{P(1-\varepsilon)}{A}$$
여기서, P : 하중
A_0 : 환산단면적
A : 실험 전 시료의 단면적

③ 최대주응력면과 파괴면이 이루는 각
$$\theta = 45° + \frac{\phi}{2}$$

④ 일축압축강도
$$q_u = 2c \tan\left(45° + \frac{\phi}{2}\right)$$
∴ $\phi = 0$인 포화점토의 일축압축강도는 $q_u = 2c$

- 변형계수(E_{50})
① 일축압축강도의 1/2 되는 곳의 응력과 변형률의 비
② 응력-변형률 곡선의 기울기
③ 기초의 즉시침하량 산정에 이용

⑤ 변형계수(E_{50})
㉠ 일축압축강도의 1/2 되는 곳의 응력과 변형률의 비
㉡ 응력-변형률 곡선의 기울기
㉢ 기초의 즉시침하량 산정에 이용

$$E_{50} = \frac{q_u/2}{\varepsilon_{50}} = \frac{q_u}{2\varepsilon_{50}}$$

여기서, ε_{50} : $q_u/2$에 해당하는 변형률

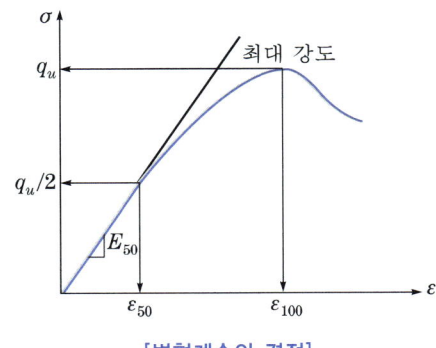

[변형계수의 결정]

(4) 일축압축강도(q_u)와 N값의 관계(테르자기 공식)

$$q_u = \frac{N}{8}$$

(5) 비배수전단강도와의 관계($\phi = 0$)

$$c_u = \frac{q_u}{2} = \frac{N}{16} = 0.0625N$$

3) 삼축압축시험

(1) 개요
① 현장 조건과 가장 유사한 실내전단강도시험이다.
② 카사그랜드(Casagrande)가 직접전단시험의 단점을 보완하기 위해 개발하였다.

(2) 시험 방법
① 시료의 크기 : 직경 38.1mm, 길이 76.2mm($H = 2D$)
② 시료를 멤브레인(얇은 고무막)에 싸서 압력실에 거치한다.
③ 구속압(σ_3)을 가한다.
④ 축차응력($\sigma_1 - \sigma_3$)을 가하여 시료를 전단시킨다.
⑤ 구속압(σ_3)에 대한 파괴 시의 최대주응력(σ_1)을 측정하고 구속압을 증가시키면서 그에 대응되는 σ_1을 측정하여 σ_1과 σ_3를 이용하여 Mohr 응력원에 작성하고 파괴포락선을 그려 강도정수를 구한다.

■ 삼축압축시험
① 현장 조건과 가장 유사한 실내전단강도시험
② Casagrande가 직접전단시험의 단점을 보완하기 위해 개발

SOIL MECHANICS FOUNDATION

출제 POINT

■ 삼축압축시험의 특징
① 신뢰도가 높음
② 모든 토질에 적용 가능
③ 간극수압 측정이 가능
④ 배수 방법에 따라 다양한 시험 가능
⑤ 실제 지반의 응력 상태를 재현할 수 있음
⑥ 이론적으로 양호하지만 실험이 어려움

(3) 삼축압축시험의 특징
① 신뢰도가 높다.
② 모든 토질에 적용이 가능하다.
③ 간극수압의 측정이 가능하다.
④ 배수 방법에 따라 다양한 시험이 가능하다.
⑤ 실제 지반의 응력 상태를 재현할 수 있다.
⑥ 이론적으로 양호하지만 실험이 어렵다.

(4) 축차응력 및 최대주응력의 계산
① 축차응력(deviator stress)

$$\sigma_1 - \sigma_3 = \frac{P}{A_0} = \frac{P}{\left(\frac{A}{1-\varepsilon}\right)} = \frac{P(1-\varepsilon)}{A}$$

여기서, $\sigma_1 - \sigma_3$: 축차응력
P : 작용하중
A_0 : 환산단면적 $\left(\frac{A}{1-\varepsilon}\right)$
A : 시료의 단면적
ε : 변형률 $\left(\frac{\Delta l}{l}\right)$
l : 시료의 초기 높이

② 최대주응력(σ_1)

최대주응력 = 축차응력 + 최소주응력
$$\sigma_1 = \sigma_d + \sigma_3 = (\sigma_1 - \sigma_3) + \sigma_3$$

(5) 배수 방법에 따른 분류
① 비압밀 비배수시험(UU-test)
　㉠ 시료 내의 간극수의 배출을 허용하지 않는 상태에서 구속압을 가한 다음, 비배수 상태에서 축차응력을 가해 시료를 전단시키는 시험이다.
　㉡ 함수비의 변화 및 체적의 변화가 없다.
　㉢ 전단 중에 간극수압을 측정하지 않으므로 전응력시험이다.
② 압밀 비배수시험(CU-test)
　㉠ 포화시료에 구속압을 가해 과잉간극수압이 0이 될 때까지 압밀시킨 다음, 비배수 상태에서 축차응력을 가하여 시료를 전단시키는 시험이다.
　㉡ 전단 시 간극수압계를 이용하여 간극수압의 변화를 측정할 수 있다.
　㉢ 측정된 결과를 이용하여 유효응력으로 강도정수를 결정하는 시험이다.
　㉣ 가장 일반적인 삼축압축시험이다.

■ 배수 방법에 따른 분류
① 비압밀 비배수시험(UU-test) : 시료 내의 간극수의 배출을 허용하지 않는 상태에서 구속압을 가한 다음 비배수 상태에서 축차응력을 가해 시료를 전단시키는 시험
② 압밀 비배수시험(CU-test) : 포화시료에 구속압을 가해 과잉간극수압이 0이 될 때까지 압밀시킨 다음 비배수 상태에서 축차응력을 가하여 시료를 전단시키는 시험
③ 압밀 배수시험(CD-test) : 포화시료에 구속압을 가하여 압밀시킨 후, 전단 시 배수가 허용되도록 배수밸브를 열고 간극수압이 발생하지 않도록 천천히 축차응력을 가해 시료를 전단시키는 시험

③ 압밀 배수시험(CD-test)
  ㉠ 포화시료에 구속압을 가하여 압밀시킨 후, 전단 시 배수가 허용되도록 배수밸브를 열고 간극수압이 발생하지 않도록 천천히 축차응력을 가해 시료를 전단시키는 시험이다.
  ㉡ 간극수압이 발생하지 않으므로 유효응력시험이다.

(6) 배수 조건에 따른 전단특성
① 비압밀 비배수시험(UU-test)
  ㉠ 포화점토의 경우

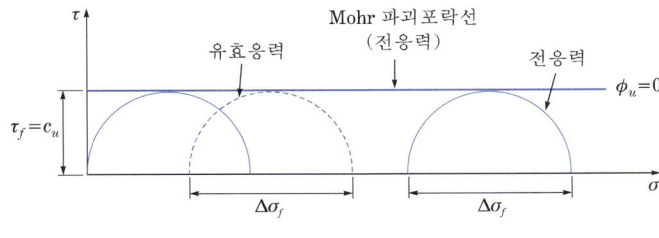

[포화점토의 모어원]

  ㉡ 불포화점토의 경우

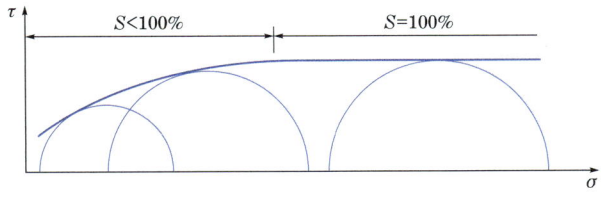

[불포화점토의 모어원]

② 압밀 비배수시험(CU-test)
  ㉠ 정규압밀점토

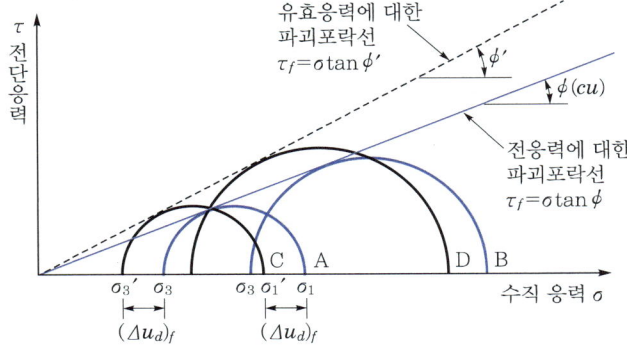

[정규압밀점토의 모어원]

출제 POINT

■ 배수조건에 따른 전단특성
① 토질의 종류에 관계없이 비압밀 비배수시험(UL-test)에서는 내부마찰각이 0°가 된다
② 점토의 삼축압축시험에서 전응력에 의한 내부마찰각이 유효응력에 의한 내부마찰각보다 작다.
③ 점토의 삼축압축시험에서의 과압밀점토의 압밀 비배수시험(CU-test)에서 파괴포락선은 좌표축 원점을 지나지 않는다.

> 출제 POINT

ⓛ 과압밀점토

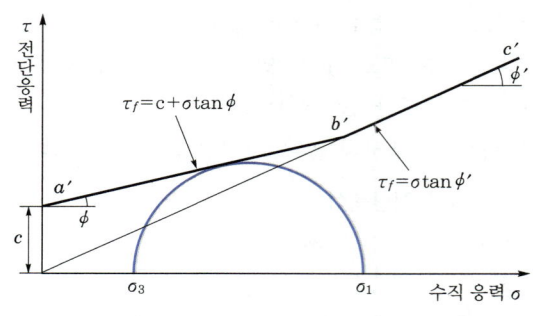

[과압밀점토의 모어원]

③ 압밀 배수시험(CD-test)
   ㉠ 정규압밀점토

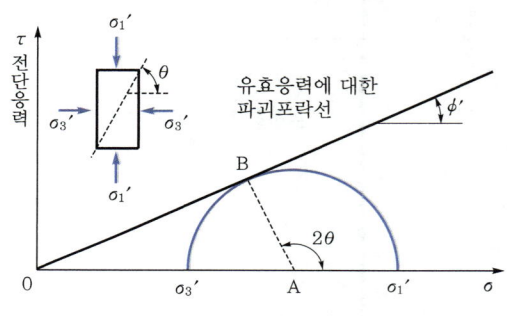

[정규압밀점토의 모어원]

   ㉡ 과압밀점토

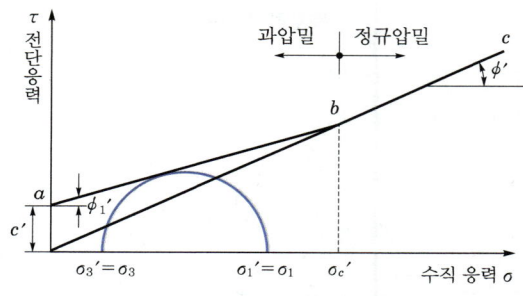

[과압밀점토의 모어원]

■ 압밀 배수시험(CD-test)의 특징
과압밀점토의 전단강도는 정규압밀점토의 전단강도보다 크다.

(7) 배수 조건에 따른 시험 결과의 적용
① 비압밀 비배수시험(UU-test)
   ㉠ 재하속도가 과잉간극수압이 소산되는 속도보다 빠른 경우
   ㉡ 점토지반에 시공 중 또는 성토 후 급속한 파괴가 예상되는 경우
   ㉢ 압밀이나 함수비의 변화가 없이 급속한 파괴가 예상되는 경우
   ㉣ 점토지반에 단기적 안정해석에 사용

② 압밀 비배수시험(CU-test)
  ㉠ 사전압밀공법으로 압밀된 후 급격한 재하 시의 안정해석에 사용
  ㉡ 성토하중에 의해 어느 정도 압밀된 후에 갑자기 파괴가 예상되는 경우
  ㉢ 기존의 제방이나 흙댐에서 수위 급강하 시의 안정해석에 사용
③ 압밀 배수시험(CD-test)
  ㉠ 연약한 점토지반 위에 성토 하중에 의해 서서히 압밀이 진행되고 파괴도 극히 완만하게 진행되는 경우
  ㉡ 흙댐에서 정상 침투 시 안정해석에 사용
  ㉢ 과압밀점토의 굴착이나 자연사면의 장기 안정해석에 사용
  ㉣ 투수계수가 큰 사질토지반의 사면안정해석에 사용
  ㉤ 간극수압의 측정이 곤란할 때 사용

> **출제 POINT**
>
> ■ 배수 조건에 따른 시험 결과의 적용
> ① 비압밀 비배수시험(UU-test) : 재하 속도가 과잉간극수압이 소산되는 속도보다 빠른 경우에 적용
> ② 압밀 비배수시험(CU-test) : 사전압밀공법으로 압밀된 후 급격한 재하 시의 안정해석에 사용
> ③ 압밀 배수시험(CD-test) : 연약한 점토지반 위에 성토 하중에 의해 서서히 압밀이 진행되고 파괴도 극히 완만하게 진행되는 경우

③ 현장시험을 이용한 강도정수 측정

1) 표준관입시험(SPT)

(1) 표준관입시험의 목적
① 현장 지반의 강도 추정(N값)
② 시료채취(교란된 시료)

(2) N값
① 스플릿 샘플러(지름 5.1cm, 길이 81cm)를 드릴 로드(drill rod)에 연결하여 시추공 속에 넣고 처음 15cm를 관입한 후 63.5kg의 해머를 76cm의 높이에서 자유낙하시켜 지반에 샘플러(sampler)를 30cm 관입시키는 데 필요한 타격횟수를 표준관입시험값 또는 N값이라 한다.
② N값의 수정
  ㉠ 로드 길이에 대한 수정

$$N_1 = N'\left(1 - \frac{x}{200}\right)$$

여기서, N' : 실측 N값
       x : 로드 길이(m)
  ㉡ 토질에 의한 수정

$$N_2 = 15 + \frac{1}{2}(N_1 - 15)$$

단, $N_1 \leq 15$일 때는 토질에 의한 수정을 할 필요가 없다.

출제 POINT

■ Dunham 공식(N값과 ϕ의 관계)

① 흙 입자가 모가 나고 입도가 양호
$\phi = \sqrt{12N} + 25$
② 흙 입자가 모가 나고 입도가 불량
$\phi = \sqrt{12N} + 20$
③ 흙 입자가 둥글고 입도가 양호
$\phi = \sqrt{12N} + 20$
④ 흙 입자가 둥글고 입도가 불량
$\phi = \sqrt{12N} + 15$

■ 모래지반에서 N값으로 추정되는 사항

① 상대밀도
② 내부마찰각
③ 침하에 대한 허용지지력
④ 지지력계수
⑤ 탄성계수

■ 점토지반에서 N값으로 추정되는 사항

① 연경도
② 일축압축강도
③ 점착력
④ 파괴에 대한 극한지지력
⑤ 파괴에 대한 허용지지력

③ N값과 ϕ의 관계
 ㉠ Dunham 공식

입도 및 입자 상태	내부마찰각
흙 입자가 모가 나고 입도가 양호	$\phi = \sqrt{12N} + 25$
흙 입자가 모가 나고 입도가 불량 흙 입자가 둥글고 입도가 양호	$\phi = \sqrt{12N} + 20$
흙 입자가 둥글고 입도가 불량	$\phi = \sqrt{12N} + 15$

 ㉡ Peck 공식
$$\phi = 0.3N + 27$$

 ㉢ 오자끼 공식
$$\phi = \sqrt{20N} + 15$$

④ N값과 일축압축강도(q_u)의 관계(Terzaghi 공식)
 ㉠ $q_u = \dfrac{N}{8}$

 ㉡ $\phi = 0$이면,
$$c = \dfrac{N}{16} \; (\because q_u = 2c)$$

⑤ N값과 상대밀도와의 관계

N값	흙의 상태	상대밀도(%)
0~4	대단히 느슨	0~15
4~10	느슨	15~50
10~30	중간	50~70
30~50	조밀	70~85
50 이상	대단히 조밀	85~100

⑥ N값으로 추정되는 사항

모래지반	점토지반
• 상대밀도 • 내부마찰각 • 침하에 대한 허용지지력 • 지지력계수 • 탄성계수	• 연경도 • 일축압축강도 • 점착력 • 파괴에 대한 극한지지력 • 파괴에 대한 허용지지력

⑦ 표준관입시험 결과의 이용

구분		판정, 추정사항
조사결과로 파악		• 지반 내 토층의 분포 및 토층의 종류 • 지지층 분포의 심도
N값으로 추정	사질토	상대밀도(D_r), 내부마찰각(ϕ)
	점성토	일축압축강도(q_u), 점착력(c_u)

2) 베인전단시험

① 10m 미만의 연약한 점토층에서 점토의 비배수 전단강도를 측정하는 시험
② 현장에서 시료를 채취하지 않고 원위치에서 전단강도를 측정하기 때문에 결과가 비교적 정확하다.
③ 전단강도

$$c_u = \frac{T}{\pi D^2 \left(\dfrac{H}{2} + \dfrac{D}{6} \right)}$$

여기서, c_u : 점토의 점착력(kN/cm²)
   T : 최대 회전저항모멘트(kN·cm)
   H : 베인의 높이(cm)
   D : 베인의 폭(cm)

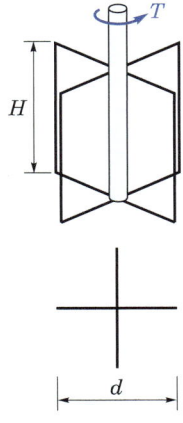

[베인전단시험기]

④ 결과의 이용 : 비배수조건($\phi = 0$)에서의 사면안정해석에 이용

■ 베인전단시험
① 연약한 점토층에서 점토의 비배수 전단강도를 측정하는 시험
② 원위치에서 전단강도를 측정하기 때문에 결과가 비교적 정확하다.
③ 전단강도

$$c_u = \frac{T}{\tau D^2 \left(\dfrac{H}{2} + \dfrac{D}{6} \right)}$$

SECTION 4 간극수압계수

출제 POINT

학습 POINT
- 간극수압계수의 종류

■ 간극수압계수

전응력의 증가량에 대한 간극수압의 변화량의 비

간극수압계수 $= \dfrac{\Delta u}{\Delta \sigma}$

■ B계수

등방압축 시의 간극수압계수

$B = \dfrac{\Delta u}{\Delta \sigma_3}$

■ D계수

축차응력 작용 시의 간극수압계수

$D = \dfrac{\Delta u}{\Delta \sigma_1 - \Delta \sigma_3}$

■ A계수

① 삼축압축 시의 간극수압은 등방압축 시의 간극수압과 축차응력 작용 시의 간극수압이 동시에 작용하여 발생한다.
② 등방압축 시의 간극수압과 축차응력 작용 시의 간극수압의 합

1) 개요

① 1954년 Skempton에 의해 제안되었다.
② 점토에 압력이 가해지면 과잉간극수압이 발생하는데, 이때 전응력의 증가량에 대한 간극수압의 변화량의 비를 간극수압계수라고 한다.

$$간극수압계수 = \dfrac{\Delta u}{\Delta \sigma}$$

2) 간극수압계수의 종류

(1) B계수
① 등방압축 시의 간극수압계수

$$B = \dfrac{\Delta u}{\Delta \sigma_3}$$

② B계수의 특징
 ㉠ 완전포화된 흙($S=100\%$)이면 $B=1$이다.
 ㉡ 완전건조된 흙($S=0\%$)이면 $B=0$이다.
 ㉢ 불포화의 경우의 계수값은 0과 1 사이의 값이다.

(2) D계수
축차응력 작용 시의 간극수압계수

$$D = \dfrac{\Delta u}{\Delta \sigma_1 - \Delta \sigma_3}$$

(3) A계수
① 삼축압축 시의 간극수압은 등방압축 시의 간극수압과 축차응력 작용 시의 간극수압이 동시에 작용하여 발생한다.
② 등방압축 시의 간극수압과 축차응력 작용 시의 간극수압의 합

$$\Delta u = B\Delta\sigma_3 + D(\Delta\sigma_1 - \Delta\sigma_3) = B[\Delta\sigma_3 + A(\Delta\sigma_1 - \Delta\sigma_3)]$$

여기서, $A = \dfrac{D}{B}$

③ 완전포화된 흙의 경우는 $B=1$이므로,

$$A = \dfrac{\Delta u - \Delta\sigma_3}{\Delta\sigma_1 - \Delta\sigma_3}$$

④ 압밀 비배수시험의 경우 구속압을 일정($\Delta\sigma_3 = 0$)하게 유지하고 전단

$$A = \frac{\Delta u}{\Delta \sigma_1}$$

⑤ A 계수를 이용하여 흙의 종류를 개략적으로 파악할 수 있다.

흙의 종류(S=100%)	A의 대푯값(파괴 시)
정규압밀점토	0.5~1
과압밀점토	−0.5~0

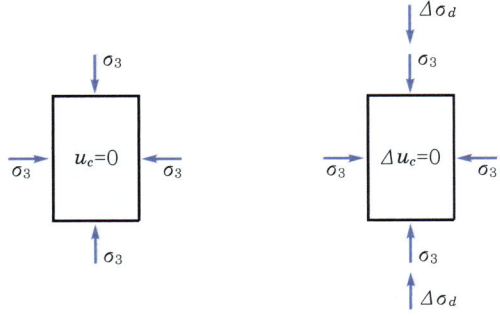

(a) 등방압축   (b) 일축압축을 고려한 삼축압축

[삼축압축 시의 응력 상태]

SECTION 5 응력경로

1 응력경로(stress path)

1) 정의

　① 지반 내의 임의의 한 점에 작용하는 응력이 변화하는 과정을 응력평면 위에 나타낸 것이다.

　② 응력이 변화하는 동안 각 응력 상태에 대한 모어원의 (p, q)점들을 연결한 선이다.

2) 종류

　(1) 전응력경로(TSP)

$$p = \frac{\sigma_1 + \sigma_3}{2}, \quad q = \frac{\sigma_1 - \sigma_3}{2}$$

■ 응력경로

① 지반 내의 임의의 한 점에 작용하는 응력이 변화하는 과정을 응력평면 위에 나타낸 것

② 응력이 변화하는 동안 각 응력 상태에 대한 모어원의 (p, q)점들을 연결한 선

출제 POINT

(2) 유효응력경로(ESP)

$$p' = \frac{1}{2}\left[(\sigma_1 - u) + (\sigma_3 - u)\right]$$

$$q' = \frac{1}{2}\left[(\sigma_1 - u) - (\sigma_3 - u)\right] = \frac{\sigma_1 - \sigma_3}{2} = q$$

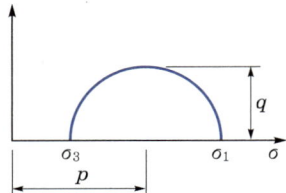
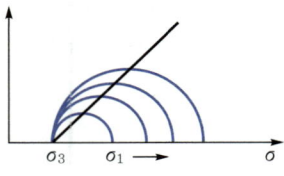

[응력경로]

3) 응력경로의 특징

■ 압밀 비배수시험의 응력경로 특징

① TSP는 모두 오른쪽으로 그려지고 동일한 직선이다.
② 정규압밀점토의 ESP는 왼쪽 상향으로 휘어진다.

■ 압밀 배수시험의 응력경로 특징

간극수압이 항상 0이므로 TSP와 ESP가 일치한다.

(1) 압밀 비배수시험(CU-test)

① TSP는 모두 오른쪽으로 그려지고 동일한 직선이다.
② 정규압밀점토의 ESP는 왼쪽 상향으로 휘어진다.

(2) 압밀 배수시험(CD-test)

간극수압이 항상 0이므로 TSP와 ESP가 일치한다.

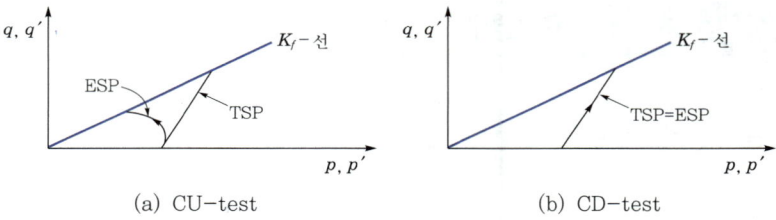

(a) CU-test   (b) CD-test

[삼축압축시험의 응력경로]

4) K_f선(수정 파괴포락선)과 ϕ선(파괴포락선)의 상관관계

(1) K_f선

① 파괴 시 모어원의 정점인 (p, q)점을 연결한 선
② $q_f = m + p_f \tan\alpha$

여기서, m : q축과의 절편
p_f : 최대전단응력
α : K_f선의 경사각

(2) K_f선과 ϕ선의 상관관계

① 내부마찰각

$\sin\phi = \tan\alpha$ 에서

$$\phi = \sin^{-1}(\tan\alpha)$$

② 점착력

$$c = x\tan\phi = \frac{m}{\sin\phi}\tan\phi = \frac{m}{\sin\phi} \times \frac{\sin\phi}{\cos\phi}$$

$$\therefore c = \frac{m}{\cos\phi}$$

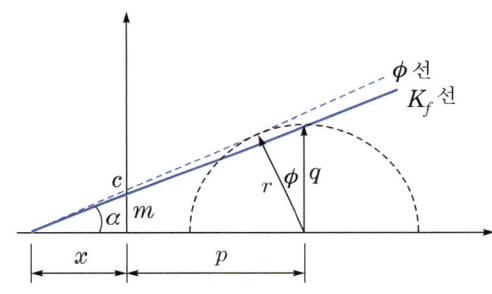

[K_f선과 강도정수의 관계]

(3) 응력비

① $K_f = \dfrac{\sigma_{hf}{'}}{\sigma_{vf}{'}}$

여기서, $\sigma_{hf}{'}$: 파괴 상태에서의 수평방향 유효응력
$\sigma_{vf}{'}$: 파괴 상태에서의 수직방향 유효응력

② 응력비가 일정하면 응력경로가 직선이다.

③ $\dfrac{q}{p} = \tan\alpha = \dfrac{1-K}{1+K}$

$$\therefore K = \frac{1-\tan\alpha}{1+\tan\alpha}$$

> 출제 POINT
>
> ■ K_f선과 ϕ선의 상관관계
> ① 내부마찰각
> $\phi = \sin^{-1}(\tan\alpha)$
> ② 점착력
> $c = x\tan\phi = \dfrac{m}{\sin\phi}\tan\phi$
> $= \dfrac{m}{\sin\phi} \times \dfrac{\sin\phi}{\cos\phi} = \dfrac{m}{\cos\phi}$

기출문제

01 Mohr 응력원에 대한 설명 중 옳지 않은 것은?
① 임의의 평면의 응력상태를 나타내는 데 매우 편리하다.
② 평면기점(origin of plane, p)은 최소주응력을 나타내는 원호상에서 최소주응력면과 평행선이 만나는 점을 말한다.
③ σ_1과 σ_3의 차의 벡터를 반지름으로 해서 그린 원이다.
④ 한 면에 응력이 작용하는 경우 전단력이 0이면, 그 연직응력을 주응력으로 가정한다.

> [해설] **Mohr 응력원**
> Mohr 응력원은 최대주응력과 최소주응력의 차이 $(\sigma_1 - \sigma_3)$의 벡터를 지름으로 해서 그린 원이다.

02 흙의 일축압축시험에 관한 설명 중 틀린 것은?
① 내부마찰각이 작은 점토질의 흙에 주로 적용된다.
② 축방향으로만 압축하여 흙을 파괴시키는 것이므로 $\sigma_3 = 0$일 때의 삼축압축시험이라고 할 수 있다.
③ 압밀 비배수(CU)시험 조건이므로 시험이 비교적 간단하다.
④ 흙의 내부마찰각 ϕ는 공시체 파괴면과 최대주응력면 사이에 이루는 각 θ를 측정하여 구한다.

> [해설] **일축압축시험의 특징**
> ㉠ $\sigma_3 = 0$인 상태의 삼축압축시험이다.
> ㉡ ϕ가 작은 점성토에서만 시험이 가능하다.
> ㉢ UU-test
> ㉣ 모어원이 하나밖에 그려지지 않는다.

03 다음 중 순수한 모래의 전단강도(τ)를 구하는 식으로 옳은 것은? (단, c는 점착력, ϕ는 내부마찰각, σ는 수직응력이다.)
① $\tau = \sigma \tan\phi$
② $\tau = c$
③ $\tau = c \tan\phi$
④ $\tau = \tan\phi$

> [해설] **순수한 모래의 전단강도**
> ㉠ Mohr-Coulomb의 전단강도식
> $\tau = c + \sigma \tan\phi$
> ㉡ 순수한 모래의 전단강도식
>   점착력 $c = 0$이므로 $\tau = \sigma \tan\phi$

04 다음과 같은 상황에서 강도정수 결정에 적합한 삼축압축시험의 종류는?

> 최근에 매립된 포화 점성토지반 위에 구조물을 시공한 직후의 초기 안정검토에 필요한 지반강도정수 결정

① 비압밀 비배수(UU)시험
② 비압밀 배수(UD)시험
③ 압밀 비배수(CU)시험
④ 압밀 배수(CD)시험

> [해설] **UU-test를 사용하는 경우**
> ㉠ 포화된 점토지반 위에 급속 성토 시 시공 직후의 안정검토
> ㉡ 시공 중 압밀이나 함수비의 변화가 없다고 예상되는 경우
> ㉢ 점토지반에 푸팅(footing)기초 및 소규모 제방을 축조하는 경우

정답 1.③ 2.③ 3.① 4.①

05 응력경로(stress path)에 대한 설명으로 틀린 것은?

① 응력경로는 특성상 전응력으로만 나타낼 수 있다.
② 응력경로란 시료가 받는 응력의 변화과정을 응력공간에 궤적으로 나타낸 것이다.
③ 응력경로는 Mohr의 응력원에서 전단응력이 최대인 점을 연결하여 구한다.
④ 시료가 받는 응력상태에 대한 응력경로는 직선 또는 곡선으로 나타난다.

해설 **응력경로**
㉠ 지반 내 임의의 요소에 작용되어 온 하중의 변화과정을 응력평면 위에 나타낸 것으로 최대 전단응력을 나타내는 모어원 정점의 좌표인 (p, q)점의 궤적이 응력경로이다.
㉡ 응력경로는 전응력으로 표시하는 전응력경로와 유효응력으로 표시하는 유효응력경로로 구분된다.
㉢ 응력경로는 직선 또는 곡선으로 나타낸다.

06 다음은 전단시험을 한 응력경로이다. 어느 경우인가?

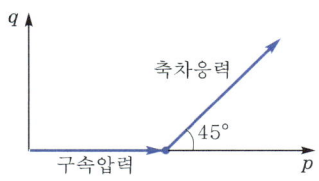

① 초기단계의 최대주응력과 최소주응력이 같은 상태에서 시행한 삼축압축시험의 전응력 경로이다.
② 초기단계의 최대주응력과 최소주응력이 같은 상태에서 시행한 일축압축시험의 전응력 경로이다.
③ 초기단계의 최대주응력과 최소주응력이 같은 상태에서 $K_0 = 0.5$인 조건에서 시행한 삼축압축시험의 전응력 경로이다.
④ 초기단계의 최대주응력과 최소주응력이 같은 상태에서 $K_0 = 0.7$인 조건에서 시행한 일축압축시험의 전응력 경로이다.

해설 초기에 등방압축을 한 표준삼축압축시험의 전응력 경로이다.

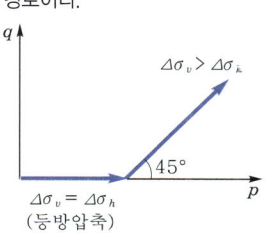

07 어떤 지반의 미소한 흙 요소에 최대 및 최소주응력이 각각 200kN/m² 및 100kN/m²일 때, 최소주응력면과 30°를 이루는 면상의 전단응력은?

① 10.5kN/m²   ② 21.5kN/m²
③ 32.3kN/m²   ④ 43.3kN/m²

해설 파괴면에 작용하는 전단응력
$$\tau = \frac{\sigma_1 - \sigma_3}{2} \sin 2\theta$$
$$= \frac{200-100}{2} \times \sin(2 \times 30°)$$
$$= 43.3 \text{kN/m}^2$$

08 다음은 정규압밀점토의 삼축압축시험 결과를 나타낸 것이다. 파괴 시의 전단응력 τ와 σ를 구하면?

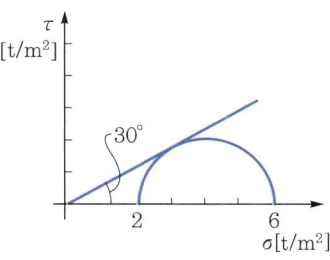

① $\tau = 1.73 \text{t/m}^2$, $\sigma = 2.50 \text{t/m}^2$
② $\tau = 1.41 \text{t/m}^2$, $\sigma = 3.00 \text{t/m}^2$
③ $\tau = 1.41 \text{t/m}^2$, $\sigma = 2.50 \text{t/m}^2$
④ $\tau = 1.73 \text{t/m}^2$, $\sigma = 3.00 \text{t/m}^2$

정답 5.① 6.① 7.④ 8.④

해설 모어원에서
$\sigma_1 = 6\text{t/m}^2,\ \sigma_3 = 2\text{t/m}^2,\ c = 0,\ \phi = 30°$
㉠ 파괴면과 이루는 각도
$$\theta = 45° + \frac{\phi}{2} = 45° + \frac{30°}{2} = 60°$$
㉡ 수직응력
$$\sigma = \frac{\sigma_1 + \sigma_3}{2} + \frac{\sigma_1 - \sigma_3}{2}\cos 2\theta$$
$$= \frac{6+2}{2} + \frac{6-2}{2}\cos(2 \times 60°) = 3\text{t/m}^2$$
㉢ 전단응력
$$\tau = \frac{\sigma_1 - \sigma_3}{2}\sin 2\theta = \frac{6-2}{2}\sin(2 \times 60°)$$
$$= 1.73\text{t/m}^2$$

09 모래시료에 대해서 압밀배수 삼축압축시험을 실시하였다. 초기 단계에서 구속응력(σ_3)은 100kN/m²이고, 전단파괴 시에 작용된 축차응력(σ_{df})은 200kN/m²이었다. 이와 같은 모래시료의 내부마찰각(ϕ) 및 파괴면에 작용하는 전단응력(τ_f)의 크기는?

① $\phi = 30°,\ \tau_f = 115.47\text{kN/m}^2$
② $\phi = 40°,\ \tau_f = 115.47\text{kN/m}^2$
③ $\phi = 30°,\ \tau_f = 86.60\text{kN/m}^2$
④ $\phi = 40°,\ \tau_f = 86.60\text{kN/m}^2$

해설 내부마찰각 및 파괴면에 작용하는 전단응력
㉠ 축차응력 $\sigma_{df} = \sigma_1 - \sigma_3 = 200\text{kN/m}^2$ 이므로 최대주응력
$\sigma_1 = (\sigma_1 - \sigma_3) + \sigma_3 = 200 + 100$
$= 300\text{kN/m}^2$
㉡ 내부마찰각(ϕ)
$\sin\phi = \frac{\sigma_1 - \sigma_3}{\sigma_1 + \sigma_3} = \frac{300 - 100}{300 + 100} = \frac{1}{2}$ 이므로
$\phi = 30°$
㉢ 파괴면과 최대주응력면이 이루는 각
$\theta = 45° + \frac{\phi}{2} = 45° + \frac{30°}{2} = 60°$
㉣ 전단응력
$\tau_f = \frac{\sigma_1 - \sigma_3}{2}\sin 2\theta$
$= \frac{300-100}{2} \times \sin(2 \times 60°)$
$\fallingdotseq 86.6\text{kN/m}^2$

10 다음 그림의 파괴포락선 중에서 완전포화된 점토를 UU(비압밀 비배수)시험했을 때 생기는 파괴포락선은?

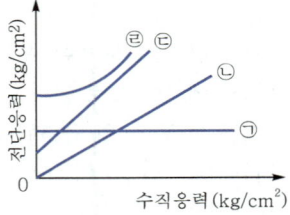

① ㉠
② ㉡
③ ㉢
④ ㉣

해설 비압밀 비배수 전단시험(UU-test)
㉠ 포화토의 경우 내부마찰각 $\phi = 0°$이다. 즉, 파괴포락선은 수평선으로 나타난다.
㉡ 완전히 포화되지 않은 흙의 경우는 $\phi \neq 0°$이다.
㉢ 내부마찰 $\phi = 0°$인 경우 전단강도 $\tau = c_u$이다. 즉, 전단강도는 모어원의 반경과 같다.

11 다음 공식은 흙시료에 삼축압력이 작용할 때 흙시료 내부에 발생하는 간극수압을 구하는 공식이다. 이 식에 대한 설명으로 틀린 것은?

$$\Delta u = B[\Delta\sigma_3 + A(\Delta\sigma_1 - \Delta\sigma_3)]$$

① 포화된 흙의 경우 $B = 1$이다.
② 간극수압계수 A의 값은 삼축압축시험에서 구할 수 있다.
③ 포화된 점토에서 구속응력을 일정하게 두고 간극수압을 측정했다면, 축차응력과 간극수압으로부터 A값을 계산할 수 있다.
④ 간극수압계수 A값은 언제나 (+)의 값을 갖는다.

해설 흙시료 내부에 발생하는 간극수압
㉠ 과압밀점토일 때 A계수는 (-)값을 가진다.
㉡ A계수의 일반적인 범위

점토의 종류	A계수
정규압밀점토	0.5~1
과압밀점토	-0.5~0

정답 9. ③ 10. ① 11. ④

12 모래 등과 같은 점성이 없는 흙의 전단강도 특성에 대한 설명 중 잘못된 것은?

① 조밀한 모래는 변형의 증가에 따라 간극비가 계속 감소하는 경향을 나타낸다.
② 느슨한 모래의 전단과정에서는 응력의 피크(peak)점이 없이 계속 응력이 증가하여 최대 전단응력에 도달한다.
③ 조밀한 모래의 전단과정에서는 전단응력의 피크(peak)점이 나타난다.
④ 느슨한 모래의 전단과정에서는 전단파괴될 때까지 체적이 계속 감소한다.

> **해설** 조밀한 모래는 변형의 증가에 따라 간극비가 계속해서 커진다.
>
>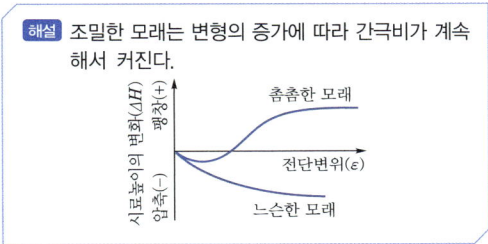

13 다음 중 느슨한 모래의 전단변위와 시료의 부피 변화 관계곡선으로 옳은 것은?

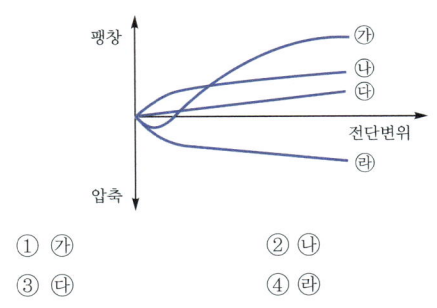

① 가
② 나
③ 다
④ 라

> **해설** 느슨한 모래의 전단변위와 시료의 부피변화 관계곡선
>
> 전단범위가 증가하면 시료의 체적은 계속해서 감소한다. 즉, 입자 간에 서로 붙으려는 움직임 때문에 전단 시 체적이 감소한다.

14 모래의 밀도에 따라 일어나는 전단특성에 대한 다음 설명 중 옳지 않은 것은?

① 다시 성형한 시료의 강도는 작아지지만 조밀한 모래에서는 시간이 경과됨에 따라 강도가 회복된다.
② 내부마찰각(ϕ)은 조밀한 모래일수록 크다.
③ 직접전단시험에 있어서 전단응력과 수평변위 곡선은 조밀한 모래에서는 peak가 생긴다.
④ 조밀한 모래에서는 전단변형이 계속 진행되면 부피가 팽창한다.

> **해설** 틱소트로피(thixotrophy) 현상
>
> ㉠ 재성형한 시료를 함수비의 변화 없이 그대로 방치해 두면 시간이 경과하면서 강도가 회복되는 현상
> ㉡ 말뚝 타입 시 말뚝 주위의 점토지반이 교란되어 강도가 작아지게 된다. 그러나 점토는 틱소트로피 현상이 생겨서 강도가 되살아나기 때문에 말뚝재하시험은 말뚝 타입 후 며칠이 지난 후 행한다.

15 느슨하고 포화된 사질토에 지진이나 폭파, 기타 진동으로 인한 충격을 받았을 때 전단강도가 급격히 감소하는 현상은?

① 액상화 현상
② 분사 현상
③ 보일링 현상
④ 다일러턴시 현상

> **해설** ㉠ 틱소트로피 현상(thixotrophy)은 흐트러진 시료를 함수비의 변화없이 그대로 두면 시간이 경과함에 따라 강도가 회복되는 현상으로, 점토지반에서 일어난다.
> ㉡ 액화 현상(liquefaction)은 느슨하고 포화된 가는 모래에 충격을 주면 체적이 수축하여 정(+)의 간극수압이 발생하여 유효응력이 감소되어 전단강도가 작아지는 현상으로, 느슨하고 포화된 가는 모래지반에서 일어난다.

16 모래나 점토 같은 입상재료를 전단할 때 발생하는 다일러턴시(dilatancy) 현상과 간극수압의 변화에 대한 설명으로 틀린 것은?

① 정규압밀점토에서는 (−)다일러턴시에 (+)의 간극수압이 발생한다.
② 과압밀점토에서는 (+)다일러턴시에 (−)의 간극수압이 발생한다.
③ 조밀한 모래에서는 (+)다일러턴시가 일어난다.
④ 느슨한 모래에서는 (+)다일러턴시가 일어난다.

> **해설** ㉠ 느슨한 모래나 정규압밀점토에서는 (−)dilatancy에 (+)공극수압이 발생한다.
> ㉡ 조밀한 모래나 과압밀점토에서는 (+)dilatancy에 (−)공극수압이 발생한다.

17 점착력이 0.1kg/cm^2, 내부마찰각이 $30°$인 흙에 수직응력 20kg/cm^2를 가할 경우 전단응력은?

① 20.1kg/cm^2 ② 6.76kg/cm^2
③ 1.16kg/cm^2 ④ 11.65kg/cm^2

> **해설** 전단강도
> $\tau = c + \bar{\sigma}\tan\phi$
> $= 0.1 + 20 \times \tan30°$
> $= 11.65\text{kg/cm}^2$

18 어떤 흙에 대해서 직접전단시험을 한 결과 수직응력이 1.0MPa일 때 전단저항이 0.5MPa이었고, 또 수직응력이 2.0MPa일 때에는 전단저항이 0.8MPa이었다. 이 흙의 점착력은?

① 0.2MPa ② 0.3MPa
③ 0.8MPa ④ 1.0MPa

> **해설** 직접전단의 저항
> $\tau = c + \bar{\sigma}\tan\phi$이므로
> ㉠ $0.5 = c + 1 \times \tan\phi$
> ㉡ $0.8 = c + 2 \times \tan\phi$
> ㉢ ㉠식×2−㉡식으로 ϕ를 소거하여 정리하면
> $c = 0.2\text{MPa}$

19 다음 그림과 같은 $p-q$ 다이어그램에서 K_f선이 파괴선을 나타낼 때 이 흙의 내부마찰각은?

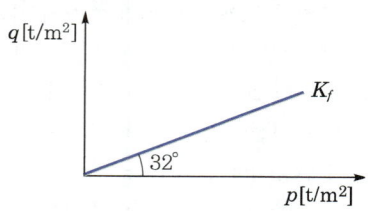

① $32°$ ② $36.5°$
③ $38.7°$ ④ $40.8°$

> **해설** 응력경로와 파괴포락선과의 관계
> $\sin\phi = \tan\alpha$에서
> $\phi = \sin^{-1}(\tan32°) = 38.67°$

20 토질시험 결과 내부마찰각 $\phi = 30°$, 점착력 $c = 0.5\text{kg/cm}^2$, 간극수압이 8kg/cm^2이고 파괴면에 작용하는 수직응력이 30kg/cm^2일 때 이 흙의 전단응력은?

① 12.7kg/cm^2 ② 13.2kg/cm^2
③ 15.8kg/cm^2 ④ 19.5kg/cm^2

> **해설** 전단강도
> $\tau = c + \bar{\sigma} \times \tan\phi$
> $= 0.5 + (30 - 8) \times \tan30°$
> $= 13.2\text{kg/cm}^2$

21 다음 그림과 같은 지반에서 유효응력에 대한 점착력 및 마찰각이 각각 $c' = 1.0\text{t/m}^2$, $\phi' = 20°$일 때, A점에서의 전단강도(t/m^2)는?

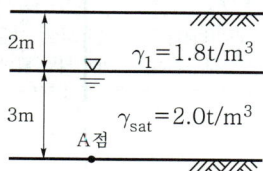

① 3.4t/m^2 ② 4.5t/m^2
③ 5.4t/m^2 ④ 6.6t/m^2

정답 16. ④ 17. ④ 18. ① 19. ③ 20. ② 21. ①

해설 ㉠ 전응력
$$\sigma = \gamma_t H_1 + \gamma_{sat} H_2 = 1.8 \times 2 + 2.0 \times 3$$
$$= 9.6 t/m^2$$
㉡ 간극수압 $u = \gamma_w h_w = 1 \times 3 = 3 t/m^2$
㉢ 유효응력 $\overline{\sigma} = \sigma - u = 9.6 - 3 = 6.6 t/m^2$
㉣ 전단강도
$$\tau = c + \overline{\sigma} \tan\phi = 1.0 + 6.6 \tan 20°$$
$$= 3.4 t/m^2$$

22 다음 그림과 같은 점성토 지반의 토질시험 결과 내부마찰각(ϕ)은 30°, 점착력(c)은 1.5t/m²일 때 A점의 전단강도는?

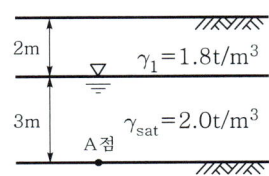

① 3.84t/m² ② 4.27t/m²
③ 4.83t/m² ④ 5.31t/m²

해설 ㉠ 전응력
$$\sigma = \gamma_t H_1 + \gamma_{sat} H_2 = 1.8 \times 2 + 2.0 \times 3$$
$$= 9.6 t/m^2$$
㉡ 간극수압 $u = \gamma_w h_w = 1 \times 3 = 3 t/m^2$
㉢ 유효응력 $\overline{\sigma} = \sigma - u = 9.6 - 3 = 6.6 t/m^2$
㉣ 전단강도
$$\tau = c + \overline{\sigma} \tan\phi = 1.5 + 6.6 \tan 30°$$
$$\fallingdotseq 5.31 t/m^2$$

23 로드(rod)에 붙인 어떤 저항체를 지중에 넣어 관입, 인발 및 회전에 의해 흙의 전단강도를 측정하는 원위치 시험은?

① 보링(boring) ② 사운딩(sounding)
③ 시료채취(sampling) ④ 비파괴시험(NDT)

해설 **사운딩(sounding)**
로드(rod) 선단에 설치한 저항체를 땅속에 삽입하여 관입, 회전, 인발 등의 저항치로부터 지반의 특성을 파악하는 지반조사방법이다.

24 흐트러지지 않은 연약한 점토시료를 채취하여 일축압축시험을 실시하였다. 공시체의 직경이 35mm, 높이가 100mm이고 파괴 시의 하중계의 읽음값이 2kg, 축방향의 변형량이 12mm일 때 이 시료의 전단강도는?

① 0.04kg/cm² ② 0.06kg/cm²
③ 0.09kg/cm² ④ 0.12kg/cm²

해설 ㉠ $A_o = \dfrac{A}{1-\varepsilon} = \dfrac{\dfrac{\pi D^2}{4}}{1-\dfrac{\Delta l}{l}} = \dfrac{\dfrac{\pi \times 3.5^2}{4}}{1-\dfrac{1.2}{10}}$
$= 10.93 cm^2$
㉡ 압축응력
$q_u = \dfrac{P}{A_o} = \dfrac{2}{10.93} = 0.18 kg/cm^2$
㉢ 전단강도
$\tau = c = \dfrac{q_u}{2} = \dfrac{0.18}{2} = 0.09 kg/cm^2$

25 다음 그림에서 A점 흙의 강도정수가 $c = 3t/m^2$, $\phi = 30°$일 때 A점의 전단강도는?

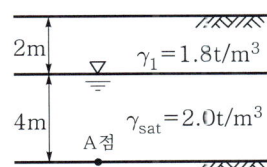

① 6.93t/m² ② 7.39t/m²
③ 9.93t/m² ④ 10.39t/m²

해설 ㉠ 전응력
$$\sigma = \gamma_t H_1 + \gamma_{sat} H_2 = 1.8 \times 2 + 2.0 \times 4$$
$$= 11.6 t/m^2$$
㉡ 간극수압 $u = \gamma_w h_w = 1 \times 4 = 4 t/m^2$
㉢ 유효응력 $\overline{\sigma} = \sigma - u = 11.6 - 4 = 7.6 t/m^2$
㉣ 전단강도
$$\tau = c + \overline{\sigma} \tan\phi = 3.0 + 7.6 \tan 30°$$
$$= 7.39 t/m^2$$

정답 22. ④ 23. ② 24. ② 25. ③

26 연약한 점토지반의 전단강도를 구하는 현장시험 방법은?

① 평판재하시험 ② 현장 CBR시험
③ 직접전단시험 ④ 현장 베인시험

> 해설 vane test(베인테스트)
> 연약한 점토지반의 점착력을 지반 내에서 직접 측정하는 현장시험이다.

27 실내시험에 의한 점토의 강도증가율(c_u/p) 산정 방법이 아닌 것은?

① 소성지수에 의한 방법
② 비배수 전단강도에 의한 방법
③ 압밀 비배수 삼축압축시험에 의한 방법
④ 직접전단시험에 의한 방법

> 해설 보기 ④ 직접전단시험은 점토의 강도증가율과는 무관하다.
> **강도증가율 추정법**
> ㉠ 비배수 전단강도에 의한 방법(UU시험)
> ㉡ UU시험에 의한 방법
> ㉢ CU시험에 의한 방법
> ㉣ 소성지수에 의한 방법

28 연약한 점성토의 지반특성을 파악하기 위한 현장 조사 시험방법에 대한 설명 중 틀린 것은?

① 현장베인시험은 연약한 점토층에서 비배수 전단강도를 직접 산정할 수 있다.
② 정적콘관입시험(CPT)은 콘지수를 이용하여 비배수 전단강도 추정이 가능하다.
③ 표준관입시험에서의 N값은 연약한 점성토 지반특성을 잘 반영해 준다.
④ 정적콘관입시험(CPT)은 연속적인 지층분류 및 전단강도 추정 등 연약점토 특성분석에 매우 효과적이다.

> 해설 표준관입시험
> ㉠ 사질토에 가장 적합하고 점성토에도 시험이 가능하다.
> ㉡ 연약한 점성토에서는 SPT의 신뢰성이 매우 낮기 때문에 N값을 가지고 점성토의 역학적 특성을 추정하는 것은 옳지 않다.

29 vane test에서 vane의 지름 5cm, 높이 10cm 파괴 시 토크가 590kg·cm일 때 점착력은?

① 1.29kg/cm^2 ② 1.57kg/cm^2
③ 2.13kg/cm^2 ④ 2.76kg/cm^2

> 해설 베인시험은 정적 사운딩으로 연약점성토 지반의 비배수전단강도를 측정하는 시험이다.
> $$c = \frac{M_{\max}}{\pi D^2 \left(\frac{H}{2} + \frac{D}{6}\right)} = \frac{590}{\pi \times 5^2 \left(\frac{10}{2} + \frac{5}{6}\right)}$$
> $= 1.29 \text{kg/cm}^2$

30 흙시료의 전단파괴면을 미리 정해 놓고 흙의 강도를 구하는 시험은?

① 직접전단시험
② 평판재하시험
③ 일축압축시험
④ 삼축압축시험

> 해설 흙의 강도를 구하는 시험
> ㉠ 직접전단시험 : 전단파괴면을 미리 정해 놓고 흙의 전단강도를 구하는 시험
> ㉡ 평판재하시험 : 구조물을 설치하는 지반에 재하판을 통해 하중을 가한 후 하중–침하량의 관계에서 지반의 지지력을 구하는 원위치 시험
> ㉢ 일축압축시험 : 수직 방향으로만 하중을 재하하여 점토의 강도와 압축성을 추정하는 시험
> ㉣ 삼축압축시험 : 파괴면을 미리 설정하지 않고 흙 외부에서 최대·최소 주응력을 가해서 응력차에 의해 자연적으로 전단파괴면이 생기도록 하는 시험

정답 26.④ 27.④ 28.③ 29.① 30.①

31 입경이 균일한 포화된 사질지반에 지진이나 진동 등 동적하중이 작용하면 지반에서는 일시적으로 전단강도를 상실하게 되는데, 이러한 현상을 무엇이라고 하는가?

① 분사현상(quick sand)
② 틱소트로피 현상(thixotropy)
③ 히빙 현상(heaving)
④ 액상화 현상(liquefaction)

> **해설** 액상화 현상(liquefaction, 액화현상)
> 느슨하고 포화된 가는 모래에 충격을 주면 체적이 수축하여 정(+)의 간극수압이 발생하여 유효응력이 감소되어 전단강도가 작아지는 현상을 액화현상이라 한다. 방지대책은 자연간극비를 한계간극비 이하로 하는 것이다.

32 다음 중 흙의 전단강도를 감소시키는 요인이 아닌 것은?

① 간극수압의 증가
② 수분증가에 따른 점토의 팽창
③ 수축 팽창 등으로 인하여 생긴 미세한 균열
④ 함수비 감소에 따른 흙의 단위중량 감소

> **해설** 점토의 전단강도
> 함수비가 감소함에 따라 흙의 consistency가 액성 → 소성 → 반고체 → 고체 상태로 되어 전단강도가 증가한다(사질토는 영향이 적음).

33 토질의 전단특성에 대한 설명 중 옳지 않은 것은?

① 전단강도란 흙이 외부 하중으로부터 전단파괴되지 않으려는 최대저항력을 말한다.
② 전단강도는 토질의 점착력과 내부마찰각으로 나타낸다.
③ 토질의 전단응력과 전단변형률의 관계를 나타낸 것이 전단계수이다.
④ 최대전단응력은 전응력으로 해석하는 경우가 유효응력으로 해석하는 경우보다 적다.

> **해설** 토질의 전단특성
> ㉠ 전단강도란 전단파괴에 저항하는 최댓값을 말한다.
> ㉡ 전단강도란 파괴 시의 전단응력과 크기가 같다.
> ㉢ 안정해석 방법 : 전응력해석(단기 안정해석), 유효응력해석(장기 안정해석)

34 흙의 전단강도에 대한 설명 중 옳지 않은 것은?

① 흙의 전단강도는 압축강도의 크기와 관계가 깊다.
② 외력이 가해지면 전단응력이 발생하고 어느 면에 전단응력이 전단강도를 초과하면 그 면에 따라 활동이 일어나 파괴된다.
③ 조밀한 모래는 전단 중에 팽창하고 느슨한 모래는 수축한다.
④ 점착력과 내부마찰각은 파괴면에 작용하는 수직응력의 크기에 비례한다.

> **해설** ㉠ 흙의 전단강도는 흙 입자 사이에 작용하는 점착력과 내부마찰각으로 이루어진다.
> ㉡ 전단응력이 전단강도를 초과하면 그 면을 따라 활동이 발생하여 파괴가 일어난다.
> ㉢ 전단강도 정수인 점착력과 내부마찰각은 수직응력의 크기와 무관하고 주어진 흙의 종류에 대해서는 일정하다.

정답 31. ④ 32. ④ 33. ④ 34. ④

CHAPTER 06 토압

회독 체크표

1회독	월	일
2회독	월	일
3회독	월	일

최근 10년간 출제분석표

2015	2016	2017	2018	2019	2020	2021	2022	2023	2024
5%	3.3%	5%	5%	3.3%	5%	5%	3.3%	5%	6.7%

출제 POINT

학습 POINT
- 토압의 종류와 토압계수
- 토압의 크기 비교
- 토압의 기본가정
- 토압의 작용점 위치 계산
- 히빙현상과 방지대책
- 옹벽에 작용하는 토압
- 옹벽의 안정조건

■ 토압의 종류
① 정지토압(P_o) : 횡방향 변위가 없는 상태에서 수평방향으로 작용하는 토압
② 주동토압(P_a) : 뒤채움 흙의 압력에 의해 벽체가 뒤채움 흙으로부터 멀어지는 경우, 뒤채움 흙이 팽창하여 파괴될 때의 수평방향 토압
③ 수동토압(P_p) : 어떤 외력에 의하여 벽체가 뒤채움 흙 쪽으로 변위를 일으킬 경우, 뒤채움 흙이 압축하여 파괴될 때의 수평방향 토압

SECTION 1 토압의 종류

1 개요

1) 정의

흙과 접촉하는 옹벽, 흙막이벽, 지하매설물 등은 흙에 의하여 수평방향의 압력을 받는다. 이때 받는 수평방향의 압력을 토압(earth pressure)이라 한다.

2) 토압의 종류

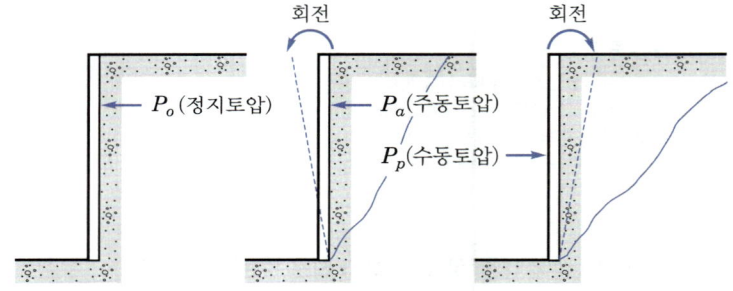

[토압의 종류]

① 정지토압(P_o) : 횡방향 변위가 없는 상태에서 수평방향으로 작용하는 토압
② 주동토압(P_a) : 뒤채움 흙의 압력에 의해 벽체가 뒤채움 흙으로부터 멀어지는 경우, 뒤채움 흙이 팽창하여 파괴될 때의 수평방향 토압
③ 수동토압(P_p) : 어떤 외력에 의하여 벽체가 뒤채움 흙 쪽으로 변위를 일으킬 경우, 뒤채움 흙이 압축하여 파괴될 때의 수평방향 토압

2 토압계수

1) 정지토압계수(K_o)

$$K_o = \frac{\sigma_h}{\sigma_v}$$

여기서, K_o : 정지토압계수
σ_v : 연직응력($\sigma_v = \gamma z$)
σ_h : 수평응력

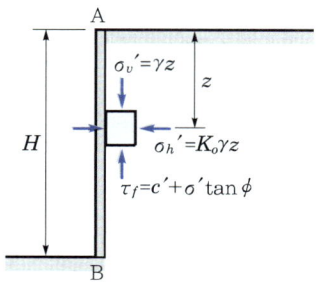

[지반 내 한 요소에 작용하는 응력]

(1) 모래 및 정규압밀점토의 경우

① 모래[Jaky의 경험식(1944)]

$$K_o = 1 - \sin\phi'$$

여기서, ϕ' : 유효응력으로 구한 내부마찰각

② 정규압밀점토[브루커(Brooker)와 아이얼랜드(Ireland) 관련식(1965)]

$$K_o = 0.95 - \sin\phi'$$

㉠ 내부마찰각이 클수록 정지토압계수는 작다.
㉡ 모래 및 정규압밀점토의 정지토압의 크기는 1보다 클 수 없다.

(2) 과압밀점토의 경우

$$K_{o(과압밀)} = K_{o(정규압밀)}\sqrt{OCR}$$

여기서, OCR(압밀비) = $\dfrac{\text{선행압밀하중}}{\text{현재의 유효상재하중}}$

과압밀점토의 경우는 정지토압계수가 1보다 큰 경우도 있다.

(3) 탄성론에 의한 방법(푸아송비에 의한 방법)

$$K_o = \frac{\mu}{1-\mu}$$

여기서, μ : 푸아송비

(4) 흙의 종류(상태)에 따른 정지토압계수(K_o)

흙의 종류(상태)	K_o
조밀한 모래	0.35
느슨한 모래	0.6
정규압밀점토	0.5~0.6
과압밀점토	1.0~3.0

출제 POINT

■ 정지토압계수

$$K_o = \frac{\sigma_t}{\sigma_v}$$

■ Jaky의 경험식

$$K_o = 1 - \sin\phi'$$

■ 정규압밀점토

$$K_o = 0.95 - \sin\phi'$$

■ 과압밀점토

$$K_{o(과압밀)} = K_{o(정규압밀)}\sqrt{OCR}$$

SOIL MECHANICS FOUNDATION

출제 POINT

■ Rankine의 토압계수
① 주동토압계수(K_a)
$$K_a = \frac{1-\sin\phi}{1+\sin\phi} = \tan^2\left(45° - \frac{\phi}{2}\right)$$
② 수동토압계수(K_p)
$$K_p = \frac{1+\sin\phi}{1-\sin\phi} = \tan^2\left(45° + \frac{\phi}{2}\right)$$

① 내부마찰각이 클수록 작아진다.
② 조밀한 흙일수록 작아지며 연약지반일수록 증가한다.

2) 랭킨(Rankine)의 주동토압계수 및 수동토압계수

(1) 주동토압계수(K_a)

$$K_a = \frac{1-\sin\phi}{1+\sin\phi} = \tan^2\left(45° - \frac{\phi}{2}\right)$$

(2) 수동토압계수(K_p)

$$K_p = \frac{1+\sin\phi}{1-\sin\phi} = \tan^2\left(45° + \frac{\phi}{2}\right)$$

3) 토압의 크기

토압의 크기는 토압계수의 크기에 따라 결정된다.

① 토압계수의 크기 : 수동토압계수 > 정지토압계수 > 주동토압계수
② 토압의 크기 : 수동토압 > 정지토압 > 주동토압

■ 토압의 크기
① 토압계수의 크기 : 수동토압계수 > 정지토압계수 > 주동토압계수
② 토압의 크기 : 수동토압 > 정지토압 > 주동토압

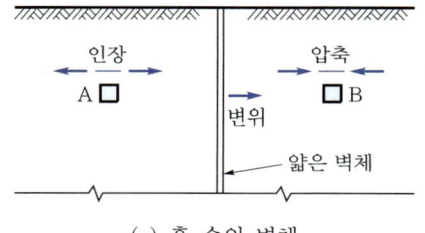

(a) 흙 속의 벽체

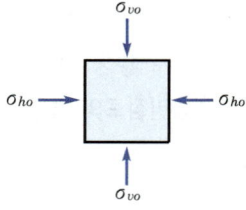

(b) 정지 상태의 요소 A, B

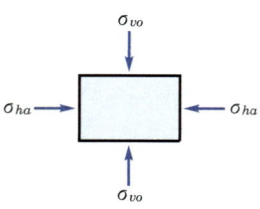

(c) 요소 A의 주동 파괴 상태
($\sigma_{ha} < \sigma_{vo}$)

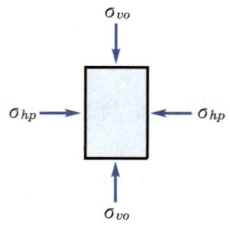

(d) 요소 B의 수동 파괴 상태
($\sigma_{hp} > \sigma_{vo}$)

4) 내부마찰각과 토압의 관계

① 내부마찰각이 증가함에 따라 주동토압계수는 감소한다.
② 내부마찰각이 증가함에 따라 수동토압계수는 증가한다.
③ 내부마찰각이 증가함에 따라 주동토압계수와 수동토압계수의 차가 증가한다.
④ 토압의 크기는 토압계수의 크기에 비례한다.

5) 다양한 구조물의 토압 분포

토압에 의한 변위량은 수동토압 상태가 주동토압 상태에 비해 크게 나타난다.

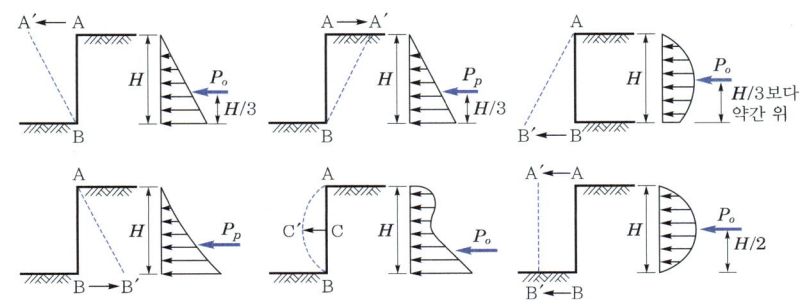

[구조물에 따른 토압 분포도]

SECTION 2 토압 이론

1 랭킨(Rankine)의 토압론

1) 기본 가정

① 흙은 균질하고 등방성을 가진다.
② 중력만 작용하며 지반은 소성평형상태에 있다.
③ 파괴면은 2차원적인 평면이다.
④ 흙은 입자 간의 마찰력에 의해서만 평형을 유지한다(벽 마찰각 무시).
⑤ 토압은 지표면에 평행하게 작용한다.
⑥ 지표면은 무한히 넓게 존재한다.
⑦ 지표면에 작용하는 하중은 등분포하중이다(선하중, 대상하중, 집중하중은 해석 불가).

출제 POINT

■ 뒤채움 흙이 사질토인 경우($c=0$)

① 주동토압
$$P_a = \frac{1}{2}\gamma H^2 K_a$$

② 수동토압
$$P_p = \frac{1}{2}\gamma H^2 K_p$$

③ 토압의 작용점
$$\bar{y} = \frac{H}{3}$$

■ 뒤채움 흙이 사질토이고 상재하중이 작용하는 경우

① 주동토압
$$P_a = q_s K_a H + \frac{1}{2}\gamma H^2 K_a$$

② 수동토압
$$P_p = q_s K_p H + \frac{1}{2}\gamma H^2 K_p$$

③ 토압의 작용점
$$\bar{y} = \frac{P_{a_1} \times \frac{H}{2} + P_{a_2} \times \frac{H}{3}}{P_a}$$

2) 뒤채움 흙이 수평인 경우의 연직벽에 작용하는 토압

(1) 뒤채움 흙이 사질토인 경우($c = 0$)

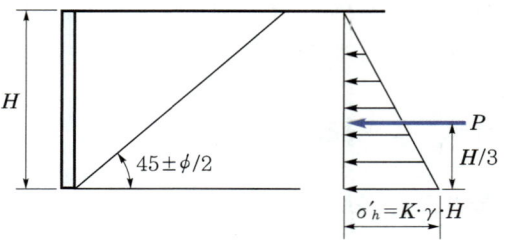

[토압분포와 전토압의 작용점]

① 주동토압(active earth pressure)
$$P_a = \frac{1}{2}\gamma H^2 K_a$$

② 수동토압(passive earth pressure)
$$P_p = \frac{1}{2}\gamma H^2 K_p$$

③ 토압의 작용점 : 토압분포도의 도심에 작용한다.
$$\bar{y} = \frac{H}{3}$$

(2) 뒤채움 흙이 사질토이고 상재하중이 작용하는 경우

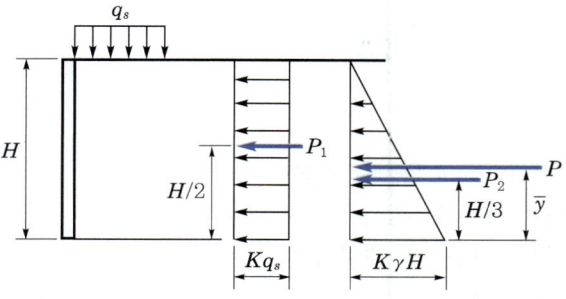

[상재하중 작용 시의 토압분포와 전토압의 작용점]

① 주동토압 및 수동토압
$$P_a = q_s K_a H + \frac{1}{2}\gamma H^2 K_a$$

$$P_p = q_s K_p H + \frac{1}{2}\gamma H^2 K_p$$

② 주동토압이 작용하는 작용점 위치($\bar{y}$)

$$P_{a_1} \times \frac{H}{2} + P_{a_2} \times \frac{H}{3} = P_a \times \bar{y} \text{이므로}$$

$$\therefore \bar{y} = \frac{P_{a_1} \times \frac{H}{2} + P_{a_2} \times \frac{H}{3}}{P_a}$$

여기서, $P_a = P_{a_1} + P_{a_2}$

(3) 뒤채움 흙이 이질층인 경우

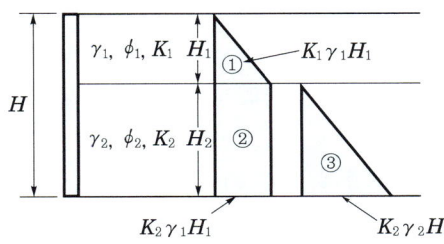

[뒤채움 흙이 이질층인 경우의 토압분포]

① 해석방법
　㉠ 위층의 흙은 일반적인 토압 계산 방법으로 해석한다.
　㉡ 아래층의 흙은 위층의 흙의 중량을 상재하중으로 간주하여 해석한다.

② 주동토압 및 수동토압

$$P_a = \frac{1}{2}\gamma_1 H_1^2 K_{a_1} + \gamma_1 H_1 H_2 K_{a_2} + \frac{1}{2}\gamma_2 H_2^2 K_{a_2}$$

$$P_p = \frac{1}{2}\gamma_1 H_1^2 K_{p_1} + \gamma_1 H_1 H_2 K_{p_2} + \frac{1}{2}\gamma_2 H_2^2 K_{p_2}$$

③ 주동토압이 작용하는 작용점 위치($\bar{y}$)

$$P_{a_1}\left(\frac{H_1}{3} + H_2\right) + P_{a_2} \times \frac{H_2}{2} + P_{a_3} \times \frac{H_2}{3} = P_a \times \bar{y} \text{이므로}$$

$$\therefore \bar{y} = \frac{P_{a_1} \times \left(\frac{H_1}{3} + H_2\right) + P_{a_2} \times \frac{H_2}{2} + P_{a_3} \times \frac{H_2}{3}}{P_a}$$

여기서, $P_a = P_{a_1} + P_{a_2} + P_{a_3}$

출제 POINT

■ 뒤채움 흙이 이질층인 경우
① 주동토압
$$P_a = \frac{1}{2}\gamma_1 H_1^2 K_{a_1} + \gamma_1 H_1 H_2 K_{a_2}$$
$$+ \frac{1}{2}\gamma_2 H_2^2 K_{a_2}$$

② 수동토압
$$P_p = \frac{1}{2}\gamma_1 H_1^2 K_{p_1} + \gamma_1 H_1 H_2 K_{p_2}$$
$$+ \frac{1}{2}\gamma_2 H_2^2 K_{p_2}$$

③ 토압의 작용점($\bar{y}$)
$$= \frac{P_{a_1} \times \left(\frac{H_1}{3} + H_2\right) + P_{a_2} \times \frac{H_2}{2} + P_{a_3} \times \frac{H_2}{3}}{P_a}$$

SOIL MECHANICS FOUNDATION

출제 POINT

■ 지하수위가 있는 경우

① 주동토압

$$P_a = \frac{1}{2}\gamma_t H_1^2 K_a + \gamma_t H_1 H_2 K_a + \frac{1}{2}\gamma_{sub} H_2^2 K_a + \frac{1}{2}\gamma_w H_2^2$$

② 수동토압

$$P_p = \frac{1}{2}\gamma_t H_1^2 K_p + \gamma_t H_1 H_2 K_p + \frac{1}{2}\gamma_{sub} H_2^2 K_p + \frac{1}{2}\gamma_w H_2^2$$

③ 토압의 작용점

$$\overline{y} = \frac{\left[\begin{array}{c} P_{a1}\times\left(\dfrac{H_1}{3}+H_2\right)+P_{a_2}\times\dfrac{H_2}{2} \\ +P_{a_3}\times\dfrac{H_2}{3}+P_{a_4}\times\dfrac{H_2}{3} \end{array}\right]}{P_a}$$

(4) 지하수위가 있는 경우

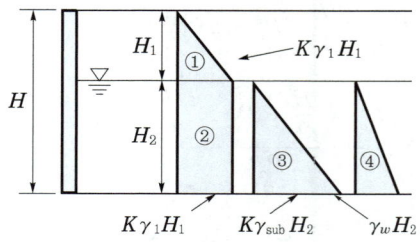

[지하수위가 있는 경우의 토압 분포]

① 해석 방법
  ㉠ 뒤채움 흙이 이질층인 경우와 동일하다.
  ㉡ 간극수압은 방향과 관계없이 일정하다(수압에는 토압계수를 곱하지 않는다).
  ㉢ 지하수위 아래층의 토압 계산 시, 흙의 단위중량은 수중단위중량 (γ_{sub})을 사용한다.

② 주동토압 및 수동토압

$$P_a = \frac{1}{2}\gamma_t H_1^2 K_a + \gamma_t H_1 H_2 K_a + \frac{1}{2}\gamma_{sub} H_2^2 K_a + \frac{1}{2}\gamma_w H_2^2$$

$$P_p = \frac{1}{2}\gamma_t H_1^2 K_p + \gamma_t H_1 H_2 K_p + \frac{1}{2}\gamma_{sub} H_2^2 K_p + \frac{1}{2}\gamma_w H_2^2$$

③ 주동토압이 작용하는 작용점 위치($\overline{y}$)

$$P_{a_1}\times\left(\frac{H_1}{3}+H_2\right)+P_{a_2}\times\frac{H_2}{2}+P_{a_3}\times\frac{H_2}{3}+P_{a_4}\times\frac{H_2}{3} = P_a \times \overline{y}$$

$$\therefore \overline{y} = \frac{P_{a_1}\times\left(\dfrac{H_1}{3}+H_2\right)+P_{a_2}\times\dfrac{H_2}{2}+P_{a_3}\times\dfrac{H_2}{3}+P_{a_4}\times\dfrac{H_2}{3}}{P_a}$$

(5) 지표면이 경사진 경우

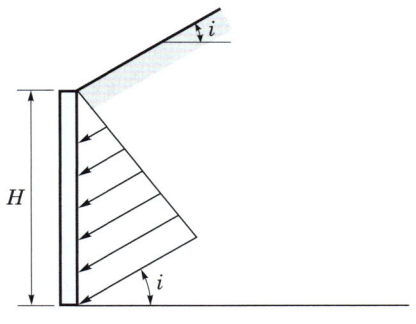

[지표면이 경사진 경우]

① 주동 및 수동토압계수

$$K_a = \frac{\cos i - \sqrt{\cos^2 i - \cos^2 \phi}}{\cos i + \sqrt{\cos^2 i - \cos^2 \phi}}$$

$$K_p = \frac{\cos i + \sqrt{\cos^2 i - \cos^2 \phi}}{\cos i - \sqrt{\cos^2 i - \cos^2 \phi}}$$

② 주동 및 수동토압

$$P_a = \frac{1}{2}\gamma H^2 K_a \cos i$$

$$P_p = \frac{1}{2}\gamma H^2 K_p \cos i$$

(6) 뒤채움 흙이 점성토인 경우($c \neq 0$)

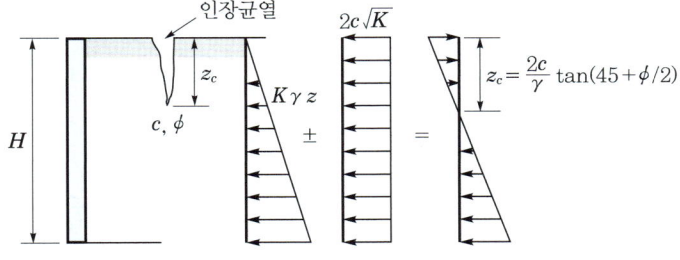

[점성이 있는 흙의 토압 분포]

① 주동 및 수동토압

$$P_a = \frac{1}{2}\gamma H^2 K_a - 2cH\sqrt{K_a}$$

$$P_p = \frac{1}{2}\gamma H^2 K_p + 2cH\sqrt{K_p}$$

출제 POINT

■ 지표면이 경사진 경우

① 주동토압
$$P_a = \frac{1}{2}\gamma H^2 K_a \cos i$$

② 수동토압
$$P_p = \frac{1}{2}\gamma H^2 K_p \cos i$$

■ 뒤채움 흙이 점성토인 경우($c \neq 0$)

① 주동토압
$$P_a = \frac{1}{2}\gamma H^2 K_a - 2cH\sqrt{K_a}$$

② 수동토압
$$P_p = \frac{1}{2}\gamma H^2 K_p + 2cH\sqrt{K_p}$$

③ 인장균열깊이(점착고, Z_c)
$$Z_c = \frac{2c}{\gamma}\tan\left(45° + \frac{\phi}{2}\right)$$

④ 한계고(H_c)
$$H_c = 2Z_c = \frac{4c}{\gamma}\tan\left(45° + \frac{\phi}{2}\right)$$

출제 POINT

② 인장균열깊이(점착고, Z_c)
　㉠ $\sigma_{ha}=0$, 즉 주동토압강도의 크기가 0이 되는 지점까지의 깊이

$$Z_c = \frac{2c}{\gamma}\tan\left(45° + \frac{\phi}{2}\right)$$

　㉡ 완전포화된 점토지반의 경우

$$\phi = 0 에서 \quad Z_c = \frac{2c}{\gamma}$$

③ 한계고(H_c) : 구조물의 설치 없이 사면이 유지되는 높이로 토압의 합력이 0이 되는 깊이

$$H_c = 2Z_c = \frac{4c}{\gamma}\tan\left(45° + \frac{\phi}{2}\right)$$

2 쿨롱(Coulomb)의 토압론(흙쐐기 이론)

■ Coulomb의 흙쐐기 이론
① 실제로 소성파괴가 발생되는 흙쐐기 전체에 대한 소성평형이론으로 토압을 구하는 방법
② 파괴면은 직선으로 가정
③ 옹벽과 뒤채움 흙 사이의 마찰력을 고려

1) 개요

① 실제로 소성파괴가 발생되는 흙쐐기 전체에 대한 소성평형이론으로, 토압을 구하는 방법이다. 흙쐐기 이론이라고도 한다.
② 파괴면은 직선으로 가정한다.
③ 옹벽과 뒤채움 흙 사이의 마찰력을 고려한다.

2) 주동토압

(1) 주동토압

$$P_a = \frac{1}{2}C_a\gamma_t H^2$$

(2) 주동토압계수

$$C_a = \frac{\cos^2(\phi-\alpha)}{\cos^2\alpha\cos(\delta+\alpha)\left[1+\sqrt{\dfrac{\sin(\delta+\phi)\sin(\phi-\beta)}{\cos(\delta+\alpha)\cos(\alpha-\beta)}}\right]^2}$$

여기서, γ_t : 뒤채움한 흙의 단위체적중량
　　　　H : 옹벽의 높이
　　　　α : 옹벽 배면의 경사각
　　　　δ : 뒤채움한 흙과 배면의 마찰각
　　　　β : 뒤채움한 흙의 표면 경사각
　　　　ϕ : 뒤채움한 흙의 내부마찰각

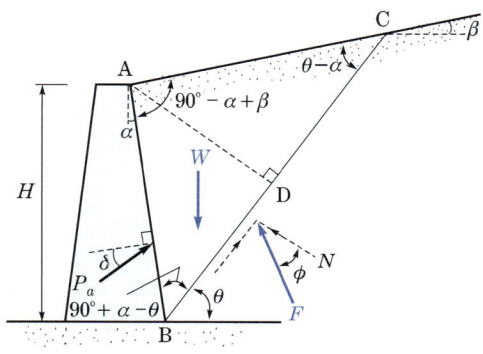

[Coulomb의 주동토압]

3) 수동토압

(1) 수동토압

$$P_p = \frac{1}{2} C_p \gamma H^2$$

(2) 수동토압계수

$$C_p = \frac{\cos^2(\phi+\alpha)}{\cos^2\alpha \cos(\delta-\alpha)\left[1-\sqrt{\dfrac{\sin(\phi-\delta)\sin(\phi+\beta)}{\cos(\delta-\theta)\cos(\beta-\alpha)}}\right]^2}$$

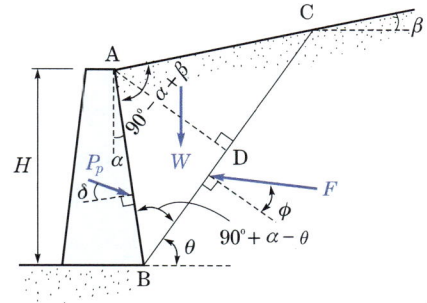

[Coulomb의 수동토압]

4) 랭킨(Rankine)의 토압론과의 관계

① 옹벽 배면각이 90°이고, 뒤채움 흙이 수평이며, 벽마찰을 무시하면 쿨롱의 토압은 랭킨의 토압과 같다.
② 옹벽 배면각이 90°이고, 지표면의 경사각과 옹벽 배면과 흙의 마찰각이 같은 경우는 쿨롱의 토압은 랭킨의 토압과 같다.

■ Coulomb의 토압론과 Rankine의 토압론과의 관계

① 옹벽 배면각이 90°이고, 뒤채움 흙이 수평이고, 벽마찰을 무시하면 쿨롱의 토압은 랭킨의 토압과 같다.
② 옹벽 배면각이 90°이고, 지표면의 경사각과 옹벽 배면과 흙의 마찰각이 같은 경우는 쿨롱의 토압은 랭킨의 토압과 같다.

출제 POINT

학습 POINT
- 히빙현상과 방지대책

SECTION 3 구조물에 작용하는 토압

1 널말뚝에 작용하는 토압

1) 캔틸레버식 널말뚝

널말뚝은 배면에서 작용하는 주동토압에 대하여 전면에서 저항하는 수동토압으로 안정이 유지된다.

2) 앵커식 널말뚝

수동토압에 의해 안정을 유지할 수 없을 때에는 널말뚝 상단 부근에 앵커를 설치하여 주동토압의 일부를 분담시킨다.

(1) 자유단 지지방법
① 널말뚝의 근입깊이가 얕은 경우
② 벽체가 하단에 대해 자유롭게 회전
③ 고정단 지지방법에 비해 설계방법이 간단

(2) 고정단 지지방법
① 널말뚝의 근입깊이가 깊은 경우
② 타입부분 흙의 저항으로 인해 고정상태가 됨
③ 단면이 작아 경제적

■ 앵커의 설계
① 앵커리지는 최소한 수동영역에 오도록 설계
② 단위길이당 띠장의 반력은 주동토압과 수동토압의 차
③ 앵커로드의 인장력은 수평의 합이 0이 되게 하여 구함

3) 앵커의 설계

① 앵커리지(anchorage)는 최소한 수동영역에 오도록 설계한다.
② 데드맨식(deadman) 앵커는 수동토압을 받는다.
③ 단위길이당 띠장의 반력은 주동토압과 수동토압의 차이다.
④ 앵커로드의 인장력은 수평의 합이 0이 되게 하여 구한다.
⑤ 띠장은 앵커로드에 지점이 있는 등분포의 보로 설계한다.
⑥ 안전율 $F_s > 2$가 되도록 한다.

2 흙막이벽에 작용하는 토압

① 모래

$$P_a = 0.65\gamma H K_a$$

$$K_a = \tan^2\left(45° - \frac{\phi}{2}\right) = \frac{1-\sin\phi}{1+\sin\phi}$$

여기서, ϕ : 흙의 내부마찰각, K_a : 주동토압계수

② 연약점토, 중간점토 $\left(\dfrac{\gamma H}{c} > 4\right)$

$$P_a = \gamma H - \left(\dfrac{4c}{\gamma H}\right)$$

③ 견고한 점토 $\left(\dfrac{\gamma H}{c} \leq 4\right)$

$$P_a = 0.2\gamma H \sim 0.4\gamma H$$

3 히빙(heaving)현상

1) 히빙의 개요

① 연약한 점토지반을 굴착할 때 굴착면이 위로 솟아오르는 현상
② 점토지반 굴착 시 굴착배면의 토사중량이 굴착저면의 지반지지력보다 클 때 발생

2) 안전율

$$F_s = \dfrac{5.7c}{\gamma H - \dfrac{cH}{0.7B}} > 1.5$$

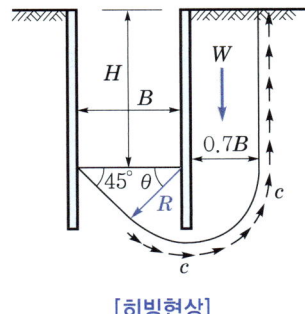

[히빙현상]

3) 히빙의 방지대책

① 흙막이의 근입깊이를 깊게 한다.
② 하중을 작게 한다(표토를 제거).
③ 굴착면에 하중을 가한다.
④ 양질의 재료로 지반을 개량한다.
⑤ 흙막이벽 주변에 과재하를 금지한다.

출제 POINT

■ 히빙
① 연약한 점토지반을 굴착할 때 굴착면이 위로 솟아오르는 현상
② 점토지반 굴착 시 굴착배면의 토사중량이 굴착저면의 지반지지력보다 클 때 발생

■ 안전율

$$F_s = \dfrac{5.7c}{\gamma H - \dfrac{cH}{0.7B}} > 1.5$$

⑥ 트렌치 컷(trench cut)이나 아일랜드 컷(island cut) 공법을 적용하여 부분 굴착한다.

SECTION 4 옹벽 및 보강토 옹벽의 안정

1 옹벽의 안정조건

1) 전도에 대한 안정

$$F_s = \frac{M_r}{M_o} > 2$$

여기서, M_r : 저항모멘트의 합
M_o : 전도모멘트의 합

2) 활동에 대한 안정

$$F_s = \frac{R_v \tan\delta}{R_h} \geq 1.5$$

여기서, R_v : 옹벽의 자중과 토압의 연직성분을 포함하는 모든 연직력의 합
R_h : 수평력의 합
δ : 옹벽의 저판과 저판 아래의 흙의 마찰각

3) 지지력에 대한 안정

$$F_s = \frac{q_a}{q_{\max}} \geq 1$$

① $q_{\max} = \dfrac{R_v}{B}\left(1 + \dfrac{6e}{B}\right)$

② $q_{\min} = \dfrac{R_v}{B}\left(1 - \dfrac{6e}{B}\right)$

여기서, B : 옹벽 저판의 폭
e : 편심 거리

학습 POINT
- 옹벽에 작용하는 토압
- 옹벽의 안정조건

■ 옹벽의 안정조건
① 전도에 대한 안정
$F_s = \dfrac{M_r}{M_o} > 2$
② 활동에 대한 안정
$F_s = \dfrac{R_v \tan\delta}{R_h} \geq 1.5$
③ 지지력에 대한 안정
$F_s = \dfrac{q_a}{q_{\max}} \geq 1$

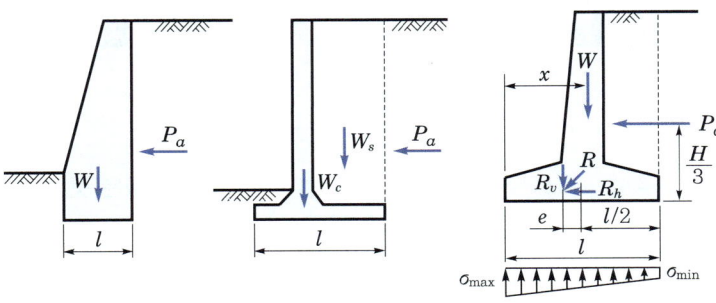

[옹벽의 안정]

2 보강토 옹벽에 작용하는 토압

1) 개요
① 1960년대 앙리 비달(Henri Vidal)에 의해 개발된 공법
② 흙 속에 마찰력이 큰 보강재를 설치하고 전면판과 연결하여 횡방향 변위를 억제하고 흙 구조물을 보강함으로써 연직 흙쌓기를 하는 공법

2) 보강띠가 받는 최대힘
① 주동토압계수

$$K_a = \tan^2\left(45° - \frac{\phi}{2}\right) = \frac{1-\sin\phi}{1+\sin\phi}$$

② 옹벽 저면에 작용하는 수평응력(주동토압강도)

$$\sigma_{ha} = K_a \gamma H$$

③ 보강띠가 받는 최대힘($T_{\max}$)

$$T_{\max} = \sigma_{ha} S_v S_h = K_a \gamma H S_v S_h$$

여기서, S_v : 보강띠의 연직방향 설치 간격
S_h : 보강띠의 수평방향 설치 간격

■ 보강토 옹벽에 작용하는 토압
① 주동토압계수
$$K_a = \tan^2\left(45° - \frac{\phi}{2}\right) = \frac{1-\sin\phi}{1+\sin\phi}$$
② 옹벽 저면에 작용하는 수평응력(주동토압강도)
$$\sigma_{ha} = K_a \gamma H$$
③ 보강띠가 받는 최대힘($T_{\max}$)
$$T_{\max} = \sigma_{ha} S_v S_h = K_a \gamma H S_v S_h$$

CHAPTER 06 기출문제

SOIL MECHANICS FOUNDATION
10년간 출제된 빈출문제

01 ★ Jaky의 정지토압계수를 구하는 공식 $K_o = 1 - \sin\phi'$ 이 가장 잘 성립하는 토질은?

① 과압밀점토　　② 정규압밀점토
③ 사질토　　　　④ 풍화토

> 해설 **정지토압계수의 경험식**
> Jaky는 모래(사질토)의 경우에 대하여 정지토압계수를 구하는 경험식으로 $K_o = 1 - \sin\phi$를 제안하였고, Brooker & Ireland는 정규압밀점토의 정지토압계수를 구하는 경험식으로 $K_o = 0.95 - \sin\phi$를 제안하였다.

02 ★ 지반 내 응력에 대한 다음 설명 중 틀린 것은?

① 전응력이 커지는 크기만큼 간극수압이 커지면 유효응력은 변화없다.
② 정지토압계수 K_o는 1보다 클 수 없다.
③ 지표면에 가해진 하중에 의해 지중에 발생하는 연직응력의 증가량은 깊이가 깊어지면서 감소한다.
④ 유효응력이 전응력보다 클 수도 있다.

> 해설 **정지토압계수(K_o)**
> ㉠ 실용적인 개략치: $K_o ≒ 0.5$
> ㉡ 과압밀점토: $K_o \geq 1$

03 ★★★ 주동토압을 P_a, 수동토압을 P_p, 정지토압을 P_o라 할 때 토압의 크기를 비교한 것으로 옳은 것은?

① $P_a > P_p > P_o$　　② $P_p > P_o > P_a$
③ $P_p > P_a > P_o$　　④ $P_o > P_a > P_p$

> 해설 **토압계수와 토압의 크기 비교**
> ㉠ 토압계수: $K_p > K_o > K_a$
> ㉡ 토압: $P_p > P_o > P_a$

04 ★★ 토압에 대한 다음 설명 중 옳은 것은?

① 일반적으로 정지토압계수는 주동토압계수보다 작다.
② Rankine 이론에 의한 주동토압의 크기는 Coulomb 이론에 의한 값보다 작다.
③ 옹벽, 흙막이벽체, 널말뚝 중 토압분포가 삼각형 분포에 가장 가까운 것은 옹벽이다.
④ 극한주동상태는 수동상태보다 훨씬 더 큰 변위에서 발생한다.

> 해설 **토압의 특성**
> ㉠ 수동토압계수(K_p) > 정지토압계수(K_o) > 주동토압계수(K_a)
> ㉡ Rankine 토압론에 의한 주동토압은 과대, 수동토압은 과소평가된다.
> ㉢ Coulomb 토압론에 의한 주동토압은 실제와 근접하나, 수동토압은 상당히 크게 나타난다.
> ㉣ 주동변위량은 수동변위량보다 작다.

05 ★★ 전단마찰력이 25°인 점토의 현장에 작용하는 수직응력이 5t/m²이다. 과거 작용했던 최대 하중이 10t/m²라고 할 때 대상 지반의 정지토압계수를 추정하면?

① 0.04　　② 0.57
③ 0.82　　④ 1.14

> 해설 ㉠ 과압밀비
> $OCR = \dfrac{\text{선행압밀하중}}{\text{현재의 유효상재하중}} = \dfrac{10}{5} = 2$
> ㉡ 모래 및 정규압밀점토인 경우 정지토압계수
> $K_o = 1 - \sin\phi' = 1 - \sin 25 = 0.577$
> ㉢ 과압밀점토인 경우 정지토압계수
> $K_{o(\text{과압밀})} = K_{o(\text{정규압밀})}\sqrt{OCR}$
> $= 0.577\sqrt{2} ≒ 0.82$

정답　1. ③　2. ②　3. ②　4. ③　5. ③

06 토압의 종류로는 주동토압, 수동토압 및 정지토압이 있다. 다음 중 그 크기의 순서로 옳은 것은?

① 주동토압＞수동토압＞정지토압
② 수동토압＞정지토압＞주동토압
③ 정지토압＞수동토압＞주동토압
④ 수동토압＞주동토압＞정지토압

> **해설** 토압계수와 토압의 크기 비교
> ㉠ 토압계수
>   수동토압계수(K_p) ＞ 정지토압계수(K_o) ＞ 주동토압계수(K_a)
> ㉡ 토압
>   수동토압(P_p)＞정지토압(P_o)＞주동토압(P_a)

07 다음 그림과 같은 모래 지반에서 흙의 단위중량이 1.8t/m³이다. 정지토압계수가 0.5이면 깊이 5m 지점에서의 수평응력은 얼마인가?

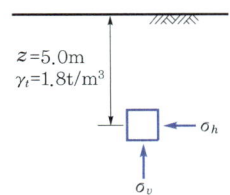

① 4.5t/m²
② 8.0t/m²
③ 13.5tm²
④ 15.0t/m²

> **해설** 수직응력과 수평응력
> ㉠ 수직응력(σ_v)
> $\sigma_v = \gamma z = 1.8 \times 5 = 9\text{t/m}^2$
> ㉡ 수평응력(σ_h)
> $\sigma_h = K_o \sigma_v = 0.5 \times 9 = 4.5\text{t/m}^2$

08 다음 중 Rankine 토압이론의 기본가정에 속하지 않는 것은?

① 흙은 비압축성이고 균질한 입자이다.
② 지표면은 무한히 넓게 존재한다.
③ 옹벽과 흙의 마찰을 고려한다.
④ 토압은 지표면에 평행하게 작용한다.

> **해설** Rankine 토압이론의 기본가정
> ㉠ 옹벽과 흙의 마찰각은 무시한다.
> ㉡ 흙은 중력만 작용하며, 균질하고, 등방성과 비압축성을 가진다.
> ㉢ 파괴면은 2차원적인 평면이다.
> ㉣ 흙은 입자 간의 마찰력에 의해서만 평형을 유지한다(벽마찰각 무시).
> ㉤ 토압은 지표면에 평행하게 작용한다.
> ㉥ 지표면은 무한히 넓게 존재한다.
> ㉦ 지표면에 작용하는 하중은 등분포하중이다.

09 Rankine 토압이론의 기본가정 중 옳지 않은 것은?

① 흙은 균질한 분체이다.
② 지표면은 무한히 넓게 존재한다.
③ 분체는 입자 간의 점착력에 의해 평형을 유지한다.
④ 토압은 지표면에 평행하게 작용한다.

> **해설** 흙은 입자 간의 마찰력에 의해서만 평형을 유지하므로 옹벽과 흙의 마찰각은 무시한다.

10 토압론에 관한 설명 중 틀린 것은?

① Coulomb의 토압론은 강체 역학에 기초를 둔 흙쐐기 이론이다.
② Rankine의 토압론은 소성이론에 의한 것이다.
③ 벽체가 배면에 있는 흙으로부터 떨어지도록 작용하는 토압을 수동토압이라 하고, 벽체가 흙 쪽으로 밀리도록 작용하는 힘을 주동토압이라 한다.
④ 정지토압계수의 크기는 수동토압계수와 주동토압계수 사이에 속한다.

> **해설** 주동토압과 수동토압
> ㉠ 주동토압 : 뒤채움 흙의 압력에 의해 벽체가 배면에 있는 흙으로부터 걸어지도록 작용하는 토압
> ㉡ 수동토압 : 벽체가 흙 쪽으로 밀리도록 작용하는 토압

정답 6. ② 7. ① 8. ③ 9. ③ 10. ③

11 콘크리트 벽체에 작용하는 Coulomb의 주동토압을 감소시키려고 할 경우 고려하여야 할 사항으로 틀린 것은?

① 뒤채움 흙의 단위중량이 작을 것
② 뒤채움 흙 표면의 경사가 작을 것
③ 흙의 내부마찰각이 클 것
④ 벽체와 흙의 마찰각이 작을 것

해설 Coulomb의 주동토압은 벽체와 흙의 마찰각이 클수록 작아진다.

해설 **수동토압계수와 주동토압계수**

㉠ 수동토압계수
$$K_p = \tan^2\left(45° + \frac{\phi}{2}\right)$$
$$= \tan^2\left(45° + \frac{40°}{2}\right) = 4.599$$

㉡ 주동토압계수
$$K_a = \tan^2\left(45° - \frac{\phi}{2}\right)$$
$$= \tan^2\left(45° - \frac{40°}{2}\right) = 0.217$$

㉢ $\dfrac{K_p}{K_a} = \dfrac{4.599}{0.217} = 21.1$

12 다음 그림과 같은 옹벽배면에 작용하는 토압의 크기를 Rankine의 토압공식으로 구하면?

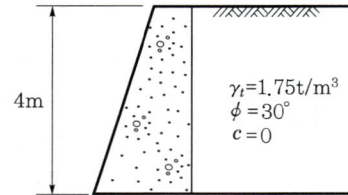

① 3.2t/m ② 3.7t/m
③ 4.7t/m ④ 5.2t/m

해설 ㉠ 주동토압계수
$$K_a = \tan^2\left(45° - \frac{\phi}{2}\right)$$
$$= \tan^2\left(45° - \frac{30°}{2}\right) = \frac{1}{3}$$

㉡ 전주동토압
$$P_a = \frac{1}{2}\gamma_t h^2 K_a$$
$$= \frac{1}{2} \times 1.75 \times 4^2 \times \frac{1}{3} = 4.67\text{t/m}$$

13 강도정수가 $c=0$, $\phi=40°$인 사질토 지반에서 Rankine 이론에 의한 수동토압계수는 주동토압계수의 몇 배인가?

① 4.6   ② 9.0
③ 12.3   ④ 21.1

14 다음 그림과 같이 옹벽 배면의 지표면에 등분포하중이 작용할 때, 옹벽에 작용하는 전체 주동토압의 합력(P_a)과 옹벽 저면으로부터 합력의 작용점까지의 높이(h)는?

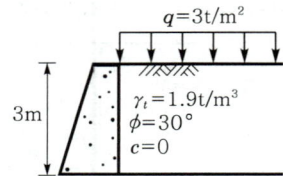

① $P_a = 2.85$t/m, $h = 1.26$m
② $P_a = 2.85$t/m, $h = 1.38$m
③ $P_a = 5.85$t/m, $h = 1.26$m
④ $P_a = 5.85$t/m, $h = 1.38$m

해설 **주동토압의 합력과 작용점 계산**

㉠ 주동토압계수(K_a)
$$K_a = \frac{1-\sin\phi}{1+\sin\phi} = \frac{1-\sin 30°}{1+\sin 30°} = \frac{1}{3}$$

㉡ 전주동토압(P_a)
$$P_a = P_{a_1} + P_{a_2} = K_a q H + \frac{1}{2} K_a \gamma H^2$$
$$= \frac{1}{3} \times 3 \times 3 + \frac{1}{2} \times \frac{1}{3} \times 1.9 \times 3^2$$
$$= 5.85\text{t/m}$$

정답 11. ④ 12. ③ 13. ④ 14. ③

ⓒ 작용점(h)

$$h \times P_a = P_{a_1} \times \frac{H}{2} + P_{a_2} \times \frac{H}{3} \text{에서}$$

$$h = \frac{P_{a_1} \times \frac{H}{2} + P_{a_2} \times \frac{H}{3}}{P_a}$$

$$= \frac{3 \times \frac{3}{2} + 2.85 \times \frac{3}{3}}{5.85} = 1.26\text{m}$$

15 다음 그림과 같은 옹벽에서 전주동토압(P_a)과 작용점의 위치(y)는 얼마인가?

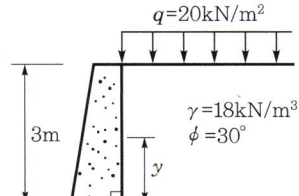

① $P_a = 37\text{kN/m}$, $y = 1.21\text{m}$
② $P_a = 47\text{kN/m}$, $y = 1.79\text{m}$
③ $P_a = 47\text{kN/m}$, $y = 1.21\text{m}$
④ $P_a = 54\text{kN/m}$, $y = 1.79\text{m}$

해설 주동토압의 합력과 작용점 계산

ⓐ 주동토압계수(K_a)
$$K_a = \tan^2\left(45° - \frac{\phi}{2}\right) = \tan^2\left(45° - \frac{30°}{2}\right)$$
$$= \frac{1}{3}$$

ⓑ 전주동토압(P_a)
$$P_a = P_{a1} + P_{a2}$$
$$= K_a q H + \frac{1}{2} K_a \gamma H^2$$
$$= \frac{1}{3} \times 20 \times 3 + \frac{1}{2} \times \frac{1}{3} \times 18 \times 3^2$$
$$= 20 + 27 = 47\text{kN/m}$$

ⓒ 작용점(y)
$$y \times P_a = P_{a_1} \times \frac{H}{2} + P_{a_2} \times \frac{H}{3} \text{에서}$$
$$y \times 47 = 20 \times \frac{3}{2} + 27 \times \frac{3}{3} \text{이므로}$$
$$y = 1.21\text{m}$$

16 지표가 수평인 곳에 높이 5m의 연직옹벽이 있다. 흙의 단위중량이 1.8t/m³, 내부마찰각이 30°이고 점착력이 없을 때 주동토압은 얼마인가?

① 4.5t/m ② 5.5t/m
③ 6.5t/m ④ 7.5t/m

해설 주동토압의 계산

ⓐ $K_a = \tan^2\left(45° - \frac{\phi}{2}\right) = \tan^2\left(45° - \frac{30°}{2}\right)$
$= \frac{1}{3}$

ⓑ $P_a = \frac{1}{2}\gamma_t h^2 K_a = \frac{1}{2} \times 1.8 \times 5^2 \times \frac{1}{3}$
$= 7.5\text{t/m}$

17 그림에서 주동토압의 크기를 구한 값은? (단 흙의 단위중량은 1.8t/m³이고 내부마찰각은 30°이다.)

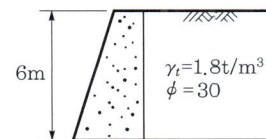

① 5.6t/m ② 10.8t/m
③ 15.8t/m ④ 23.6t/m

해설 주동토압의 계산

ⓐ $K_a = \tan^2\left(45° - \frac{\phi}{2}\right)$
$= \tan^2\left(45° - \frac{30°}{2}\right) = \frac{1}{3}$

ⓑ $P_a = \frac{1}{2}\gamma_t h^2 K_a = \frac{1}{2} \times 1.8 \times 6^2 \times \frac{1}{3}$
$= 10.8\text{t/m}$

18 점착력이 8kN/m², 내부마찰각이 30°, 단위중량이 16kN/m³인 흙이 있다. 이 흙에 인장균열은 약 몇 m 깊이까지 발생할 것인가?

① 6.92m ② 3.73m
③ 1.73m ④ 1.00m

19 옹벽배면의 지표면 경사가 수평이고, 옹벽배면 벽체의 기울기가 연직인 벽체에서 옹벽과 뒤채움 토사의 벽면마찰각(δ)을 무시할 경우, Rankine 토압과 Coulomb 토압의 크기를 비교하면?

① Rankine 토압이 Coulomb 토압보다 크다.
② Coulomb 토압이 Rankine 토압보다 크다.
③ Rankine 토압과 Coulomb 토압의 크기는 항상 같다.
④ 주동토압은 Rankine 토압이 더 크고, 수동토압은 Coulomb 토압이 더 크다.

> **해설** Rankine 토압에서는 옹벽의 벽면과 흙의 마찰을 무시하였고, Coulomb 토압에서는 고려하였다. 문제에서 옹벽의 벽면과 흙의 마찰각을 0°라 하였으므로 Rankine 토압과 Coulomb 토압은 같다.

20 내부마찰각 30°, 점착력 1.5t/m² 그리고 단위중량이 1.7t/m³인 흙에 있어서 인장균열(tension crack)이 일어나기 시작하는 깊이는 약 얼마인가?

① 2.2m   ② 2.7m
③ 3.1m   ④ 3.5m

> **해설** 인장균열의 깊이(점착고, Z_c) 계산
> $$Z_c = \frac{2c\tan\left(45°+\frac{\phi}{2}\right)}{\gamma_t}$$
> $$= \frac{2\times1.5\times\tan\left(45°+\frac{30°}{2}\right)}{1.7} = 3.06\text{m}$$

21 내부마찰각이 30°, 단위중량이 18kN/m³인 흙의 인장균열 깊이가 3m일 때 점착력은?

① 15.6kN/m²   ② 16.7kN/m²
③ 17.5kN/m²   ④ 18.1kN/m²

> **해설** 점착력의 계산
> $$Z_c = \frac{2c\tan\left(45°+\frac{\phi}{2}\right)}{\gamma_t} \text{에서}$$
> $$c = \frac{Z_c \times \gamma_t}{2\tan\left(45°+\frac{\phi}{2}\right)}$$
> $$= \frac{3\times18}{2\times\tan\left(45°+\frac{30°}{2}\right)}$$
> $$= 15.6\text{kN/m}^2$$

22 점착력(c)이 0.4t/m², 내부마찰각(ϕ)이 30°, 흙의 단위중량(γ)이 1.6t/m³인 흙에서 인장균열이 발생하는 깊이(Z_c)는?

① 1.73m   ② 1.28m
③ 0.87m   ④ 0.29m

> **해설** 인장균열이 발생하는 깊이(Z_c, 점착고)
> 주동토압 강도의 크기가 0인 지점까지의 깊이를 말한다. 즉, 인장을 받아 균열이 발생하는 깊이를 점착고라 한다.
> $$Z_c = \frac{2c}{\gamma}\tan\left(45°+\frac{\phi}{2}\right)$$
> $$= \frac{2\times0.4}{1.6}\tan\left(45°+\frac{30°}{2}\right)$$
> $$= 0.87\text{m}$$

정답 19. ③   20. ③   21. ①   22. ③

CHAPTER 07 흙의 다짐

최근 10년간 출제분석표

2015	2016	2017	2018	2019	2020	2021	2022	2023	2024
3.3%	6.7%	6.7%	5%	8.3%	6.7%	6.7%	3.3%	6.7%	3.3%

학습 POINT
- 다짐의 효과와 영향
- 다짐과 압밀의 차이
- 다짐곡선의 성질
- 함수비와 흙 상태의 변화
- 다짐시험의 종류와 결과
- 다짐도와 다짐에너지
- 평판재하시험
- CBR시험(노상지지력비 시험)

■ 다짐의 효과
① 흙의 전단강도 증가, 사면의 안정성 개선
② 흙의 단위중량 증가
③ 투수성 감소
④ 압축성 감소, 지반의 침하 감소
⑤ 지반의 지지력 증대
⑥ 동상, 팽창, 건조수축 등의 영향 감소

SECTION 1 흙의 다짐특성

1 흙의 다짐

1) 개요
흙에 타격, 누름, 진동, 반죽 등의 인위적인 방법으로 에너지를 가하여 간극 내의 공기를 배출시킴으로써 입자 간의 결합을 치밀하게 하여 흙의 단위중량을 증대시키는 것을 말한다.

2) 다짐의 효과
① 흙의 전단강도를 증가시켜 사면의 안정성이 개선된다.
② 흙의 단위중량을 증가시킨다.
③ 투수성이 감소된다.
④ 압축성이 감소되어 지반의 침하를 감소시킬 수 있다.
⑤ 지반의 지지력이 증대된다.
⑥ 동상, 팽창, 건조수축 등의 영향을 감소시킬 수 있다.

[다짐의 영향]

증가하는 값	감소하는 값
• 상대밀도 • 전단강도 • 지지력 • 사면의 안정성 • 부착력	• 압축성 • 물의 흡수성 • 동상, 팽창 • 건조수축 • 투수계수

3) 압밀과 다짐의 차이

(1) 압밀
① 계속적인 흙의 자중이나 상재하중 등의 압력에 의하여 흙의 간극수가 서서히 배출되면서 압축되는 현상
② 정지상태의 하중의 작용으로 흙의 밀도가 증가하는 것

(2) 다짐
① 순간적으로 공기만을 배출하여 물과 흙 입자가 공기와 함께 결착되는 현상
② 전압뿐 아니라 충격이나 진도에 의해 이루어짐
③ 공기의 부피가 감소하고 흙의 밀도가 증가

(3) 압축(즉시 침하)
① 함수비의 변화없이 탄성변형으로 생긴 침하
② 흙 입자의 현상 변화가 그 원인으로, 사질토 지반에서만 발생

출제 POINT

■ 압밀과 다짐의 차이
① 압밀 : 계속적인 흙의 자중이나 상재하중 등의 갑력에 의하여 흙의 간극수가 서서히 배출되면서 압축되는 현상
② 다짐 : 순간적으로 공기만을 배출하여 물과 흙 입자가 공기와 함께 결착되는 현상

2 다짐한 흙의 특성

1) 흙의 종류에 따른 다짐곡선의 성질

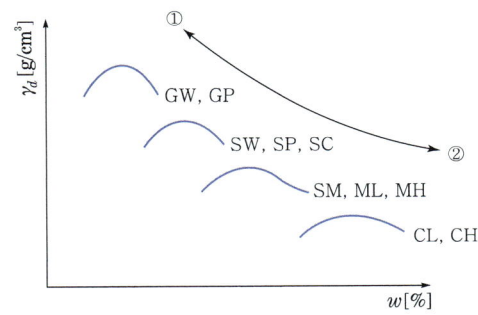

[흙의 종류에 따른 다짐곡선]

구분	①방향일수록	②방향일수록
흙의 종류	조립토	세립토
입도분포	양입도	빈입도
다짐에너지	커짐	작아짐
다짐곡선의 기울기	급해짐	완만해짐
최대 건조단위중량	증가	감소
최적함수비	감소	증가

출제 POINT

다짐이 점성토에 미치는 영향
① 최적함수비보다 건조측에서 다지면 면모구조가 되고 습윤측에서 다지면 이산구조가 된다.
② 최적함수비보다 약간 습윤측에서 다지면 최소 투수계수를 얻을 수 있다.
③ 최적함수비의 약간 건조측에서 최대전단강도를 얻을 수 있다.
④ 흡수, 팽창은 건조측으로 갈수록 팽창성이 크고 습윤측으로 갈수록 작아진다.
⑤ 낮은 압력에서는 건조측에서 다진 흙의 압축성이 훨씬 작고 더 빨리 압축된다.

2) 다짐이 점성토에 미치는 영향

(1) 흙의 구조

최적함수비보다 건조측에서 다지면 면모구조가 되고, 습윤측에서 다지면 이산구조가 된다.

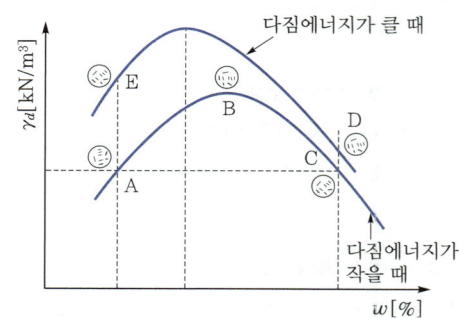

[다짐함수비에 따른 점토의 구조변화(Lambe, 1962)]

(2) 투수계수
① 최적함수비보다 약간 습윤측에서 다지면 최소 투수계수를 얻을 수 있다.
② 댐의 심벽(core) 다짐에 적용한다.

(3) 전단강도
① 최적함수비의 건조측에서는 다짐에너지가 증가할수록 강도가 증가하나, 습윤측에서는 다짐에너지의 크기에 따른 강도의 증감을 거의 무시할 수 있다.
② 최적함수비의 약간 건조측에서 최대전단강도를 얻을 수 있다.

(4) 팽창성
① 흡수, 팽창은 건조측으로 갈수록 팽창성이 크고 습윤측으로 갈수록 작아진다.
② 최적함수비에서 다지면 팽창성이 최소가 된다.

(5) 압축성
낮은 압력에서는 건조측에서 다진 흙의 압축성이 훨씬 작고 더 빨리 압축되나, 가해진 압력이 입자를 재배열시킬 만큼 충분히 클 때는 오히려 건조측에서 다진 흙의 압축이 더 커진다.

3) 다짐횟수에 따른 효과

① 일반적으로 다짐횟수가 많으면 다짐의 효과가 높아진다. 그러나 너무 많이 다지면 표면의 흙 입자가 깨져서 전단파괴가 발생하고, 흙이 분산화되어 오히려 강도가 감소하여 다짐이 불충분해진다. 이를 과도전압(over compaction)이라 한다.

② 과도전압현상은 특히 화강풍화토에서 많이 발생한다.

4) 함수비의 변화에 따른 흙 상태의 변화

   (1) 제1단계[수화단계(반고체 영역)]
   반고체상으로 수분이 부족하여 흙 입자 간의 접착 없이 큰 간극이 존재한다.

   (2) 제2단계[윤활단계(탄성 영역)]
   ① 함수비가 수화단계를 넘으면 물의 일부는 자유수로 존재하여 흙 입자 사이에 윤활역할을 한다.
   ② 이 단계에서 다짐에 의하여 흙 입자 상호 간의 접착이 이루어지기 시작하여 최대함수비 부근에서 OMC가 나타난다.

   (3) 제3단계[팽창단계(소성 영역)]
   최적함수비를 넘으면 증가분의 물은 윤활역할뿐만 아니라 다져진 순간에 잔류공기를 압축시키고, 이로 인해 흙은 압축되었다가 충격이 제거되면 팽창한다.

   (4) 제4단계[포화단계(반점성 영역)]
   함수비가 더욱 증가하면 증가된 물은 흙 입자를 포화시킨다.

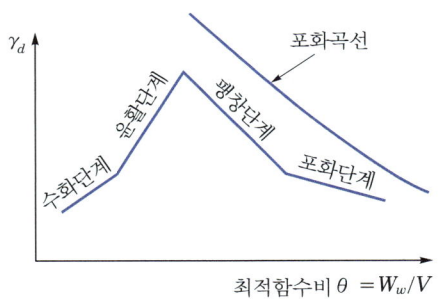

[함수비 변화에 따른 흙 상태의 변화]

> **출제 POINT**
>
> ■ 함수비의 변화에 따른 흙 상태의 변화
> ① 제1단계 : 수화단계(반고체 영역)
> ② 제2단계 : 윤활단계(탄성 영역)
> ③ 제3단계 : 팽창단계(소성 영역)
> ④ 제4단계 : 포화단계(반점성 영역)

출제 POINT

학습 POINT
- 다짐시험의 종류와 결과
- 다짐도와 다짐에너지

SECTION 2 흙의 다짐시험

1 다짐시험(KS F 2312)

1) 다짐시험의 목적

최적함수비와 최대 건조단위중량을 구하는 데 있다.

2) 다짐 방법의 종류

다짐 방법	래머무게 (kg)	몰드 안지름 (cm)	다짐 층수	1층당 다짐횟수	허용최대입경 (mm)	몰드의 체적 (cm^3)
A	2.5	10	3	25	19	1,000
B	2.5	15	3	55	37.5	2,209
C	4.5	10	5	25	19	1,000
D	4.5	15	5	55	19	2,209
E	4.5	15	3	92	37.5	2,209

3) 시험 결과

(1) 다짐곡선(compaction curve)

① 시험에서 얻어진 함수비와 흙의 건조단위중량의 관계 곡선
② 횡축에는 함수비(%), 종축에는 건조단위중량을 축으로 하여 그린다.

■ 다짐곡선
① 시험에서 얻어진 함수비와 흙의 건조단위중량의 관계 곡선
② 횡축에는 함수비(%), 종축에는 건조단위중량을 축으로 하여 그린다.

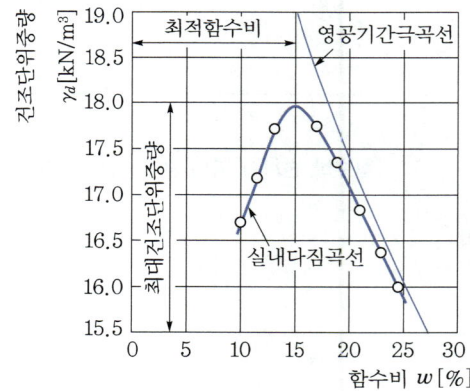

[다짐곡선]

(2) 최대 건조단위중량

① 다짐곡선에서 곡선의 최대점을 나타내는 건조단위중량

$$\gamma_d = \frac{W_s}{V} = \frac{\gamma_t}{1 + \frac{w}{100}}$$

(3) 최적함수비(Optimum Moisture Content, OMC)
① 건조단위중량이 최대가 될 때의 함수비
② 흙이 가장 잘 다져지는 함수비

(4) 영공기간극곡선(zero air void curve)
① 포화도 100%일 때의 건조단위중량과 함수비의 관계곡선
② 항상 다짐곡선의 오른쪽에 그려진다.

$$\gamma_d = \frac{G_s}{1+e}\gamma_w = \frac{G_s \gamma_w}{1+\frac{wG_s}{S}} = \frac{\gamma_w}{\frac{1}{G_s}+\frac{w}{S}}$$

(5) 다짐곡선의 특징
① 함수비를 증가시키면 건조단위중량도 증가하지만 함수비가 OMC보다 커지면 건조단위중량은 오히려 감소한다.
② OMC 상태일 때의 흙이 가장 잘 다져진다.
③ 다짐곡선은 다짐에너지에 관계없이 항상 영공기간극곡선보다 왼쪽 아래에 있어야 한다.

4) 다짐도(degree of compaction, C_d)
① 다짐의 정도를 말한다.
② 일반적으로 토목구조물에서는 90~95% 이상의 다짐도가 요구된다.

$$C_d = \frac{\text{현장의 } \gamma_d}{\text{실내다짐시험에 의한 } \gamma_{d\max}} \times 100\%$$

5) 다짐에너지(compaction energy, E_c)
단위체적당 흙에 가해지는 에너지를 다짐에너지라 한다.

$$E_c = \frac{W_r H N_b N_l}{V} \text{[kN·cm/cm}^3\text{]}$$

여기서, W_r : rammer 무게(kN)
N_b : 다짐횟수
N_l : 다짐층수
H : 낙하고(cm)
V : 몰드의 체적(cm³)

■ 다짐곡선의 특징
① 함수비를 증가시키면 건조단위중량도 증가하지만 함수비가 OMC보다 커지면 건조단위중량은 오히려 감소한다.
② OMC 상태일 때의 흙이 가장 잘 다져진다.
③ 다짐곡선은 다짐에너지에 관계없이 항상 영공기간극곡선보다 왼쪽 아래에 있어야 한다.

■ 다짐도

$$C_d = \frac{\text{현장의 } \gamma_d}{\text{실내다짐시험에 의한 } \gamma_{d\max}} \times 100\%$$

출제 POINT

■ 다짐의 종류
① 정적 다짐 : 자중에 의하여 다지는 방법
② 동적 다짐 : 낙하 에너지를 이용하여 다지는 방법
③ 니딩 다짐 : 연약한 점토지반에 반죽을 하는 것과 같이 다지는 방법

6) 현장에서의 다짐

(1) 다짐의 종류
① 정적 다짐(static compaction) : 자중에 의하여 다지는 방법
② 동적 다짐(dynamic compaction) : 낙하 에너지를 이용하여 다지는 방법
③ 니딩 다짐(kneading compaction) : 연약한 점토지반을 반죽하는 것과 같이 다지는 방법

(2) 다짐 장비
① 사질토 : 진동롤러(vibrating roller)
② 점성토 : 양족롤러(sheeps foot roller), 탬핑롤러(tamping roller)

SECTION 3 현장다짐 및 품질관리

학습 POINT

• 평판재하시험
• CBR시험(노상토 지지력비 시험)

1 현장건조단위중량 결정

■ 현장다짐의 건조단위중량 결정방법
① 고무막법 : 시험구멍에 고무막을 넣은 다음 흙의 체적을 측정하는 방법
② 모래치환법 : 시험구멍에 모래를 채워 넣어 파낸 흙의 체적을 측정하는 방법
③ 절삭법 : 얇은 관을 박은 후 흙을 파내어 그 흙의 단위중량과 함수비를 측정하는 방법
④ 방사선 밀도 측정기에 의한 방법

1) 현장다짐의 건조단위중량 결정방법

① 고무막법(rubber baloon method, KS F 2347) : 시험구멍에 고무막을 넣은 다음 물 또는 기름을 주입하여 파낸 흙의 체적을 측정하는 방법
② 모래치환법(sand cone method, KS F 2311) : 시험구멍에 모래를 채워 넣어 파낸 흙의 체적을 측정하는 방법
③ 절삭법(core cutter method) : 얇은 관을 박은 후 흙을 파내어 그 흙의 단위중량과 함수비를 측정하는 방법
④ 방사선 밀도측정기에 의한 방법 : 단위체적당 포화된 흙의 중량과 단위체적당 수분의 함량을 측정하여 두 값의 차이로 건조단위중량을 측정하는 방법

2) 모래치환법(들밀도시험, KS F 2311)

(1) 개요
① 시험 목적 : 흙의 단위중량을 현장에서 직접 구할 목적으로 행한다.
② 시험용 모래
  ㉠ No. 10체를 통과하고 No. 200체에 남는 모래를 가지고 시험공의 체적을 구한다.
  ㉡ 일반적으로 표준사(주문진) 사용 : $G_s = 2.53 \sim 2.54$

(2) 시험 방법
① 시험 기구를 검증한다(용기와 깔때기 부분의 체적 측정).

② 시험용 모래(표준사)의 단위중량을 결정한다.
③ 시험공을 파고, 파낸 흙의 중량과 함수비를 측정한다.
④ 시험공의 체적을 구한다.
⑤ 흙의 습윤단위중량을 구한다.
⑥ 흙의 건조단위중량을 구한다.

(3) 시험 결과
① 시험공의 체적

$$V = \frac{W_{sand}}{\gamma_{sand}}$$

여기서, W_{sand} : 시험공 속의 모래의 중량
γ_{sand} : 표준사의 단위중량

② 습윤단위중량(γ_t)

$$\gamma_t = \frac{W}{V}$$

여기서, W : 시험공에서 파낸 흙의 중량

③ 건조단위중량(γ_d)

$$\gamma_d = \frac{W_s}{V} = \frac{\gamma_t}{1 + \frac{w}{100}}$$

2 평판재하시험(PBT, KS F 2310)

1) 시험 목적

콘크리트 포장과 같은 강성포장의 두께를 결정하기 위해 실시한다.

2) 시험 기구 및 방법

(1) 재하판의 크기
① 두께 : 2.2cm 이상
② 지름 : 30cm, 40cm, 75cm의 원형 또는 정사각형 강판

(2) 시험 방법
① 지반을 고르고, 재하판을 올려놓는다.
② 재하판 중심에서 재하장치가 1.5m(3.5D) 이상 떨어진 곳에 지지대를 설치한다.
③ 게이지를 설치한다.

■ 평판재하시험
콘크리트 포장과 같은 강성포장의 두께를 결정하기 위해 실시

출제 POINT

④ 지반과 재하판이 밀착되도록 0.35kg/cm²의 하중을 가한다.
⑤ 하중과 침하량 게이지를 읽고 영점조정을 한다.
⑥ 하중을 0.35kg/cm²씩 증가시켜가며 1분 동안에 침하량이 그 단계 하중의 총침하량의 1% 이하가 될 때까지 기다려 그 때의 침하량을 읽는다.
⑦ 침하량이 15mm에 도달하거나, 하중강도가 최대접지압 또는 그 지반의 항복점을 초과할 때 시험을 멈춘다.

(3) 실험 시 유의사항
① 지지점은 재하판 중심에서 3.5D 이상 떨어진 곳에 설치한다.
② 1회의 재하압력은 10t/m²이거나 예상되는 극한지지력의 $\frac{1}{5}$ 이하로 하여 5단계 이상으로 나누어 재하한다.
③ 시험의 종료는 하중-침하곡선에서 항복점이 나타날 때까지 또는 0.1D의 침하가 일어날 때까지 계속 재하하며, 반력하중에 여유가 있으면 지반이 파괴될 때까지 계속한다.

3) 시험 결과

(1) 지지력계수

① $K = \dfrac{q}{y}$

여기서, K : 지지력계수(kN/cm³)
q : 침하량 y[cm]일 때의 하중강도(kN/cm²)
y : 침하량(보통 0.125cm를 표준으로 한다.)

② 재하판의 크기에 따른 지지력계수

$$K_{30} = 2.2 K_{75}$$
$$K_{40} = 1.5 K_{75}$$

여기서, K_{30}, K_{40}, K_{75} : 지름이 각각 30cm, 40cm, 75cm의 재하판을 사용하여 구해진 지지력계수(kg/cm³)

$$K_{75} = \frac{1}{2.2} K_{30} = \frac{1}{1.5} K_{40}$$

(2) 항복하중의 결정
① 하중-침하곡선법(최대곡률법, $P-S$법)
② $\log P - \log S$법 : 하중과 침하량을 대수눈금에 그려서 얻어진 그래프의 절점에 대응하는 하중을 항복하중으로 하며, 가장 신뢰도가 높은 방법이다.
③ $S - \log t$ 법

■ 재하판의 크기에 따른 지지력계수
$K_{30} = 2.2 K_{75}$
$K_{40} = 1.5 K_{75}$

(3) 평판재하시험 결과를 이용할 때 유의사항
① 시험한 지점의 토질종단을 알아야 한다.
② 지하수위면과 그 변동을 고려하여야 한다. 지하수위가 상승하면 흙의 유효응력은 약 50% 감소하므로 지반의 지지력도 대략 반감한다.
③ 재하판 크기(scale effect)를 고려한다.

출제 POINT

(4) 재하판 크기(scale effect)에 대한 보정
① 지지력
  ㉠ 점토지반의 경우 : 재하판 폭과 무관하다.
  ㉡ 모래지반의 경우 : 재하판 폭에 비례한다.
② 침하량
  ㉠ 점토지반의 경우 : 재하판 폭에 비례한다.
  ㉡ 모래지반의 경우 : 재하판의 크기가 커지면 약간 커지긴 하지만 폭에 비례하는 정도는 아니다.

■ 재하판 크기에 대한 보정
① 점토지반의 지지력 : 재하판 폭과 무관
② 모래지반의 지지력 : 재하판 폭에 비례
③ 점토지반의 침하량 : 재하판 폭에 비례
④ 모래지반의 침하량 : 재하판이 커지면 약간 커지나 폭에 비례하는 정도는 아님

구분	점토	모래
지지력	$q_{u(기초)} = q_{u(재하)}$	$q_{u(기초)} = q_{u(재하)} \dfrac{B_{(기초)}}{B_{(재하)}}$
침하량	$S_{(기초)} = S_{(재하)} \dfrac{B_{(기초)}}{B_{(재하)}}$	$S_{(기초)} = S_{(재하)} \left[\dfrac{2B_{(기초)}}{B_{(기초)} + B_{(재하)}}\right]^2$

(5) 평판재하시험에 의한 허용지지력 산정법
① 장기허용지지력

$$q_a = q_t + \frac{1}{3}\gamma D_f N_q$$

② 단기허용지지력

$$q_a = 2q_t + \frac{1}{3}\gamma D_f N_q$$

여기서, $q_t : \dfrac{q_u}{2}, \dfrac{q_u}{3}$ 중에서 작은 값

3 노상토 지지력비 시험(CBR, KS F 2320)

1) 시험 목적

아스팔트 포장과 같은 가요성 포장, 즉 연성포장의 두께를 산정할 때 사용한다.

■ CBR시험의 목적
아스팔트 포장과 같은 가요성 포장(연성포장)의 두께를 산정할 때 사용

출제 POINT

2) 시험 방법

(1) 공시체의 제작
D 다짐 방법(몰드 지름 15cm, 래머 무게 4.5kg, 다짐층수 5층)으로 다지는데, 각 층의 다짐횟수는 10, 25, 55회로 하여 각 다짐횟수의 공시체를 각각 3개씩 만든다.

(2) 흡수팽창시험
① 공시체에 가하는 하중은 설계하중 또는 실제하중의 ±2kg이며, 최소 5kg으로 한다.
② 수침은 4일간 실시한다.

(3) 관입시험
팽창시험이 종료된 공시체를 지름 5cm인 관입봉으로 1mm/min의 속도로 관입한다.

3) 시험 결과

(1) 팽창비

■ 팽창비

$$팽창비 = \frac{다이얼게이지\ 최종\ 읽음 - 다이얼게이지\ 최초\ 읽음}{공시체의\ 최초\ 높이} \times 100\%$$

(2) 노상토 지지력비(CBR)

■ 노상토 지지력비

$$CBR = \frac{실험하중}{표준하중} \times 100 = \frac{실험단위하중}{표준단위하중} \times 100\%$$

관입량	표준단위하중	표준하중
2.5mm	70kg/cm²(6.9MN/m²)	1,370kg(13.4kN)
5.0mm	105kg/cm²(10.3MN/m²)	2,030kg(19.9kN)

① CBR 2.5 > CBR 5.0이면 CBR 2.5 사용
② CBR 2.5 < CBR 5.0이면 재실험한다.
  ㉠ CBR 2.5 > CBR 5.0이면 CBR 2.5 사용
  ㉡ CBR 2.5 < CBR 5.0이면 CBR 5.0 사용

(3) CBR값에 따른 노상의 판정

노상의 상태	CBR(%)
양호한 노상	20
보통 노상	15
불량한 노상	9

CHAPTER 07 기출문제

01 흙의 다짐효과에 대한 설명으로 틀린 것은?

① 흙의 단위중량 증가
② 투수계수 감소
③ 전단강도 저하
④ 지반의 지지력 증가

> **해설** 흙의 다짐효과
> ㉠ 투수성 감소
> ㉡ 전단강도의 증가
> ㉢ 지반의 압축성 감소
> ㉣ 지반의 지지력 증가
> ㉤ 동상, 팽창, 건조수축 감소

02 흙의 다짐에 관한 설명으로 틀린 것은?

① 다짐에너지가 클수록 최대 건조단위중량($\gamma_{d\max}$)은 커진다.
② 다짐에너지가 클수록 최적함수비(w_{opt})는 커진다.
③ 점토를 최적함수비(w_{opt})보다 작은 함수비로 다지면 면모구조를 갖는다.
④ 투수계수는 최적함수비(w_{opt}) 근처에서 거의 최솟값을 나타낸다.

> **해설** 다짐 특성
> ㉠ 다짐에너지가 클수록 최대 건조단위중량($\gamma_{d\max}$)은 커지고 최적함수비(w_{opt})는 작아지며, 양입도, 조립토, 급경사이다.
> ㉡ 다짐에너지가 작을수록 $\gamma_{d\max}$는 작아지고 w_{opt}는 커지며, 빈입도, 세립토, 완경사이다.

03 여러 종류의 흙을 같은 조건으로 다짐시험을 하였을 경우 일반적으로 최적함수비가 가장 작은 흙은?

① GW
② ML
③ SP
④ CH

> **해설** 체적함수비와 토사의 종류
> 조립토(G)일수록, 양입도(W)일수록 최적함수비는 작아진다.

03 흙의 A다짐시험을 할 때 사용되는 각종 기구들의 제원 중 틀린 것은?

① 래머의 무게 : 4.5kg
② 낙하고 : 30cm
③ 매 층당 타격횟수 : 25회
④ 다짐층수 : 3층

> **해설** A다짐의 제원
>
> | 래머무게 | 다짐층수 | 1층당 다짐횟수 |
> |---|---|---|
> | 2.5kg | 3 | 25 |
>
> | 몰드안지름 | 몰드의 체적 | 허용최대입경 |
> |---|---|---|
> | 10cm | 1,000cm³ | 19mm |

05 흙을 다지면 흙의 성질이 개선되는데 다음 설명 중 옳지 않은 것은?

① 투수성이 감소한다.
② 흡수성이 감소한다.
③ 부착성이 감소한다.
④ 압축성이 작아진다.

> **해설** 다짐의 효과(흙의 밀도를 높이는 것)
> ㉠ 투수성이 감소한다.
> ㉡ 흡수성이 감소되어 불필요한 체적변화가 감소된다.
> ㉢ 지반의 압축성이 감소되어 지반의 침하를 방지한다.
> ㉣ 전단강도가 증가되고 사면의 안정성이 개선된다.
> ㉤ 동상, 팽창, 건조수축 등을 감소시킬 수 있다.

정답 1. ③ 2. ② 3. ① 4. ① 5. ③

06 현장다짐 시 흙의 단위중량과 함수비 측정방법으로 적당하지 않은 것은?

① 코어절삭법 ② 모래치환법
③ 표준관입시험법 ④ 고무막법

> **해설** 현장다짐의 건조단위중량 결정방법
> 모래치환법(들밀도시험), 고무막법, 절삭법, 방사선 밀도 측정기에 의한 방법

07 다져진 흙의 역학적 특성에 대한 설명으로 틀린 것은?

① 다짐에 의하여 간극이 작아지고 부착력이 커져서 역학적 강도 및 지지력은 증대하고, 압축성, 흡수성 및 투수성은 감소한다.
② 점토를 최적함수비보다 약간 건조측의 함수비로 다지면 면모구조를 가지게 된다.
③ 점토를 최적함수비보다 약간 습윤측에서 다지면 투수계수가 감소하게 된다.
④ 면모구조를 파괴시키지 못할 정도의 작은 압력으로 점토시료를 압밀할 경우 건조측 다짐을 한 시료가 습윤측 다짐을 한 시료보다 압축성이 크게 된다.

> **해설** 다져진 흙의 역학적 특성
> 면모구조를 파괴시키지 못할 정도의 작은 압력으로 점토시료를 압밀할 경우 건조측 다짐을 한 시료가 습윤측 다짐을 한 시료보다 압축성이 작다.

08 다짐에 대한 설명으로 틀린 것은?

① 다짐에너지는 래머(sampler)의 중량에 비례한다.
② 입도배합이 양호한 흙에서는 최대 건조단위중량이 높다.
③ 동일한 흙일지라도 다짐기계에 따라 다짐효과는 다르다.
④ 세립토가 많을수록 최적함수비가 감소한다.

> **해설** 다짐 특성
> ㉠ 다짐에너지가 클수록 최대 건조단위중량($\gamma_{d\max}$)은 커지고 최적함수비(w_{opt})는 작아지며, 양입도, 조립토, 급경사이다.
> ㉡ 다짐에너지가 작을수록 $\gamma_{d\max}$는 작아지고 w_{opt}는 커지며, 빈입도, 세립토, 완경사이다.

09 다음 표는 흙의 다짐에 대해 설명한 것이다. 옳게 설명한 것을 모두 고른 것은?

> ㉠ 사질토에서 다짐에너지가 클수록 최대 건조단위중량은 커지고 최적함수비는 줄어든다.
> ㉡ 입도분포가 좋은 사질토가 입도분포가 균등한 사질토보다 더 잘 다져진다.
> ㉢ 다짐곡선은 반드시 영공기간극곡선의 왼쪽에 그려진다.
> ㉣ 양족롤러는 점성토를 다지는 데 적합하다.
> ㉤ 점성토에서 흙은 최적함수비보다 큰 함수비로 다지면 면모구조를 보이고, 작은 함수비로 다지면 이산구조를 보인다.

① ㉠, ㉡, ㉢, ㉣   ② ㉠, ㉡, ㉢, ㉤
③ ㉠, ㉣, ㉤   ④ ㉡, ㉣, ㉤

> **해설** ㉤ 건조측에서 다지면 면모구조가 되고 습윤측에서 다지면 이산구조가 된다.
> **흙의 종류에 따른 다짐장비**
> ㉠ 점성토 : 양족롤러(sheeps foot roller), 탬핑롤러(tamping roller)
> ㉡ 사질토 : 진동롤러(vibratory roller)

10 다짐에 대한 다음 설명 중 옳지 않은 것은?

① 세립토의 비율이 클수록 최적함수비는 증가한다.
② 세립토의 비율이 클수록 최대 건조단위중량은 증가한다.
③ 다짐에너지가 클수록 최적함수비는 감소한다.
④ 최대 건조단위중량은 사질토에서 크고 점성토에서 작다.

정답 6. ③ 7. ④ 8. ④ 9. ① 10. ②

> **해설** 다짐 특성
> ㉠ 다짐에너지가 클수록 최대 건조단위중량($\gamma_{d\max}$)은 커지고 최적함수비(w_{opt})는 작아지며, 양입도, 조립토, 급경사이다.
> ㉡ 다짐에너지가 작을수록 $\gamma_{d\max}$는 작아지고 w_{opt}는 커지며, 빈입도, 세립토, 완경사이다.

11 ★ 흙의 다짐에 관한 설명 중 옳지 않은 것은?
① 조립토는 세립토보다 최적함수비가 작다.
② 최대 건조단위중량이 큰 흙일수록 최적함수비는 작은 것이 보통이다.
③ 점성토 지반을 다질 때는 진동롤러로 다지는 것이 유리하다.
④ 일반적으로 다짐에너지를 크게 할수록 최대 건조단위중량은 커지고 최적함수비는 줄어든다.

> **해설** 현장다짐기계
> ㉠ 사질토지반 : 진동 또는 충격에 의한 다짐으로 진동롤러 사용
> ㉡ 점성토지반 : 압력 또는 전압력에 의한 다짐으로 sheeps foot roller, 탬핑롤러 사용

12 ★★ 흙의 다짐시험에서 다짐에너지를 증가시킬 때 일어나는 결과는?
① 최적함수비는 증가하고, 최대 건조단위중량은 감소한다.
② 최적함수비는 감소하고, 최대 건조단위중량은 증가한다.
③ 최적함수비와 최대 건조단위중량이 모두 감소한다.
④ 최적함수비와 최대 건조단위중량이 모두 증가한다.

> **해설** 다짐 특성
> ㉠ 다짐에너지가 클수록 최대 건조단위중량($\gamma_{d\max}$)은 커지고 최적함수비(w_{opt})는 작아지며, 양입도, 조립토, 급경사이다.
> ㉡ 다짐에너지가 작을수록 $\gamma_{d\max}$는 작아지고 w_{opt}는 커지며, 빈입도, 세립토, 완경사이다.

13 ★★ 점토의 다짐에서 최적함수비보다 함수비가 작은 건조측 및 함수비가 큰 습윤측에 대한 설명으로 옳지 않은 것은?
① 다짐의 목적에 따라 습윤 및 건조측으로 구분하여 다짐계획을 세우는 것이 효과적이다.
② 흙의 강도 증가가 목적인 경우, 건조측에서 다지는 것이 유리하다.
③ 습윤측에서 다지는 경우, 투수계수 증가 효과가 크다.
④ 다짐의 목적이 차수를 목적으로 하는 경우, 습윤측에서 다지는 것이 유리하다.

> **해설** 최적함수비와 다짐에너지
> ㉠ 동일한 다짐에너지에서는 건조측이 습윤측보다 전단강도가 크므로 전단강도 확보가 목적이라면 건조측이 유리하다.
> ㉡ 최적함수비보다 약간 습윤측에서 투수계수가 최소이므로 차수가 목적이라면 습윤측이 유리하다.

14 ★ 흙의 다짐에 대한 일반적인 설명으로 틀린 것은?
① 다진 흙의 최대건조밀도와 최적함수비는 어떻게 다짐하더라도 일정한 값이다.
② 사질토의 최대건조밀도는 점성토의 최대건조밀도보다 크다.
③ 점성토의 최적함수비는 사질토보다 크다.
④ 다짐에너지가 크면 일반적으로 밀도는 높아진다.

> **해설** 다짐 특성
> 동일한 흙이라도 최대 건조단위중량과 최적함수비의 크기는 다짐에너지, 다짐방법에 따라 다른 결과가 나온다.
> ㉠ 다짐에너지가 클수록 $\gamma_{d\max}$는 커지고 w_{opt}는 작아지며, 양입도, 조립토 급경사이다.
> ㉡ 다짐에너지가 작을수록 $\gamma_{d\max}$는 작아지고 w_{opt}는 커지며, 빈입도, 세립토, 완경사이다.

정답 11. ③ 12. ② 13. ③ 14. ①

15 흙의 다짐곡선은 흙의 종류나 입도 및 다짐에너지 등의 영향으로 변한다. 흙의 다짐 특성에 대한 설명으로 틀린 것은?

① 세립토가 많을수록 최적함수비는 증가한다.
② 점토질 흙은 최대 건조단위중량이 작고 사질토는 크다.
③ 일반적으로 최대 건조단위중량이 큰 흙일수록 최적함수비도 커진다.
④ 점성토는 건조측에서 물을 많이 흡수하므로 팽창이 크고 습윤측에서는 팽창이 작다.

> 해설 점성토에서 소성이 증가할수록 최적함수비는 크고 최대 건조단위중량은 작다.

16 흙의 다짐에서 최적함수비는?

① 다짐에너지가 커질수록 커진다.
② 다짐에너지가 커질수록 작아진다.
③ 다짐에너지에 상관없이 일정하다.
④ 다짐에너지와 상관없이 클 때도 있고 작을 때도 있다.

> 해설 다짐에너지와 함수비의 관계
> 다짐에너지가 커질수록 최적함수비는 감소하고 최대건조밀도는 증가한다.

17 흙의 다짐에너지에 관한 설명으로 틀린 것은?

① 다짐에너지는 래머(rammer)의 중량에 비례한다.
② 다짐에너지는 래머(rammer)의 낙하고에 비례한다.
③ 다짐에너지는 시료의 체적에 비례한다.
④ 다짐에너지는 타격수에 비례한다.

> 해설 다짐에너지(E)
> $$E = \frac{W_r H N_b N_l}{V}$$
> ㉠ 다짐에너지는 래머의 중량, 낙하고, 각 층의 다짐횟수, 다짐층수에 비례한다.
> ㉡ 다짐에너지는 몰드의 체적에 반비례한다.

18 흙의 다짐에 대한 설명으로 틀린 것은?

① 건조밀도-함수비 곡선에서 최적함수비와 최대건조밀도를 구할 수 있다.
② 사질토는 점토질에 비해 흙의 건조밀도-함수비 곡선의 경사가 완만하다.
③ 최대건조밀도는 사질토일수록 크고, 점성토일수록 작다.
④ 모래질 흙은 진동 또는 진동을 동반하는 다짐방법이 유효하다.

> 해설 다짐곡선(건조밀도-함수비 곡선)
> ㉠ A는 일반적으로 사질토로, 급한 경사를 보인다.
> ㉡ B는 일반적으로 점토로, 완만한 경사를 보인다.
> ㉢ C는 영공극곡선이다.
>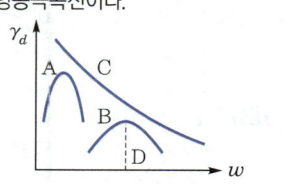

19 다음 그림과 같은 다짐곡선에 대한 설명 중 틀린 것은?

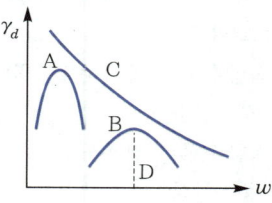

① A는 일반적으로 사질토이다.
② B는 일반적으로 점토이다.
③ C는 과잉간극수압곡선이다.
④ D는 최적함수비를 나타낸다.

> 해설 C는 영공극곡선이다.

20 A방법에 의해 흙의 다짐시험을 수행하였을 때 다짐에너지(E_c)는?

[A방법의 조건]
- 몰드의 부피(V) : $1,000cm^3$
- 래머의 무게(W) : 2.5kg
- 래머의 낙하높이(h) : 30cm
- 다짐층수(N_l) : 3층
- 각 층당 다짐횟수(N_b) : 25회

① $4.625kg \cdot cm/cm^3$ ② $5.625kg \cdot cm/cm^3$
③ $6.625kg \cdot cm/cm^3$ ④ $7.625kg \cdot cm/cm^3$

> **해설** 흙의 다짐시험에 의한 다짐에너지
> ㉠ 다짐시험의 A방법
> $W_r=2.5kg$, $H=30cm$, 다짐층수 3층, 각 층 25회 다짐을 하며, 몰드의 체적 $V=1,000cm^3$이다.
> ㉡ 다짐에너지(E)
> $E = \dfrac{W_r H N_b N_L}{V}$
> $= \dfrac{2.5 \times 30 \times 25 \times 3}{1,000}$
> $= 5.625kg \cdot cm/cm^3$

21 도로공사 현장에서 다짐도 95%에 대한 다음 설명으로 옳은 것은?

① 포화도 95%에 대한 건조밀도를 말한다.
② 최적함수비의 95%로 다진 건조밀도를 말한다.
③ 롤러로 다진 최대건조밀도 100%에 대한 95%를 말한다.
④ 실내 표준다짐시험의 최대건조밀도의 95%의 현장시공 밀도를 말한다.

> **해설** 다짐도(C_d) 95%의 의미
> 다짐도가 95%라면 $C_d = \dfrac{\gamma_d}{\gamma_{d\max}} \times 100 = 95\%$이므로 $\gamma_d = 0.95\gamma_{d\max}$ 이다.

22 흙의 다짐에 있어 래머의 중량이 2.5kg, 낙하고 30cm, 3층으로 각층 다짐횟수가 25회일 때 다짐에너지는? (단, 몰드의 체적은 $1,000cm^3$이다.)

① $5.63kg \cdot cm/cm^3$ ② $5.96kg \cdot cm/cm^3$
③ $10.45kg \cdot cm/cm^3$ ④ $0.66kg \cdot cm/cm^3$

> **해설** 다짐에너지(E_c)
> $E_c = \dfrac{W_r H N_l N_b}{V}$
> $= \dfrac{2.5 \times 30 \times 3 \times 25}{1,000} = 5.63kg \cdot cm/cm^3$

23 현장 도로 토공에서 모래치환법에 의한 흙의 밀도시험 결과 흙을 파낸 구멍의 체적과 파낸 흙의 질량은 각각 $1,800cm^3$, 3,950g이었다. 이 흙의 함수비는 11.2%이고, 흙의 비중은 2.65이다. 실내시험으로부터 구한 최대건조밀도가 $2.05g/cm^3$일 때 다짐도는?

① 92% ② 94%
③ 96% ④ 98%

> **해설** 건조밀도에 의한 다짐도의 계산
> ㉠ 습윤단위중량
> $\gamma_t = \dfrac{W}{V} = \dfrac{3,950}{1,800} = 2.19g/cm^3$
> ㉡ 건조단위중량
> $\gamma_d = \dfrac{\gamma_t}{1+\dfrac{w}{100}} = \dfrac{2.19}{1+\dfrac{11.2}{100}} = 1.97g/cm^3$
> ㉢ 상대다짐도
> $C_d = \dfrac{\gamma_d}{\gamma_{d\max}} \times 100 = \dfrac{1.97}{2.05} \times 100 = 96.1\%$

24 모래치환에 의한 흙의 밀도시험 결과 파낸 구멍의 부피가 $1,980cm^3$였고 이 구멍에서 파낸 흙 무게가 3,420g이었다. 이 흙의 토질시험 결과 함수비가 10%, 비중이 2.7, 최대 건조단위중량이 $1.65g/cm^3$였을 때 이 현장의 다짐도는?

① 약 85% ② 약 87%
③ 약 91% ④ 약 95%

> **해설** 토질시험 결과를 이용한 흙의 다짐도 계산
> ㉠ $\gamma_t = \dfrac{W}{V} = \dfrac{3420}{1980} = 1.73\,\text{g/cm}^3$
> ㉡ $\gamma_d = \dfrac{\gamma_t}{1+\dfrac{w}{100}} = \dfrac{1.73}{1+\dfrac{10}{100}} = 1.57\,\text{g/cm}^3$
> ㉢ $C_d = \dfrac{\gamma_d}{\gamma_{d\max}} \times 100 = \dfrac{1.57}{1.65} \times 100 = 95.15\%$

★
25 실내다짐시험 결과 최대 건조단위중량이 $15.6\,\text{kN/m}^3$이고, 다짐도가 95%일 때 현장의 건조단위중량은 얼마인가?

① $13.62\,\text{kN/m}^3$ ② $14.82\,\text{kN/m}^3$
③ $16.01\,\text{kN/m}^3$ ④ $17.43\,\text{kN/m}^3$

> **해설** 다짐도에 의한 건조단위중량 계산
> $C_d = \dfrac{\gamma_d}{\gamma_{d\max}} \times 100 = 95\%$ 에서
> $\gamma_d = \dfrac{C_d \times \gamma_{d\max}}{100} = \dfrac{95 \times 15.6}{100} = 14.82\,\text{kN/m}^3$

★★
26 현장에서 다짐된 사질토의 상대다짐도가 95%이고 최대 및 최소 건조단위중량이 각각 $1.76\,\text{t/m}^3$, $1.5\,\text{t/m}^3$라고 할 때 현장시료의 상대밀도는?

① 74% ② 69%
③ 64% ④ 59%

> **해설** ㉠ 상대다짐도 $C_d = \dfrac{\gamma_d}{\gamma_{d\max}} \times 100$에서
> $\gamma_d = \dfrac{C_d \times \gamma_{d\max}}{100} = \dfrac{95 \times 1.76}{100} = 1.67\,\text{t/m}^3$
> ㉡ 상대밀도
> $D_r = \dfrac{\gamma_{d\max}}{\gamma_d} \times \dfrac{\gamma_d - \gamma_{d\min}}{\gamma_{d\max} - \gamma_{d\min}}$ 에서
> $D_r = \dfrac{1.76}{1.67} \times \dfrac{1.67-1.5}{1.76-1.5} \times 100 = 68.91\%$

★
27 충분히 다진 현장에서 모래치환법에 의한 현장밀도 실험을 한 결과 구멍에서 파낸 흙의 무게 1,536g, 함수비가 15%이었고 구멍에 채워진 단위중량이 $1.70\,\text{g/cm}^3$인 표준모래의 무게가 1,411g이었다. 이 현장이 95% 다짐도가 된 상태가 되려면 이 흙의 실내실험에서 구한 최대 건조단위량($\gamma_{\max}$)은?

① $1.69\,\text{g/cm}^3$ ② $1.79\,\text{g/cm}^3$
③ $1.85\,\text{g/cm}^3$ ④ $1.93\,\text{g/cm}^3$

> **해설** 실내시험에 의한 최대 건조단위량의 계산
> ㉠ $\gamma_{모래} = \dfrac{W}{V}$
> $1.7 = \dfrac{1,411}{V}$
> $\therefore V = 830\,\text{cm}^3$
> ㉡ $\gamma_t = \dfrac{W}{V} = \dfrac{1,536}{830} = 1.85\,\text{g/cm}^3$
> ㉢ $\gamma_d = \dfrac{\gamma_t}{1+\dfrac{w}{100}} = \dfrac{1.85}{1+\dfrac{15}{100}}$
> $= 1.61\,\text{g/cm}^3$
> ㉣ $C_d = \dfrac{\gamma_d}{\gamma_{d\max}} \times 100$
> $95 = \dfrac{1.61}{\gamma_{d\max}} \times 100$
> $\therefore \gamma_{d\max} = 1.69\,\text{g/cm}^3$

★★
28 노상토 지지력비(CBR)시험에서 피스톤이 2.5mm 관입될 때와 5.0mm 관입될 때를 비교한 결과, 관입량 5.0mm에서 CBR이 더 큰 경우 CBR값을 결정하는 방법으로 옳은 것은?

① 그대로 관입량 5.00mm일 때의 CBR값으로 한다.
② 2.5mm값과 5.0mm값의 평균을 CBR값으로 한다.
③ 5.0mm값을 무시하고 2.5mm값을 표준으로 하여 CBR값으로 한다.
④ 새로운 공시체로 재시험을 하며, 재시험 결과도 5.0mm값이 크게 나오면 관입량 5.0mm일 때의 CBR값으로 한다.

정답 25.② 26.② 27.① 28.④

> **해설** CBR값의 결정 방법
> ㉠ $CBR_{2.5} > CBR_{5.0}$이면 $CBR = CBR_{2.5}$를 적용한다.
> ㉡ $CBR_{2.5} < CBR_{5.0}$이면 재시험을 하며, 재시험 결과도 $CBR_{2.5} < CBR_{5.0}$이면 $CBR = CBR_{5.0}$을 적용한다.

★ 29 도로 연장 3km 건설 구간에서 7개 지점의 시료를 채취하여 다음과 같은 CBR을 구하였다. 이때의 설계 CBR은 얼마인가?

※ 7개의 CBR : 5.3, 5.7, 7.6, 8.7, 7.4, 8.6, 7			
개수(n)	d_2	개수(n)	d_2
2	1.41	7	2.83
3	1.91	8	2.96
4	2.24	8	3.08
5	2.48	10 이상	3.18
6	2.67		

① 4 ② 5
③ 6 ④ 7

> **해설** 설계 CBR
> ㉠ 각 지점의 CBR 평균
> $= (5.3 + 5.7 + 7.6 + 8.7 + 7.4 + 8.6 + 7) \times \frac{1}{7}$
> $= 7.19$
> ㉡ 설계 CBR
> $=$ 각 지점의 CBR 평균 $- \dfrac{\text{CBR 최대치} - \text{CBR 최소치}}{d_2}$
> $= 7.19 - \dfrac{8.7 - 5.3}{2.83} = 6$

★ 30 평판재하시험이 끝나는 조건에 대한 설명으로 틀린 것은?

① 침하량이 15mm에 달할 때
② 하중강도가 현장에서 예상되는 최대 접지압력을 초과할 때
③ 하중강도가 그 지반의 항복점을 넘을 때
④ 흙의 함수비가 소성한계에 달할 때

> **해설** 도로의 평판재하시험
> ㉠ 완전히 침하가 멈추거나, 1분 동안에 침하량이 그 단계 하중의 총침하량의 1% 이하가 될 때 그 다음 단계의 하중을 가한다.
> ㉡ 도로의 평판재하시험을 끝내는 경우
> • 하중강도가 그 지반의 항복점을 넘을 때
> • 하중강도가 현장에서 예상되는 최대 접지압력을 초과할 때
> • 침하량이 15mm에 달했을 때

★★ 31 평판재하시험에 대한 설명으로 틀린 것은?

① 순수한 점토지반의 지지력은 재하판 크기와 관계없다.
② 순수한 모래지반의 지지력은 재하판의 폭에 비례한다.
③ 순수한 점토지반의 침하량은 재하판의 폭에 비례한다.
④ 순수한 모래지반의 침하량은 재하판의 폭에 관계없다.

> **해설** 평판재하시험에서 재하판 크기에 대한 보정
> ㉠ 지지력
> • 점토지반 : 재하판 폭과 무관하다.
> • 모래지반 : 재하판 폭에 비례한다.
> ㉡ 침하량
> • 점토지반 : 재하판 폭에 비례한다.
> • 모래지반 : 재하판의 크기가 커지면 약간 커지긴 하지만 폭에 비례할 정도는 아니다.

★ 32 평판재하시험에서 재하판의 크기에 의한 영향(scale effect)에 관한 설명 중 틀린 것은?

① 사질토 지반의 지지력은 재하판의 폭에 비례한다.
② 점토지반의 지지력은 재하판의 폭과 무관하다.
③ 사질토 지반의 침하량은 재하판의 폭이 커지면 약간 커지기는 하지만 비례하는 정도는 아니다.
④ 점토지반의 침하량은 재하판의 폭에 무관하다.

정답 29. ③ 30. ④ 31. ④ 32. ④

> **해설** 평판재하시험에서 재하판 크기에 대한 보정
> ㉠ 지지력
>   • 점토지반 : 재하판 폭과 무관하다.
>   • 모래지반 : 재하판 폭에 비례한다.
> ㉡ 침하량
>   • 점토지반 : 재하판 폭에 비례한다.
>   • 모래지반 : 재하판의 크기가 커지면 약간 커지긴 하지만 폭에 비례할 정도는 아니다.

33 도로의 평판재하시험을 끝낼 수 있는 조건이 아닌 것은?

① 하중강도가 현장에서 예상되는 최대접지압을 초과 시
② 하중강도가 그 지반의 항복점을 넘을 때
③ 침하가 더 이상 일어나지 않을 때
④ 침하량이 15mm에 달할 때

> **해설** 평판재하시험(PBT-test)의 종료 조건
> ㉠ 침하량이 15mm에 달할 때
> ㉡ 하중강도가 최대접지압을 넘거나 또는 지반의 항복점을 초과할 때

34 시험종류와 시험으로부터 얻을 수 있는 값의 연결이 틀린 것은?

① 비중계분석시험 - 흙의 비중(G_s)
② 삼축압축시험 - 강도정수(c, ϕ)
③ 일축압축시험 - 흙의 예민비(S_t)
④ 평판재하시험 - 지반반력계수(K_s)

> **해설** 흙의 비중은 비중시험을 하여 얻는다.

35 평판재하시험 결과로부터 지반의 허용지지력값은 어떻게 결정하는가?

① 항복강도의 1/2, 극한강도의 1/3 중 작은 값
② 항복강도의 1/2, 극한강도의 1/3 중 큰 값
③ 항복강도의 1/3, 극한강도의 1/2 중 작은 값
④ 항복강도의 1/3, 극한강도의 1/2 중 큰 값

> **해설** 지반의 허용지지력 산정
> 지반의 허용지지력은 항복지지력 1/2, 극한지지력의 1/3 중 작은 값으로 한다.

36 흙 시료의 전단파괴면을 미리 정해 놓고 흙의 강도를 구하는 시험은?

① 직접전단시험
② 평판재하시험
③ 일축압축시험
④ 삼축압축시험

> **해설** ① 직접전단시험 : 전단파괴면을 미리 정해 놓고 흙의 전단강도를 구하는 시험
> ② 평판재하시험 : 구조물을 설치하는 지반에 재하판을 통해 하중을 가한 후 하중-침하량의 관계에서 지반의 지지력을 구하는 원위치시험
> ③ 일축압축시험 : 수직 방향으로만 하중을 재하하여 점성토의 강도와 압축성을 추정하는 시험
> ④ 삼축압축시험 : 파괴면을 미리 설정하지 않고 흙 외부에서 최대, 최소 주응력을 가해서 응력차에 의해 자연적으로 전단파괴면이 생기도록 하는 시험

37 모래치환법에 의한 현장 흙의 단위무게시험에서 표준모래를 사용하는 이유는?

① 시료의 부피를 알기 위해서
② 시료의 무게를 알기 위해서
③ 시료의 입경을 알기 위해서
④ 시료의 함수비를 알기 위해서

> **해설** 모래치환법에서 표준모래를 사용하는 이유
> 시료의 부피(체적)를 알기 위하여 표준모래를 사용한다.

38 노건조한 흙 시료의 부피가 1,000cm³, 무게가 1,700g, 비중이 2.65라면 간극비는?

① 0.71 ② 0.43
③ 0.65 ④ 0.56

정답 33. ③ 34. ① 35. ① 36. ① 37. ① 38. ④

> **해설** ㉠ 현장의 건조단위중량(γ_d)
> $$\gamma_d = \frac{W_s}{V} = \frac{1,700}{1,000} = 1.70\,\text{g/cm}^3$$
> ㉡ 공극비(e)
> $$e = \frac{G_s \times \gamma_w}{\gamma_d} - 1 = \frac{2.65 \times 1}{1.70} - 1 = 0.56$$

39 실내다짐시험 결과 최대 건조단위중량이 15.6kN/m³이고, 다짐도가 95%일 때 현장의 건조단위중량은 얼마인가?

① $13.62\,\text{kN/m}^3$ ② $14.82\,\text{kN/m}^3$
③ $16.01\,\text{kN/m}^3$ ④ $17.43\,\text{kN/m}^3$

> **해설** 다짐도 $C_d = \dfrac{\gamma_d}{\gamma_{d\max}} \times 100 = 95\%$에서
> $$\gamma_d = \frac{C_d \times \gamma_{d\max}}{100} = \frac{95 \times 15.6}{100} = 14.82\,\text{kN/m}^3$$

40 토질시험 결과를 반대수 용지에 나타내어 구하는 값이 아닌 것은?

① 압축지수, 압밀계수
② 균등계수, 곡률계수
③ 최대건조밀도, 최적함수비
④ 액성한계, 유동지수

> **해설** 다짐시험을 한 후 작성하는 최대건조밀도와 최적함수비를 표시하는 다짐곡선은 반대수 용지를 사용하지 않는다.

41 영공기간극곡선(zero air void curve)은 다음 중 어떤 토질시험 결과로 얻어지는가?

① 직접전단시험   ② 압밀시험
③ 아터버그시험   ④ 다짐시험

> **해설** 영공기간극곡선(zero air void curve)
> 포화도 100%일 때의 건조단우중량과 함수비 관계곡선을 영공기간극곡선, 포호곡선이라 한다.

42 다음 토질시험 중 도로의 포장두께를 정하는 데 많이 사용되는 것은?

① 표준관입시험   ② CBR시험
③ 삼축압축시험   ④ 표준다짐시험

> **해설** 도로의 포장두께 결정시험
> ㉠ 평판재하시험 : 콘크리트(강성)포장에 사용
> ㉡ CBR시험 : 아스팔트(연성)포장에 사용

정답 39. ② 40. ③ 41. ④ 42. ②

CHAPTER 08 사면의 안정

회독 체크표

1회독	월	일
2회독	월	일
3회독	월	일

최근 10년간 출제분석표

2015	2016	2017	2018	2019	2020	2021	2022	2023	2024
8.3%	8.3%	6.7%	5%	3.3%	5%	5%	5%	5%	1.7%

출제 POINT

학습 POINT
- 사면의 파괴형태
- 임계활동면과 안전율
- 단순사면의 안정해석
- 무한사면의 안정해석
- 사면안정의 해석법(질량법, 절편법)
- 사면안정 대책공법

SECTION 1 사면의 파괴거동

1) 사면(slope)의 정의

지표면에 대해 어떤 각도를 가지는 노출된 면을 말한다.

2) 사면의 분류

(1) 생성 원인에 따른 분류
① 자연사면
② 인공사면
  ㉠ 성토사면
  ㉡ 절토사면

■ 규모에 따른 사면의 분류
① 유한사면 : 사면의 활동 깊이가 사면의 높이에 비해 비교적 큰 사면
② 무한사면 : 사면의 활동 깊이가 사면의 높이에 비해 작은 사면

(2) 규모에 따른 분류
① 유한사면 : 사면의 활동 깊이가 사면의 높이에 비해 비교적 큰 사면(댐, 도로의 제방 등)
  ㉠ 직립사면 : 연직으로 절취된 사면(흙막이 굴착 등)
  ㉡ 단순사면 : 사면의 경사가 균일하고 사면의 상·하단에 접한 지표면이 수평인 사면
  ㉢ 복합사면 : 사면의 경사가 중간에서 변화하고 사면의 상·하단에 접한 지표면이 수평이 아닌 사면
② 무한사면 : 사면의 활동 깊이가 사면의 높이에 비해 작은 사면

■ 단순사면의 파괴 형태
① 사면 내 파괴
② 사면 선단 파괴
③ 사면 저부 파괴

3) 단순사면의 파괴 형태

파괴 형상은 원호에 가까운 곡면을 이룬다.
① 사면 내 파괴 : 견고한 지층이 얕은 곳에 있으면 활동면은 매우 얕게 형성되어 사면의 중간에 나타난다.

② 사면 선단 파괴 : 사면의 경사가 급하고 비점착성의 토질에서 활동면이 비교적 얕게 형성되어 사면의 선단에 나타난다.

③ 사면 저부 파괴 : 사면의 경사가 완만하고 점착성의 토질에서 암반 또는 견고한 지층이 깊은 곳에 있으면 활동면이 깊게 형성되어 사면 선단의 전방에 나타난다.

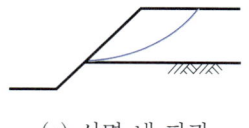
(a) 사면 내 파괴

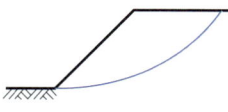
(b) 사면 선단 파괴

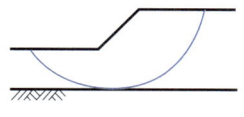
(c) 사면 저부 파괴

[단순사면의 파괴 형상]

4) 안전율과 임계활동면

(1) 임계활동면

활동을 일으키기가 쉬운 활동면으로, 안전율의 값이 최소인 활동면

(2) 임계원

안전율이 최소인 임계활동면을 만드는 원

(3) 안전율(F_s)

① 전단에 대한 안전율

$$F_s = \frac{\text{활동면상의 전단강도의 합}}{\text{활동면상의 실제 전단응력의 합}} = \frac{\tau_f}{\tau_d}$$

$$= \frac{c + \sigma' \tan\phi}{c_d + \sigma' \tan\phi_d}$$

② 모멘트에 대한 안전율

$$F_s = \frac{\text{활동에 저항하는 힘의 모멘트}}{\text{활동을 일으키는 힘의 모멘트}} = \frac{M_r}{M_d}$$

③ 평면활동에 대한 안전율

$$F_s = \frac{\text{활동에 저항하려는 힘}}{\text{활동을 일으키는 힘}} = \frac{P_r}{P_d}$$

④ 높이에 대한 안전율

$$F_s = \frac{\text{한계고}}{\text{사면의 높이}} = \frac{H_c}{H}$$

출제 POINT

■ 임계활동면

활동을 일으키기가 쉬운 활동면으로 안전율의 값이 최소인 활동면

■ 안전율

① 전단에 대한 안전율 : $F_s = \dfrac{\tau_f}{\tau_d}$

② 모멘트에 대한 안전율 : $F_s = \dfrac{M_r}{M_d}$

③ 평면활등에 대한 안전율 : $F_s = \dfrac{P_r}{P_d}$

④ 높이에 대한 안전율 : $F_s = \dfrac{H_c}{H}$

출제 POINT

5) 사면활동의 원인

전단응력이 증가하거나 전단강도가 감소하여 사면 내에 발생하는 전단응력이 전단강도를 넘어서면 사면활동이 일어나 사면이 붕괴된다.

전단응력의 증대 원인	전단강도의 감소 원인
• 외력의 작용 • 함수비 증가로 인한 흙의 단위중량 증가 • 굴착에 의한 균열 발생 • 인장응력에 의한 인장균열 발생 • 지진, 폭파 등에 의한 진동 • 자연 또는 인공에 의해 지하공동 형성 • 균열 내 물 유입으로 수압 증가	• 흡수에 의한 점토지반의 팽창 • 간극수압의 증가 • 흙 다짐의 불충분 • 수축, 팽창, 인장에 의한 미세한 균열 • 불안정한 흙 속에 발생하는 변형 • 동결된 흙이나 아이스렌즈의 융해 • 느슨한 사질토의 진동

SECTION 2 유한사면의 안정

학습 POINT
• 단순사면의 안정해석

1) 단순사면의 안정해석

(1) 평면 파괴면을 가지는 사면의 안정해석[쿨만(Culmann)의 도해법]

■ 쿨만(Culmann)의 도해법

① 한계고
$$H_c = \frac{4c}{\gamma_t} \cdot \frac{\sin\beta\cos\phi}{1-\cos(\beta-\phi)}$$

② 직립사면의 한계고
$$H_c = \frac{4c}{\gamma_t}\left(\frac{\cos\phi}{1-\sin\phi}\right)$$
$$= \frac{4c}{\gamma_t}\tan\left(45°+\frac{\phi}{2}\right)$$

③ 안전율
$$F_s = \frac{H_c}{H}$$

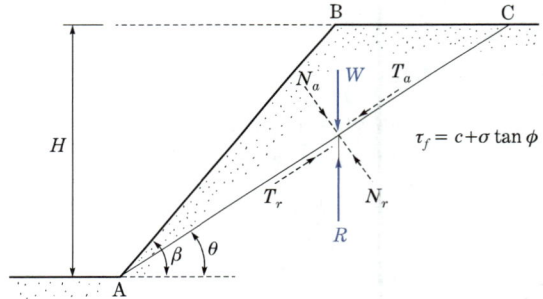

[쿨만(Culmann)의 도해법]

① 한계고 : 구조물 없이 사면이 유지되는 높이로, 토압의 합력이 0이 되는 깊이

$$H_c = \frac{4c}{\gamma_t} \cdot \frac{\sin\beta \cdot \cos\phi}{1-\cos(\beta-\phi)}$$

② 직립사면의 한계고
$\beta = 90°$이므로,

$$H_c = \frac{4c}{\gamma_t}\left(\frac{\cos\phi}{1-\sin\phi}\right) = \frac{4c}{\gamma_t}\tan\left(45°+\frac{\phi}{2}\right)$$

③ 안전율

$$F_s = \frac{H_c}{H}$$

여기서, H : 사면의 높이

(2) 직립사면의 안정해석

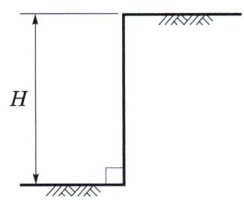

[직립사면]

① 한계고의 위치

$$H_c = 2Z_c = \frac{4c}{\gamma_t}\tan\left(45° + \frac{\phi}{2}\right) = \frac{2q_u}{\gamma_t}$$

여기서, Z_c : 인장균열깊이
       q_u : 일축압축강도

② 안전율

$$F_s = \frac{H_c}{H}$$

(3) 안정수를 이용한 단순사면의 안정해석

테일러(Taylor, 1937)에 의해 제안된 가장 불안정한 단면에 대한 사면 안정성을 안정수(stability number)를 이용하여 구하는 방법이다.

① 한계고

$$H_c = \frac{N_s c}{\gamma_t}$$

여기서, N_s : 안정계수$\left(= \dfrac{1}{안정수}\right)$

② 안전율

$$F_s = \frac{H_c}{H}$$

[단순사면]

출제 POINT

■ 직립사면의 안정해석

① 한계고의 위치
$$H_c = 2Z_c = \frac{4c}{\gamma_t}\tan\left(45° + \frac{\phi}{2}\right)$$
$$= \frac{2q_u}{\gamma_t}$$

② 안전율
$$F_s = \frac{H_c}{H}$$

■ 안정수를 이용한 단순사면의 안정해석

① 한계고
$$H_c = \frac{N_s c}{\gamma_t}$$

② 안전율
$$F_s = \frac{H_c}{H}$$

출제 POINT

③ 심도계수(depth function, N_d)

$$N_d = \frac{H'}{H}$$

여기서, H' : 사면 상부에서 견고한 지반까지의 깊이

(4) 단순사면의 파괴 형태

① 사면경사각 $\beta \geq 53°$이면, 심도계수(N_d)와 관계없이 항상 사면 선단 파괴가 발생한다.

② $\beta < 53°$이면, 심도계수(N_d)에 따라 파괴 형태가 달라진다. N_d가 클수록 사면 내 파괴, 사면 선단 파괴, 사면 저부 파괴로 진행된다.
  ㉠ $N_d \geq 4$이면, β에 관계없이 항상 사면 저부 파괴가 발생한다.
  ㉡ $N_d < 1$, 즉 지반이 얕을 때는 사면 내 파괴가 발생한다.

■ 단순사면의 파괴 형태

① 사면경사각 $\beta \geq 53°$이면, 심도계수(N_d)와 관계없이 항상 사면 선단 파괴가 발생한다.
② $\beta < 53°$이면, 심도계수(N_d)에 따라 파괴 형태가 달라진다. N_d가 클수록 사면 내 파괴, 사면 선단 파괴, 사면 저부 파괴로 진행된다.

SECTION 3 무한사면의 안정

학습 POINT
• 무한사면의 안정해석

• 활동 깊이에 비해 사면의 길이가 길어 파괴면은 사면에 평행하게 형성된다.
• 사면의 길이는 거의 무한대이므로 양 끝의 영향은 무시한다.

1) 지하수위가 파괴면 아래에 있는 경우(침투가 없는 경우)

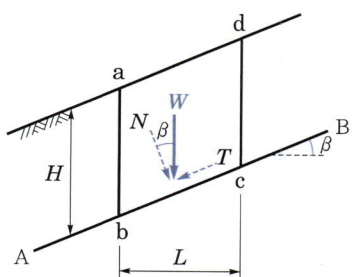

[침투가 없는 경우의 무한사면]

(1) 절편 abcd의 중량(W)

$$W = (\text{절편의 체적}) \times (\text{단위중량})$$
$$= (LH \times 1) \times \gamma = LH\gamma$$

여기서, 1 : 사면의 단위폭

(2) W의 작용에 의해 파괴면 AB에 작용하는 힘

① 수직력(법선력, N)
$$N = W\cos\beta = LH\gamma\cos\beta$$

② 수직응력(σ)
$$\sigma = \frac{N}{A} = \frac{N}{저면의 면적} = \frac{LH\gamma\cos\beta}{\frac{L}{\cos\beta} \times 1}$$

$$\therefore \sigma = \gamma H \cos^2\beta$$

③ 전단력(T)
$$T = W\sin\beta = LH\gamma\sin\beta$$

④ 전단응력(τ)
$$\tau = \frac{T}{A} = \frac{T}{저면의 면적} = \frac{LH\gamma\sin\beta}{\frac{L}{\cos\beta} \times 1}$$

$$\therefore \tau = \gamma H \cos\beta\sin\beta$$

(3) 안전율(F_s)

① 일반 흙($c \neq 0$)
$$F_s = \frac{전단강도}{전단응력} = \frac{\tau_f}{\tau_d}$$

전단강도(τ_f) = $c' + \sigma'\tan\phi'$ $\tau f = c' + \sigma'\tan\phi'$

전단응력(τ_d) = $\gamma H \cos\beta\sin\beta$ 이므로

$$\therefore F_s = \frac{c' + \sigma'\tan\phi'}{\gamma H \cos\beta\sin\beta}$$

$$= \frac{c' + \gamma H\cos^2\beta\tan\phi'}{\gamma H \cos\beta\sin\beta} \;(\because \sigma = \gamma H\cos^2\beta)$$

$$= \frac{c'}{\gamma H\cos\beta\sin\beta} + \frac{\gamma H\cos^2\beta\tan\phi'}{\gamma H\cos\beta\sin\beta}$$

$$= \frac{c'}{\gamma H\cos\beta\sin\beta} + \frac{\cos\beta}{\sin\beta}\tan\phi'$$

$$= \frac{c'}{\gamma H\cos\beta\sin\beta} + \frac{\tan\phi'}{\tan\beta}$$

> **출제 POINT**
>
> ■ W의 작용에 의해 파괴면 AB에 작용하는 힘
>
> ① 수직력(법선력, N)
> $N = W\cos\beta = LH\gamma\cos\beta$
>
> ② 수직응력(σ)
> $\sigma = \gamma H\cos^2\beta$
>
> ③ 전단력(T)
> $T = W\sin\beta = LH\gamma\sin\beta$
>
> ④ 전단응력(τ)
> $\tau = \gamma H\cos\beta\sin\beta$

② 모래지반($c=0$)

$$F_s = \frac{\tan\phi'}{\tan\beta}$$

즉, 모래지반의 사면의 안전율은 사면의 높이와는 무관하며, 오직 내부마찰각과 사면의 경사각에 의해 좌우된다.

2) 지하수위가 지표면과 일치하는 경우

지하수위가 있는 경우는 지하수의 영향 및 지하수로 인한 간극수압의 영향을 고려해야 한다.

(1) 수직응력(지하수의 영향을 고려)

$$\sigma = \gamma_{sat}H\cos^2\beta$$

(2) 간극수압

$$u = \gamma_w H\cos^2\beta$$

(3) 전단응력

$$\tau = \gamma_{sat}H\cos\beta\sin\beta$$

(4) 안전율

$$\begin{aligned}F_s &= \frac{\tau_f}{\tau_d} = \frac{c' + (\sigma - u)\tan\phi'}{\tau_d}\\ &= \frac{c' + (\gamma_{sat}H\cos^2\beta\tan\phi - \gamma_w H\cos^2\beta\tan\phi)}{\gamma_{sat}H\cos\beta\sin\beta}\\ &= \frac{c' + (\gamma_{sat} - \gamma_w)H\cos^2\beta\tan\phi}{\gamma_{sat}H\cos\beta\sin\beta}\\ &= \frac{c' + \gamma_{sub}H\cos^2\beta\tan\phi}{\gamma_{sat}H\cos\beta\sin\beta}\\ &= \frac{c'}{\gamma_{sat}H\cos\beta\sin\beta} + \frac{\gamma_{sub}H\cos^2\beta\tan\phi}{\gamma_{sat}H\cos\beta\sin\beta}\\ &= \frac{c'}{\gamma_{sat}H\cos\beta\sin\beta} + \frac{\gamma_{sub}\tan\phi}{\gamma_{sat}\tan\beta}\end{aligned}$$

(5) 모래지반($c=0$)

$$F_s = \frac{\gamma_{sub}}{\gamma_{sat}} \cdot \frac{\tan\phi}{\tan\beta}$$

■ 지하수위가 지표면과 일치하는 경우

① 수직응력(지하수의 영향을 고려)
$\sigma = \gamma_{sat}H\cos^2\beta$

② 간극수압
$u = \gamma_w H\cos^2\beta$

③ 전단응력
$\tau = \gamma_{sat}H\cos\beta\sin\beta$

④ 안전율
$F_s = \dfrac{c'}{\gamma_{sat}H\cos\beta\sin\beta} + \dfrac{\gamma_{sub}\tan\phi}{\gamma_{sat}\tan\beta}$

$F_s = \dfrac{\gamma_{sub}}{\gamma_{sat}} \cdot \dfrac{\tan\phi}{\tan\beta}$ (모래지반)

여기서, $\dfrac{\gamma_{sub}}{\gamma_{sat}} \fallingdotseq \dfrac{1}{2}$

3) 수중인 경우

   (1) 일반 흙($c \neq 0$)

   $$F_s = \dfrac{c'}{\gamma_{sub} H \cos\beta \sin\beta} + \dfrac{\tan\phi}{\tan\beta}$$

   (2) 모래지반($c = 0$)

   $$F_s = \dfrac{\tan\phi}{\tan\beta}$$

4) 침투수가 사면에 평행하게 작용하는 경우

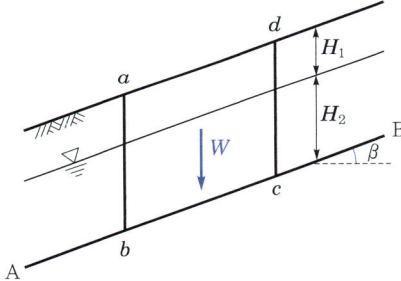

[침투수가 사면에 평행하게 작용하는 경우]

   (1) 수직응력

   $$\sigma = (\gamma_t H_1 + \gamma_{sat} H_2)\cos^2\beta$$

   (2) 간극수압

   $$u = \gamma_w H_2 \cos^2\beta$$

   (3) 전단응력

   $$\tau_d = (\gamma_t H_1 + \gamma_{sat} H_2)\cos\beta\sin\beta$$

   (4) 안전율

   $$F_s = \dfrac{\tau_f}{\tau_d} = \dfrac{c' + (\sigma - u)\tan\phi'}{\tau_d}$$

> 출제 POINT
>
> ■ 침투수가 사면에 평행하게 작용하는 경우
> ① 수직응력
> $\sigma = (\gamma_t H_1 + \gamma_{sat} H_2)\cos^2\beta$
> ② 간극수압
> $u = \gamma_w H_2 \cos^2\beta$
> ③ 전단응력
> $\tau_d = (\gamma_t H_1 + \gamma_{sat} H_2)\cos\beta\sin\beta$
> ④ 안전율
> $F_s = \dfrac{\tau_f}{\tau_d} = \dfrac{c' + (\sigma - u)\tan\phi'}{\tau_d}$

출제 POINT

학습 POINT
- 질량법
- 절편법

■ 질량법
① 활동을 일으키는 파괴면 위의 흙을 하나로 취급하는 방법
② 흙이 균질할 경우에만 적용 가능한 방법으로 자연사면에서는 거의 적용할 수 없음

■ $\phi = 0°$ 해석법
비배수상태인 포화점토 사면의 안정해석에 적용하는 방법

SECTION 4 사면안정 해석법

1) 질량법(mass method)

(1) 개요
① 활동을 일으키는 파괴면 위의 흙을 하나로 취급하는 방법
② 흙이 균질할 경우에만 적용 가능한 방법으로, 자연사면에서는 거의 적용할 수 없다.
③ 컴퓨터가 발전하기 이전의 해석방법
④ 종류
  ㉠ $\phi = 0°$ 해석법
  ㉡ 마찰원법

(2) $\phi = 0°$ 해석법
① 비배수상태인 포화점토 사면의 안정해석에 적용하는 방법으로, 전응력 개념만을 취하게 되므로 간극수압에 대해 고려할 필요가 없다.
② 사면의 파괴를 유발시키는 모멘트(M_d)와 이에 저항하는 모멘트(M_r)의 비로서 안전율을 나타낸다.
③ 안전율(F_s)

$$F_s = \frac{M_r}{M_d} = \frac{c_u L_a r}{Wd}$$

여기서, c_u : 파괴면에 작용하는 비배수점착력
  L_a : 파괴면의 길이(호의 길이)
  r : 임계원의 반지름
  W : 토체의 중량
  d : 임계원의 중심에서 토체의 중심까지의 거리

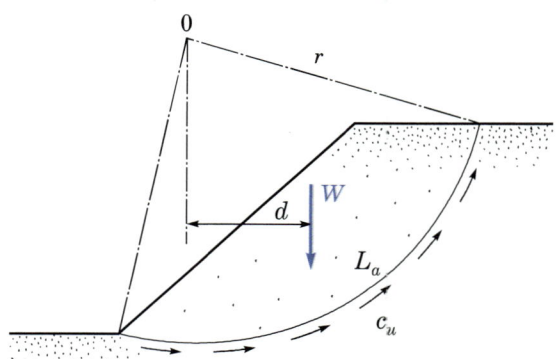

[$\phi = 0°$ 비배수상태의 안정해석]

(3) 마찰원법

① 테일러(Taylor)가 발전시킨 전응력 해석방법

② 임의의 활동원을 가정하여 $F_\phi = F_c = F_s$가 되도록 반복하여 계산하고, 중심 0의 위치를 바꾸어 몇 개의 활동원을 가정하여 안전율을 구하여 최소 안전율 및 임계원을 결정하는 방법

③ 안전율

　㉠ F_ϕ와 F_c의 관계 곡선을 작도한 후, 가로축과 45°로 그은 직선이 이 곡선과 교차하는 $F_\phi = F_c = F_s$값을 구한다.

　㉡ 마찰성분에 관한 안전율(F_ϕ)

$$F_\phi = \frac{\tan\phi}{\tan\phi_d}$$

　　여기서, ϕ_d : 동원된 마찰각

　㉢ 점착력에 관한 안전율(F_c)

$$F_c = \frac{c}{c_d}$$

　　여기서, c_d : 점착력의 합력

2) 절편법(slice method)

(1) 개요

① 활동을 일으키는 파괴면 위의 흙을 여러 개의 절편으로 나눈 후, 각각의 절편에 대한 안정해석을 실시하는 방법

② 이질토층 또는 지하수위가 있는 경우의 안정해석에 적합하다.

③ 사면 전체를 n개의 절편으로 나누어 해석하고 이를 다시 전부 합해야 하는 계산상의 복잡성이 있으나, 컴퓨터의 발달로 인하여 모든 안정성 해석방법들이 전산화되어 편리하게 상용 프로그램을 실무에서 활용하고 있다.

④ 종류

　㉠ 펠레니우스(Fellenius)의 간편법(Swedish method)

　㉡ 비숍(Bishop)의 간편법(Bishop simplified method)

　㉢ 잔부(Janbu)의 간편법

■ 출제 POINT

■ 마찰원법
① 테일러가 발전시킨 전응력 해석방법
② 임의의 활동원을 가정하여 $F_\phi = F_c = F_s$가 되도록 반복하여 계산하고, 중심 0의 위치를 바꾸어 몇 개의 활동원을 가정하여 안전율을 구하여 최소 안전율 및 임계원을 결정하는 방법

■ 절편법
활동을 일으키는 파괴면 위의 흙을 여러 개의 절편으로 나눈 후, 각각의 절편에 대한 안정해석을 실시하는 방법

■ 절편법의 종류
① Fellenius의 간편법
② Bishop의 간편법
③ Janbu의 간편법

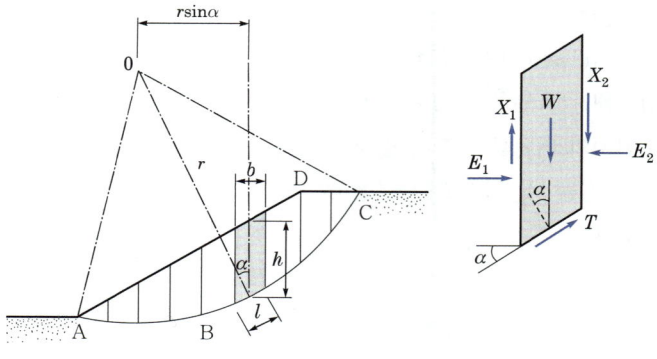

[절편법]

(2) 펠레니우스(Fellenius)의 간편법
① 가정 : 절편에 작용하는 외력의 합은 0이다.

$$X_1 - X_2 = 0, \ E_1 - E_2 = 0$$

여기서, X_1, X_2 : 절편 양 측면에 작용하는 전단력
E_1, E_2 : 절편 양 측면에 작용하는 수직력

② 특징
  ㉠ 사면의 단기 안정해석에 유효
  ㉡ $\phi = 0$ 해석법
  ㉢ 간극수압을 고려하지 않는 전응력 해석법
  ㉣ 정밀도가 낮고 안전율이 과소평가되지만, 계산이 매우 간편하다.

③ 안전율
  ㉠ 파괴면 저면에 간극수압이 작용하지 않는 경우

$$F_s = \frac{M_r}{M_d} = \frac{\sum cl + \tan\phi \sum W\cos\alpha}{\sum W\sin\alpha}$$

여기서, l : 절편 저면의 길이
W : 절편의 중량
α : 절편의 저면이 수평면과 이루는 각
  ㉡ 파괴면 저면에 간극수압이 작용하는 경우

$$F_s = \frac{\sum cl}{\sum W\sin\alpha}$$

(3) 비숍(Bishop)의 간편법
① 가정 : 절편의 양쪽 연직면에 작용하는 연직 방향의 합력은 0이다.

$$X_1 - X_2 = 0$$

■ Fellenius 간편법의 특징
① 사면의 단기 안정해석에 유효
② $\phi = 0$ 해석법
③ 간극수압을 고려하지 않는 전응력 해석법
④ 정밀도가 낮고 안전율이 과소평가되지만, 계산이 매우 간편함

② 특징
  ㉠ 사면의 장기 안정해석에 유효
  ㉡ 간극수압을 고려하는 방법
  ㉢ 전응력, 유효응력 해석이 가능
  ㉣ 가장 널리 사용하는 방법
  ㉤ 시행착오법으로 펠레니우스(Fellenius)법보다 훨씬 복잡하나 안전율은 거의 정확

③ 안전율

$$F_s = \frac{1}{\sum W\sin\alpha}\sum\left[cb+(W-ub)\tan\phi\right]\frac{1}{m_\alpha}$$

여기서, $m_\alpha = \cos\alpha\left(1+\dfrac{\tan\alpha\tan\phi}{F_s}\right)$

> **출제 POINT**
>
> ■ Bishop 간편법의 특징
> ① 사면의 장기 안정해석에 유효
> ② 간극수압을 고려하는 방법
> ③ 전응력, 유효응력 해석이 가능
> ④ 가장 널리 사용하는 방법
> ⑤ 시행착오법으로 Fellenius법보다 훨씬 복잡하나 안전율은 거의 정확

SECTION 5 사면안정 대책공법

1) 개요

사면에 대한 현장조사 및 안정성 해석 결과, 붕괴 가능성이 인지되는 사면에 대해서는 보호 또는 보강공법 등의 대책을 수립하여 절개면의 안정성을 확보함으로써 붕괴에 의한 인명 및 재산상의 피해를 사전에 방지하여야 한다. 절개면의 대책공법은 크게 보호공법과 보강공법으로 구분할 수 있으며, 세부적으로는 시공목적에 따라 다음과 같이 나눌 수 있다.

① 활동력 감소공법   ② 저항력 증강공법
③ 표면보호공법   ④ 낙석방지시설
⑤ 배수시설   ⑥ 옹벽공
⑦ 기타 시설 및 특수공법

> **학습 POINT**
> • 사면안정 대책공법의 종류

2) 시공목적에 따른 사면안정 대책공법

(1) 활동력 감소공법

붕괴 예상부를 제거하여 활동력을 감소시키는 공법

① 경사완화 : 암절취, 흙깎기
② 스케일링(scaling) : 뜬돌 제거, 법면 정리

(2) 저항력 증강공법

① 앵커(rock anchor, earth anchor) : 프리스트레싱에 의한 지반이완 방지
② 록볼트(rock bolt) : 불연속면 봉합, 원지반과 일체화

> ■ 시공목적에 따른 사면안정 공법의 분류
> ① 활동력 감소공법
> ② 저항력 증강공법
> ③ 표면보호공법
> ④ 낙석방지시설
> ⑤ 배수시설
> ⑥ 옹벽공
> ⑦ 기타 시설

출제 POINT

③ 소일네일링(soil nailing) : 그라우팅에 의한 지반보강, nail에 의한 지반의 저항력 증가
④ 다웰(dowel) : 소규모 단독 분리암괴의 고정
⑤ 억지말뚝 : 말뚝과 말뚝 사이에 지반의 아칭(arching) 효과 유도, 지반의 전단저항력 증가
⑥ 부벽[buttress(계단식 옹벽, 부벽식 옹벽)] : 암블록을 지탱하여 암의 탈락을 방지

(3) 표면보호공법

① 식생공 : 녹생토, 코이어네트(coir net), 시드스프레이(seed spray), 떼붙이기, 넝쿨식물
② 석장공 : 돌쌓기, 돌붙이기, 메쌓기, 찰쌓기
③ 심줄박기
④ 콘크리트 블록공, 격자 블록공 : 블록의 자중에 의해 토사 이동 방지, 풍화침식 방지
⑤ 숏크리트 : 시멘트 모르타르 피복, 표층부의 침식 방지

■ 표면보호공법
① 식생공
② 석장공
③ 심줄박기
④ 콘크리트 블록공, 격자 블록공
⑤ 숏크리트

(4) 낙석방지시설(rockfall control)

① 낙석방지울타리 : 소규모의 낙석 방지, 옹벽과 함께 시공
② 낙석방지망 : 소규모 낙석 방지(커튼식, 지주식, 암부착 특수망)
③ 링네트(ring net) : 링네트의 탄성변형으로 낙석의 운동에너지를 효과적으로 흡수

(5) 배수시설(hydro control)

① 산마루측구배수로 : 상부 자연사면으로부터의 지표수 배출
② 도수로(수직배수로, 소단배수로) : 사면 내의 지표수 배출
③ 수평배수공 : 사면 내의 지하수 배출

(6) 옹벽공

① 콘크리트 옹벽 : L형 옹벽, 중력/반중력식 옹벽, 역T형 옹벽
② 보강토 옹벽 : 상토사면에 적용
③ 돌망테공(gabion) : 표층부 침식 방지, 토사유출 방지, 압성토 역할
④ 그린월(green wall) : 토사면, 풍화암사면에 적용

(7) 기타 시설

① 측구 시설물 : L형 측구, U형 측구, J형 측구
② 디치(ditch) : 낙석피해방지용 배수로
③ 임시방호시설 : 암파쇄 방호시설, 토류벽
④ 피암터널 : 낙석이 발생하기 쉬운 도로나 철길 위에 만든 터널

■ 기타 시설
① 측구 시설물 : L형 측구, U형 측구, J형 측구
② ditch : 낙석피해방지용 배수로
③ 임시방호시설 : 암파쇄방호시설, 토류벽
④ 피암터널 : 낙석이 발생하기 쉬운 도로나 철길 위에 만든 터널

기출문제

01 사면파괴가 일어날 수 있는 원인에 대한 설명 중 적절하지 못한 것은?
① 흙 중의 수분 증가
② 굴착에 따른 구속력의 감소
③ 과잉간극수압의 감소
④ 지진에 의한 수평방향력의 증가

> 해설 **사면파괴의 원인**
> ㉠ 자연적 침식에 의한 사면형상의 변화
> ㉡ 인위적인 굴착 및 성토
> ㉢ 지진력의 작용
> ㉣ 댐 또는 제방의 수위 급변
> ㉤ 강수 등에 의한 간극수압의 상승, 자중의 증가, 강도의 저하

02 분할법으로 사면안정 해석 시에 제일 먼저 결정되어야 할 사항은?
① 분할세면의 중량
② 활동면상의 마찰력
③ 가상활동면
④ 각 세면의 공극수압

> 해설 **분할법의 안정해석**
> ㉠ 반지름이 r인 가상파괴활동면을 그린다.
> ㉡ 가상파괴활동면의 흙을 몇 개의 수직절편으로 나눈다.

03 흙댐에서 상류면 사면의 활동에 대한 안전율이 가장 저하되는 경우는?
① 만수된 물의 수위가 갑자기 저하할 때이다.
② 흙댐에 물을 담는 도중이다.
③ 흙댐이 만수되었을 때이다.
④ 만수된 물이 천천히 빠져나갈 때이다.

> 해설 **흙댐의 사면안정 검토 시 가장 위험한 상태**
> ㉠ 상류의 사면이 위험한 때는 시공 직후나 수위가 급강하할 때이다.
> ㉡ 하류의 사면이 위험한 때는 시공 직후나 정상 침투 시이다.

04 활동면 위의 흙을 몇 개의 연직평행한 절편으로 나누어 사면의 안정을 해석하는 방법이 아닌 것은?
① Fellenius 방법
② 마찰원법
③ Spencer 방법
④ Bishop의 간편법

> 해설 **절편법(분할법)**
> ㉠ 절편법은 흙이 균질하지 않아도 적용이 가능하며, 흙 속에 간극수압이 있을 때에도 적용이 가능하다.
> ㉡ Fellenuius 방법, Bishop 방법, Spencer 방법 등이 있다.

05 사면안정 해석방법에 대한 설명으로 틀린 것은?
① 일체법은 활동면 위에 있는 흙덩어리를 하나의 물체로 보고 해석하는 방법이다.
② 절편법은 활동면 위에 있는 흙을 몇 개의 절편으로 분할하여 해석하는 방법이다.
③ 마찰원 방법은 점착력과 마찰각을 동시에 갖고 있는 균질한 지반에 적용된다.
④ 절편법은 흙이 균질하지 않아도 적용이 가능하지만, 흙 속에 간극수압이 있을 경우 적용이 불가능하다.

> 해설 **절편법(분할법)**
> ㉠ 절편법은 흙이 균질하지 않아도 적용이 가능하며, 흙 속에 간극수압이 있을 때에도 적용이 가능하다.
> ㉡ Fellenuius 방법, Bishop 방법, Spencer 방법 등이 있다.

정답 1.③ 2.③ 3.① 4.② 5.④

06 다음 중 흙댐(dam)의 사면안정 검토 시 가장 위험한 상태는?

① 상류사면의 경우 시공 중과 만수위일 때
② 상류사면의 경우 시공 직후와 수위 급강하일 때
③ 하류사면의 경우 시공 직후와 수위 급강하일 때
④ 하류사면의 경우 시공 중과 만수위일 때

> **해설** 흙댐의 사면안정 검토 시 가장 위험한 상태
> ㉠ 상류의 사면이 위험한 때는 시공 직후나 수위가 급강하할 때이다.
> ㉡ 하류의 사면이 위험한 때는 시공 직후나 정상침투 시이다.

07 흙댐에서 상류측이 가장 위험한 상태는?

① 수위가 점차 상승할 때이다.
② 댐의 수위가 중간 정도 되었을 때이다.
③ 수위가 갑자기 내려갔을 때이다.
④ 댐 내의 흐름이 정상 침투일 때이다.

> **해설** 흙댐에서 위험한 경우
>
> | 상류측 사면 | 하류측 사면 |
> |---|---|
> | • 시공 직후
• 수위 급강하 시 | • 시공 직후
• 정상침투 시 |

08 흙댐에서 수위가 급강하한 경우 사면안정 해석을 위한 강도정수값을 구하기 위하여 어떠한 조건의 삼축압축시험을 하여야 하는가?

① Quick 시험 ② CD 시험
③ CU 시험   ④ UU 시험

> **해설** 삼축압축시험
> 수위 급강하 시에는 비배수이므로 CU 시험을 실시한다.

09 사면의 안전에 관한 다음 설명 중 옳지 않은 것은?

① 임계활동면이란 안전율이 가장 크게 나타나는 활동면을 말한다.
② 안전율이 최소로 되는 활동면을 이루는 원을 임계원이라 한다.
③ 활동면에 발생하는 전단응력이 흙의 전단강도를 초과할 경우 활동이 일어난다.
④ 활동면은 일반적으로 원형활동면으로 가정한다.

> **해설** 임계활동면(critical surface)
> ㉠ 임계활동면은 사면 내에 몇 개의 가상활동면 중에서 안전율이 가장 최소인 활동면을 의미한다.
> ㉡ 임계원은 안전율이 최소로 되는 활동면을 만드는 원이다.

10 다음 중 사면의 안정해석 방법이 아닌 것은?

① 마찰원법
② 비숍(Bishop)의 방법
③ 펠레니우스(Fellenius) 방법
④ 테르자기(Terzaghi)의 방법

> **해설** 유한사면의 안정해석(원호파괴)
> ㉠ 질량법 : $\phi=0$ 해석법, 마찰원법
> ㉡ 분할법 : 펠레니우스(Fellenius) 방법, 비숍(Bishop) 방법, 스펜서(Spencer) 방법

11 사면의 안정해석 방법에 관한 설명 중 옳지 않은 것은?

① 마찰원법은 균일한 토질지반에 적용된다.
② Fellenius 방법은 절편의 양측에 작용하는 힘의 합력은 0이라고 가정한다.
③ Bishop 방법은 흙의 장기안정해석에 유효하게 쓰인다.
④ Fellenius 방법은 간극수압을 고려한 $\phi=0$ 해석법이다.

해설 **Fellenius법**
㉠ 간극수압을 고려하지 않은 전응력해석법으로, $\phi=0$일 때 정해가 구해진다.
㉡ 정밀도가 낮고 계산 결과는 과소한 안전율(불안전측)이 산출되지만 계산이 매우 간편한 이점이 있다.

12 절편법에 의한 사면의 안정해석 시 가장 먼저 결정되어야 할 사항은?

① 절편의 중량
② 가상파괴 활동면
③ 활동면상의 점착력
④ 활동면상의 내부마찰각

해설 **절편법(분할법)**
㉠ 파괴면 위의 흙을 수 개의 절편으로 나눈 후 각각의 절편에 대해 안정성을 계산하는 방법으로 이질토층과 지하수위가 있을 때 적용한다.
㉡ 사면의 안정해석 시 가상파괴 활동면을 먼저 결정하여야 한다.

13 사면 안정해석법에 관한 설명 중 틀린 것은?

① 해석법은 크게 마찰원법과 분할법으로 나눌 수 있다.
② Fellenius 방법은 주로 단기안정해석에 이용된다.
③ Bishop 방법은 주로 장기안정해석에 이용된다.
④ Bishop 방법은 절편의 양측에 작용하는 수평방향의 합력이 0이라고 가정하여 해석한다.

해설 **유한사면의 안정해석**
㉠ 질량법
㉡ 절편법
　• 펠레니우스(Fellenius)의 간편법(Swedish method)
　• 비숍(Bishop) 방법

14 사면안정 해석법 중 절편법에 대한 설명으로 옳지 않은 것은?

① 절편의 바닥면은 직선이라고 가정한다.
② 일반적으로 예상 활동파괴면을 원호라고 가정한다.
③ 흙 속의 간극수압이 존재하는 경우에도 적용이 가능하다.
④ 지층이 여러 개의 층으로 구성되어 있는 경우 적용이 불가능하다.

해설 **절편법**
㉠ 파괴면 위의 흙을 수 개의 절편으로 나눈 후 각각의 절편에 대해 안정성을 계산하는 방법으로 이질토층, 지하수위가 있을 때 적용한다.
㉡ 절편의 바닥면은 직선으로 가정한다.

15 절편법에 의한 사면의 안정해석 시 가장 먼저 결정되어야 할 사항은?

① 가상활동면
② 절편의 중량
③ 활동면상의 점착력
④ 활동면상의 내부마찰각

해설 **분할법의 안정해석**
㉠ 반지름이 r인 가상파괴활동면을 그린다.
㉡ 가상파괴활동면의 흙을 몇 개의 수직절편(slice)으로 나눈다.

16 절편법에 대한 설명으로 틀린 것은?

① 흙이 균질하지 않고 간극수압을 고려할 경우 절편법이 적합하다.
② 안전율은 전체 활동면상에서 일정하다.
③ 사면의 안정을 고려할 경우 활동파괴면을 원형이나 평면으로 가정한다.
④ 절편경계면은 활동파괴면으로 가정한다.

정답 12. ② 13. ④ 14. ④ 15. ① 16. ④

> **[해설] 절편법**
> ㉠ 파괴면 위의 흙을 수 개의 절편으로 나눈 후 각각의 절편에 대해 안정성을 계산하는 방법으로 이질토층, 지하수위가 있을 때 적용한다.
> ㉡ 절편경계면(절편의 양 연직면)은 활동파괴면이 아니다.

17 ★ 다음 중 사면안정 해석법과 관계가 없는 것은?

① 비숍(Bishop)의 방법
② 마찰원법
③ 펠레니우스(Fellenius)의 방법
④ 뷰지네스크(Boussinesq)의 이론

> **[해설] 뷰지네스크(Boussinesq)의 이론**
> 지표면에 작용하는 하중으로 인한 지반 내의 응력증가량을 구하는 방법이다.

18 ★ 다음 중 사면의 안정해석방법이 아닌 것은?

① 마찰원법
② Bishop의 간편법
③ 응력경로법
④ Fellenius 방법

> **[해설] 사면의 안정해석방법**
> ㉠ 질량법 : $\phi=0°$, 마찰원법
> ㉡ 절편법 : Fellenius 방법(swedish method), Bishop 방법(Bishop simplified method), Morgenstern 방법, Janbu 방법, Spancer 방법

19 ★ 흙의 내부마찰각(ϕ)은 20°, 점착력(c)이 2.4t/m²이고, 단위중량(γ_t)은 1.93t/m³인 사면의 경사각이 45°일 때 임계높이는 약 얼마인가? (단, 안정수 $m=0.06$)

① 15m
② 18m
③ 21m
④ 24m

> **[해설]** ㉠ 안정계수 : $N_s = \dfrac{1}{m} = \dfrac{1}{0.06}$
> ㉡ 임계높이(한계고)
> $H_c = \dfrac{N_s \times c}{\gamma_t} = \dfrac{\frac{1}{0.06} \times 2.4}{1.93} ≒ 20.73\,\mathrm{m}$

20 ★★ $\gamma_t = 1.8\text{t/m}^3$, $c_u = 3.0\text{t/m}^2$, $\phi = 0°$의 점토지반을 수평면과 50°의 기울기로 굴착하려고 한다. 안전율을 2.0으로 가정하여 평면활동이론에 의해 굴착깊이를 결정하면?

① 2.80m
② 5.60m
③ 7.12m
④ 9.84m

> **[해설] 임계사면 높이(Culmann의 방법)**
> ㉠ $H_c = \dfrac{4c}{\gamma_t}\left[\dfrac{\sin\beta \times \cos\phi}{1-\cos(\beta-\phi)}\right]$
> $= \dfrac{4 \times 3}{1.8} \times \left[\dfrac{\sin 50° \times \cos 0°}{1-\cos(50°-0)}\right]$
> $= 14.297\,\mathrm{m}$
> ㉡ $F_s = \dfrac{H_c}{H}$
> $2 = \dfrac{14.3}{H}$
> $\therefore H = 7.12\,\mathrm{m}$

21 ★★ 암반층 위에 5m 두께의 토층이 경사 15°의 자연사면으로 되어 있다. 이 토층은 $c=1.5\text{t/m}^2$, $\phi=30°$, $\gamma_{sat}=1.8\text{t/m}^3$이고 지하수면은 토층의 지표면과 일치하고 침투는 경사면과 대략 평행이다. 이때의 안전율은?

① 0.8
② 1.1
③ 1.6
④ 2.0

> **[해설]** 점착력이 0이 아니고, 지하수위가 지표면과 일치하는 반무한사면의 안전율이므로
> $F_s = \dfrac{c}{\gamma_{sat} Z \cos i \sin i} + \dfrac{\gamma_{sub}}{\gamma_{sat}} \times \dfrac{\tan\phi}{\tan i}$
> $= \dfrac{1.5}{1.8 \times 5 \times \cos 15° \times \sin 15°}$
> $+ \dfrac{0.8}{1.8} \times \dfrac{\tan 30°}{\tan 15°} ≒ 1.6$

22 다음 그림에서 활동에 대한 안전율은?

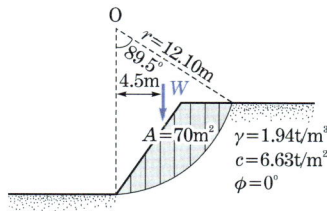

① 1.30　　② 2.05
③ 2.15　　④ 2.48

해설 ㉠ 토체의 중량(W)
$W = \gamma A = 1.94 \times 70 = 135.8\text{t}$
㉡ 활동모멘트(M_D)
$M_D = Wd = 135.8 \times 4.5 = 611.1\text{t} \cdot \text{m}$
㉢ 원호의 길이(L_a)
$L_a = 2\pi r \left(\dfrac{\theta}{360}\right) = 2 \times \pi \times 12.10 \times \left(\dfrac{89.5}{360}\right)$
$= 18.901\text{m}$
㉣ 저항모멘트(M_R)
$M_R = c_u L_a r$
$= 6.63 \times 18.901 \times 12.10$
$= 1,516.3\text{t} \cdot \text{m}$
㉤ 안전율(F_s)
$F_s = \dfrac{M_R}{M_D} = \dfrac{1,516.3}{611.1} = 2.48$

23 그림과 같은 점토지반에서 안정수(m)가 0.1인 경우 높이 5m의 사면에 있어서 안전율은?

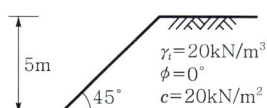

① 1.0　　② 1.25
③ 1.50　　④ 2.0

해설 안정계수는 안정수의 역수이다.
㉠ 임계높이(한계고)
$H_c = \dfrac{N_s \times c}{\gamma_t} = \dfrac{\dfrac{1}{0.1} \times 20}{20} = 10\text{m}$
㉡ 안전율 $F_s = \dfrac{H_c}{H} = \dfrac{10}{5} = 2$

24 다음 그림과 같은 무한사면이 있다. 흙과 암반의 경계면에서 흙의 강도정수 $c = 1.8\text{t/m}^2$, $\phi = 25°$이고, 흙의 단위중량 $\gamma = 1.9\text{t/m}^3$인 경우 경계면에서 활동에 대한 안전율을 구하면?

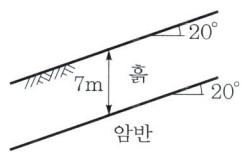

① 1.55　　② 1.60
③ 1.65　　④ 1.70

해설 무한사면의 안전율(점착력 $c = 1.8\text{t/m}^2$이고, 지하수위가 없는 경우)
$F_s = \dfrac{c}{\gamma_t Z \cos i \sin i} + \dfrac{\tan\phi}{\tan i}$
$= \dfrac{1.8}{1.9 \times 7 \times \cos 20° \times \sin 20°} + \dfrac{\tan 25°}{\tan 20°}$
$= 1.7$

25 $\gamma_{sat} = 19.62\text{kN/m}^3$인 사질토가 20°로 경사진 반무한사면이 있다. 지하수위가 지표면과 일치하는 경우 이 사면의 안전율이 1 이상이 되기 위해서는 흙의 내부마찰각이 최소 몇 도(°) 이상이어야 하는가? (단, 물의 단위중량은 9.81kN/m³이다.)

① 18.21°　　② 20.52°
③ 36.05°　　④ 45.47°

해설 무한사면의 안정
내부마찰각(ϕ)
$F_s = \dfrac{\gamma_{sub}}{\gamma_{sat}} \cdot \dfrac{\tan\phi}{\tan\beta}$에서 사견이 안전하기 위하여서는 $F_s \geq 1$이 되어야 하므로
$\phi = \tan^{-1}\left(\dfrac{\gamma_{sat}}{\gamma_{sub}} \cdot \tan\beta\right)$
$= \tan^{-1}\left(\dfrac{19.62}{9.81} \times \tan 20°\right) = 36.05°$
따라서, $\phi = 36.05°$ 이상이 되어야 한다.

정답 22. ④　23. ④　24. ④　25. ③

26 흙의 포화단위중량이 20kN/m³인 포화점토층을 45° 경사로 8m를 굴착하였다. 흙의 강도정수 $c_u = 65\text{kN/m}^2$, $\phi = 0°$이다. 그림과 같은 파괴면에 대하여 사면의 안전율은? (단, ABCD의 면적은 70m²이고 O점에서 ABCD의 무게중심까지의 수직거리는 4.5m이다.)

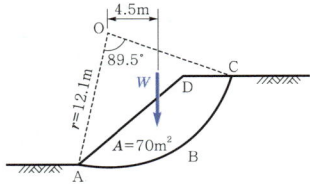

① 4.72 ② 4.21
③ 2.67 ④ 2.36

> **해설** 원호 활동면의 안전율(F_s)
> $$F_s = \frac{\text{저항모멘트}}{\text{활동모멘트}} = \frac{c_u L_a r}{W d}$$
> $$= \frac{65 \times \left(12.1 \times \frac{\pi}{180°} \times 89.5°\right) \times 12.1}{(20 \times 70) \times 4.5} = 2.36$$

27 다음 그림과 같이 $c = 0$인 모래로 이루어진 무한사면이 안정을 유지(안전율 ≥ 1)하기 위한 경사각(β)의 크기로 옳은 것은? (단, 물의 단위중량은 9.81kN/m³이다.)

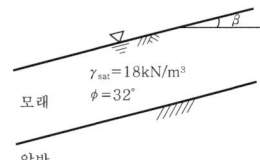

① $\beta \leq 7.94°$ ② $\beta \leq 15.87°$
③ $\beta \leq 23.79°$ ④ $\beta \leq 31.76°$

> **해설** 반무한사면의 안전율($c=0$인 사질토, 지하수위가 지표면과 일치하는 경우)
> 안전율 $F_s = \frac{\gamma_{sub}}{\gamma_{sat}} \times \frac{\tan\phi}{\tan\beta} \geq 1$에서
> $F_s = \frac{9.81}{18} \times \frac{\tan32°}{\tan\beta} \geq 1$이므로
> $\beta \leq \tan^{-1}\left(\frac{8.19}{18} \times \tan32°\right) \leq 15.87°$

28 암반층 위에 5m 두께의 토층이 경사 15°의 자연사면으로 되어 있다. 이 토층의 강도정수 $c = 15\text{kN/m}^2$, $\phi = 30°$이며, 포화단위중량(γ_{sat})은 18kN/m³이다. 지하수면의 토층의 지표면과 일치하고 침투는 경사면과 대략 평행이다. 이때 사면의 안전율은? (단, 물의 단위중량은 9.81kN/m³이다.)

① 0.85 ② 1.15
③ 1.65 ④ 2.05

> **해설** 사질토이므로 점착력이 0이고, 지하수위가 지표면과 일치하는 반무한사면의 안전율이므로
> $$F_s = \frac{c}{\gamma_{sat} Z \cos i \sin i} + \frac{\gamma_{sub}}{\gamma_{sat}} \times \frac{\tan\phi}{\tan i}$$
> $$= \frac{15}{18 \times 5 \times \cos15° \times \sin15°}$$
> $$+ \frac{18-9.81}{18} \times \frac{\tan30°}{\tan15°}$$
> $$\fallingdotseq 1.65$$
>
>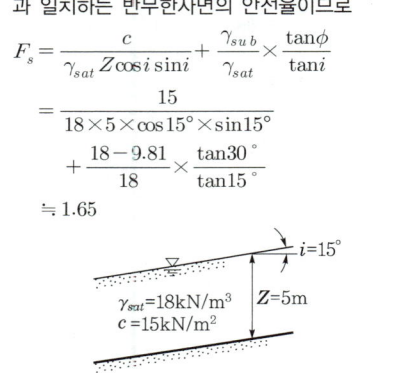

29 $\phi = 33°$인 사질토에 25° 경사의 사면을 조성하려고 한다. 이 비탈면의 지표까지 포화되었을 때 안전율을 계산하면? (단, 사면 흙의 $\gamma_{sat} = 1.8\text{t/m}^3$)

① 0.62 ② 0.70
③ 1.12 ④ 1.41

> **해설** 반무한사면의 안전율(사질토, 지하수위가 지표면과 일치하는 경우)
> $$F_s = \frac{\gamma_{sub}}{\gamma_{sat}} \cdot \frac{\tan\phi}{\tan i}$$
> $$= \frac{0.8}{1.8} \times \frac{\tan33°}{\tan25°} = 0.62$$

정답 26. ④ 27. ② 28. ③ 29. ①

30 그림과 같이 $c=0$인 모래로 이루어진 무한사면이 안정을 유지(안전율 ≥ 1)하기 위한 경사각 β의 크기로 옳은 것은? (단, 물의 단위중량 = 9.81kN/m³)

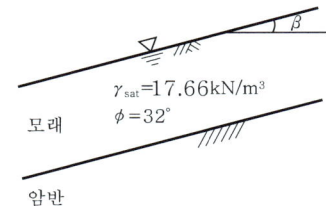

① $\beta \leq 7.8°$ ② $\beta \leq 15.5°$
③ $\beta \leq 31.3°$ ④ $\beta \leq 35.6°$

> **해설** 무한사면의 안전율($c=0$인 사질토, 지하수위가 지표면과 일치하는 경우)
> 안전율 $F_s = \dfrac{\gamma_{sub}}{\gamma_{sat}} \times \dfrac{\tan\phi}{\tan\beta} \geq 1$에서
> $F_s = \dfrac{17.66-9.81}{17.66} \times \dfrac{\tan32°}{\tan\beta} \geq 1$이므로
> $\beta \leq \tan^{-1}\left(\dfrac{17.66-9.81}{17.66} \times \tan32°\right) \leq 15.5°$

31 $\gamma_{sat} = 2.0\text{t/m}^3$인 사질토가 20°로 경사진 무한사면이 있다. 지하수위가 지표면과 일치하는 경우 이 사면의 안전율이 1 이상이 되기 위해서는 흙의 내부마찰각이 최소 몇 도(°) 이상이어야 하는가?

① 18.21° ② 20.52°
③ 36.06° ④ 45.47°

> **해설** 무한사면의 안전율($c=0$인 사질토, 지하수위가 지표면과 일치하는 경우)
> 안전율 $F_s = \dfrac{\gamma_{sub}}{\gamma_{sat}} \times \dfrac{\tan\phi}{\tan i} = \dfrac{1}{2} \times \dfrac{\tan\phi}{\tan20°} \geq 1$
> 이므로
> $\phi \geq \tan^{-1}\left(\dfrac{2}{1} \times \tan20°\right)$에서 $\phi \geq 36.06°$

정답 30. ② 31. ③

CHAPTER 09 지반조사 및 시험

회독 체크표
- 1회독 ___월 ___일
- 2회독 ___월 ___일
- 3회독 ___월 ___일

최근 10년간 출제분석표

2015	2016	2017	2018	2019	2020	2021	2022	2023	2024
6.7%	6.7%	10%	8.3%	5.0%	6.7%	8.3%	10%	10%	10%

출제 POINT

학습 POINT
- 토질조사의 목적
- 토질조사의 절차
- 보링조사의 종류
- 내경비와 면적비의 산정
- 암질지수와 암질의 판정
- 사운딩의 개요와 종류
- 평판재하시험의 종료조건
- 토질시험의 종류

■ 토질조사의 목적
① 축조될 구조물에 적합한 기초의 종류와 깊이를 결정
② 기초지반의 지지력 평가
③ 구조물의 예상되는 침하량 산정
④ 잠정적인 기초지반의 문제 파악
⑤ 지하수위의 위치 파악
⑥ 옹벽, 널말뚝 버팀 굴착과 같은 구조물에 대한 토압 예측
⑦ 지반 조건의 변화에 따른 시공방법 설정

■ 자료조사
지형도, 지질도, 항공사진, 시공에 관한 시방서, 공사기록 등 기존 자료 수집

SECTION 1 개요

1) 토질조사의 개요

① 지반의 토층 구성, 두께, 상태 및 토질 특성을 알기 위한 조사
② 기초의 설계, 시공에 필요한 자료를 얻기 위해 실시하는 조사
③ 구조물이 축조될 기초지반의 지층구조와 물리적 특성을 파악하는 과정

2) 토질조사의 목적

① 축조될 구조물에 적합한 기초의 종류와 깊이 결정
② 기초지반의 지지력 평가
③ 구조물의 예상되는 침하량 산정
④ 잠정적인 기초지반의 문제 파악
⑤ 지하수위의 위치 파악
⑥ 옹벽, 널말뚝 버팀 굴착과 같은 구조물에 대한 토압 예측
⑦ 지반 조건의 변화에 따른 시공방법 설정

SECTION 2 지반조사의 절차

1) 예비조사

(1) 자료조사
① 지형도, 지질도, 항공사진, 시공에 관한 시방서, 공사기록 등 기존 자료 수집
② 구축될 구조물의 종류와 사용 용도에 관한 정보 수집

(2) 현지답사

① 지표조사
  ㉠ 지질, 지형, 토질 및 기존 구조물 등 관찰
  ㉡ 시료 채취를 통한 흙의 분류
② 지하조사
  ㉠ 사운딩 실시
  ㉡ 기존 우물의 관찰 및 조사

(3) 개략조사

① 보링(boring), 사운딩(sounding), 물리 탐사 및 실내시험 등 실시
② 대상 지반을 개략적으로 조사하며 예정부지 결정

2) 본조사

예비조사에서 얻은 개략적인 지식을 바탕으로 실제 시공을 위한 현장 지반 특성을 상세히 조사하는 단계

(1) 정밀조사

보링, 원위치시험, 실내 토질시험 등을 실시하여 기초의 설계, 시공에 필요한 자료 획득

(2) 보충조사

정밀조사 시 누락되었거나 추가로 필요한 사항이 발견되어 보충적으로 시행하는 조사

3) 지반조사의 간격 및 깊이

① 조사 간격은 지층 상태, 구조물의 규모에 따라 정하고, 조사 위치는 주변 지역의 대표적인 곳을 선정해야 하며 지반 조건 변화에 따라 조사 위치 조정이 필요하다.
② 지층 상태가 복잡한 경우에는 기조사한 간격 사이에 보완조사를 실시한다.
③ 조사 깊이는 침투 문제가 있는 경우 불투수층까지 조사한다.
④ 액상화 문제가 있는 경우 모래층 하단에 있는 단단한 지지층까지 조사한다.
⑤ 절토, 개착, 터널 구간에서 기반암이 확인되지 않은 경우, 기반암의 심도 1~2m까지 확인한다.

출제 POINT

■ **지반조사의 절차**
① 자료조사
② 현지답사
③ 개략조사
④ 정밀조사
⑤ 보충조사

■ **현지답사**
① 지표조사 : 지질, 지형, 토질 및 기존 구조물 등 관찰
② 지하조사 : 사운딩 실시

■ **개략조사**
보링(boring), 사운딩(sounding), 물리 탐사 및 실내시험 등 실시

■ **본조사**
① 정밀조사 : 기초의 설계, 시공에 필요한 자료를 위해 보링, 원위치시험, 실내 토질시험 등 실시
② 보충조사 : 정밀조사 시 누락되었거나 추가로 필요한 사항을 위해 보충적으로 시행하는 조사

SOIL MECHANICS FOUNDATION

 출제 POINT

학습 POINT
- 보링조사의 종류
- 내경비와 면적비의 산정
- 암질지수와 암질의 판정

■ 보링조사의 목적
① 지층 변화와 구조를 파악하기 위해
② 실내 토질시험을 위한 교란 및 불교란 시료의 채취
③ 시추공에서 원위치시험 실시
④ 지하수위 관측 및 현장투수시험 실시

■ 보링의 종류
① 오거 보링
② 충격식 보링
③ 회전식 보링

SECTION 3 시추 및 시료 채취

1) 보링(boring)

지반에 구멍을 뚫어 심층지반을 조사하는 방법이다.

(1) 목적
① 지층 변화와 구조 파악
② 실내 토질시험을 위한 교란 및 불교란 시료의 채취
③ 시추공에서 원위치시험 실시
④ 지하수위 관측 및 현장투수시험 실시

(2) 종류
① 오거 보링
  ㉠ 나선형으로 된 오거를 지중에 압입하여 굴진시키는 방법이다.
  ㉡ 주기적으로 오거를 인발하여 시료를 채취하며, 교란된 시료가 채취된다.
  ㉢ 인력 및 기계 방식으로 하며, 가장 간편한 보링이다.
  ㉣ 심도는 6~7m 정도(사질토는 3~4m)이고 최대심도는 10m이다.
  ㉤ 얕은 지층의 개략 또는 정밀조사에 사용되며, 동력식은 보충조사에 적합하다.

② 충격식 보링
  ㉠ 와이어로프 끝에 중량 비트를 부착하여 60~70cm 높이에서 낙하시켜 구멍을 뚫는 공법이다.
  ㉡ 코어(core) 채취가 불가능하다.
  ㉢ 일반적인 지하수 개발이나 전석 또는 자갈층을 관통하는 데 이용하는 방법이다.
  ㉣ 토사 및 균열이 심한 암반, 연약한 점토, 느슨한 사질토 지반에는 부적합하다.
  ㉤ 토질조사에는 부적합하다.
  ㉥ 깊은 시추공법 중에서 가장 오래된 방법이다.

③ 회전식 보링
  ㉠ drill rod 선단에 장착된 drilling bit를 고속으로 회전시키면서 가압함으로써 토사 및 암을 절삭 분쇄하여 굴진하는 공법이다.
  ㉡ 코어 채취가 가능하다.
  ㉢ 거의 모든 지반에 적용된다.
  ㉣ 정밀조사, 보완조사 및 암석 코어 채취에 최적의 방법이다.
  ㉤ 지하수 관측에는 적합하지 않다.

(3) 심도 및 간격

① 심도
   ㉠ 예상되는 기초 슬래브의 짧은 변(B)의 2배 이상
   ㉡ 구조물 폭의 1.5~2.0배

② 간격
   ㉠ 건설부지 내에 대표적인 점을 격자식으로 균등하게 배치하여 실시한다.
   ㉡ 국부적으로 연약한 지반이 있거나 큰 하중이 작용하는 곳에서는 별도로 보링한다.
   ㉢ 부지가 넓어서 보링 개수가 너무 많은 경우에는 일부 격자점에서 사운딩을 하여 보링 개수를 줄일 수 있다.

[보링 간격의 일반적인 지침]

구조물의 종류	간격(m)
다층 건물	10~30
단층 산업용 플랜트	20~60
고속도로	250~500
거주지역	250~500
댐과 제방	40~80

(4) 시료의 교란 판정

① 면적비(A_r) : 면적비가 10% 이하이면 불교란 시료, 10% 초과이면 교란 시료로 간주한다.

$$A_r = \frac{D_w^2 - D_e^2}{D_e^2} \times 100\%$$

② 내경비(C_r) : 내경비가 0.75~1.5%이면 불교란 시료로 간주한다.

$$C_r = \frac{D_s - D_e}{D_e} \times 100\%$$

여기서 D_w : 샘플러의 외경
D_e : 샘플러 끝부분의 내경
D_s : 샘플러 안쪽의 내경

(5) 암석의 시료 채취

① 개요 : 암석의 시료를 채취하는 경우는 굴착봉에 코어 배럴을 부착하고, 코어 배럴의 하단에 코어 비트를 부착한 후 회전굴착을 한다. 굴착 도중에 굴착봉을 통하여 물을 순환시켜 시료를 채취한다.

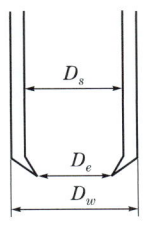

[샘플러의 규격]

■ 시료의 교란 판정
① 면적비　$A_r = \dfrac{D_w^2 - D_e^2}{D_e^2} \times 100\%$
② 내경비　$C_r = \dfrac{D_s - D_e}{D_e} \times 100\%$

SOIL MECHANICS FOUNDATION

출제 POINT

■ 회수율(TCR)

$$TCR = \frac{회수된\ 암석의\ 길이}{암석\ 코어의\ 이론상\ 길이} \times 100\%$$

■ 암질지수(RQD)

$$RQD = \frac{\begin{pmatrix}10cm\ 이상으로\ 회수된\\암석\ 조각들의\ 길이의\ 합\end{pmatrix}}{암석\ 코어의\ 이론상\ 길이} \times 100\%$$

② 회수율(TCR)

$$TCR = \frac{회수된\ 암석의\ 길이}{암석\ 코어의\ 이론상\ 길이} \times 100\%$$

③ 암질지수(RQD)

$$RQD = \frac{10cm\ 이상으로\ 회수된\ 암석\ 조각들의\ 길이의\ 합}{암석\ 코어의\ 이론상\ 길이} \times 100\%$$

[암질지수와 암질과의 관계]

암질지수(%)	암질
0~25	매우 불량
25~50	불량
50~75	보통
75~90	양호
90~100	매우 양호

SECTION 4 원위치 시험 및 물리탐사

학습 POINT
• 사운딩의 개요와 종류
• 평판재하시험의 종료조건

1) 사운딩(sounding)

(1) 개요
로드(rod) 선단에 설치한 저항체를 땅속에 삽입하여 관입, 회전, 인발 등의 저항치로 지반의 특성을 파악하는 지반조사방법이다.

(2) 종류
① 정적 사운딩
    ㉠ 휴대용 원추관입시험
    ㉡ 화란식 원추관입시험
    ㉢ 스웨덴식 관입시험
    ㉣ 이스키미터시험
    ㉤ 베인전단시험

② 동적 사운딩
    ㉠ 동적 원추관입시험
    ㉡ 표준관입시험

■ 정적 사운딩
① 휴대용 원추관입시험
② 화란식 원추관입시험
③ 스웨덴식 관입시험
④ 이스키미터시험
⑤ 베인전단시험

■ 동적 사운딩
① 동적 원추관입시험
② 표준관입시험

2) 평판재하시험(Plate Bearing Test, PBT)

(1) 개요
지반의 응력-침하 관계 및 지반의 지지력과 침하량 산정을 위해 실시하며 콘크리트 강성포장 두께 설계에 이용한다.

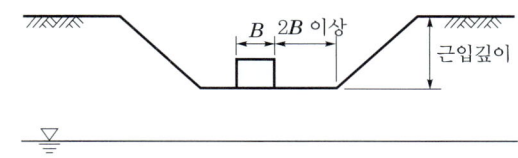

[평판재하시험]

(2) 지지력계수(K)

$$K = \frac{q}{y}$$

여기서, q : 하중강도, y : 침하량 1.25mm 표준

(3) 재하판 크기에 의한 영향(scale effect)
① 재하판의 크기 : 30cm×30cm, 40cm×40cm, 75cm×75cm

② $K_{75} = \dfrac{K_{40}}{1.5} = \dfrac{K_{30}}{2.2}$

③ $K_{30} > K_{40} > K_{75}$

(4) 평판재하시험 종료조건
① 침하가 15mm에 달할 때
② 하중강도가 현장에서 예상되는 가장 큰 접지압력을 초과할 때
③ 하중강도가 지반의 항복점을 넘을 때

(5) 평판재하시험 결과 이용 시 유의사항
① 토질종단을 파악해야 한다.
② 지하수위 위치 및 변동사항을 고려해야 한다.
③ 재하판 크기에 의한 영향(scale effect)을 고려해야 한다.

구분	지지력	침하량
점성토	재하판 폭과 무관 $q_{u(F)} = q_{u(P)}$	재하판 폭에 비례 $S_F = S_P \times \dfrac{B_F}{B_P}$
사질토	재하판 폭에 비례 $q_{u(F)} = q_{u(P)} \times \dfrac{B_F}{B_P}$	재하판 폭에 어느 정도 비례 $S_F = S_P \times \left(\dfrac{2B_F}{B_F + B_P}\right)^2$

여기서, S_F : 기초의 침하량, S_P : 재하판의 침하량
B_F : 기초의 폭, B_P : 재하판의 폭

출제 POINT

■ 평판재하시험
① 지반의 응력-침하 관계 및 지반의 지지력과 침하량 산정을 위해 실시
② 콘크리트 강성포장 두께 설계에 이용

■ 평판재하시험 결과 이용 시 유의사항
① 토질종단을 파악해야 한다.
② 지하수위 위치 및 변동사항을 고려해야 한다.
③ 재하판 크기에 의한 영향을 고려해야 한다.

출제 POINT

3) 물리탐사와 물리검층

(1) 물리탐사의 개요
① 토사나 암반 등 지표의 물리적 성질과 관련하여 발생된 물리현상을 측정하고 해석하여 지반정보를 얻는 기술이다.
② 탐사 위치에 따라 지표탐사(물리탐사)와 시추공 내 탐사(물리검층)로 구분한다.

(2) 물리탐사
① 탄성파 탐사
② 전기비저항 탐사
③ 전자 탐사
④ GPR(Ground Penetration Radar, 지중탐사레이더)
⑤ SASW(Spectral Analysis of Surface Wave, 표면파 기법)

(3) 물리검층
① 단일공 검층
② 시추공간 검층
③ 초음파 검층
④ 탄성파 콘관입시험

(4) 정밀도별 분류
① 낮음 : 전자탐사
② 보통 : 탄성파, 전기비저항, 단일공 검층, 초음파 검층, 탄성파 콘관입시험
③ 높음 : GPR, SASW, 시추공간 검층

SECTION 5 토질시험

학습 POINT
• 토질시험의 종류

1) 물성시험

① 시추조사와 병행하여 실시한 표준관입시험 채취 시 얻은 시료 중 대표적인 시료를 선별하여 흙의 기본 물성치를 파악하기 위해 실시한다.
② 시험방법은 한국산업규격(KS F)을 준수한다.

[물성시험방법]

시험명칭	시험결과치	시험결과의 이용	표준방법
함수비시험	함수비	지반의 자연함수상태 파악	KS F 2306
비중시험	비중	지반의 단위중량 추정	KS F 2308

■ 물성시험의 종류
① 함수비시험
② 비중시험
③ 입도분석시험
④ 액성한계시험
⑤ 소성한계시험

시험명칭		시험결과치	시험결과의 이용	표준방법
입도분석시험	체분석시험	입도분포 곡선	지반의 입도 조성 파악	KS F 2309
	비중계분석시험			KS F 2302
액성한계시험		액성한계	흙의 분류와 공학적 성질 추정	KS F 2303
소성한계시험		소성한계		KS F 2304

2) 역학시험

① 토질의 역학적 특성을 규명하기 위하여 시추조사 시 채취된 시료에 대해 실내시험을 실시한다.

② 직접전단시험, 일축압축강도, 삼축압축강도(UU-Test), 압밀시험 등의 실내시험을 수행한다.

■ 역학시험의 종류
① 일축압축시험
② 삼축압축시험
③ 압밀시험

[역학시험방법]

시험명칭	시험결과치	시험결과의 이용	표준방법
일축압축시험	• 점착력 • 내부마찰각 • 일축압축 • 강도	• 점토의 컨시스턴시(consistency) 추정 • N값 추정 $\left(q_u = \dfrac{N}{8}\right)$ • 변형계수 추정 • 점착력(c)으로 지지력, 사면안정 해석 시 이용 • 지반개량공법에 대한 효과 판정 • 예민비에 따른 점토 분류	KS F 2314
삼축압축시험 (UU Test)	• 점착력 • 내부마찰각 • 비배수강도 • 정수	• 변형계수 추정 • 구조물 기초의 지지력 산정 • 사면안정 해석 • 토압구조물에 작용하는 토압계산 및 안정계산	KS F 2346
압밀시험	• 압축계수 • 체적변화계수 • 압축지수 • 압밀계수 • 선행압밀하중 • 투수계수	• 최종압밀침하량 계산 • 소정의 압밀도에 소요되는 시간 추정 • 투수계수 산정 • 점토의 과압밀비를 구하여 흙의 이력상태 파악	KS F 2316

CHAPTER 09 기출문제

01 사운딩(sounding)의 종류에서 사질토에 가장 적합하고 점성토에서도 쓰이는 시험법은?

① 표준관입시험
② 베인전단시험
③ 더치 콘 관입시험
④ 이스키미터(Iskymeter)

[해설] 사운딩(sounding)의 종류

정적 사운딩	동적 사운딩
• 단관 원추관입시험 • 화란식 원추관입시험 • 베인시험 • 이스키미터	• 동적 원추관입시험 • 표준관입시험(SPT)

02 보링의 목적이 아닌 것은?

① 흐트러지지 않은 시료의 채취
② 지반의 토질구성 파악
③ 지하수위 파악
④ 평판재하시험을 위한 재하면의 형성

[해설] 보링의 목적
㉠ 지반의 구성상태 파악
㉡ 지하수위 파악
㉢ 실내 토질시험을 위한 교란 및 불교란시료의 채취

03 다음 그림과 같은 sampler에서 면적비는 얼마인가?
(단, $D_s = 7.2$cm, $D_e = 7.0$cm, $D_w = 7.5$cm)

① 5.9%
② 12.7%
③ 5.8%
④ 14.8%

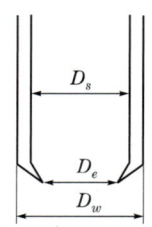

[해설] 샘플러의 면적비
$$A_r = \frac{D_w^2 - D_e^2}{D_e^2} \times 100$$
$$= \frac{7.5^2 - 7^2}{7^2} \times 100$$
$$= 14.79\%$$

04 외경(D_w) 50.8mm, 내경(D_e) 34.9mm인 스플릿 스푼 샘플러의 면적비로 옳은 것은?

① 112%
② 106%
③ 53%
④ 46%

[해설] 스푼 샘플러의 면적비
$$A_r = \frac{D_w^2 - D_e^2}{D_e^2} \times 100$$
$$= \frac{50.8^2 - 34.9^2}{34.9^2} \times 100 ≒ 112\%$$

05 채취된 시료의 교란 정도는 면적비를 계산하여 통상 면적비가 몇 %보다 작으면 잉여토의 혼입이 불가능한 것으로 보고 흐트러지지 않은 시료로 간주하는가?

① 10%
② 13%
③ 15%
④ 20%

[해설] 교란시료의 판정
면적비 $A_r < 10\%$이면 불교란시료로 취급한다.

정답 1.① 2.④ 3.④ 4.① 5.①

06 로드(rod)에 붙인 어떤 저항체를 지중에 넣어 타격관입, 인발 및 회전할 때의 저항으로 흙의 전단강도 등을 측정하는 원위치 시험을 무엇이라 하는가?

① 보링
② 사운딩
③ 시료채취
④ 비파괴시험(NDT)

> **해설 사운딩(sounding)**
> 로드(rod) 선단에 설치한 저항체를 땅속에 삽입하여 관입, 회전, 인발 등의 저항값으로부터 지반의 특성을 파악하는 지반조사방법이다.

07 사운딩에 대한 설명 중 틀린 것은?

① 로드 선단에 지중저항체를 설치하고 지반 내 관입, 압입, 또는 회전하거나 인발하여 그 저항치로부터 지반의 특성을 파악하는 지반조사방법이다.
② 정적 사운딩과 동적 사운딩이 있다.
③ 압입식 사운딩의 대표적인 방법은 Standard Penetration Test(SPT)이다.
④ 특수사운딩 중 측압사운딩의 공내 횡방향 재하시험은 보링공을 기계적으로 수평으로 확장시키면서 측압과 수평변위를 측정한다.

> **해설 사운딩(sounding)**
> ㉠ 로드(rod) 선단에 설치한 저항체를 땅속에 삽입하여 관입, 회전, 인발 등의 저항값으로부터 지반의 특성을 파악하는 지반조사방법이다.
> ㉡ SPT 시험은 동적인 사운딩이다.

08 다음 중 시료재취에 대한 설명으로 틀린 것은?

① 오거 보링(auger boring)은 흐트러지지 않은 시료를 채취하는 데 적합하다.
② 교란된 흙은 자연상태의 흙보다 전단강도가 작다.
③ 액성한계 및 소성한계 시험에서는 교란시료를 사용하여도 괜찮다.
④ 입도분석시험에서는 교란시료를 사용하여도 괜찮다.

> **해설 오거 보링**
> ㉠ 굴착토의 배출방법에 따라 포스트 홀오거(post hole auger)와 헬리컬 또는 스크루 오거(helical or screw auger)로 구분되며, 오거의 동력기구에 따라 분류하면 핸드오거, 머신오거, 파워핸드오거로 구분된다.
> ㉡ 특징 : 공 내에 송수하지 않고 굴진하여 연속적으로 흙의 교란된 대표적인 시료를 채취할 수 있다.

09 흙 시료채취에 관한 설명으로 틀린 것은?

① post hole형의 auger는 비교적 연약한 흙을 보링하는 데 적합하다.
② 비교적 단단한 흙에는 screw형의 auger가 적합하다.
③ auger 보링은 흐트러지지 않은 시료를 채취하는 데 적합하다.
④ 깊은 토층에서 시료를 채취할 때는 보통 기계보링을 한다.

> **해설 오거보링**
> ㉠ 오거보링은 흐트러진 시료(교란된 시료)를 채취할 때 적합하다.
> ㉡ 굴착토의 배출방법에 따라 포스트 홀오거(post hole auger)와 헬리컬 또는 스크루 오거(helical or screw auger)로 구분되며, 오거의 동력기구에 따라 분류하면 핸드오거, 머신오거, 파워핸드오거로 구분된다.

10 보링(boring)에 관한 설명으로 틀린 것은?

① 보링(boring)에는 회전식(rotary boring)과 충격식(percussion boring)이 있다.
② 충격식은 굴진속도가 빠르고 비용도 싸지만 분말상의 교란된 시료만 얻어진다.
③ 회전식은 시간과 공사비가 많이 들 뿐만 아니라 확실한 코어(core)도 얻을 수 없다.
④ 보링은 지반의 상황을 판단하기 위해 실시한다.

정답 6. ② 7. ③ 8. ① 9. ③ 10. ③

> **[해설]** 보링(boring)
> ㉠ 회전식 보링 : 거의 모든 지반에 적용되고 충격식 보링에 비해 공사비가 비싸지만 굴진성능이 우수하며 확실한 코어를 채취할 수 있다.
> ㉡ 오거보링 : 공 내에 송수하지 않고 굴진하여 연속적으로 흙의 교란된 대표적인 시료를 채취할 수 있다.
> ㉢ 충격식 보링 : 코어 채취가 불가능하다.

11 ★ 토질조사에 대한 설명 중 옳지 않은 것은?

① 표준관입시험은 정적인 사운딩이다.
② 보링의 깊이는 설계의 형태 및 크기에 따라 변한다.
③ 보링의 위치와 수는 지형조건 및 설계형태에 따라 변한다.
④ 보링 구멍은 사용 후에 흙이나 시멘트 그라우트로 메워야 한다.

> **[해설]** 토질조사
> ㉠ 표준관입시험은 동적인 사운딩(sounding)이다.
> ㉡ 보링의 심도는 예상되는 최대 기초 슬래브의 변장 B의 2배 이상 또는 구조물 폭의 1.5~2.0배로 한다.
> ㉢ 보링의 위치와 수는 지형조건 및 설계형태에 따라 변한다.
> ㉣ 보링 구멍은 사용 후에 흙이나 시멘트 그라우트로 메워야 한다.

12 ★ 표준관입시험(SPT)을 할 때 처음 150mm 관입에 요하는 N값은 제외하고, 그 후 300mm 관입에 요하는 타격수로 N값을 구한다. 그 이유로 옳은 것은?

① 흙은 보통 150mm 밑부터 그 흙의 성질을 가장 잘 나타낸다.
② 관입봉의 길이가 정확히 450mm이므로 이에 맞도록 관입시키기 위함이다.
③ 정확히 300mm를 관입시키기가 어려워서 150mm 관입에 요하는 N값을 제외한다.
④ 보링구멍 밑면 흙이 보링에 의하여 흐트러져 150mm 관입 후부터 N값을 측정한다.

> **[해설]** 표준관입시험의 N값
> 보링 구멍에 스플릿 스푼 샘플러를 넣고, 처음 흐트러진 시료를 15cm 관입한 후 63.5kg의 해머로 76cm 높이에서 자유 낙하시켜 샘플러를 30cm 관입시키는 데 필요한 타격횟수를 표준관입시험값, 또는 N값이라고 한다.

13 ★★ 다음의 사운딩(sounding)방법 중에서 동적인 사운딩은?

① 이스키미터(Iskymeter)
② 베인 전단시험(vane shear test)
③ 화란식 원추 관입시험(Dutch cone penetration)
④ 표준관입시험(Standard Penetration Test)

> **[해설]** 사운딩(sounding)의 종류
>
> | 정적 사운딩 | 동적 사운딩 |
> | --- | --- |
> | • 단관 원추관입시험
• 화란식 원추관입시험
• 베인시험
• 이스키미터 | • 동적 원추관입시험
• 표준관입시험(SPT) |

14 ★★ 토질조사에 대한 설명 중 옳지 않은 것은?

① 사운딩(sounding)이란 지중에 저항체를 삽입하여 토층의 성상을 파악하는 현장시험이다.
② 불교란시료를 얻기 위해서 foil sampler, thin wall tube sampler 등이 사용된다.
③ 표준관입시험은 로드(rod)의 길이가 길어질수록 N값이 작게 나온다.
④ 베인 시험은 정적인 사운딩이다.

> **[해설]** ㉠ 포일 샘플러(foil sampler)는 연약한 점성토의 시료를 연속적으로 길게 채취하기 위한 샘플러를 말한다.
> ㉡ 심도가 깊어지면 로드(rod)의 변형에 의한 타격에너지의 손실과 마찰로 인해 N값이 크게 나오므로 로드 길이에 대한 수정을 한다.

정답 11. ①   12. ④   13. ④   14. ③

15 현장에서 완전히 포화되었던 시료라 할지라도 시료채취 시 기포가 형성되어 포화도가 저하될 수 있다. 이 경우 생성된 기포를 원상태로 용해시키기 위해 작용시키는 압력을 무엇이라고 하는가?

① 배압(back pressure)
② 축차응력(deviator stress)
③ 구속압력(confined pressure)
④ 선행압밀압력(preconsolidation pressure)

> **해설** 배압(back pressure)
> ㉠ 배압은 여러 단계로 나누어 천천히 충분한 시간을 두고 가해야 한다.
> ㉡ 지하수위 아래 흙을 채취하면 물 속에 용해되어 있던 산소는 수압이 없어져 체적이 커지고 기포를 형성하므로 포화도는 줄어들게 되는데 이때 기포가 다시 용해되도록 원상태의 압력을 바닥에 가하는 압력을 배압이라 한다.

16 흙의 시료채취에 대한 설명으로 틀린 것은?

① 교란의 효과는 소성이 낮은 흙이 소성이 높은 흙보다 크다.
② 교란된 흙은 자연상태의 흙보다 압축강도가 작다.
③ 교란된 흙은 자연상태의 흙보다 전단강도가 작다.
④ 흙 시료채취 직후의 비교적 교란되지 않은 코어(core)는 부(負)의 과잉간극수압이 생긴다.

> **해설** 교란의 효과
>
> | 일축압축시험 | 삼축압축시험 |
> |---|---|
> | • 교란된 만큼 압축강도가 작아진다.
• 교란된 만큼 파괴변형률이 커진다.
• 교란된 만큼 변형계수가 작아진다. | 교란될수록 흙 입자 배열과 흙 구조가 흐트러져서 교란된 만큼 내부마찰각이 작아진다. |

17 다음 중 사운딩(sounding)이 아닌 것은?

① 표준관입시험(standard penetration test)
② 일축압축시험(unconfined compression test)
③ 원추관입시험(cone penetrometer test)
④ 베인시험(vane test)

> **해설** 사운딩(sounding)의 종류
>
> | 정적 사운딩 | 동적 사운딩 |
> |---|---|
> | • 단관 원추관입시험
• 화란식 원추관입시험
• 베인시험
• 이스키미터 | • 동적 원추관입시험
• 표준관입시험(SPT) |

18 다음 현장시험 중 sounding의 종류가 아닌 것은?

① vane 시험
② 표준관입시험
③ 동적 원추관입시험
④ 평판재하시험

> **해설** ④ 평판재하시험은 도로설계 시 지반반력계수를 구하는 데 활용되는 시험이다.
>
> 사운딩(sounding)의 종류
>
> | 정적 사운딩 | 동적 사운딩 |
> |---|---|
> | • 단관 원추관입시험
• 화란식 원추관입시험
• 베인시험
• 이스키미터 | • 동적 원추관입시험
• 표준관입시험(SPT) |

19 다음은 주요한 사운딩(sounding)의 종류를 나타낸 것이다. 이 가운데 사질토에 가장 적합하고 점성토에서도 쓰이는 조사법은?

① 더치 콘(Dutch cone) 관입시험기
② 베인 시험기(Vave tester)
③ 표준관입시험기
④ 이스키미터(Iskymeter)

> **해설** 사운딩(sounding)의 종류
>
> | 정적 사운딩 | 동적 사운딩 |
> |---|---|
> | • 단관 원추관입시험
• 화란식 원추관입시험
• 베인시험
• 이스키미터 | • 동적 원추관입시험
• 표준관입시험(SPT) |

정답 15. ① 16. ① 17. ② 18. ④ 19. ③

20 연약한 점성토의 지반특성을 파악하기 위한 현장조사 시험방법에 대한 설명 중 틀린 것은?

① 현장베인시험은 연약한 점토층에서 비배수 전단강도를 직접 산정할 수 있다.
② 정적 콘관입시험(CPT)은 콘지수를 이용하여 비배수 전단강도 추정이 가능하다.
③ 표준관입시험에서의 N값은 연약한 점성토 지반특성을 잘 반영해 준다.
④ 정적 콘관입시험(CPT)은 연속적인 지층분류 및 전단강도 추정 등 연약점토 특성분석에 매우 효과적이다.

해설 **표준관입시험**
㉠ 사질토에 가장 적합하고 점성토에도 시험이 가능하다.
㉡ 연약한 점성토에서는 SPT의 신뢰성이 매우 낮기 때문에 N값을 가지고 점성토의 역학적 특성을 추정하는 것은 옳지 않다.

21 암질을 나타내는 항목과 직접 관계가 없는 것은?

① N값 ② RQD값
③ 탄성파 속도 ④ 균열의 간격

해설 N값은 표준관입시험의 결과값으로, 사질토의 전단강도나 모래의 압축성 판정에 사용된다.
RMR(Rock Mass Rating) 분류법
암석의 강도, RQD(암질지수), 불연속면(균열)의 간격, 불연속면의 상태, 지하수 상태 등 5개의 매개변수에 의해 각각 등급을 두어 암반을 분류하는 방법이다.

22 전체 시추코어 길이가 150cm이고 이 중 회수된 코어 길이의 합이 80cm였으며, 10cm 이상인 코어 길이의 합이 70cm였을 때 코어의 회수율(TCR)은?

① 56.67% ② 53.33%
③ 46.67% ④ 43.33%

해설 **코어의 회수율(TCR)**
$$TCR = \frac{회수된\ 암석의\ 길이}{암석\ 코어의\ 이론상\ 길이} \times 100$$
$$= \frac{80}{150} \times 100 = 53.33\%$$

23 피에조콘(piezocone) 시험의 목적이 아닌 것은?

① 지층의 연속적인 조사를 통하여 지층변화 분석
② 연속적인 원지반 전단강도의 추이 분석
③ 중간 점토 내 분포한 sand seam 유무 및 발달 정도 확인
④ 불교란시료 채취

해설 **피에조콘(piezocone) 시험**
㉠ 피에조콘 : 콘을 흙 속에 관입하면서 콘관입저항력, 마찰저항력과 함께 간극수압을 측정할 수 있도록 다공질 필터와 트랜스듀서가 설치되어 있는 전자콘
㉡ 결과의 이용
• 연속적인 토층상태 파악
• 점토층에 있는 sand seam의 깊이, 두께 판단
• 지반개량 전후의 지반 변화 파악
• 간극수압 측정

24 다음 지반조사법 중 지구물리탐사방법이 아닌 것은?

① cross-hole ② down-hole
③ 탄성파 탐사 ④ dutch cone test

해설 **물리탐사의 종류**
• 탄성파 탐사
• 전기비저항 탐사
• 음파 탐사
• 방사능 탐사
• cross-hole test
• down-hole test

PART 2

기초공학

CHAPTER 10 | **기초일반**
CHAPTER 11 | **얕은 기초**
CHAPTER 12 | **깊은 기초**
CHAPTER 13 | **연약지반개량공법**

CHAPTER 10 기초일반

최근 10년간 출제분석표

2014	2015	2016	2017	2018	2019	2020	2021	2022	2023
0%	1.7%	0%	0%	1.7%	1.7%	1.7%	3.3%	1.7%	1.7%

출제 POINT

학습 POINT
- 기초의 필요조건
- 기초형식 선정 시 고려사항
- 기초의 형식 분류
- 얕은 기초의 종류
- 깊은 기초의 종류

■ 기초의 필요조건
① 최소한의 근입깊이(D_f)를 가질 것
② 지지력에 대해 안정할 것
③ 침하에 대해 안정할 것
④ 시공이 가능하고 경제적일 것

SECTION 1 기초일반

1 개요

1) 기초의 개요

① 기둥이나 벽을 통하여 전달되는 상부구조물의 하중을 지지하는 하부구조물
② 구조물의 최하부
③ 상부구조물의 하중을 기초가 놓이는 지반상에 직접 전달하는 형식의 기초

2) 기초의 필요조건

① 최소한의 근입깊이(D_f)를 가질 것(동해 등에 대해 안정해야 한다)
② 지지력에 대해 안정할 것
③ 침하에 대해 안정할 것(침하량이 허용치 이내에 들어야 한다)
④ 시공이 가능하고 경제적일 것

3) 기초의 깊이와 간격

기초의 깊이와 간격을 결정하는 데 고려할 사항

(1) 첫 번째 고려사항
① 지반 동결 깊이와 방지대책
② 팽창성 지반의 여부
③ 양압력 및 전도를 일으키는 힘 및 scouring

(2) 두 번째 고려사항
① 첫 번째 고려사항에서 결정한 깊이와 같거나 큰 적당한 지지 지반이 있는가의 여부
② 인접구조물 기초와의 간격이 충분한가의 검토

4) 기초형식 선정 시 고려사항

① 지반조사 결과를 토대로 지지층으로 분류할 수 있는 기반암층이 비교적 얇게(일반적으로 7.0m 이내) 형성되어 있거나, 하중의 영향 범위 내에 압축성이 큰 지층이 존재하지 않으면 얕은 기초(직접기초)를 고려한다.
② 얕은 기초의 적용이 불가능하면 깊은 기초를 고려하며, 일반적으로 사용하는 말뚝기초와 우물통기초에 대해 비교한다.
③ 말뚝기초와 우물통기초의 비교는 지반조건을 감안한 안정성과 해당 부지에서의 적용성 및 시공성을 우선 검토한 후 시공기간을 포함한 경제성을 비교하여 선정한다.
④ 직접기초의 적용을 우선 검토하고 지층심도 및 현장여건상 적용이 불가능할 경우에는 깊은 기초 적용을 검토한다.

SECTION 2 기초의 형식

1) 하중 전달 방식에 따른 분류

(1) 얕은 기초(직접기초)
① 확대기초(푸팅기초) : 독립기초, 복합기초, 연속기초, 캔틸레버 기초
② 전면기초(mat foundation)

(2) 깊은 기초
① 말뚝기초   ② 피어기초   ③ 케이슨 기초

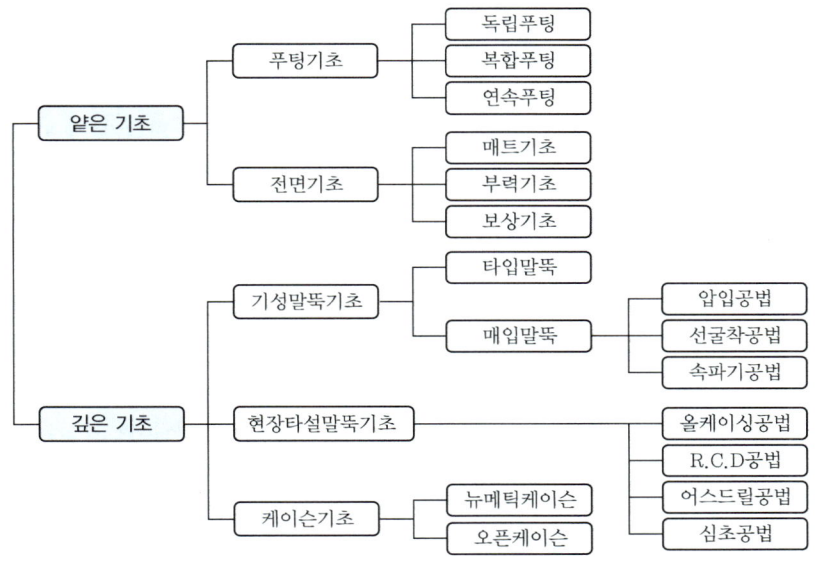

[기초 형식의 분류]

출제 POINT

■ 기초형식 선정 시 고려사항

① 지반조사 결과를 토대로 지지층으로 분류할 수 있는 기반암층이 비교적 얇게 형성되어 있거나, 하중의 영향 범위 내에 압축성이 큰 지층이 존재하지 않으면 얕은 기초를 고려
② 얕은 기초의 적용이 불가능하면 깊은 기초를 고려하며, 일반적으로 사용하는 말뚝기초와 우물통기초에 대해 비교
③ 말뚝기초와 우물통기초의 비교는 지반조건을 감안한 안정성과 해당 부지에서의 적용성 및 시공성을 우선 검토한 후 시공기간을 포함한 경제성을 비교하여 선정
④ 직접기초의 적용을 우선 검토하고 지층심도 및 현장여건상 적용이 불가능할 경우에는 깊은 기초 적용을 검토

학습 POINT

- 기초의 형식 분류
- 얕은 기초의 종류
- 깊은 기초의 종류

■ 얕은 기초의 종류

① 확대기초(푸팅기초) : 독립기초, 복합기초, 연속기초, 캔틸레버 기초
② 전면기초(mat foundation)

■ 깊은 기초의 종류

① 말뚝기초
② 피어기초
③ 케이슨 기초

출제 POINT

■ 얕은 기초의 특징

① $\frac{D_f}{B} \leq 1$
② 구조물의 무게가 비교적 가볍거나 지지층이 얕아서 상부구조물의 하중을 지반으로 직접 전달하도록 지반 위에 설치하는 기초

■ 확대기초의 종류

① 독립기초
② 복합기초
③ 캔틸레버식 기초
④ 연속기초

2) 얕은 기초

$\frac{D_f}{B} \leq 1$인 경우로, 구조물의 무게가 비교적 가볍거나 지지층이 얕아 상부구조물의 하중을 지반으로 직접 전달시키기 위하여 지반 위에 설치하는 기초를 말한다.

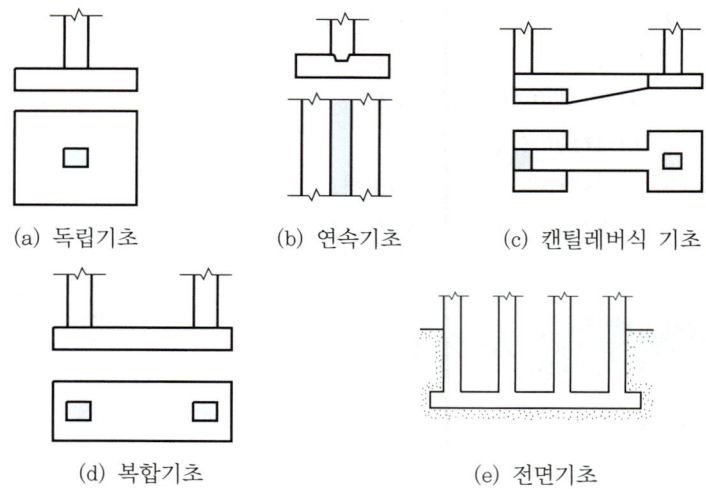

(a) 독립기초　　(b) 연속기초　　(c) 캔틸레버식 기초

(d) 복합기초　　(e) 전면기초

[얕은 기초의 종류]

(1) 확대기초

① 독립기초 : 기둥 1개를 지지하는 확대기초
② 복합기초 : 2개 이상의 기둥을 지지하는 확대기초로서 독립기초가 큰 하중을 지지하는 데 필요한 충분한 공간을 차지할 수 없는 경우에 적용
③ 캔틸레버식 기초 : 복합 푸팅기초의 일종이다. 2개의 푸팅을 tie beam (strap)으로 연결시킨 기초로, 기초지반의 지지력이 클 때에는 복합기초보다 경제적이며 흙의 허용지지력이 크고 기둥 사이의 거리가 길 때 사용
④ 연속기초 : 기둥 수가 많은 경우나 하중이 벽을 통하여 전달되는 경우 띠 모양의 긴 푸팅으로 지지하는 기초

(2) 전면기초

① 기초지반의 지지력이 작은 경우나 각각의 푸팅을 하나의 큰 슬래브로 연결하여 지반에 작용하는 접지압을 감소시켜 상부구조물을 단일 매트로 지지하는 기초
② 푸팅기초의 저면적이 커져서 그 합계가 시공면적의 2/3를 초과하는 경우 전면기초가 경제적이다.

3) 깊은 기초

$\dfrac{D_f}{B} > 1$인 경우로, 구조물의 무게가 무겁거나 지지층이 깊고 지표면 부근에 연약층이 있는 경우 사용하는 기초이다. 상부구조물의 하중을 말뚝이나 케이슨을 통해서 깊은 지지층에 지지시키는 기초형식이다.

(1) 말뚝기초

지지층이 깊은 경우 푸팅의 설치에 지장이 없고 구조물 하중이 극히 크지 않은 경우에 해당된다.

① 타입말뚝
② 진동말뚝
③ 중공말뚝
④ 선굴착말뚝

(2) 피어(pier) 기초

지반에 직경 1m 이상을 굴착한 후 그 속에 현장 콘크리트를 타설하여 만든 기초로, 굴착심도는 깊은 기초 중에서 가장 깊으며 저진동과 저소음으로 도심지 공사에 적합하다.

① Benoto 공법
② earth drill 공법
③ RCD(Reverse Circulation Drill) 공법
④ 전선회식 공법
⑤ 심초기초(인력기초)

(3) 케이슨 기초

육상 또는 수상에서 건조된 것을 케이슨 자중 또는 적재하중에 의하여 소정의 깊이까지 침하시켜 상부하중을 지지하는 기초공법이다. 하중의 크기가 크거나 지지층이 깊은 대형 구조물 기초에 적당하며, 깊은 기초 중에서 지지력과 수평저항력이 가장 크다.

① 우물통기초
② 공기 케이슨 기초
③ box 케이슨 기초

출제 POINT

■ 깊은 기초

① $\dfrac{D_f}{B} > 1$인 경우
② 구조물의 무게가 무겁거나 지지층이 깊고 지표면 부근에 연약층이 있는 경우
③ 상부구조물의 하중을 말뚝이나 케이슨을 통해서 깊은 지지층에 지지시키는 기초형식

■ 깊은 기초의 종류

① 말뚝기초 : 지지층이 깊은 경우 푸팅의 설치에 지장이 없고 구조물 하중이 극히 크지 않은 경우에 해당
② 피어(pier) 기초 : 지반에 직경 1m 이상을 굴착한 후 그 속에 현장콘크리트를 타설하여 만든 기초로, 굴착심도는 깊은 기초 중에서 가장 깊으며 저진동과 저소음으로 도심지 공사에 적합
③ 케이슨 기초 : 육상 또는 수상에서 건조된 것을 케이슨 자중 또는 적재하중에 의하여 소정의 깊이까지 침하시켜 상부 하중을 지지하는 기초공법. 하중의 크기가 크거나 지지층이 깊은 대형 구조물 기초에 적당하며 깊은 기초 중에서 지지력과 수평저항력이 가장 크다.

■ 케이슨 기초의 종류

① 우물통기초
② 공기 케이슨 기초
③ box 케이슨 기초

출제 POINT

구분	얕은 기초(직접기초)	깊은 기초	
		말뚝기초	케이슨 기초
개념도	전단저항 / 저면저항	주면 마찰저항 / 선단저항	측면 저항 / 전단저항 / 저면저항
하중 지지 개념	• 연직력 : 지반반력 • 수평력 : 기초저면 전단저항 및 교대부 수동토압	• 연직력 : 선단+주면 마찰 • 수평력 : 말뚝 휨강성 및 주변 지반의 수동저항	• 연직력 : 저면반력 • 수평력 : 측면반력 및 전단저항(마찰저항)
공법별 구분	• 독립기초 • 복합기초 • 줄기초 • 전면(mat)기초	• 항타말뚝 • 매입말뚝 • 현장타설말뚝	• 오픈케이슨 • 공기케이슨 • 특수케이슨 • 강널말뚝웰
적용 기준	• 지표에서 8m 이내의 심도 • 동상방지를 위해 1m 이상의 근입심도 필요 • 터파기 영향권 내 장애물이 없고 시공 중 배수처리가 용이할 것 • $N > 50$ 이상의 양호한 지층	• 지지층 8m 이상에서 현장 여건 고려 • 현장 조건에 따라 기성말뚝과 현장타설말뚝으로 나누어 적용 • $N > 50$ 이상의 양호한 지층	• 지지층심도 : 7.0~30.0m • 연직하중이 상당히 큰 구조물로, 하상·수상 등 말뚝기초형식 적용이 곤란한 지역에 적용

CHAPTER 10 기출문제

01 기초가 갖추어야 할 조건이 아닌 것은?
① 동결, 세굴 등에 안전하도록 최소의 근입깊이를 가져야 한다.
② 기초의 시공이 가능하고 침하량이 허용치를 넘지 않아야 한다.
③ 상부로부터 오는 하중을 안전하게 지지하고 기초지반에 전달하여야 한다.
④ 미관상 아름답고 주변에서 쉽게 구할 수 있는 재료로 설계되어야 한다.

> **해설** 기초의 구비조건(기초가 갖추어야 할 조건)
> ㉠ 최소한의 근입깊이를 가질 것(동해, 지반의 건조수축, 습윤팽창, 지하수위 변화에 안정)
> ㉡ 지지력에 대해 안정할 것
> ㉢ 침하에 대해 안정할 것(침하량이 허용치 이내에 들어야 한다.)
> ㉣ 시공이 가능하고 경제적일 것

02 피어기초의 수직공을 굴착하는 공법 중에서 기계에 의한 굴착공법이 아닌 것은?
① Benoto 공법
② Chicago 공법
③ Calwelde 공법
④ Reverse circulation 공법

> **해설** 기계굴착공법
> ㉠ Benoto 공법
> ㉡ Earth drill(calwelde) 공법
> ㉢ RCD(역순환) 공법

03 다음 중 직접기초에 속하는 것은?
① 푸팅기초 ② 말뚝기초
③ 피어기초 ④ 케이슨기초

> **해설** 얕은 기초(직접기초)의 분류
> ㉠ 푸팅(footing) 기초(확대기초)
>   • 독립 푸팅기초
>   • 복합 푸팅기초
>   • 캔틸레버 푸팅기초
>   • 연속 푸팅기초
> ㉡ 전면기초(mat 기초)

04 말뚝기초의 지지력에 관한 설명으로 틀린 것은?
① 부마찰력은 아래 방향으로 작용한다.
② 말뚝 선단부의 지지력과 말뚝 주변 마찰력의 합이 말뚝의 지지력이 된다.
③ 점성토 지반에는 동역학적 지지력 공식이 잘 맞는다.
④ 재하시험 결과를 이용하는 것이 신뢰도가 큰 편이다.

> **해설** 동역학적 지지력 공식
> ㉠ 점토지반에 부적합하다.
> ㉡ 모래, 자갈 등의 지지말뚝에 한해서 적용한다.

05 말뚝기초의 지반거동에 관한 설명으로 틀린 것은?
① 연약지반상에 타입되어 지반이 먼저 변형하고 그 결과 말뚝이 저항하는 말뚝을 주동말뚝이라 한다.
② 말뚝에 작용한 하중은 말뚝 주변의 마찰력과 말뚝 선단의 지지력에 의하여 주변 지반에 전달된다.
③ 기성말뚝을 타입하면 전단파괴를 일으키며 말뚝 주위의 지반은 교란된다.
④ 말뚝 타입 후 지지력의 증가 또는 감소 현상을 시간효과(time effect)라 한다.

정답 1.④ 2.② 3.① 4.③ 5.①

> [해설] **말뚝기초**
> ㉠ 주동말뚝 : 말뚝이 지표면에서 수평력을 받는 경우 말뚝이 변형함에 따라 지반이 저항하는 말뚝
> ㉡ 수동말뚝 : 지반이 먼저 변형하고 그 결과 말뚝이 저항하는 말뚝

06 다음 중 부마찰력이 발생할 수 있는 경우가 아닌 것은?

① 매립된 생활쓰레기 중에 시공된 관측정
② 붕적토에 시공된 말뚝기초
③ 성토한 연약점토지반에 시공된 말뚝기초
④ 다짐된 사질지반에 시공된 말뚝기초

> [해설] **부마찰력(Q_{NS})**
> ㉠ 연약지반에 말뚝을 박은 다음 성토한 경우에는 성토하중에 의하여 압밀이 진행되어 말뚝이 아래로 끌려가 하중 역할을 한다. 이 경우의 극한지지력은 감소한다.
> ㉡ 말뚝 주변의 지반에 압밀이 발생할 때 생긴다. 그러나 다짐된 사질지반에서는 압밀현상이 일어나지 않는다.

07 말뚝기초에 대한 설명으로 틀린 것은?

① 군항은 전달되는 응력이 겹쳐지므로 말뚝 1개의 지지력에 말뚝 개수를 곱한 값보다 지지력이 크다.
② 동역학적 지지력 공식 중 엔지니어링 뉴스 공식의 안전율(F_s)은 6이다.
③ 부주면마찰력이 발생하면 말뚝의 지지력은 감소한다.
④ 말뚝기초는 기초의 분류에서 깊은 기초에 속한다.

> [해설] **군항의 허용지지력(q_{ag})**
> $q_{ag} = ENq_a$
> 군항의 허용지지력은 효율이 고려되므로 말뚝 1개의 지지력을 말뚝 수로 곱한 값보다 지지력이 작다.

08 기초 슬래브 최소폭 $B=1.8m$이고, 기초의 깊이 $D_f=1.2m$일 때 이것은 어떤 기초로서 설계될 것인가?

① 말뚝기초(pile foundation)
② 웰기초(well foundation)
③ 케이슨기초(caisson foundation)
④ 직접기초(direct foundation)

> [해설] **얕은 기초(직접기초)**
> ㉠ $\dfrac{D_f}{B} \le 1$인 경우 얕은 기초(직접기초)이다.
> ㉡ $\dfrac{D_f}{B} = \dfrac{1.2}{1.8} = 0.67 < 1$이므로 직접기초이다.

09 기초의 강도가 약한 연약지반에는 다음의 어떤 기초가 가장 좋은가?

① 연속기초　　② 독립기초
③ 전면기초　　④ 복합기초

> [해설] **기초의 적용**
> ㉠ 지반의 강도가 약한 순서에 따라 전면기초, 연속기초, 복합기초, 독립기초의 순서로 사용한다.
> ㉡ 지반의 강도가 가장 약한 연약지반의 경우 전면기초(mat)를 사용하는 것이 좋다.

10 직접기초의 굴착공법이 아닌 것은?

① 오픈컷(open cut) 공법
② 트렌치컷(trench cut) 공법
③ 아일랜드(island) 공법
④ 딥웰(deep well) 공법

> [해설] 딥웰(deep well) 공법은 중력배수에 의한 연약지반 개량공법이다.
> **직접기초의 굴착공법**
> ㉠ 오픈컷(open cut) 공법
> ㉡ 트렌치컷(trench cut) 공법
> ㉢ 아일랜드(island) 공법

11 기초에 관한 다음 설명 중 틀린 것은?

① 지지력을 크게 하기 위하여 응력이 중복되도록 한다.
② 전면기초는 상부구조의 전하중을 하나의 기초판에 지지한다.
③ 양질의 두꺼운 지지층이 지표 가까이 존재하는 경우는 직접기초로 하는 것이 좋다.
④ 직접기초 밑에 돌기를 설치하면 활동저항을 크게 할 수 있다.

> **해설** 기초에 관한 사항
> ㉠ 응력이 중복되도록 하면 지지력 손실이 커지게 되므로 지지력은 상대적으로 감소하게 된다.
> ㉡ 전면기초는 상부구조의 전하중을 하나의 기초판에 지지한다.
> ㉢ 양질의 두꺼운 지지층이 지표 가까이 존재하는 경우는 직접기초로 하는 것이 좋다.
> ㉣ 직접기초 밑에 돌기를 설치하면 활동저항을 크게 할 수 있다.

12 다음 직접기초 중에서 지지력이 가장 작은 지반에 설치하기에 경제적인 기초는?

① 독립 footing 기초
② cantilever footing 기초
③ 복합 footing 기초
④ 연속 footing 기초

> **해설** 기초의 적용
> ㉠ 지반의 강도가 약한 순서에 따라 전면기초, 연속기초, 복합기초, 독립기초의 순서로 사용한다.
> ㉡ 지반의 강도가 가장 작은 지반의 경우 연속 푸팅기초를 사용하는 것이 좋다.

13 다음 중 얕은 기초의 지지력에 영향을 미치지 않는 것은?

① 지반의 경사(inclination)
② 기초의 깊이(depth)
③ 기초의 두께(thickness)
④ 기초의 형상(shape)

> **해설** 얕은 기초의 지지력에 영향을 미치는 요소
> ㉠ 지반의 경사
> ㉡ 기초의 깊이
> ㉢ 기초의 형상
> ㉣ 각 푸팅의 고저차

14 다음은 직접기초에 대한 설명이다. 틀린 것은?

① 두 개의 푸팅을 스트랩(strap)으로 연결한 것을 캔틸레버 푸팅이라 한다.
② 캔틸레버 푸팅은 기둥이 용지의 경계선에 접근해서 기초부지를 침범하게 되는 경우는 사용할 수 없다.
③ 푸팅의 전면적이 커져서 그의 합계가 시공면적의 2/3를 초과하면 일반적으로 전면기초가 경제적이다.
④ 푸팅의 깊이는 동결작용을 받지 않은 깊이까지 기초를 해야 한다.

> **해설** 캔틸레버 푸팅을 사용하는 경우
> ㉠ 기둥이 용지의 경계선에 접근하고 있어 인접지를 침범하지 않도록 독립 푸팅기초를 설치하면 편심이 크게 생기는 경우
> ㉡ 2개의 기둥이 근접하고 있어 각각 독립 푸팅기초를 설치하기 곤란한 경우
> ㉢ 2개의 기둥을 서로 다른 높이로 설치해야 하는 경우

15 흙의 허용지내력에 대한 다음 설명 중 옳은 것은?

① 지지력도 안전하고 침하량도 허용치를 초과하지 않는 능력을 말한다.
② 허용지지력의 크기가 같다.
③ 극한지지력을 말한다.
④ 흙의 장기안정강도를 말한다.

> **해설** 흙의 허용지내력
> ㉠ 흙의 허용지내력은 지지력도 안전하고 침하량도 허용치를 초과하지 않는 능력을 말한다.
> ㉡ 지지력과 침하량 중 작은 값을 지내력이라 한다.

정답 11. ① 12. ④ 13. ③ 14. ② 15. ①

16 다음은 허용지지력에 대한 설명이다. 옳지 않은 것은?

① 극한지지력에 대해서 소정의 안전율을 가지며 침하량이 허용치 이하가 되게 하는 하중강도의 최대의 것을 말한다.
② 지지력을 기준하면 점성토는 일정하고, 사질토는 기초폭에 비례하여 커진다.
③ 침하량을 기준하면 점성토는 기초폭에 상관없이 일정하고 사질토는 기초폭의 증가에 따라 작아진다.
④ 일반적으로 작은 크기의 기초의 허용지내력은 지지력에 의하여 결정되고 큰 기초의 허용지내력은 침하에 의하여 결정된다.

> **해설** 흙의 허용지지력
> ㉠ 점성토의 침하량은 기초폭에 비례하여 증가한다.
> ㉡ 사질토는 기초폭에 직접 비례하지 않으나 최대 4배 정도까지 증가한다.

17 얕은 기초의 근입심도를 깊게 하면 일반적으로 기초지반의 지지력은?

① 증가한다.
② 감소한다.
③ 변화가 없다.
④ 증가할 수도 있고, 감소할 수도 있다.

> **해설** 극한지지력은 기초의 폭과 근입깊이에 비례한다.

18 말뚝의 분류 중 지지상태에 따른 분류에 속하지 않는 것은?

① 다짐말뚝　　② 마찰말뚝
③ pedestal 말뚝　　④ 선단지지말뚝

> **해설** 지지방법에 의한 분류
> 선단지지말뚝, 마찰말뚝, 하부지반 지지말뚝, 다짐말뚝

19 일반적으로 기초의 필요조건과 거리가 먼 것은?

① 동해를 받지 않는 최소한의 근입깊이를 가질 것
② 지지력에 대해 안정할 것
③ 침하가 전혀 발생하지 않을 것
④ 시공성, 경제성이 좋을 것

> **해설** 일반적인 기초의 필요조건
> 일반적으로 기초의 조건으로는 침하량이 허용값 이내에 들어야 한다.
> ㉠ 동해를 받지 않는 최소한의 근입깊이를 가질 것
> ㉡ 지지력에 대해 안정할 것
> ㉢ 침하에 대해 안정할 것
> ㉣ 경제성이 좋을 것

20 캔틸레버식 푸팅은 다음 어느 기초에 속하는가?

① 독립 푸팅　　② 복합 푸팅
③ 연속 푸팅　　④ 전면 기초

> **해설** 복합 푸팅과 캔틸레버 푸팅
> ㉠ 복합 푸팅은 상부 구조물의 하중을 2개 이상의 기둥으로 전달하는 것이다.
> ㉡ 캔틸레버 푸팅은 2개의 푸팅을 스터럽(stirrup)으로 연결한 것이다.

21 직접기초에 대한 다음 설명 중 옳지 않은 것은?

① 직접기초는 하중을 직접 좋은 지반에 전달시키는 형식의 얕은 기초이다.
② 직접기초 밑면에 돌기를 설치하면 활동저항을 증가시킨다.
③ 점토지반에서 지지력을 증가시키기 위해서는 기초깊이를 깊게 하는 것보다 기초폭을 크게 하는 것이 유리하다.
④ 직접기초는 지지, 전도, 활동에 대해서 안정하여야 한다.

> **해설** 점토지반에서의 극한지지력
> 점토지반에서는 내부마찰각이 0이므로 기초의 극한지지력은 기초의 폭과는 관계가 없다.

정답　16. ③　17. ①　18. ③　19. ③　20. ②　21. ③

22 다음 기초의 형식 중 깊은 기초에 해당되는 것은?
① 케이슨 기초   ② 전면기초
③ 독립 푸팅기초 ④ 복합 푸팅기초

> **해설** 깊은 기초의 종류
> 말뚝기초, 피어기초, 케이슨 기초 등이 있다.

23 기초의 구비조건에 대한 설명 중 틀린 것은?
① 상부하중을 안전하게 지지해야 한다.
② 기초깊이는 동결깊이 이하여야 한다.
③ 기초는 전체 침하나 부등침하가 전혀 없어야 한다.
④ 기초는 기술적, 경제적으로 시공 가능하여야 한다.

> **해설** 일반적으로 기초의 구비조건으로는 전체 침하나 부등침하가 전혀 없어야 하는 것이 아니라 침하량이 허용값 이내에 들어야 한다.

24 다음의 기초형식 중 얕은 기초가 아닌 것은?
① 말뚝기초   ② 독립기초
③ 연속기초   ④ 전면기초

> **해설** 얕은 기초(직접기초)의 분류
> ㉠ 푸팅(footing) 기초(확대기초) : 독립 푸팅기초, 복합 푸팅기초, 캔틸레버 푸팅기초, 연속 푸팅기초
> ㉡ 전면기초(mat 기초)

25 얕은 기초의 근입심도를 깊게 하면 일반적으로 기초지반의 지지력은?
① 증가한다.
② 감소한다.
③ 변화가 없다.
④ 증가할 수도 있고, 감소할 수도 있다.

> **해설** 극한지지력은 기초의 폭과 근입깊이에 비례한다.
> 테르자기(Terzaghi)의 얕은 기초에 대한 지지력공식
> $q_u = \alpha c N_c + \beta \gamma_1 B N_\gamma + \gamma_2 D_f N_q$

정답 22. ① 23. ③ 24. ① 25. ①

CHAPTER 11 얕은 기초

최근 10년간 출제분석표

2014	2015	2016	2017	2018	2019	2020	2021	2022	2023
11.7%	5%	10%	11.7%	5%	5%	5%	1.7%	5%	3.3%

출제 POINT

학습 POINT
- 확대기초(푸팅기초)의 종류
- 전면기초(매트기초)의 종류
- 기초의 파괴형태
- 얕은 기초의 지지력에 영향을 미치는 요인
- 테르자기의 가정
- 테르자기의 기초파괴형상
- 단면에 따른 형상계수 적용
- 극한지지력 공식의 계산
- 즉시침하량과 압밀침하량
- 접지압과 침하량 분포
- 얕은 기초의 굴착방법

■ 확대기초(푸팅기초)의 종류
① 독립기초
② 복합기초
③ 캔틸레버 기초
④ 연속기초

SECTION 1 얕은 기초의 종류

1 확대기초(푸팅기초)

① 독립기초 : 상부 구조물의 하중을 1개의 기둥이 하나의 푸팅으로 전달하는 기초
② 복합기초 : 상부 구조물의 하중을 2개 이상의 기둥이 하나의 푸팅으로 전달하는 기초
③ 캔틸레버 기초 : 2개의 독립기초를 보로 연결한 기초
④ 연속기초 : 기둥의 수가 많아지든지 하중이 벽을 통하여 전달되는 경우 띠 모양의 긴 푸팅으로 지지하는 기초로서 기초지반의 지지력이 작은 곳에 사용한다.

2 전면기초(mat foundation)

기초의 바닥면적이 시공면적의 2/3 이상인 경우이며, 연약지반에 많이 사용된다.

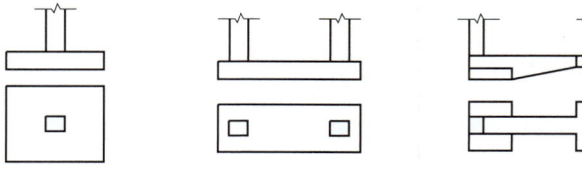

(a) 독립 푸팅기초   (b) 복합 푸팅기초   (c) 캔틸레버 푸팅기초

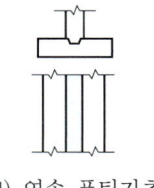
(d) 연속 푸팅기초

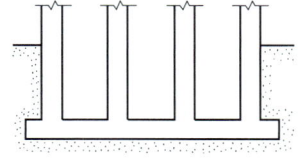
(e) 전면기초

[얕은 기초의 종류]

SECTION 2 지지력

1 지반의 파괴형태

1) 전반전단파괴(general shear failure)

   ① q_u보다 큰 하중이 가해지면 급격한 침하가 일어나고 주위 지반이 융기하며 지표면에 균열이 생긴다.
   ② 지반 내의 파괴면이 지표면까지 확장된다.
   ③ 조밀한 모래나 굳은 점토지반에서 일어난다.
   ④ 하중-침하곡선에서 피크점이 뚜렷하다.

2) 국부전단파괴(local shear failure)

   ① 활동 파괴면이 명확하지 않으며 파괴의 발달이 지표면까지 도달하지 않고 지반 내에서만 발생하므로 약간의 융기가 생기며 흙 속에서 국부적으로 파괴된다.
   ② 느슨한 모래나 연약한 점토지반에서 일어난다.
   ③ 하중-침하곡선의 피크점이 뚜렷하지 않으며, 경사가 더욱 급해져서 직선으로 변하는 하중 q_u가 극한지지력이다.

3) 관입전단파괴(punching shear failure)

   ① 기초가 지반에 관입할 때 주위 지반이 융기하지 않고 오히려 기초를 따라 침하를 일으키며 파괴된다.
   ② 아주 느슨한 모래나 아주 연약한 점토지반에서 일어난다.
   ③ 기초 아래 지반은 기초의 하중으로 다져지므로 기초가 침하할수록 하중은 증가한다.
   ④ 하중-침하곡선의 경사가 급하게 되어 직선에 가깝게(곡률이 최대) 변하는 하중 q_u가 극한지지력이다.

> **학습 POINT**
> - 기초의 파괴형태
> - 얕은 기초의 지지력에 영향을 미치는 요인
> - 테르자기의 가정
> - 테르자기의 기초파괴형상
> - 단면에 따른 형상계수 적용
> - 극한지지력 공식의 계산

■ 지반의 파괴형태
① 전반전단파괴 : q_u보다 큰 하중이 가해지면 급격한 침하가 일어나고 주위 지반이 융기하며 지표면에 균열이 생김
② 국부전단파괴 : 활동 파괴면이 명확하지 않으며 파괴의 발달이 지표면까지 도달하지 않고 지반 내에서만 발생하므로 약간의 융기가 생기며 흙 속에서 국부적으로 파괴됨
③ 관입전단파괴 : 기초가 지반에 관입할 때 주위 지반이 융기하지 않고 오히려 기초를 따라 침하를 일으키며 파괴됨

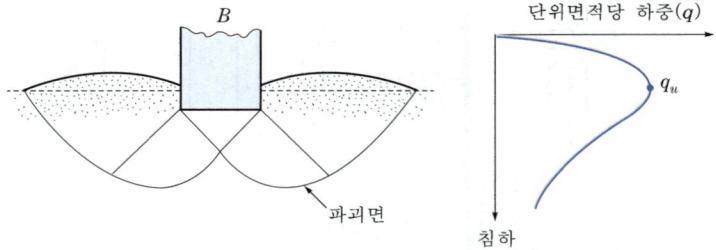

(a) 전반전단파괴(general shear failure)

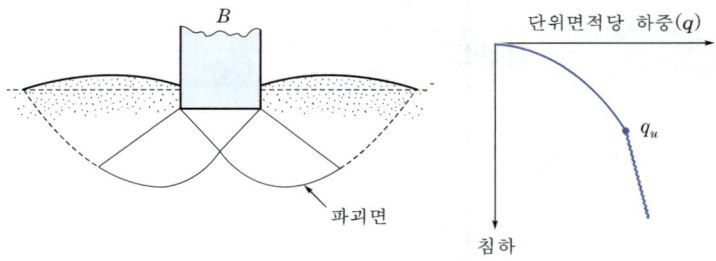

(b) 국부전단파괴(local shear failure)

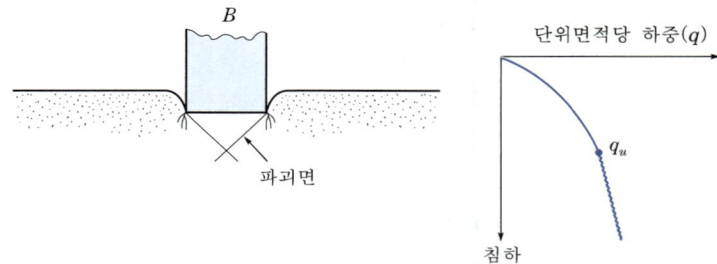

(c) 관입전단파괴(punching shear failure)

[기초의 파괴형태]

2 얕은 기초의 지지력에 영향을 미치는 요인

■ 얕은 기초의 지지력에 영향을 미치는 요소

① 지반의 경사
② 기초의 깊이
③ 기초의 형상
④ 각 푸팅의 고저차

1) 지반의 경사

풍화작용을 고려하여 경사면에서 최소한 60~100cm 정도 떨어져야 한다.

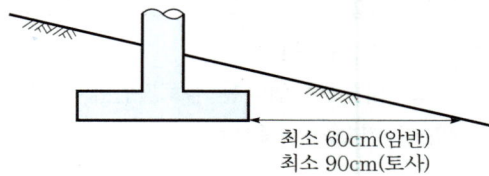

[지반의 경사]

2) 기초의 깊이

풍화작용 때문에 기초의 근입깊이는 보통 1.2m 이상은 되어야 한다.

3) 기초의 형상

기초의 극한지지력 계산에 있어서 형상계수를 곱해 주어야 한다.

4) 각 푸팅의 고저차

① 지반에 전달되는 응력이 중복되지 않아야 한다.

② 흙인 경우

$$b \leq \frac{a}{2}$$

③ 암반인 경우

$$b \leq a$$

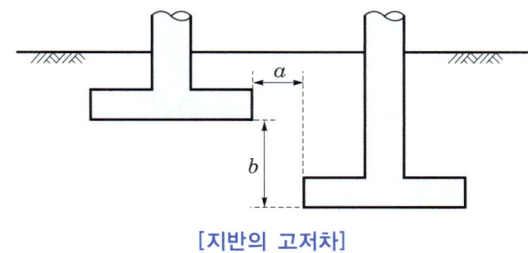

[지반의 고저차]

3 테르자기(Terzaghi)의 가정

① 연속기초에 대한 지지력의 계산이다.
② 기초 저부는 거칠다.
③ 근입깊이까지의 흙의 중량은 상재하중으로 가정한다.
④ 근입깊이에 대한 전단강도는 지지력을 구할 때 무시한다.

4 테르자기의 기초파괴형상

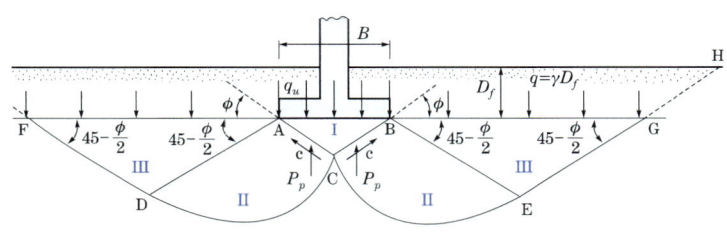

[테르자기(Terzaghi)의 기초파괴형상]

■ 테르자기(Terzaghi)의 가정
① 연속기초에 대한 지지력의 계산이다.
② 기초 저부는 거칠다.
③ 근입깊이까지의 흙의 중량은 상재하중으로 가정한다.
④ 근입깊이에 대한 전단강도는 지지력을 구할 때 무시한다.

SOIL MECHANICS FOUNDATION

출제 POINT

■ 테르자기의 기초파괴형상
① 영역 Ⅰ : 탄성영역(흙쐐기)
② 영역 Ⅱ : 과도영역 또는 방사 전단영역
③ 영역 Ⅲ : 랭킨의 수동영역
④ 파괴 순서는 Ⅰ→Ⅱ→Ⅲ

1) 테르자기의 기초파괴형상

(1) 영역 Ⅰ [탄성영역(흙쐐기)]
① 기초 바로 밑의 삼각형 영역 ABJ(triangular zone)
② 직선 AJ, BJ는 수평선과 ϕ의 각도를 이룸

(2) 영역 Ⅱ [과도영역 또는 방사 전단영역(radial shear zones)]
원호 JE, JD는 대수나선 원호

(3) 영역 Ⅲ [랭킨의 수동영역]
① 흙의 선형 전단파괴 영역
② EG, DF는 직선

2) 특징
① 파괴 순서는 Ⅰ → Ⅱ → Ⅲ으로 진행된다.
② 영역 Ⅲ에서 수평선과 $45° - \dfrac{\phi}{2}$의 각을 이룬다.
③ FH선상의 전단강도는 무시한다.

5 테르자기(Terzaghi)의 극한지지력 공식

■ 테르자기의 극한지지력 공식과 형상계수

$q_u = \alpha c N_c + \beta \gamma_1 B N_\gamma + \gamma_2 D_f N_q$

형상계수	연속	정사각형	직사각형	원형
α	1.0	1.3	$1+0.3\dfrac{B}{L}$	1.3
β	0.5	0.4	$0.5-0.1\dfrac{B}{L}$	0.3

1) 일반식

$$q_u = \alpha c N_c + \beta \gamma_1 B N_\gamma + \gamma_2 D_f N_q$$

여기서, N_c, N_γ, N_q : 지지력계수
c : 기초바닥 아래 흙의 점착력(kN/m²)
B : 기초의 최소폭(m)
γ_1 : 기초바닥 아래 흙의 단위중량(kN/m³)
γ_2 : 근입깊이 흙의 단위중량(kN/m³)
D_f : 근입깊이(m)
α, β : 기초 모양에 따른 형상계수(shape factor)

① 형상계수

형상계수	연속	정사각형	직사각형	원형
α	1.0	1.3	$1+0.3\dfrac{B}{L}$	1.3
β	0.5	0.4	$0.5-0.1\dfrac{B}{L}$	0.3

여기서, B : 직사각형의 단변길이
L : 직사각형의 장변길이

② 지지력계수 : 수동토압계수의 함수이며, 이는 내부마찰각의 함수이다.
③ 흙의 단위중량 : 지하수위 아래에서는 수중단위중량을 사용한다.

2) 국부전단파괴의 극한지지력

국부전단파괴의 극한지지력은 전반전단파괴에 의한 극한지지력보다 약 $\frac{2}{3}$ 정도 감소한다.

$$c_l = \frac{2}{3}c$$

$$\tan\phi_l = \frac{2}{3}\tan\phi \text{에서 } \phi_l = \tan^{-1}\left(\frac{2}{3}\tan\phi\right)$$

> **■ 국부전단파괴의 극한지지력**
> 국부전단파괴의 극한지지력은 전반전단파괴에 의한 극한지지력보다 약 $\frac{2}{3}$ 정도 감소한다.
> $c_l = \frac{2}{3}c$
> $\phi_l = \tan^{-1}\left(\frac{2}{3}\tan\phi\right)$

3) 포화점토지반($\phi=0$)에 설치된 연속기초의 극한지지력

① $\phi=0$일 때의 지지력계수 : $N_c = 5.7$, $N_\gamma = 0$, $N_q = 1$
② 극한지지력 : $q_u = 5.7c + \gamma D_f$
③ 포화점토지반에 기초가 시공되는 경우의 극한지지력은 기초의 폭과는 무관하다.

4) 포화점토지반($\phi=0$)이고, 근입깊이가 0($D_f = 0$)인 연속기초의 극한지지력

① 기초의 저면이 매끄러운 경우 약 10% 정도 감소($q_u = 5.7c \times 0.9 = 5.14c$)한다.
② 극한지지력 : $q_u = 5.14c$

5) 모래지반에 설치한 연속기초의 극한지지력

① 지지력계수 : $c = 0$
② 극한지지력 : $q_u = \beta\gamma_1 BN_\gamma + \gamma_2 D_f N_q$
③ 모래지반에 기초가 설치되는 경우의 극한지지력은 기초의 폭에 비례한다.

6 지하수위의 영향

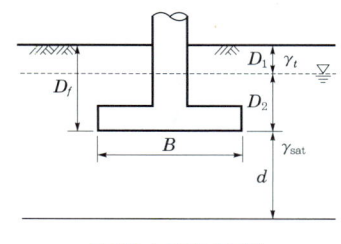

[지하수위의 영향]

출제 POINT

1) 지하수위가 기초 바닥 위에 있는 경우($0 \leq D_1 \leq D_f$)

$$\gamma_1 = \gamma_{sub}$$
$$\gamma_2 D_f = \gamma_t D_1 + \gamma_{sub} D_2$$

2) 지하수위가 기초 바닥 아래에 가까이 있는 경우($d \leq B$)

$$\gamma_1 = \gamma_{sub} + \frac{d}{B}(\gamma_t - \gamma_{sub})$$
$$\gamma_2 = \gamma_t$$

3) 지하수위가 기초 바닥 아래에서 많이 떨어져 있는 경우($d > B$)

지하수위의 영향을 고려하지 않아도 된다.

7 스켐턴(Skempton) 공식(점토지반의 극한지지력)

■ 스켐턴(Skempton) 공식
① 점토지반의 극한지지력
② 비배수 상태($\phi_u = 0$)인 포화점토의 극한지지력

$q_u = cN_c + \gamma D_f$

비배수 상태($\phi_u = 0$)인 포화점토의 극한지지력

$$q_u = cN_c + \gamma D_f$$

여기서, N_c : 스켐턴의 지지력계수$\left(\dfrac{D_f}{B} \text{에 의해 결정}\right)$

γ : 전응력해석이므로 γ_{sat}를 사용

8 마이어호프(Meyerhof) 공식(모래지반의 극한지지력)

■ 마이어호프(Meyerhof) 공식
① 모래지반의 극한지지력
② 두꺼운 모래층 위에 축조된 기초지에 적합하다.
③ 사용이 간편하며, 신뢰도가 높다.

$q_u = \dfrac{3}{40} q_c B \left(1 + \dfrac{D_f}{B}\right)$

① 두꺼운 모래층 위에 축조된 기초지에 적합하다.
② 사용이 간편하며, 신뢰도가 높다.

$$q_u = 3NB\left(1 + \frac{D_f}{B}\right)$$

$$q_u = \frac{3}{40} q_c B \left(1 + \frac{D_f}{B}\right)$$

여기서, q_u : 극한지지력(kN/m^2)

N : 표준관입시험의 N값

q_c : 콘관입저항값(kN/m^2)

9 재하시험에 의한 지지력 결정

1) 장기 허용지지력

$$q_a = q_t + \frac{1}{3}\gamma D_f N_q$$

2) 단기 허용지지력

$$q_a = 2q_t + \frac{1}{3}\gamma D_f N_q$$

여기서, q_t : 재하시험에 의한 항복강도의 1/2 또는 극한강도의 1/3 중 작은 값(kN/m²)
D_f : 기초에 근접된 최저 지반면에서 기초 하중면까지의 깊이(m)
N_q : 지지력계수

SECTION 3 침하

> **학습 POINT**
> - 즉시침하량과 압밀침하량
> - 접지압과 침하량 분포
> - 얕은 기초의 굴착방법

1 점토지반의 침하

$$S = S_i + S_c + S_s$$

여기서, S : 총침하량
S_i : 즉시침하량
S_c : 1차 압밀침하량
S_s : 2차 압밀침하량

1) 즉시침하량(탄성침하량, S_i)

① 배수가 일어나지 않는 상태에서 발생하는 침하
② 하중이 가해지는 방향으로 침하되나 침하된 양만큼 다른 방향으로 팽창되기 때문에 전체 체적의 변화는 발생하지 않는다.
③ 즉시침하는 재하와 동시에 일어나며 지반을 완전 탄성체라고 가정한다.

$$S_i = qB\frac{1-\mu^2}{E}I_s$$

> ■ 점토지반의 침하
> ① 즉시침하량 : 배수가 일어나지 않는 상태에서 발생하는 침하
> $S_i = qB\dfrac{1-\mu^2}{E}I_s$
> ② 압밀침하량 : 간극수의 소산으로 인한 지반의 체적 변화

여기서, q : 기초의 하중강도
B : 기초의 폭
μ : 푸아송비
E : 흙의 변형계수(탄성계수)
I_s : 침하에 의한 영향치

2) 압밀침하(S_c)

간극수의 소산으로 인한 지반의 체적 변화

2 사질토지반의 침하

① 사질토지반 위의 기초의 침하는 즉시침하뿐이다. 즉, 즉시침하가 전체 침하량이다.
② 사질토지반의 즉시침하량 공식은 점성토의 즉시침하량 공식과 같다.

■ 사질토지반의 침하
① 사질토지반 위의 기초의 침하는 즉시침하뿐이다.
② 즉시침하가 전체 침하량이다.

3 접지압과 침하량 분포

1) 점토지반

(1) 연성기초
① 접지압은 일정하다.
② 침하량은 기초 중앙부에서 최대가 된다.

(2) 강성기초
① 접지압은 양단부에서 최대가 된다.
② 침하량은 일정하다.

■ 점토지반의 접지압과 침하량
① 연성기초 : 접지압은 일정하며, 침하량은 기초 중앙부에서 최대
② 강성기초 : 접지압은 양단부에서 최대가 되며 침하량은 일정

2) 모래지반

(1) 연성기초
① 접지압은 일정하다.
② 침하량은 기초 양단부에서 최대가 된다.

(2) 강성기초
① 접지압은 중앙부에서 최대가 된다.
② 침하량은 일정하다.

■ 모래지반의 접지압과 침하량
① 연성기초 : 접지압은 일정하며, 침하량은 기초 양단부에서 최대
② 강성기초 : 접지압은 중앙부에서 최대가 되며 침하량은 일정

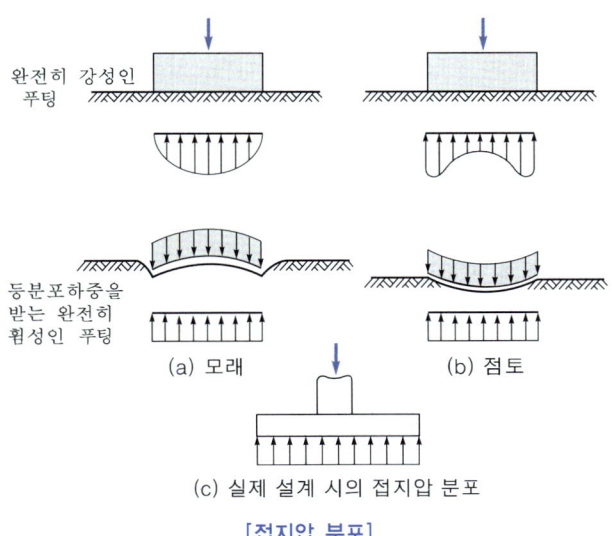

[접지압 분포]

4 완전보상기초

1) 순압력(net applied pressure)

기초의 근입깊이만큼에 해당되는 흙에 의한 압력을 제외한 기초의 단위면적당 하중이다.

$$q_{net} = \frac{Q}{A} - \gamma D_f$$

2) 완전보상기초(fully compensated)

① 근입깊이가 증가함에 따라 기초에 작용하는 순압력이 0이 되는 기초
② 완전보상기초의 깊이(D_f)

$$q_{net} = \frac{Q}{A} - \gamma D_f = 0$$

$$D_f = \frac{Q}{A\gamma_t}$$

5 얕은 기초의 굴착

1) 개착(open cut) 공법

지반이 양호하고 넓은 대지면적이 있을 때 사용하는 공법이다.

■ 완전보상기초
① 순압력 : 기초의 근입깊이만큼에 해당되는 흙에 의한 압력을 제외한 기초의 단위면적당 하중
② 완전보상기초 : 근입깊이가 증가함에 따라 기초에 작용하는 순압력이 0이 되는 기초

■ 얕은 기초의 굴착
① 개착 공법 : 지반이 양호하고 넓은 대지면적이 있을 때 사용하는 공법
② 아일랜드 공법 : 굴착할 부분의 중앙부를 먼저 굴착하여, 일부분의 기초를 먼저 만들어 이것에 의지하여 둘레 부분을 파고 나머지 부분을 시공하는 공법
③ 트렌치 컷 공법 : 아일랜드 공법과 반대로 먼저 둘레 부분을 굴착하고 기초의 일부분을 만든 후 중앙부를 굴착, 시공하는 공법

출제 POINT

2) 아일랜드(island) 공법

① 굴착할 부분의 중앙부를 먼저 굴착하여, 일부분의 기초를 먼저 만들어 이것에 의지하여 둘레 부분을 파고 나머지 부분을 시공하는 공법이다.
② 기초의 깊이가 얕고 면적이 넓은 경우에 사용한다.

3) 트렌치 컷(trench cut) 공법

아일랜드 공법과 반대로 먼저 둘레 부분을 굴착하고 기초의 일부분을 만든 후 중앙부를 굴착, 시공하는 공법이다.

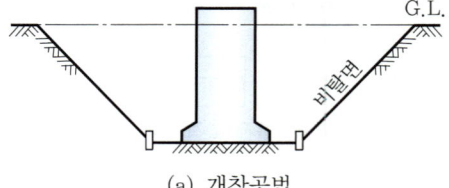

(a) 개착공법

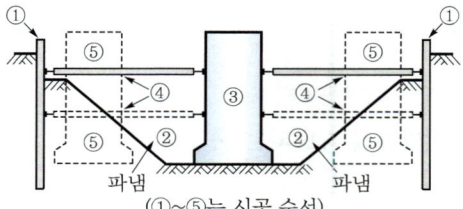

(b) 아일랜드 공법

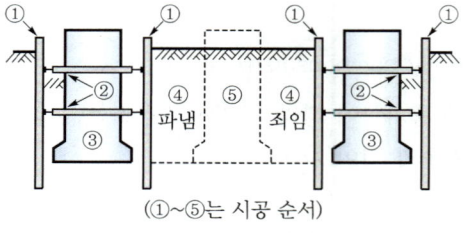

(c) 트렌치 컷 공법

[얕은 기초의 굴착공법]

CHAPTER 11 기출문제

01 다음 중 직접기초라고 할 수 없는 기초는?

① 독립기초   ② 복합기초
③ 전면기초   ④ 말뚝기초

> 해설 말뚝기초, 피어기초, 케이슨 기초는 깊은 기초이다.
> **얕은 기초(직접기초)의 분류**
> ㉠ 푸팅기초(확대기초) : 독립 푸팅기초, 복합 푸팅기초, 캔틸레버 푸팅기초, 연속 푸팅기초
> ㉡ 전면기초(mat 기초)

02 지반의 전단파괴종류에 속하지 않는 것은?

① 극한전단파괴   ② 전반전단파괴
③ 국부전단파괴   ④ 관입전단파괴

> 해설 **지반의 파괴형태**
> 전반전단파괴, 국부전단파괴, 관입전단파괴

03 다음 그림은 얕은 기초의 파괴영역이다. 설명이 옳은 것은?

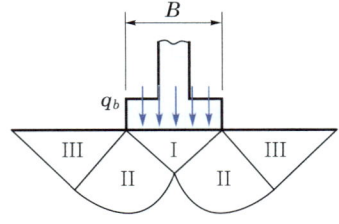

① 파괴순서는 Ⅲ→Ⅱ→Ⅰ이다.
② 영역 Ⅲ에서 수평면과 $45° + \dfrac{\phi}{2}$의 각을 이룬다.
③ 영역 Ⅲ은 수동영역이다.
④ 국부전단파괴의 형상이다.

> 해설 **지반의 파괴형태**
> ㉠ 파괴순서는 Ⅰ→Ⅱ→Ⅲ이다.
> ㉡ 영역 Ⅲ에서 수평면과 $45° - \dfrac{\phi}{2}$의 각을 이룬다.
> ㉢ 영역 Ⅰ은 탄성영역이고, 영역 Ⅲ은 수동영역이다.

04 다음 그림은 확대기초를 설치했을 때 지반의 전단파괴형상을 가정(Terzaghi의 가정)한 것이다. 설명 중 옳지 않은 것은?

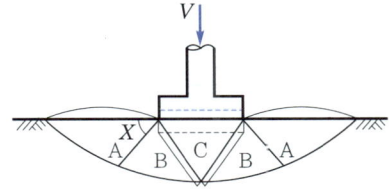

① 전반전단(general shear)일 때의 파괴형상이다.
② 파괴순서는 C → B → A이다.
③ A영역에서 각 X는 수평선과 $45° + \dfrac{\phi}{2}$의 각을 이룬다.
④ C영역은 탄성영역이며, A영역은 수동영역이다.

> 해설 **지반의 파괴형태**
> ㉠ 파괴순서는 C → B → A이다.
> ㉡ 영역 A에서 수평면과 $45° - \dfrac{\phi}{2}$의 각을 이룬다.
> ㉢ 영역 C는 탄성영역이고, 영역 A는 수동영역이다.

정답 1.④ 2.① 3.③ 4.③

05 Terzaghi의 극한지지력 공식에 대한 설명으로 틀린 것은?

① 기초의 형상에 따라 형상계수를 고려하고 있다.
② 지지력계수 N_c, N_γ, N_q는 내부마찰각에 의해 결정된다.
③ 점성토에서의 극한지지력은 기초의 근입깊이가 깊어지면 증가된다.
④ 극한지지력은 기초의 폭에 관계없이 기초 하부의 흙에 의해 결정된다.

> **해설** Terzaghi의 극한지지력(q_u)
> $q_u = \alpha c N_c + \beta \gamma_1 B N_r + \gamma_2 D_f N_q$
> 기초의 폭(B)이 증가하면 기초의 극한지지력도 증가한다.

06 테르자기(Terzaghi)의 얕은 기초에 대한 지지력공식 $q_u = \alpha c N_c + \beta \gamma_1 B N_\gamma + \gamma_2 D_f N_q$에 대한 설명으로 틀린 것은?

① 계수 α와 β를 형상계수라 하며 기초의 모양에 따라 결정한다.
② 기초의 깊이 D_f가 클수록 극한지지력도 이와 더불어 커진다고 볼 수 있다.
③ N_c, N_γ, N_q는 지지력계수라 하는데 내부마찰각과 점착력에 의해서 정해진다.
④ γ_1, γ_2는 흙의 단위중량이며 지하수위 아래에서는 수중단위중량을 써야 한다.

> **해설** 테르자기의 얕은 기초에 대한 지지력공식
> ㉠ N_c, N_γ, N_q는 지지력계수로서 ϕ의 함수이다 (점착력과는 무관하다).
> ㉡ γ_1, γ_2는 흙의 단위중량이며 지하수위 아래에서는 수중단위중량(γ_{sb})을 사용한다.

07 테르자기(Terzaghi)의 지지력 공식에서 고려되지 않는 것은?

① 흙의 내부마찰각 ② 기초의 근입깊이
③ 압밀량   ④ 기초의 폭

> **해설** 테르자기의 지지력 공식은 압밀량과는 무관하다.
> 테르자기(Terzaghi)의 얕은 기초에 대한 지지력 공식
> ㉠ 지지력 공식
> $q_u = \alpha c N_c + \beta \gamma_1 B N_\gamma + \gamma_2 D_f N_q$
> ㉡ N_c, N_γ, N_q는 지지력계수로서 ϕ의 함수이다.
> ㉢ 기초의 폭(B)이 증가하면 기초의 극한지지력도 증가한다.

08 Terzaghi의 극한지지력 공식에 대한 다음 설명 중 틀린 것은?

① 사질지반은 기초폭이 클수록 지지력은 증가한다.
② 기초 부분에 지하수위가 상승하면 지지력은 증가한다.
③ 기초 바닥 위쪽의 흙은 등가의 상재하중으로 대치하여 식을 유도하였다.
④ 점토지반에서 기초폭은 지지력에 큰 영향을 끼치지 않는다.

> **해설** 지하수위가 상승하면 기초의 지지력은 감소한다.

09 얕은 기초에 대한 Terzaghi의 수정지지력 공식은 다음의 표와 같다. 4m×5m의 직사각형 기초를 사용할 경우 형상계수 α와 β의 값으로 옳은 것은?

$$q_u = \alpha c N_c + \beta \gamma_1 B N_\gamma + \gamma_2 D_f N_q$$

① $\alpha = 1.18$, $\beta = 0.32$
② $\alpha = 1.24$, $\beta = 0.42$
③ $\alpha = 1.28$, $\beta = 0.42$
④ $\alpha = 1.32$, $\beta = 0.38$

> **해설** 직사각형 기초
> ㉠ $\alpha = 1 + 0.3 \dfrac{B}{L} = 1 + 0.3 \times \dfrac{4}{5} = 1.24$
> ㉡ $\beta = 0.5 - 0.1 \dfrac{B}{L} = 0.5 - 0.1 \times \dfrac{4}{5} = 0.42$

정답 5.④ 6.③ 7.③ 8.② 9.②

10 Terzaghi의 얕은 기초에 대한 수정지력 공식에서 형상계수에 대한 설명 중 틀린 것은? (단, B는 단변의 길이, L은 장변의 길이이다.)

① 연속 기초에서 $\alpha = 1.0$, $\beta = 0.5$이다.
② 원형 기초에서 $\alpha = 1.3$, $\beta = 0.6$이다.
③ 정사각형 기초에서 $\alpha = 1.3$, $\beta = 0.4$이다.
④ 직사각형 기초에서 $\alpha = 1.5 + 0.3\dfrac{B}{L}$, $\beta = 0.5 - 0.1\dfrac{B}{L}$이다.

> **해설** Terzaghi의 얕은 기초에 대한 수정지력 공식에서의 형상계수
> ㉠ 연속기초 $\alpha = 1.0$, $\beta = 0.5$
> ㉡ 정사각형 기초 $\alpha = 1.3$, $\beta = 0.4$
> ㉢ 직사각형 기초
> $\alpha = 1 + 0.3\dfrac{B}{L}$, $\beta = 0.5 - 0.1\dfrac{B}{L}$
> (B : 단변, L : 장변)
> ㉣ 원형 기초 $\alpha = 1.3$, $\beta = 0.3$

11 얕은 기초의 지지력 계산에 적용하는 Terzaghi의 극한지지력 공식에 대한 설명으로 틀린 것은?

① 기초의 근입 깊이가 증가하면 지지력도 증가한다.
② 기초의 폭이 증가하면 지지력도 증가한다.
③ 기초지반이 지하수에 의해 포화되면 지지력은 감소한다.
④ 국부전단파괴가 일어나는 지반에서 내부마찰각(ϕ')은 $\dfrac{2}{3}\phi$를 적용한다.

> **해설** 국부전단파괴의 극한지지력
> $c_l = \dfrac{2}{3}c$
> $\phi_l = \tan^{-1}\left(\dfrac{2}{3}\tan\phi\right)$
> 따라서 국부전단파괴의 극한지지력은 전반전단파괴의 극한지지력보다 작다.

12 얕은 기초 아래의 접지압력 분포 및 침하량에 대한 설명으로 틀린 것은?

① 접지압력의 분포는 기초의 강성, 흙의 종류, 형태 및 깊이 등에 따라 다르다.
② 점성토 지반에 강성기초 아래의 접지압 분포는 기초의 모서리 부분이 중앙부분보다 작다.
③ 사질토 지반에서 강성기초인 경우 중앙부분이 모서리 부분보다 큰 접지압을 나타낸다.
④ 사질토 지반에서 유연성 기초인 경우 침하량은 중심부보다 모서리 부분이 더 크다.

> **해설** 지반종류별 강성기초의 접지압 분포
> ㉠ 점토지반 접지압 분포 : 기초 모서리에서 최대응력 발생
> ㉡ 모래지반 접지압 분포 : 기초 중앙부에서 최대응력 발생
>
>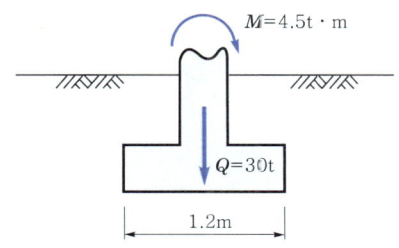
>
> [강성기초]

13 다음 그림과 같은 폭(B) 1.2m, 길이(L) 1.5m인 사각형 얕은 기초에 폭(B) 방향에 대한 편심이 작용하는 경우 지반에 작용하는 최대압축응력은?

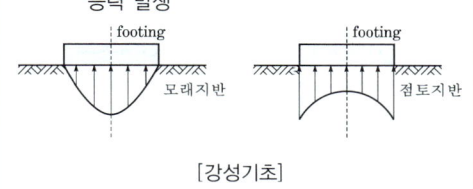

① 29.2t/m^2
② 38.5t/m^2
③ 39.7t/m^2
④ 41.5t/m^2

> **해설** 편심하중을 받는 기초의 지지력
> ㉠ 편심거리(e)
> $$e = \frac{M}{Q} = \frac{4.5}{30} = 0.15\text{m}$$
> ㉡ 판별
>   편심거리 $\frac{B}{6} = \frac{1.2}{6} = 0.2\text{m}$이므로
> $e < \frac{B}{6}$이다.
> ㉢ 최대압축응력($q_{\max}$)
> $$\begin{aligned} q_{\max} &= \frac{Q}{BL}\left(1 + \frac{6e}{B}\right) \\ &= \frac{30}{1.2 \times 1.5}\left(1 + \frac{6 \times 0.15}{1.2}\right) \\ &= 29.2\text{t/m}^2 \end{aligned}$$

14 ★★ 다음 그림과 같은 3m×3m 크기의 정사각형 기초의 극한지지력을 Terzaghi 공식으로 구하면? [단, 내부마찰각(ϕ)은 20°, 점착력(c)은 5t/m², 지지력계수 $N_c = 18$, $N_\gamma = 5$, $N_q = 7.50$이다.]

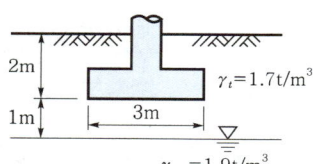

① 135.71t/m² ② 149.52t/m²
③ 157.26t/m² ④ 174.38t/m²

> **해설** 정사각형 기초이므로 $\alpha = 1.3$, $\beta = 0.4$이다.
> ㉠ $\gamma_1 = \gamma_{sub} + \frac{d}{B}(\gamma_t - \gamma_{sub})$
> $= 0.9 + \frac{1}{3} \times (1.7 - 0.9)$
> $= 1.17\text{t/m}^3$
> ㉡ Terzaghi의 극한지지력
> $q_u = \alpha c N_c + \beta \gamma_1 B N_r + \gamma_2 D_f N_q$
> $= 1.3 \times 5 \times 18 + 0.4 \times 3 \times 1.17 \times 5$
> $\quad + 2 \times 1.7 \times 7.5$
> $= 149.52\text{t/m}^2$

15 ★★ 연속기초에 대한 Terzaghi의 극한지지력 공식은 $q_u = cN_c + 0.5B\gamma_1 N_\gamma + \gamma_2 D_f N_q$로 나타낼 수 있다. 다음 그림과 같은 경우 극한지지력 공식의 두 번째 항의 단위중량 γ_1의 값은? (단, 물의 단위중량은 9.81kN/m³이다.)

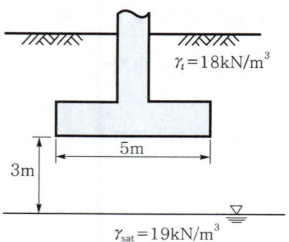

① 14.48kN/m³ ② 16.00kN/m³
③ 17.45kN/m³ ④ 18.20kN/m³

> **해설** 지하수위가 기초바닥면 아래에 위치한 경우 지하수위의 영향
> ㉠ $B \leq d$: 지하수위 영향 없음
> ㉡ $B > d$: 지하수위 영향 고려
> $\gamma_1 = \gamma_{sub} + \frac{d}{B}(\gamma_t - \gamma_{sub})$
> $= (19 - 9.81) + \frac{3}{5}[18 - (19 - 9.81)]$
> $= 14.48\text{kN/m}^3$

16 ★ 흙의 내부마찰각이 20°, 점착력이 50kN/m², 습윤단위중량이 17kN/m³, 지하수위 아래 흙의 포화단중량이 19kN/m³일 때 3m×3m 크기의 정사각형 기초의 극한지지력을 Terzaghi의 공식으로 구하면? (단, 지하수위는 기초바닥 깊이와 같으며 물의 단위중량은 9.81kN/m³이고, 지지력계수 $N_c = 18$, $N_\gamma = 5$, $N_q = 7.50$이다.)

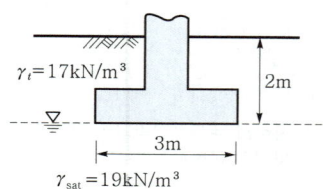

① 1231.24kN/m² ② 1337.31kN/m²
③ 1480.14kN/m² ④ 1540.42kN/m²

| 해설 | 테르자기(Terzaghi) 지지력 공식
$q_u = 1.3CN_c + \gamma_1 D_f N_q + 0.4\gamma_2 BN_\gamma$를 이용한다
(정사각형 기초).
$q_u = 1.3 \times 50 \times 18 + 0.4 \times 3 \times (19-9.81) \times 5$
$\quad\quad + 2 \times 1.7 \times 7.5$
$\quad = 1480.14\,\text{kN/m}^2$

| 해설 | 테르자기(Terzaghi) 지지력
㉠ 극한지지력
$q_u = \alpha c N_c + \beta B \gamma_1 N_\gamma + D_f \gamma_2 N_q$
$\quad = 0 + 0.4 \times 2 \times 1.7 \times 19 + 1.5 \times 1.7 \times 22$
$\quad = 81.94\,\text{t/m}^2$
㉡ 허용지지력 $q_a = \dfrac{q_u}{F_s} = \dfrac{81.94}{3} = 27.31\,\text{t/m}^2$
㉢ 허용하중 $Q_{all} = q_a A$
$\quad\quad = 27.31 \times (2 \times 2) = 109.24\,\text{t}$

★ 17 4m×4m 크기인 정사각형 기초를 내부마찰각 $\phi = 20°$, 점착력 $c = 30\text{kN/m}^2$인 지반에 설치하였다. 흙의 단위중량 $\gamma = 19\text{kN/m}^3$이고 안전율(F_S)을 3으로 할 때 Terzaghi 지지력 공식으로 기초의 허용하중을 구하면? (단, 기초의 근입깊이는 1m이고, 전반전단파괴가 발생한다고 가정하며, 지지력계수 $N_c = 17.69$, $N_q = 7.44$, $N_\gamma = 4.97$이다.)

① 3,780kN ② 5,239kN
③ 6,750kN ④ 8,140kN

| 해설 | 테르자기(Terzaghi) 지지력 공식
㉠ 정사각형 기초이므로 $\alpha = 1.3$, $\beta = 0.4$이다.
극한지지력
$q_u = \alpha c N_c + \beta B \gamma_1 N_\gamma + D_f \gamma_2 N_q$
$\quad = 1.3 \times 30 \times 17.69 + 0.4 \times 40 \times 19 \times 4.97$
$\quad\quad + 1 \times 19 \times 7.44$
$\quad = 982.36\,\text{kN/m}^2$
㉡ 허용지지력
$q_a = \dfrac{q_u}{F_s} = \dfrac{982.36}{3} = 327.45\,\text{kN/m}^2$
㉢ 허용하중 $q_a = \dfrac{P}{A}$에서
$P = q_a A = 327.45 \times (4 \times 4)$
$\quad = 5239.2\,\text{kN}$

★★ 19 크기가 30cm×30cm의 평판을 이용하여 사질토 위에서 평판재하시험을 실시하고 극한지지력 20t/m²를 얻었다. 크기가 1.8m×1.8m인 정사각형 기초의 총허용하중은 약 얼마인가? (단, 안전율은 3으로 한다.)

① 22ton ② 66ton
③ 130ton ④ 150ton

| 해설 | ㉠ 기초의 극한지지력[$q_{u(기초)}$]
$q_{u(기초)} = q_{u(재하판)} \times \dfrac{P_{(기초)}}{B_{(재하판)}}$
$\quad\quad = 20 \times \dfrac{1.8}{0.3} = 120\,\text{t/m}^2$
㉡ 허용지지력(q_a)
$q_a = \dfrac{q_u}{F_s} = \dfrac{120}{3} = 40\,\text{t/m}^2$
㉢ 총허용하중(Q_u)
$Q_u = q_a A = 40 \times (1.8 \times 1.8) ≒ 130\,\text{t}$

★★ 18 2m×2m인 정방형 기초가 1.5m 깊이에 있다. 이 흙의 단위중량 $\gamma = 1.7\text{t/m}^3$, 점착력 $c = 0$이며, $N_q = 22$, $N_\gamma = 19$이다. Terzaghi의 공식을 이용하여 전허용하중(Q_{all})을 구한 값은?(단, 안전율 $F_s = 3$으로 한다.)

① 27.3t ② 54.6t
③ 81.9t ④ 109.3t

★★ 20 Meyerhof의 극한지지력 공식에서 사용하지 않는 계수는?

① 형상계수 ② 깊이계수
③ 시간계수 ④ 하중경사계수

| 해설 | 마이어호프(Meyerhof)의 지지력 공식
㉠ 마이어호프의 극한지지력 공식에는 시간계수를 사용하지 않는다.
㉡ 마이어호프는 테르자기의 극한지지력 공식에 형상계수, 깊이계수, 경사계수를 추가한 공식을 제안하였다.

정답 17. ② 18. ④ 19. ③ 20. ③

21 그림과 같은 정사각형 기초에서 안전율을 3으로 할 때 Terzaghi의 공식을 사용하여 지지력을 구하고자 한다. 이때 한 변의 최소길이(B)는? [단, 물의 단위중량은 9.81kN/m³, 점착력(c)은 60kN/m², 내부마찰각(ϕ)은 0°이고, 지지력계수 $N_c = 5.7$, $N_q = 1.0$, $N_\gamma = 0$이다.]

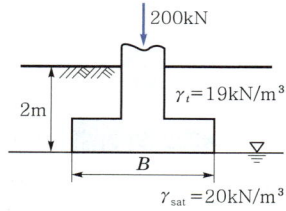

① 1.12m ② 1.43m
③ 1.51m ④ 1.62m

> **해설** 정사각형 기초이므로 $\alpha = 1.3$, $\beta = 0.4$이다.
> ㉠ Terzaghi의 극한지지력
> $q_u = \alpha c N_c + \beta \gamma_1 B N_r + \gamma_2 D_f N_q$
> $= 1.3 \times 60 \times 5.7 + 0 + 2 \times 19 \times 1$
> $= 482.6 \text{kN/m}^2$
> ㉡ 허용지지력
> $q_a = \dfrac{q_u}{F_s} = \dfrac{482.6}{3} = 160.87 \text{kN/m}^2$
> ㉢ $q_a = \dfrac{P}{A}$에서 정사각형 기초이므로 $A = B^2$을 적용하면 $B^2 = \dfrac{P}{q_a}$
> $B = \sqrt{\dfrac{P}{q_a}} = \sqrt{\dfrac{200}{160.87}} = 1.12\text{m}$

22 Meyerhof의 일반지지력 공식에 포함되는 계수가 아닌 것은?

① 국부전단계수   ② 근입깊이계수
③ 경사하중계수   ④ 형상계수

> **해설** 마이어호프(Meyerhof)의 지지력 공식
> ㉠ 마이어호프의 극한지지력 공식에는 시간계수를 사용하지 않는다.
> ㉡ 마이어호프는 테르자기의 극한지지력 공식에 형상계수, 깊이계수, 경사계수를 추가한 공식을 제안하였다.

23 2m×2m인 정사각형 기초가 1.5m 깊이에 있다. 이 흙의 단위중량 $\gamma = 17$kN/m³, 점착력 $c = 0$, $N_q = 22$, $N_\gamma = 19$이다. Terzaghi의 공식을 이용하여 기초의 허용하중을 구하라. (단, 안전율은 3으로 한다.)

① 273kN   ② 546kN
③ 819kN   ④ 1,092kN

> **해설** 기초의 허용하중 계산
> 정사각형 기초의 형상계수 $\alpha = 1.3$, $\beta = 0.4$이므로
> ㉠ 극한지지력
> $q_u = \alpha c N_c + \beta B \gamma_1 N_\gamma + D_f \gamma_2 N_q$
> $= 1.3 \times 0 \times 0 + 0.4 \times 2 \times 17 + 1.5 \times 17 \times 22$
> $= 819.4 \text{kN/m}^2$
> ㉡ 허용지지력
> $q_a = \dfrac{q_u}{F_s} = \dfrac{819.4}{3} = 273.1 \text{kN/m}^2$
> ㉢ 허용하중
> $P = q_a A = 273.1 \times (2 \times 2) = 1092.4 \text{kN}$

24 기초폭 4m의 연속기초를 지표면 아래 3m 위치의 모래지반에 설치하려고 한다. 이때 표준관입시험 결과에 의한 사질지반 평균 N값이 10일 때 극한지지력은? (단, Meyerhof 공식 사용)

① 420t/m²   ② 210t/m²
③ 105t/m²   ④ 75t/m²

> **해설** 사질토 지반의 지지력 공식
> $q_u = 3NB\left(1 + \dfrac{D_f}{B}\right)$
> $= 3 \times 10 \times 4 \left(1 + \dfrac{3}{4}\right) = 210 \text{t/m}^2$

25 평판재하시험 결과로부터 지반의 허용지지력값은 어떻게 결정하는가?

① 항복강도의 1/2, 극한강도의 1/3 중 작은 값
② 항복강도의 1/2, 극한강도의 1/3 중 큰 값
③ 항복강도의 1/3, 극한강도의 1/2 중 작은 값
④ 항복강도의 1/3, 극한강도의 1/2 중 큰 값

정답 21. ① 22. ① 23. ④ 24. ② 25. ①

> **해설** 허용지지력 산정
> 지반의 허용지지력은 항복지지력 1/2, 극한지지력의 1/3 중 작은 값으로 한다.

26 ★★ 어떤 사질 기초지반의 평판재하시험 결과 항복강도가 60t/m², 극한강도가 100t/m²이었다. 그리고 그 기초는 지표에서 1.5m 깊이에 설치될 것이고 그 기초지반의 단위중량이 1.8t/m³일 때 지지력계수 N_q =5였다. 이 기초의 장기 허용지지력은?

① 24.7t/m² ② 26.9t/m²
③ 30t/m² ④ 34.5t/m²

> **해설** ㉠ 허용지지력 산정
> 지반의 허용지지력은 항복지지력 1/2, 극한지지력의 1/3 중 작은 값으로 한다.
> $\frac{q_y}{2} = \frac{60}{2} = 30$, $\frac{q_u}{3} = \frac{100}{3} = 33.33$ 중에서
> 작은 값 $q_a = 30\text{t/m}^2$로 결정
> ㉡ 장기허용지지력의 결정
> $q_u = q_t + \frac{1}{3}\gamma D_f N_q = 30 + \frac{1}{3} \times 1.8 \times 1.5 \times 5$
> $= 34.5\text{t/m}^2$

27 ★ 직접기초의 굴착공법이 아닌 것은?

① 오픈컷(open cut) 공법
② 트렌치컷(trench cut) 공법
③ 아일랜드(island) 공법
④ 딥웰(deep well) 공법

> **해설** 딥웰(deep well) 공법은 중력배수에 의한 연약지반 개량공법이다.
> **직접기초의 굴착공법**
> ㉠ 오픈컷(open cut) 공법
> ㉡ 트렌치컷(trench cut) 공법
> ㉢ 아일랜드(island) 공법

28 ★ 건물의 신축에서 큰 침하를 피하지 못하는 경우의 대책 중 옳지 않은 것은?

① 신축이음을 설치한다.
② 구조물의 강성을 높인다. 특히 수평재가 유효하다.
③ 지중응력의 증가를 크게 한다.
④ 구조물의 형상 및 중량배분을 고려한다.

> **해설** 건물의 신축에서 큰 침하를 피하기 위한 대책
> ㉠ 구조물 하중에 의한 지중응력을 작게 한다.
> ㉡ 신축이음을 설치한다.
> ㉢ 구조물의 자체 강성을 높인다.
> ㉣ 구조물의 형상 및 중량배분을 고려한다.

정답 26. ④ 27. ④ 28. ③

CHAPTER 12 깊은 기초

최근 10년간 출제분석표

2014	2015	2016	2017	2018	2019	2020	2021	2022	2023
5%	8.3%	1.7%	3.3%	8.3%	5%	5%	5%	6.7%	5%

학습 POINT
- 말뚝기초의 분류(지지방법, 기능, 재료)
- 현장 타설 콘크리트 말뚝의 특징
- 말뚝 타입의 순서
- 정역학적 지지력공식
- 동역학적 지지력공식
- 부마찰력의 발생원인
- 무리말뚝(군항)의 판정
- 피어기초의 종류
- 케이슨 기초의 종류

■ 지지방법에 따른 말뚝기초의 분류
① 선단지지말뚝
② 마찰말뚝
③ 하부지반 지지말뚝

SECTION 1 말뚝기초(pile foundation)

1 말뚝기초의 분류

1) 지지방법에 따른 말뚝의 분류

(1) 선단지지말뚝
연약한 지반을 관통하여 하부의 지지층에 말뚝을 도달시켜서 상부 구조물의 하중을 말뚝 선단의 지지력으로 지지하는 말뚝

(2) 마찰말뚝
상부 구조물의 하중을 말뚝의 주면마찰력으로 지지하는 말뚝

(3) 하부지반 지지말뚝
① 상부 구조물의 하중을 선단 지지력과 주면마찰력에 의해 지지되는 말뚝
② 선단지지말뚝 + 마찰말뚝

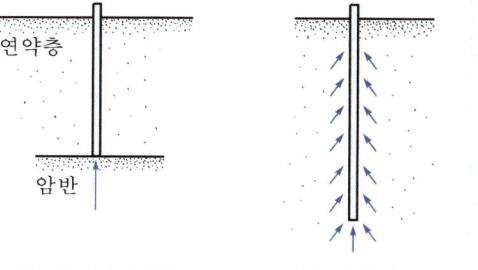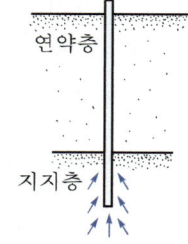

(a) 선단지지말뚝　　(b) 마찰말뚝　　(c) 하부지반 지지말뚝

[지지방법에 따른 말뚝의 분류]

2) 기능에 따른 말뚝의 분류

　(1) 다짐말뚝
　　① 말뚝 타입 시 지반을 다지는 효과를 기대하는 말뚝
　　② 느슨한 사질토 지반의 다짐용으로 주로 사용

　(2) 인장말뚝
　　큰 휨모멘트를 받는 기초의 인발력에 저항하는 말뚝

　(3) 활동방지말뚝
　　제방 및 사면의 활동을 방지하기 위하여 사용하는 말뚝으로 흙막이 말뚝이라고도 함

　(4) 횡력저항말뚝
　　해안벽, 교대 등에서 횡방향에 저항하기 위하여 사용하는 말뚝

출제 POINT

■ 기능에 따른 말뚝기초의 분류
① 다짐말뚝
② 인장말뚝
③ 활동방지말뚝
④ 횡력저항말뚝

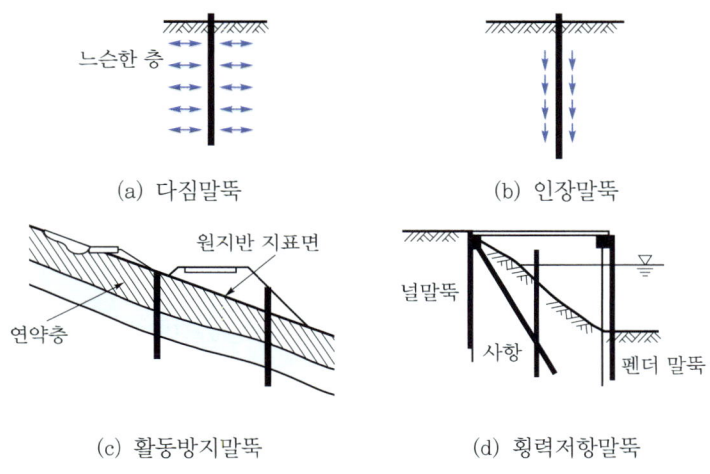

[기능에 따른 말뚝의 분류]

3) 재료에 따른 말뚝의 분류

　(1) 나무말뚝
　　① 장점
　　　㉠ 가격이 저렴하고 무게가 가벼움
　　　㉡ 운반, 항타 용이
　　② 단점
　　　㉠ 강도가 작음
　　　㉡ 길이가 긴 말뚝을 구하기 어려움

■ 재료에 따른 말뚝의 분류
① 나무말뚝
② 기성 콘크리트 말뚝
③ 강말뚝
④ 합성말뚝

SOIL MECHANICS FOUNDATION

> **출제 POINT**
>
> ■ 기성 콘크리트 말뚝의 종류
> ① 원심력 철근콘크리트 말뚝(중공말뚝)
> ② PC 말뚝

(2) 기성 콘크리트 말뚝
① 원심력 철근콘크리트 말뚝(중공말뚝)
㉠ 장점
- 재질이 균질하고 강도가 큼.
- 지지말뚝에 적합
- 15m 이하에서는 경제적

㉡ 단점
- 말뚝이음의 신뢰성이 작음
- 중간 경질토($N=30$ 정도)의 통과가 어려움
- 무게가 무겁고 충격에 약함

② PC 말뚝
㉠ 프리스트레스가 유효하게 작용하기 때문에 항타 시 인장파괴가 발생하지 않음
㉡ 이음이 쉽고 신뢰성이 큼
㉢ 휨량이 적음
㉣ 길이 조절 용이
㉤ 중량이 가벼워 운반 용이

(3) 강말뚝(steel pile)
① 강관말뚝, H형 강말뚝 등
② 재질이 강해 지내력이 큰 지층에 항타할 수 있으며 개당 100t 이상의 큰 지지력을 얻을 수 있음
③ 수평저항력이 큼
④ 이음이 확실하고 길이 조절이 용이함
⑤ 운반, 항타작업을 소형의 기계로서 빠르고 쉽게 할 수 있음

> ■ 말뚝재료의 조합에 의한 분류
> ① 이음말뚝 : 같은 재료로 된 말뚝을 2개 이상 이은 말뚝
> ② 합성말뚝 : 다른 재료로 된 말뚝을 이은 말뚝

4) 말뚝재료의 조합에 의한 분류

(1) 이음말뚝
같은 재료로 된 말뚝을 2개 이상 이은 말뚝

(2) 합성말뚝
다른 재료로 된 말뚝을 이은 말뚝

2 현장 타설 콘크리트 말뚝

(1) 프랭키(Franky) 말뚝
① 콘크리트를 케이싱 속에 채워 해머로 콘크리트를 타격하여 소정의 깊이까지 관입한 후, 구근을 형성한 후 케이싱을 인발함

② 무각이고, 소음이나 진동 등이 작아서 도심지 공사에 적합함

(2) Pedestal 말뚝
① 케이싱을 직접 타격하여 내관과 외관을 지반에 관입한 후 선단부에 구근을 만들고 케이싱을 인발함
② 무각이고, 케이싱을 타격하므로 소음이 심함
③ 다소 굳은 지반에 타입이 가능

(3) Raymond 말뚝
① 내·외관을 동시에 지반에 관입한 후 내관을 빼내고 외관 속에 콘크리트를 쳐서 말뚝 제작
② 유각이고 구근을 만들지 않음
③ 굳은 지반의 시공이 가능

(4) 현장 타설 콘크리트 말뚝의 특징
① 장점
  ㉠ 지지층의 깊이에 따라 말뚝길이를 자유로이 조정할 수 있으므로 재료의 낭비가 적음
  ㉡ 말뚝 선단부에 구근을 형성할 수 있으므로 어느 정도 지지력을 크게 할 수 있음
  ㉢ 운반취급이 용이하며 강도와 내구성이 큼
  ㉣ 말뚝체의 양생기간이 필요 없음
② 단점
  ㉠ 대기 항타천공에 의하여 시공하므로 소음이 큼
  ㉡ 인접된 말뚝 박기에 의하여 진동, 수압, 토압 등을 받아 소정의 치수 및 품질이 형성되지 않는 경우가 있음
  ㉢ 말뚝체가 지반 중에서 형성되므로 품질관리가 어려움
  ㉣ 케이싱이 없는 형식에서는 지하수의 화학적 특성에 의해 시멘트가 경화되지 않는 경우가 발생 가능함
  ㉤ 검사가 어렵고 소규모 공사 시 설비비가 고가임

> **출제 POINT**
>
> ■현장 타설 콘크리트 말뚝의 종류
> ① Franky 말뚝
> ② Pedestal 말뚝
> ③ Raymond 말뚝
>
> ■현장 타설 콘크리트 말뚝의 장점
> ① 지지층의 깊이에 따라 말뚝길이를 자유로이 조정할 수 있으므로 재료의 낭비가 적음
> ② 말뚝 선단부에 구근을 형성할 수 있으므로 어느 정도 지지력을 크게 할 수 있음
> ③ 운반취급이 용이하며 강도와 내구성이 큼
> ④ 말뚝체의 양생기간이 필요 없음

3 말뚝 타입 방법

1) 타입식

(1) 드롭 해머(drop hammer)
① 해머의 중량 : 말뚝 중량의 3배 정도로 하는 것이 보통

출제 POINT

② 장점
　㉠ 설비 간단
　㉡ 낙하고를 자유롭게 조절 가능
　㉢ 가격 저렴
③ 단점
　㉠ 튜브가 손상되기 쉬움
　㉡ 편심되기 쉬움
　㉢ 타격 속도가 느림

(2) 증기 해머
① 종류
　㉠ 단동식 증기 해머
　㉡ 복동식 증기 해머
② 장점
　㉠ 타격 횟수가 많음
　㉡ 긴 말뚝을 박는 데 적합
　㉢ 말뚝 머리의 손상이 적음
③ 단점
　㉠ 소규모 현장에 부적합
　㉡ 연속 타격으로 소음 발생
　㉢ 시설비가 많이 듦

(3) 디젤 해머
① 장점
　㉠ 기동성이 좋음
　㉡ 큰 타격력을 얻을 수 있음
　㉢ 연료비 저렴
　㉣ 항타용 받침대가 개발되어 15~18° 정도의 경사말뚝도 시공이 가능
② 단점
　㉠ 중량이 커서 설비도 큼
　㉡ 연약지반 공사 시에는 능률 떨어짐
　㉢ 타격소음 발생

2) 진동식

① 바이브로 해머(vibro hammer)가 말뚝에 종방향으로 진동을 주어 항타하는 방법

■ 말뚝 타입 방법
① 타입식 : 드롭 해머, 증기해머, 디젤 해머
② 진동식
③ 압입식
④ 사수식

② 선단저항이 작은 말뚝(강관, sheet pile, H pile)이나 사질토 지반에 적합한 방식
③ 장점
　㉠ 타격음이 작음
　㉡ 정확한 위치에 타격 가능
　㉢ 말뚝 머리의 손상이 적음
④ 단점
　㉠ 전기설비가 큼
　㉡ 특수 캡이 필요
　㉢ 점토지반은 지지력 저하의 우려가 있음

3) 압입식

① 오일잭을 사용하여 말뚝 주변이나 선단부를 교란시키지 않고 말뚝을 강제적으로 압입시키는 공법
② 말뚝체에 손상을 주지 않는 무진동, 무소음 공법
③ 장점
　㉠ 말뚝에 손상 없음
　㉡ 시가지 공사에 유리
　㉢ 말뚝 주변의 교란 없음
④ 단점
　㉠ 기동성이 적음
　㉡ 반력을 얻기 위한 대형 설비 필요
　㉢ $N = 30$인 지반은 사용이 곤란하다.

4) 사수식

① 기성 말뚝의 내부 또는 외부에 설치된 파이프를 통하여 압력수를 말뚝 선단부에서 분출시켜 말뚝의 관입저항을 감소시키는 공법
② 해머와 병용하면 효과적
③ 점성토 지반에 사용 곤란

5) 항타법

1회 타격 시 관입량이 2mm 이하일 때 정지한다.

출제 POINT

SOIL MECHANICS FOUNDATION

출제 POINT

■ 말뚝 타입 순서
① 중앙부의 말뚝부터 먼저 박고 외측으로 향하여 타입
② 지표면이 한쪽으로 경사진 경우에는 육지 쪽에서 바다 쪽으로 타입
③ 기존 구조물 부근에서 시공할 경우는 구조물 쪽부터 타입

■ 말뚝지지력을 구하는 공식의 종류 (정역학적 공식)
① 테르자기(Terzaghi)의 공식
② 마이어호프(Meyerhof)의 공식
③ 되르(Dörr)의 공식
④ 던햄(Dunham)의 공식

■ 테르자기의 공식
① 극한지지력
$Q_u = Q_p + Q_f = q_p A_p + f_s A_s$
② 허용지지력
$Q_a = \dfrac{Q_u}{F_s}(F_s = 3)$

4 말뚝 타입 순서

① 중앙부의 말뚝부터 먼저 박고 외측으로 향하여 타입
② 지표면이 한쪽으로 경사진 경우에는 육지 쪽에서 바다 쪽으로 타입
③ 기존 구조물 부근에서 시공할 경우는 구조물 쪽부터 타입

5 말뚝기초의 지지력

1) 정역학적 공식

말뚝의 지지력을 주면마찰력과 선단저항의 합으로 생각하여 극한지지력 또는 허용지지력을 구하는 방법. 정역학적 지지력 공식의 안전율은 3이다.

(1) 테르자기(Terzaghi)의 공식

① 극한지지력 : 극한지지력은 선단지지력과 주면마찰력의 합으로 이루어진다.

$$Q_u = Q_p + Q_f = q_p A_p + f_s A_s$$

여기서, Q_u : 말뚝의 극한지지력(kN)
Q_p : 말뚝의 선단지지력(kN)
Q_f : 말뚝의 주면마찰력(kN)
q_p : 단위 선단지지력(kN/m²)
A_p : 말뚝의 선단지지 단면적(m²)
f_s : 말뚝 주면의 평균마찰력(kN/m²)
A_s : 말뚝의 주면적(m²)

② 허용지지력

$$Q_a = \dfrac{Q_u}{F_s} \quad (\because F_s = 3)$$

$$= \dfrac{Q_u}{3}$$

(2) 마이어호프(Meyerhof)의 공식

표준관입시험 결과(N값)에 의한 지지력 공식으로, 사질지반에서의 신뢰도가 우수하다.

① 극한지지력

$$Q_u = Q_p + Q_f = 40NA_p + \dfrac{1}{5}\overline{N_s}A_s$$

② 말뚝 둘레 모래층의 평균 N값($\overline{N_s}$)

$$\overline{N_s} = \frac{N_1H_1 + N_2H_2 + N_3H_3}{H_1 + H_2 + H_3}$$

③ 허용지지력

$$Q_a = \frac{Q_u}{F_s} \quad (\because F_s = 3)$$

$$= \frac{Q_u}{3}$$

여기서, $\overline{N_s}$: 말뚝 둘레 모래층의 평균 N값

$\overline{N_c}$: 말뚝 둘레 점토층의 평균 N값

A_s : 모래층의 말뚝의 주면적(m^2)

> **출제 POINT**
>
> ■ Meyerhof의 공식
> ① 극한지지력
> $$Q_u = Q_p + Q_f$$
> $$= 40NA_p + \frac{1}{5}\overline{N_s}A_s$$
> ② 말뚝 둘레 모래층의 평균 N값($\overline{N_s}$)
> $$\overline{N_s} = \frac{N_1H_1 + N_2H_2 + N_3H_3}{H_1 + H_2 + H_3}$$
> ③ 허용지지력
> $$Q_a = \frac{Q_u}{F_s}(F_s = 3)$$

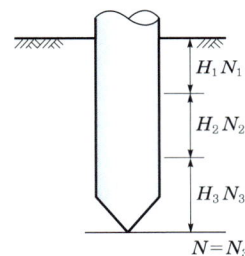

[모래층의 평균 N값]

(3) 되르(Dörr)의 공식

토압론에 근거한 지지력 공식으로, 주로 마찰말뚝에 적용된다.

① 극한지지력

$$Q_u = Q_p + Q_f$$

$$= A_p \tan^2\left(45° + \frac{\phi}{2}\right)\gamma L + \frac{1}{2}U\gamma L^2 K\tan\delta + U_c L$$

여기서, L : 말뚝의 길이(m)

K : 토압계수(보통 $K = \sec^2\phi$)

δ : 말뚝 주변과 지반 사이의 벽마찰각

② 허용지지력

$$Q_a = \frac{Q_u}{F_s} \quad (\because F_s = 3)$$

$$= \frac{Q_u}{3}$$

SOIL MECHANICS FOUNDATION

> **출제 POINT**

(4) 던햄(Dunham)의 공식
① 주로 마찰말뚝의 지지력 산정에 적용
② 피어기초와 같이 말뚝 둘레 지반을 압축하지 않는 말뚝에는 적용하지 못함

2) 동역학적 공식

말뚝에 가해진 타격에너지와 지반의 변형에 의한 에너지가 같다고 하여 말뚝의 정적인 극한지지력을 동적인 관입저항에서 구한 것으로, 간편하다는 이점이 있으나 정밀도에서는 좋지 않다.

> ■ 말뚝지지력을 구하는 공식의 종류 (동역학적 공식)
> ① 힐리(Hiley)의 공식
> ② Engineering News의 공식
> ③ 샌더(Sander)의 공식
> ④ 바이스바흐(Weisbach)의 공식

(1) 힐리(Hiley)의 공식
가장 합리적이며, 모래·자갈 지반에 적합하다.
① 극한지지력

$$Q_u = \frac{W_h h e}{S + \frac{1}{2}(C_1 + C_2 + C_3)} \left(\frac{W_h - n^2 W_p}{W_h + W_p} \right)$$

여기서, W_h : 해머의 중량(kN)
　　　　 h : 낙하고(cm)
　　　　 S : 말뚝의 최종 관입량(cm)
　　　　 e : 해머의 효율
　　　　 n : 반발계수
　　　　 W_p : 말뚝의 중량(kN)
　　　　 C_1, C_2, C_3 : 말뚝, 지반, cap cushion의 일시적 탄성변형량(cm)

② 안전율(F_s)은 3이다.

(2) Engineering News의 공식
① 드롭 해머(drop hammer)의 극한지지력

$$Q_u = \frac{W_h h}{S + 2.54}$$

② 단동식 스팀 해머(steam hammer)의 극한지지력

$$Q_u = \frac{W_h h}{S + 0.254}$$

③ 복동식 스팀 해머의 극한지지력

$$Q_u = \frac{(W_h + A_p P)h}{S + 0.254}$$

> ■ Engineering News의 공식
> ① 드롭 해머의 극한지지력
> $Q_u = \dfrac{W_h h}{S + 2.54}$
> ② 단동식 스팀 해머의 극한지지력
> $Q_u = \dfrac{W_h h}{S + 0.254}$
> ③ 복동식 스팀 해머의 극한지지력
> $Q_u = \dfrac{(W_h + A_p P)h}{S + 0.254}$

여기서, A_p : 피스톤의 면적(cm^2),
P : 해머에 작용하는 증기압(kN/cm^2)
S : 타격당 말뚝의 평균관입량(cm)
h : 낙하고(cm)

④ 안전율(F_s)은 6이다.

(3) 샌더(Sander)의 공식

① 극한지지력

$$Q_u = \frac{W_h h}{S}$$

■ Sander의 극한지지력
$$Q_u = \frac{W_h h}{S}$$

② 안전율(F_s)은 8이다.

(4) 바이스바흐(Weisbach)의 공식

① 극한지지력

$$Q_u = \frac{AE}{L}\left(-S + \sqrt{S^2 + W_h h \frac{2L}{AE}}\right)$$

여기서, A : 말뚝의 단면적(cm^2)
E : 말뚝의 탄성계수(kN/m^2)
L : 말뚝의 길이(m)
S : 말뚝의 최종관입량(cm)

② 안전율(F_s)은 6이다.

3) 말뚝의 재하시험에 의한 방법

① 재하시험에 의해서 구해진 말뚝의 지지력이 가장 실제에 가까운 값이다.
② 평판재하시험과 같은 원리로 하중-침하곡선으로부터 허용지지력을 결정한다.
③ 결과의 표시
　㉠ 시간-하중곡선
　㉡ 시간-침하곡선
　㉢ 하중-침하곡선

4) 적용성

① 정역학적 공식
　㉠ 말뚝 설계의 예비적인 검토와 시험말뚝의 길이를 정하는 경우 등에 사용한다.
　㉡ 재하시험을 행하지 않는 경우에 항타공식으로 구한 극한지지력을 비교 검토할 때에도 사용한다.

② 동역학적 공식
  ㉠ 마찰말뚝의 경우에는 잘 적용되지 않고, 모래·자갈과 같은 층의 지지말뚝의 경우에 한해서 적용한다.
  ㉡ 정밀도에 문제가 있어서 설계값으로는 사용되지 않고 지지말뚝의 시공관리에 사용한다.

6 부마찰력과 무리말뚝

1) 부마찰력(negative friction)

■ 부마찰력
① 말뚝 주위 지반의 침하량이 말뚝의 침하량보다 상대적으로 클 때 주면마찰력이 하향으로 발생하여 하중역할을 하게 된다.
② (−)의 주면마찰력이 부마찰력이다.
③ 부마찰력이 발생하면 극한지지력은 감소한다.

(1) 개요
① 연약지반에 말뚝을 타입한 다음, 성토와 같은 하중을 작용시켰을 때 말뚝 주위 지반의 침하량이 말뚝의 침하량보다 상대적으로 클 때 주면마찰력이 하향으로 발생하여 하중역할을 하게 된다. 이러한 (−)의 주면마찰력을 부마찰력이라고 한다.
② 부마찰력이 발생하면 극한지지력은 감소한다.

(2) 부마찰력
① 모래지반의 단위면적당 부마찰력

$$f_{ns} = K\sigma' \tan\delta$$

여기서, K : 토압계수
       σ' : 중립점까지의 유효연직응력
       δ : 흙과 말뚝의 마찰각

② 점토지반의 단위면적당 부마찰력

$$f_{ns} = \frac{q_u}{2}$$

여기서, q_u : 일축압축강도

③ 부마찰력

$$Q_{ns} = f_{ns} A_s$$

여기서, f_{ns} : 단위면적당 부마찰력
       A_s : 연약층 내의 말뚝 주면적

(3) 발생원인
① 지반 중에서 연약 점토층의 압밀침하
② 연약한 점토층 위의 성토(사질토) 하중
③ 지하수위 저하

2) 군항(무리말뚝)

(1) 개요
① 대부분의 경우 말뚝은 구조물 하중을 지반에 전달하기 위하여 여러 개를 함께 사용한다.
② 무리말뚝 상부를 연결하는 기초콘크리트판을 말뚝캡 또는 확대기초라고 한다.

(2) 무리말뚝의 판정
① 지반에 타입된 2개 이상의 말뚝에서 지중응력의 중복 여부로 판정한다.
② 무리말뚝의 영향을 무시할 수 있는 말뚝의 최소 중심 간격(D_0)

$$D_0 = 1.5\sqrt{rL}$$

여기서, r : 말뚝 반지름
L : 말뚝의 관입 깊이

③ 판정
㉠ $S < D_0$: 무리말뚝
㉡ $S > D_0$: 단말뚝

여기서, S : 말뚝의 중심 간격

(3) 중심 간격
① 일반적으로 무리말뚝의 중심 간 간격은 $2.5D$ 이상이고, $4D$ 이상이 되면 비경제적이다.
② 최소 중심 간격

말뚝 길이	선단지지말뚝 사질토층의 마찰말뚝		점성토층의 마찰말뚝	
	원형	정사각형	원형	정사각형
10m 이하	$3D$	$3\sim 4D$	$4D$	$4\sim 5D$
10~25m	$4D$	$4\sim 5D$	$5D$	$4\sim 5D$
25m 이상	$5D$	$5\sim 6D$	$6D$	$6\sim 8D$

※ 모든 경우의 말뚝 중심 간격 : 80cm 이상

여기서, D : 원형 말뚝의 직경 또는 정사각형 말뚝의 폭

(4) 무리말뚝의 허용지지력
① 허용지지력

$$Q_{ag} = ENQ_a$$

여기서, E : 무리말뚝의 효율
N : 말뚝 개수
Q_a : 말뚝 1개의 허용지지력

■ 무리말뚝(군항)의 판정
① 지반에 타입된 2개 이상의 말뚝에서 지중응력의 중복 여부로 판정
$D_0 = 1.5\sqrt{rL}$
② 판정
$S < D_0$: 무리말뚝
$S > D_0$: 단말뚝

■ 무리말뚝(군항)의 허용지지력
① 허용지지력
$Q_{ag} = ENQ_a$
② 효율
$E = 1 - \dfrac{\phi}{90}$
$\times \left[\dfrac{(m-1)n + m(n-1)}{mn}\right]$

② 효율(Converse-Labarre 공식)

$$E = 1 - \frac{\phi}{90}\left[\frac{(m-1)n + m(n-1)}{mn}\right]$$

여기서, m : 각 열의 말뚝 수
　　　　n : 말뚝의 열 수

③ ϕ각

$$\phi = \tan^{-1}\frac{D}{S}$$

여기서, S : 말뚝 간격(m)
　　　　D : 말뚝 직경(m)

SECTION 2 피어기초(pier foundation)

1 개요

① 구조물의 하중을 견고한 지반에 전달하도록 하기 위하여 먼저 지반을 굴착한 뒤, 그 속에 현장콘크리트를 타설하여 만드는 직경이 큰($\phi = 750\text{mm}$) 기둥모양의 기초를 말한다.
② 사람이 들어가 작업하기에 충분한 직경으로 굴착하며 선단을 확장하는 경우도 있다.

2 특징

① 비교적 큰 직경의 구조물이므로 지지력이 크고, 횡력에 대한 휨모멘트에도 저항이 가능하다.
② 인력굴착 시에는 선단지반과 콘크리트를 잘 밀착시켜서 선단지지력을 확보할 수 있고, 지지층의 토질상태를 직접 조사하여 지지력을 확인할 수 있다.
③ 선단을 확장할 수 있으므로 큰 양압을 받을 수 있다.
④ 시공 시에 인접구조물에 피해를 주는 지표의 히빙과 지반진동이 일어나지 않는다.
⑤ 시공 시에 소음이 생기지 않아서 도심지 공사에 적합하다.
⑥ 피어는 주위의 흙을 배제하지 않으므로 인접한 말뚝이 옆으로 밀리거나 솟아오르는 등의 피해가 생기지 않는다.

⑦ 기계굴착을 하는 경우 말뚝으로 관통이 어려운 조밀한 자갈층이나 사질 토층도 잘 관통시킬 수 있다.
⑧ 건조비가 일반적으로 저렴하다.
⑨ 지반이 연약하면 말뚝의 주위와 선단의 지반을 이완시킬 우려가 있다.

3 종류

1) 인력굴착 피어공법

(1) 시카고(Chicago) 공법
① 연직판으로 흙막이하는 연직공법
② 굳기가 중간 정도(굴착한 벽이 수직으로 서 있을 정도) 이상인 점토에 사용
③ 수직공은 사람이 들어가서 작업할 수 있도록 직경을 최소한 1.1m 이상으로 함
④ 수직공 상부는 지표수가 유입되지 못하도록 지표면에 돌출시킴

(2) 가우(Gow) 공법
① 원형 강제케이싱을 사용하여 굴착 내부의 흙막이벽을 지지하는 공법
② 시카고 공법보다 약간 연약한 흙에 적합

■ 인력굴착 피어공법의 종류
① 시카고(Chicago) 공법 : 연직판으로 흙막이하는 연직공법
② 가우(Gcw) 공법 : 원형 강제케이싱을 사용하여 굴착 내부의 흙막이벽을 지지하는 공법

2) 기계굴착 피어공법

(1) 베노토(Benoto) 공법
케이싱 튜브를 땅속에 압입하면서 해머 그래브로 굴착한 후 케이싱 내부에 철근망을 넣고 콘크리트를 타설하면서 케이싱 튜브를 인발하여 현장타설 콘크리트 말뚝을 만드는 공법
① 장점
  ㉠ 진동 및 소음이 적음
  ㉡ 암반을 제외한 모든 토질에 적용이 가능
  ㉢ 배출되는 흙으로 지질상태 확인 가능
  ㉣ 경사 12°까지 시공 가능
  ㉤ 붕괴성이 있는 토질에 시공 가능
  ㉥ 히빙이나 보일링의 우려가 없음
② 단점
  ㉠ 굴착속도가 느림
  ㉡ 케이싱 인발 시 철근망이 따라 나오는 공상현상 우려
  ㉢ 기계가 대형이고 고가
  ㉣ 지하수 처리가 어려움
  ㉤ 넓은 작업장이 필요

■ 베노토(Benoto) 공법
케이싱 튜브를 땅속에 압입하면서 해머 그래브로 굴착한 후 케이싱 내부에 철근망을 넣고 콘크리트를 타설하면서 케이싱 튜브를 인발하여 현장타설 콘크리트 말뚝을 만드는 공법

출제 POINT

■ Earth drill 공법(Calwelde 공법)
굴착공 내에 벤토나이트 안정액을 주입하면서 회전식 bucket으로 굴착한 후 철근망을 넣고 콘크리트를 타설하여 현장타설 콘크리트 말뚝을 만드는 공법

③ 시공순서 : 오실레이트로 케이싱 삽입(좌우 요동) → 해머 그래브로 굴착 → 바닥 슬라임 처리 → 철근망 삽입 → 콘크리트 타설 및 케이싱 인발

(2) 어스드릴(Earth drill) 공법(Calwelde 공법)

굴착공 내에 벤토나이트 안정액을 주입하면서 회전식 버킷으로 굴착한 후 철근망을 넣고 콘크리트를 타설하여 현장타설 콘크리트 말뚝을 만드는 공법

① 장점
  ㉠ 소음, 진동이 가장 적음
  ㉡ 굴착속도가 빠름
  ㉢ 가격이 저렴
  ㉣ 기계장치가 소형이며 기동성이 좋음
  ㉤ 다른 공법에 비하여 수중굴착에 우수한 공법
② 단점
  ㉠ 전석층이나 암반층에는 시공이 곤란함
  ㉡ 슬라임(slime) 처리가 곤란함
  ㉢ 지지력이 다소 떨어짐
③ 시공순서 : 표층 케이싱 설치 → 회전 버킷으로 굴착 → 안정액 주입 → 슬라임 처리 → 철근망 삽입 → 트레미관을 이용하여 콘크리트 타설 → 케이싱 인발

■ Reverse Circulation Drill 공법(RCD, 역순환공법)
특수 비트의 회전으로 토사를 굴착한 후 공벽을 정수압($0.2kg/cm^2$)으로 보호하고 철근망을 삽입한 후 콘크리트를 타설하여 현장타설 콘크리트 말뚝을 만드는 공법

(3) 리버스 서큘레이션 드릴(Reverse Circulation Drill) 공법(RCD, 역순환공법)
① 특수 비트의 회전으로 토사를 굴착한 후 공벽을 정수압($0.2kg/cm^2$)으로 보호하고 철근망을 삽입한 후 콘크리트를 타설하여 현장타설 콘크리트 말뚝을 만드는 공법
② 시공순서 : 스탠드파이프 삽입 → 굴착구, 슬라임 순환장치 조립 → 로드연결 굴착 → 슬라임 처리(1차) → 철근망 삽입 → 트레미관 설치 및 석션펌프(suction pump) 설치 → 슬라임 처리(2차) → 석션펌프 제거 및 콘크리트 타설 → 트레미관 및 스탠드파이프 인발

SECTION 3 케이슨 기초(caisson foundation)

1 개요

1) 정의
① 케이슨 : 지상 또는 지중에 구축한 중공 대형의 철근콘크리트 구조물
② 케이슨 기초 : 케이슨을 자중 또는 별도의 하중을 가하여 지지층까지 침하시켜 설치하는 기초

2) 종류
① 오픈 케이슨
② 공기 케이슨
③ 박스 케이슨

2 오픈 케이슨(open caisson)

1) 개요
① 정통기초 또는 우물통 기초
② 상·하면이 모두 뚫린 케이슨을 소정의 위치에 설치한 후 케이슨 내의 흙을 굴착하여 소정의 깊이까지 도달시키는 공법

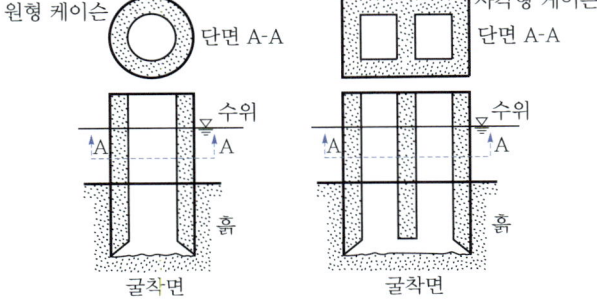

[오픈 케이슨]

2) 장단점

(1) 장점
① 침하 깊이에 제한 없음
② 기계설비가 간단
③ 공사비 저렴
④ 소음이 작아 도심지 공사에 적합

출제 POINT

(2) 단점
① 지지력, 토질상태 파악이 어려움
② 경사 수정이 곤란함
③ 굴착 시 보일링(boiling)이나 히빙(heaving)의 우려
④ 저부의 연약토를 깨끗이 제거하지 못함

3) 우물통의 수중거치 방법

① 축도법 : 흙가마니, 널말뚝 등으로 물을 막고 그 내부를 토사로 채운 후 그 위에서 육상의 경우와 같이 케이슨을 놓아 침하시키는 공법
② 비계식 : 케이슨을 발판 위에서 만든 다음 서서히 끌어내려 침설(沈設, 물 속에 설치)시키는 공법
③ 예항식(부동식)

③ 공기 케이슨(pneumatic caisson) 기초

1) 개요

케이슨 저부에 작업실을 만들고 이 작업실에 압축공기를 가하여 건조상태에서 인력에 의해 굴착하여 케이슨을 침하시키는 공법

■ 공기 케이슨(pneumatic caisson) 공법
케이슨 저부에 작업실을 만들고 이 작업실에 압축공기를 가하여 건조상태에서 인력에 의해 굴착하여 케이슨을 침하시키는 공법

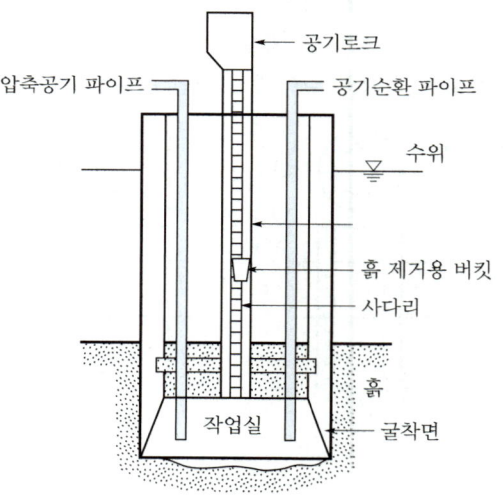

[공기 케이슨]

2) 장단점

(1) 장점
① 건조상태에서 작업하므로 침하공정이 빠르고 장애물 제거가 쉬움
② 토층을 확인하는 지지력시험이 가능

③ 이동 경사가 작고 경사수정이 쉬움
④ boiling, heaving 현상 방지 가능
⑤ 수중작업이 아니므로 저부 콘크리트의 신뢰도가 높음

(2) 단점
① 소음, 진동이 커서 도심지 공사에 부적합
② 케이슨병의 발생 우려
③ 수면 아래 35~40m 이상의 깊은 공사는 어려움
④ 노무자 관리비가 고가
⑤ 기계설비가 고가
⑥ 2시간 이상 작업이 곤란함

3) 적용범위
① 최대심도 : 수면 아래 35m까지 가능
② 압축공기의 압력은 $3.5~4.0kg/cm^2$ 정도

4 박스 케이슨(box caisson) 기초

1) 개요

밑바닥이 막힌 box형으로, 설치 전에 미리 지지층까지 굴착하고 지반을 수평으로 고른 다음 육상에서 건조한 후에 해상에 진수시켜서 정위치에 온 다음 내부에 모래, 자갈, 콘크리트 또는 물을 채워서 침하시키는 공법이다.

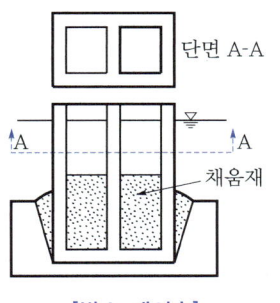

[박스 케이슨]

2) 장단점

(1) 장점
① 공사비가 저가
② 일반적인 케이슨 설치가 부적당한 경우에 사용 가능

(2) 단점
① 지반이 수평을 유지해야 함
② 바닥에 세굴이 생기지 않아야 함

■ 박스 케이슨(box caisson) 공법
밑바닥이 막힌 box형으로, 설치 전에 미리 지지층까지 굴착하고 지반을 수평으로 고른 다음 육상에서 건조한 후에 해상에 진수시켜서 정위치에 온 다음 내부에 모래, 자갈, 콘크리트 또는 물을 채워서 침하시키는 공법

CHAPTER 12 기출문제

01 다음 기초의 형식 중 얕은 기초인 것은?

① 확대기초
② 우물통 기초
③ 공기 케이슨 기초
④ 철근콘크리트 말뚝기초

> **해설** 얕은 기초(직접기초)의 종류
> ㉠ 확대기초(푸팅기초) : 독립기초, 복합기초, 캔틸레버기초, 연속기초
> ㉡ 전면기초(mat 기초)
>
> 깊은 기초의 종류
> 말뚝기초, 피어기초, 케이슨 기초

02 말뚝기초의 지지력에 관한 설명으로 틀린 것은?

① 부마찰력은 아래 방향으로 작용한다.
② 말뚝 선단부의 지지력과 말뚝 주변마찰력의 합이 말뚝의 지지력이 된다.
③ 점성토 지반에는 동역학적 지지력 공식이 잘 맞는다.
④ 재하시험 결과를 이용하는 것이 신뢰도가 큰 편이다.

> **해설** 지지력 산정방법과 안전율
>
> | 분류 | 안전율 | 비고 |
> |---|---|---|
> | 재하시험 | 3 | • 가장 확실하나 비경제적 |
> | 정역학적 지지력 공식 | 3 | • 시공 전 설계에 사용
• N값의 이용이 가능 |
> | 동역학적 지지력 공식 | 3~8 | • 시공 시 사용
• 점토지반에 부적합 |

03 말뚝의 분류 중 지지상태에 따른 분류에 속하지 않는 것은?

① 다짐말뚝
② 마찰말뚝
③ pedestal 말뚝
④ 선단지지말뚝

> **해설** 지지방법에 따른 말뚝기초의 분류
> 선단지지말뚝, 마찰말뚝, 하부지반 지지말뚝, 다짐말뚝

04 말뚝지지력에 관한 여러 가지 공식 중 정역학적 지지력 공식이 아닌 것은?

① Dörr의 공식
② Terzaghi의 공식
③ Meyerhof의 공식
④ Engineering-News 공식

> **해설** 말뚝의 지지력 공식
> ㉠ 정역학적 공식 : Terzaghi 공식, Dörr 공식, Meyerhof 공식, Dunham 공식
> ㉡ 동역학적 공식 : Hiley 공식, Engineering-News 공식, Sander 공식, Weisbach 공식

05 말뚝기초의 지반거동에 관한 설명으로 틀린 것은?

① 연약지반상에 타입되어 지반이 먼저 변형하고 그 결과 말뚝이 저항하는 말뚝을 주동말뚝이라 한다.
② 말뚝에 작용한 하중은 말뚝 주변의 마찰력과 말뚝 선단의 지지력에 의하여 주변 지반에 전달된다.
③ 기성말뚝을 타입하면 전단파괴를 일으키며 말뚝 주위의 지반은 교란된다.
④ 말뚝 타입 후 지지력의 증가 또는 감소현상을 시간효과(time effect)라 한다.

> **해설** 주동말뚝과 수동말뚝
> ㉠ 주동말뚝 : 말뚝이 지표면에서 수평력을 받는 경우 말뚝이 변형함에 따라 지반이 저항하는 말뚝
> ㉡ 수동말뚝 : 지반이 먼저 변형하고 그 결과 말뚝이 저항하는 말뚝

정답 1.① 2.③ 3.③ 4.④ 5.①

06 연약지반 위에 성토를 실시한 다음 말뚝을 시공하였다. 시공 후 발생될 수 있는 현상에 대한 설명으로 옳은 것은?

① 성토를 실시하였으므로 말뚝의 지지력은 점차 증가한다.
② 말뚝을 암반층 상단에 위치하도록 시공하였다면 말뚝의 지지력에는 변함이 없다.
③ 압밀이 진행됨에 따라 지반의 전단강도가 증가되므로 말뚝의 지지력은 점차 증가된다.
④ 압밀로 인해 부의 주면마찰력이 발생되므로 말뚝의 지지력은 감소된다.

해설 **부마찰력**
㉠ 압밀침하를 일으키는 연약점토층을 관통하여 지지층에 도달한 지지말뚝의 경우나 연약점토지반에 말뚝을 항타한 다음 그 위에 성토를 한 경우 등일 때 발생한다.
㉡ 부마찰력이 발생하면 말뚝의 지지력은 감소한다.

07 말뚝재하시험 시 연약점토지반인 경우는 pile의 타입 후 20여 일이 지난 다음 말뚝재하시험을 한다. 그 이유로 가장 적당한 것은?

① 주면마찰력이 너무 크게 작용하기 때문에
② 부마찰력이 생겼기 때문에
③ 타입 시 주변이 교란되었기 때문에
④ 주위가 압축되었기 때문에

해설 **틱소트로피현상과 점토지반의 말뚝 타입**
㉠ 틱소트로피현상 : 재성형한 시료를 함수비의 변화 없이 그대로 방치하여 두면 시간이 경과되면서 강도가 회복되는 현상
㉡ 점토지반의 말뚝 타입 : 일반적으로 말뚝 타입 시 지반이 교란되어 강도가 작아지나 점토는 틱소트로피현상이 생겨서 강도가 되살아나기 때문에 말뚝재하시험은 말뚝 타입 후 며칠이 지난 후 행한다.

08 말뚝의 부마찰력에 대한 설명 중 틀린 것은?

① 부마찰력이 작용하면 지지력이 감소한다.
② 연약지반에 말뚝을 박은 후 그 위에 성토를 한 경우 일어나기 쉽다.
③ 부마찰력은 말뚝 주변 침하량이 말뚝의 침하량보다 클 때에 아래로 끌어 내리는 마찰력을 말한다.
④ 연약한 점토에 있어서는 상대변위의 속도가 느릴수록 부마찰력은 크다.

해설 **부마찰력**
㉠ 부마찰력이 발생하면 말뚝의 지지력은 크게 감소한다
㉡ 말뚝 주변 지반의 침하량이 말뚝의 침하량보다 클 때 발생한다.
㉢ 상대변위의 속도가 빠를수록 부마찰력은 커진다.

09 깊은 기초의 지지력 평가에 관한 설명으로 틀린 것은?

① 정역학적 지지력 추정방법은 논리적으로 타당하나 강도정수를 추정하는 데 한계성을 내포하고 있다.
② 동역학적 방법은 항타장비, 말뚝과 지반조건이 고려된 방법으로 해머 효율의 측정이 필요하다.
③ 현장 타설 콘크리트 말뚝기초는 동역학적 방법으로 지지력을 추정한다.
④ 말뚝 항타분석기(PDA)는 말뚝의 응력분포, 경시효과 및 해머 효율을 파악할 수 있다.

해설 **동역학적 지지력 평가방법(항타공식)**
㉠ 항타할 때의 타격에너지와 지반의 변형에 의한 에너지가 같다고 하여 만든 공식
㉡ 기성말뚝을 항타하여 시공 시 지지력을 추정할 수 있다.

정답 6.④ 7.③ 8.④ 9.③

SOIL MECHANICS FOUNDATION

10 10개의 무리 말뚝기초에 있어서 효율이 0.8, 단항으로 계산한 말뚝 1개의 허용지지력이 100kN일 때 군항의 허용지지력은?

① 500kN ② 800kN
③ 1,000kN ④ 1,250kN

> **해설** 군항의 허용지지력의 계산
> $R_{ag} = ENR_a = 0.8 \times 10 \times 100 = 800\text{kN}$

11 직경 30cm 콘크리트 말뚝을 단동식 증기 해머로 타입하였을 때 엔지니어링 뉴스 공식을 적용한 말뚝의 허용지지력은? (단, 타격에너지=36t·m, 해머효율=0.8, 손실상수=0.25cm, 마지막 25mm 관입에 필요한 타격횟수=5회이다.)

① 64t ② 128t
③ 192t ④ 384t

> **해설** 엔지니어링 뉴스 공식을 이용한 말뚝의 허용지지력 계산
> ㉠ 타격당 말뚝의 평균관입량
> $s = \dfrac{25}{5} = 5\text{mm} = 0.5\text{cm}$
> ㉡ 극한지지력
> $R_u = \dfrac{W_h h}{s+0.25} = \dfrac{3.6 \times 100 \times 0.8}{0.5+0.25}$
> $= 384\text{t}$
> ㉢ 허용지지력 $Q_a = \dfrac{Q_u}{F_s} = \dfrac{384}{6} = 64\text{t}$

12 얕은 기초에 대한 Terzaghi의 수정지지력 공식은 다음의 표와 같다. 4m×5m의 직사각형 기초를 사용할 경우 형상계수 α와 β의 값으로 옳은 것은?

$$q_u = \alpha c N_c + \beta \gamma_1 B N_\gamma + \gamma_2 D_f N_q$$

① α=1.18, β=0.32
② α=1.24, β=0.42
③ α=1.28, β=0.42
④ α=1.32, β=0.38

> **해설** 직사각형 기초
> ㉠ $\alpha = 1 + 0.3\dfrac{B}{L} = 1 + 0.3 \times \dfrac{4}{5} = 1.24$
> ㉡ $\beta = 0.5 - 0.1\dfrac{B}{L} = 0.5 - 0.1 \times \dfrac{4}{5} = 0.42$

13 무게 3ton인 단동식 증기 해머를 사용하여 낙하고 1.2m에서 pile을 타입할 때 1회 타격당 최종 침하량이 2cm이었다. Engineering News 공식을 사용하여 허용지지력을 구하면 얼마인가?

① 13.3t ② 26.7t
③ 80.8t ④ 160t

> **해설** 엔지니어링 뉴스 공식을 이용한 말뚝의 허용지지력 계산
> ㉠ 단동식 steam hammer의 극한지지력 (Engineering News 공식)
> $Q_u = \dfrac{W_h \times H}{S+0.25} = \dfrac{3 \times 120}{2+0.25} = 160\text{t}$
> ㉡ 엔지니어링 뉴스 공식의 안전율은 $F_s = 6$이다.
> ㉢ 허용지지력(Q_a) : $Q_a = \dfrac{Q_u}{F_s} = \dfrac{160}{6} = 26.7\text{t}$

14 직경 30cm 콘크리트 말뚝을 단동식 증기 해머로 타입하였을 때 엔지니어링 뉴스 공식을 적용한 말뚝의 허용지지력은? (단, 타격에너지=36kN·m, 해머효율=0.8, 손실상수=0.25cm, 마지막 25mm 관입에 필요한 타격횟수=5회이다.)

① 640kN ② 1,280kN
③ 1,920kN ④ 3,840kN

> **해설** 엔지니어링 뉴스 공식을 이용한 말뚝의 허용지지력 계산
> ㉠ 극한지지력
> $Q_u = \dfrac{W_h h}{S+C} = \dfrac{H_e E}{S+C} = \dfrac{3,600 \times 0.8}{\dfrac{2.5}{5}+0.25}$
> $= 3,840\text{kN}$
> ㉡ 허용지지력 : $Q_a = \dfrac{Q_u}{F_s} = \dfrac{3840}{6} = 640\text{kN}$

정답 10. ② 11. ① 12. ② 13. ② 14. ①

15 무게 300kg의 드롭 해머로 3m 높이에서 말뚝을 타입할 때 1회 타격당 최종 침하량이 1.5cm 발생하였다. Sander의 공식을 이용하여 산정한 말뚝의 허용지지력은?

① 7.50t ② 8.61t
③ 9.37t ④ 15.67t

> **해설** Sander의 공식
> ㉠ 극한지지력 $Q_u = \dfrac{Wh}{S} = \dfrac{0.3 \times 300}{1.5} = 60\,\mathrm{t}$
> ㉡ 허용지지력 $Q_a = \dfrac{Q_u}{8} = \dfrac{60}{8} = 7.5\,\mathrm{t}$

16 무게 3.2kN인 드롭 해머(drop hammer)로 2m의 높이에서 말뚝을 때려 박았더니 침하량이 2cm이었다. Sander의 공식을 사용할 때 이 말뚝의 허용지지력은?

① 10kN ② 20kN
③ 30kN ④ 40kN

> **해설** Sander의 허용지지력 계산
> $Q_a = \dfrac{Wh}{8S} = \dfrac{3.2 \times 200}{8 \times 2} = 40\,\mathrm{kN}$

17 기존 뉴매틱 케이슨(pneumatic caisson)의 장점을 열거한 것 중 옳지 않은 것은?

① 토질을 확인할 수 있고 비교적 정확한 지지력을 측정할 수 있다.
② 수중 콘크리트를 하지 않으므로 신뢰성이 많은 저부 콘크리트슬래브의 시공이 가능하다.
③ 기초지반의 보일링과 팽창을 방지할 수 있으므로 인접 구조물에 피해를 주지 않는다.
④ 굴착깊이에 제한을 받지 않는다.

> **해설** 뉴매틱 케이슨 기초의 단점
> ㉠ 소음·진동이 크다.
> ㉡ 케이슨병이 발생한다.
> ㉢ 수면 아래 35~40m 이상의 깊은 공사는 곤란하다(굴착깊이에 제한을 받는다).

18 현장 말뚝 기초공법에 해당되지 않는 것은?

① 프랭키공법
② 바이브로플로테이션공법
③ 페데스탈공법
④ 레이몬드공법

> **해설** 현장 콘크리트말뚝의 종류
> ㉠ 프랭키(Franky) 말뚝
> ㉡ 페데스탈(Pedestal) 말뚝
> ㉢ 레이몬드(Raymond) 말뚝

19 기존 건물에서 인접된 장소에 새로운 깊은 기초를 시공하고자 한다. 이때 기존 건물의 기초가 얕아 보강하는 공법 중 적당한 것은?

① 압성토공법 ② underpining 공법
③ preloading 공법 ④ 치환공법

> **해설** 언더피닝(underpining) 공법
> 기존 구조물에 대해 기초 부분을 신설, 개축 또는 증강하는 공법
> **이 공법을 사용하는 경우**
> ㉠ 기존 기초의 지지력이 불충분한 경우
> ㉡ 신구조물을 축조할 때 기존 기초에 접근해서 굴착하는 경우
> ㉢ 기존 구조물의 직하에 신구조물을 만드는 경우
> ㉣ 구조물을 이동하는 경우

20 가로 2m, 세로 4m의 직사각형 케이슨이 지중 16m까지 관입되었다. 단위면적당 마찰력 $f = 0.2\,\mathrm{kN/m^2}$일 때 케이슨에 작용하는 주면마찰력(skin friction)은 얼마인가?

① 38.4kN ② 27.5kN
③ 19.2kN ④ 12.8kN

> **해설** 케이슨에 작용하는 주면마찰력
> $R_f = f_s A_s = 0.2 \times (12 \times 16) = 38.4\,\mathrm{kN}$

정답 15. ① 16. ④ 17. ④ 18. ② 19. ② 20. ①

CHAPTER 13 연약지반개량공법

최근 10년간 출제분석표

2014	2015	2016	2017	2018	2019	2020	2021	2022	2023
5%	5%	5%	1.7%	3.3%	6.7%	5%	6.7%	8.3%	6.7%

출제 POINT

학습 POINT
- 연약지반개량공법의 종류
- 바이브로플로테이션 공법의 특징
- 프리로딩 공법의 개요
- 샌드드레인 영향원의 직경
- 웰포인트 공법의 적용
- 토목섬유의 기능

■ 연약지반의 정의
① 점성토 연약지반 : 압밀침하와 간극수압의 변화가 현장시공관리에 중요하게 작용하는 지반
② 사질토 연약지반 : 진동이나 충격하중이 작용하면 액상화되는 지반

SECTION 1 개요

1) 연약지반의 정의

(1) 점성토 지반
① 함수비가 매우 큰 지반
② 압밀침하와 간극수압의 변화가 현장시공관리에 중요하게 작용하는 지반

(2) 사질토 지반
① 느슨하고 물에 포화된 지반
② 진동이나 충격하중이 작용하면 액상화되는 지반

2) 지반개량공법

① 연약기초지반을 탈수, 고결, 치환, 다짐 등의 방법으로 개량하는 공법
② 지지력의 증가, 침하의 방지, 또는 투수성의 감소를 기하는 공법

[지반개량공법]

사질토 지반개량공법		점성토 지반개량공법		기타 지반개량공법 (일시적 개량공법)
방법	종류	방법	종류	
다짐공법	• 다짐말뚝공법 • compozer공법 • vibroflotation • 전기충격식 공법 • 폭파다짐공법	탈수공법	• sand drain • paper drain • preloading • 침투압공법 • 생석회말뚝공법	• well point 공법 • deep well 공법 • 고결공법 • 대기압공법
고결공법	약액주입공법	치환공법	• 굴착치환공법 • 자중에 의한 치환공법 • 폭파에 의한 치환공법	

SECTION 2 사질토 지반개량공법

1 다짐말뚝공법

① 말뚝을 땅속에 타입하여 말뚝의 체적만큼 흙을 배제하여 압축하는 공법이다.
② 사질토지반의 전단강도를 증진시킨다.

2 다짐모래 말뚝공법(compozer 공법)

1) 개요

① 충격 또는 진동타입에 의하여 지반에 모래를 압입하여 모래말뚝을 만드는 공법이다.
② 느슨한 모래지반의 개량에 효과적이다.
③ 모래가 70% 이상인 사질토 지반에서 효과가 현저하며 경제적이다.
④ 점토 지반에도 적용이 가능하다.

2) 종류

(1) hammering compozer 공법
① 전력설비 없이도 시공 가능
② 충격시공이므로 소음, 진동이 큼
③ 시공관리에 어려움
④ 주변 흙을 교란시킴
⑤ 낙하고의 조절이 가능하므로 강력한 타격에너지를 얻을 수 있음

(2) vibro compozer 공법
① 시공상 무리가 없으므로 기계고장이 적음
② 충격, 진동, 소음이 적음
③ 시공관리 용이
④ 균질한 모래기둥 제작 가능
⑤ 지표면은 다짐효과가 작으므로 바이브로 탬퍼(vibro tamper)로 다짐

출제 POINT

학습 POINT
• 바이브로플로테이션 공법의 특징

■ 사질토 지반개량공법
① 다짐공법 : 다짐말뚝공법, 다짐모래 말뚝공법, 바이브로플로테이션 공법, 전기충격식 공법, 폭파다짐공법
② 배수공법 : 웰포인트 공법
③ 고결공법 : 약액주입공법

■ 다짐말뚝공법
① 충격 또는 진동타입에 의하여 지반에 모래를 압입하여 모래말뚝을 만드는 공법
② 느슨한 모래지반의 개량에 효과적
③ 모래가 70% 이상인 사질토 지반에서 효과가 현저하며 경제적
④ 점토지반에도 적용이 가능

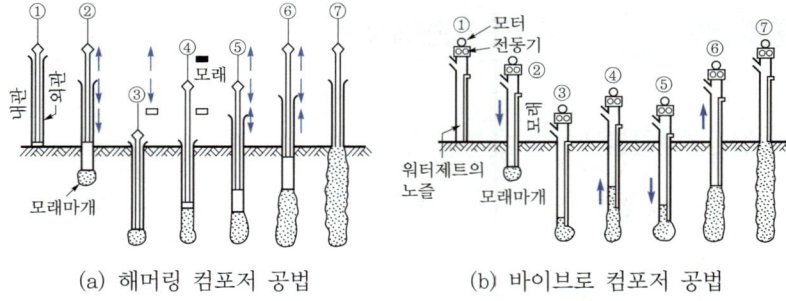

(a) 해머링 컴포저 공법   (b) 바이브로 컴포저 공법

[다짐모래 말뚝공법의 시공순서]

③ 바이브로플로테이션(vibroflotation) 공법

1) 개요

수평으로 진동하는 봉상의 바이브로플롯(지름 20cm)으로 사수와 진동을 동시에 일으켜서 생긴 빈틈에 모래나 자갈을 채워서 느슨한 모래지반을 개량하는 공법이다.

■ 바이브로플로테이션 공법
수평으로 진동하는 봉상의 바이브로플롯(지름 20cm)으로 사수와 진동을 동시에 일으켜서 생긴 빈틈에 모래나 자갈을 채워서 느슨한 모래지반을 개량하는 공법

2) 특징

① 지반을 균일하게 다질 수 있음
② 빠른 공기
③ 깊은 곳의 다짐을 지표면에서 수행(20~30m)
④ 지하수위와 관계없이 시공 가능
⑤ 상부 구조물에 진동이 있을 때 효과적
⑥ 다짐 후 지반 전체가 상부 구조를 지지할 수 있음
⑦ 공사비 저렴

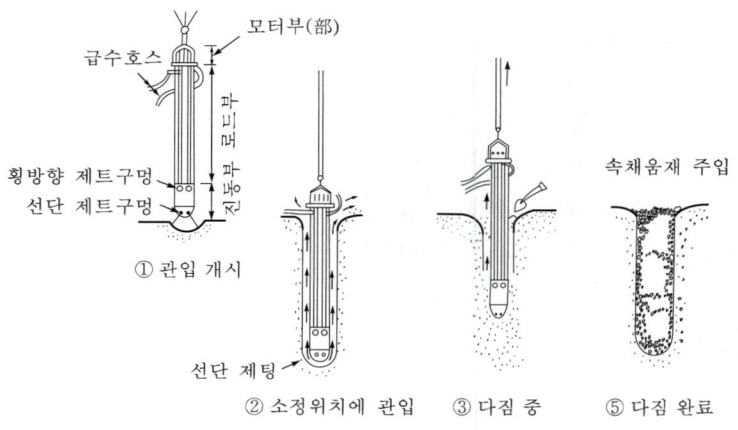

[바이브로플로테이션의 시공순서]

4 폭파다짐공법

1) 개요

다이너마이트의 발파 등 인공지진으로 발생하는 충격력을 이용하여 느슨한 사질토 지반을 다지는 공법이다.

2) 특징

① 도로, 철도, 공항 등의 대규모 토목 공사에 적용
② 해양 매립지나 호수 매립지 조성 시 지반 다짐에 적용
③ 대형 건축물이나 구조물의 기초를 안정시키기 위해 적용

5 약액주입공법

1) 개요

지반 내에 주입관을 삽입하여 적당한 양의 약액(주입재)을 압력으로 주입하거나 혼합하여 지반을 고결 또는 경화시켜 강도 증대 또는 차수효과를 높이는 공법이다.

■ 약액주입 공법
지반 내에 주입관을 삽입하여 적당한 양의 약액(주입재)을 압력으로 주입하거나 혼합하여 지반을 고결 또는 경화시켜 강도 증대 또는 차수효과를 높이는 공법

2) 목적

① 용수, 누수의 방지 : 댐, 터널, 제방, 지하철, 흙막이공 등의 차수
② 지반의 고결
　㉠ 기초지반의 지지력 강화
　㉡ 기존 기초의 보강
　㉢ 굴착 저면과 벽면의 보강 및 안정
　㉣ 터널공, 실드(shield)공 등의 전면지반의 안정

3) 특징

① 준비 및 설비 간단
② 소규모여서 협소한 장소에서도 시공 가능
③ 진동이나 소음에 대한 영향이 적음
④ 공기가 짧음
⑤ 주로 응급대책 또는 보조공법으로 사용되어 왔으나, 점차 본격적이고 항구적인 지반개량공법으로 사용됨
⑥ 공사비용이 비교적 고가임
⑦ 환경오염의 문제 대두

4) 주입재

현탁액형	시멘트계	
	점토계	
	아스팔트계	
용액형	물유리계	알칼리계
		비알칼리계
		특수알칼리계
		기·액반응계
	고분자계	아크릴아마이드계
		우레탄계
		크롬리그닌계
		요소계

6 전기충격공법

지반에 미리 물을 주입하여 지반을 거의 포화상태로 만든 다음 워터 제트(water jet)에 의해 방전전극을 지중에 삽입한 후 이 방전전극에 고압전류를 일으켜서 생긴 충격력에 의해 지반을 다지는 공법이다.

SECTION 3 점성토 지반개량공법

1 치환공법

1) 개요

① 연약점토지반의 일부 또는 전부를 제거
② 양질의 사질토로 치환하여 지지력을 증대시키는 공법
② 공기를 단축할 수 있고 공사비가 저렴하여 많이 이용

2) 종류

(1) 굴착치환공법
① 전면 굴착치환공법
② 부분 굴착치환공법

(2) 강제치환공법
① 성토 자중에 의한 치환공법
② 폭파치환공법

■ 전기충격공법
지반에 미리 물을 주입하여 지반을 거의 포화상태로 만든 다음 워터 제트에 의해 방전전극을 지중에 삽입한 후 이 방전전극에 고압전류를 일으켜서 생긴 충격력에 의해 지반을 다지는 공법

학습 POINT
- 프리로딩 공법의 개요
- 샌드드레인 영향원의 직경

■ 점성토 지반개량공법
① 탈수공법 : sand drain, paper drain, preloading, 침투압공법, 생석회말뚝 공법
② 치환공법 : 굴착치환공법, 자중에 의한 치환공법, 폭파에 의한 치환공법

2 프리로딩(pre-loading) 공법(사전압밀공법)

1) 개요

① 구조물 축조 전에 미리 하중을 재하한다.
② 하중에 의한 압밀을 미리 끝나게 하여 지반의 강도를 증진시키는 공법이다.
③ 공사기간에 여유가 있는 경우 사용하는 공법이다.

2) 목적

① 성토하중에 의하여 미리 압밀을 완료시켜 잔류침하가 남지 않게 한다.
② 압밀에 의한 지반의 전단강도를 증가시켜 지반의 전단파괴를 방지한다.

3) 적용

압밀계수가 크고 점토층이 얕은 지반에 적용한다.

■ 프리로딩 공법
탈수구조물 축조 전에 미리 하중을 재하하여 하중에 의한 압밀을 미리 끝나게 하여 지반의 강도를 증진시키는 공법

3 샌드드레인(sand drain) 공법

1) 개요

① 연약점토층이 깊은 경우 연약점토층에 모래말뚝을 설치한다.
② 배수거리를 짧게 하여 압밀을 촉진시키는 공법이다.
③ 배수는 주로 수평 방향으로 이루어진다.
④ 모래말뚝의 간격이 길이의 1/2 이하인 경우에는 연직 방향의 배수는 무시한다.

■ 샌드드레인 공법
연약점토층이 깊은 경우 연약점토층에 모래말뚝을 설치하여 배수거리를 짧게 하여 압밀을 촉진시키는 공법

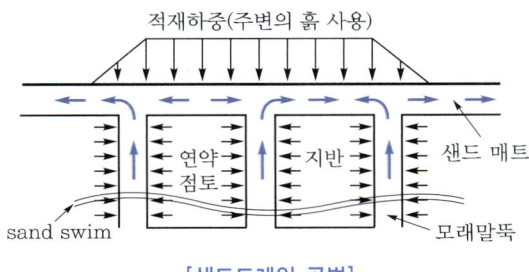

[샌드드레인 공법]

2) 샌드 매트(sand mat)

(1) 개요

모래말뚝을 설치하기 전에 지표면에 50~100cm 정도의 모래를 포설한다.

(2) 역할

① 상부 배수층의 역할
② 성토 내의 지하 배수층 형성

출제 POINT

③ 시공기계의 주행성 확보

3) 모래말뚝의 타입방법

① 압축공기식 케이싱에 의한 방법
② water jet에 의한 방법
③ rotary boring에 의한 방법
④ mandrel에 의한 방법
⑤ earth auger에 의한 방법

4) 샌드드레인의 설계

(1) 모래말뚝의 배열에 따른 영향원의 직경

① 정삼각형 배열

$$D_e = 1.05S$$

② 정사각형 배열

$$D_e = 1.13S$$

여기서, D_e : 영향원 지름
S : 모래말뚝의 중심 간격

■ 샌드드레인 영향원의 직경
① 정삼각형 배열
    $D_e = 1.05S$
② 정사각형 배열
    $D_e = 1.13S$

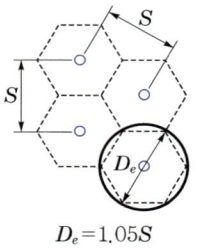
$D_e = 1.05S$
(a) 정삼각형 배열

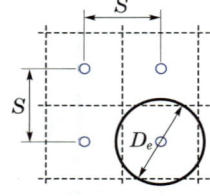
$D_e = 1.13S$
(b) 정사각형 배열

[모래말뚝의 배열에 따른 영향원의 직경]

(2) 평균압밀도

$$U = 1 - (1 - U_v)(1 - U_h)$$

여기서, U_v : 연직 방향의 평균압밀도
U_h : 수평 방향의 평균압밀도

수평 방향의 압밀계수와 연직 방향의 압밀계수는 모래말뚝 설치 시 주변 지반이 교란되므로 거의 같은 것으로 산정한다($C_h \fallingdotseq C_v$).

(3) 모래말뚝의 설치

① 지름 : 0.3~0.5m

② 간격 : 2~4m

③ 길이 : 15m 이하에서 효과적(20m 이상이면 공사비가 상당히 고가)

4 페이퍼 드레인(paper drain) 공법

1) 개요

모래말뚝 대신 합성수지로 된 card board를 땅속에 박아 압밀을 촉진시키는 공법이다.

■ 페이퍼 드레인 공법

모래말뚝 대신 합성수지로 된 card board를 땅 속에 박아 압밀을 촉진시키는 공법

2) 특징

① 시공속도가 빠름

② 단기 배수효과 양호

③ 타입 시 주변 지반의 교란이 거의 없으므로 압밀계수는 $C_h \fallingdotseq (2~4) C_v$ 로 설계

④ 배수단면이 깊이에 대하여 일정

⑤ 장기간 사용 시 열화현상이 생겨 배수효과 감소

⑥ 특수 타입 기계 필요

⑦ 대량생산이 가능한 경우 공사비 저렴

3) 페이퍼 드레인(paper drain)의 설계

① 환산직경

$$D = \alpha \cdot \frac{2(t+b)}{\pi}$$

여기서, D : drain paper의 등치환산원의 지름(cm)

α : 형상계수(0.75)

t, b : 페이퍼 드레인의 두께와 폭(cm)

② 페이퍼 드레인은 폭 10cm, 두께 3~4mm의 사각형 띠 모양으로 구성

5 팩드레인(pack drain) 공법

샌드드레인 공법의 결점인 모래말뚝의 절단을 보완하기 위하여 합성섬유로 된 포대에 모래를 채워 만든 공법이다.

■ 팩드레인 공법

샌드드레인 공법의 결점인 모래말뚝의 절단을 보완하기 위하여 합성섬유로 된 포대에 모래를 채워 만든 공법

6 윅드레인(wick drain) 공법

포화된 점토층에서 연직 방향의 배수를 촉진하기 위하여 샌드드레인 공법의 대안으로 개발된 공법이다.

7 전기침투공법

포화된 점토지반에 한 쌍의 전극을 설치하여 직류로 보내면 (+)극에서 (-)극으로 흐르는 전기침투현상에 의하여 (-)극에 모인 물(간극수)을 배수시켜 전단저항과 지지력을 향상시키는 공법이다.

8 침투압공법(MAIS 공법)

① 포화된 점토지반 내에 반투막 중공원통(ϕ 약 25cm)을 넣고 그 안에 농도가 큰 용액을 넣어서 점토지반 내의 수분을 흡수, 탈수시켜 지반의 지지력을 증가시키는 공법이다.
② 깊이 3m 정도의 표층 개량에 사용한다.

9 생석회말뚝(chemico pile) 공법

생석회가 물을 흡수하면 발열반응을 일으켜서 소석회가 되며 이때 체적이 2배로 팽창하는 원리를 이용하여 지반을 개량하는 공법이다.

SECTION 4 기타 지반개량공법(일시적인 지반개량공법)

1 웰포인트(well point) 공법

1) 개요

웰포인트(well point)라는 강재흡수관을 시공지역의 주위에 다수 설치하고 진공을 가하여 지하수위를 저하시켜 드라이 워크(dry work)를 하기 위한 강제배수공법이다.

2) 적용

① 투수계수가 큰 실트질 모래지반에 효과적이다(점토지반에는 곤란).
② 지반 굴착 시 배수와 보일링 방지뿐만 아니라 점성토층의 압밀을 촉진시키는 데에도 적용한다.

③ 웰포인트 간격은 1~2m, 배수 가능 심도는 6m이며, 6m 이상일 때는 다단으로 설치하여 시공한다.

2 딥웰(deep well) 공법(깊은 우물 공법)

1) 개요

지름(ϕ)이 0.3~1.5m 정도의 깊은 우물을 판 후 스트레이너를 부착한 케이싱(우물관)을 삽입하여 지하수를 펌프로 양수함으로써 지하수위를 저하시키는 중력식 배수공법이다.

2) 적용

① 용수량이 매우 많아 웰포인트의 적용이 곤란한 경우
② 투수계수가 큰 사질토층의 지하수위 저하 시에 사용
③ 히빙(heaving)이나 보일링(boiling) 현상이 발생할 우려가 있는 경우

3) 특징

① 양수량이 많다.
② 고양정의 펌프 사용 시 깊은 대수층의 양수 가능

■ 딥웰(deep well) 공법
지름이 0.3~1.5m 정도의 깊은 우물을 판 후 스트레이너를 부착한 케이싱(우물관)을 삽입하여 지하수를 펌프로 양수함으로써 지하수위를 저하시키는 중력식 배수공법

3 대기압공법(진공압밀공법)

1) 개요

비닐막(염화비닐, 폴리에틸렌 재질)으로 지표면을 덮은 다음 진공펌프로 내부의 압력을 저하시켜 대기압 하중으로 압밀을 촉진시키는 공법이다.

2) 적용

① 보통 paper drain 공법과 병행한다.
② 공사기간 동안 계속 펌프를 가동시켜야 되므로 유지관리비가 비싸다.

4 동결공법

1) 개요

동결관(지름 1.5~3in)을 지반 내에 설치하고, 액체질소 같은 냉각제를 흐르게 하여 주위의 흙을 동결시키는 공법이다.

■ 동결공법
동결관(지름 1.5~3in)을 지반 내에 설치하고, 액체질소 같은 냉각제를 흐르게 하여 주위의 흙을 동결시키는 공법

2) 장단점

(1) 장점

① 모든 토질에 적용 가능
② 완전 차수성
③ 강도 증대
④ 예기치 않은 사고에 안정
⑤ 콘크리트와 암반과의 부착 양호
⑥ 지반 오염 방지

(2) 단점

① 동해현상의 피해가 수반됨
② 지하수의 유속이 빠르거나 화학물질이 있는 경우에는 동결이 안 됨
③ 공사비가 고가
④ 지질에 따라 동결 팽창할 수 있음
⑤ 함수비가 작은 경우 강도를 기대하기 어려움

5 소결공법

1) 개요

지반 내에 보링공을 설치하고 그 안에 액체 또는 기체 연료를 장시간 연소시켜 공벽의 고결 및 주변 지반을 탈수, 건조시켜 기둥을 형성하여 지반개량을 행하는 공법이다.

■ 소결공법
지반 내에 보링공을 설치하고 그 안에 액체 또는 기체 연료를 장시간 연소시켜 공벽의 고결 및 주변 지반을 탈수, 건조시켜 기둥을 형성하여 지반개량을 행하는 공법

2) 적용

점토지반의 지반개량에 사용한다.

6 특수개량공법

1) 지하연속벽공법

(1) 개요

① 지반을 굴착할 때 굴착공이 무너지는 것을 방지하기 위해 벤토나이트 슬러리의 안정액을 사용한다.
② 철근망을 압입한 후 콘크리트를 타설하여 지중에 철근콘크리트 연속벽체를 형성하는 공법이다.

■ 지하연속벽공법의 장점
① 소음, 진동이 작음
② 벽체의 강성이 크고, 차수성이 좋음
③ 지반조건에 좌우되지 않음
④ 지하공간을 최대로 이용할 수 있음

(2) 장점
① 소음, 진동이 작음
② 벽체의 강성이 크고, 차수성이 좋음
③ 지반조건에 좌우되지 않음
④ 지하공간을 최대로 이용할 수 있음

(3) 단점
① 시공비가 고가
② 굴착도랑이 붕괴됨
③ 슬라임이 퇴적됨
④ 안정액 처리문제와 품질관리를 철저히 해야 함

2) 동압밀공법

(1) 개요
① 해안 매립지, 쓰레기 매립지 등의 지반개량에 활용
② 지반에 중량 10~20ton인 추를 높이 10~20m에서 낙하시킬 때의 충격에너지와 진동에너지로 지반을 다지는 공법

(2) 동다짐에 의한 영향깊이(D)

$$D = \alpha \sqrt{WH}$$

여기서, D : 영향깊이(m)
α : 영향계수(일반적으로 0.5 사용)
W : 추의 중량(t)
H : 낙하고(m)

(3) 적용
① 모래, 자갈
② 세립토, 폐기물 등 광범위한 토질에 적용 가능

3) 언더피닝(under pinning) 공법

(1) 개요
인접한 기존 구조물에 대하여 기초 부분을 신설, 개축 또는 보강하는 공법

(2) 적용
① 기존 기초의 지지력을 보강하는 경우
② 인접한 구조물의 기초에 접하여 굴착하는 경우
③ 기초구조물 아래에 다른 구조물을 신설할 경우
④ 구조물을 이동하는 경우

■ 언더피닝 공법의 적용
① 기존 기초의 지지력을 보강하는 경우
② 인접한 구조물의 기초에 접하여 굴착하는 경우
③ 기초구조물 아래에 다른 구조물을 신설할 경우
④ 구조물을 이동하는 경우

출제 POINT

■ 토목섬유의 기능
① 필터기능
② 분리기능
③ 배수기능
④ 차수기능
⑤ 보강기능

7 토목섬유

1) 개요

① 흙이나 구조물에 접하여 사용하는 고분자 재료의 섬유제품을 통칭한다.
② 1970년대 초반부터 토사의 세굴방지와 여과 등에 주로 이용되다가 점차 지층분리, 지반보강 또는 배수 목적으로 활용되기 시작하였다.
③ 최근에는 방수, 균열방지, 지반구조물 보호, 충격흡수 등에도 적용한다.

2) 토목섬유의 기능

① 필터기능 : 조립토와 세립토 사이에 설치하여 세립토 이동방지, 물 통과 기능
② 분리기능 : 조립토와 세립토의 혼입방지 기능
③ 배수기능 : 토목섬유의 평면을 통해 물을 배출하는 기능
④ 차수기능 : 물의 유출 또는 이동을 차단하는 기능
⑤ 보강기능 : 인장강도에 의해 흙구조물의 안정성을 증대시키는 기능

3) 토목섬유의 종류

종류	주 용도
지오텍스타일	보강, 분리, 배수, 필터, 차단
지오그리드	보강
지오네트	배수
지오멤브레인	차수, 방수, 차단
섬유-점토라이너	차수, 방수, 차단
지오파이프	배수
복합포	보강, 분리, 배수, 차수

CHAPTER 13 기출문제

01 연약지반개량공법 중 프리로딩 공법에 대한 설명으로 틀린 것은?
① 압밀침하를 미리 끝나게 하여 구조물에 잔류침하를 남기지 않게 하기 위한 공법이다.
② 도로의 성토나 항만의 방파제와 같이 구조물 자체의 일부를 상재하중으로 이용하여 개량 후 하중을 제거할 필요가 없을 때 유리하다.
③ 압밀계수가 작고 압밀토층 두께가 큰 경우에 주로 적용한다.
④ 압밀을 끝내기 위해서는 많은 시간이 소요되므로, 공사기간이 충분해야 한다.

> **해설** 프리로딩(pre-loading) 공법
> ㉠ 성토의 두께가 얇고 압밀계수가 큰 경우에 적용하는 연약지반개량공법이다.
> ㉡ 압밀계수가 작고 두께가 두꺼운 점성토층에서는 sand drain 공법이나 paper drain 공법을 이용한다.

02 다음 연약지반개량공법에 관한 사항 중 옳지 않은 것은?
① 샌드드레인 공법은 2차 압밀비가 높은 점토와 이탄 같은 흙에 큰 효과가 있다.
② 장기간에 걸친 배수공법은 샌드드레인이 페이퍼 드레인보다 유리하다.
③ 동압밀공법 적용 시 과잉간극 수압의 소산에 의한 강도 증가가 발생한다.
④ 화학적 변화에 의한 흙의 강화공법으로는 소결공법, 전기화학적 공법 등이 있다.

> **해설** 샌드드레인(sand drain) 공법
> ㉠ 2차 압밀비가 높은 점토와 이탄 같은 흙에는 효과가 적다.
> ㉡ sand drain과 paper drain은 두꺼운 점성토 지반에 적합한 공법이다.

03 다음 지반개량공법 중 연약한 점토지반에 적당하지 않은 것은?
① 프리로딩 공법
② 샌드드레인 공법
③ 생석회 말뚝 공법
④ 바이브로플로테이션 공법

> **해설** 바이브로플로테이션(vibro flotation)은 수평으로 진동하는 봉상의 vibroflot(ϕ 약 20cm)으로, 사수와 진동을 동시에 일으켜서 생긴 빈틈에 모래나 자갈을 채워서 느슨한 모래지반을 개량하는 공법이다.
> **점성토의 지반개량공법**
> ㉠ 치환공법
> ㉡ preloading 공법(사전압밀공법)
> ㉢ sand drain, paper drain 공법
> ㉣ 전기침투공법
> ㉤ 침투압공법(MAIS 공법)
> ㉥ 생석회말뚝(chemico pile)공법

04 연약지반개량공법 중 점성토 지반에 이용되는 공법은?
① 전기충격공법
② 폭파다짐공법
③ 생석회말뚝공법
④ 바이브로플로테이션 공법

> **해설** 점성토의 지반개량공법
> ㉠ 치환공법
> ㉡ preloading 공법(사전압밀공법)
> ㉢ sand drain, paper drain 공법
> ㉣ 전기침투공법
> ㉤ 침투압공법(MAIS 공법)
> ㉥ 생석회말뚝(chemico pile)공법

정답 1. ③ 2. ① 3. ④ 4. ③

SOIL MECHANICS FOUNDATION

05 지반개량공법 중 연약한 점성토 지반에 적당하지 않은 것은?
① 치환공법
② 침투압공법
③ 폭파다짐공법
④ 샌드드레인 공법

해설 **점성토의 지반개량공법**
㉠ 치환공법
㉡ preloading 공법(사전압밀공법)
㉢ sand drain, paper drain 공법
㉣ 전기침투공법
㉤ 침투압공법(MAIS 공법)
㉥ 생석회 말뚝(chemico pile) 공법

06 지반개량공법 중 주로 모래질 지반을 개량하는 데 사용되는 공법은?
① 프리로딩 공법
② 생석회 말뚝공법
③ 페이퍼 드레인 공법
④ 바이브로플로테이션 공법

해설 **사질토(모래질) 지반개량공법**
㉠ 다짐말뚝공법
㉡ 다짐모래말뚝공법
㉢ 바이브로플로테이션 공법
㉣ 폭파다짐공법
㉤ 약액주입법
㉥ 전기충격법

07 다음 연약지반개량공법 중 일시적인 개량공법은?
① 치환공법
② 동결공법
③ 약액주입공법
④ 모래다짐말뚝공법

해설 **일시적 지반개량공법**
㉠ 웰포인트(well point) 공법
㉡ 딥웰(deep well) 공법
㉢ 대기압공법(진공압밀공법)
㉣ 동결공법

08 연약지반개량공사에서 성토하중에 의해 압밀된 후 다시 추가 하중을 재하한 직후의 안정성 검토를 할 경우 삼축압축시험 중 어떠한 시험이 가장 좋은가?
① CD시험
② UU시험
③ CU시험
④ 급속전단시험

해설 **압밀 비배수시험(CU-test)**
㉠ 프리로딩(preloading) 공법으로 압밀된 후 급격한 재하 시의 안정해석에 사용
㉡ 성토하중에 의해 어느 정도 압밀된 후에 갑자기 파괴가 예상되는 경우

09 sand drain 공법의 주된 목적은?
① 압밀침하를 촉진시키는 것이다.
② 투수계수를 감소시키는 것이다.
③ 간극수압을 증가시키는 것이다.
④ 지하수위를 상승시키는 것이다.

해설 **샌드드레인(sand drain) 공법**
연약점토층이 두꺼운 경우 연약점토층에 주상의 모래말뚝을 다수 박아서 점토층의 배수거리를 짧게 하여 압밀을 촉진함으로써 단시간 내에 연약지반을 처리하는 공법이다.

10 연약지반개량공법으로 압밀의 원리를 이용한 공법이 아닌 것은?
① 프리로딩 공법
② 바이브로플로테이션 공법
③ 대기압 공법
④ 페이퍼 드레인 공법

해설 **바이브로플로테이션(vibro flotation) 공법**
㉠ 바이브로플로테이션 공법은 진동을 이용한 모래지반 개량공법이다.
㉡ 수평으로 진동하는 봉상의 vibroflot(ϕ 약 20cm)으로 사수와 진동을 동시에 일으켜서 생긴 빈틈에 모래나 자갈을 채워서 느슨한 모래지반을 개량하는 공법이다.

정답 5.③ 6.④ 7.② 8.③ 9.① 10.②

11 연약지반개량공법 중 프리로딩(preloading) 공법은 다음 중 어떤 경우에 채용하는가?

① 압밀계수가 작고 점성토층의 두께가 큰 경우
② 압밀계수가 크고 점성토층의 두께가 얇은 경우
③ 구조물 공사기간에 여유가 없는 경우
④ 2차 압밀비가 큰 흙의 경우

> **해설** 프리로딩(pre-loading) 공법
> ㉠ 성토의 두께가 얇고 압밀계수가 큰 경우에 적용하는 연약지반개량공법이다.
> ㉡ 압밀계수가 작고 두께가 두꺼운 점성토층에서는 sand drain 공법이나 paper drain 공법을 이용한다.

12 연약지반 위에 성토를 실시한 다음 말뚝을 시공하였다. 시공 후 발생될 수 있는 현상에 대한 설명으로 옳은 것은?

① 성토를 실시하였으므로 말뚝의 지지력은 점차 증가한다.
② 말뚝을 암반층 상단에 위치하도록 시공하였다면 말뚝의 지지력에는 변함이 없다.
③ 압밀이 진행됨에 따라 지반의 전단강도가 증가되므로 말뚝의 지지력은 점차 증가된다.
④ 압밀로 인해 부의 주면마찰력이 발생되므로 말뚝의 지지력은 감소된다.

> **해설** 부마찰력
> ㉠ 압밀침하를 일으키는 연약점토층을 관통하여 지지층에 도달한 지지말뚝의 경우나 연약점토 지반에 말뚝을 항타한 다음 그 위에 성토를 한 경우 등일 때 발생한다.
> ㉡ 부마찰력이 발생하면 말뚝의 지지력은 감소한다.

13 연약지반에 구조물을 축조할 때 피에조미터를 설치하여 과잉간극수압의 변화를 측정했더니 어떤 점에서 구조물 축조 직후 10kN/m²이었지만, 4년 후는 2kN/m²이었다. 이때의 압밀도는?

① 20%
② 40%
③ 60%
④ 80%

> **해설** 압밀도
> $$u_z = \frac{u_i - u}{u_i} \times 100 = \frac{10-2}{10} \times 100 = 80\%$$

14 연약지반처리공법 중 sand drain 공법에서 연직 및 수평 방향을 고려한 평균 압밀도 U는? (단, $U_v = 0.20$, $U_h = 0.71$이다.)

① 0.573
② 0.697
③ 0.712
④ 0.768

> **해설** 평균 압밀도의 계산
> $$U_{ave} = 1-(1-U_v)(1-U_h)$$
> $$= 1-(1-0.2)(1-0.71) = 0.768$$

15 다음 중 사질토 지반의 개량공법에 속하지 않는 것은?

① 폭파다짐공법
② 생석회 말뚝공법
③ 다짐모래 말뚝공법
④ 바이브로플로테이션 공법

> **해설** 생석회 말뚝공법은 점성토 지반의 개량공법이다.
> **모래지반 개량공법**
> 다짐 말뚝공법, 다짐모래 말뚝공법(컴포저 공법), 바이브로플로테이션 공법, 폭파다짐공법, 전기충격공법

16 Sand drain의 지배영역에 관한 Barron의 정삼각형 배치에서 샌드드레인의 간격을 d, 유효원의 직경을 d_e라 할 때 d_e를 구하는 식으로 옳은 것은?

① $d_e = 1.128d$
② $d_e = 1.028d$
③ $d_e = 1.050d$
④ $d_e = 1.50d$

> **해설** sand pile의 배열과 영향원 지름
> ㉠ 정삼각형 배열 : $d_e = 1.05d$
> ㉡ 정사각형 배열 : $d_e = 1.13d$

정답 11. ② 12. ④ 13. ④ 14. ④ 15. ② 16. ③

17 sand drain 공법에서 sand pile을 정삼각형으로 배치할 때 모래 기둥의 간격은? (단, pile의 유효지름은 40cm이다.)

① 35cm ② 38cm
③ 42cm ④ 45cm

> **해설** sand pile의 영향원 지름
> pile의 유효지름 $d_e = 1.05d$에서
> $d = \dfrac{40}{1.05} ≒ 38\text{cm}$

18 폭이 10cm, 두께 3mm인 paper drain 설계 시 sand drain의 직경과 동등한 값(등치환산원의 지름)으로 볼 수 있는 것은?

① 2.5cm ② 5.0cm
③ 7.5cm ④ 10.0cm

> **해설** 등치환산원의 지름
> $D = \alpha \dfrac{2A + 2B}{\pi}$
> $= 0.75 \times \dfrac{2 \times 10 + 2 \times 0.3}{\pi} ≒ 5\text{cm}$

19 다음의 연약지반개량공법에서 일시적인 개량공법은?

① well point 공법
② 치환공법
③ paper drain 공법
④ sand compaction pile 공법

> **해설** 지반개량공법의 구분
> ㉠ well point 공법 : 일시적인 개량공법
> ㉡ 치환공법 : 점성토의 개량공법
> ㉢ paper drain 공법 : 점성토의 개량공법
> ㉣ sand compaction pile 공법 : 사질토의 개량공법

20 느슨한 모래지반에 봉으로 선단에서 물을 뿜어주며 수평진동을 주면서 모래를 채우며 다지는 공법은 다음 중 어느 것인가?

① 프리로딩 공법
② 바이브로플로테이션 공법
③ 대기압 공법
④ 페이퍼 드레인 공법

> **해설** 바이브로플로테이션(vibro flotation) 공법
> 수평으로 진동하는 봉상의 vibroflot(ϕ 약 20cm)으로 사수와 진동을 동시에 일으켜서 생긴 빈틈에 모래나 자갈을 채워서 느슨한 모래지반을 개량하는 공법이다.

21 다음 compozer 공법(다짐모래 말뚝공법)에 대한 설명 중 적당하지 않은 것은?

① 느슨한 모래지반을 개량하는 데 좋은 공법이다.
② 충격, 진동에 의해 지반을 개량하는 공법이다.
③ 효과는 의문이나 연약한 점토지반에도 사용할 수 있는 공법이다.
④ 시공관리가 매우 간편한 공법이다.

> **해설** compozer 공법(다짐모래 말뚝공법)
> ㉠ 모래지반뿐만 아니라 점토지반에도 적용 가능한 공법이다.
> ㉡ 이 공법에는 hammering compozer 공법과 vibro compozer 공법이 있다.
> ㉢ hammering compozer 공법은 시공관리가 어려우며 vibro compozer 공법은 시공관리가 쉽다.

22 다음의 연약지반개량공법 중 지하수위를 저하시킬 목적으로 사용되는 공법은?

① well point 공법
② 치환공법
③ paper drain 공법
④ sand compaction pile 공법

해설 배수공법
ㄱ. well point 공법은 강제배수방식이다.
ㄴ. deep well 공법은 중력배수방식이다.

해설 언더피닝(underpining) 공법
ㄱ. 기존 구조물에 대해 기초부분을 신설, 개축 또는 증강하는 공법
ㄴ. 기존 기초의 지지력이 불충분한 경우나 신구 조물을 축조할 때 기존 기초에 접근해서 굴착하는 경우, 기존 구조물의 직하에 신구조물을 만드는 경우 등에 사용되는 공법

23 ★ 연약지반개량공법 중에서 일시적인 공법에 속하는 것은?
① sand drain 공법   ② 치환공법
③ 약액주입공법   ④ 동결공법

해설 연약지반개량공법
일시적인 연약지반개량공법에는 well point 공법, deep well 공법, 대기압공법, 동결공법 등이 있다.
ㄱ. sand drain 공법 : 점성토의 지반개량공법
ㄴ. 치환공법 : 점성토의 지반개량공법
ㄷ. 약액주입공법 : 사질토의 지반개량공법
ㄹ. 동결공법 : 일시적인 지반개량공법

24 ★★ 동결공법에 대한 다음 설명 중 옳지 않은 것은?
① 동결된 토사의 차수성이 우수하다.
② 지하수의 흐름이 빠르면 동결은 되지 않는다.
③ 지질에 따라서 동결 팽창하는 수가 있다.
④ 함수비가 작을수록 높은 강도를 나타낼 수 있다.

해설 동결공법
ㄱ. 동결된 토사의 차수성이 우수하다.
ㄴ. 지하수의 흐름이 빠르면 동결은 되지 않는다.
ㄷ. 지질에 따라서 동결 팽창하는 수가 있다.
ㄹ. 동결공법은 함수비가 작은 경우 강도 증가를 기대할 수 없다.

26 ★★ well point 공법에 대한 설명 중 적당하지 않은 것은?
① 지하수위 저하를 목적으로 하는 일시적 공법이다.
② well point는 1~2m 간격으로 세우는데 점토지반에 효과적이다.
③ 배수 심도가 6m 이상이면 계단식으로 설치한다.
④ 진공배수방식이다.

해설 well point 공법
ㄱ. 투수계수가 큰 실트질 모래지반에 효과적(점토지반에는 곤란)
ㄴ. 지반 굴착 시 배수와 보일링 방지뿐만 아니라 점성토층의 압밀을 촉진시키는 데에도 적용
ㄷ. well point 간격은 1~2m, 배수가능 심도는 6m이며, 6m 이상일 때는 다단으로 설치하여 시공

27 ★ geotextile(토목섬유)의 우수한 기능에 속하지 않는 것은?
① 보강기능   ② 분리기능
③ 배수기능   ④ 혼합기능

해설 토목섬유의 기능에는 혼합기능이 없다.
토목섬유의 기능
ㄱ. 필터기능
ㄴ. 분리기능
ㄷ. 배수기능
ㄹ. 차수기능
ㅁ. 보강기능

25 ★ 기존 건물에 인접한 장소에 새로운 깊은 기초를 시공하고자 한다. 이때 기존 건물의 기초가 얕아 보강하는 공법 중 적당한 것은?
① 압성토 공법   ② 언더피닝 공법
③ 프리로딩 공법   ④ 치환공법

정답 23.④ 24.④ 25.② 26.② 27.④

28. geotextile 그라우팅에 의한 지반개량공법 중 투수계수가 낮은 점토의 강도 개량에 효과적인 개량공법은?

① 침투 그라우팅 ② 점보제트(JSP)
③ 변위 그라우팅 ④ 캡슐 그라우팅

> **해설** JSP공법
> 200kg/cm² 의 air jet로 경화제인 시멘트 풀을 이중관 로드의 하부 노즐로 회전 분사하여 원지반을 교란절삭시켜 소일시멘트 고결말뚝을 형성하여 연약지반을 개량하는 지반고결제의 주입공법이다.

29. 약액주입공법은 그 목적이 지반의 차수 및 지반보강에 있다. 다음 중 약액주입공법에서 고려해야 할 사항으로 거리가 먼 것은?

① 주입률   ② piping
③ grout 배합비 ④ gel time

> **해설** 약액주입공법에서 고려해야 할 사항
> ㉠ 주입률 : 주입대상지반 체적에 대한 주입재료량의 비
> ㉡ gel time : 그라우트를 혼합한 후 서서히 점성이 증가하면서 마침내 유동성을 상실하고 고화(겔화)할 때까지의 소요시간

30. sand drain에 대한 paper drain 공법의 설명 중 옳지 않은 것은?

① 횡방향력에 대한 저항력이 크다.
② 시공지표면에 sand mat가 필요 없다.
③ 시공속도가 빠르고 타설 시 주변을 교란시키지 않는다.
④ 배수 단면이 깊이에 따라 일정하다.

> **해설** 시공지표면에 sand mat가 필요하다.
> sand drain에 대한 paper drain의 특징
> ㉠ 시공속도가 빠르고 배수효과가 양호하다.
> ㉡ 타입 시 교란이 거의 없다.
> ㉢ drain 단면이 깊이에 대해 일정하다.
> ㉣ sand drain보다 횡방향에 대한 저항력이 크다.

정답 28. ② 29. ② 30. ②

APPENDIX

부록

I. 최근 과년도 기출문제

II. CBT 실전 모의고사

2022년 3회 기출문제부터는 CBT 전면시행으로 시험문제가 공개되지 않아서 수험생의 기억을 토대로 복원된 문제를 수록했습니다. 문제는 수험생마다 차이가 있을 수 있습니다.

2018 제1회 토목기사 기출문제

2018년 3월 4일 시행

01 흙 시료의 전단파괴면을 미리 정해 놓고 흙의 강도를 구하는 시험은?

① 직접전단시험 ② 평판재하시험
③ 일축압축시험 ④ 삼축압축시험

> **해설** ㉠ 직접전단시험 : 전단파괴면을 미리 정해 놓고 흙의 전단강도를 구하는 시험
> ㉡ 평판재하시험 : 구조물을 설치하는 지반에 재하판을 통해 하중을 가한 후 하중-침하량의 관계에서 지반의 지지력을 구하는 원위치시험
> ㉢ 일축압축시험 : 수직 방향으로만 하중을 재하하여 점성토의 강도와 압축성을 추정하는 시험
> ㉣ 삼축압축시험 : 파괴면을 미리 설정하지 않고 흙 외부에서 최대·최소 주응력을 가해서 응력차에 의해 자연적으로 전단파괴면이 생기도록 하는 시험

02 포화된 지반의 간극비를 e, 함수비를 w, 간극률을 n, 비중을 G_s라 할 때 다음 중 한계동수경사를 나타내는 식으로 적절한 것은?

① $\dfrac{G_s+1}{1+e}$ ② $\dfrac{e-w}{w(1+e)}$

③ $(1+n)(G_s-1)$ ④ $\dfrac{G_s(1-w+e)}{(1+G_s)(1+e)}$

> **해설** ㉠ 한계동수경사 $i_c = \dfrac{\gamma_{sub}}{\gamma_w} = \dfrac{G_s-1}{1+e}$ 과 상관식
> $Se = wG_s$ 에서
> $i_c = \dfrac{G_s-1}{1+e} = \dfrac{\dfrac{Se}{w}-1}{1+e} = \dfrac{Se-w}{w(1+e)}$
> ㉡ $S = 100\% = 1$이고 함수비를 정수로 나타내면
> $i_c = \dfrac{e-w}{w(1+e)}$

03 4.75mm체(4번 체) 통과율이 90%이고, 0.075mm체(200번 체) 통과율이 4%, $D_{10}=0.25$mm, $D_{30}=0.6$mm, $D_{60}=2$mm인 흙을 통일분류법으로 분류하면?

① GW ② GP
③ SW ④ SP

> **해설** ㉠ 균등계수(C_u)
> $C_u = \dfrac{D_{60}}{D_{10}} = \dfrac{2}{0.25} = 8$
> ㉡ 곡률계수(C_g)
> $C_g = \dfrac{(D_{30})^2}{D_{10} \times D_{60}} = \dfrac{0.6^2}{0.25 \times 2} = 0.72$
> ㉢ 입도분포
> 균등계수 $C_u = 8 > 6$이나, 곡률계수 $C_g = 0.72$이므로 입도분포가 나쁘다(P).
> ㉣ 판정
> No.200체 통과량이 50% 이하이므로 조립토(G, S)이며, No.4체 통과량이 50% 이상이므로 모래(S)이다. 따라서 입도분포가 나쁜 모래(SP)가 된다.

04 다음 그림에서 토압계수 $K=0.5$일 때의 응력경로는 어느 것인가?

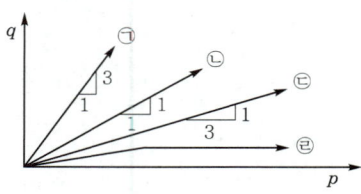

① ㉠ ② ㉡
③ ㉢ ④ ㉣

> **해설** K_0선은 원점을 지나고 기울기 $\tan\theta = \dfrac{1-K_0}{1+K_0}$인 직선을 나타낸다.
> $\tan\theta = \dfrac{1-K_0}{1+K_0} = \dfrac{1-0.5}{1+0.5} = \dfrac{0.5}{1.5} = \dfrac{1}{3}$

정답 1. ① 2. ② 3. ④ 4. ③

05 다음 그림과 같은 폭(B) 1.2m, 길이(L) 1.5m인 사각형 얕은 기초에 폭(B) 방향에 대한 편심이 작용하는 경우 지반에 작용하는 최대압축응력은?

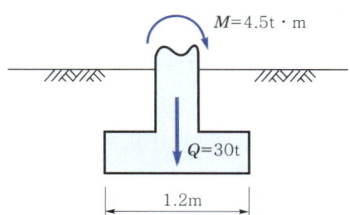

① 29.2t/m²   ② 38.5t/m²
③ 39.7t/m²   ④ 41.5t/m²

> **해설** 편심하중을 받는 기초의 지지력
> ㉠ 편심거리(e)
> $$e = \frac{M}{Q} = \frac{4.5}{30} = 0.15m$$
> ㉡ 판별
> 편심거리 $\frac{B}{6} = \frac{1.2}{6} = 0.2m$이므로
> $e < \frac{B}{6}$이다.
> ㉢ 최대압축응력(q_{max})
> $$q_{max} = \frac{Q}{BL}\left(1 + \frac{6e}{B}\right)$$
> $$= \frac{30}{1.2 \times 1.5}\left(1 + \frac{6 \times 0.15}{1.2}\right)$$
> $$= 29.2t/m^2$$

06 어떤 점토의 압밀계수는 1.92×10^{-3}cm²/s, 압축계수는 2.86×10^{-2}cm²/g이었다. 이 점토의 투수계수는? (단, 이 점토의 초기 간극비는 0.8이다.)

① 1.05×10^{-5}cm/s   ② 2.05×10^{-5}cm/s
③ 3.05×10^{-5}cm/s   ④ 4.05×10^{-5}cm/s

> **해설** 압밀시험에 의한 투수계수
> ㉠ 체적변화계수 $m_v = \frac{a_v}{1+e_1}$ 에서
> $$m_v = \frac{2.86 \times 10^{-2}}{1+0.8} = 1.589 \times 10^{-2} cm^2/g$$
> ㉡ 투수계수 $K = C_v m_v \gamma_w$ 에서
> $$K = (1.92 \times 10^{-3}) \times (1.589 \times 10^{-2}) \times 1$$
> $$= 3.05 \times 10^{-5} cm/s$$

07 다음 그림과 같이 옹벽 배면의 지표면에 등분포하중이 작용할 때, 옹벽에 작용하는 전체 주동토압의 합력(P_s)과 옹벽 저면으로부터 합력의 작용점까지의 높이(h)는?

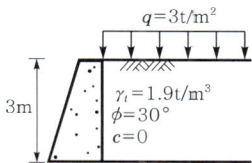

① $P_a = 2.85t/m$, $h = 1.26m$
② $P_a = 2.85t/m$, $h = 1.38m$
③ $P_a = 5.85t/m$, $h = 1.26m$
④ $P_a = 5.85t/m$, $h = 1.38m$

> **해설** ㉠ 주동토압계수(K_a)
> $$K_a = \frac{1-\sin\phi}{1+\sin\phi} = \frac{1-\sin 30°}{1+\sin 30°} = \frac{1}{3}$$
> ㉡ 전주동토압(P_a)
> $$P_A = P_{a_1} + P_{a_2} = K_a qH - \frac{1}{2}K_a \gamma H^2$$
> $$= \frac{1}{3} \times 3 \times 3 + \frac{1}{2} \times \frac{1}{3} \times 1.9 \times 3^2$$
> $$= 5.85 t/m$$
> ㉢ 작용점(h)
> $$h \times P_a = P_{a_1} \times \frac{H}{2} + P_{a_2} \times \frac{H}{3} 에서$$
> $$h = \frac{P_{a_1} \times \frac{H}{2} + P_{a_2} \times \frac{H}{3}}{P_a}$$
> $$= \frac{3 \times \frac{3}{2} + 2.85 \times \frac{3}{3}}{5.85} = 1.26m$$

08 Terzaghi의 극한지지력 공식에 대한 설명으로 틀린 것은?
① 기초의 형상에 따라 형상계수를 고려하고 있다.
② 지지력계수 N_c, N_q, N_γ은 내부마찰각에 의해 결정된다.
③ 점성토에서의 극한지지력은 기초의 근입깊이가 깊어지면 증가된다.
④ 극한지지력은 기초의 폭에 관계없이 기초 하부의 흙에 의해 결정된다.

정답 5. ① 6. ③ 7. ③ 8. ④

> [해설] **Terzaghi의 극한지지력(q_u)**
> $q_u = \alpha c N_c + \beta \gamma_1 B N_\gamma + \gamma_2 D_f N_q$
> 기초의 폭(B)이 증가하면 기초의 극한지지력도 증가한다.

09 다음 중 부마찰력이 발생할 수 있는 경우가 아닌 것은?

① 매립된 생활쓰레기 중에 시공된 관측정
② 붕적토에 시공된 말뚝기초
③ 성토한 연약점토지반에 시공된 말뚝기초
④ 다짐된 사질지반에 시공된 말뚝기초

> [해설] **부마찰력(Q_{NS})**
> ㉠ 연약지반에 말뚝을 박은 다음 성토한 경우에는 성토하중에 의하여 압밀이 진행되어 말뚝이 아래로 끌려가 하중 역할을 한다. 이 경우의 극한지지력은 감소한다.
> ㉡ 부마찰력은 말뚝 주변의 지반에 압밀이 발생할 때 발생한다. 그러나 다짐된 사질지반에서는 압밀현상이 일어나지 않는다.

10 크기가 30cm×30cm의 평판을 이용하여 사질토 위에서 평판재하시험을 실시하고 극한지지력 20m를 얻었다. 크기가 1.8m×1.8m인 정사각형 기초의 총허용하중은 약 얼마인가? (단, 안전율 3을 사용)

① 22ton   ② 66ton
③ 130ton   ④ 150ton

> [해설] ㉠ 기초의 극한지지력[$q_{u(기초)}$]
> $q_{u(기초)} = q_{u(재하판)} \times \dfrac{B_{(기초)}}{B_{(재하판)}}$
> $= 20 \times \dfrac{1.8}{0.3} = 120 \text{t/m}^2$
> ㉡ 허용지지력(q_a)
> $q_a = \dfrac{q_u}{F_s} = \dfrac{120}{3} = 40 \text{t/m}^2$
> ㉢ 총허용하중(Q_u)
> $Q_u = q_a A = 40 \times (1.8 \times 1.8) ≒ 130 \text{t}$

11 유선망(flow net)의 성질에 대한 설명으로 틀린 것은?

① 유선과 등수두선은 직교한다.
② 동수경사(i)는 등수두선의 폭에 비례한다.
③ 유선망으로 되는 사각형은 이론상 정사각형이다.
④ 인접한 두 유선 사이, 즉 유로를 흐르는 침투수량은 동일하다.

> [해설] **다르시(Darcy)의 법칙**
> ㉠ 침투속도 $v = Ki = K \times \dfrac{h}{L}$
> ㉡ 인접한 두 등수두선 사이의 전수두(손실수두)는 일정하다
> ㉢ 인접한 두 등수두선 사이의 동수경사는 두 등수두선의 폭에 반비례한다.

12 어떤 흙에 대해서 일축압축시험을 한 결과 일축압축강도가 1.0kg/cm²이고 이 시료의 파괴면과 수평면이 이루는 각이 50°일 때 이 흙의 점착력(c_u)과 내부마찰각(ϕ)은?

① $c_u = 0.60 \text{kg/cm}^2$, $\phi = 10°$
② $c_u = 0.42 \text{kg/cm}^2$, $\phi = 50°$
③ $c_u = 0.60 \text{kg/cm}^2$, $\phi = 50°$
④ $c_u = 0.42 \text{kg/cm}^2$, $\phi = 10°$

> [해설] ㉠ 파괴면의 각도 $\theta = 45° + \dfrac{\phi}{2}$ 이므로
> 내부마찰각 $\phi = 2\theta - 90°$
> $= 2 \times 50° - 90° = 10°$
> ㉡ 점착력(c_u)은 일축압축강도로부터
> $q_u = 2c_u \tan\left(45° + \dfrac{\phi}{2}\right)$에서
> $c_u = \dfrac{q_u}{2\tan\left(45° + \dfrac{\phi}{2}\right)} = \dfrac{1.0}{2\tan\left(45° + \dfrac{10°}{2}\right)}$
> $= 0.42 \text{kg/cm}^2$

정답 9. ④ 10. ③ 11. ② 12. ④

13 $\gamma_{sat} = 2.0 \text{t/m}^3$인 사질토가 20°로 경사진 무한사면이 있다. 지하수위가 지표면과 일치하는 경우 이 사면의 안전율이 1 이상이 되기 위해서는 흙의 내부마찰각이 최소 몇 도(°) 이상이어야 하는가?

① 18.21° ② 20.52°
③ 36.06° ④ 45.47°

> **해설** 무한사면의 안전율(사질토, 지하수위가 지표면과 일치하는 경우)
> $F_s = \dfrac{\gamma_{sub}}{\gamma_{sat}} \cdot \dfrac{\tan\phi}{\tan i}$ 에서 사면이 안전하기 위해서는 $F_s \geq 1$이 되어야 하므로
> $\phi = \tan^{-1}\left(\dfrac{\gamma_{sat}}{\gamma_{sub}} \times \tan\beta\right)$
> $= \tan^{-1}\left(\dfrac{2.0}{1.0} \times \tan 20°\right) = 36.05°$
> 따라서, $\phi = 36.05°$ 이상이 되어야 한다.

14 표준관입시험에서 N값이 20으로 측정되는 모래지반에 대한 설명으로 옳은 것은?

① 내부마찰각이 약 30~40° 정도인 모래이다.
② 유효상재하중이 20t/m^2인 모래이다.
③ 간극비가 1.2인 모래이다.
④ 매우 느슨한 상태이다.

> **해설** N값과 모래의 상대밀도의 관계
>
> | N값 | 상대밀도 |
> |---|---|
> | 2~4 | 아주 느슨 |
> | 4~10 | 느슨 |
> | 10~30 | 보통 |
> | 30~50 | 조밀 |
> | 50 이상 | 아주 조밀 |
>
> **Dunham 공식에 의한 내부마찰각(ϕ)**
>
> | 입도 및 입자 상태 | 내부마찰각 |
> |---|---|
> | 흙 입자는 모가 나고 입도가 양호 | $\phi = \sqrt{12N} + 25$ |
> | 흙 입자는 모가 나고 입도가 불량
흙 입자는 둥글고 입도가 양호 | $\phi = \sqrt{12N} + 20$ |
> | 흙 입자는 둥글고 입도가 불량 | $\phi = \sqrt{12N} + 15$ |
>
> $\phi = \sqrt{12N} + 15 = \sqrt{12 \times 20} + 15 = 30.5°$
> $\phi = \sqrt{12N} + 25 = \sqrt{12 \times 20} + 25 = 40.5°$
> 따라서 입도 및 입자 상태에 따라 내부마찰각은 30~40°인 모래이다.

15 피에조콘(piezocone) 시험의 목적이 아닌 것은?

① 지층의 연속적인 조사를 통하여 지층 분류 및 지층 변화 분석
② 연속적인 원지반 전단강도의 추이 분석
③ 중간 점토 내에 분포한 sand seam 유무 및 발달 정도 확인
④ 불교란 시료 채취

> **해설** 피에조콘 시험
> ㉠ 다공질필터와 트랜스듀서가 설치된 콘을 흙 속에 관입하며 콘의 관입저항력, 마찰저항력과 함께 간극수압을 측정하는 장치
> ㉡ 피에조콘 시험의 목적
> • 연속적인 토층상태 파악
> • 점토층에 있는 sand seam의 깊이와 두께 파악
> • 지반개량 전후의 지반변화 파악
> • 간극수압 측정

16 다음 그림과 같은 지반에서 하중으로 인하여 수직응력($\Delta\sigma_1$)이 1.0kg/cm^2 증가되고 수평응력($\Delta\sigma_3$)이 0.5kg/cm^2 증가되었다면 간극수압은 얼마나 증가되었는가? (단, 간극수압계수 $A = 0.5$이고 $B = 1$이다.)

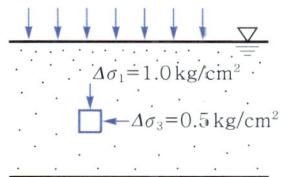

① 0.50kg/cm^2 ② 0.75kg/cm^2
③ 1.00kg/cm^2 ④ 1.25kg/cm^2

> **해설** 삼축압축 시에 생기는 과잉간극수압
> $\Delta u = B\Delta\sigma_3 + D(\Delta\sigma_1 - \Delta\sigma_3)$에서
> $D = AB$이므로
> $\Delta u = B[\Delta\sigma_3 + A(\Delta\sigma_1 - \Delta\sigma_3)]$
> $= 1 \times [0.5 + 0.5 \times (1.0 - 0.5)]$
> $= 0.75\text{kg/cm}^2$

정답 13. ③ 14. ① 15. ④ 16. ②

17 흙의 다짐시험에서 다짐에너지를 증가시킬 때 일어나는 결과는?

① 최적함수비는 증가하고, 최대 건조단위중량은 감소한다.
② 최적함수비는 감소하고, 최대 건조단위중량은 증가한다.
③ 최적함수비와 최대 건조단위중량이 모두 감소한다.
④ 최적함수비와 최대 건조단위중량이 모두 증가한다.

> **해설** 다짐 특성
> ㉠ 다짐에너지가 클수록 최대 건조단위중량($\gamma_{d\max}$)은 커지고 최적함수비(w_{opt})는 작아지며, 양입도, 조립토, 급경사이다.
> ㉡ 다짐에너지가 작을수록 $\gamma_{d\max}$는 작아지고 w_{opt}는 커지며, 빈입도, 세립토, 완경사이다.

18 깊은 기초의 지지력 평가에 관한 설명으로 옳지 않은 것은?

① 현장 타설 콘크리트 말뚝기초는 동역학적 방법으로 지지력을 추정한다.
② 말뚝 항타분석기(PDA)는 말뚝의 응력분포, 경시 효과 및 해머 효율을 파악할 수 있다.
③ 정역학적 지지력 추정방법은 논리적으로 타당하나 강도정수를 추정하는 데 한계성을 내포하고 있다.
④ 동역학적 방법은 항타장비, 말뚝과 지반조건이 고려된 방법으로 해머 효율의 측정이 필요하다.

> **해설** ㉠ 설계의 관점에서 하중 전달 방법으로 접근하는 것은 서로 다르기 때문에 항타와 매입으로 말뚝을 분류하는 것이 편리하다.
> ㉡ 항타말뚝은 동역학적 공식이 사용되고 매입말뚝은 정역학적 공식이 사용된다.
> ㉢ 정역학적 공식은 특히 점착력이 없는 지반의 항타 공식에 사용될 수 있다.
> ㉣ 현장 타설 콘크리트 말뚝 기초는 정역학적 방법으로 지지력을 추정한다.

19 반무한 지반의 지표상에 무한길이의 선하중 q_1, q_2가 다음 그림과 같이 작용할 때 A점에서의 연직응력 증가는?

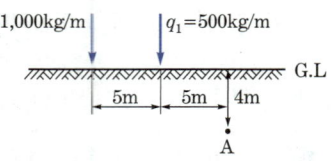

① 3.03kg/m^2
② 12.12kg/m^2
③ 15.15kg/m^2
④ 18.18kg/m^2

> **해설** ㉠ 선하중 작용 시 편심거리 x만큼 떨어진 곳에서의 연직응력 증가량($\Delta\sigma_z$)
> $$\Delta\sigma_z = \frac{2qz^3}{\pi(x^2+z^2)^2} = \frac{2q}{\pi}\times\frac{z^3}{R^4}$$
> ㉡ q_1 하중에 의한 연직응력 증가량($\Delta\sigma_{z1}$)
> $$\Delta\sigma_{z1} = \frac{2qz^3}{\pi(x^2+z^2)^2} = \frac{2\times500\times4^3}{\pi(5^2+4^2)^2}$$
> $$= 12.12 \text{kg/m}^2$$
> ㉢ q_2 하중에 의한 연직응력 증가량($\Delta\sigma_{z2}$)
> $$\Delta\sigma_{z2} = \frac{2qz^3}{\pi(x^2+z^2)^2} = \frac{2\times1,000\times4^3}{\pi(10^2+4^2)^2}$$
> $$= 3.03 \text{kg/m}^2$$
> ㉣ q_1 하중과 q_2 하중에 의한 연직응력 증가량($\Delta\sigma_z$)
> $$\Delta\sigma_z = \Delta\sigma_{z1} + \Delta\sigma_{z2} = 12.12 + 3.03$$
> $$= 15.15 \text{kg/m}^2$$

20 다음 중 투수계수를 좌우하는 요인이 아닌 것은?

① 토립자의 비중
② 토립자의 크기
③ 포화도
④ 간극의 형상과 배열

> **해설** 투수계수에 영향을 미치는 요소
> ㉠ 흙 입자(토립자)의 크기가 클수록 투수계수는 증가한다.
> ㉡ 물의 밀도와 농도가 클수록 투수계수는 증가한다.
> ㉢ 물의 점성계수가 클수록 투수계수는 감소한다.
> ㉣ 온도가 높을수록 물의 점성계수가 감소하여 투수계수는 증가한다.
> ㉤ 간극비가 클수록 투수계수는 증가한다.
> ㉥ 지반의 포화도가 클수록 투수계수는 증가한다.
> ㉦ 흙 입자의 비중은 투수계수와 무관하다.

정답 17. ② 18. ① 19. ③ 20. ①

2018 제2회 토목기사 기출문제

2018년 4월 28일 시행

01 어떤 시료에 대해 액압 1.0kg/cm²를 가해 각 수직변위에 대응하는 수직하중을 측정한 결과가 아래 표와 같다. 파괴 시의 축차응력은? (단, 피스톤의 지름과 시료의 지름은 같다고 보며, 시료의 단면적 $A_0 = 18\text{cm}^2$, 길이 $L = 14\text{cm}$이다.)

ΔL (1/100mm)	0	...	1,000	1,100	1,200	1,300	1,400
P[kg]	0	...	54.0	58.0	60.0	59.0	58.0

① 3.05kg/cm² ② 2.55kg/cm²
③ 2.05kg/cm² ④ 1.55kg/cm²

해설 ㉠ 파괴 시의 수직하중이 60kg일 때, 파괴 시의 수직변위 $\Delta L = \dfrac{1,200}{100}\text{mm} = 1.2\text{cm}$

㉡ 단면적(A_1)
$A_1 = \dfrac{A_0}{1-\varepsilon} = \dfrac{18}{1-\dfrac{1.2}{14}} = 19.6875\text{cm}^2$

㉢ 축차응력(p_1)
$p_1 = \dfrac{P_1}{A_0} = \dfrac{60.0}{19.6875} = 3.05\text{kg/cm}^2$

02 전단마찰력이 25°인 점토의 현장에 작용하는 수직응력이 5t/m²이다. 과거 작용했던 최대하중이 10t/m²라고 할 때 대상지반의 정지토압계수를 추정하면?

① 0.04 ② 0.57
③ 0.82 ④ 1.14

해설 ㉠ 과압밀비
$OCR = \dfrac{\text{선행압밀응력}}{\text{현재의 유효연직응력}} = \dfrac{10}{5} = 2$

㉡ 모래 및 정규압밀점토인 경우 정지토압계수
$K_0 = 1 - \sin\phi' = 1 - \sin 25° = 0.577$

㉢ 과압밀점토인 경우 정지토압계수
$K_{0(\text{과압밀})} = K_{0(\text{정규압밀})}\sqrt{OCR}$
$= 0.577\sqrt{2} \fallingdotseq 0.82$

03 무게 3ton인 단동식 증기 해머를 사용하여 낙하고 1.2m에서 pile을 타입할 때 1회 타격당 최종 침하량이 2cm였다. Engineering News 공식을 사용하여 허용지지력을 구하면 얼마인가?

① 13.3t ② 26.7t
③ 80.8t ④ 160t

해설 ㉠ 단동식 증기해머의 극한지지력(Engineering News 공식)
$Q_u = \dfrac{W_h \times h}{S + 0.25} = \dfrac{3 \times 120}{2 + 0.25} = 160\text{t}$

㉡ 엔지니어링 뉴스 공식의 안전율 $F_s = 6$이다.

㉢ 허용지지력 $Q_a = \dfrac{Q_u}{F_s} = \dfrac{160}{6} = 26.7\text{t}$

04 점토지반의 강성기초의 접지압 분포에 대한 설명으로 옳은 것은?

① 기초 모서리 부분에서 최대응력이 발생한다.
② 기초 중앙 부분에서 최대응력이 발생한다.
③ 기초 밑면의 응력은 어느 부분이나 동일하다.
④ 기초 밑면에서의 응력은 토질에 관계없이 일정하다.

해설 지반종류별 강성기초의 접지압 분포
㉠ 점토지반 접지압 분포 : 기초 모서리에서 최대 응력 발생
㉡ 모래지반 접지압 분포 : 기초 중앙부에서 최대 응력 발생

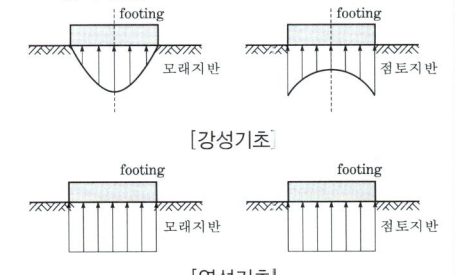

[강성기초]

[연성기초]

정답 1. ① 2. ③ 3. ② 4. ①

05 그림과 같이 피압수압을 받고 있는 2m 두께의 모래층이 있다. 그 위로 포화된 점토층을 5m 깊이로 굴착하는 경우 분사현상이 발생하지 않기 위한 수심(h)은 최소 얼마를 초과하도록 하여야 하는가?

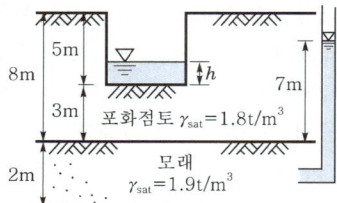

① 1.3m ② 1.6m
③ 1.9m ④ 2.4m

> **해설** ㉠ 전응력 $\sigma = 3 \times 1.8 + 1 \times h$
> $= 5.4 + h$
> ㉡ 간극수압 $u = 1 \times 7 = 7$
> ㉢ 유효응력 $\bar{\sigma} = \sigma - u$
> $= (5.4 + h) - 7 = 0$
> ∴ $h = 1.6$m

06 다음 중 임의 형태 기초에 작용하는 등분포하중으로 인하여 발생하는 지중응력계산에 사용하는 가장 적합한 계산법은?

① Boussinesq법
② Osterberg법
③ New-Mark 영향원법
④ 2 : 1 간편법

> **해설** New-Mark 영향원법
> ㉠ 하중의 모양이 불규칙할 때 쓰는 방법
> ㉡ 방사선의 간격 20개, 동심원 10개를 그렸을 때 200개의 요소가 생긴다.
> ㉢ 영향치는 $0.005 = \dfrac{1}{200}$이다.

07 내부마찰각 $\phi_u = 0$, 점착력 $c_u = 4.5 \text{t/m}^2$, 단위중량이 1.9t/m^3 되는 포화된 점토층에 경사각 45°로 높이 8m인 사면을 만들었다. 그림과 같은 하나의 파괴면을 가정했을 때 안전율은? (단, ABCD의 면적은 70m이고, ABCD의 무게중심은 O점에서 4.5m 거리에 위치하며, 호 AC의 길이는 20.0m이다.)

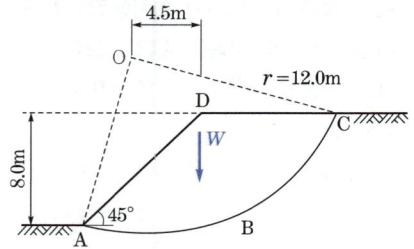

① 1.2 ② 1.8
③ 2.5 ④ 3.2

> **해설** 원호 활동면에 대한 안전율(F_s)
> $$F_s = \frac{\text{저항모멘트}}{\text{활동모멘트}} = \frac{c_u L_a r}{Wd}$$
> $$= \frac{4.5 \times 20 \times 12.0}{70 \times 1.9 \times 4.5} = 1.8$$

08 노건조한 흙 시료의 부피가 $1,000\text{cm}^3$, 무게가 1,700g, 비중이 2.65라면 간극비는?

① 0.71 ② 0.43
③ 0.65 ④ 0.56

> **해설** ㉠ 현장의 건조단위중량(γ_d)
> $$\gamma_d = \frac{W_s}{V} = \frac{1,700}{1,000} = 1.70 \text{g/cm}^3$$
> ㉡ 간극비(e)
> $$e = \frac{G_s \gamma_w}{\gamma_d} - 1 = \frac{2.65 \times 1}{1.70} - 1 = 0.56$$

정답 5. ② 6. ③ 7. ② 8. ④

09 흙의 공학적 분류방법 중 통일분류법과 관계없는 것은?

① 소성도　　　　② 액성한계
③ No.200체 통과　④ 군지수

> **해설** 흙의 공학적 분류
> ㉠ 통일분류법 : 흙의 입경을 나타내는 1문자와 입도 및 성질을 나타내는 2문자를 사용하여 흙을 분류한다.
> ㉡ AASHTO 분류법(개정 PR법) : 흙의 입도, 액성한계, 소성지수, 군지수를 사용하여 흙을 분류한다.

10 포화단위중량이 1.8t/m³인 흙에서의 한계동수경사는 얼마인가?

① 0.8　　　　② 1.0
③ 1.8　　　　④ 2.0

> **해설** ㉠ 수중단위중량(γ_{sub})
> $$\gamma_{sub} = \gamma_{sat} - \gamma_w = 1.8 - 1.0 = 0.8 \text{t/m}^3$$
> ㉡ 한계동수경사(i_c)
> $$i_c = \frac{\gamma_{sub}}{\gamma_w} = \frac{0.8}{1.0} = 0.8$$

11 입경이 균일한 도포화된 사질지반에 지진이나 진동 등 동적하중이 작용하면 지반에서는 일시적으로 전단강도를 상실하게 되는데, 이러한 현상을 무엇이라고 하는가?

① 분사현상(quick sand)
② 틱소트로피 현상(thixotropy)
③ 히빙현상(heaving)
④ 액상화 현상(liquefaction)

> **해설** 액상화 현상(liquefaction, 액화현상)
> 느슨하고 포화된 가는 모래에 충격을 주면 체적이 수축하여 정(+)의 간극수압이 발생. 유효응력이 감소되어 전단강도가 작아지는 현상을 말한다. 방지대책은 자연간극비를 한계간극비 이하로 하는 것이다.

12 수조에 상방향의 침투에 의한 수위를 측정한 결과, 그림과 같이 나타났다. 이때, 수조 속에 있는 흙에 발생하는 침투력을 나타낸 식은? (단, 시료의 단면적은 A, 시료의 길이는 L, 시료의 포화단위중량은 γ_{sat}, 물의 단위중량은 γ_w이다.)

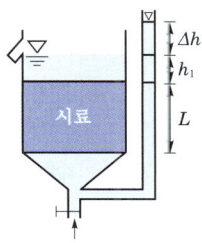

① $\Delta h \gamma_w \dfrac{A}{L}$　　　② $\Delta h \gamma_w A$

③ $\Delta h \gamma_{sat} A$　　　④ $\dfrac{\gamma_{sat}}{\gamma_w} A$

> **해설** 전침투수압(J)
> 침투수압은 침투수가 흐르는 방향으로 $\gamma_w \Delta h$만큼 작용하므로
> $J = i\gamma_w LA = \Delta h \gamma_w A$

13 다음 시료채취에 사용되는 시료기(sampler) 중 불교란시료 채취에 사용되는 것만 고른 것으로 옳은 것은?

> ㉠ 분리형 원통 시료기(split spoon sampler)
> ㉡ 피스톤 튜브 시료기(piston tube sampler)
> ㉢ 얇은 관 시료기(thin wall tube sampler)
> ㉣ Laval 시료기(Laval sampler)

① ㉠, ㉡, ㉢　　　② ㉠, ㉡, ㉣
③ ㉠, ㉢, ㉣　　　④ ㉡, ㉢, ㉣

> **해설** 분리형 원통 시료기(split spoon sampler)는 교란된 시료 채취에 사용된다.

정답 9. ④　10. ①　11. ④　12. ②　13. ④

14 점토의 다짐에서 최적함수보다 함수비가 작은 건조측 및 함수비가 큰 습윤측에 대한 설명으로 옳지 않은 것은?

① 다짐의 목적에 따라 습윤측 및 건조측으로 구분하여 다짐계획을 세우는 것이 효과적이다.
② 흙의 강도 증가가 목적인 경우, 건조측에서 다지는 것이 유리하다.
③ 습윤측에서 다지는 경우, 투수계수 증가 효과가 크다.
④ 다짐의 목적이 차수를 목적으로 하는 경우, 습윤측에서 다지는 것이 유리하다.

> 해설 ㉠ 동일한 다짐에너지에서는 건조측이 습윤측보다 전단강도가 크므로 전단강도 확보가 목적이라면 건조측이 유리하다.
> ㉡ 최적함수비보다 약간 습윤측에서 투수계수가 최소이므로 차수가 목적이라면 습윤측이 유리하다.

15 어떤 지반에 대한 토질시험 결과 점착력 $c=0.50\text{kg/cm}^2$, 흙의 단위중량 $\gamma=2.0\text{t/m}^3$였다. 그 지반에 연직으로 7m를 굴착했다면 안전율은 얼마인가? (단, $\phi=0$이다.)

① 1.43   ② 1.51
③ 2.11   ④ 2.61

> 해설 ㉠ 단위 환산
> $c=0.50\text{kg/cm}^2=5.0\text{t/m}^2$
> ㉡ 한계고
> $H_c=2Z_0=\dfrac{4c}{\gamma_t}\times\tan\left(45°+\dfrac{\phi}{2}\right)$
> $=\dfrac{4\times5.0}{2.0}\tan\left(45°+\dfrac{0°}{2}\right)=10\text{m}$
> ㉢ 안전율(F_s)
> $F_s=\dfrac{H_c}{H}=\dfrac{10}{7}=1.43$

16 다음 그림과 같이 점토질 지반에 연속기초가 설치되어 있다. Terzaghi 공식에 의한 이 기초의 허용지지력은? [단, $\phi=0$이며, 폭(B)=2m, $N_c=5.14$, $N_q=1.0$, $N_\gamma=0$, 안전율 $F_s=3$이다.]

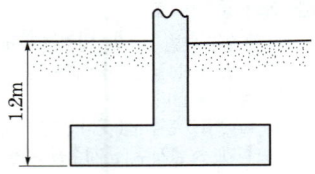

점토질 지반 $\gamma=1.92\text{t/m}^3$
일축압축강도 $q_u=14.86\text{t/m}^2$

① 6.4t/m^2 ② 13.5t/m^2
③ 18.5t/m^2 ④ 40.49t/m^2

> 해설 ㉠ 비배수전단강도(c_u)
> $c_u=\dfrac{q_u}{2}\tan\left(45°-\dfrac{\phi}{2}\right)$에서 $\phi=0°$이므로
> $c_u=\dfrac{q_u}{2}=\dfrac{14.86}{2}=7.43\text{t/m}^2$
> ㉡ 극한지지력(q_u)
> 연속기초의 형상계수 $\alpha=1.0$, $\beta=0.5$이므로
> $q_u=\alpha c N_c+\beta\gamma_1 B N_r+\gamma_2 D_f N_q$
> $=1.0\times7.43\times5.14+0+1.92\times1.2\times1$
> $=40.49\text{t/m}^2$
> ㉢ 허용지지력(q_a)
> $q_a=\dfrac{q_u}{F_s}=\dfrac{40.49}{3}≒13.5\text{t/m}^2$

17 Meyerhof의 극한지지력 공식에서 사용하지 않는 계수는?

① 형상계수   ② 깊이계수
③ 시간계수   ④ 하중경사계수

> 해설 **Meyerhof의 극한지지력 공식**
> Meyerhof는 Terzaghi의 극한지지력 공식에 형상계수, 깊이계수, 경사계수를 추가한 공식을 제안하였다.

18 토질조사에 대한 설명 중 옳지 않은 것은?

① 사운딩(sounding)이란 지중에 저항체를 삽입하여 토층의 성상을 파악하는 현장 시험이다.
② 불교란시료를 얻기 위해서 foil sampler, thin wall tube sampler 등이 사용된다.
③ 표준관입시험은 로드(rod)의 길이가 길어질수록 N값이 작게 나온다.
④ 베인 시험은 정적인 사운딩이다.

> 해설 ㉠ 포일 샘플러(foil sampler)는 연약한 점성토의 시료를 연속적으로 길게 채취하기 위한 샘플러를 말한다.
> ㉡ 심도가 깊어지면 로드(rod)의 변형에 의한 타격에너지의 손실과 마찰로 인해 N값이 크게 나오므로 로드 길이를 수정한다.

19 2.0kg/cm²의 구속응력을 가하여 시료를 완전히 압밀시킨 다음, 축차응력을 가하여 비배수 상태로 전단시켜 파괴 시 축변형률 $\varepsilon_f = 10\%$, 축차응력 $\Delta\sigma_f = 2.8$kg/cm², 간극수압 $\Delta u_f = 2.1$kg/cm²를 얻었다. 파괴 시 간극수압계수 A는? (단, 간극수압계수 B는 1.0으로 가정한다.)

① 0.44　　② 0.75
③ 1.33　　④ 2.27

> 해설 간극수압계수(A)
> $D = \dfrac{간극수압}{축차응력} = \dfrac{\Delta u_f}{\Delta\sigma_f} = \dfrac{2.1}{2.8} = 0.75$이고
> $A = \dfrac{D}{B} = \dfrac{0.75}{1} = 0.75$

20 다음 그림과 같이 3개의 지층으로 이루어진 지반에서 수직 방향 등가투수계수는?

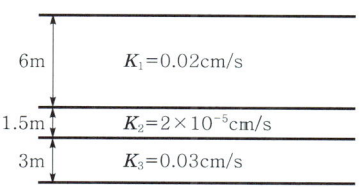

① 2.516×10^{-6}cm/s　② 1.274×10^{-5}cm/s
③ 1.393×10^{-4}cm/s　④ 2.0×10^{-2}cm/s

> 해설 토층에 수직한 방향의 평균 등가투수계수(K_v)
> ㉠ 전 지층 두께(H)
> $H = H_1 + H_2 + H_3 = 600 + 150 + 300$
> $= 1,050$cm
> ㉡ 수직 방향 등가투수계수(K_v)
> $K_v = \dfrac{H}{\dfrac{H_1}{K_1} + \dfrac{H_2}{K_2} + \dfrac{H_3}{K_3}}$
> $= \dfrac{1,050}{\dfrac{600}{0.02} + \dfrac{150}{2 \times 10^{-5}} + \dfrac{300}{0.03}}$
> $= 1.393 \times 10^{-4}$cm/s

정답 18. ③　19. ②　20. ③

2018 제3회 토목기사 기출문제

2018년 8월 19일 시행

01 점성토를 다지면 함수비의 증가에 따라 입자의 배열이 달라진다. 최적함수비의 습윤측에서 다짐을 실시하면 흙은 어떤 구조로 되는가?
① 단립구조
② 봉소구조
③ 이산구조
④ 면모구조

해설 흙의 구조
㉠ 점토는 최적함수비(OMC)보다 큰 함수비인 습윤측에서 다지면 입자가 서로 평행한 이산구조(분산구조)를 이룬다.
㉡ 점토는 최적함수비보다 작은 함수비인 건조측에서 다지면 입자가 엉성하게 엉기는 면모구조를 이룬다.

02 흙의 투수계수에 영향을 미치는 요소들로만 구성된 것은?

㉠ 흙 입자의 크기
㉡ 간극비
㉢ 간극의 모양과 배열
㉣ 활성도
㉤ 물의 점성계수
㉥ 포화도
㉦ 흙의 비중

① ㉠, ㉡, ㉣, ㉥
② ㉠, ㉡, ㉢, ㉤, ㉥
③ ㉠, ㉡, ㉣, ㉤, ㉦
④ ㉡, ㉢, ㉤, ㉦

해설 ㉠ 투수계수 $K = D_s^2 \dfrac{\gamma_w}{\eta} \dfrac{e^3}{1+e} C$
여기서, D_s : 흙 입자의 입경(보통 D_{10})
γ_w : 물의 단위중량(g/cm³)
η : 물의 점성계수(g/cm·s)
e : 간극비
C : 합성형상계수 (composite shape factor)
K : 투수계수(cm/s)
㉡ 문제의 보기에서 투수계수에 영향을 미치지 않는 것은 활성도, 흙의 비중이다.

03 토질시험 결과 내부마찰각(ϕ) = 30°, 점착력 c = 0.5kg/cm², 간극수압이 8kg/cm²이고 파괴면에 작용하는 수직응력이 30kg/cm²일 때 이 흙의 전단응력은?
① 12.7kg/cm²
② 13.2kg/cm²
③ 15.8kg/cm²
④ 19.5kg/cm²

해설 전단강도(τ)
$\tau = c + \bar{\sigma} \times \tan\phi$
$= 0.5 + (30-8) \times \tan 30° = 13.2 \text{kg/cm}^2$

04 다음 그림과 같은 점성토 지반의 굴착 저면에서 바닥융기에 대한 안전율을 Terzaghi의 식에 의해 구하면? (단, γ = 1.731t/m³, c = 2.4t/m²이다.)

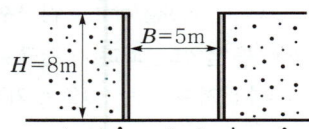

① 3.21
② 2.32
③ 1.64
④ 1.17

해설 히빙의 안전율(Terzaghi의 식)
$F_s = \dfrac{5.7c}{\gamma H - \dfrac{cH}{0.7B}} > 1.5$에서

$F_s = \dfrac{5.7 \times 2.4}{1.731 \times 8 - \dfrac{2.4 \times 8}{0.7 \times 5}} = 1.64$

정답 1. ③ 2. ② 3. ② 4. ③

05 흙의 다짐에 대한 일반적인 설명으로 틀린 것은?

① 다진 흙의 최대건조밀도와 최적함수비는 어떻게 다짐하더라도 일정한 값이다.
② 사질토의 최대건조밀도는 점성토의 최대건조밀도보다 크다.
③ 점성토의 최적함수비는 사질토보다 크다.
④ 다짐에너지가 크면 일반적으로 밀도는 높아진다.

> **해설** 동일한 흙이라도 최대 건조단위중량과 최적함수비의 크기는 다짐에너지, 다짐방법에 따라 다른 결과가 나온다.
>
> **다짐 특성**
> ㉠ 다짐에너지가 클수록 최대 건조단위중량($\gamma_{d\max}$)은 커지고 최적함수비(w_{opt})는 작아지며, 양입도, 조립토, 급경사이다.
> ㉡ 다짐에너지가 작을수록 $\gamma_{d\max}$는 작아지고 w_{opt}는 커지며, 빈입도, 세립토, 완경사이다.

06 고성토의 제방에서 전단파괴가 발생되기 전에 제방의 외측에 흙을 돋우어 활동에 대한 저항모멘트를 증대시켜 전단파괴를 방지하는 공법은?

① 프리로딩공법 ② 압성토공법
③ 치환공법 ④ 대기압공법

> **해설** **압성토공법**
> 연약지반 위에 흙쌓기할 때 성토체에 의한 주변 지반의 활동파괴를 방지하고자 성토체 주변에 미리 흙쌓기하여 전단파괴를 방지하는 공법

07 말뚝의 부마찰력(negative skin friction)에 대한 설명 중 틀린 것은?

① 말뚝의 허용지지력을 결정할 때 세심하게 고려해야 한다.
② 연약지반에 말뚝을 박은 후 그 위에 성토를 한 경우 일어나기 쉽다.
③ 연약한 점토에 있어서는 상대변위의 속도가 느릴수록 부마찰력은 크다.
④ 연약지반을 관통하여 견고한 지반까지 말뚝을 박은 경우 일어나기 쉽다.

> **해설** **부마찰력**
> ㉠ 부마찰력이 발생하면 지지력이 크게 감소하므로 세심하게 고려한다.
> ㉡ 상대변위의 속도가 클수록 부마찰력은 커진다.

08 다음 그림의 파괴포락선 중에서 완전포화된 점토를 UU(비압밀 비배수)시험을 했을 때 생기는 파괴포락선은?

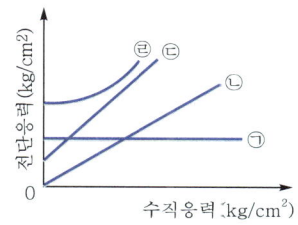

① ㉠ ② ㉡
③ ㉢ ④ ㉣

> **해설** **비압밀 비배수 전단시험(UU-test)**
> ㉠ 포화토의 경우 내부마찰각 $\phi = 0°$이다. 즉, 파괴포락선은 수평선으로 나타난다.
> ㉡ 완전히 포화되지 않은 흙의 경우는 $\phi = 0°$이다.
> ㉢ 내부마찰각 $\phi = 0°$인 경우 전단강도 $\tau = c_u$이다. 즉, 전단강도는 모어원의 반경과 같다.

09 다음 그림과 같은 지반에 대해 수직 방향의 등가투수계수를 구하면?

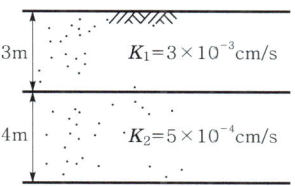

① 3.89×10^{-4} cm/s
② 7.78×10^{-4} cm/s
③ 1.57×10^{-3} cm/s
④ 3.14×10^{-3} cm/s

정답 5. ① 6. ② 7. ③ 8. ① 9. ②

해설 ㉠ 전체층 두께(H)
$H = H_1 + H_2 = 300 + 400 = 700\text{cm}$
㉡ 수직 방향 등가투수계수(K_v)
$K_v = \dfrac{H}{\dfrac{H_1}{K_1} + \dfrac{H_2}{K_2}} = \dfrac{700}{\dfrac{300}{3 \times 10^{-3}} + \dfrac{400}{5 \times 10^{-4}}}$
$= 7.78 \times 10^{-4} \text{cm/s}$

10 얕은 기초 아래의 접지압력 분포 및 침하량에 대한 설명으로 틀린 것은?

① 접지압력의 분포는 기초의 강성, 흙의 종류, 형태 및 깊이 등에 따라 다르다.
② 점성토 지반에 강성기초 아래의 접지압 분포는 기초의 모서리 부분이 중앙부보다 작다.
③ 사질토 지반에서 강성기초인 경우 중앙부분이 모서리 부분보다 큰 접지압을 나타낸다.
④ 사질토 지반에서 유연성 기초인 경우 침하량은 중심부보다 모서리 부분이 더 크다.

해설 **지반종류별 강성기초의 접지압 분포**
㉠ 점토지반 접지압 분포 : 기초 모서리에서 최대 응력 발생
㉡ 모래지반 접지압 분포 : 기초 중앙부에서 최대 응력 발생

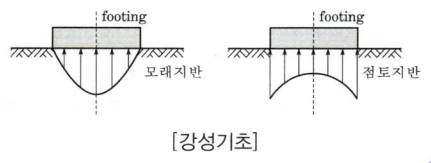
[강성기초]

11 다음 그림에서 활동에 대한 안전율은?

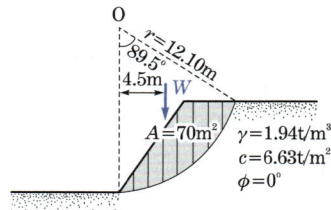

① 1.30 ② 2.05
③ 2.15 ④ 2.48

해설 ㉠ 토체의 중량(W)
$W = \gamma A = 1.94 \times 70 = 135.8\text{t}$
㉡ 활동모멘트(M_D)
$M_D = Wd = 135.8 \times 4.5 = 611.1 \text{t} \cdot \text{m}$
㉢ 원호의 길이(L_a)
$L_a = 2\pi r \left(\dfrac{\theta°}{360°}\right)$
$= 2 \times \pi \times 12.10 \times \left(\dfrac{89.5}{360}\right)$
$= 18.901\text{m}$
㉣ 저항모멘트(M_R)
$M_R = c_u L_a r$
$= 6.63 \times 18.901 \times 12.10 = 1,516.3 \text{t} \cdot \text{m}$
㉤ 안전율(F_s)
$F_s = \dfrac{M_R}{M_D} = \dfrac{1,516.3}{611.1} = 2.48$

12 연약점토지반에 압밀촉진공법을 적용한 후, 전체 평균압밀도가 90%로 계산되었다. 압밀촉진공법을 적용하기 전, 수직 방향의 평균압밀도가 20%였다고 하면 수평 방향의 평균압밀도는?

① 70% ② 77.5%
③ 82.5% ④ 87.5%

해설 **수평 방향의 평균압밀도**
$U_{ave} = 1 - (1 - U_v)(1 - U_h)$
$= 1 - (1 - 0.2)(1 - U_h) = 0.9$에서
$U_h = 0.875 = 87.5\%$

13 다음 표와 같은 흙을 통일분류법에 따라 분류한 것으로 옳은 것은?

- No. 4체(4.75mm체) 통과율이 37.5%
- No. 200체(0.075mm체) 통과율이 2.3%
- 균등계수는 7.9
- 곡률계수는 1.4

① GW ② GP
③ SW ④ SP

정답 10. ② 11. ④ 12. ④ 13. ①

> **해설** ㉠ No.200체(0.075mm) 통과율이 50% 이하이고
> No.4체(4.75mm) 통과율이 50% 이하이므로 제
> 1문자는 G(자갈)이다.
> ㉡ 균등계수 $C_u = 7.9 > 4$이고, 곡률계수 $C_g = 1.4$
> 이므로 입도분포가 양입도(W)이다.
> ㉢ 즉, 입도분포가 좋은 자갈이므로 GW이다.

14 실내시험에 의한 점토의 강도증가율(c_u/p) 산정 방법이 아닌 것은?

① 소성지수에 의한 방법
② 비배수 전단강도에 의한 방법
③ 압밀 비배수 삼축압축시험에 의한 방법
④ 직접전단시험에 의한 방법

> **해설** 점토의 강도증가율(c_u/p) 산정 방법
> ㉠ 소성지수에 의한 방법
> ㉡ 비배수 전단강도에 의한 방법
> ㉢ 압밀 비배수 삼축압축시험에 의한 방법

15 간극률이 50%, 함수비가 40%인 포화토에 있어서 지반의 분사현상에 대한 안전율이 3.5라고 할 때 이 지반에 허용되는 최대 동수경사는?

① 0.21 ② 0.51
③ 0.61 ④ 1.00

> **해설** ㉠ 간극비(e)
> $$e = \frac{n}{100-n} = \frac{50}{100-50} = 1$$
> ㉡ 비중(G_s)
> $$G_s = \frac{Se}{w} = \frac{100 \times 1}{40} = 2.5$$
> ㉢ 한계동수경사(i_c)
> $$i_c = \frac{G_s - 1}{1+e} = \frac{2.5-1}{1+1} = 0.75$$
> ㉣ 동수경사(i)
> $F_s = \frac{i_c}{i}$ 에서
> $$i = \frac{i_c}{F_s} = \frac{0.75}{3.5} = 0.214$$

16 다음 그림과 같이 2m×3m 크기의 기초에 10t/m²의 등분포하중이 작용할 때, A점 아래 4m 깊이에서의 연직응력 증가량은? (단, 아래 표의 영향계수값을 활용하여 구하며, $m = \dfrac{B}{z}$, $n = \dfrac{L}{z}$ 이고, B는 직사각형 단면의 폭, L은 직사각형 단면의 길이, z는 토층의 깊이이다.)

[영향계수(I)값]

m	0.25	0.5	0.5	0.5
n	0.5	0.25	0.75	1.0
I	0.048	0.048	0.115	0.122

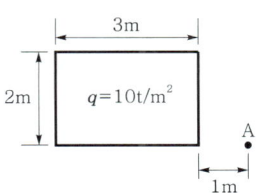

① 0.67t/m² ② 0.74t/m²
③ 1.22t/m² ④ 1.70t/m²

> **해설** 사각형 등분포하중 모서리 직하의 깊이가 z 되는 점에서 생기는 연직응력 증가량은 $\Delta\sigma_z = q_s I$ 이므로
> ㉠ $q = 10\text{t/m}^2$가 전체 단면에 작용하는 경우
> $m = \dfrac{B}{z} = \dfrac{2}{4} = 0.5$, $n = \dfrac{L}{z} = \dfrac{4}{4} = 1$이므로
> $I = 0.122$이며,
> $\Delta\sigma_{z1} = q_s I = 10 \times 0.122 = 1.22\text{t/m}^2$
> ㉡ $q = 10\text{t/m}^2$가 작은 단면에 작용하는 경우
> $m = \dfrac{B}{z} = \dfrac{1}{4} = 0.25$
> $n = \dfrac{L}{z} = \dfrac{2}{4} = 0.5$이므로
> $I = 0.048$이며,
> $\Delta\sigma_{z2} = q_s I = 10 \times 0.048 = 0.48\text{t/m}^2$
> ㉢ 중첩원리의 적용
> $\Delta\sigma_z = \Delta\sigma_{z1} - \Delta\sigma_{z2}$
> $= 1.22 - 0.48 = 0.74\text{t/m}^2$

정답 14. ④ 15. ① 16. ②

17 흙 입자가 둥글고 입도분포가 양호한 모래지반에서 N값을 측정한 결과 $N=19$가 되었을 경우, Dunham의 공식에 의한 이 모래의 내부 마찰각 ϕ는?

① 20° ② 25°
③ 30° ④ 35°

> **해설** Dunham 공식에 의한 내부마찰각(ϕ)
>
> | 입도 및 입자 상태 | 내부마찰각 |
> |---|---|
> | 흙 입자는 모가 나고 입도가 양호 | $\phi = \sqrt{12N} + 25$ |
> | 흙 입자는 모가 나고 입도가 불량
흙 입자는 둥글고 입도가 양호 | $\phi = \sqrt{12N} + 20$ |
> | 흙 입자는 둥글고 입도가 불량 | $\phi = \sqrt{12N} + 15$ |
>
> 문제에서 토립자가 둥글고 입도분포가 양호한 모래지반이므로
> $\phi = \sqrt{12N} + 20 = \sqrt{12 \times 19} + 20 ≒ 35°$

18 포화된 흙의 건조단위중량이 1.70t/m³이고, 함수비가 20%일 때 비중은 얼마인가?

① 2.58 ② 2.68
③ 2.78 ④ 2.88

> **해설** ㉠ 간극비(e)
> 포화점토에서 포화도는 100%이므로
> $e = \dfrac{w}{S} \cdot G_s = \dfrac{20}{100} \times G_s = 0.20 G_s$
>
> ㉡ 비중(G_s)
> $\gamma_d = \dfrac{G_s \gamma_w}{1+e}$ 에서 $1.7 = \dfrac{G_s \times 1}{1 + 0.20 G_s}$ 이므로
> 이항하면 $1.7 \times (1 + 0.2 G_s) = G_s$ 이고,
> $G_s = 2.58$

19 표준관입시험에 대한 설명으로 틀린 것은?

① 질량 (63.5±0.5)kg인 해머를 사용한다.
② 해머의 낙하높이는 (760±10)mm이다.
③ 고정 piston 샘플러를 사용한다.
④ 샘플러를 지반에 300mm 박아 넣는 데 필요한 타격횟수를 N값이라고 한다.

> **해설** N 값
> 보링을 한 구멍에 스플릿 스푼 샘플러를 넣고, 처음 흐트러진 시료 15cm를 관입한 후 63.5kg의 해머로 76cm 높이에서 자유낙하시켜 샘플러를 30cm 관입시키는 데 필요한 타격횟수를 표준관입시험값, 또는 N값이라 한다.
>
> **표준관입시험(SPT)**
> ㉠ 샘플러 : 스플릿 스푼 샘플러
> ㉡ 해머무게 : 64kg
> ㉢ 낙하높이 : 76cm
> ㉣ 관입깊이 : 30cm

20 얕은 기초의 지지력 계산에 적용하는 Terzaghi의 극한지지력 공식에 대한 설명으로 틀린 것은?

① 기초의 근입깊이가 증가하면 지지력도 증가한다.
② 기초의 폭이 증가하면 지지력도 증가한다.
③ 기초지반이 지하수에 의해 포화되면 지지력은 감소한다.
④ 국부전단파괴가 일어나는 지반에서 내부마찰각(ϕ')은 $\dfrac{2}{3}\phi$를 적용한다.

> **해설** 국부전단파괴의 극한지지력
> $c' = \dfrac{2}{3} c$
> $\phi' = \tan^{-1}\left(\dfrac{2}{3} \tan\phi\right)$

2019 제1회 토목기사 기출문제

2019년 3월 3일 시행

01 다음 중 Rankine 토압이론의 기본가정에 속하지 않는 것은?
① 흙은 비압축성이고 균질한 입자이다.
② 지표면은 무한히 넓게 존재한다.
③ 옹벽과 흙과의 마찰을 고려한다.
④ 토압은 지표면에 평행하게 작용한다.

> **해설** Rankine 토압이론의 기본가정
> ㉠ 흙은 중력만 작용하는 균질하고, 등방성, 비압축성을 가진 입자이다.
> ㉡ 파괴면은 2차원적인 평면이다.
> ㉢ 흙은 입자 간의 마찰력에 의해서만 평형을 유지한다(벽마찰각 무시).
> ㉣ 토압은 지표면에 평행하게 작용한다.
> ㉤ 지표면은 무한히 넓게 존재한다.
> ㉥ 지표면에 작용하는 하중은 등분포하중이다.

02 다음의 투수계수에 대한 설명 중 옳지 않은 것은?
① 투수계수는 간극비가 클수록 크다.
② 투수계수는 흙의 입자가 클수록 크다.
③ 투수계수는 물의 온도가 높을수록 크다.
④ 투수계수는 물의 단위중량에 반비례한다.

> **해설** 투수계수 $K = D_s^2 \times \dfrac{\gamma_w}{\mu} \times \dfrac{e^3}{1+e} \times C$
> 투수계수는 물의 단위중량(γ_w)에 비례한다.

03 보링(boring)에 관한 설명으로 틀린 것은?
① 보링(boring)에는 회전식(rotary boring)과 충격식(percussion boring)이 있다.
② 충격식은 굴진속도가 빠르고 비용도 싸지만 분말상의 교란된 시료만 얻어진다.
③ 회전식은 시간과 공사비가 많이 들 뿐만 아니라 확실한 코어(core)도 얻을 수 없다.
④ 보링은 지반의 상황을 판단하기 위해 실시한다.

> **해설** 보링(boring)
> ㉠ 회전식 보링 : 거의 모든 지반에 적용되고 충격식 보링에 비해 공사비가 비싸지만 굴진성능이 우수하며 확실한 코어를 채취할 수 있다.
> ㉡ 오거 보링 : 공 내에 송수하지 않고 굴진하여 연속적으로 흙의 교란된 대표적인 시료를 채취할 수 있다.
> ㉢ 충격식 보링 : 코어 채취가 불가능하다.

04 다음 그림과 같은 모래지반에서 깊이 4m 지점에서의 전단강도는? (단, 모래의 내부마찰각 $\phi = 30°$이며, 점착력 $c = 0$)

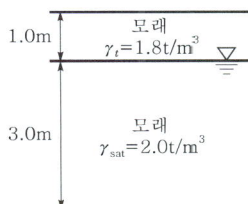

① 4.50t/m^2 ② 2.77t/m^2
③ 2.32t/m^2 ④ 1.86t/m^2

> **해설** ㉠ 전응력
> $\sigma = \gamma_t H_1 + \gamma_{sat} H_2 = 1.8 \times 1 + 2.0 \times 3$
> $= 7.8 \text{t/m}^2$
> ㉡ 간극수압 $u = \gamma_w h_w = 1 \times 3 = 3 \text{t/m}^2$
> ㉢ 유효응력 $\bar{\sigma} = \sigma - u = 7.8 - 3 = 4.8 \text{t/m}^2$
> ㉣ 전단강도
> $\tau = c + \bar{\sigma} \tan\phi = 0 + 4.8 \tan 30° ≒ 2.77 \text{t/m}^2$

05 시료가 점토인지 아닌지 알아보고자 할 때 가장 거리가 먼 사항은?
① 소성지수 ② 소성도표 A선
③ 포화도 ④ 200번 체 통과량

정답 1. ③ 2. ④ 3. ③ 4. ② 5. ③

SOIL MECHANICS FOUNDATION

> [해설] ① 점토분이 많은 시료일수록 소성지수가 크다.
> ② 소성도표 A선 위의 흙은 점토, 아래의 흙은 실트 또는 유기질토이다.
> ④ No. 200체 통과량이 12% 이상일 때 소성지수에 의해 실트와 점토로 표시한다.

06 비중이 2.67, 함수비가 35%이며, 두께 10m인 포화점토층이 압밀 후에 함수비가 25%로 되었다면, 이 토층 높이의 변화량은 얼마인가?

① 113cm ② 128cm
③ 135cm ④ 155cm

> [해설] ㉠ 상관식 $Se = G_s w$에서
> $1 \times e_1 = 2.67 \times 0.35$이므로 $e_1 = 0.93$이고,
> $1 \times e_2 = 2.67 \times 0.25$이므로 $e_2 = 0.67$이다.
> ㉡ $\Delta H = \dfrac{e_1 - e_2}{1 + e_1} H = \dfrac{0.93 - 0.67}{1 + 0.93} \times 1,000$
> $\fallingdotseq 135 \text{cm}$

07 100% 포화된 흐트러지지 않은 시료의 부피가 20.5cm³이고 무게는 34.2g이었다. 이 시료를 오븐(oven) 건조시킨 후의 무게는 22.6g이었다. 간극비는?

① 1.3 ② 1.5
③ 2.1 ④ 2.6

> [해설] ㉠ 포화도 $S_r = 100\%$일 때 $V_s = V - V_v$
> (V_v : 간극의 체적, V_s : 흙 입자의 체적)
> ㉡ 간극비
> $e = \dfrac{V_v}{V_s} = \dfrac{V_v}{V - V_v} = \dfrac{11.6}{20.5 - 11.6} = 1.3$

08 흙의 강도에 대한 설명으로 틀린 것은?

① 점성토에서는 내부마찰각이 작고 사질토에서는 점착력이 작다.
② 일축압축시험은 주로 점성토에 많이 사용한다.
③ 이론상 모래의 내부마찰각은 0이다.
④ 흙의 전단응력은 내부마찰각과 점착력의 두 성분으로 이루어진다.

> [해설] 이론상 모래의 점착력(c)은 0이지만, 내부마찰각(ϕ)은 0이 아니다.

09 흙댐에서 상류면 사면의 활동에 대한 안전율이 가장 저하되는 경우는?

① 만수된 물의 수위가 갑자기 저하할 때이다.
② 흙댐에 물을 담는 도중이다.
③ 흙댐이 만수되었을 때이다.
④ 만수된 물이 천천히 빠져나갈 때이다.

> [해설] 흙댐의 사면안정 검토 시 가장 위험한 상태
> ㉠ 상류의 사면이 위험한 때는 시공 직후나 수위가 급강하할 때이다.
> ㉡ 하류의 사면이 위험한 때는 시공 직후나 정상 침투 시이다.

10 어떤 사질 기초지반의 평판재하시험 결과 항복강도가 60t/m², 극한강도가 100t/m²였다. 그리고 그 기초는 지표에서 1.5m 깊이에 설치될 것이고 그 기초지반의 단위중량이 1.8t/m³일 때 지지력계수 $N_q = 5$이었다. 이 기초의 장기허용지지력은?

① 24.7t/m² ② 26.9t/m²
③ 30t/m² ④ 34.5t/m²

> [해설] ㉠ 허용지지력 산정
> 지반의 허용지지력은 항복지력 1/2, 극한지지력의 1/3 중 작은 값으로 한다.
> $\dfrac{q_y}{2} = \dfrac{60}{2} = 30$, $\dfrac{q_u}{3} = \dfrac{100}{3} = 33.33$ 중에서
> 작은 값 $q_a = 30$t/m²로 결정한다.
> ㉡ 장기허용지지력의 결정
> $q_u = q_t + \dfrac{1}{3}\gamma D_f N_q$
> $= 30 + \dfrac{1}{3} \times 1.8 \times 1.5 \times 5$
> $= 34.5$t/m²

정답 6. ③ 7. ① 8. ③ 9. ① 10. ④

11 Meyerhof의 일반지지력 공식에 포함되는 계수가 아닌 것은?

① 국부전단계수 ② 근입깊이계수
③ 경사하중계수 ④ 형상계수

> **해설** 마이어호프(Meyerhof)의 지지력 공식
> Meyerhof는 Terzaghi의 극한지지력 공식에 형상계수, 근입깊이계수, 경사하중계수를 추가한 공식을 제안하였다.

12 세립토를 비중계법으로 입도분석을 할 때 반드시 분산제를 쓴다. 다음 설명 중 옳지 않은 것은?

① 입자의 면모화를 방지하기 위하여 사용한다.
② 분산제의 종류는 소성지수에 따라 달라진다.
③ 현탁액이 산성이면 알칼리성의 분산제를 쓴다.
④ 시험 도중 물의 변질을 방지하기 위하여 분산제를 사용한다.

> **해설** 분산제
> ㉠ 시료의 면모화를 방지하기 위하여 규산나트륨, 과산화수소를 사용한다.
> ㉡ 분산제의 종류는 소성지수에 따라 달라진다.
> ㉢ 현탁액이 산성이면 알칼리성의 분산제를 사용하고, 알칼리성이면 산성의 분산제를 사용한다.

13 다음 지반개량공법 중 연약한 점토지반에 적당하지 않은 것은?

① 샌드드레인 공법
② 프리로딩 공법
③ 치환공법
④ 바이브로플로테이션 공법

> **해설** 바이브로플로테이션(vibro flotation) 공법
> 수평으로 진동하는 봉상의 vibroflot(ϕ 약 20cm)으로 사수와 진동을 동시에 일으켜서 생긴 빈틈에 모래나 자갈을 채워서 느슨한 모래지반을 개량하는 공법이다.

> **점성토의 지반개량공법**
> ㉠ 치환공법
> ㉡ preloading 공법(사전압밀공법)
> ㉢ sand drain, paper drain 공법
> ㉣ 전기침투공법
> ㉤ 침투압공법(MAIS 공법)
> ㉥ 생석회말뚝(chemico pile) 공법

14 흙의 다짐시험을 실시한 결과가 다음과 같았다. 이 흙의 건조단위중량은 얼마인가?

> ㉠ 몰드+젖은 시료 무게 : 3,612g
> ㉡ 몰드 무게 : 2,143g
> ㉢ 젖은 흙의 함수비 : 15.4%
> ㉣ 몰드의 체적 : 944cm^3

① 1.35g/cm^3 ② 1.56g/cm^3
③ 1.31g/cm^3 ④ 1.42g/cm^3

> **해설** ㉠ 습윤단위중량
> $$\gamma_t = \frac{W}{V} = \frac{3,612-2,143}{944} = 1.56\text{g/cm}^3$$
> ㉡ 건조단위중량
> $$\gamma_d = \frac{\gamma_t}{1+\frac{w}{100}} = \frac{1.56}{1+\frac{15.4}{100}} = 1.35\text{g/cm}^3$$

15 연약점토지반에 성토제방을 시공하고자 한다. 성토로 인한 재하속도가 과잉간극수압이 소산되는 속도보다 빠를 경우, 지반의 강도정수를 구하는 가장 적합한 시험방법은?

① 압밀 배수시험   ② 압밀 비배수시험
③ 비압밀 비배수시험 ④ 직접전단시험

> **해설** 비압밀 비배수시험(UU-test)을 사용하는 경우
> ㉠ 포화된 점토지반 위에 급속 성토 시 시공 직후의 안정성 검토
> ㉡ 시공 중 압밀이나 함수비의 변화가 없다고 예상되는 경우
> ㉢ 점토지반에 footing 기초 및 소규모 제방을 축조하는 경우

정답 11. ① 12. ④ 13. ④ 14. ① 15. ③

16 기초가 갖추어야 할 조건이 아닌 것은?

① 동결, 세굴 등에 안전하도록 최소의 근입깊이를 가져야 한다.
② 기초의 시공이 가능하고 침하량이 허용치를 넘지 않아야 한다.
③ 상부로부터 오는 하중을 안전하게 지지하고 기초지반에 전달하여야 한다.
④ 미관상 아름답고 주변에서 쉽게 구할 수 있는 재료로 설계되어야 한다.

> **해설** 기초의 구비조건(기초가 갖추어야 할 조건)
> ㉠ 최소한의 근입깊이를 가질 것(동해, 지반의 건조수축, 습윤팽창, 지하수위 변화에 안정)
> ㉡ 지지력에 대해 안정할 것
> ㉢ 침하에 대해 안정할 것(침하량이 허용치 이내에 들어야 한다.)
> ㉣ 시공이 가능하고 경제적일 것

17 유선망의 특징을 설명한 것 중 옳지 않은 것은?

① 각 유로의 투수량은 같다.
② 인접한 두 등수두선 사이의 수두손실은 같다.
③ 유선망을 이루는 사변형은 이론상 정사각형이다.
④ 동수경사는 유선망의 폭에 비례한다.

> **해설** 유선망의 특징
> ㉠ 각 유로의 침투유량은 같다.
> ㉡ 유선과 등수두선은 서로 직교한다.
> ㉢ 인접 등수두선 간의 수두차는 모두 같다.
> ㉣ 침투속도 및 동수경사는 유선망의 폭에 반비례한다.
> ㉤ 유선망을 이루는 사변형은 정사각형이다.

18 유효응력에 관한 설명 중 옳지 않은 것은?

① 포화된 흙인 경우 전응력에서 공극수압을 뺀 값이다.
② 항상 전응력보다는 작은 값이다.
③ 점토지반의 압밀에 관계되는 응력이다.
④ 건조한 지반에서는 전응력과 같은 값으로 본다.

> **해설** 유효응력(effective pressure)
> ㉠ 단위면적 중의 입자 상호 간의 접촉점에 작용하는 압력으로 흙 입자만을 통해서 전달하는 연직응력이다.
> ㉡ 모관 상승영역에서는 $-u$가 발생하므로 유효응력이 전응력보다 크다.

19 말뚝에서 작용하는 부마찰력에 관한 설명 중 옳지 않은 것은?

① 아래쪽으로 작용하는 마찰력이다.
② 부마찰력이 작용하면 말뚝의 지지력은 증가한다.
③ 압밀층을 관통하여 견고한 지반에 말뚝을 박으면 일어나기 쉽다.
④ 연약지반에 말뚝을 박은 후 그 위에 성토를 하면 일어나기 쉽다.

> **해설** 부마찰력(negative friction)
> ㉠ 말뚝 주면에 하중 역할을 하는 아래 방향으로 작용하는 주면마찰력을 부마찰력이라 한다.
> ㉡ 부마찰력이 발생하면 말뚝의 지지력은 크게 감소한다.

20 흙이 동상을 일으키기 위한 조건으로 가장 거리가 먼 것은?

① 아이스렌즈를 형성하기 위한 충분한 물의 공급이 있을 것
② 양(+)이온을 다량 함유할 것
③ 0℃ 이하의 온도가 오랫동안 지속될 것
④ 동상이 일어나기 쉬운 토질일 것

> **해설** 흙이 동상작용을 일으키기 위한 조건
> ㉠ 동상을 받기 쉬운 흙(실트질 흙)이 존재한다.
> ㉡ 0℃ 이하의 온도 지속시간이 길다.
> ㉢ 아이스렌즈를 형성할 수 있도록 물의 공급이 충분해야 한다.

정답 16. ④ 17. ④ 18. ② 19. ② 20. ②

2019 제2회 토목기사 기출문제

✏ 2019년 4월 27일 시행

01 말뚝의 부마찰력에 대한 설명 중 틀린 것은?
① 부마찰력이 작용하면 지지력이 감소한다.
② 연약지반에 말뚝을 박은 후 그 위에 성토를 한 경우 일어나기 쉽다.
③ 부마찰력은 말뚝 주변 침하량이 말뚝의 침하량보다 클 때 아래로 끌어내리려는 마찰력을 말한다.
④ 연약한 점토에 있어서는 상대변위의 속도가 느릴수록 부마찰력은 크다.

> **해설** 부마찰력(negative friction)
> ㉠ 말뚝 주면에 하중 역할을 하는 하방향으로 작용하는 주면마찰력을 부마찰력이라 한다.
> ㉡ 부마찰력이 발생하면 말뚝의 지지력은 크게 감소한다.
> ㉢ 말뚝 주변 지반의 침하량이 말뚝의 침하량보다 클 때 발생한다.
> ㉣ 상대변위의 속도가 클수록 부마찰력은 커진다.

02 다음 중 점성토 지반의 개량공법으로 거리가 먼 것은?
① paper drain 공법
② vibro-flotation 공법
③ chemico pile 공법
④ sand compaction pile 공법

> **해설** 바이브로플로테이션(vibro flotation)은 수평으로 진동하는 봉상의 vibroflot(ϕ 약 20cm)으로 사수와 진동을 동시에 일으켜서 생긴 빈틈에 모래나 자갈을 채워서 느슨한 모래지반을 개량하는 공법이다.
> **점성토의 지반개량공법**
> ㉠ 치환공법
> ㉡ preloading 공법(사전압밀공법)
> ㉢ sand drain, paper drain 공법
> ㉣ 전기침투공법
> ㉤ 침투압공법(MAIS 공법)
> ㉥ 생석회말뚝(chemico pile) 공법

03 표준압밀실험을 하였더니 하중강도가 2.4kg/cm²에서 3.6kg/cm²로 증가할 때 간극비는 1.8에서 1.2로 감소하였다. 이 흙의 최종침하량은 약 얼마인가? (단, 압밀층의 두께는 20m이다.)
① 428.64cm   ② 214.29cm
③ 642.86cm   ④ 26.71cm

> **해설** 최종침하량
> $$\Delta H = \frac{e_1 - e_2}{1+e_1}H$$
> $$= \frac{1.8-1.2}{1+1.8} \times 20$$
> $$= 4.2857\text{m} = 428.57\text{cm}$$

04 다음 그림과 같은 3m×3m 크기의 정사각형 기초의 극한지지력을 Terzaghi 공식으로 구하면? [단, 내부마찰각(ϕ)은 20°, 점착력(c)은 5t/m², 지지력계수 N_c = 18, N_γ = 5, N_q = 7.5이다.]

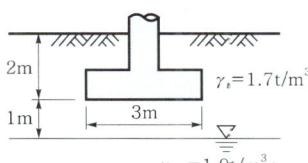

① 135.71t/m²   ② 149.52t/m²
③ 157.26t/m²   ④ 174.38t/m²

> **해설** 정사각형 기초이므로 α = 1.3, β = 0.4이다.
> ㉠ $\gamma_1 = \gamma_{sub} + \frac{d}{B}(\gamma_t - \gamma_{sub})$
> $= 0.9 + \frac{1}{3} \times (1.7-0.9) = 1.17\text{t/m}^3$
> ㉡ Terzaghi의 극한지지력
> $q_u = \alpha c N_c + \beta \gamma_1 B N_\gamma + \gamma_2 D_f N_q$
> $= 1.3 \times 5 \times 18 + 0.4 \times 1.17 \times 3 \times 5$
> $+ 1.7 \times 2 \times 7.5 = 149.52\text{t/m}^2$

정답 1. ④   2. ②   3. ①   4. ②

05 다음 그림과 같이 지표면에 집중하중이 작용할 때 A점에서 발생하는 연직응력의 증가량은?

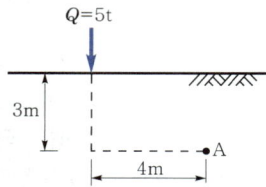

① 20.6kg/m^2 ② 24.4kg/m^2
③ 27.2kg/m^2 ④ 30.3kg/m^2

> 해설 ㉠ 경사거리 $R = \sqrt{4^2 + 3^2} = 5$
> ㉡ 영향계수 $I = \dfrac{3Z^5}{2\pi R^5} = \dfrac{3 \times 3^5}{2 \times \pi \times 5^5} = 0.037$
> ㉢ 연직응력의 증가량
> $\Delta \sigma_z = \dfrac{P}{Z^2} \times I$
> $= \dfrac{10}{3^2} \times 0.037 = 0.0206 \text{t/m}^2$
> $= 20.6 \text{kg/m}^2$

06 모래지반에 30cm×30cm의 재하판으로 재하실험을 한 결과 10t/m²의 극한지지력을 얻었다. 4m×4m의 기초를 설치할 때 기대되는 극한지지력은?

① 10t/m^2 ② 100t/m^2
③ 133t/m^2 ④ 154t/m^2

> 해설 사질토 지반의 지지력은 재하판의 폭에 비례하므로
> $0.3 : 10 = 4 : q_u$ 에서
> $q_u = \dfrac{10 \times 4}{0.3} \fallingdotseq 133 \text{t/m}^2$

07 단동식 증기해머로 말뚝을 박았다. 해머의 무게 2.5t, 낙하고 3m, 타격당 말뚝의 평균관입량 1cm, 안전율 6일 때 Engineering News 공식으로 허용지지력을 구하면?

① 250t   ② 200t
③ 100t   ④ 50t

> 해설 ㉠ 극한지지력
> $Q_u = \dfrac{Wh}{S + 0.254} = \dfrac{2.5 \times 300}{1 + 0.254} = 598.09 \text{t}$
> ㉡ 허용지지력 $R_a = \dfrac{Q_u}{F_s} = \dfrac{598.09}{6} = 99.68 \text{t}$
> 여기서, S : 타격당 말뚝의 평균관입량(cm)
> h : 낙하고
> F_s : 안전율

08 예민비가 큰 점토란?

① 입자의 모양이 날카로운 점토
② 입자가 가늘고 긴 형태의 점토
③ 다시 반죽했을 때 강도가 감소하는 점토
④ 다시 반죽했을 때 강도가 증가하는 점토

> 해설 **예민비(sensitivity)**
> ㉠ 예민비가 클수록 강도의 변화가 큰 점토이며, 다시 반죽했을 때 강도가 감소하는 점토이다.
> ㉡ 대부분의 점토는 강도가 1~8 정도이며, 8 이상은 예민성 점토이다.

09 사면의 안전에 관한 다음 설명 중 옳지 않은 것은?

① 임계활동면이란 안전율이 가장 크게 나타나는 활동면을 말한다.
② 안전율이 최소로 되는 활동면을 이루는 원을 임계원이라 한다.
③ 활동면에 발생하는 전단응력이 흙의 전단강도를 초과할 경우 활동이 일어난다.
④ 활동면은 일반적으로 원형활동면으로 가정한다.

> 해설 **임계활동면(critical surface)**
> ㉠ 임계활동면은 사면 내에 몇 개의 가상활동면 중에서 안전율이 가장 작게 나타나는 활동면을 말한다.
> ㉡ 임계원은 안전율이 최소로 되는 활동면을 만드는 원이다.

정답 5. ① 6. ③ 7. ③ 8. ③ 9. ①

10 다음과 같이 널말뚝을 박은 지반의 유선망을 작도하는 데 있어서 경계조건에 대한 설명으로 틀린 것은?

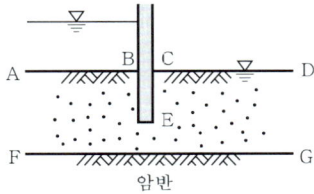

① $\overline{AB}$는 등수두선이다.
② $\overline{CD}$는 등수두선이다.
③ $\overline{FG}$는 유선이다.
④ $\overline{BEC}$는 등수두선이다.

> **해설** 유선망 작도의 경계조건
> ㉠ 선분 AB는 전수두가 동일하므로 등수두선이다.
> ㉡ 선분 CD는 전수두가 동일하므로 등수두선이다.
> ㉢ 선분 BEC는 하나의 유선이다.
> ㉣ 선분 FG는 하나의 유선이다.

11 토압에 대한 다음 설명 중 옳은 것은?

① 일반적으로 정지토압계수는 주동토압계수보다 작다.
② Rankine 이론에 의한 주동토압의 크기는 Coulomb 이론에 의한 값보다 작다.
③ 옹벽, 흙막이벽체, 널말뚝 중 토압 분포가 삼각형 분포에 가장 가까운 것은 옹벽이다.
④ 극한 주동상태는 수동상태보다 훨씬 더 큰 변위에서 발생한다.

> **해설** ① 수동토압계수(K_p) > 정지토압계수(K_o) > 주동토압계수(K_a)
> ② Rankine 토압론에 의한 주동토압은 과대, 수동토압은 과소평가되고, Coulomb 토압론에 의한 주동토압은 실제와 근접하나, 수동토압은 상당히 크게 나타난다.
> ④ 주동변위량은 수동변위량보다 작다.

12 흙 입자가 둥글고 입도분포가 나쁜 모래지반에서 표준관입시험을 한 결과 N값은 10이었다. 이 모래의 내부 마찰각을 Dunham의 공식으로 구하면?

① 21° ② 26°
③ 31° ④ 36°

> **해설** Dunham 공식에 의한 내부마찰각(ϕ)
>
> | 입도 및 입자 상태 | 내부마찰각 |
> |---|---|
> | 흙 입자가 모가 나고 입도가 양호 | $\phi = \sqrt{12N} + 25$ |
> | 흙 입자가 모가 나고 입도가 불량
흙 입자가 둥글고 입도가 양호 | $\phi = \sqrt{12N} + 20$ |
> | 흙 입자가 둥글고 입도가 불량 | $\phi = \sqrt{12N} + 15$ |
>
> $\phi = \sqrt{12 \times 10} + 15 ≒ 26°$

13 유선망의 특징을 설명한 것으로 옳지 않은 것은?

① 각 유로의 침투유량은 같다.
② 유선과 등수두선은 서로 직교한다.
③ 유선망으로 이루어지는 사각형은 이론상 정사각형이다.
④ 침투속도 및 동수경사는 유선망의 폭에 비례한다.

> **해설** 유선망의 특징
> ㉠ 각 유로의 침투유량은 같다.
> ㉡ 유선과 등수두선은 서로 직교한다.
> ㉢ 인접한 등수두선 간의 수두차는 모두 같다.
> ㉣ 침투속도 및 동수경사는 유선망의 폭에 반비례한다.
> ㉤ 유선망을 이루는 사변형은 정사각형이다.

14 어떤 종류의 흙에 대해 직접전단(일면전단)시험을 한 결과 아래 표와 같은 결과를 얻었다. 이 값으로부터 점착력(c)을 구하면? (단, 시료의 단면적은 10cm²이다.)

수직하중(kg)	10.0	20.0	30.0
전단력(kg)	24.785	25.570	26.355

① 3.0kg/cm² ② 2.7kg/cm²
③ 2.4kg/cm² ④ 1.9kg/cm²

정답 10. ④ 11. ③ 12. ② 13. ④ 14. ③

해설 직접전단의 저항 $\tau = c + \bar{\sigma}\tan\phi$이므로
㉠ 수직하중 : 10kg $\dfrac{24.785}{10} = c + 10 \times \tan\phi$
㉡ 수직하중 : 30kg $\dfrac{26.355}{10} = c + 30 \times \tan\phi$
㉢ ㉠식×3−㉡식으로 ϕ를 소거하여 정리하면
$c = 2.4 \text{kg/cm}^2$

15 다음은 전단시험을 한 응력경로이다. 어느 경우인가?

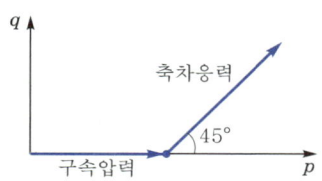

① 초기 단계의 최대주응력과 최소주응력이 같은 상태에서 시행한 삼축압축시험의 전응력 경로이다.
② 초기 단계의 최대주응력과 최소주응력이 같은 상태에서 시행한 일축압축시험의 전응력 경로이다.
③ 초기 단계의 최대주응력과 최소주응력이 같은 상태에서 $K_0 = 0.5$인 조건에서 시행한 삼축압축시험의 전응력 경로이다.
④ 초기 단계의 최대주응력과 최소주응력이 같은 상태에서 $K_0 = 0.7$인 조건에서 시행한 일축압축시험의 전응력 경로이다.

해설 초기 단계는 등방압축상태에서 시행한 삼축압축시험의 전응력 경로이다.

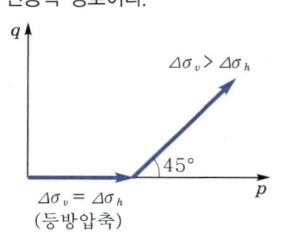

16 모래의 밀도에 따라 일어나는 전단특성에 대한 다음 설명 중 옳지 않은 것은?

① 다시 성형한 시료의 강도는 작아지지만 조밀한 모래에서는 시간이 경과됨에 따라 강도가 회복된다.
② 내부마찰각(ϕ)은 조밀한 모래일수록 크다.
③ 직접전단시험에 있어서 전단응력과 수평변위곡선은 조밀한 모래에서는 peak가 생긴다.
④ 조밀한 모래에서는 전단변형이 계속 진행되면 부피가 팽창한다.

해설 다시 성형한 점토시료를 함수비 변화 없이 그대로 두면 전기화학적 성질에 의해 입자접촉면에 흡착력이 생겨 강도의 일부가 회복되는데, 이를 틱소트로피 현상이라 한다.

17 흙 입자의 비중은 2.56, 함수비는 35%, 습윤단위중량은 1.75g/cm³일 때 간극률은 약 얼마인가?

① 32%   ② 37%
③ 43%   ④ 49%

해설 ㉠ 습윤단위중량(γ_t)
$\gamma_t = \dfrac{G_s + Se}{1+e}\gamma_w = \dfrac{G_s + wG_s}{1+e}\gamma_w$에서
$1.75 = \dfrac{2.56 + 0.35 \times 2.56}{1+e} \times 1$이므로
간극비 $e = 0.975$
㉡ 간극률
$n = \dfrac{e}{1+e} \times 100$
$= \dfrac{0.975}{1+0.975} \times 100 = 49.37\%$

정답 15. ① 16. ① 17. ④

18 그림과 같이 모래층에 널말뚝을 설치하여 물막이 공 내의 물을 배수하였을 때, 분사현상이 일어나지 않게 하려면 얼마의 압력을 가하여야 하는가? (단, 모래의 비중은 2.65, 간극비는 0.65, 안전율은 3)

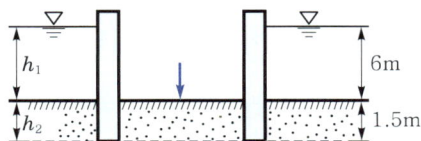

① $6.5t/m^2$　　② $16.5t/m^2$
③ $23t/m^2$　　④ $33t/m^2$

> **해설** 분사현상이 일어나지 않을 조건
> ㉠ 수중밀도
> $$\gamma_{sub} = \frac{G_s - 1}{1+e}\gamma_w = \frac{2.65-1}{1+0.65} = 1t/m^2$$
> ㉡ 유효응력
> $$\overline{\sigma} = \gamma_{sub}h_2 = 1 \times 1.5 = 1.5t/m^2$$
> ㉢ 공극응력
> $$F = \gamma_w h_1 = 1 \times 6 = 6t/m^2$$
> ㉣ $F_s = \dfrac{\overline{\sigma} + \Delta\overline{\sigma}}{F}$ 에서 $3 = \dfrac{1.5 + \Delta\overline{\sigma}}{6}$ 이므로
> 추가압력 $\Delta\overline{\sigma} = 16.5t/m^2$

19 흙의 다짐 효과에 대한 설명 중 틀린 것은?

① 흙의 단위중량 증가
② 투수계수 감소
③ 전단강도 저하
④ 지반의 지지력 증가

> **해설** 다짐의 효과
> ㉠ 투수성의 감소
> ㉡ 전단강도의 증가
> ㉢ 지반의 압축성 감소
> ㉣ 지반의 지지력 증대
> ㉤ 동상, 팽창, 건조수축의 감소

20 rod에 붙인 어떤 저항체를 지중에 넣어 관입, 인발 및 회전에 의해 흙의 전단강도를 측정하는 원위치 시험은?

① 보링(boring)
② 사운딩(sounding)
③ 시료채취(sampling)
④ 비파괴시험(NDT)

> **해설** 사운딩(sounding)
> 로드(rod) 선단에 부착한 저항체를 땅속에 삽입하여 관입, 회전, 인발 등의 저항치로부터 지반의 특성을 파악하는 지반조사방법이다.

정답 18. ② 19. ③ 20. ②

2019 제3회 토목기사 기출문제

2019년 8월 4일 시행

01 지표면에 집중하중이 작용할 때, 지중연직 응력증가량($\Delta \sigma_z$)에 관한 설명 중 옳은 것은? (단, Boussinesq 이론을 사용)

① 탄성계수 E에 무관하다.
② 탄성계수 E에 정비례한다.
③ 탄성계수 E의 제곱에 정비례한다.
④ 탄성계수 E의 제곱에 반비례한다.

> **해설** 부시네스크(Boussinesq) 이론
> ㉠ Boussinesq의 이론은 지표면에 작용하는 하중으로 인한 지반 내의 응력증가량을 구하는 방법이다.
> ㉡ 지반을 균질, 등방성의 자중이 없는 반무한탄성체라고 가정하고, 탄성계수(E)를 고려하지 않았다.

02 통일분류법에 의해 흙이 MH로 분류되었다면, 이 흙의 공학적 성질로 가장 옳은 것은?

① 액성한계가 50% 이하인 점토이다.
② 액성한계가 50% 이상인 실트이다.
③ 소성한계가 50% 이하인 실트이다.
④ 소성한계가 50% 이상인 점토이다.

> **해설** 세립토의 구분 : 200번 체에 50% 이상 통과 여부
> ㉠ $W_l > 50\%$인 실트나 점토 : MH, CH, OH로 구분
> ㉡ $W_l \leq 50\%$인 실트나 점토 : ML, CL, OL로 구분
> 여기서, W_l : 액성한계

03 흙 시료의 일축압축시험 결과 일축압축강도가 0.3 MPa이었다. 이 흙의 점착력은? (단, $\phi = 0$인 점토)

① 0.1MPa   ② 0.15MPa
③ 0.3MPa   ④ 0.6MPa

> **해설** 일축압축강도 $q_u = 2c \tan\left(45° + \dfrac{\phi}{2}\right)$에서
> $c = \dfrac{q_u}{2\tan\left(45° + \dfrac{\phi}{2}\right)} = \dfrac{0.3}{2 \times \tan\left(45° + \dfrac{0°}{2}\right)}$
> $= 0.15\text{MPa}$

04 흙의 다짐에 대한 설명으로 틀린 것은?

① 최적함수비는 흙의 종류와 다짐에너지에 따라 다르다.
② 일반적으로 조립토일수록 다짐곡선의 기울기가 급하다.
③ 흙이 조립토에 가까울수록 최적함수비가 커지며 최대 건조단위중량은 작아진다.
④ 함수비의 변화에 따라 건조단위중량이 변하는데 건조단위중량이 가장 클 때의 함수비를 최적함수비라 한다.

> **해설** 일반적으로 흙이 조립토일수록 최적함수비는 작아지고 최대 건조단위중량은 커진다.

05 어떤 흙에 대해서 직접전단시험을 한 결과 수직응력이 1.0MPa일 때 전단저항이 0.5MPa이었고, 또 수직응력이 2.0MPa일 때에는 전단저항이 0.8MPa이었다. 이 흙의 점착력은?

① 0.2MPa   ② 0.3MPa
③ 0.8MPa   ④ 1.0MPa

> **해설** 직접전단의 저항 $\tau = c + \overline{\sigma}\tan\phi$이므로
> ㉠ $0.5 = c + 1 \times \tan\phi$
> ㉡ $0.8 = c + 2 \times \tan\phi$
> ㉢ ㉠식×2-㉡식으로 ϕ를 소거하여 정리하면
> $c = 0.2\text{MPa}$

정답 1. ① 2. ② 3. ② 4. ③ 5. ①

06 널말뚝을 모래지반에 5m 깊이로 박았을 때 상류와 하류의 수위차가 4m였다. 이때 모래지반의 포화단위중량이 19.62kN/m³이다. 현재 이 지반의 분사현상에 대한 안전율은? (단, 물의 단위중량은 9.81kN/m³이다.)

① 0.85 ② 1.25
③ 1.85 ④ 2.25

> **해설** 분사현상에 대한 안전율
> $$F_s = \frac{i_c}{i_{ave}} = \frac{\gamma_{sub}}{\frac{h_{ave}}{D}\times\gamma_w} = \frac{\gamma_{sub}}{\frac{H}{D}\times\gamma_w}$$
> $$= \frac{9.81}{\frac{4}{5}\times 9.81} = 1.25$$

07 Terzaghi는 포화점토에 대한 1차 압밀이론에서 수학적 해를 구하기 위하여 다음과 같은 가정을 하였다. 이 중 옳지 않은 것은?

① 흙은 균질하다.
② 흙은 완전히 포화되어 있다.
③ 흙 입자와 물의 압축성을 고려한다.
④ 흙 속에서의 물의 이동은 Darcy 법칙을 따른다.

> **해설** Terzaghi의 1차원 압밀이론에 대한 가정
> ㉠ 흙은 균질하고 완전히 포화되어 있다.
> ㉡ 토립자와 물은 비압축성이다.
> ㉢ 압축과 투수(흐름)는 1차원적이다.
> ㉣ 투수계수는 일정하다.
> ㉤ 다르시(Darcy)의 법칙이 성립한다.

08 모래치환법에 의한 밀도시험을 수행한 결과 퍼낸 흙의 체적과 질량이 각각 365.0cm³, 745g이었으며, 함수비는 12.5%였다. 흙의 비중이 2.65이며, 실내표준다짐 시 최대건조밀도가 1.90t/m³일 때 상대다짐도는?

① 88.7% ② 93.1%
③ 95.3% ④ 97.8%

> **해설** ㉠ 습윤단위중량
> $$\gamma_t = \frac{W}{V} = \frac{745}{365} = 2.04\text{g/cm}^3$$
> ㉡ 건조단위중량
> $$\gamma_d = \frac{\gamma_t}{1+\frac{w}{100}} = \frac{2.04}{1+\frac{12.5}{100}} = 1.81\text{g/cm}^3$$
> ㉢ 상대다짐도
> $$C_d = \frac{\gamma_d}{\gamma_{d\max}}\times 100 = \frac{1.81}{1.9}\times 100 = 95.26\%$$

09 토질조사에 대한 설명 중 옳지 않은 것은?

① 표준관입시험은 정적인 사운딩이다.
② 보링의 깊이는 설계의 형태 및 크기에 따라 변한다.
③ 보링의 위치와 수는 지형조건 및 설계형태에 따라 변한다.
④ 보링 구멍은 사용 후에 흙이나 시멘트 그라우트로 메워야 한다.

> **해설** 토질조사
> ㉠ 표준관입시험은 동적인 사운딩(sounding)이다.
> ㉡ 보링의 심도는 예상되는 최대기초 슬래브의 변장 B의 2배 이상 또는 구조물 폭의 1.5~2.0배로 한다.
> ㉢ 보링의 위치와 수는 지형조건 및 설계형태에 따라 변한다.
> ㉣ 보링 구멍은 사용 후에 흙이나 시멘트 그라우트로 메워야 한다.

10 연약지반처리공법 중 sand drain 공법에서 연직 및 수평 방향을 고려한 평균 압밀도 U는? (단, $U_v = 0.20$, $U_h = 0.71$이다.)

① 0.573 ② 0.697
③ 0.712 ④ 0.738

> **해설** 평균 압밀도
> $$U_{ave} = 1-(1-U_v)(1-U_h)$$
> $$= 1-(1-0.2)(1-0.71) = 0.768$$

정답 6. ② 7. ③ 8. ③ 9. ① 10. ④

11 $\Delta h_1 = 5$이고, $K_{v2} = 10K_{v1}$일 때, K_{v3}의 크기는?

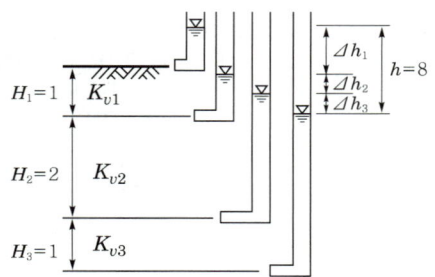

① $1.0K_{v1}$ ② $1.5K_{v1}$
③ $2.0K_{v1}$ ④ $2.5K_{v1}$

해설 ㉠ $V = K_{v1}i_1 = K_{v2}i_2$에서
$$K_{v1}\left(\frac{\Delta h_1}{1}\right) = 10K_{v2}\left(\frac{\Delta h_2}{2}\right) \text{이므로}$$
$$\Delta h_1 = 5\Delta h_2$$
㉡ $h = \Delta h_1 + \Delta h_2 + \Delta h_3 = 8$에서
$\Delta h_1 = 5, \Delta h_2 = 1, \Delta h_3 = 2$
㉢ $K_{v1}\Delta h_1 = K_{v3}\Delta h_3$에서 $5K_{v1} = 2K_{v3}$이므로
$K_{v3} = 2.5K_{v1}$

12 흙의 투수계수(K)에 관한 설명으로 옳은 것은?
① 투수계수(K)는 물의 단위중량에 반비례한다.
② 투수계수(K)는 입경의 제곱에 반비례한다.
③ 투수계수(K)는 형상계수에 반비례한다.
④ 투수계수(K)는 점성계수에 반비례한다.

해설 투수계수
$$K = D_s^2 \times \frac{\gamma_w}{\eta} \times \frac{e^3}{1+e} \times C$$
여기서, D_s : 흙입자의 입경(보통 D_{10})
γ_w : 물의 단위중량(g/cm³)
η : 물의 점성계수(g/cm·s)
e : 공극비
C : 합성형상계수
(composite shape factor)

13 그림과 같은 사면에서 활동에 대한 안전율은?

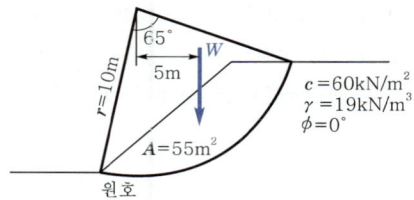

① 1.30 ② 1.50
③ 1.70 ④ 1.90

해설 ㉠ 토체의 중량(W)
$W = \gamma A = 19 \times 55 = 1,045$kN
㉡ 활동모멘트(M_D)
$M_D = We = 1,045 \times 5 = 5,225$kN·m
㉢ 원호의 길이(L_a)
$$L_a = 2\pi r \times \frac{\theta°}{360°} = 2 \times \pi \times 10 \times \frac{65°}{360°}$$
$= 11.345$m
㉣ 저항모멘트(M_R)
$M_R = c_u L_a r = 60 \times 11.345 \times 10$
$= 6,807$kN·m
㉤ 안전율(F_s)
$$F_s = \frac{M_R}{M_D} = \frac{6,807}{5,225} \fallingdotseq 1.30$$

14 점성토 지반 굴착 시 발생할 수 있는 heaving 방지대책으로 틀린 것은?
① 지반개량을 한다.
② 지하수위를 저하시킨다.
③ 널말뚝의 근입깊이를 줄인다.
④ 표토를 제거하여 하중을 작게 한다.

해설 히빙(heaving) 방지대책
㉠ 지반개량을 한다.
㉡ 지하수위를 저하시킨다.
㉢ 흙막이(널말뚝)의 근입깊이를 깊게 한다.
㉣ 표토를 제거하여 하중을 작게 한다.
㉤ 전면굴착보다 부분굴착을 한다.

15 접지압(또는 지반반력)이 다음 그림과 같이 되는 경우는?

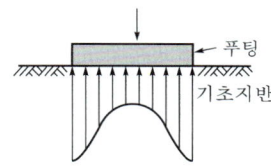

① 푸팅 : 강성, 기초지반 : 점토
② 푸팅 : 강성, 기초지반 : 모래
③ 푸팅 : 연성, 기초지반 : 점토
④ 푸팅 : 연성, 기초지반 : 모래

해설 **지반종류별 강성기초의 접지압 분포**
  ㉠ 점토지반 접지압 분포 : 기초 모서리에서 최대 응력 발생
  ㉡ 모래지반 접지압 분포 : 기초 중앙부에서 최대 응력 발생

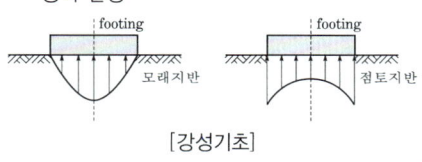

[강성기초]

16 예민비가 매우 큰 연약한 점토지반에 대해서 현장의 비배수 전단강도를 측정하기 위한 시험방법으로 가장 적합한 것은?

① 압밀비배수시험   ② 표준관입시험
③ 직접전단시험   ④ 현장베인시험

해설 **베인 테스트(vane test)**
연약한 점토지반의 점착력을 지반 내에서 직접 측정하는 현장시험이다.

17 직경 30cm 콘크리트 말뚝을 단동식 증기 해머로 타입하였을 때 엔지니어링 뉴스 공식을 적용한 말뚝의 허용지지력은? (단, 타격에너지 36kN·m, 해머효율 0.8, 손실상수 0.25cm, 마지막 25mm 관입에 필요한 타격횟수 5이다.)

① 640kN   ② 1,280kN
③ 1,920kN   ④ 3,840kN

해설 ㉠ 극한지지력
$$Q_u = \frac{W_h h}{S+C} = \frac{H_e E}{S+C} = \frac{3,600 \times 0.8}{\frac{2.5}{5}+0.25}$$
$$= 3,840 \text{kN}$$
㉡ 허용지지력 $Q_a = \frac{Q_u}{F_s} = \frac{3840}{6} = 640 \text{kN}$

여기서, S : 타격당 말뚝의 평균 관입량(cm)
  h : 낙하고
  F_s : 안전율

18 Mohr 응력원에 대한 설명 중 옳지 않은 것은?

① 임의 평면의 응력상태를 나타내는 데 매우 편리하다.
② σ_1과 σ_3의 차의 벡터를 반지름으로 해서 그린 원이다.
③ 한 면에 응력이 작용하는 경우 전단력이 0이면, 그 연직응력을 주응력으로 가정한다.
④ 평면기점(O_p)은 최소 주응력이 표시되는 좌표에서 최소 주응력면과 평행하게 그은 Mohr원과 만나는 점이다.

해설 Mohr 응력원은 최대 주응력과 최소 주응력의 차이 $(\sigma_1 - \sigma_3)$의 벡터를 지름으로 해서 그린 원이다.

19 함수비 15%인 흙 2,300g이 있다. 이 흙의 함수비를 25%가 되도록 증가시키려면 얼마의 물을 가해야 하는가?

① 200g   ② 230g
③ 345g   ④ 575g

해설 ㉠ 함수비 15%일 때
$$W_w = \frac{wW}{100+w} = \frac{15 \times 2,300}{100+15} = 300\text{g}$$
㉡ 함수비 25%일 때
$$W_w = \frac{0.3 \times 25}{15} = 500\text{g}$$
㉢ 추가할 물
$$W_w = 500 - 300 = 200\text{g}$$

정답 15. ① 16. ④ 17. ① 18. ② 19. ①

20 연약점토지반에 말뚝을 시공하는 경우, 말뚝을 타입 후 어느 정도 기간이 경과한 후에 재하시험을 하게 된다. 그 이유로 가장 적합한 것은?

① 말뚝에 부마찰력이 발생하기 때문이다.
② 말뚝에 주면마찰력이 발생하기 때문이다.
③ 말뚝 타입 시 교란된 점토의 강도가 원래대로 회복하는 데 시간이 걸리기 때문이다.
④ 말뚝 타입 시 말뚝 자체가 받는 충격에 의해 두부의 손상이 발생할 수 있어 안정화에 시간이 걸리기 때문이다.

> **해설** 틱소트로피(thixotrophy)
> ㉠ 재성형한 시료를 함수비의 변화 없이 그대로 방치하면 시간이 경과하면서 강도가 회복되는데 이러한 현상을 틱소트로피 현상이라 한다.
> ㉡ 말뚝 타입 시 말뚝 주위의 점토지반이 교란되어 강도가 작아지게 된다. 그러나 점토는 틱소트로피 현상이 생겨서 강도가 되살아나기 때문에 말뚝재하시험은 말뚝 타입 후 며칠이 지난 후 행한다.

정답 20. ③

2020 제1·2회 토목기사 기출문제

✏ 2020년 6월 6일 시행

01 그림과 같은 점토지반에서 안정수(m)가 0.1인 경우 높이 5m의 사면에 있어서 안전율은?

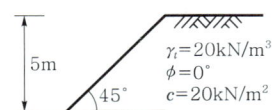

① 1.0 ② 1.25
③ 1.50 ④ 2.0

> **해설** 안정계수는 안정수의 역수이다.
> ㉠ 임계높이(한계고)
> $$H_c = \frac{N_s \times c}{\gamma_t} = \frac{\frac{1}{0.1} \times 20}{20} = 10\text{m}$$
> 여기서, N_s : 안정계수
> ㉡ 안전율 $F_s = \dfrac{H_c}{H} = \dfrac{10}{5} = 2$

02 어떤 흙의 입경가적곡선에서 $D_{10} = 0.05$mm, $D_{30} = 0.09$mm, $D_{60} = 0.15$mm였다. 균등계수(C_u)와 곡률계수(C_g)의 값은?

① 균등계수=1.7, 곡률계수=2.45
② 균등계수=2.4, 곡률계수=1.82
③ 균등계수=3.0, 곡률계수=1.08
④ 균등계수=3.5, 곡률계수=2.08

> **해설** ㉠ 균등계수(C_u)
> $$C_u = \frac{D_{60}}{D_{10}} = \frac{0.15}{0.05} = 3.0$$
> ㉡ 곡률계수(C_g)
> $$C_g = \frac{D_{30}^2}{D_{10} D_{60}} = \frac{0.09^2}{0.05 \times 0.15} = 1.08$$

03 얕은 기초에 대한 Terzaghi의 수정지지력 공식은 다음과 같다. 4m×5m의 직사각형 기초를 사용할 경우 형상계수 α와 β의 값으로 옳은 것은?

$$q_u = \alpha c N_c + \beta \gamma_1 B N_\gamma + \gamma_2 D_f N_q$$

① $\alpha = 1.18$, $\beta = 0.32$
② $\alpha = 1.24$, $\beta = 0.42$
③ $\alpha = 1.28$, $\beta = 0.42$
④ $\alpha = 1.32$, $\beta = 0.38$

> **해설** 직사각형 기초
> ㉠ $\alpha = 1 + 0.3 \dfrac{B}{L} = 1 + 0.3 \times \dfrac{4}{5} = 1.24$
> ㉡ $\beta = 0.5 - 0.1 \dfrac{B}{L} = 0.5 - 0.1 \times \dfrac{4}{5} = 0.42$

04 지표면에 설치된 2m×2m의 정사각형 기초에 100kN/m²의 등분포하중이 작용하고 있을 때 5m 깊이에 있어서의 연직응력 증가량을 2:1 분포법으로 계산한 값은?

① 0.83kN/m² ② 8.16kN/m²
③ 19.75kN/m² ④ 28.57kN/m²

> **해설** 2:1 분포법에 의한 지중응력 증가량
> $$\Delta \sigma_v = \frac{BL q_s}{(B+Z)(L+Z)}$$
> $$= \frac{2 \times 2 \times 100}{(2+5) \times (2+5)} = 8.16 \text{kN/m}^2$$

05 어느 모래층의 간극률이 35%, 비중이 2.66이다. 이 모래의 분사현상(quick sand)에 대한 한계동수경사는 얼마인가?

① 0.99 ② 1.08
③ 1.16 ④ 1.32

정답 1. ④ 2. ③ 3. ② 4. ② 5. ②

> **해설** ㉠ 간극비(e)
> $$e = \frac{n}{100-n} = \frac{35}{100-35} = 0.538$$
> ㉡ 한계동수경사(i_c)
> $$i_c = \frac{G_s - 1}{1+e} = \frac{2.66-1}{1+0.538} = 1.08$$

06 100% 포화된 흐트러지지 않은 시료의 부피가 $20cm^3$이고 질량이 36g이었다. 이 시료를 건조로에서 건조시킨 후의 질량이 24g일 때 간극비는 얼마인가?

① 1.36   ② 1.50
③ 1.62   ④ 1.70

> **해설** 포화도 $S = 100\%$일 때 $V_s = V - V_v$
> 간극비 $e = \dfrac{V_v}{V_s} = \dfrac{V_v}{V - V_v} = \dfrac{12}{20-12} = 1.5$

07 성토나 기초지반에 있어 특히 점성토의 압밀완료 후 추가 성토 시 단기 안정문제를 검토하고자 하는 경우 적용되는 시험법은?

① 비압밀 비배수시험   ② 압밀 비배수시험
③ 압밀 배수시험   ④ 일축압축시험

> **해설** 압밀 비배수시험(CU-test)
> ㉠ 프리로딩(pre-loading)공법으로 압밀된 후 급격한 재하 시의 안정해석에 사용
> ㉡ 성토하중에 의해 어느 정도 압밀된 후에 갑자기 파괴가 예상되는 경우

08 압밀시험 결과 시간-침하량 곡선에서 구할 수 없는 값은?

① 초기 압축비   ② 압밀계수
③ 1차 압밀비   ④ 선행압밀압력

> **해설** 선행하중(선행압밀압력)을 구하기 위해서는 $\log P - e$ 곡선이 필요하며, 시간-침하량 곡선으로는 압밀계수(c_v), 초기 침하비(γ_0), 1차 압밀비(γ_p) 등을 구할 수 있다.

09 평판재하실험에서 재하판의 크기에 의한 영향(scale effect)에 관한 설명으로 틀린 것은?

① 사질토 지반의 지지력은 재하판의 폭에 비례한다.
② 점토지반의 지지력은 재하판의 폭에 무관하다.
③ 사질토 지반의 침하량은 재하판의 폭이 커지면 약간 커지기는 하지만 비례하는 정도는 아니다.
④ 점토지반의 침하량은 재하판의 폭에 무관하다.

> **해설** 점토지반의 침하량은 재하판의 폭에 비례한다.
> **재하판 크기에 대한 보정**
> ㉠ 지지력
>   · 점토지반 : 재하판 폭과 무관하다.
>   · 모래지반 : 재하판 폭에 비례한다.
> ㉡ 침하량
>   · 점토지반 : 재하판 폭에 비례한다.
>   · 모래지반 : 재하판의 크기가 커지면 약간 커지긴 하지만 폭에 비례할 정도는 아니다.

10 paper drain 설계 시 drain paper의 폭이 10cm, 두께가 0.3cm일 때 drain paper의 등치환산원의 직경이 약 얼마이면 sand drain과 동등한 값으로 볼 수 있는가? (단, 형상계수 α는 0.75이다.)

① 5cm   ② 8cm
③ 10cm   ④ 15cm

> **해설** 등치환산원의 지름(D)
> $$D = \alpha \frac{2A + 2B}{\pi}$$
> $$= 0.75 \times \frac{2 \times 10 + 2 \times 0.3}{\pi} \fallingdotseq 5cm$$

11 사운딩(sounding)의 종류 중 사질토에 가장 적합하고 점성토에서도 쓰이는 시험법은?

① 표준관입시험
② 베인전단시험
③ 더치 콘 관입시험
④ 이스키미터(Iskymeter)

정답 6. ② 7. ② 8. ④ 9. ④ 10. ① 11. ①

해설 사운딩(sounding)의 종류

정적 사운딩	동적 사운딩
• 단관 원추관입시험 • 화란식 원추관입시험 • 베인전단시험 • 이스키미터	• 동적 원추관입시험 • 표준관입시험(SPT)

해설 말뚝의 지지력 공식
  ㉠ 정역학적 공식 : Terzaghi 공식, Dörr 공식, Meyerhof 공식, Dunham 공식
  ㉡ 동역학적 공식 : Hiley 공식, Engineering-News 공식, Sander 공식, Weisbach 공식

12 다음 그림과 같은 지반의 A점에서 전응력(σ), 간극수압(u), 유효응력(σ')을 구하면? (단, 물의 단위중량은 9.81kN/m³이다.)

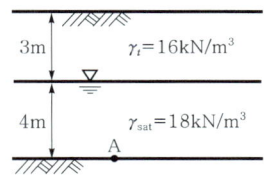

① $\sigma = 100\text{kN/m}^2$, $u = 9.8\text{kN/m}^2$,
  $\sigma' = 90.2\text{kN/m}^2$
② $\sigma = 100\text{kN/m}^2$, $u = 29.4\text{kN/m}^2$,
  $\sigma' = 70.6\text{kN/m}^2$
③ $\sigma = 120\text{kN/m}^2$, $u = 19.6\text{kN/m}^2$,
  $\sigma' = 100.4\text{kN/m}^2$
④ $\sigma = 120\text{kN/m}^2$, $u = 39.2\text{kN/m}^2$,
  $\sigma' = 80.8\text{kN/m}^2$

해설 ㉠ 전응력
  $\sigma = 16 \times 3 + 18 \times 4 = 120\text{kN/m}^2$
  ㉡ 간극수압
  $u = 9.81 \times 4 = 39.2\text{kN/m}^2$
  ㉢ 유효응력
  $\sigma' = \sigma - u = 120 - 39.2 = 80.8\text{kN/m}^2$

13 말뚝지지력에 관한 여러 가지 공식 중 정역학적 지지력 공식이 아닌 것은?
① Dörr의 공식
② Terzaghi의 공식
③ Meyerhof의 공식
④ Engineering news 공식

14 흙의 다짐에 대한 설명으로 틀린 것은?
① 최적함수비로 다질 때 흙의 건조밀도는 최대가 된다.
② 최대건조밀도는 점성토에 비해 사질토일수록 크다.
③ 최적함수비는 점성토일수록 작다.
④ 점성토일수록 다짐곡선은 완만하다.

해설 점성토에서 소성이 증가할수록 최적함수비는 크고 최대 건조단위중량은 작다.

15 흙의 투수성에서 사용되는 다르시(Darcy)의 법칙 $\left(Q = K\dfrac{\Delta h}{L} \cdot A\right)$에 대한 설명으로 틀린 것은?
① Δh는 수두차이다.
② 투수계수(K)의 차원은 속도의 차원(cm/s)과 같다.
③ A는 실제로 물이 통하는 공극부분의 단면적이다.
④ 물의 흐름이 난류인 경우에는 Darcy의 법칙이 성립하지 않는다.

해설 A는 시료의 전단면적으로, 고체 흙 입자 면적(A_v)과 간극 면적(A_s)의 합이다.

16 그림에서 A점 흙의 강도정수가 $c'=30kN/m^2$, $\phi'=30°$일 때, A점에서의 전단강도는? (단, 물의 단위중량은 $9.81kN/m^3$이다.)

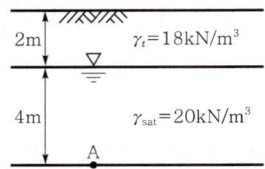

① $69.31kN/m^2$ ② $74.32kN/m^2$
③ $96.97kN/m^2$ ④ $103.92kN/m^2$

> **해설** ㉠ 전응력
> $\sigma = 18 \times 2 + 20 \times 4 = 116 kN/m^2$
> ㉡ 간극수압
> $u = 9.81 \times 4 = 39.36 kN/m^2$
> ㉢ 유효응력
> $\overline{\sigma} = \sigma - u = 116 - 39.36 = 76.64 kN/m^2$
> ㉣ 전단강도 $\tau = c + \overline{\sigma}\tan\phi$에서
> $\tau = 30 + 76.64 \tan 30° ≒ 74.32 kN/m^2$

17 점착력이 $8kN/m^2$, 내부 마찰각이 30°, 단위중량 $16kN/m^3$인 흙이 있다. 이 흙에 인장균열은 약 몇 m 깊이까지 발생할 것인가?

① 6.92m   ② 3.73m
③ 1.73m   ④ 1.00m

> **해설** 점착고(인장균열깊이, Z_c)
> $Z_c = \dfrac{2c\tan\left(45° + \dfrac{\phi}{2}\right)}{\gamma_t}$
> $= \dfrac{2 \times 8 \times \tan\left(45° + \dfrac{30°}{2}\right)}{16} = 1.73 m$

18 다음 중 일시적인 지반개량공법에 속하는 것은?
① 동결공법
② 프리로딩공법
③ 약액주입공법
④ 모래다짐말뚝공법

> **해설** 일시적 지반개량공법
> ㉠ well point 공법
> ㉡ deep well 공법
> ㉢ 대기압 공법(진공압밀공법)
> ㉣ 동결공법

19 Terzaghi의 1차원 압밀이론에 대한 가정으로 틀린 것은?
① 흙은 균질하다.
② 흙은 완전 포화되어 있다.
③ 압축과 흐름은 1차원적이다.
④ 압밀이 진행되면 투수계수는 감소한다.

> **해설** Terzaghi의 1차원 압밀이론에 대한 가정
> ㉠ 흙은 균질하고 완전히 포화되어 있다
> ㉡ 흙 입자와 물은 비압축성이다.
> ㉢ 압축과 투수(흐름)는 1차원적이다.
> ㉣ 투수계수는 일정하다.
> ㉤ Darcy의 법칙이 성립한다.

20 외경이 50.8mm, 내경이 34.9mm인 스플릿 스푼 샘플러의 면적비는?
① 112%   ② 106%
③ 53%   ④ 46%

> **해설** 면적비 $A_r = \dfrac{D_w^2 - D_e^2}{D_e^2} \times 100$
> $= \dfrac{50.8^2 - 34.9^2}{34.9^2} \times 100 ≒ 112\%$

정답 16. ② 17. ③ 18. ① 19. ④ 20. ①

2020 제3회 토목기사 기출문제

✏️ 2020년 8월 22일 시행

01 흙의 활성도에 대한 설명으로 틀린 것은?
① 점토의 활성도가 클수록 물을 많이 흡수하여 팽창이 많이 일어난다.
② 활성도는 $2\mu m$ 이하의 점토함유율에 대한 액성지수의 비로 정의된다.
③ 활성도는 점토광물의 종류에 따라 다르므로 활성도로부터 점토를 구성하는 점토광물을 추정할 수 있다.
④ 흙 입자의 크기가 작을수록 비표면적이 커져 물을 많이 흡수하므로, 흙의 활성은 점토에서 뚜렷이 나타난다.

> **해설** 활성도(activity)
> $$A = \frac{\text{소성지수}(I_p)}{2\mu m \text{ 이하의 점토함유율}(\%)}$$
> 점토가 많으면 활성도가 커지고 소성지수가 크며, 팽창 및 수축이 커지므로 공학적으로 불안정한 상태가 된다.

02 흙의 다짐에 대한 설명 중 틀린 것은?
① 일반적으로 흙의 건조밀도는 가하는 다짐에너지가 클수록 크다.
② 모래질 흙은 진동 또는 진동을 동반하는 다짐 방법이 유효하다.
③ 건조밀도-함수비 곡선에서 최적함수비와 최대건조밀도를 구할 수 있다.
④ 모래질을 많이 포함한 흙의 건조밀도-함수비 곡선의 경사는 완만하다.

> **해설** 다짐 특성
> ㉠ 다짐에너지가 클수록 최대 건조단위중량($\gamma_{d\max}$)은 커지고 최적함수비(w_{opt})는 작아지며, 양입도, 조립토, 급경사이다.
> ㉡ 다짐에너지가 작을수록 $\gamma_{d\max}$는 작아지고 w_{opt}는 커지며, 빈입도, 세립토, 완경사이다.

03 다음 그림과 같은 지반에서 유효응력에 대한 점착력 및 마찰각이 각각 $c'=10kN/m^2$, $\phi'=20°$일 때, A점에서의 전단강도는? (단, 물의 단위중량은 $9.81kN/m^3$이다.)

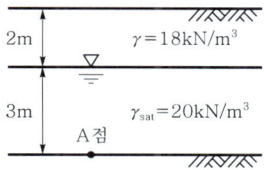

① $34.25kN/m^2$ ② $44.94kN/m^2$
③ $54.25kN/m^2$ ④ $66.17kN/m^2$

> **해설** ㉠ 전응력
> $\sigma = 18 \times 2 + 20 \times 3 = 96 kN/m^2$
> ㉡ 간극수압
> $u = 9.81 \times 3 = 29.43 kN/m^2$
> ㉢ 유효응력
> $\sigma' = \sigma - u = 96 - 29.43 = 66.57 kN/m^2$
> ㉣ 전단강도 $\tau = c' + \sigma' \tan\phi$ 에서
> $\tau = 10 + 66.57 \times \tan 20° = 34.23 kN/m^2$

04 표준관입시험(SPT)을 할 때 처음 150mm 관입에 요하는 N값은 제외하고, 그 후 300mm 관입에 요하는 타격 수로 N값을 구한다. 그 이유로 옳은 것은?
① 흙은 보통 150mm 밑부터 그 흙의 성질을 가장 잘 나타낸다.
② 관입봉의 길이가 정확히 450mm이므로 이에 맞도록 관입시키기 위함이다.
③ 정확히 300mm를 관입시키기가 어려워서 150mm 관입에 요하는 N값을 제외한다.
④ 보링구멍 밑면 흙이 보링에 의하여 흐트러져 150mm 관입 후부터 N값을 측정한다.

정답 1. ② 2. ④ 3. ① 4. ④

> **해설** 표준관입시험의 N값
> 보링을 한 구멍에 스플릿 스푼 샘플러를 넣고, 처음 흐트러진 시료 15cm를 관입한 후 63.5kg의 해머로 76cm 높이에서 자유 낙하시켜 샘플러를 30cm 관입시키는 데 필요한 타격횟수를 표준관입시험값, 또는 N값이라고 한다.

05 연약지반개량공법에 대한 설명 중 틀린 것은?
① 샌드드레인 공법은 2차 압밀비가 높은 점토 및 이탄 같은 유기질 흙에 큰 효과가 있다.
② 화학적 변화에 의한 흙의 강화공법으로는 소결공법, 전기화학적 공법 등이 있다.
③ 동압밀공법 적용 시 과잉간극수압의 소산에 의한 강도 증가가 발생한다.
④ 장기간에 걸친 배수공법은 샌드드레인이 페이퍼드레인보다 유리하다.

> **해설** sand drain과 paper drain은 두꺼운 점성토 지반에 적합한 공법이며, sand drain 공법은 2차 압밀비가 높은 점토와 이탄 같은 흙에는 효과가 없다.

06 다음 중 흙댐(dam)의 사면안정 검토 시 가장 위험한 상태는?
① 상류 사면의 경우 시공 중과 만수위일 때
② 상류 사면의 경우 시공 직후와 수위가 급강하할 때
③ 하류 사면의 경우 시공 직후와 수위가 급강하할 때
④ 하류 사면의 경우 시공 중과 만수위일 때

> **해설** 흙댐의 사면안정 검토 시 가장 위험한 상태
> ㉠ 상류의 사면이 위험한 때는 시공 직후나 수위가 급강하할 때이다.
> ㉡ 하류의 사면이 위험한 때는 시공 직후나 정상 침투 시이다.

07 흐트러지지 않은 시료를 이용하여 액성한계 40%, 소성한계 22.3%를 얻었다. 정규압밀점토의 압축지수(C_c)값을 Terzaghi와 Peck의 경험식에 의해 구하면?
① 0.25   ② 0.27
③ 0.30   ④ 0.35

> **해설** 정규압밀점토의 압축지수(흐트러지지 않은 시료)
> $C_c = 0.009(W_l - 10) = 0.009(40 - 10) = 0.27$

08 모래지층 사이에 두께 6m의 점토층이 있다. 이 점토의 토질시험 결과가 아래 표와 같을 때, 이 점토층의 90% 압밀을 요하는 시간은 약 얼마인가? [단, 1년은 365일로 하고, 물의 단위중량(γ_w)은 9.81kN/m³이다.]

- 간극비 $e = 1.5$
- 압축계수 $a_v = 4 \times 10^{-3} \text{m}^2/\text{kN}$
- 투수계수 $K = 3 \times 10^{-7} \text{cm/s}$

① 50.7년   ② 12.7년
③ 5.07년   ④ 1.27년

> **해설** ㉠ $K = C_v m_v \gamma_w = C_v \times \dfrac{a_v}{1+e_1} \times \gamma_w$ 에서
> $3 \times 10^{-7} = C_v \times \dfrac{4 \times 10}{1+1.5} \times (9.81 \times 10^{-6})$
> $\therefore C_v = \dfrac{3 \times 10^{-7}}{\dfrac{4 \times 10}{1+0.5} \times (9.81 \times 10^{-6})}$
> $= 0.0019 \text{m}^2/\text{s}$
> ㉡ 90% 압밀에 요구되는 시간
> $t_{90} = \dfrac{0.848 H^2}{C_v}$
> $= \dfrac{0.848 \times \left(\dfrac{600}{2}\right)^2}{0.0019} ≒ 40,168,421\text{s}$
> $≒ \dfrac{40,168,421\text{s}}{365 \times 24 \times 60 \times 60} ≒ 1.27$년

정답 5. ① 6. ② 7. ② 8. ④

09 5m×10m의 장방형 기초 위에 $q=60\text{kN/m}^2$의 등분포하중이 작용할 때, 지표면 아래 10m에서의 연직응력증가량($\Delta\sigma_v$)은? (단, 2 : 1 응력분포법을 사용한다.)

① 10kN/m^2 ② 20kN/m^2
③ 30kN/m^2 ④ 40kN/m^2

> **해설** 2 : 1 응력분포법에 의한 지중응력 증가량
> $$\Delta\sigma_v = \frac{BLq_s}{(B+Z)(L+Z)}$$
> $$= \frac{5\times10\times60}{(5+10)\times(10+10)} = 10\text{kN/m}^2$$

10 도로의 평판재하시험 방법(KS F 2310)에서 시험을 끝낼 수 있는 조건이 아닌 것은?

① 재하 응력이 현장에서 예상할 수 있는 가장 큰 접지 압력의 크기를 넘으면 시험을 멈춘다.
② 재하 응력이 그 지반의 항복점을 넘을 때 시험을 멈춘다.
③ 침하가 더 이상 일어나지 않을 때 시험을 멈춘다.
④ 침하량이 15mm에 달할 때 시험을 멈춘다.

> **해설** 평판재하시험(PBT-test)을 멈추는 조건
> ㉠ 침하량이 15mm에 달할 때
> ㉡ 하중강도가 최대접지압을 넘거나 또는 지반의 항복점을 초과할 때

11 다음 그림에서 흙의 단면적이 40cm²이고 투수계수가 0.1cm/s일 때 흙 속을 통과하는 유량은?

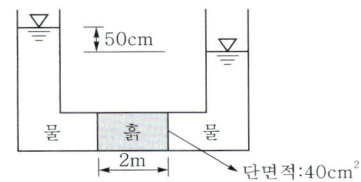

① $1\text{m}^3/\text{h}$ ② $1\text{cm}^3/\text{s}$
③ $100\text{m}^3/\text{h}$ ④ $100\text{cm}^3/\text{s}$

> **해설** 유량 $Q = KiA = K\dfrac{h}{L}A$
> $$= 0.1 \times \frac{50}{200} \times 40 = 1\text{cm}^3/\text{s}$$

12 Terzaghi의 얕은 기초에 대한 수정지지력 공식에서 형상계수에 대한 설명 중 틀린 것은? (단, B는 단변의 길이, L은 장변의 길이이다.)

① 연속기초에서 $\alpha = 1.0$, $\beta = 0.5$이다.
② 원형 기초에서 $\alpha = 1.3$, $\beta = 0.6$이다.
③ 정사각형 기초에서 $\alpha = 1.3$, $\beta = 0.4$이다.
④ 직사각형 기초에서 $\alpha = 1+0.3\dfrac{B}{L}$, $\beta = 0.5 - 0.1\dfrac{B}{L}$이다.

> **해설** Terzaghi의 얕은 기초에 대한 수정지지력 공식에서의 형상계수
> ㉠ 연속기초 $\alpha = 1.0$, $\beta = 0.5$
> ㉡ 정사각형 기초 $\alpha = 1.3$, $\beta = 0.4$
> ㉢ 직사각형 기초
> $\alpha = 1+0.3\dfrac{B}{L}$, $\beta = 0.5 - 0.1\dfrac{B}{L}$
> ㉣ 원형 기초 $\alpha = 1.3$, $\beta = 0.3$

13 포화된 점토에 대하여 비압밀 비배수(UU) 삼축압축시험을 하였을 때의 결과에 대한 설명으로 옳은 것은? (단, ϕ는 마찰각이고 c는 점착력이다.)

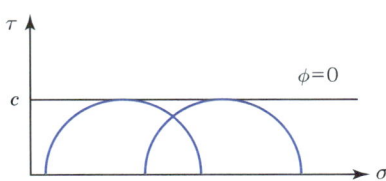

① ϕ와 c가 나타나지 않는다.
② ϕ와 c가 모두 "0"이 아니다.
③ ϕ는 "0"이고, c는 "0"이 아니다.
④ ϕ는 "0"이 아니지만, c는 "0"이다.

정답 9. ① 10. ③ 11. ② 12. ② 13. ③

[해설] UU시험($S_r = 100\%$)의 결과
$$\phi = 0, \quad c = \frac{\sigma_1 - \sigma_3}{2}$$

14 흙의 동상에 영향을 미치는 요소가 아닌 것은?
① 모관 상승고　② 흙의 투수계수
③ 흙의 전단강도　④ 동결온도의 계속시간

[해설] 흙이 동상작용을 일으키기 위한 조건
㉠ 아이스렌즈를 형성하기 위한 충분한 물의 공급이 있을 것
㉡ 0℃ 이하의 온도가 오랫동안 지속될 것
㉢ 동상이 일어나기 쉬운 토질(점토, 실트질)일 것

15 다음 그림에서 각 층의 손실수두 Δh_1, Δh_2, Δh_3를 각각 구한 값으로 옳은 것은? (단, K는 cm/s, H와 Δh는 m 단위이다.)

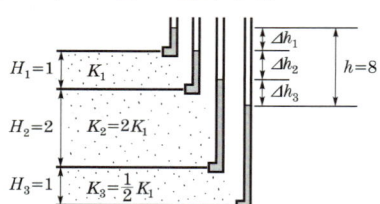

① $\Delta h_1 = 2$, $\Delta h_2 = 2$, $\Delta h_3 = 4$
② $\Delta h_1 = 2$, $\Delta h_2 = 3$, $\Delta h_3 = 3$
③ $\Delta h_1 = 2$, $\Delta h_2 = 4$, $\Delta h_3 = 2$
④ $\Delta h_1 = 2$, $\Delta h_2 = 5$, $\Delta h_3 = 1$

[해설] 수직 방향 평균투수계수(동수경사는 다르나 각 층의 유량, 침투속도는 동일)
㉠ $V = K_1 i_1 = K_2 i_2 = K_3 i_3$에서
$K_1\left(\frac{\Delta h_1}{1}\right) = 2K_1\left(\frac{\Delta h_2}{2}\right) = \frac{1}{2}K_1\left(\frac{\Delta h_3}{1}\right)$이므로
K_1으로 약분하면 $\Delta h_1 = \Delta h_2 = \frac{\Delta h_3}{2}$
㉡ $\Delta h_1 : \Delta h_2 : \Delta h_3 = 1 : 1 : 2$
㉢ $H = \Delta h_1 + \Delta h_2 + \Delta h_3 = 8$이므로
$\Delta h_1 = 2$, $\Delta h_2 = 2$, $\Delta h_3 = 4$

16 다짐되지 않은 두께 2m, 상대밀도 40%의 느슨한 사질토 지반이 있다. 실내시험 결과 최대 및 최소 간극비가 0.80, 0.40으로 각각 산출되었다. 이 사질토를 상대밀도 70%까지 다짐할 때 두께는 얼마나 감소되겠는가?
① 12.41cm　② 14.63cm
③ 22.71cm　④ 25.83cm

[해설] ㉠ 상대밀도 40%
$D_r = \frac{e_{\max} - e}{e_{\max} - e_{\min}} \times 100$에서
$40 = \frac{0.8 - e_1}{0.8 - 0.4} \times 100$이므로
$e_1 = 0.8 - \frac{(0.8 - 0.4) \times 40}{100} = 0.64$
㉡ 상대밀도 70%
$70 = \frac{0.8 - e_2}{0.8 - 0.4} \times 100$에서
$e_2 = 0.8 - \frac{(0.8 - 0.4) \times 70}{100} = 0.52$
㉢ $\Delta H = \frac{e_1 - e_2}{1 + e_1} H$
$= \frac{0.64 - 0.52}{1 + 0.64} \times 200 = 14.63\text{cm}$

17 모래나 점토 같은 입상재료를 전단할 때 발생하는 다일러턴시(dilatancy) 현상과 간극수압의 변화에 대한 설명으로 틀린 것은?
① 정규압밀점토에서는 (−)다일러턴시에 (+)의 간극수압이 발생한다.
② 과압밀점토에서는 (+)다일러턴시에 (−)의 간극수압이 발생한다.
③ 조밀한 모래에서는 (+)다일러턴시가 일어난다.
④ 느슨한 모래에서는 (+)다일러턴시가 일어난다.

[해설] ㉠ 느슨한 모래나 정규압밀점토에서는 (−)dilatancy에 (+)공극수압이 발생한다.
㉡ 조밀한 모래나 과압밀점토에서는 (+)dilatancy에 (−)공극수압이 발생한다.

18 다음 그림과 같이 수평지표면 위에 등분포하중 q가 작용할 때 연직옹벽에 작용하는 주동토압의 공식으로 옳은 것은? (단, 뒤채움 흙은 사질토이며, 이 사질토의 단위중량을 γ, 내부마찰각을 ϕ라 한다.)

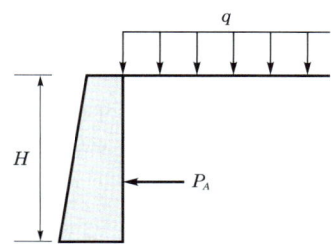

① $P_a = \left(\dfrac{1}{2}\gamma H^2 + qH\right)\tan^2\left(45° - \dfrac{\phi}{2}\right)$

② $P_a = \left(\dfrac{1}{2}\gamma H^2 + qH\right)\tan^2\left(45° + \dfrac{\phi}{2}\right)$

③ $P_a = \left(\dfrac{1}{2}\gamma H^2 + qH\right)\tan^2\phi$

④ $P_a = \left(\dfrac{1}{2}\gamma H^2 + q\right)\tan^2\phi$

> **해설 주동토압**
> $P_a = \dfrac{1}{2}\gamma H^2 K_a + qK_a H = \left(\dfrac{1}{2}\gamma H^2 + qH\right)K_a$ 에
> 주동토압계수 $K_a = \tan^2\left(45° - \dfrac{\phi}{2}\right)$를 대입하여 정리하면
> $P_a = \left(\dfrac{1}{2}\gamma H^2 + qH\right)\tan^2\left(45° - \dfrac{\phi}{2}\right)$

19 기초의 구비조건에 대한 설명 중 틀린 것은?

① 상부하중을 안전하게 지지해야 한다.
② 기초깊이는 동결깊이 이하여야 한다.
③ 기초는 전체 침하나 부등침하가 전혀 없어야 한다.
④ 기초는 기술적, 경제적으로 시공 가능하여야 한다.

> **해설 기초의 구비조건**
> ㉠ 최소한의 근입깊이를 가질 것(동해에 대한 안정)
> ㉡ 지지력에 대해 안정할 것
> ㉢ 침하에 대해 안정할 것(침하량이 허용값 이내에 들어야 한다.)
> ㉣ 시공이 가능할 것(경제적, 기술적)

20 중심 간격이 2m, 지름이 40cm인 말뚝을 가로 4개, 세로 5개씩 전체 20개의 말뚝을 박았다. 말뚝 한 개의 허용지지력이 150kN이라면 이 군항의 허용지지력은 약 얼마인가? (단, 군말뚝의 효율은 Converse-Labarre 공식을 사용한다.)

① 4,500kN ② 3,000kN
③ 2,415kN ④ 1,215kN

> **해설** ㉠ $\phi = \tan^{-1}\dfrac{D}{S} = \tan^{-1}\dfrac{0.4}{2} ≒ 11.31°$
> ㉡ 군항의 지지력 효율
> $E = 1 - \dfrac{\phi}{90} \times \left[\dfrac{(m-1)n + m(n-1)}{mn}\right]$
> $= 1 - \dfrac{11.31}{90} \times \left[\dfrac{(4-1)\times 5 + (5-1)\times 4}{4 \times 5}\right]$
> $≒ 0.805$
> ㉢ 군항의 허용지지력
> $R_{ag} = ENR_a = 0.805 \times 20 \times 150 = 2,415\text{kN}$

정답 18. ① 19. ③ 20. ③

2020 제4회 토목기사 기출문제

📝 2020년 9월 27일 시행

01 사질토에 대한 직접 전단시험을 실시하여 다음과 같은 결과를 얻었다. 내부마찰각은 약 얼마인가?

수직응력(kN/m^2)	30	60	90
최대전단응력(kN/m^2)	17.3	34.6	51.9

① 25° ② 30°
③ 35° ④ 40°

해설 전단강도 $\tau = c + \bar{\sigma}\tan\phi$에서 사질토의 점착력 $c = 0$이므로

$$\phi = \tan^{-1}\left(\frac{\tau}{\sigma}\right) = \tan^{-1}\left(\frac{17.3}{30}\right) = 30°$$

02 습윤단위중량이 $19kN/m^3$, 함수비 25%, 비중이 2.7인 경우 건조단위중량과 포화도는? (단, 물의 단위중량은 $9.81kN/m^3$이다.)

① $17.3kN/m^3$, 97.8% ② $17.3kN/m^3$, 90.9%
③ $15.2kN/m^3$, 97.8% ④ $15.2kN/m^3$, 90.9%

해설 ㉠ 습윤단위중량 $\gamma_t = \dfrac{G_s + wG_s}{1+e}\gamma_w$에서

$$19 = \frac{2.7 + 0.2 \times 2.7}{1+e} \times 9.81$$

㉡ 간극비

$$e = \left[\frac{(2.7 + 0.25 \times 2.7) \times 9.81}{19}\right] - 1 = 0.742$$

㉢ 건조단위중량

$$\gamma_d = \frac{G_s}{1+e}\gamma_w$$
$$= \frac{2.7}{1+0.742} \times 9.81 = 15.2 kN/m^3$$

㉣ 함수비 $Se = wG_s$에서

$$S = \frac{wG_s}{e} = \frac{25 \times 2.7}{0.742} = 90.97\%$$

03 유선망의 특징에 대한 설명으로 틀린 것은?
① 각 유로의 침투유량은 같다.
② 유선과 등수두선은 서로 직교한다.
③ 인접한 유선 사이의 수두 감소량(head loss)은 동일하다.
④ 침투속도 및 동수경사는 유선망의 폭에 반비례한다.

해설 유선망의 특징
㉠ 각 유로의 침투유량은 같다.
㉡ 유선과 등수두선은 서로 직교한다.
㉢ 인접한 등수두선 간의 수두차는 모두 같다.
㉣ 침투속도 및 동수경사는 유선망의 폭에 반비례한다.
㉤ 유선망으로 되는 사각형은 정사각형이다.

04 $\gamma_f = 19kN/m^3$, $\phi = 30°$인 뒤채움 모래를 이용하여 8m 높이의 보강토 옹벽을 설치하고자 한다. 폭 75mm, 두께 3.69mm의 보강띠를 연직 방향 설치 간격 $S_v = 0.5m$, 수평 방향 설치 간격 $S_h = 1.0m$로 시공하고자 할 때, 보강띠에 작용하는 최대 힘(T_{max})의 크기는?

① 15.33kN ② 25.33kN
③ 35.33kN ④ 45.33kN

해설 ㉠ 주동토압계수
$$K_a = \tan^2\left(45° - \frac{\phi}{2}\right)$$
$$= \tan^2\left(45° - \frac{30°}{2}\right)$$
$$= \frac{1}{3}$$

㉡ 최대 힘
$$T_{max} = \gamma H K_a (S_v S_h)$$
$$= 19 \times 8 \times \frac{1}{3} \times 0.5 \times 1$$
$$= 25.33 kN$$

정답 1. ② 2. ④ 3. ③ 4. ②

05 사질토 지반에 축조되는 강성기초의 접지압 분포에 대한 설명으로 옳은 것은?

① 기초 모서리 부분에서 최대 응력이 발생한다.
② 기초에 작용하는 접지압 분포는 토질에 관계없이 일정하다.
③ 기초의 중앙 부분에서 최대 응력이 발생한다.
④ 기초 밑면의 응력은 어느 부분이나 동일하다.

> 해설 **지반종류별 강성기초의 접지압 분포**
> ㉠ 점토지반 접지압 분포 : 기초 모서리에서 최대 응력 발생
> ㉡ 모래지반 접지압 분포 : 기초 중앙부에서 최대 응력 발생

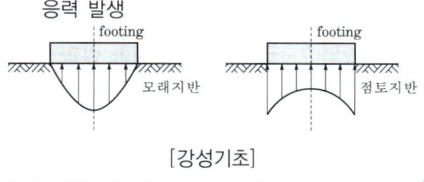

[강성기초]

06 다음 공식은 흙 시료에 삼축압력이 작용할 때 흙 시료 내부에 발생하는 간극수압을 구하는 공식이다. 이 식에 대한 설명으로 틀린 것은?

$$\Delta u = B[\Delta\sigma_3 + A(\Delta\sigma_1 - \Delta\sigma_3)]$$

① 포화된 흙의 경우 $B = 1$이다.
② 간극수압계수 A값은 언제나 (+)의 값을 갖는다.
③ 간극수압계수 A값은 삼축압축시험에서 구할 수 있다.
④ 포화된 점토에서 구속응력을 일정하게 두고 간극수압을 측정했다면, 축차응력과 간극수압으로부터 A값을 계산할 수 있다.

> 해설 ② 과압밀점토일 때 A계수는 (-)값을 가진다.
>
> **A계수의 일반적인 범위**
>
> | 점토의 종류 | A계수 |
> |---|---|
> | 정규압밀점토 | 0.5~1 |
> | 과압밀점토 | -0.5~0 |

07 Terzaghi의 극한지지력 공식에 대한 설명으로 틀린 것은?

① 기초의 형상에 따라 형상계수를 고려하고 있다.
② 지지력계수 N_c, N_q, N_γ는 내부마찰각에 의해 결정된다.
③ 점성토에서의 극한지지력은 기초의 근입깊이가 깊어지면 증가된다.
④ 사질토에서의 극한지지력은 기초의 폭에 관계없이 기초 하부의 흙에 의해 결정된다.

> 해설 **Terzaghi의 극한지지력(q_u)**
> $$q_u = \alpha c N_c + \beta \gamma_1 B N_\gamma + \gamma_2 D_f N_q$$
> 따라서 기초의 폭(B)과 근입깊이가 증가할수록 기초의 극한지지력은 증가한다.

08 다음 지반개량공법 중 연약한 점토지반에 적당하지 않은 것은?

① 프리로딩 공법
② 샌드 드레인 공법
③ 생석회말뚝 공법
④ 바이브로플로테이션 공법

> 해설 바이브로플로테이션(vibro flotation)은 수평으로 진동하는 봉상의 vibroflot(ϕ 약 20cm)으로 사수와 진동을 동시에 일으켜서 생긴 빈틈에 모래나 자갈을 채워서 느슨한 모래지반을 개량하는 공법이다.
>
> **점성토의 지반개량공법**
> ㉠ 치환공법
> ㉡ preloading 공법(사전압밀공법)
> ㉢ sand drain, paper drain 공법
> ㉣ 전기침투공법
> ㉤ 침투압공법(MAIS 공법)
> ㉥ 생석회말뚝(chemico pile) 공법

09 전체 시추코어 길이가 150cm이고 이 중 회수된 코어 길이의 합이 80cm였으며, 10cm 이상인 코어 길이의 합이 70cm였을 때 코어의 회수율(TCR)은?

① 56.67%   ② 53.33%
③ 46.67%   ④ 43.33%

정답 5. ③ 6. ② 7. ④ 8. ④ 9. ②

해설 코어의 회수율 $TCR = \dfrac{80}{150} \times 100 = 53.33\%$

10 두께 H인 점토층에 압밀하중을 가하여 요구되는 압밀도에 달할 때까지 소요되는 기간이 단면배수일 경우 400일이었다면 양면배수일 때는 며칠이 걸리겠는가?

① 800일　　② 400일
③ 200일　　④ 100일

해설 압밀소요시간 $t = \dfrac{T_v H^2}{C_v}$ 에서 압밀시간 t는 점토의 두께(배수거리) H의 제곱에 비례하므로 $t_1 : t_2 = H^2 : \left(\dfrac{H}{2}\right)^2$ 에서 $400 : t_2 = H^2 : \dfrac{H^2}{4}$ 이므로 $t_2 = 100$일이다.

11 단위중량(γ_t)=19kN/m³, 내부마찰각(ϕ)=30°, 정지토압계수(K_o)=0.5인 균질한 사질토 지반이 있다. 이 지반의 지표면 아래 2m 지점에 지하수위면이 있고 지하수위면 아래의 포화단위중량(γ_{sat})= 20kN/m³이다. 이때 지표면 아래 4m 지점에서 지반 내 응력에 대한 설명으로 틀린 것은? (단, 물의 단위중량은 9.81kN/m³이다.)

① 연직응력(σ_v)은 80kN/m²이다.
② 간극수압(u)은 19.62kN/m²이다.
③ 유효연직응력(σ_v')은 58.38kN/m²이다.
④ 유효수평응력(σ_h')은 29.19kN/m²이다.

해설 ㉠ 연직응력 $\sigma_v = 19 \times 2 + 20 \times 2 = 75\,\text{kN/m}^2$
㉡ 간극수압 $u = 9.81 \times 2 = 19.62\,\text{kN/m}^2$
㉢ 유효연직응력
$\sigma_v' = 78 - 19.62 = 58.38\,\text{kN/m}^2$
㉣ 유효수평응력
$\sigma_h' = [19 \times 2 + (20 - 9.81) \times 2] \times 0.5$
$= 29.19\,\text{kN/m}^2$

12 현장 흙의 밀도시험 중 모래치환법에서 모래는 무엇을 구하기 위하여 사용하는가?

① 시험구멍에서 파낸 흙의 중량
② 시험구멍 체적
③ 지반의 지지력
④ 흙의 함수비

해설 모래치환법은 측정지반의 흙을 파내어 구멍을 뚫은 후 모래를 이용하여 시험구멍의 체적을 구한다.

13 어떤 시료의 입도분석 결과, 0.075mm체 통과율이 65%였고, 애터버그한계시험 결과 액성한계가 40%였으며 소성도표(Plasticity chart)에서 A선 위의 구역에 위치한다면 이 시료의 통일분류법(USCS)상 기호로서 옳은 것은? (단, 시료는 무기질이다.)

① CL　　② ML
③ CH　　④ MH

해설 ㉠ $P_{No.200} = 65\% > 50\%$이므로 세립토(C)이다.
㉡ $W_L = 40\% < 50\%$이므로 저압축성(L)이고, A선 위의 구역에 위치하므로 CL이다.

14 다음 그림과 같은 모래시료의 분사현상에 대한 안전율을 3.0 이상이 되도록 하려면 수두차 h를 최대 얼마 이하로 하여야 하는가?

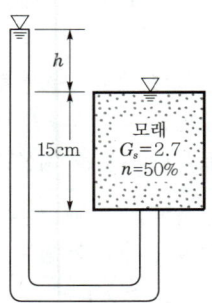

① 12.75cm　　② 9.75cm
③ 4.25cm　　④ 3.25cm

정답 10. ④　11. ①　12. ②　13. ①　14. ③

해설 ㉠ 간극비 $e = \dfrac{n}{100-n} = \dfrac{50}{100-50} = 1$

㉡ 안전율
$$F_s = \dfrac{i_c}{i} = \dfrac{\dfrac{G_s - 1}{1+e}}{\dfrac{h}{L}} = \dfrac{\dfrac{2.7-1}{1+1}}{\dfrac{h}{15}}$$
$$= \dfrac{12.75}{h} \geq 3$$

㉢ 수두차 $h \leq 4.25\,\text{cm}$

15 말뚝기초의 지반거동에 대한 설명으로 틀린 것은?

① 연약지반상에 타입되어 지반이 먼저 변형하고 그 결과 말뚝이 저항하는 말뚝을 주동말뚝이라 한다.
② 말뚝에 작용한 하중은 말뚝 주변의 마찰력과 말뚝선단의 지지력에 의하여 주변 지반에 전달된다.
③ 기성말뚝을 타입하면 전단파괴를 일으키며 말뚝 주위의 지반은 교란된다.
④ 말뚝 타입 후 지지력의 증가 또는 감소 현상을 시간효과(time effect)라 한다.

해설 ㉠ 주동말뚝 : 말뚝이 지표면에서 수평력을 받는 경우 말뚝이 변형함에 따라 지반이 저항하는 말뚝
㉡ 수동말뚝 : 지반이 먼저 변형하고 그 결과 말뚝이 저항하는 말뚝

16 두 개의 규소판 사이에 한 개의 알루미늄판이 결합된 3층 구조가 무수히 많이 연결되어 형성된 점토광물로서 각 3층 구조 사이에는 칼륨이온(K^+)으로 결합되어 있는 것은?

① 일라이트(illite)
② 카올리나이트(kaolinite)
③ 할로이사이트(halloysite)
④ 몬모릴로나이트(montmorillonite)

해설 일라이트(illite)
㉠ 2개의 실리카판과 1개의 알루미나판으로 이루어진 3층 구조가 무수히 많이 연결되어 형성된 점토광물이다.
㉡ 3층 구조 사이에 칼륨(K^+)이온이 있어서 서로 결속되며 카올리나이트의 수소결합보다는 약하지만 몬모릴로나이트의 결합력보다는 강하다.

17 어떤 점토의 압밀계수는 $1.92 \times 10^{-7}\,\text{m}^2/\text{s}$, 압축계수는 $2.86 \times 10^{-1}\,\text{m}^2/\text{kN}$이었다. 이 점토의 투수계수는? (단, 이 점토의 초기 간극비는 0.8이고, 물의 단위중량은 $9.81\,\text{kN/m}^3$이다.)

① $0.99 \times 10^{-5}\,\text{cm/s}$
② $1.99 \times 10^{-5}\,\text{cm/s}$
③ $2.99 \times 10^{-5}\,\text{cm/s}$
④ $3.99 \times 10^{-5}\,\text{cm/s}$

해설 ㉠ 체적변화계수(m_v)
$$m_v = \dfrac{a_v}{1+e_1} = \dfrac{2.86 \times 10^{-1}}{1+0.8}$$
$$= 0.159\,\text{m}^2/\text{kN}$$
㉡ 투수계수(K)
$K = C_v m_v \gamma_w$
$= (1.92 \times 10^{-7}) \times 0.159 \times 9.81$
$= 2.99 \times 10^{-7}\,\text{m/s} = 2.99 \times 10^{-5}\,\text{cm/s}$

18 사운딩에 대한 설명으로 틀린 것은?

① 로드 선단에 지중저항체를 설치하고 지반 내 관입, 압입, 또는 회전하거나 인발하여 그 저항치로부터 지반의 특성을 파악하는 지반조사방법이다.
② 정적 사운딩과 동적 사운딩이 있다.
③ 압입식 사운딩의 대표적인 방법은 Standard Penetration Test(SPT)이다.
④ 특수사운딩 중 측압사운딩의 공내 횡방향 재하시험은 보링공을 기계적으로 수평으로 확장시키면서 측압과 수평변위를 측정한다.

정답 15. ① 16. ① 17. ③ 18. ③

> [해설] 사운딩(sounding)
> ㉠ rod 선단에 설치한 저항체를 땅속에 삽입하여 관입, 회전, 인발 등의 저항치로부터 지반의 특성을 파악하는 지반조사방법이다.
> ㉡ 표준관입시험(SPT)은 동적인 사운딩이다.

19 그림과 같이 $c=0$인 모래로 이루어진 무한사면이 안정을 유지(안전율≥1)하기 위한 경사각(β)의 크기로 옳은 것은? (단, 물의 단위중량은 9.81kN/m³이다.)

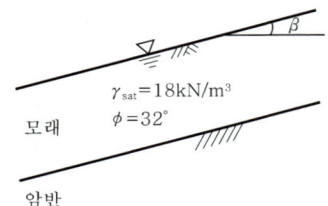

① $\beta \leq 7.94°$
② $\beta \leq 15.87°$
③ $\beta \leq 23.79°$
④ $\beta \leq 31.76°$

> [해설] 반무한사면의 안전율($c=0$인 사질토, 지하수위가 지표면과 일치하는 경우)
> 안전율 $F_s = \dfrac{\gamma_{sub}}{\gamma_{sat}} \times \dfrac{\tan\phi}{\tan\beta} \geq 1$에서
> $F_s = \dfrac{9.81}{18} \times \dfrac{\tan 32°}{\tan\beta} \geq 1$이므로
> $\beta \leq \tan^{-1}\left(\dfrac{8.19}{18} \times \tan 32°\right) \leq 15.87°$

20 동상방지대책에 대한 설명으로 틀린 것은?
① 배수구 등을 설치하여 지하수위를 저하시킨다.
② 지표의 흙을 화학약품으로 처리하여 동결온도를 내린다.
③ 동결깊이보다 깊은 흙을 동결하지 않는 흙으로 치환한다.
④ 모관수의 상승을 차단하기 위해 조립의 차단층을 지하수위보다 높은 위치에 설치한다.

> [해설] 동상방지대책 중 치환공법은 동결심도보다 상부에 있는 흙을 동결에 강한 재료인 자갈, 쇄석, 석탄재로 치환하는 공법이다.

정답 19. ② 20. ③

2021 제 1 회 토목기사 기출문제

📝 2021년 3월 7일 시행

01 포화단위중량(γ_{sat})이 19.62kN/m³인 사질토로 된 무한사면이 20°로 경사져 있다. 지하수위가 지표면과 일치하는 경우 이 사면의 안전율이 1 이상이 되기 위해서 흙의 내부마찰각이 최소 몇 도 이상이어야 하는가? (단, 물의 단위중량은 9.81kN/m³이다.)

① 18.21° ② 20.52°
③ 36.06° ④ 45.47°

> **해설** 안전율
> $$F_s = \frac{\gamma_{sub}}{\gamma_{sat}} \times \frac{\tan\phi}{\tan i} = \frac{9.81}{19.62} \times \frac{\tan\phi}{\tan 20°} \geq 1$$
> 이므로 $\phi \geq \tan^{-1}\left(\frac{19.62}{9.81} \times \tan 20°\right)$에서
> $\phi \geq 36.06°$

02 그림에서 지표면으로부터 깊이 6m에서의 연직응력(σ_v)과 수평응력(σ_h)의 크기를 구하면? (단, 토압계수는 0.6이다.)

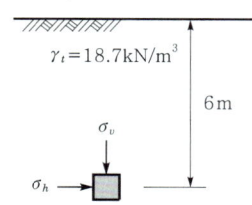

① $\sigma_v = 87.3\text{kN/m}^2$, $\sigma_h = 52.4\text{kN/m}^2$
② $\sigma_v = 95.2\text{kN/m}^2$, $\sigma_h = 57.1\text{kN/m}^2$
③ $\sigma_v = 112.2\text{kN/m}^2$, $\sigma_h = 67.3\text{kN/m}^2$
④ $\sigma_v = 123.4\text{kN/m}^2$, $\sigma_h = 74.0\text{kN/m}^2$

> **해설** ㉠ 연직응력
> $\sigma_v = \gamma_t h = 18.7 \times 6 = 112.2\text{kN/m}^2$
> ㉡ 수평응력
> $\sigma_h = \sigma_v K = 112.2 \times 0.6 = 67.3\text{kN/m}^2$

03 흙의 분류법인 AASHTO 분류법과 통일분류법을 비교·분석한 내용으로 틀린 것은?

① 통일분류법은 0.075mm체 통과율 35%를 기준으로 조립토와 세립토로 분류하는데 이것은 AASHTO 분류법보다 적합하다.
② 통일분류법은 입도분포, 액성한계, 소성지수 등을 주요 분류인자로 한 분류법이다.
③ AASHTO 분류법은 입도분포, 군지수 등을 주요 분류인자로 한 분류법이다.
④ 통일분류법은 유기질토 분류방법이 있으나 AASHTO 분류법은 없다.

> **해설** ㉠ 통일분류법은 No. 200체(0.075mm) 통과율 50%를 기준으로 조립토와 세립토를 구분한다.
> ㉡ AASHTO 분류법은 No. 200체(0.075mm) 통과율 35%를 기준으로 조립토와 세립토를 구분한다.

04 흙 시료의 전단시험 중 일어나는 다일러턴시(dilatancy) 현상에 대한 설명으로 틀린 것은?

① 흙이 전단될 때 전단면 부근의 흙 입자가 재배열되면서 부피가 팽창하거나 수축하는 현상을 다일러턴시라 부른다.
② 사질토 시료는 전단 중 다일러턴시가 일어나지 않는 한계의 간극비가 존재한다.
③ 정규압밀점토의 경우 정(+)의 다일러턴시가 일어난다.
④ 느슨한 모래는 보통 부(-)의 다일러턴시가 일어난다.

> **해설** ㉠ 느슨한 모래나 정규압밀점토에서는 (-)dilatancy에 (+)공극수압이 발생한다.
> ㉡ 조밀한 모래나 과압밀점토에서는 (+)dilatancy에 (-)공극수압이 발생한다.

정답 1. ③ 2. ③ 3. ① 4. ③

05 도로의 평판재하시험에서 시험을 멈추는 조건으로 틀린 것은?

① 완전히 침하가 멈출 때
② 침하량이 15mm에 달할 때
③ 재하응력이 지반의 항복점을 넘을 때
④ 재하응력이 현장에서 예상할 수 있는 가장 큰 접지 압력의 크기를 넘을 때

> **해설** 평판재하시험(PBT-test)을 멈추는 조건
> ㉠ 침하량이 15mm에 달할 때
> ㉡ 하중강도가 최대접지압을 넘거나 또는 지반의 항복점을 초과할 때

06 상·하층이 모래로 되어 있는 두께 2m의 점토층이 어떤 하중을 받고 있다. 이 점토층의 투수계수가 5×10^{-7}cm/s, 체적변화계수(m_v)가 5.0cm²/kN일 때 90% 압밀에 요구되는 시간은? (단, 물의 단위중량은 9.81kN/m³이다.)

① 약 5.6일   ② 약 9.8일
③ 약 15.2일   ④ 약 47.2일

> **해설** ㉠ $K = C_v m_v \gamma_w$ 에서
> $5 \times 10^{-7} = C_v \times 5 \times (9.81 \times 10^{-6})$ 이므로
> $C_v = \dfrac{5 \times 10^{-7}}{5 \times (9.81 \times 10^{-6})} = 0.01$cm
> ㉡ 90% 압밀에 요구되는 시간
> $t_{90} = \dfrac{0.848 H^2}{C_v}$
> $= \dfrac{0.848 \times \left(\dfrac{200}{2}\right)^2}{0.01} ≒ 848,000$초
> ≒ 9.8일

07 압밀시험에서 얻은 $e - \log P$곡선으로 구할 수 있는 것이 아닌 것은?

① 선행압밀압력   ② 팽창지수
③ 압축지수   ④ 압밀계수

> **해설** 선행하중(선행압밀압력)을 구하기 위해서는 $e - \log P$ 곡선이 필요하며 시간-침하량 곡선으로는 압밀계수, 초기 압축비, 1차압밀비 등을 구할 수 있다.

08 어떤 지반에 대한 흙의 입도분석 결과 곡률계수 (C_g)는 1.5, 균등계수(C_u)는 15이고 입자는 모난 형상이었다. 이때 Dunham의 공식에 의한 흙의 내부마찰각(ϕ)의 추정치는? (단, 표준관입시험 결과 N값은 10이었다.)

① 25°   ② 30°
③ 36°   ④ 40°

> **해설** Dunham 공식에 의한 내부마찰각(ϕ)
>
> | 입도 및 입자 상태 | 내부마찰각 |
> |---|---|
> | 흙 입자는 모가 나고 입도가 양호 | $\phi = \sqrt{12N} + 25$ |
> | 흙 입자는 모가 나고 입도가 불량
흙 입자는 둥글고 입도가 양호 | $\phi = \sqrt{12N} + 20$ |
> | 흙 입자는 둥글고 입도가 불량 | $\phi = \sqrt{12N} + 15$ |
>
> $\phi = \sqrt{12N} + 25 = \sqrt{12 \times 10} + 25 ≒ 36°$

09 흙의 내부마찰각이 20°, 점착력이 50kN/m², 습윤단위중량이 17kN/m³, 지하수위 아래 흙의 포화단위중량이 19kN/m³일 때 3m×3m 크기의 정사각형 기초의 극한지지력을 Terzaghi의 공식으로 구하면? (단, 지하수위는 기초바닥 깊이와 같으며 물의 단위중량은 9.81kN/m³이고, 지지력계수 $N_c = 18$, $N_\gamma = 5$, $N_q = 7.50$이다.)

① 1231.24kN/m²   ② 1337.31kN/m²
③ 1480.14kN/m²   ④ 1540.42kN/m²

정답 5. ① 6. ② 7. ① 8. ③ 9. ③

해설 Terzaghi 극한지지력공식

$q_u = 1.3CN_c + 0.4\gamma_2 BN_\gamma + \gamma_1 D_f N_q$ 를 이용한다 (정사각형기초).

$q_u = 1.3 \times 50 \times 18 + 0.4 \times 3 \times (19 - 9.81) \times 5 + 17 \times 2 \times 7.5 = 1480.14\,\text{kN/m}^2$

10 그림에서 $a-a'$ 면 바로 아래의 유효응력은? (단, 흙의 간극비(e)는 0.4, 비중(G_s)은 2.65, 물의 단위중량은 9.81kN/m³이다.)

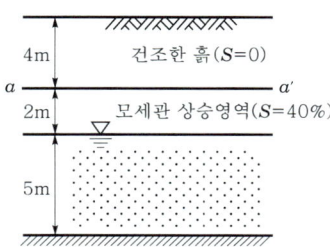

① 68.2kN/m² ② 82.1kN/m²
③ 97.4kN/m² ④ 102.1kN/m²

해설 ㉠ 건조단위중량

$\gamma_d = \dfrac{G_s}{1+e}\gamma_w = \dfrac{2.65}{1+0.4} \times 9.81 = 18.57\,\text{kN/m}^3$

㉡ $\sigma = 18.57 \times 4 = 74.28\,\text{kN/m}^2$
$u = 9.81 \times (-2 \times 0.4) = -7.85\,\text{kN/m}^2$
$\bar{\sigma} = 74.28 - (-7.85) ≒ 82.1\,\text{kN/m}^2$

11 시료채취 시 샘플러(sampler)의 외경이 6cm, 내경이 5.5cm일 때 면적비는?

① 8.3% ② 9.0%
③ 16%   ④ 19%

해설 면적비(A_r)

$A_r = \dfrac{D_w^2 - D_e^2}{D_e^2} \times 100$
$= \dfrac{6^2 - 5.5^2}{5.5^2} \times 100 ≒ 19.0\%$

12 다짐에 대한 설명으로 틀린 것은?

① 다짐에너지는 래머(sampler)의 중량에 비례한다.
② 입도배합이 양호한 흙에서는 최대 건조단위중량이 높다.
③ 동일한 흙일지라도 다짐기계에 따라 다짐효과는 다르다.
④ 세립토가 많을수록 최적함수비가 감소한다.

해설 다짐 특성
㉠ 다짐에너지가 클수록 최대 건조단위중량 ($\gamma_{d\max}$)은 커지고 최적함수비(w_{opt})는 작아지며, 양입도, 조립토, 급경사이다.
㉡ 다짐에너지가 작을수록 $\gamma_{d\max}$는 작아지고 w_{opt}는 커지며, 빈입도, 세립토, 완경사이다.

13 20개의 무리말뚝에 있어서 효율이 0.75이고, 단항으로 계산된 말뚝 한 개의 허용지지력이 150kN일 때 무리말뚝의 허용지지력은?

① 1,125kN ② 2,250kN
③ 3,000kN ④ 4,000kN

해설 무리말뚝의 허용지지력
$R_{ag} = ENR_a = 0.75 \times 20 \times 150 = 2,250\,\text{kN}$

14 연약지반 위에 성토를 실시한 다음, 말뚝을 시공하였다. 시공 후 발생될 수 있는 현상에 대한 설명으로 옳은 것은?

① 성토를 실시하였으므로 말뚝의 지지력은 점차 증가한다.
② 말뚝을 암반층 상단에 위치하도록 시공하였다면 말뚝의 지지력에는 변함이 없다.
③ 압밀이 진행됨에 따라 지반의 전단강도가 증가되므로 말뚝의 지지력은 점차 증가한다.
④ 압밀로 인해 부주면마찰력이 발생되므로 말뚝의 지지력은 감소된다.

정답 10. ② 11. ④ 12. ④ 13. ② 14. ④

> [해설] **부마찰력(negative friction)**
> ㉠ 말뚝 주면에 하중 역할을 하는 아래 방향으로 작용하는 주면마찰력을 부마찰력이라 한다.
> ㉡ 부마찰력이 발생하면 말뚝의 지지력은 크게 감소한다.
> ㉢ 말뚝 주변 지반의 침하량이 말뚝의 침하량보다 클 때 발생한다.
> ㉣ 상대변위의 속도가 클수록 부마찰력은 커진다.

15 아래와 같은 상황에서 강도정수 결정에 적합한 삼축압축시험의 종류는?

> 최근에 매립된 포화점성토지반 위에 구조물을 시공한 직후의 초기 안정검토에 필요한 지반강도정수 결정

① 비압밀 비배수시험(UU)
② 비압밀 배수시험(UD)
③ 압밀 비배수시험(CU)
④ 압밀 배수시험(CD)

> [해설] **비압밀 비배수시험(UU-test)을 사용하는 경우**
> ㉠ 포화된 점토지반 위에 급속 성토 시 시공 직후의 안정검토
> ㉡ 시공 중 압밀이나 함수비의 변화가 없다고 예상되는 경우
> ㉢ 점토지반에 footing 기초 및 소규모 제방을 축조하는 경우

16 베인전단시험(vane shear test)에 대한 설명으로 틀린 것은?

① 베인전단시험으로부터 흙의 내부마찰각을 측정할 수 있다.
② 현장 원위치 시험의 일종으로 점토의 비배수 전단강도를 구할 수 있다.
③ 연약하거나 중간 정도의 점토성 지반에 적용된다.
④ 십자형의 베인(vane)을 땅속에 압입한 후, 회전모멘트를 가해서 흙이 원통형으로 전단파괴될 때 저항모멘트를 구함으로써 비배수 전단강도를 측정하게 된다.

> [해설] **베인전단시험(vane shear test)**
> 연약한 점토지반의 점착력을 지반 내에서 직접 측정하는 현장시험이다.

17 연약지반개량공법 중 점성토지반에 이용되는 공법은?

① 전기충격공법
② 폭파다짐공법
③ 생석회말뚝공법
④ 바이브로플로테이션 공법

> [해설] **점성토의 지반개량공법**
> ㉠ 치환공법
> ㉡ preloading 공법(사전압밀공법)
> ㉢ sand drain, paper drain 공법
> ㉣ 전기침투공법
> ㉤ 침투압공법(MAIS공법)
> ㉥ 생석회말뚝(chemico pile)공법

18 어떤 모래층의 간극비(e)는 0.2, 비중(G_s)은 2.60이었다. 이 모래가 분사현상(quick sand)이 일어나는 한계동수경사(i_c)는?

① 0.56
② 0.95
③ 1.33
④ 1.80

> [해설] **한계동수경사(i_c)**
> $$i_c = \frac{G_s - 1}{1+e} = \frac{2.60-1}{1+0.2} = 1.33$$

19 주동토압을 P_a, 수동토압을 P_p, 정지토압을 P_o라 할 때 토압의 크기를 비교한 것으로 옳은 것은?

① $P_a > P_p > P_o$
② $P_p > P_o > P_a$
③ $P_p > P_a > P_o$
④ $P_o > P_a > P_p$

> [해설] **토압의 크기 비교**
> ㉠ 토압계수 : $K_p > K_o > K_a$
> ㉡ 토압 : $P_p > P_o > P_a$

20 다음 그림과 같은 지반 내의 유선망이 주어졌을 때 폭 10m에 대한 침투유량은? (단, 투수계수 K는 2.2×10^{-2}cm/s이다.)

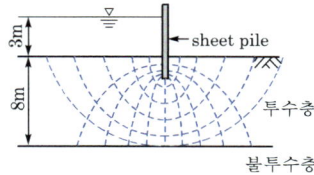

① 3.96cm³/s ② 39.6cm³/s
③ 396cm³/s ④ 3,960cm³/s

해설 ㉠ 단위폭당 침투유량
$$q = KH\frac{N_f}{N_d}$$
$$= (2.2 \times 10^{-2}) \times 300 \times \frac{6}{10} = 3.96 \text{cm}^3/\text{s}$$
㉡ 폭 10m에 대한 침투유량
$$Q = 3.96 \times 1,000 = 3,960 \text{cm}^3/\text{s}$$

정답 20. ④

2021 제2회 토목기사 기출문제

2021년 5월 15일 시행

01 흙의 포화단위중량이 20kN/m³인 포화점토층을 45° 경사로 8m를 굴착하였다. 흙의 강도정수 C_u = 65kN/m², $\phi = 0°$이다. 그림과 같은 파괴면에 대하여 사면의 안전율은? (단, ABCD의 면적은 70m²이고 O점에서 ABCD의 무게중심까지의 수직거리는 4.5m이다.)

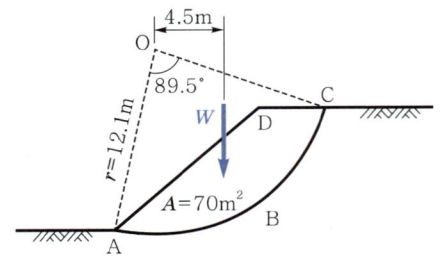

① 4.72　　② 4.21
③ 2.67　　④ 2.36

해설 원호 활동면 안전율(F_s)

$$F_s = \frac{\text{저항모멘트}}{\text{활동모멘트}} = \frac{c_u L_a r}{Wd}$$

$$= \frac{65 \times \left(12.1 \times \frac{\pi}{180°} \times 89.5°\right) \times 12.1}{(20 \times 70) \times 4.5} = 2.36$$

02 통일분류법에 의한 분류기호와 흙의 성질을 표현한 것으로 틀린 것은?

① SM : 실트 섞인 모래
② GC : 점토 섞인 자갈
③ CL : 소성이 큰 무기질 점토
④ GP : 입도분포가 불량한 자갈

해설 통일분류법
　㉠ 1문자 C : 무기질 점토(Clay)
　㉡ 2문자 L : 저소성, 액성한계 50% 이하(Low)
　㉢ CL : 소성이 작은(저압축성) 무기질 점토

03 다음 중 연약점토 지반개량공법이 아닌 것은?

① 프리로딩(pre-loading) 공법
② 샌드 드레인(sand drain) 공법
③ 페이퍼 드레인(paper drain) 공법
④ 바이브로플로테이션(vibro flotation) 공법

해설 바이브로플로테이션(vibro flotation) 공법은 진동을 이용한 모래지반 개량공법이다.

04 다음 그림과 같은 지반에 재하 순간 수주(水柱)가 지표면으로부터 5m이었다. 20% 압밀이 일어난 후 지표면으로부터 수주의 높이는? (단, 물의 단위중량은 9.81kN/m³이다.)

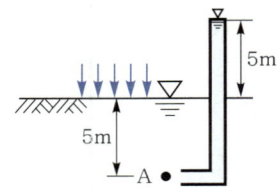

① 1m　　② 2m
③ 3m　　④ 4m

해설 ㉠ 초기 과잉공극수압
$$u_i = \gamma_w h = 9.81 \times 5 = 49.05 \text{kN/m}^2$$

㉡ 압밀도 $u_z = \dfrac{u_i - u}{u_i} \times 100$에서

$$u = u_i - \frac{u_z \times u_i}{100} = 49.05 - \frac{20 \times 49.05}{100}$$
$$= 39.24 \text{kN/m}^2$$

㉢ 과잉공극수압 $u = \gamma_w h$에서
$$h = \frac{u}{\gamma_w} = \frac{39.24}{9.81} = 4\text{m}$$

정답 1. ④　2. ③　3. ④　4. ④

05 내부마찰각이 30°, 단위중량이 18kN/m³인 흙의 인장균열 깊이가 3m일 때 점착력은?

① 15.6kN/m^2 ② 16.7kN/m^2
③ 17.5kN/m^2 ④ 18.1kN/m^2

> **해설** 점착고(인장균열깊이)
> $$Z_c = \frac{2c\tan\left(45° + \frac{\phi}{2}\right)}{\gamma_t}$$ 에서
> $$c = \frac{Z_c \times \gamma_t}{2\tan\left(45° + \frac{\phi}{2}\right)} = \frac{3 \times 18}{2 \times \tan\left(45° + \frac{30°}{2}\right)}$$
> $= 15.6\text{kN/m}^2$

06 일반적인 기초의 필요조건으로 틀린 것은?

① 침하를 허용해서는 안 된다.
② 지지력에 대해 안정해야 한다.
③ 사용성, 경제성이 좋아야 한다.
④ 동해를 받지 않는 최소한의 근입깊이를 가져야 한다.

> **해설** 기초의 필요조건
> ㉠ 최소한의 근입깊이를 가질 것(동해에 대한 안정)
> ㉡ 지지력에 대해 안정할 것
> ㉢ 침하에 대해 안정할 것(침하량이 허용값 이내에 들어야 한다.)
> ㉣ 시공이 가능할 것(경제적, 기술적)

07 흙 속에 있는 한 점의 최대 및 최소 주응력이 각각 200kN/m² 및 100kN/m²일 때 최대 주응력과 30°를 이루는 평면상의 전단응력을 구한 값은?

① 10.5kN/m^2 ② 21.5kN/m^2
③ 32.3kN/m^2 ④ 43.3kN/m^2

> **해설** $\tau = \frac{\sigma_1 - \sigma_3}{2}\sin 2\theta$
> $= \frac{200 - 100}{2} \times \sin(2 \times 30°) = 43.3\text{kN/m}^2$

08 흙 입자가 둥글고 입도분포가 양호한 모래지반에서 N값을 측정한 결과 $N = 19$가 되었을 경우, Dunham의 공식에 의한 이 모래의 내부마찰각(ϕ)은?

① 20° ② 25°
③ 30° ④ 35°

> **해설** Dunham 공식에 의한 내부마찰각(ϕ)
>
> | 입도 및 입자 상태 | 내부마찰각 |
> | --- | --- |
> | 흙 입자는 모가 나고 입도가 양호 | $\phi = \sqrt{12N} + 25$ |
> | 흙 입자는 모가 나고 입도가 불량
흙 입자는 둥글고 입도가 양호 | $\phi = \sqrt{12N} + 20$ |
> | 흙 입자는 둥글고 입도가 불량 | $\phi = \sqrt{12N} + 15$ |
>
> $\phi = \sqrt{12N} + 20 = \sqrt{12 \times 19} + 20 ≒ 35°$

09 다음 그림과 같은 지반에 대해 수직 방향의 등가투수계수를 구하면?

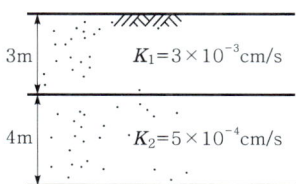

① $3.89 \times 10^{-4}\text{cm/s}$ ② $7.78 \times 10^{-4}\text{cm/s}$
③ $1.57 \times 10^{-3}\text{cm/s}$ ④ $3.14 \times 10^{-3}\text{cm/s}$

> **해설** ㉠ 전체 층 두께(H)
> $H = H_1 + H_2 = 300 + 400 = 700\text{cm}$
> ㉡ 수평 방향 등가투수계수(K_h)
> $$K_h = \frac{1}{H}(K_1 H_1 + K_2 H_2)$$
> $= \frac{1}{700} \times [(3 \times 10^{-3}) \times 300 + (5 \times 10^{-4}) \times 400]$
> $= 1.57 \times 10^{-3}\text{cm/s}$
> ㉢ 수직 방향 등가투수계수(K_v)
> $$K_v = \frac{H}{\frac{H_1}{K_1} + \frac{H_2}{K_2}} = \frac{700}{\frac{300}{3 \times 10^{-3}} + \frac{400}{5 \times 10^{-4}}}$$
> $= 7.78 \times 10^{-4}\text{cm/s}$

정답 5. ① 6. ① 7. ④ 8. ④ 9. ②

10 다음 중 동상에 대한 대책으로 틀린 것은?

① 모관수의 상승을 차단한다.
② 지표 부근에 단열재료를 매립한다.
③ 배수구를 설치하여 지하수위를 낮춘다.
④ 동결심도 상부의 흙을 실트질 흙으로 치환한다.

해설 동결심도 상부의 흙은 동결하기 어려운 재료인 자갈, 쇄석, 석탄재 등으로 치환한다.

11 흙의 다짐곡선은 흙의 종류나 입도 및 다짐에너지 등의 영향으로 변한다. 흙의 다짐 특성에 대한 설명으로 틀린 것은?

① 세립토가 많을수록 최적함수비는 증가한다.
② 점토질 흙은 최대 건조단위중량이 작고 사질토는 크다.
③ 일반적으로 최대 건조단위중량이 큰 흙일수록 최적함수비도 커진다.
④ 점성토는 건조측에서 물을 많이 흡수하므로 팽창이 크고 습윤측에서는 팽창이 작다.

해설 점성토에서 소성이 증가할수록 최적함수비는 크고 최대 건조단위중량은 작다.

12 노상토 지지력비(CBR)시험에서 피스톤 2.5mm 관입될 때와 5.0mm 관입될 때를 비교한 결과, 관입량 5.0mm에서 CBR이 더 큰 경우 CBR값을 결정하는 방법으로 옳은 것은?

① 그대로 관입량 5.00mm일 때의 CBR값으로 한다.
② 2.5mm값과 5.0mm값의 평균을 CBR값으로 한다.
③ 5.0mm값을 무시하고 2.5mm값을 표준으로 하여 CBR값으로 한다.
④ 새로운 공시체로 재시험을 하며, 재시험 결과도 5.0mm값이 크게 나오면 관입량 5.0mm일 때의 CBR값으로 한다.

해설 ⊙ $CBR_{2.5} > CBR_{5.0}$이면 $CBR = CBR_{2.5}$를 적용한다.
ⓒ $CBR_{2.5} < CBR_{5.0}$이면 재시험을 하며, 재시험 결과도 $CBR_{2.5} < CBR_{5.0}$이면 $CBR = CBR_{5.0}$을 적용한다.

13 현장에서 채취한 흙 시료에 대하여 아래 조건과 같이 압밀시험을 실시하였다. 이 시료에 320kPa의 압밀압력을 가했을 때, 0.2cm의 최종 압밀침하가 발생되었다면 압밀이 완료된 후 시료의 간극비는? (단, 물의 단위중량은 9.81kN/m³이다.)

- 시료의 단면적 $A = 30 \text{cm}^2$
- 시료의 초기 높이 $H = 2.6 \text{cm}$
- 시료의 비중 $G_s = 2.5$
- 시료의 건조중량 $W_s = 1.18 \text{N}$

① 0.125 ② 0.385
③ 0.500 ④ 0.625

해설 ⊙ 흙 입자의 높이
$$2H_s = \frac{W_s}{G_s A \gamma_w} = \frac{1.18}{2.5 \times 30 \times (9.81 \times 10^{-3})} = 1.6 \text{cm}$$
ⓒ 압밀 완료 시료 높이
$H_l = 2.6 - 0.2 = 2.4 \text{cm}$
ⓒ 압밀 완료 간극비
$e_l = \dfrac{V_v}{V_s} = \dfrac{H_l}{H_s} - 1 = \dfrac{2.4}{1.6} - 1 = 0.5$

14 다음 중 사운딩 시험이 아닌 것은?

① 표준관입시험 ② 평판재하시험
③ 콘관입시험 ④ 베인시험

해설 평판재하시험은 도로설계 시 지반반력계수를 구하는 데 활용되는 시험이다.

사운딩(sounding) 시험의 종류

정적 사운딩	동적 사운딩
• 단관 원추관입시험 • 화란식 원추관입시험 • 베인시험 • 이스키미터	• 동적 원추관입시험 • SPT(표준관입시험)

정답 10. ④ 11. ③ 12. ④ 13. ③ 14. ②

15 단면적이 100cm², 길이가 30cm인 모래 시료에 대하여 정수위 투수시험을 실시하였다. 이때 수두차가 50cm, 5분 동안 집수된 물이 350cm³이었다면 이 시료의 투수계수는?

① 0.001cm/s ② 0.007cm/s
③ 0.01cm/s   ④ 0.07cm/s

해설 정수위 투수시험
㉠ 침투수량 $Q = KiA = K \times \frac{h}{L} \times A$에서
㉡ 투수계수
$$K = \frac{QL}{Ah} = \frac{\left(\frac{350}{5 \times 60}\right) \times 30}{100 \times 50} = 0.007 \text{cm/s}$$

16 다음과 같은 조건에서 AASHTO 분류법에 따른 군지수(GI)는?

- 흙의 액성한계 : 45%
- 흙의 소성한계 : 25%
- 200번체 통과율 : 50%

① 7   ② 10
③ 13 ④ 16

해설
$a = P_{No.200} - 35 = 50 - 35 = 15$
$b = P_{No.200} - 15 = 50 - 15 = 35$
$c = W_L - 40 = 45 - 40 = 5$
$d = I_P - 10 = (45 - 25) - 10 = 10$
군지수 $GI = 0.2a + 0.005ac + 0.01bd$에서
$GI = 0.2 \times 15 + 0.005 \times 15 \times 5 + 0.01 \times 35 \times 10$
$= 7$

17 점토층 지반 위에 성토를 급속히 하려 한다. 성토 직후에 있어서 이 점토의 안정성을 검토하는 데 필요한 강도정수를 구하는 합리적인 시험은?

① 비압밀 비배수시험(UU-test)
② 압밀 비배수시험(CU-test)
③ 압밀 배수시험(CD-test)
④ 투수시험

해설 비압밀 비배수시험(UU-test)
㉠ 포화된 점토지반 위에 급속 성토 시 시공 직후의 안정 검토
㉡ 시공 중 압밀이나 함수비의 변화가 없다고 예상되는 경우
㉢ 점토지반에 푸팅(footing)기초 및 소규모 제방을 축조하는 경우

18 연속 기초에 대한 Terzaghi의 극한지지력 공식은 $q_u = cN_c + 0.5\gamma_1 BN_\gamma + \gamma_2 D_f N_q$로 나타낼 수 있다. 다음 그림과 같은 경우 극한지지력 공식의 두 번째 항의 단위중량(γ_1)의 값은? (단, 물의 단위중량은 9.81kN/m³이다.)

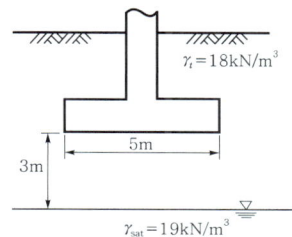

① 14.48kN/m³ ② 16.00kN/m³
③ 17.45kN/m³ ④ 18.20kN/m³

해설 단위중량
$$\gamma_1 = \gamma_{sub} + \frac{d}{B}(\gamma_t - \gamma_{sub})$$
$$= (19 - 9.81) + \frac{3}{5}[18 - (19 - 9.81)]$$
$$= 14.48 \text{kN/m}^3$$

19 점토지반에 있어서 강성기초와 접지압 분포에 대한 설명으로 옳은 것은?

① 접지압은 어느 부분이나 동일하다.
② 접지압은 토질에 관계없이 일정하다.
③ 기초의 모서리 부분에서 접지압이 최대가 된다.
④ 기초의 중앙 부분에서 접지압이 최대가 된다.

해설 점토지반에 있어서 강성기초의 접지압 분포는 기초모서리에서 최대접지압이 발생한다.

20 토질시험 결과 내부마찰각이 30°, 점착력이 50kN/m², 간극수압이 800kN/m², 파괴면에 작용하는 수직응력이 3,000kN/m²일 때 이 흙의 전단응력은?

① 1,270kN/m² ② 1,320kN/m²
③ 1,580kN/m² ④ 1,950kN/m²

> **해설** 전단강도
> $\tau = c' + \sigma' \times \tan\phi'$
> $= 50 + (3,000 - 800) \times \tan 30°$
> $\fallingdotseq 1,320 \text{kN/m}^2$

2021 제3회 토목기사 기출문제

📝 2021년 8월 14일 시행

01 다음 그림과 같은 지반에서 재하 순간 수주(水柱)가 지표면(지하수위)으로부터 5m였다. 40% 압밀이 일어난 후 A점에서의 전체 간극수압은? (단, 물의 단위중량은 9.81kN/m³이다.)

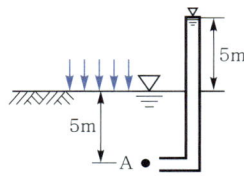

① 19.62kN/m² ② 29.43kN/m²
③ 49.05kN/m² ④ 78.48kN/m²

> **해설** ㉠ 초기 과잉공극수압
> $u_i = \gamma_w h = 9.81 \times 5 = 49.05 \text{kN/m}^2$
> ㉡ 압밀도 $u_z = \dfrac{u_i - u}{u_i} \times 100$에서
> $u = u_i - \dfrac{u_z \times u_i}{100} = 49.05 - \dfrac{40 \times 49.05}{100}$
> $= 29.43 \text{kN/m}^2$
> ㉢ 전체 간극수압
> $= 49.05 + 29.43 = 78.48 \text{kN/m}^2$

02 다짐곡선에 대한 설명으로 틀린 것은?

① 다짐에너지를 증가시키면 다짐곡선은 왼쪽 위로 이동하게 된다.
② 사질성분이 많은 시료일수록 다짐곡선은 오른쪽 위에 위치하게 된다.
③ 점성분이 많은 흙일수록 다짐곡선은 넓게 퍼지는 형태를 가지게 된다.
④ 점성분이 많은 흙일수록 오른쪽 아래에 위치하게 된다.

> **해설** 사질성분이 많은 흙일수록 다짐곡선은 좌측 상단에 위치하게 된다.

03 두께 2cm의 점토시료의 압밀시험 결과 전압밀량의 90%에 도달하는 데 1시간이 걸렸다. 만일 같은 조건에서 같은 점토로 이루어진 2m의 토층 위에 구조물을 축조한 경우 최종 침하량의 90%에 도달하는 데 걸리는 시간은?

① 약 250일 ② 약 368일
③ 약 417일 ④ 약 525일

> **해설** ㉠ 압밀소요시간 $t_{90} = \dfrac{0.848 H^2}{C_v}$에서
> $C_v = t_{90} \times 0.848 H^2 = 1 \times 0.848 \times \left(\dfrac{0.02}{2}\right)^2$
> $= 8.48 \times 10^{-5} \text{m}^2/\text{hr}$
> ㉡ $t_{90} = \dfrac{0.848 H^2}{C_v} = \dfrac{0.848 \times \left(\dfrac{2}{2}\right)^2}{8.48 \times 10^{-5}}$
> $= 10,000$시간 ≒ 417일

04 Coulomb 토압에서 옹벽 배면의 지표면 경사가 수평이고, 옹벽배면 벽체의 기울기가 연직인 벽체에서 옹벽과 뒤채움 흙 사이의 벽면마찰각(δ)을 무시할 경우, Coulomb 토압과 Rankine 토압의 크기를 비교할 때 옳은 것은?

① Rankine 토압이 Coulomb 토압보다 크다.
② Coulomb 토압이 Rankine 토압보다 크다.
③ Rankine 토압과 Coulomb 토압의 크기는 항상 같다.
④ 주동토압은 Rankine 토압이 더 크고, 수동토압은 Coulomb 토압이 더 크다.

> **해설** Rankine 토압에서는 옹벽의 벽면과 흙의 마찰을 무시하였고, Coulomb 토압에서는 고려하였다. 문제에서 옹벽의 벽면과 흙의 마찰각을 0°(벽면마찰각을 무시할 경우)라 하였으므로 Rankine 토압과 Coulomb 토압은 같다.

정답 1. ④ 2. ② 3. ③ 4. ③

05 유효응력에 대한 설명으로 틀린 것은?

① 항상 전응력보다는 작은 값이다.
② 점토지반의 압밀에 관계되는 응력이다.
③ 건조한 지반에서는 전응력과 같은 값으로 본다.
④ 포화된 흙인 경우 전응력에서 간극수압을 뺀 값이다.

> **해설** 유효응력(effective pressure)
> ㉠ 단위면적 중의 입자 상호 간의 접촉점에 작용하는 압력으로, 흙 입자만을 통해서 전달하는 연직응력이다.
> ㉡ 모관 상승영역에서는 $-u$가 발생하므로 유효응력이 전응력보다 크다.

06 포화상태에 있는 흙의 함수비가 40%이고, 비중이 2.60이다. 이 흙의 간극비는?

① 0.65   ② 0.065
③ 1.04   ④ 1.40

> **해설** 포화도 $Se = wG_s$에서
> $e = \dfrac{wG_s}{S} = \dfrac{40 \times 2.6}{100} = 1.04$

07 다음 그림에서 투수계수 $K = 4.8 \times 10^{-3}$cm/s일 때 Darcy 유출속도(v)와 실제 물의 속도(침투속도, v_s)는?

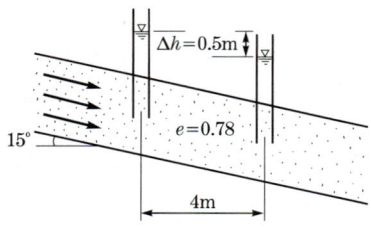

① $v = 3.4 \times 10^{-4}$cm/s, $v_s = 5.6 \times 10^{-4}$cm/s
② $v = 3.4 \times 10^{-4}$cm/s, $v_s = 9.4 \times 10^{-4}$cm/s
③ $v = 5.8 \times 10^{-4}$cm/s, $v_s = 10.8 \times 10^{-4}$cm/s
④ $v = 5.8 \times 10^{-4}$cm/s, $v_s = 13.2 \times 10^{-4}$cm/s

> **해설**
>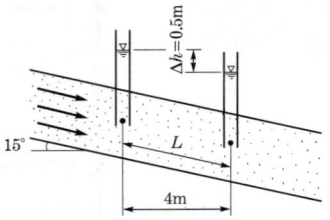
> ㉠ 유출속도
> $v = Ki = K \times \dfrac{h}{L}$
> $= (4.8 \times 10^{-3}) \times \dfrac{50}{\left(\dfrac{400}{\cos 15°}\right)}$
> $≒ 5.8 \times 10^{-4}$cm/s
> ㉡ 간극비 $n = \dfrac{e}{1+e} = \dfrac{0.78}{1+0.78} ≒ 0.438$
> ㉢ 침투속도
> $v_s = \dfrac{v}{n} = \dfrac{5.8 \times 10^{-4}}{0.438} ≒ 13.2 \times 10^{-4}$cm/s

08 포화된 점토에 대한 일축압축시험에서 파괴 시 축응력이 0.2MPa일 때, 이 점토의 점착력은?

① 0.1MPa   ② 0.2MPa
③ 0.4MPa   ④ 0.6MPa

> **해설** 일축압축강도 $q_u = 2c\tan\left(45° + \dfrac{\phi}{2}\right) = 2c\tan\theta$에서
> $c = \dfrac{q_u}{2\tan\left(45° + \dfrac{0}{2}°\right)} = \dfrac{0.2}{2 \times \tan 45°} = 0.1$MPa

09 포화된 점토지반에 성토하중으로 어느 정도 압밀된 후 급속한 파괴가 예상될 때, 이용해야 할 강도정수를 구하는 시험은?

① CU-test   ② UU-test
③ UC-test   ④ CD-test

> **해설** 압밀 비배수시험(CU-test)
> ㉠ 프리로딩(pre-loading) 공법으로 압밀된 후 급격한 재하 시의 안정해석에 사용
> ㉡ 성토하중에 의해 어느 정도 압밀된 후에 갑자기 파괴가 예상되는 경우

정답 5. ① 6. ③ 7. ④ 8. ① 9. ①

10 보링(boring)에 대한 설명으로 틀린 것은?

① 보링(boring)에는 회전식(rotary boring)과 충격식(percussion boring)이 있다.
② 충격식은 굴진속도가 빠르고 비용도 싸지만 분말상의 교란된 시료만 얻어진다.
③ 회전식은 시간과 공사비가 많이 들 뿐만 아니라 확실한 코어(core)도 얻을 수 없다.
④ 보링은 지반의 상황을 판단하기 위해 실시한다.

> **해설** 보링(boring)
> ⊙ 회전식 보링 : 거의 모든 지반에 적용되고 충격식 보링에 비해 공사비가 비싸지만 굴진성능이 우수하며 확실한 코어를 채취할 수 있다.
> ⊙ 오거보링 : 공 내에 송수하지 않고 굴진하여 연속적으로 흙의 교란된 대표적인 시료를 채취할 수 있다.
> ⊙ 충격식 보링 : 코어 채취가 불가능하다.

11 수조에 상방향의 침투에 의한 수두를 측정한 결과, 그림과 같이 나타났다. 이때 수조 속에 있는 흙에 발생하는 침투력을 나타낸 식은? (단, 시료의 단면적은 A, 시료의 길이는 L, 시료의 포화단위중량은 γ_{sat}, 물의 단위중량은 γ_w[cm]이다.)

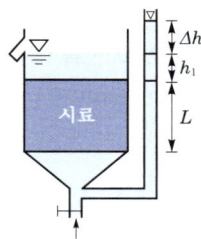

① $\Delta h \gamma_w A$
② $\Delta h \gamma_w \dfrac{A}{L}$
③ $\Delta h \gamma_{sat} A$
④ $\dfrac{\gamma_{sat}}{\gamma_w} A$

> **해설** 전 침투수압(J)
> 침투수압은 침투수의 흐르는 방향으로 $\gamma_w \Delta h$만큼 작용하므로 $J = i\gamma_w LA = \Delta h \gamma_w A$

12 4m×4m 크기인 정사각형 기초를 내부마찰각 $\phi=20°$, 점착력 $c=30\text{kN/m}^2$인 지반에 설치하였다. 흙의 단위중량 $\gamma=19\text{kN/m}^3$이고 안전율(F_s)을 3으로 할 때 Terzaghi 지지력 공식으로 기초의 허용하중을 구하면? (단, 기초의 근입깊이는 1m이고, 전반전단파괴가 발생한다고 가정하며, 지지력계수 $N_c=17.69$, $N_q=7.44$, $N_\gamma=4.97$이다.)

① 3,780kN
② 5,239kN
③ 6,750kN
④ 8,140kN

> **해설** ⊙ 정사각형 기초이므로 $\alpha=1.3$, $\beta=0.4$이다.
> 극한지지력 $q_u = \alpha c N_c + \beta B \gamma_1 N_\gamma + D_f \gamma_2 N_q$에서
> $q_u = 1.3 \times 30 \times 17.69 + 0.4 \times 4 \times 19 \times 4.97$
> $\quad\quad + 1 \times 19 \times 7.44$
> $\quad = 982.36\text{kN/m}^2$
> ⊙ 허용지지력
> $q_a = \dfrac{q_u}{F_s} = \dfrac{982.36}{3} = 327.45\text{kN/m}^2$
> ⊙ 허용하중 $q_a = \dfrac{P}{A}$에서
> $P = q_a \times A = 327.45 \times (4 \times 4) = 5239.2\text{kN}$

13 말뚝에서 부주면마찰력에 대한 설명으로 틀린 것은?

① 아래쪽으로 작용하는 마찰력이다.
② 부주면마찰력이 작용하면 말뚝의 지지력은 증가한다.
③ 압밀층을 관통하여 견고한 지반에 말뚝을 박으면 일어나기 쉽다.
④ 연약지반에 말뚝을 박은 후 그 위에 성토를 하면 일어나기 쉽다.

> **해설** 부마찰력(negative friction)
> ⊙ 말뚝 주면에 하중 역할을 하는 아래 방향으로 작용하는 주면마찰력을 부마찰력이라 한다.
> ⊙ 부마찰력이 발생하면 말뚝의 지지력은 크게 감소한다.
> ⊙ 말뚝 주변 지반의 침하량이 말뚝의 침하량보다 클 때 발생한다.
> ⊙ 상대변위의 속도가 클수록 부마찰력은 커진다.

정답 10. ③ 11. ① 12. ② 13. ②

14 하중이 완전히 강성(剛性) 푸팅(footing) 기초판을 통하여 지반에 전달되는 경우의 접지압(또는 지반 반력) 분포로 옳은 것은?

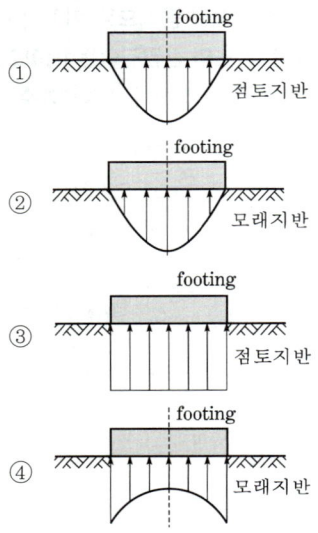

> **[해설] 지반종류별 강성기초의 접지압 분포**
> ㉠ 점토지반 접지압 분포 : 기초 모서리에서 최대 응력 발생
> ㉡ 모래지반 접지압 분포 : 기초 중앙부에서 최대 응력 발생
>
>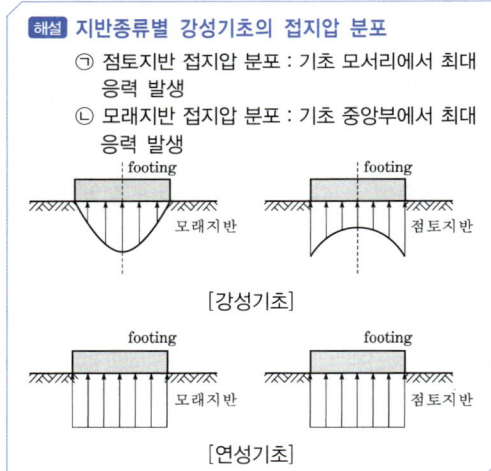
> [강성기초]
>
> [연성기초]

15 지반개량공법 중 연약한 점성토 지반에 적당하지 않은 것은?
① 치환공법 ② 침투압공법
③ 폭파다짐공법 ④ 샌드드레인 공법

> **[해설] 점성토의 지반개량공법**
> ㉠ 치환공법
> ㉡ preloading 공법(사전압밀공법)
> ㉢ sand drain, paper drain 공법
> ㉣ 전기침투공법
> ㉤ 침투압공법(mais 공법)
> ㉥ 생석회말뚝(chemico pile)공법

16 표준관입시험에 대한 설명으로 틀린 것은?
① 표준관입시험의 N값으로 모래지반의 상대밀도를 추정할 수 있다.
② 표준관입시험의 N값으로 점토지반의 연경도를 추정할 수 있다.
③ 지층의 변화를 판단할 수 있는 시료를 얻을 수 있다.
④ 모래지반에 대해서 흐트러지지 않은 시료를 얻을 수 있다.

> **[해설] 표준관입시험**
> ㉠ 동적인 사운딩으로서 교란된 시료가 얻어진다.
> ㉡ 사질토에 가장 적합하고 점성토에도 시험이 가능하다.

17 자연 상태의 모래지반을 다져 $e_{\min}$에 이르도록 했다면 이 지반의 상대밀도는?
① 0% ② 50%
③ 75% ④ 100%

> **[해설] 상대밀도(D_r)**
> $D_r = \dfrac{e_{\max} - e}{e_{\max} - e_{\min}} \times 100$에서
> $e_{\min} = e$이므로
> $D_r = \dfrac{e_{\max} - e_{\min}}{e_{\max} - e_{\min}} \times 100 = 100\%$

정답 14. ② 15. ③ 16. ④ 17. ④

18 현장 도로 토공에서 모래치환법에 의한 흙의 밀도시험 결과 흙을 파낸 구멍의 체적과 파낸 흙의 질량은 각각 1,800cm³, 3,950g이었다. 이 흙의 함수비는 11.2%이고, 흙의 비중은 2.65이다. 실내시험으로부터 구한 최대건조밀도가 2.05g/cm³일 때 다짐도는?

① 92% ② 94%
③ 96% ④ 98%

> **해설** ㉠ 습윤단위중량
> $$\gamma_t = \frac{W}{V} = \frac{3,950}{1,800} = 2.19\text{g/cm}^3$$
> ㉡ 건조단위중량
> $$\gamma_d = \frac{\gamma_t}{1+\frac{w}{100}} = \frac{2.19}{1+\frac{11.2}{100}} = 1.97\text{g/cm}^3$$
> ㉢ 상대다짐도
> $$C_d = \frac{\gamma_d}{\gamma_{d\max}} \times 100 = \frac{1.97}{2.05} \times 100 = 96.1\%$$

19 다음 중 사면의 안정해석방법이 아닌 것은?

① 마찰원법
② 비숍(Bishop)의 방법
③ 펠레니우스(Fellenius) 방법
④ 테르자기(Terzaghi)의 방법

> **해설** 유한사면의 안정해석(원호파괴)방법
> ㉠ 질량법 : $\phi = 0$해석법, 마찰원법
> ㉡ 분할법 : Fellenius 방법, Bishop 방법, Spencer 방법

20 그림과 같은 지반에서 $x-x'$ 단면에 작용하는 유효응력은? (단, 물의 단위중량은 9.81kN/m³이다.)

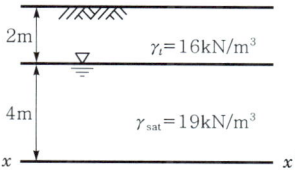

① 46.7kN/m² ② 68.8kN/m²
③ 90.5kN/m² ④ 108kN/m²

> **해설** ㉠ 전응력
> $$\sigma = 16 \times 2 + 19 \times 4 = 108\text{kN/m}^2$$
> ㉡ 간극수압
> $$u = \gamma_w h_w = 9.81 \times 4 = 39.24\text{kN/m}^2$$
> ㉢ 유효응력
> $$\bar{\sigma} = \sigma - u = 108 - 39.24 = 68.76\text{kN/m}^2$$

정답 18. ③ 19. ④ 20. ②

2022 제1회 토목기사 기출문제

✎ 2022년 3월 5일 시행

01 두께 9m의 점토층에서 하중강도 P_1일 때 간극비는 2.0이고 하중강도를 P_2로 증가시키면 간극비는 1.8로 감소되었다. 이 점토층의 최종 압밀침하량은?

① 20cm ② 30cm
③ 50cm ④ 60cm

해설 최종침하량(ΔH)
$$\Delta H = \frac{e_1 - e_2}{1 + e_1} H$$
$$= \frac{2 - 1.8}{1 + 2} \times 900 = 60\text{cm}$$

02 포화된 점토에 대하여 비압밀 비배수(UU)시험을 하였을 때 결과에 대한 설명으로 옳은 것은? (단, ϕ : 내부마찰각, c : 점착력)

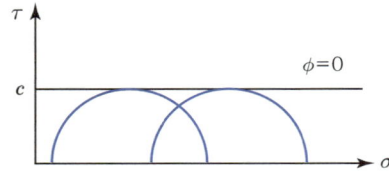

① ϕ와 c가 나타나지 않는다.
② ϕ와 c가 모두 "0"이 아니다.
③ ϕ는 "0"이 아니지만 c는 "0"이다.
④ ϕ는 "0"이고 c는 "0"이 아니다.

해설 비압밀 비배수시험(UU-test)
㉠ 포화된 점토($S_r = 100\%$)의 UU-test 결과,
$\phi = 0$이고, $c = \dfrac{\sigma_1 - \sigma_3}{2}$ 이다.
㉡ 내부마찰각 $\phi = 0$인 경우 전단강도 $\tau_f = c_u$ 이므로 0이 아니다.

03 지반개량공법 중 주로 모래질 지반을 개량하는 데 사용되는 공법은?

① 프리로딩 공법
② 생석회말뚝 공법
③ 페이퍼드레인 공법
④ 바이브로플로테이션 공법

해설 사질토(모래질) 지반개량공법
㉠ 다짐말뚝공법
㉡ 다짐모래말뚝공법
㉢ 바이브로플로테이션 공법
㉣ 폭파다짐공법
㉤ 약액주입법
㉥ 전기충격법

04 말뚝의 부주면마찰력에 대한 설명으로 틀린 것은?

① 연약한 지반에서 주로 발생한다.
② 말뚝 주변의 지반이 말뚝보다 더 침하될 때 발생한다.
③ 말뚝주면에 역청 코팅을 하면 부주면마찰력을 감소시킬 수 있다.
④ 부주면마찰력의 크기는 말뚝과 흙 사이의 상대적인 변위속도와는 큰 연관성이 없다.

해설 부마찰력
㉠ 부마찰력이 발생하면 지지력이 크게 감소하므로 세심하게 고려한다.
㉡ 상대변위의 속도가 클수록 부마찰력은 커진다.

05 점토지반으로부터 불교란시료를 채취하였다. 이 시료의 지름이 50mm, 길이가 100mm, 습윤질량이 350g, 함수비가 40%일 때 이 시료의 건조밀도는?

① 1.78g/cm³ ② 1.43g/cm³
③ 1.27g/cm³ ④ 1.14g/cm³

정답 1. ④ 2. ④ 3. ④ 4. ④ 5. ③

> **해설** ㉠ 습윤단위중량
> $$\gamma_t = \frac{W}{V} = \frac{350}{\frac{\pi \times 5^2}{4} \times 10} = 1.78\text{g/cm}^3$$
> ㉡ 건조단위중량
> $$\gamma_d = \frac{\gamma_t}{1+\frac{w}{100}} = \frac{1.78}{1+\frac{40}{100}} = 1.27\text{g/cm}^3$$

06 평판재하시험에 대한 설명으로 틀린 것은?

① 순수한 점토지반의 지지력은 재하판 크기와 관계없다.
② 순수한 모래지반의 지지력은 재하판의 폭에 비례한다.
③ 순수한 점토지반의 침하량은 재하판의 폭에 비례한다.
④ 순수한 모래지반의 침하량은 재하판의 폭과 관계없다.

> **해설** 재하판 크기에 대한 보정
> ㉠ 지지력
>   • 점토지반 : 재하판 폭과 무관하다.
>   • 모래지반 : 재하판 폭에 비례한다.
> ㉡ 침하량
>   • 점토지반 : 재하판 폭에 비례한다.
>   • 모래지반 : 재하판의 크기가 커지면 약간 커지긴 하지만 폭에 비례할 정도는 아니다.

07 말뚝기초에 대한 설명으로 틀린 것은?

① 군항은 전달되는 응력이 겹쳐지므로 말뚝 1개의 지지력에 말뚝 개수를 곱한 값보다 지지력이 크다.
② 동역학적 지지력 공식 중 엔지니어링 뉴스 공식의 안전율(F_s)은 6이다.
③ 부주면마찰력이 발생하면 말뚝의 지지력은 감소한다.
④ 말뚝기초는 기초의 분류에서 깊은 기초에 속한다.

> **해설** 군항의 허용지지력(Q_{ag})
> $Q_{ag} = ENQ_a$
> 군항의 허용지지력은 효율이 고려되므로 말뚝 1개의 지지력을 말뚝 수로 곱한 값보다 지지력이 작다.

08 그림과 같이 폭이 2m, 길이가 3m인 기초에 100kN/m^2의 등분포하중이 작용할 때, A점 아래 4m 깊이에서의 연직응력 증가량은? (단, 아래 표의 영향계수값을 활용하여 구하며, $m = B/z$, $n = L/z$이고, B는 직사각형 단면의 폭, L은 직사각형 단면의 길이, z는 토층의 깊이이다.)

[영향계수(I) 값]

m	0.25	0.5	0.5	0.5
n	0.5	0.25	0.75	1.0
I	0.048	0.048	0.115	0.122

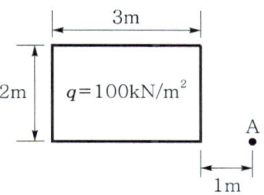

① 6.7kN/m^2
② 7.4kN/m^2
③ 12.2kN/m^2
④ 17.0kN/m^2

> **해설** 사각형 등분포하중 모서리 직하의 깊이가 z가 되는 점에서 생기는 연직응력 증가량은 $\Delta\sigma_z = q_s I$이므로
> ㉠ $q = 100\text{kN/m}^2$가 전체 단면에 작용하는 경우
> $m = \frac{B}{z} = \frac{2}{4} = 0.5$, $n = \frac{L}{z} = \frac{4}{4} = 1$이므로
> $I = 0.122$이며,
> $\Delta\sigma_{z1} = q_s I = 100 \times 0.122 = 12.2\text{kN/m}^2$
> ㉡ $q = 100\text{kN/m}^2$가 작은 단면에 작용하는 경우
> $m = \frac{B}{z} = \frac{1}{4} = 0.25$, $n = \frac{L}{z} = \frac{2}{4} = 0.5$이므로 $I = 0.048$이며,
> $\Delta\sigma_{z2} = q_s I = 100 \times 0.048 = 4.8\text{kN/m}^2$
> ㉢ 중첩원리의 적용
> $\Delta\sigma_z = \Delta\sigma_{z1} - \Delta\sigma_{z2} = 12.2 - 4.8$
> $= 7.4\text{kN/m}^2$

정답 6. ④ 7. ① 8. ②

09 기초가 갖추어야 할 조건이 아닌 것은?
① 동결, 세굴 등에 안전하도록 최소한의 근입 깊이를 가져야 한다.
② 기초의 시공이 가능하고 침하량이 허용치를 넘지 않아야 한다.
③ 상부로부터 오는 하중을 안전하게 지지하고 기초지반에 전달하여야 한다.
④ 미관상 아름답고 주변에서 쉽게 구할 수 있는 재료로 설계되어야 한다.

> **해설** 기초의 구비조건
> ㉠ 최소한의 근입깊이를 가질 것(동해에 대한 안정)
> ㉡ 지지력에 대해 안정할 것
> ㉢ 침하에 대해 안정할 것(침하량이 허용값 이내에 들어야 한다.)
> ㉣ 시공이 가능할 것(경제적, 기술적)

10 비교적 가는 모래와 실트가 물속에서 침강하여 고리 모양을 이루며 작은 아치를 형성한 구조로 단립구조보다 간극비가 크고 충격과 진동에 약한 흙의 구조는?
① 봉소구조   ② 낱알구조
③ 분산구조   ④ 면모구조

> **해설** 흙의 구조
> ㉠ 점토는 OMC보다 큰 함수비인 습윤측으로 다지면 입자가 서로 평행한 분산구조를 이룬다.
> ㉡ 점토는 OMC보다 작은 함수비인 건조측으로 다지면 입자가 엉성하게 엉기는 면모구조를 이룬다.
> ㉢ 봉소구조는 아주 가는 모래, 실트가 물속에 침강하여 이루어진 구조로서 아치형태로 결합되어 있으며 단립구조보다 공극이 크고 충격, 진동에 약하다.

11 벽체에 작용하는 주동토압을 P_a, 수동토압을 P_p, 정지토압을 P_o라 할 때 크기의 비교로 옳은 것은?
① $P_a > P_p > P_o$ ② $P_p > P_o > P_a$
③ $P_p > P_a > P_o$ ④ $P_o > P_a > P_p$

> **해설** ㉠ 토압계수 : $K_p > K_o > K_a$
> ㉡ 토압 : $P_p > P_o > P_a$

12 두께 2cm의 점토시료에 대한 압밀시험 결과 50%의 압밀을 일으키는 데 6분이 걸렸다. 같은 조건하에서 두께 3.6m의 점토층 위에 축조한 구조물이 50%의 압밀에 도달하는 데 며칠이 걸리는가?
① 1,350일   ② 270일
③ 135일   ④ 27일

> **해설** 50% 압밀소요시간
> ㉠ 6분에 대한 압밀소요시간 $t_{50} = \dfrac{T_v H^2}{C_v}$ 에서
> $6 = \dfrac{T_v \left(\dfrac{2}{2}\right)^2}{C_v}$ 이므로 $6 = \dfrac{T_v}{C_v}$
> ㉡ 3.6m에 대한 압밀소요시간
> $t_{50} = \dfrac{T_v}{C_v} \times H^2 = 6 \times \left(\dfrac{360}{2}\right)^2$
> $= 194,400분 = 135일$

13 다음의 그림과 같은 흙의 구성도에서 체적 V를 1로 했을 때의 간극의 체적은? (단, 간극률은 n, 함수비는 w, 흙 입자의 비중은 G_s, 물의 단위중량은 γ_w)

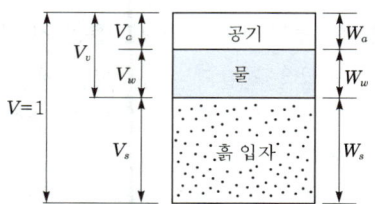

① n
② wG_s
③ $\gamma_w(1-n)$
④ $[G_s - n(G_s - 1)]\gamma_w$

> **해설** 흙의 구성도
> $V = 1$인 경우 $n = \dfrac{V_v}{V} = \dfrac{V_v}{1}$ 이므로 $V_v = n$

14 유선망의 특징에 대한 설명으로 틀린 것은?

① 각 유로의 침투수량은 같다.
② 동수경사는 유선망의 폭에 비례한다.
③ 인접한 두 등수두선 사이의 수두손실은 같다.
④ 유선망을 이루는 사변형은 이론상 정사각형이다.

> **해설** 유선망의 특징
> ㉠ 각 유로의 침투유량은 같다.
> ㉡ 유선과 등수두선은 서로 직교한다.
> ㉢ 인접한 등수두선 간의 수두차는 모두 같다.
> ㉣ 침투속도 및 동수경사는 유선망의 폭에 반비례한다.
> ㉤ 유선망을 이루는 사변형은 정사각형이다.

15 그림과 같이 3개의 지층으로 이루어진 지반에서 토층에 수직한 방향의 평균 투수계수(K_v)는?

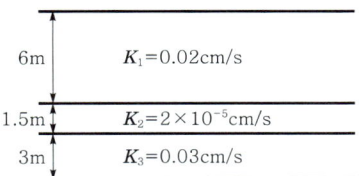

① 2.516×10^{-6} cm/s
② 1.274×10^{-5} cm/s
③ 1.393×10^{-4} cm/s
④ 2.0×10^{-2} cm/s

> **해설** 토층에 수직한 방향의 평균 투수계수(K_v)
> ㉠ 전 지층 두께(H)
> $H = H_1 + H_2 + H_3 = 600 + 150 + 300$
> $= 1,050$ cm
> ㉡ 수직 방향 등가투수계수(K_v)
> $K_v = \dfrac{H}{\dfrac{H_1}{K_1} + \dfrac{H_2}{K_2} + \dfrac{H_3}{K_3}}$
> $= \dfrac{1,050}{\dfrac{600}{0.02} + \dfrac{150}{2 \times 10^{-5}} + \dfrac{300}{0.03}}$
> $= 1.393 \times 10^{-4}$ cm/s

16 응력경로(stress path)에 대한 설명으로 틀린 것은?

① 응력경로는 특성상 전응력으로만 나타낼 수 있다.
② 응력경로란 시료가 받는 응력의 변화과정을 응력공간에 궤적으로 나타낸 것이다.
③ 응력경로는 Mohr의 응력원에서 전단응력이 최대인 점을 연결하여 구한다.
④ 시료가 받는 응력상태에 대한 응력경로는 직선 또는 곡선으로 나타난다.

> **해설** 응력경로
> ㉠ 지반 내 임의의 요소에 작용되어 온 하중의 변화과정을 응력평면 위에 나타낸 것으로, 최대 전단응력을 나타내는 모어원 정점의 좌표인 (p, q)점의 궤적이 응력경로이다.
> ㉡ 응력경로는 전응력으로 표시하는 전응력경로와 유효응력으로 표시하는 유효응력경로로 구분된다.
> ㉢ 응력경로는 직선 또는 곡선으로 나타낸다.

17 암반층 위에 5m 두께의 토층이 경사 15°의 자연사면으로 되어 있다. 이 토층의 강도정수 $c = 15$kN/m², $\phi = 30°$이며, 포화단위중량(γ_{sat})은 18kN/m³이다. 지하수면의 토층의 지표면과 일치하고 침투는 경사면과 대략 평행이다. 이때 사면의 안전율은? (단, 물의 단위중량은 9.81kN/m³이다.)

① 0.85
② 1.15
③ 1.65
④ 2.05

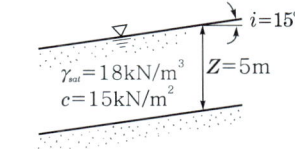

> **해설** 사질토이므로 점착력이 0이고, 지하수위가 지표면과 일치하는 반무한사면의 안전율이므로
> $F_s = \dfrac{c}{\gamma_{sat} Z \cos i \sin i} + \dfrac{\gamma_{sub}}{\gamma_{sat}} \times \dfrac{\tan\phi}{\tan i}$
> $= \dfrac{15}{18 \times 5 \times \cos 15° \times \sin 15°} + \dfrac{18 - 9.81}{18}$
> $\times \dfrac{\tan 30°}{\tan 15°} ≒ 1.65$

18 모래시료에 대해서 압밀배수 삼축압축시험을 실시하였다. 초기 단계에서 구속응력(σ_3)은 100kN/m²이고, 전단파괴 시에 작용된 축차응력(σ_{df})은 200kN/m²였다. 이와 같은 모래시료의 내부마찰각(ϕ) 및 파괴면에 작용하는 전단응력(τ_f)의 크기는?

① $\phi = 30°$, $\tau_f = 115.47 \text{kN/m}^2$
② $\phi = 40°$, $\tau_f = 115.47 \text{kN/m}^2$
③ $\phi = 30°$, $\tau_f = 86.60 \text{kN/m}^2$
④ $\phi = 40°$, $\tau_f = 86.60 \text{kN/m}^2$

> **해설** 내부마찰각 및 파괴면에 작용하는 전단응력
> ㉠ 축차응력 $\sigma_{df} = \sigma_1 - \sigma_3 = 200 \text{kN/m}^2$이므로 최대주응력
> $\sigma_1 = (\sigma_1 - \sigma_3) + \sigma_3$
> $= 200 + 100 = 300 \text{kN/m}^2$
> ㉡ 내부마찰각 ϕ는 $\sin\phi = \dfrac{\sigma_1 - \sigma_3}{\sigma_1 + \sigma_3}$에서
> $\sin\phi = \dfrac{300-100}{300+100} = \dfrac{1}{2}$이므로 $\phi = 30°$
> ㉢ 파괴면과 최대주응력면이 이루는 각
> $\theta = 45° + \dfrac{\phi}{2} = 45° + \dfrac{30°}{2} = 60°$
> ㉣ 전단응력 $\tau_f = \dfrac{\sigma_1 - \sigma_3}{2}\sin 2\theta$에서
> $\tau_f = \dfrac{300-100}{2} \times \sin(2 \times 60°)$
> $≒ 86.6 \text{kN/m}^2$

19 흙의 다짐시험에서 다짐에너지를 증가시킬 때 일어나는 결과는?

① 최적함수비는 증가하고, 최대 건조단위중량은 감소한다.
② 최적함수비는 감소하고, 최대 건조단위중량은 증가한다.
③ 최적함수비와 최대 건조단위중량이 모두 감소한다.
④ 최적함수비와 최대 건조단위중량이 모두 증가한다.

> **해설** 다짐 특성
> ㉠ 다짐에너지가 클수록 최대 건조단위중량($\gamma_{d\max}$)은 커지고 최적함수비(w_{opt})는 작아지며, 양입도, 조립토, 급경사이다.
> ㉡ 다짐에너지가 작을수록 $\gamma_{d\max}$는 작아지고 w_{opt}는 커지며, 빈입도, 세립토, 완경사이다.

20 흙 입자가 둥글고 입도분포가 나쁜 모래지반에서 표준관입시험을 한 결과 N값은 10이었다. 이 모래의 내부마찰각(ϕ)을 Dunham의 공식으로 구하면?

① 21° ② 26°
③ 31° ④ 36°

> **해설** Dunham 공식에 의한 내부마찰각(ϕ)
>
> | 입도 및 입자 상태 | 내부마찰각 |
> |---|---|
> | 흙 입자는 모가 나고 입도가 양호 | $\phi = \sqrt{12N} + 25$ |
> | 흙 입자는 모가 나고 입도가 불량
흙 입자는 둥글고 입도가 양호 | $\phi = \sqrt{12N} + 20$ |
> | 흙 입자는 둥글고 입도가 불량 | $\phi = \sqrt{12N} + 15$ |
>
> $\phi = \sqrt{12N} + 15 = \sqrt{12 \times 10} + 15 ≒ 26°$

정답 18. ③ 19. ② 20. ②

2022 제2회 토목기사 기출문제

2022년 4월 24일 시행

01 4.75mm체(4번 체) 통과율이 90%, 0.075mm체(200번 체) 통과율이 4%이고, $D_{10} = 0.25$mm, $D_{30} = 0.6$mm, $D_{60} = 2$mm인 흙을 통일분류법으로 분류하면?

① GP ② GW
③ SP ④ SW

해설
㉠ 균등계수(C_u)
$$C_u = \frac{D_{60}}{D_{10}} = \frac{2}{0.25} = 8$$
㉡ 곡률계수(C_g)
$$C_g = \frac{(D_{30})^2}{D_{10} \times D_{60}} = \frac{0.6^2}{0.25 \times 2} = 0.72$$
㉢ 입도 분포
균등계수 $C_u = 8 > 6$이나, 곡률계수 $C_g = 0.72$이므로 입도 분포가 나쁘다(P).
㉣ 판정
No. 200체 통과량이 50% 이하이므로 조립토(G, S)이며, No. 4체 통과량이 50% 이상이므로 모래(S)이다. 따라서 입도 분포가 나쁜 모래(SP)가 된다.

02 그림과 같은 정사각형 기초에서 안전율을 3으로 할 때 Terzaghi의 공식을 사용하여 지지력을 구하고자 한다. 이때 한 변의 최소길이(B)는? [단, 물의 단위중량은 9.81kN/m³, 점착력(c)은 60kN/m², 내부마찰각(ϕ)은 0°이고, 지지력계수 $N_c = 5.7$, $N_q = 1.0$, $N_\gamma = 0$이다.]

① 1.12m
② 1.43m
③ 1.51m
④ 1.62m

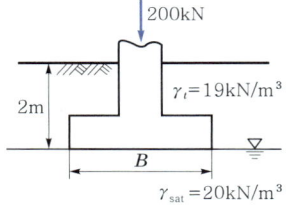

해설 정사각형 기초이므로 $\alpha = 1.3$, $\beta = 0.4$이다.
㉠ Terzaghi의 극한지지력
$$q_u = \alpha c N_c + \beta \gamma_1 B N_\gamma + \gamma_2 D_f N_q$$
$$= 1.3 \times 60 \times 5.7 + 0 + 19 \times 2 \times 1$$
$$= 482.6 \text{kN/m}^2$$
㉡ 허용지지력
$$q_a = \frac{q_u}{F_s} = \frac{482.6}{3} = 160.87 \text{kN/m}^2$$
㉢ $q_a = \frac{P}{A}$에서 정사각형 기초이므로 $A = B^2$을 적용하면 $B^2 = \frac{P}{q_a}$
$$B = \sqrt{\frac{P}{q_a}} = \sqrt{\frac{200}{160.87}} = 1.12\text{m}$$

03 접지압(또는 지반반력)이 그림과 같이 되는 경우는?

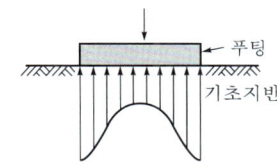

① 푸팅 : 강성, 기초지반 : 점토
② 푸팅 : 강성, 기초지반 : 모래
③ 푸팅 : 연성, 기초지반 : 점토
④ 푸팅 : 연성, 기초지반 : 모래

해설 ㉠ 점토지반 접지압 분포 : 기초 모서리에서 최대 응력 발생
㉡ 모래지반 접지압 분포 : 기초 중앙부에서 최대 응력 발생

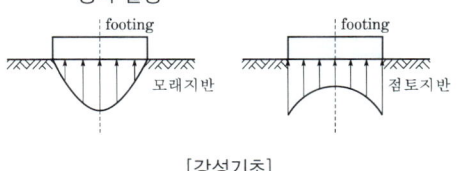

[강성기초]

정답 1. ③ 2. ① 3. ①

04 지표면이 수평이고 옹벽의 뒷면과 흙과의 마찰각이 0°인 연직옹벽에서 Coulomb 토압과 Rankine 토압은 어떤 관계가 있는가? (단, 점착력은 무시한다.)

① Coulomb 토압은 항상 Rankine 토압보다 크다.
② Coulomb 토압과 Rankine 토압은 같다.
③ Coulomb 토압과 Rankine 토압보다 작다.
④ 옹벽의 형상과 흙의 상태에 따라 클 때도 있고 작을 때도 있다.

> **해설** **Rankine 토압과 Coulomb 토압**
> Rankine 토압에서는 옹벽의 벽면과 흙의 마찰을 무시하였고, Coulomb 토압에서는 고려하였다. 문제에서 옹벽의 벽면과 흙의 마찰각을 0°라 하였으므로 Rankine 토압과 Coulomb 토압은 같다.

05 도로의 평판재하시험에서 1.25mm 침하량에 해당하는 하중강도가 250kN/m²일 때 지반반력계수는?

① 100MN/m^3 ② 200MN/m^3
③ $1,000\text{MN/m}^3$ ④ $2,000\text{MN/m}^3$

> **해설** **평판재하시험에서 지지반력계수**
> $$K = \frac{q}{y} = \frac{250}{1.25 \times 10^{-3}} = 200,000 \text{kN/m}^3$$
> $$= 200 \text{MN/m}^3$$

06 다음 지반개량공법 중 연약한 점토지반에 적합하지 않은 것은?

① 프리로딩 공법
② 샌드드레인 공법
③ 페이퍼 드레인 공법
④ 바이브로플로테이션 공법

> **해설** **점성토의 지반개량공법**
> ㉠ 치환공법
> ㉡ preloading 공법(사전압밀공법)
> ㉢ sand drain, paper drain 공법
> ㉣ 전기침투공법
> ㉤ 침투압공법(MAIS 공법)
> ㉥ 생석회말뚝(chemico pile)공법

07 표준관입시험(S.P.T) 결과 N값이 25이었고, 이때 채취한 교란시료로 입도시험을 한 결과 입자가 둥글고, 입도 분포가 불량할 때 Dunham의 공식으로 구한 내부마찰각(ϕ)은?

① 32.3° ② 37.3°
③ 42.3° ④ 48.3°

> **해설** **Dunham의 공식**
> ㉠ Dunham 공식에 의한 내부마찰각(ϕ)
>
> | 입도 및 입자 상태 | 내부마찰각 |
> |---|---|
> | 흙 입자가 모가 나고 입도가 양호 | $\phi = \sqrt{12N} + 25$ |
> | 흙 입자가 모가 나고 입도가 불량
흙 입자가 둥글고 입도가 양호 | $\phi = \sqrt{12N} + 20$ |
> | 흙 입자가 둥글고 입도가 불량 | $\phi = \sqrt{12N} + 15$ |
>
> ㉡ 문제에서 토립자가 둥글고 입도 분포가 불량한 경우이므로
> $$\phi = \sqrt{12N} + 15 = \sqrt{12 \times 25} + 15 \fallingdotseq 32.32°$$

08 현장에서 완전히 포화되었던 시료라 할지라도 시료 채취 시 기포가 형성되어 포화도가 저하될 수 있다. 이 경우 생성된 기포를 원상태로 용해시키기 위해 작용시키는 압력을 무엇이라고 하는가?

① 배압(back pressure)
② 축차응력(deviator stress)
③ 구속압력(confined pressure)
④ 선행압밀압력(preconsolidation pressure)

> **해설** 배압은 여러 단계로 나누어 천천히, 그리고 충분한 시간을 두고 가해야 한다.

정답 4. ② 5. ② 6. ④ 7. ① 8. ①

09 그림과 같은 지반에서 하중으로 인하여 수직응력($\Delta\sigma_1$)이 100kN/m² 증가되고, 수평응력($\Delta\sigma_3$)이 50kN/m² 증가되었다면 간극수압은 얼마나 증가되었는가? (단, 간극수압계수 $A=0.5$이고, $B=1$이다.)

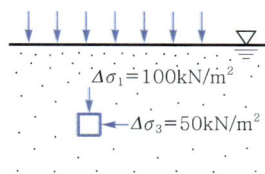

① 50kN/m² ② 75kN/m²
③ 100kN/m² ④ 125kN/m²

> **해설** 삼축압축 시에 생기는 과잉간극수압
> $\Delta u = B\Delta\sigma_3 + D(\Delta\sigma_1 - \Delta\sigma_3)$에서
> $D = AB$이므로
> $\Delta u = B[\Delta\sigma_3 + A(\Delta\sigma_1 - \Delta\sigma_3)]$
> $= 1 \times [50 + 0.5 \times (100-50)] = 75\text{kN/m}^2$

10 그림과 같이 동일한 두께의 3층으로 된 수평모래층이 있을 때 토층에 수직한 방향의 평균투수계수(K_v)는?

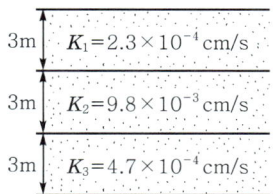

① 2.38×10^{-3} cm/s ② 3.01×10^{-4} cm/s
③ 4.56×10^{-4} cm/s ④ 5.60×10^{-4} cm/s

> **해설** 수직 방향 평균투수계수
> $K_v = \dfrac{H}{\dfrac{h_1}{K_1} + \dfrac{h_2}{K_2} + \dfrac{h_3}{K_3}}$
> $= \dfrac{900}{\dfrac{300}{2.3\times10^{-4}} + \dfrac{300}{9.8\times10^{-3}} + \dfrac{300}{4.7\times10^{-4}}}$
> $\fallingdotseq 4.56\times10^{-4}\text{cm/s}$

11 어떤 점토지반에서 베인시험을 실시하였다. 베인의 지름이 50mm, 높이가 100mm, 파괴 시 토크가 59N·m일 때 이 점토의 점착력은?

① 129kN/m² ② 157kN/m²
③ 213kN/m² ④ 276kN/m²

> **해설** 베인시험
> 베인시험은 정적 사운딩으로 연약점성토 지반의 비배수전단강도를 측정하는 시험이다.
> $C_u = \dfrac{M_{\max}}{\pi D^2 \left(\dfrac{H}{2} + \dfrac{D}{6}\right)} = \dfrac{5,900}{\pi \times 5^2 \left(\dfrac{10}{2} + \dfrac{5}{6}\right)}$
> $= 12.9\text{N/cm}^2 = 129\text{kN/m}^2$

12 Terzaghi의 1차 압밀에 대한 설명으로 틀린 것은?

① 압밀방정식은 점토 내에 발생하는 과잉간극수압의 변화를 시간과 배수거리에 따라 나타낸 것이다.
② 압밀방정식을 풀면 압밀도를 시간계수의 함수로 나타낼 수 있다.
③ 평균압밀도는 시간에 따른 압밀침하량을 최종압밀침하량으로 나누면 구할 수 있다.
④ 압밀도는 배수거리에 비례하고, 압밀계수에 반비례한다.

> **해설** 압밀도와 시간계수의 함수
> $U = f(T_v) \propto \dfrac{C_v t}{d^2}$
> ㉠ 압밀도는 압밀계수(C_v)에 비례한다.
> ㉡ 압밀도는 압밀시간(t)에 비례한다.
> ㉢ 압밀도는 배수거리(d)의 제곱에 반비례한다.

13 3층 구조로 구조결합 사이에 치환성 양이온이 있어서 활성이 크고, 시트(sheet) 사이에 물이 들어가 팽창·수축이 크고, 공학적 안정성이 약한 점토광물은?

① sand ② illite
③ kaolinite ④ montmorillonite

정답 9. ② 10. ③ 11. ① 12. ④ 13. ④

> **해설** 몬모릴로나이트
> ㉠ 2개의 실리카판과 1개의 알루미나판으로 이루어진 3층 구조로 이루어진 층들이 결합한 것이다.
> ㉡ 결합력이 매우 약해 물이 침투하면 쉽게 팽창한다.
> ㉢ 공학적 안정성이 제일 작다.

14 흙의 다짐에 대한 설명으로 틀린 것은?

① 다짐에 의하여 간극이 작아지고 부착력이 커져서 역학적 강도 및 지지력은 증대하고, 압축성, 흡수성 및 투수성은 감소한다.
② 점토를 최적함수비보다 약간 건조측의 함수비로 다지면 면모구조를 가지게 된다.
③ 점토를 최적함수비보다 약간 습윤측에서 다지면 투수계수가 감소하게 된다.
④ 면모구조를 파괴시키지 못할 정도의 작은 압력으로 점토시료를 압밀할 경우 건조측 다짐을 한 시료가 습윤측 다짐을 한 시료보다 압축성이 크게 된다.

> **해설** 흙의 다짐
> 면모구조를 파괴시키지 못할 정도의 작은 압력으로 점토시료를 압밀할 경우 건조측 다짐을 한 시료가 습윤측 다짐을 한 시료보다 압축성이 작다.

15 간극비 $e_1=0.80$인 어떤 모래의 투수계수가 $K_1=8.5\times10^{-2}$cm/s일 때, 이 모래를 다져서 간극비를 $e_2=0.57$로 하면 투수계수 K_2는?

① 4.1×10^{-1}cm/s　② 8.1×10^{-2}cm/s
③ 3.5×10^{-2}cm/s　④ 8.5×10^{-3}cm/s

> **해설** 간극비와 투수계수
> $K_1 : K_2 = \dfrac{(e_1)^3}{1+e_1} : \dfrac{(e_2)^3}{1+e_2}$ 에서
> $8.5\times10^{-2} : K_2 = \dfrac{0.8^3}{1+0.8} : \dfrac{0.57^3}{1+0.57}$ 이므로
> $K_2 = 3.52\times10^{-2}$cm/s

16 사면안정 해석방법에 대한 설명으로 틀린 것은?

① 일체법은 활동면 위에 있는 흙덩어리를 하나의 물체로 보고 해석하는 방법이다.
② 마찰원법은 점착력과 마찰각을 동시에 갖고 있는 균질한 지반에 적용된다.
③ 절편법은 활동면 위에 있는 흙을 여러 개의 절편으로 분할하여 해석하는 방법이다.
④ 절편법은 흙이 균질하지 않아도 적용이 가능하지만, 흙 속에 간극수압이 있을 경우 적용이 불가능하다.

> **해설** 절편법(분할법)
> 파괴면 위의 흙을 수 개의 절편으로 나눈 후 각각의 절편에 대해 안정성을 계산하는 방법으로 이질 토층과 지하수위가 있을 때 적용한다.

17 다음 그림과 같이 지표면에 집중하중이 작용할 때 A점에서 발생하는 연직응력의 증가량은?

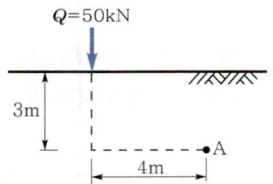

① 0.21kN/m^2　② 0.24kN/m^2
③ 0.27kN/m^2　④ 0.30kN/m^2

> **해설** 50kN의 연직하중 증가량
> ㉠ $R=\sqrt{4^2+3^2}=5$
> ㉡ $I=\dfrac{3Z^5}{2\pi R^5}=\dfrac{3\times3^5}{2\pi\times5^5}=0.037$
> ㉢ $\Delta\sigma_{z_2}=\dfrac{Q}{Z^2}\cdot I=\dfrac{50}{3^2}\times0.037=0.21$kN/m^2

정답 14. ④　15. ③　16. ④　17. ①

18 지표에 설치된 3m×3m의 정사각형 기초에 80kN/m² 의 등분포하중이 작용할 때, 지표면 아래 5m 깊이 에서의 연직응력의 증가량은? (단, 2 : 1 분포법을 사용한다.)

① $7.15kN/m^2$ ② $9.20kN/m^2$
③ $11.25kN/m^2$ ④ $13.10kN/m^2$

> 해설 2 : 1 분포법에 의한 지중응력 증가량
> $$\Delta\sigma_v = \frac{BLq_s}{(B+Z)(L+Z)}$$
> $$= \frac{3\times3\times80}{(3+5)(3+5)} = 11.25kN/m^2$$

19 다음 연약지반개량공법 중 일시적인 개량공법은?

① 치환공법   ② 동결공법
③ 약액주입공법   ④ 모래다짐말뚝공법

> 해설 일시적 지반개량공법
> ㉠ well point 공법
> ㉡ deep well 공법
> ㉢ 대기압 공법(진공압밀공법)
> ㉣ 동결공법

20 연약지반에 구조물을 축조할 때 피에조미터를 설치하여 과잉간극수압의 변화를 측정한 결과 어떤 점에서 구조물 축조 직후 과잉간극수압이 100kN/m²였고, 4년 후에 20kN/m²였다. 이때의 압밀도는?

① 20%   ② 40%
③ 60%   ④ 80%

> 해설 압밀도(u_z)
> $$u_z = \frac{u_i - u}{u_i} \times 100 = \frac{100-20}{100} \times 100 = 80\%$$

정답 18. ③ 19. ② 20. ④

2022 제3회 토목기사 기출복원문제

2022년 7월 2일 시행

01 다음 그림의 투수층에서 피에조미터를 꽂은 두 지점 사이의 동수경사(i)는 얼마인가? (단, 두 지점 간의 수평거리는 50m이다.)

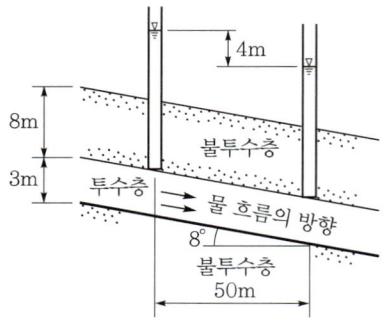

① 0.063　　② 0.079
③ 0.126　　④ 0.162

해설 ㉠ $L\cos 8° = 50$에서 $L = \dfrac{50}{\cos 8°} = 50.49\text{m}$
㉡ 동수경사 $i = \dfrac{h}{L} = \dfrac{4}{50.49} = 0.079$

02 풍화작용에 의하여 분해되어 원위치에서 이동하지 않고 모암의 광물질을 덮고 있는 상태의 흙은?

① 호성토(lacustrine soil)
② 충적토(alluvial soil)
③ 빙적토(glacial soil)
④ 잔적토(residual soil)

해설 **잔적토(잔류토)**
풍화작용에 의해 생성된 흙이 운반되지 않고 원래 암반상에 남아서 토층을 형성하고 있는 흙이다.

03 수직응력이 60kN/m²이고 흙의 내부마찰각이 45°일 때 모래의 전단강도는? (단, 점착력 c는 0이다.)

① 24kN/m²　　② 36kN/m²
③ 48kN/m²　　④ 60kN/m²

해설 **사질토의 전단강도**
$\tau = c + \overline{\sigma}\tan\phi$
$= 0 + 60 \times \tan 45° = 60\text{kN/m}^2$

04 점토의 예민비(sensitivity ratio)는 다음 시험 중 어떤 방법으로 구하는가?

① 삼축압축시험　　② 일축압축시험
③ 직접전단시험　　④ 베인시험

해설 예민비가 클수록 강도의 변화가 큰 점토이며, 예민비는 일축압축시험으로 구한다.
$S_t = \dfrac{q_u}{q_{ur}}$
여기서, q_u : 자연상태의 일축압축강도
q_{ur} : 재성형한 시료의 일축압축강도

05 다음 그림과 같은 접지압 분포를 나타내는 조건으로 옳은 것은?

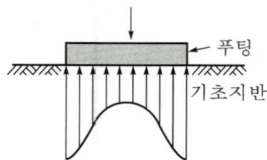

① 점토지반, 강성기초
② 점토지반, 연성기초
③ 모래지반, 강성기초
④ 모래지반, 연성기초

해설 기초(footing)는 강성기초이고, 지반은 점토지반이다.

정답　1. ②　2. ④　3. ④　4. ②　5. ①

06 기초가 갖추어야 할 조건으로 가장 거리가 먼 것은?

① 동결, 세굴 등에 안전하도록 최소의 근입깊이를 가져야 한다.
② 기초의 시공이 가능하고 침하량이 허용치를 넘지 않아야 한다.
③ 상부로부터 오는 하중을 안전하게 지지하고 기초지반에 전달하여야 한다.
④ 미관상 아름답고 주변에서 쉽게 구할 수 있고 값싼 재료로 설계되어야 한다.

> **해설** 기초의 필요조건
> ㉠ 최소한의 근입깊이(D_f)를 보유해야 한다(동해에 대하여 안정해야 한다).
> ㉡ 침하에 대해 안정해야 한다(침하량이 허용치 이내에 들어야 한다).
> ㉢ 지지력에 대하여 안정해야 한다.
> ㉣ 경제적·기술적으로 시공이 가능해야 한다.

07 흙의 비중(G_s)이 2.80, 함수비(w)가 50%인 포화토에 있어서 한계동수경사(i_c)는?

① 0.65 ② 0.75
③ 0.85 ④ 0.95

> **해설** ㉠ 포화도(S)
> 포화토이므로 포화도 $S = 100\%$
> ㉡ 간극비(e)
> $Se = wG_s$ 에서
> $$e = \frac{wG_s}{S} = \frac{50 \times 2.80}{100} = 1.40$$
> ㉢ 한계동수경사(i_c)
> $$i_c = \frac{\gamma_{sub}}{\gamma_w} = \frac{G_s - 1}{1 + e} = \frac{2.80 - 1}{1 + 1.40} = 0.75$$

08 흙의 액·소성한계시험에 사용하는 흙 시료는 몇 mm체를 통과한 흙을 사용하는가?

① 4.75mm체 ② 2.0mm체
③ 0.425mm체 ④ 0.075mm체

> **해설** 흙의 액성한계 및 소성한계시험
> ㉠ 아터버그 한계
> • 시료는 No. 40체를 통과한 흐트러진 흙을 사용한다.
> • 단위는 함수비(%)로서 나타낸다.
> ㉡ 액성한계(W_l), 소성한계(W_p)시험에서는 No. 40(0.425mm)체를 통과한 시료를 사용한다.

09 paper drain 설계 시 drain paper의 폭이 10cm, 두께가 0.3cm일 때 drain paper의 등치환산원의 직경이 약 얼마이면 sand drain과 동등한 값으로 볼 수 있는가? (단, 형상계수 a는 0.75이다.)

① 5cm ② 8cm
③ 10cm ④ 15cm

> **해설** 드레인 페이퍼(drain paper)의 등치환산원의 직경(D) 계산
> $$D = \alpha \frac{2A + 2B}{\pi}$$
> $$= 0.75 \times \frac{2 \times 10 + 2 \times 0.3}{\pi} \fallingdotseq 5\text{cm}$$

10 포화단위중량(γ_{sat})이 19.62kN/m³인 사질토가 20°로 경사진 무한사면이 있다. 지하수위가 지표면과 일치하는 경우 이 사면의 안전율이 1 이상이 되기 위해서는 흙의 내부마찰각이 최소 몇 도 이상이어야 하는가? (단, 물의 단위중량은 9.81kN/m³이다.)

① 45.47° ② 20.52°
③ 36.06° ④ 45.47°

> **해설** 사면의 안전율이 1 이상이 되기 위한 흙의 내부마찰각 계산
> $$F_s = \frac{\gamma_{sub}}{\gamma_{sat}} \cdot \frac{\tan\phi}{\tan i} = \frac{1}{2} \times \frac{\tan\phi}{\tan 20°} \geq 1 \text{이므로}$$
> $$\phi = \tan^{-1}\left(\frac{\gamma_{sat}}{\gamma_{sub}} \times \tan 20°\right)$$
> $$= \tan^{-1}\left(\frac{19.62}{9.81} \times \tan 20°\right) = 36.06°$$

정답 6. ④ 7. ② 8. ③ 9. ① 10. ③

11 다음 중 표준관입시험으로부터 추정하기 어려운 항목은?

① 극한지지력 ② 상대밀도
③ 점성토의 연경도 ④ 투수성

> [해설] ④ 표준관입시험으로부터 투수성은 추정하기 어려운 항목이다.
>
> **표준관입시험 결과(N값)로 추정되는 사항**
>
> | 점토지반 | 모래지반 |
> |---|---|
> | 컨시스턴시 | 상대밀도 |
> | 일축압축강도 | 내부마찰각 |
> | 점착력 | 침하에 대한 허용지지력 |
> | 파괴에 대한 극한지지력 | 지지력계수 |
> | 파괴에 대한 허용지지력 | 탄성계수 |

12 평판재하시험이 끝나는 조건에 대한 설명으로 틀린 것은?

① 침하량이 15mm에 달할 때
② 하중강도가 현장에서 예상되는 최대 접지압력을 초과할 때
③ 하중강도가 그 지반의 항복점을 넘을 때
④ 흙의 함수비가 소성한계에 달할 때

> [해설] ㉠ 완전히 침하가 멈추거나, 1분 동안에 침하량이 그 단계 하중의 총침하량 1% 이하가 될 때 그 다음 단계의 하중을 가한다.
> ㉡ 도로의 평판재하시험을 끝내는 경우
>   • 하중강도가 그 지반의 항복점을 넘을 때
>   • 하중강도가 현장에서 예상되는 최대접지압력을 초과할 때
>   • 침하량이 15mm에 달했을 때

13 다음 중 느슨한 모래의 전단변위와 시료의 부피 변화 관계곡선으로 옳은 것은?

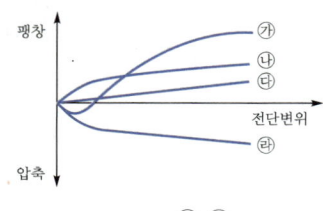

① ㉮ ② ㉯
③ ㉰ ④ ㉱

> [해설] 느슨한 모래의 전단변위와 시료의 부피 변화 관계곡선은 전단범위가 증가하면 시료의 체적은 계속해서 감소한다. 즉, 입자 간에 서로 붙으려는 움직임 때문에 전단 시 체적이 감소한다.

14 다음 그림과 같은 다층지반에서 연직 방향의 등가투수계수는?

```
1m     K₁=5.0×10⁻²cm/s
2m     K₂=4.0×10⁻²cm/s
1.5m   K₃=2.0×10⁻²cm/s
```

① 5.8×10^{-3} cm/s ② 6.4×10^{-3} cm/s
③ 7.6×10^{-3} cm/s ④ 1.4×10^{-2} cm/s

> [해설] **다층지반에서 연직 방향의 등가투수계수의 계산**
> ㉠ 다층지반 두께(H)
> $H = H_1 + H_2 + H_3 = 100 + 200 + 150$
> $= 450$ cm
> ㉡ 연직 방향 등가투수계수(K_v)
> $$K_v = \frac{H}{\frac{H_1}{K_1} + \frac{H_2}{K_2} + \frac{H_3}{K_3}}$$
> $$= \frac{450}{\frac{100}{5.0 \times 10^{-2}} + \frac{200}{4.0 \times 10^{-2}} + \frac{150}{2.0 \times 10^{-2}}}$$
> $= 7.6 \times 10^{-3}$ cm/s

15 압밀실험에서 시간-침하 곡선으로부터 직접 구할 수 있는 사항은?

① 선행압밀압력 ② 점성보정계수
③ 압밀계수 ④ 압축지수

> [해설] **각 곡선으로부터 구할 수 있는 요소**
>
> | 시간-침하 곡선 | 하중-간극비 곡선 |
> |---|---|
> | • 압밀계수 | • 압축지수 |
> | • 1차 압밀비 | • 선행압밀하중 |
> | • 체적변화계수 | • 압축계수 |
> | • 투수계수 | • 체적변화계수 |

정답 11. ④ 12. ④ 13. ④ 14. ③ 15. ③

16 말뚝재하실험 시 연약점토지반인 경우는 pile 타입 후 20여 일이 지난 다음 말뚝재하실험을 한다. 그 이유로 가장 타당한 것은?

① 주면마찰력이 너무 크게 작용하기 때문에
② 부마찰력이 생겼기 때문에
③ 타입 시 주변이 교란되었기 때문에
④ 주위가 압축되었기 때문에

> **해설** 틱소트로피(thixotrophy)
> 연약지반에 말뚝을 타입하면 타입 시 지반이 교란된다. 그러므로 지반 교란에 대한 영향을 줄이기 위해, 즉 틱소트로피 효과에 의한 강도 증진의 효과를 구하기 위해 재하시험은 3주 이상의 기간이 경과한 후 행하는 것이 좋다.

17 사운딩에 대한 설명 중 틀린 것은?

① 로드 선단에 지중저항체를 설치하고 지반 내 관입, 압입, 또는 회전하거나 인발하여 그 저항치로부터 지반의 특성을 파악하는 지반조사방법이다.
② 정적 사운딩과 동적 사운딩이 있다.
③ 압입식 사운딩의 대표적인 방법은 Standard Penetration Test(SPT)이다.
④ 특수사운딩 중 측압사운딩의 공내 횡방향 재하시험은 보링공을 기계적으로 수평으로 확장시키면서 측압과 수평변위를 측정한다.

> **해설** 사운딩(sounding)
> ㉠ 로드(rod) 선단에 설치한 저항체를 땅속에 삽입하여 관입, 회전, 인발 등의 저항치로부터 지반의 특성을 파악하는 지반조사방법이다.
> ㉡ 표준관입시험(SPT)은 동적인 사운딩이다.

18 그림의 유선망에 대한 설명 중 틀린 것은? (단, 흙의 투수계수는 2.5×10^{-3}cm/s이다.)

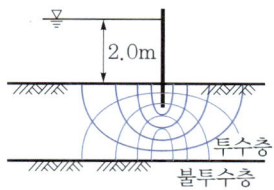

① 유선의 수=6
② 등수두선의 수=6
③ 유로의 수=5
④ 전침투유량 $Q=0.278\text{m}^3/\text{s}$

> **해설** 유선망의 산정
>
> | 구분 | 유선 | 유면 | 등수두선 | 등수두면 |
> |---|---|---|---|---|
> | 개수 | 6 | 5 | 10 | 9 |
>
> 침투유량 $Q = KH\dfrac{N_f}{N_d}$
> $= (2.5 \times 10^{-3}) \times 200 \times \dfrac{5}{9}$
> $= 0.278 \text{cm}^3/\text{s}$

19 다음의 사운딩(sounding) 방법 중에서 동적인 사운딩은?

① 이스키미터(Iskymeter)
② 베인 전단시험(vane shear test)
③ 화란식 원추관입시험(Dutch Cone Penetration)
④ 표준관입시험(Standard Penetration Test)

> **해설** 토질조사
> ㉠ 표준관입시험은 동적인 사운딩(sounding)이다.
> ㉡ 보링의 심도는 예상되는 최대 기초 슬래브의 변장 B의 2배 이상 또는 구조물 폭의 1.5~2.0배로 한다.
> ㉢ 보링의 위치와 수는 지형조건 및 설계 형태에 따라 변한다.
> ㉣ 보링 구멍은 사용 후에 흙이나 시멘트 그라우트로 메워야 한다.

정답 16. ③ 17. ③ 18. ② 19. ④

20 테르자기(Terzaghi) 압밀이론에서 설정한 가정으로 틀린 것은?

① 흙은 균질하고 완전히 포화되어 있다.
② 흙 입자와 물의 압축성은 무시한다.
③ 흙 속의 물의 이동은 Darcy의 법칙을 따르며 투수계수는 일정하다.
④ 흙의 간극비는 유효응력에 비례한다.

> **해설** 흙의 간극비는 유효응력에 반비례한다.
> **Terzaghi의 1차원 압밀이론에 대한 가정**
> ㉠ 흙은 균질하고 완전히 포화되어 있다
> ㉡ 토립자와 물은 비압축성을 가진다.
> ㉢ 압축과 투수(흐름)는 1차원적이다.
> ㉣ 투수계수는 일정하다.
> ㉤ 다르시(Darcy)의 법칙이 성립한다.

정답 20. ④

2023 제1회 토목기사 기출복원문제

✏️ 2023년 2월 18일 시행

01 가로 2m, 세로 4m의 직사각형 케이슨이 지중 16m까지 관입되었다. 단위면적당 마찰력 $f = 0.2kN/m^2$일 때 케이슨에 작용하는 주면마찰력(skin friction)은 얼마인가?

① 38.4kN ② 27.5kN
③ 19.2kN ④ 12.8kN

> **해설** 케이슨에 작용하는 주면마찰력
> $$R_f = f_s A_s = 0.2 \times (12 \times 16) = 38.4kN$$

02 다음 중 흙 속의 전단강도를 감소시키는 요인이 아닌 것은?

① 공극수압의 증가
② 흙 다짐의 불충분
③ 수분증가에 따른 점토의 팽창
④ 지반에 약액 등의 고결제를 주입

> **해설** 지반에 약액 등의 고결제를 주입하는 약액주입공법은 지반의 전단강도를 증가시킨다.

03 다음 중 사질토 지반의 개량공법이 아닌 것은?

① 폭파다짐공법
② 생석회말뚝공법
③ 다짐모래 말뚝공법
④ 바이브로플로테이션 공법

> **해설** 생석회말뚝공법은 점성토 지반의 개량공법이다.
> **모래지반 개량공법의 종류**
> 다짐말뚝공법, 다짐모래 말뚝공법(컴포저 공법), 바이브로플로테이션 공법, 폭파다짐공법, 전기충격 공법

04 예민비가 큰 점토란 무엇을 의미하는가?

① 다시 반죽했을 때 강도가 증가하는 점토
② 다시 반죽했을 때 강도가 감소하는 점토
③ 입자의 모양이 날카로운 점토
④ 입자가 가늘고 긴 형태의 점토

> **해설** 예민비가 클수록 강도의 변화가 큰 점토이며, 다시 반죽했을 때 강도가 감소하는 점토이다.

05 점토층에서 채취한 시료의 압축지수(C_c)는 0.39, 간극비(e)는 1.26이다. 이 점토층 위에 구조물이 축조되었다. 축조되기 이전의 유효압력은 80kN/m², 축조된 후에 증가된 유효압력은 60kN/m²이다. 점토층의 두께가 3m일 때 압밀침하량은 얼마인가?

① 12.6cm ② 9.1cm
③ 4.6cm   ④ 1.3cm

> **해설** 압밀침하량
> $$\Delta H = \frac{C_c}{1+e_1} \times \log\left(\frac{P_2}{P_1}\right) \times H$$
> $$= \frac{0.39}{1+1.26} \times \log\left(\frac{80+60}{80}\right) \times 300$$
> $$= 12.58cm$$

06 사면의 안정해석 방법에 관한 설명 중 옳지 않은 것은?

① 마찰원법은 균일한 토질지반에 적용된다.
② Fellenius 방법은 절편의 양측에 작용하는 힘의 합력은 0이라고 가정한다.
③ Bishop 방법은 흙의 장기안정해석에 유효하게 쓰인다.
④ Fellenius 방법은 간극수압을 고려한 $\phi = 0$ 해석법이다.

정답 1. ① 2. ④ 3. ② 4. ② 5. ① 6. ④

> **해설** 펠레니우스(Fellenius)법
> ㉠ 간극수압을 고려하지 않은 전응력해석법으로 $\phi = 0$일 때 정해가 구해진다.
> ㉡ 정밀도가 낮고 계산결과는 과소한 안전율(불안전측)이 산출되지만 계산이 매우 간편한 이점이 있다.

07 사운딩에 대한 설명 중 틀린 것은?
① 로드 선단에 지중저항체를 설치하고 지반 내 관입, 압입, 또는 회전하거나 인발하여 그 저항치로부터 지반의 특성을 파악하는 지반조사방법이다.
② 정적사운딩과 동적사운딩이 있다.
③ 압입식 사운딩의 대표적인 방법은 Standard Penetration Test(SPT)이다.
④ 특수사운딩 중 측압사운딩의 공내 횡방향 재하시험은 보링공을 기계적으로 수평으로 확장시키면서 측압과 수평변위를 측정한다.

> **해설** 사운딩(sounding)
> ㉠ 로드(rod) 선단에 설치한 저항체를 땅속에 삽입하여 관입, 회전, 인발 등의 저항치로부터 지반의 특성을 파악하는 지반조사방법이다.
> ㉡ 표준관입시험(SPT)은 동적인 사운딩이다.

08 다음 연약지반개량공법에 관한 사항 중 옳지 않은 것은?
① 샌드드레인 공법은 2차 압밀비가 높은 점토와 이탄 같은 흙에 큰 효과가 있다.
② 장기간에 걸친 배수공법은 샌드드레인이 페이퍼 드레인보다 유리하다.
③ 동압밀공법 적용 시 과잉간극수압의 소산에 의한 강도 증가가 발생한다.
④ 화학적 변화에 의한 흙의 강화공법으로는 소결공법, 전기화학적 공법 등이 있다.

> **해설** 샌드드레인(sand drain) 공법은 2차 압밀비가 높은 점토와 이탄 같은 흙에는 효과가 없다.

09 흙의 다짐에 관한 설명 중 옳지 않은 것은?
① 최적함수비로 다질 때 건조단위중량은 최대가 된다.
② 세립토의 함유율이 증가할수록 최적함수비는 증대된다.
③ 다짐에너지가 클수록 최적함수비는 커진다.
④ 점성토는 조립토에 비하여 다짐곡선의 모양이 완만하다.

> **해설** 다짐에너지가 커질수록 최적함수비는 감소하고 최대건조밀도는 증가한다.

10 다음 중 표준관입시험으로 구할 수 없는 것은?
① 사질토의 투수계수
② 점성토의 비배수점착력
③ 점성토의 일축압축강도
④ 사질토의 내부마찰각

> **해설** 표준관입시험의 N 값으로 추정되는 사항
>
> | 구분 | 판별, 추정사항 |
> | --- | --- |
> | 모래지반 (사질토) | • 상대밀도
• 내부마찰각
• 지지력 계수
• 탄성계수
• 침하량에 대한 허용지지력 |
> | 점토지반 (점성토) | • 컨시스턴시
• 일축압축강도
• 점착력
• 극한 또는 허용지지력 |

11 얕은 기초의 지지력 계산에 적용하는 Terzaghi의 극한지지력 공식에 대한 설명으로 틀린 것은?
① 기초의 근입 깊이가 증가하면 지지력도 증가한다.
② 기초의 폭이 증가하면 지지력도 증가한다.
③ 기초지반이 지하수에 의해 포화되면 지지력은 감소한다.
④ 국부전단파괴가 일어나는 지반에서 내부마찰각(ϕ')은 $\frac{2}{3}\phi$를 적용한다.

정답 7. ③ 8. ① 9. ③ 10. ① 11. ④

> **[해설]** 국부전단파괴의 극한지지력
> $$c' = \frac{2}{3}c$$
> $$\phi' = \tan^{-1}\left(\frac{2}{3} \times \tan\phi\right)$$

12 다음 중 사운딩(sounding)이 아닌 것은?

① 표준관입시험(standard penetration test)
② 일축압축시험(unconfined compression test)
③ 원추관입시험(cone penetrometer test)
④ 베인시험(vane test)

> **[해설]** 사운딩(sounding)의 종류
>
> | 정적 사운딩 | 동적 사운딩 |
> |---|---|
> | • 단관 원추관입시험
• 화란식 원추관입시험
• 베인시험
• 이스키미터 | • 동적 원추관입시험
• 표준관입시험(SPT) |

13 다음 그림과 같은 흙댐의 유선망을 작도하는 데 있어서 경계조건으로 틀린 것은?

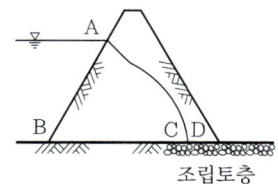

① $\overline{AB}$는 등수두선이다.
② $\overline{BC}$는 유선이다.
③ $\overline{AD}$는 유선이다.
④ $\overline{CD}$는 침윤선이다.

> **[해설]** 유선의 경계조건
>
> | 유선 | AD, BC |
> |---|---|
> | 등수두선 | AB, CD |

14 다음 설명 중 동상(凍上)에 대한 대책으로 틀린 것은?

① 지하수위와 동결심도 사이에 모래, 자갈층을 형성하여 모세관 현상으로 인한 물의 상승을 막는다.
② 동결심도 내의 실트질 흙을 모래나 자갈로 치환한다.
③ 동결심도 내의 흙에 염화칼슘이나 염화나트륨 등을 섞어 빙점을 낮춘다.
④ 아이스렌즈(ice lens) 형성이 될 수 있도록 충분한 물을 공급한다.

> **[해설]** 아이스렌즈가 형성이 될 수 있도록 충분한 물이 공급되면 동상현상이 잘 일어난다.
> **흙이 동상작용을 일으키기 위한 조건**
> ㉠ 아이스렌즈를 형성하기 위한 충분한 물의 공급이 있을 것
> ㉡ 0℃ 이하의 온도가 오랫동안 지속될 것
> ㉢ 동상이 일어나기 쉬운 토질(점토, 실트질)일 것

15 다음의 표와 같은 조건에서 군지수는?

> • 흙의 액성한계 : 49%
> • 흙의 소성지수 : 25%
> • 10번 체 통과율 : 96%
> • 40번 체 통과율 : 89%
> • 200번 체 통과율 : 70%

① 9 ② 12
③ 15 ④ 18

> **[해설]** 군지수의 계산
> $a = P_{No.200} - 35 = 70 - 35 = 35$
> $b = P_{No.200} - 15 = 70 - 15 = 55$
> b는 0~40의 정수이므로 $b = 40$
> $c = W_L - 40 = 49 - 40 = 9$
> $d = I_P - 10 = 25 - 10 = 15$
> $GI = 0.2a + 0.005ac + 0.01bd$
> $= 0.2 \times 35 + 0.005 \times 35 \times 9 + 0.01 \times 40 \times 15$
> $= 14.575 ≒ 15$

정답 12. ② 13. ④ 14. ④ 15. ③

16 어떤 모래의 입경가적곡선에서 유효입경 $D_{10} = 0.01$mm였다. Hazen 공식에 의한 투수계수는? (단, 상수 C는 100을 적용한다.)

① 1×10^{-4}cm/s   ② 2×10^{-6}cm/s
③ 5×10^{-4}cm/s   ④ 5×10^{-6}cm/s

해설 Hazen 공식에 의한 투수계수(K)
$D_{10} = 0.01$mm $= 0.001$cm 이므로
$K = C(D_{10})^2 = 100 \times 0.001^2 = 1 \times 10^{-4}$cm/s

17 최대주응력이 100kN/m², 최소주응력이 40kN/m²일 때 최소주응력면과 45°를 이루는 평면에 일어나는 수직응력은?

① 70kN/m²   ② 30kN/m²
③ 60kN/m²   ④ 42.4kN/m²

해설 평면에 일어나는 수직응력의 계산
㉠ 최대주응력면과 파괴면이 이루는 각
$\theta + \theta' = 90°$
$\theta + 45° = 90°$
$\therefore \theta = 45°$
㉡ 파괴면에 작용하는 수직응력
$\sigma = \dfrac{\sigma_1 + \sigma_3}{2} + \dfrac{\sigma_1 - \sigma_3}{2} \cos 2\theta$
$= \dfrac{100+40}{2} + \dfrac{100-40}{2} \times \cos(2 \times 45°)$
$= 70$kN/m²

18 무게 3.2kN인 드롭 해머(drop hammer)로 2m의 높이에서 말뚝을 때려 박았더니 침하량이 2cm였다. Sander의 공식을 사용할 때 이 말뚝의 허용지지력은?

① 10kN   ② 20kN
③ 30kN   ④ 40kN

해설 Sander의 허용지지력 계산
$R_a = \dfrac{Wh}{8S} = \dfrac{3.2 \times 200}{8 \times 2} = 40$kN

19 $\gamma_{sat} = 19.62$kN/m³인 사질토가 20°로 경사진 반무한사면이 있다. 지하수위가 지표면과 일치하는 경우 이 사면의 안전율이 1 이상이 되기 위해서는 흙의 내부마찰각이 최소 몇 도(°) 이상이어야 하는가? (단, 물의 단위중량은 9.81kN/m³이다.)

① 18.21°   ② 20.52°
③ 36.05°   ④ 45.47°

해설 무한사면의 안정
내부마찰각(ϕ)
$F_s = \dfrac{\gamma_{sub}}{\gamma_{sat}} \cdot \dfrac{\tan\phi}{\tan\beta}$ 에서 사면이 안정하기 위하여서는 $F_s \geq 1$이 되어야 하므로
$\phi = \tan^{-1}\left(\dfrac{\gamma_{sat}}{\gamma_{sub}} \cdot \tan\beta\right)$
$= \tan^{-1}\left(\dfrac{19.62}{9.81} \times \tan 20°\right) = 36.05°$
따라서, $\phi = 36.05°$ 이상이 되어야 한다.

20 단면적 20cm², 길이 10cm의 시료를 15cm의 수두차로 정수위 투수시험을 한 결과 2분 동안 150cm³의 물이 유출되었다. 이 흙의 비중은 2.67이고, 건조중량이 420g이었다. 공극을 통하여 침투하는 실제 침투유속 V_s는 약 얼마인가?

① 0.018cm/s   ② 0.296cm/s
③ 0.43cm/s   ④ 0.628cm/s

해설 침투유속의 계산
㉠ $Q = KiA$
$\dfrac{150}{2 \times 60} = Ki \times 20$
$\therefore V = 0.0625$cm/s
㉡ $\gamma_d = \dfrac{W_s}{V} = \dfrac{G_s}{1+e}\gamma_w$
$\dfrac{420}{20 \times 10} = \dfrac{2.67}{1+e} \times 1$
$\therefore e = 0.27$
㉢ $n = \dfrac{e}{1+e} = \dfrac{0.27}{1+0.27} = 0.21$
㉣ $V_s = \dfrac{V}{n} = \dfrac{0.0625}{0.21} = 0.298$cm/s

정답 16. ① 17. ① 18. ④ 19. ③ 20. ②

2023 제2회 토목기사 기출복원문제

2023년 5월 13일 시행

01 실내다짐시험 결과 최대 건조단위중량이 15.6kN/m^3이고, 다짐도가 95%일 때 현장의 건조단위중량은 얼마인가?

① 13.62kN/m^3
② 14.82kN/m^3
③ 16.01kN/m^3
④ 17.43kN/m^3

> **해설** 다짐도 $C_d = \dfrac{\gamma_d}{\gamma_{d\max}} \times 100 = 95\%$에서
> $\gamma_d = \dfrac{C_d \times \gamma_{d\max}}{100} = \dfrac{95 \times 15.6}{100} = 14.82\text{kN/m}^3$

02 일반적인 기초의 필요조건으로 거리가 먼 것은?

① 지지력에 대해 안정할 것
② 시공성, 경제성이 좋을 것
③ 침하가 전혀 발생하지 않을 것
④ 동해를 받지 않는 최소한의 근입깊이를 가질 것

> **해설** 기초의 필요조건
> ㉠ 최소한의 근입깊이(D_f)를 보유해야 한다.
> ㉡ 침하에 대해 안정해야 한다.
> ㉢ 지지력에 대해 안정해야 한다.
> ㉣ 경제적, 기술적으로 시공이 가능하여야 한다.

03 다음 중 전단강도와 직접적으로 관련이 없는 것은?

① 흙의 점착력
② 흙의 내부마찰각
③ Barron의 이론
④ Mohr-Coulomb의 파괴이론

> **해설** 전단강도
> ㉠ Mohr-Coulomb의 파괴이론에 따른다.
> ㉡ 전단강도 $\tau = c + \sigma \tan\phi$의 공식에 의하므로 점착력과 내부마찰각이 요구된다.

04 모래치환법에 의한 흙의 밀도시험에서 모래를 사용하는 목적은 무엇을 알기 위해서인가?

① 시험구멍의 부피
② 시험구멍의 밑면의 지지력
③ 시험구멍에서 파낸 흙의 중량
④ 시험구멍에서 파낸 흙의 함수상태

> **해설** 모래치환법에 의한 흙의 밀도시험에서 모래는 시료의 부피(체적)를 알기 위하여 사용한다.

05 10개의 무리말뚝기초에 있어서 효율이 0.8, 단항으로 계산한 말뚝 1개의 허용지지력이 100kN일 때 군항의 허용지지력은?

① 500kN
② 800kN
③ 1,000kN
④ 1,250kN

> **해설** 군항의 허용지지력의 계산
> $R_{ag} = ENR_a = 0.8 \times 10 \times 100 = 800\text{kN}$

06 어떤 흙의 변수위 투수시험을 한 결과 시료의 직경과 길이가 각각 5.0cm, 2.0cm였으며, 유리관의 내경이 4.5mm, 1분 10초 동안에 수두가 40cm에서 20cm로 내려갔다. 이 시료의 투수계수는?

① $4.95 \times 10^{-4}\text{cm/s}$
② $5.45 \times 10^{-4}\text{cm/s}$
③ $1.60 \times 10^{-4}\text{cm/s}$
④ $7.39 \times 10^{-4}\text{cm/s}$

> **해설** 투수계수의 계산
> ㉠ $A = \dfrac{\pi \times 5^2}{4} = 19.63\text{cm}^2$
> ㉡ $a = \dfrac{\pi \times 0.45^2}{4} = 0.16\text{cm}^2$
> ㉢ $K = \dfrac{2.3al}{At}\log\dfrac{h_1}{h_2} = \dfrac{2.3 \times 0.16 \times 2}{19.63 \times 70} \times \log\dfrac{40}{20}$
> $= 1.61 \times 10^{-4}\text{cm/s}$

정답 1. ② 2. ③ 3. ③ 4. ① 5. ② 6. ③

07 평판재하시험에서 재하판의 크기에 의한 영향(scale effect)에 관한 설명 중 틀린 것은?

① 사질토 지반의 지지력은 재하판의 폭에 비례한다.
② 점토지반의 지지력은 재하판의 폭에 무관하다.
③ 사질토 지반의 침하량은 재하판의 폭이 커지면 약간 커지기는 하지만 비례하는 정도는 아니다.
④ 점토지반의 침하량은 재하판의 폭에 무관하다.

> **해설** 재하판 크기에 대한 보정
> ㉠ 지지력
> • 점토지반 : 재하판 폭과 무관하다.
> • 모래지반 : 재하판 폭에 비례한다.
> ㉡ 침하량
> • 점토지반 : 재하판 폭에 비례한다.
> • 모래지반 : 재하판의 크기가 커지면 약간 커지긴 하지만 폭에 비례할 정도는 아니다.

08 $\Delta h_1 = 5$이고, $K_{v2} = 10K_{v1}$일 때, K_{v3}의 크기는?

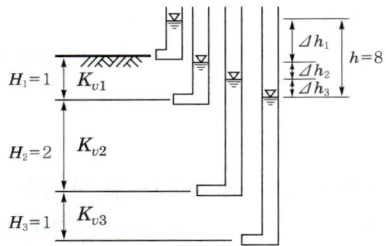

① $1.0K_{v1}$ ② $1.5K_{v1}$
③ $2.0K_{v1}$ ④ $2.5K_{v1}$

> **해설** ㉠ $V = K_1 i_1 = K_2 i_2 = K_3 i_3$
> $K_1\left(\dfrac{\Delta h_1}{1}\right) = 10K_1\left(\dfrac{\Delta h_2}{2}\right) = K_3\left(\dfrac{\Delta h_3}{1}\right)$
> ∴ $\Delta h_1 = 5\Delta h_2$
> ㉡ $H = \Delta h_1 + \Delta h_2 + \Delta h_3 = 8$
> ∴ $\Delta h_1 = 5, \Delta h_2 = 1, \Delta h_3 = 2$
> ㉢ $K_1 \Delta h_1 = K_3 \Delta h_3$
> $5K_1 = 2K_3$
> ∴ $K_3 = 2.5K_1$

09 느슨하고 포화된 사질토가 지진이나 폭파, 기타 진동으로 인한 충격을 받았을 때 전단강도가 급격히 감소하는 현상은?

① 액상화 현상   ② 분사 현상
③ 보일링 현상   ④ 다일러턴시 현상

> **해설** ㉠ 틱소트로피 현상(thixotrophy)은 흐트러진 시료를 함수비의 변화없이 그대로 두면 시간이 경과함에 따라 강도가 회복되는 현상으로 점토지반에서 일어난다.
> ㉡ 액화(액상화) 현상(liquefaction)은 느슨하고 포화된 가는 모래에 충격을 주면 체적이 수축하여 정(+)의 간극수압이 발생하여 유효응력이 감소되어 전단강도가 작아지는 현상으로 느슨하고 포화된 가는 모래지반에서 일어난다.

10 말뚝기초의 지지력에 관한 설명으로 틀린 것은?

① 부마찰력은 아래 방향으로 작용한다.
② 말뚝 선단부의 지지력과 말뚝 주변 마찰력의 합이 말뚝의 지지력이 된다.
③ 점성토 지반에는 동역학적 지지력 공식이 잘 맞는다.
④ 재하시험 결과를 이용하는 것이 신뢰도가 큰 편이다.

> **해설** 동역학적 지지력 공식
> ㉠ 점토지반에 부적합하다.
> ㉡ 모래, 자갈 등의 지지말뚝에 한해서 적용한다.

11 다음 그림과 같은 접지압 분포를 나타내는 조건으로 옳은 것은?

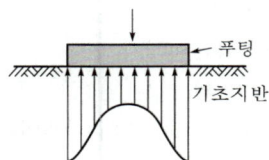

① 점토지반, 강성기초
② 점토지반, 연성기초
③ 모래지반, 강성기초
④ 모래지반, 연성기초

정답 7. ④ 8. ④ 9. ① 10. ③ 11. ①

해설 기초(footing)은 강성기초이고, 지반은 점토지반이다.

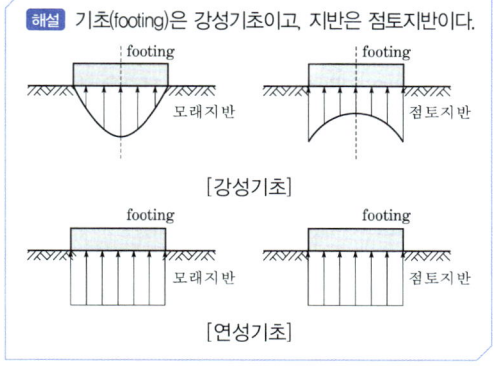

12 점성토 지반에 사용하는 연약지반개량공법이 아닌 것은?

① sand drain 공법
② 침투압 공법
③ vibro floatation 공법
④ 생석회말뚝 공법

해설 바이브로플로테이션 공법은 진동을 이용한 모래지반 개량공법이다.

점성토의 지반개량공법
치환공법, preloading 공법(사전압밀공법), sand drain 공법, paper drain 공법, 전기침투공법, 침투압공법(MAIS공법), 생석회말뚝(chemico pile)공법

13 흙의 분류방법 중 통일분류법에 대한 설명으로 틀린 것은?

① No. 200(0.075mm)체 통과율이 50%보다 작으면 조립토이다.
② 조립토 중 No. 4(4.75mm)체 통과율이 50%보다 작으면 자갈이다.
③ 세립토에서 압축성의 높고 낮음을 분류할 때 사용하는 기준은 액성한계 35%이다.
④ 세립토를 여러 가지로 세분하는 데는 액성한계와 소성지수의 관계 및 범위를 나타내는 소성도표가 사용된다.

해설 **통일분류법**
㉠ No. 200체 통과율로 조립토와 세립토를 구분한다.
㉡ No. 4체 통과율로 자갈과 모래를 구분한다.
㉢ $W_l = 50\%$를 기준으로 저압축성과 고압축성을 구분한다.

14 sand drain 공법의 주된 목적은?

① 압밀침하를 촉진시키는 것이다.
② 투수계수를 감소시키는 것이다.
③ 간극수압을 증가시키는 것이다.
④ 지하수위를 상승시키는 것이다.

해설 **샌드드레인(sand drain) 공법**
연약점토층이 두꺼운 경우 연약점토층에 주상의 모래말뚝을 다수 박아서 점토층의 배수거리를 짧게 하여 압밀을 촉진함으로써 단시간 내에 연약지반을 처리하는 공법이다.

15 점토지반에서 N값으로 추정할 수 있는 사항이 아닌 것은?

① 상대밀도
② 컨시스턴시
③ 일축압축강도
④ 기초지반의 허용지지력

해설 **N값으로 추정할 수 있는 사항**
㉠ 사질토 : 상대밀도(D_r), 내부마찰각(ϕ), 탄성계수
㉡ 점성토 : 일축압축강도(q_u), 점착력(c), 컨시스턴시

16 그림과 같은 점토지반에서 안정수(m)가 0.1인 경우 높이 5m의 사면에 있어서 안전율은?

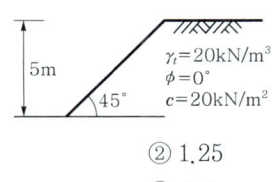

① 1.0
② 1.25
③ 1.50
④ 2.0

정답 12. ③ 13. ③ 14. ① 15. ① 16. ④

해설 ㉠ $H_c = \dfrac{N_s \times c}{\gamma_t} = \dfrac{\frac{1}{0.1} \times 20}{20} = 10\text{m}$

㉡ $F_s = \dfrac{H_c}{H} = \dfrac{10}{5} = 2$

여기서, H_c : 한계고
N_s : 안정계수(안정수의 역수)

17 어떤 흙의 입경가적곡선에서 $D_{10} = 0.05\text{mm}$, $D_{30} = 0.09\text{mm}$, $D_{60} = 0.15\text{mm}$였다. 균등계수 C_u와 곡률계수 C_g의 값은?

① $C_u = 3.0$, $C_g = 1.08$
② $C_u = 3.5$, $C_g = 2.08$
③ $C_u = 3.0$, $C_g = 2.45$
④ $C_u = 3.5$, $C_g = 1.82$

해설 ㉠ 균등계수(C_u)
$C_u = \dfrac{D_{60}}{D_{10}} = \dfrac{0.15}{0.05} = 3.0$

㉡ 곡률계수(C_g)
$C_g = \dfrac{D_{30}^2}{D_{10} D_{60}} = \dfrac{0.09^2}{0.05 \times 0.15} = 1.08$

18 토압의 종류로는 주동토압, 수동토압 및 정지토압이 있다. 다음 중 그 크기의 순서로 옳은 것은?

① 주동토압 > 수동토압 > 정지토압
② 수동토압 > 정지토압 > 주동토압
③ 정지토압 > 수동토압 > 주동토압
④ 수동토압 > 주동토압 > 정지토압

해설 ㉠ 토압계수
수동토압계수(K_p) > 정지토압계수(K_o) > 주동토압계수(K_a)

㉡ 전토압
수동토압(P_p) > 정지토압(P_o) > 주동토압(P_a)

19 어떤 지반의 미소한 흙 요소에 최대 및 최소주응력이 각각 200kN/m² 및 100kN/m²일 때, 최소주응력면과 30°를 이루는 면상의 전단응력은?

① 10.5kN/m^2 ② 21.5kN/m^2
③ 32.3kN/m^2 ④ 43.3kN/m^2

해설 파괴면에 작용하는 전단응력
㉠ $\theta + \theta' = 90°$에서 $\theta + 30° = 90°$이므로
$\theta = 60°$

㉡ $\tau = \dfrac{\sigma_1 - \sigma_3}{2} \sin 2\theta$
$= \dfrac{200 - 100}{2} \times \sin(2 \times 60°)$
$= 43.3\text{kN/m}^2$

여기서, σ_1 : 최대주응력
σ_3 : 최소주응력

20 2m×2m인 정사각형 기초가 1.5m 깊이에 있다. 이 흙의 단위중량 $\gamma = 17\text{kN/m}^3$, 점착력 $c = 0$, $N_q = 22$, $N_\gamma = 19$이다. Terzaghi의 공식을 이용하여 기초의 허용하중을 구하시오. (단, 안전율은 3으로 한다.)

① 273kN ② 546kN
③ 819kN ④ 1,092kN

해설 기초의 허용하중 계산
정사각형기초의 형상계수 $\alpha = 1.3$, $\beta = 0.4$이므로
㉠ 극한지지력
$Q_u = \alpha c N_c + \beta B \gamma_1 N_\gamma + D_f \gamma_2 N_q$
$= 1.3 \times 0 \times 0 + 0.4 \times 2 \times 17 \times 19$
$+ 1.5 \times 17 \times 22$
$= 819.4\text{kN/m}^2$

㉡ 허용지지력
$Q_a = \dfrac{Q_u}{F_s} = \dfrac{819.4}{3} = 273.1\text{kN/m}^2$

㉢ 허용하중
$P = Q_a \times A = 273.1 \times (2 \times 2) = 1092.4\text{kN}$

정답 17. ① 18. ② 19. ④ 20. ④

2023 제3회 토목기사 기출복원문제

2023년 7월 8일 시행

01 주동토압계수를 K_a, 수동토압계수를 K_p, 정지토압계수를 K_o라 할 때 토압계수 크기의 비교로 옳은 것은?

① $K_o > K_p > K_a$ ② $K_o > K_a > K_p$
③ $K_p > K_o > K_a$ ④ $K_a > K_o > K_p$

> **해설** 토압계수 크기의 비교
> 수동토압계수(K_p)>정지토압계수(K_o)>주동토압계수(K_a)

02 평판재하시험에서 재하판과 실제 기초의 크기에 따른 영향, 즉 scale effect에 대한 설명 중 옳지 않은 것은?

① 모래지반의 지지력은 재하판의 크기에 비례한다.
② 점토지반의 지지력은 재하판의 크기와는 무관하다.
③ 모래지반의 침하량은 재하판의 크기가 커지면 어느 정도 증가하지만 비례적으로 증가하지는 않는다.
④ 점토지반의 침하량은 재하판의 크기와는 무관하다.

> **해설** 재하판 크기에 대한 보정
> ㉠ 지지력
> • 점토지반 : 재하판 폭과 무관하다.
> • 모래지반 : 재하판 폭에 비례한다.
> ㉡ 침하량
> • 점토지반 : 재하판 폭에 비례한다.
> • 모래지반 : 재하판의 크기가 커지면 약간 커지긴 하지만 폭에 비례할 정도는 아니다.

03 그림에서 분사현상에 대한 안전율은 얼마인가? (단, 모래의 비중은 2.65, 간극비는 0.6이다.)

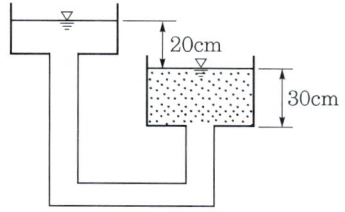

① 1.01 ② 1.55
③ 1.86 ④ 2.44

> **해설** 분사현상에 대한 안전율
> $$F_s = \frac{i_c}{i} = \frac{\frac{G_s-1}{1+e}}{\frac{h}{L}} = \frac{\frac{2.65-1}{1+0.6}}{\frac{20}{30}} ≒ 1.55$$

04 다음 중 투수계수를 좌우하는 요인과 관계가 먼 것은?

① 포화도
② 토립자의 크기
③ 토립자의 비중
④ 토립자의 형상과 배열

> **해설** 투수계수를 좌우하는 요인
> 투수계수 $K=(D_s)^2 \dfrac{\gamma_w}{\eta} \dfrac{e^3}{1+e} C$
> D_s : 흙 입자의 입경(보통 D_{10})
> γ_w : 물의 단위중량(g/cm³)
> η : 물의 점성계수(g/cm·s)
> e : 간극비
> C : 합성형상계수(composite shape factor)

정답 1. ③ 2. ④ 3. ② 4. ③

05 sand drain에 대한 paper drain 공법의 설명 중 옳지 않은 것은?

① 횡방향력에 대한 저항력이 크다.
② 시공지표면에 sand mat가 필요 없다.
③ 시공속도가 빠르고 타설 시 주변을 교란시키지 않는다.
④ 배수 단면이 깊이에 따라 일정하다.

> **해설** 시공지표면에 sand mat가 필요하다.
> sand drain에 대한 paper drain의 특징
> ㉠ 시공속도가 빠르고 배수효과가 양호하다.
> ㉡ 타입 시 교란이 거의 없다.
> ㉢ drain 단면이 깊이에 대해 일정하다.
> ㉣ sand drain보다 횡방향에 대한 저항력이 크다.

06 어느 흙 시료의 액성한계 시험 결과 낙하횟수 40일 때 함수비가 48%, 낙하횟수 4일 때 함수비가 73%였다. 이때 유동지수는?

① 24.21% ② 25.00%
③ 26.23% ④ 27.00%

> **해설** 유동지수의 계산
> $$I_f = \frac{w_1 - w_2}{\log N_2 - \log N_1} = \frac{73 - 48}{\log 40 - \log 4} = 25\%$$

07 흙의 투수계수 K에 관한 설명으로 옳은 것은?

① K는 점성계수에 반비례한다.
② K는 형상계수에 반비례한다.
③ K는 간극비에 반비례한다.
④ K는 입경의 제곱에 반비례한다.

> **해설** 흙의 투수계수
> $$K = D_s^2 \frac{\gamma_w}{\eta} \frac{e^3}{1+e} c$$
> ㉠ 점성계수에 반비례한다.
> ㉡ 형상계수와 무관하다.
> ㉢ 간극비에 비례한다.
> ㉣ 입경의 제곱에 비례한다.

08 지표면에 설치된 2m×2m의 정사각형 기초에 100kN/m²의 등분포하중이 작용하고 있을 때 5m 깊이에 있어서의 연직응력 증가량을 2:1 분포법으로 계산한 값은?

① 0.83kN/m^2 ② 8.16kN/m^2
③ 19.75kN/m^2 ④ 28.57kN/m^2

> **해설** 2:1 분포법에 의한 연직응력 증가량의 계산
> $$\Delta \sigma_v = \frac{BLq_s}{(B+Z)(L+Z)} = \frac{2 \times 2 \times 100}{(2+5)(2+5)} = 8.16 \text{kN/m}^2$$

09 흙 시료 채취에 대한 설명으로 틀린 것은?

① 교란의 효과는 소성이 낮은 흙이 소성이 높은 흙보다 크다.
② 교란된 흙은 자연상태의 흙보다 압축강도가 작다.
③ 교란된 흙은 자연상태의 흙보다 전단강도가 작다.
④ 흙 시료 채취 직후의 비교적 교란되지 않은 코어(core)는 부(負)의 과잉간극수압이 생긴다.

> **해설** 교란의 효과
>
> | 일축압축시험 | 삼축압축시험 |
> |---|---|
> | • 교란된 만큼 압축강도가 작아진다.
• 교란된 만큼 파괴변형률이 커진다.
• 교란된 만큼 변형계수가 작아진다. | 교란될수록 흙 입자 배열과 흙 구조가 흐트러져서 교란된 만큼 내부 마찰각이 작아진다. |

10 어느 점토의 체가름 시험과 액·소성시험 결과 0.002mm(2μm) 이하의 입경이 전시료중량의 90%, 액성한계 60%, 소성한계 20%였다. 이 점토광물의 주성분은 어느 것으로 추정되는가?

① kaolinite ② illite
③ calcite   ④ montmorillonite

정답 5. ② 6. ② 7. ① 8. ② 9. ① 10. ①

> **해설** 광물의 주성분
> ㉠ 소성지수(PI, I_P)
> $I_P = W_l - W_p = 60 - 20 = 40\%$
> ㉡ 활성도(A)
> $A = \dfrac{\text{소성지수}(I_P)}{2\mu m \text{보다 작은 입자의 중량백분율(\%)}}$
> $= \dfrac{40}{90} = 0.44$
> ㉢ 활성도에 따른 점토의 분류에서 활성도 $A = 0.44$인 점토광물은 카올리나이트이다.

11 다음 그림과 같은 흙의 입도분포곡선에 대한 설명으로 옳은 것은?

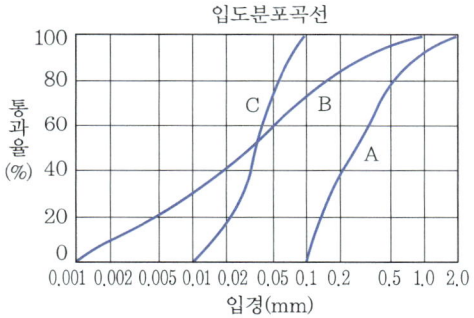

① A는 B보다 유효입경이 작다.
② A는 B보다 균등계수가 작다.
③ C는 B보다 균등계수가 크다.
④ B는 C보다 유효입경이 크다.

> **해설** 흙의 입도분포곡선
>
> | 균등계수(C_u) | B>C>A |
> |---|---|
> | 유효입경(D_{10}) | A>C>B |

12 연약점토지반에 성토제방을 시공하고자 한다. 성토로 인한 재하속도가 과잉간극수압이 소산되는 속도보다 빠를 경우, 지반의 강도정수를 구하는 가장 적합한 시험방법은?

① 압밀 배수시험 ② 압밀 비배수시험
③ 비압밀 비배수시험 ④ 직접전단시험

> **해설** 비압밀 비배수시험(UU-test)을 사용하는 경우
> ㉠ 포화된 점토지반 위에 급속성토 시 시공 직후의 안정검토
> ㉡ 시공 중 압밀이나 함수비의 변화가 없다고 예상되는 경우
> ㉢ 점토지반에 푸팅기초 및 소규모 제방을 축조하는 경우

13 유선망의 특징을 설명한 것으로 옳지 않은 것은?

① 각 유로의 침투유량은 같다.
② 유선과 등수두선은 서로 직교한다.
③ 유선망으로 이루어지는 사각형은 이론상 정사각형이다.
④ 침투속도 및 동수구배는 유선망의 폭에 비례한다.

> **해설** 유선망의 특징
> ㉠ 각 유로의 침투유량은 같다.
> ㉡ 인접한 등수두선 간의 수두차는 모두 같다.
> ㉢ 유선과 등수두선은 서로 직교한다.
> ㉣ 유선망으로 되는 사각형은 정사각형이다.
> ㉤ 침투속도 및 동수구배는 유선망의 폭에 반비례한다.

14 10m 깊이의 쓰레기층을 동다짐을 이용하여 개량하려고 한다. 사용할 해머의 중량이 20t, 하부면적 반경 2m의 원형 블록을 이용한다면, 해머의 낙하고는?

① 15m ② 20m
③ 25m ④ 23m

> **해설** 해머의 낙하고 계산
> $D = \dfrac{1}{2}\sqrt{Wh}$
> $10 = \dfrac{1}{2}\sqrt{20h}$
> $\therefore h = 20\text{m}$

정답 11. ② 12. ③ 13. ④ 14. ②

15 점성토 지반의 성토 및 굴착 시 발생하는 heaving 방지대책으로 틀린 것은?

① 지반개량을 한다.
② 표토를 제거하여 하중을 작게 한다.
③ 널말뚝의 근입장을 짧게 한다.
④ trench cut 및 부분 굴착을 한다.

> **해설** 히빙(heaving)의 방지대책
> ㉠ 흙막이의 근입깊이를 깊게 한다.
> ㉡ 표토를 제거하여 하중을 작게 한다.
> ㉢ 지반개량을 한다.
> ㉣ 전면굴착보다 부분 굴착을 한다.

16 다음 그림과 같은 지반의 A점에서 전응력(σ), 간극수압(u), 유효응력(σ')을 구하면? (단, 물의 단위중량은 9.81kN/m³이다.)

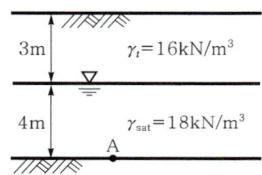

① $\sigma = 100 \text{kN/m}^2$, $u = 9.8 \text{kN/m}^2$, $\sigma' = 90.2 \text{kN/m}^2$
② $\sigma = 100 \text{kN/m}^2$, $u = 29.4 \text{kN/m}^2$, $\sigma' = 70.6 \text{kN/m}^2$
③ $\sigma = 120 \text{kN/m}^2$, $u = 19.6 \text{kN/m}^2$, $\sigma' = 100.4 \text{kN/m}^2$
④ $\sigma = 120 \text{kN/m}^2$, $u = 39.2 \text{kN/m}^2$, $\sigma' = 80.8 \text{kN/m}^2$

> **해설** 응력의 계산
> ㉠ 전응력
> $\sigma = 16 \times 3 + 18 \times 4 = 120 \text{kN/m}^2$
> ㉡ 간극수압
> $u = 9.81 \times 4 = 39.2 \text{kN/m}^2$
> ㉢ 유효응력
> $\sigma' = \sigma - u = 120 - 39.2 = 80.8 \text{kN/m}^2$

17 침투유량(q) 및 B점에서의 간극수압(u_B)을 구한 값으로 옳은 것은? (단, 투수층의 투수계수는 3×10^{-1} cm/s 이다.)

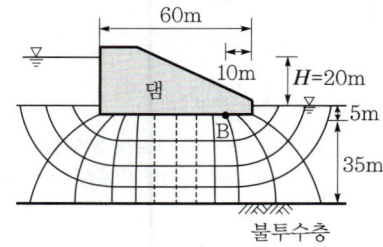

① $q = 100 \text{cm}^3/\text{s/cm}$, $u_B = 98.1 \text{kN/m}^2$
② $q = 100 \text{cm}^3/\text{s/cm}$, $u_B = 9.81 \text{kN/m}^2$
③ $q = 200 \text{cm}^3/\text{s/cm}$, $u_B = 98.1 \text{kN/m}^2$
④ $q = 200 \text{cm}^3/\text{s/cm}$, $u_B = 9.81 \text{kN/m}^2$

> **해설** 간극수압의 계산
> ㉠ $Q = KH \dfrac{N_f}{N_d} = (3 \times 10^{-1}) \times 2,000 \times \dfrac{4}{12}$
> $= 200 \text{cm}^3/\text{s/cm}$
> ㉡ B점의 간극수압
> • 전수두 $= \dfrac{n_d}{N_d} H = \dfrac{3}{12} \times 20 = 5\text{m}$
> • 위치수두 $= -5\text{m}$
> • 압력수두 = 전수두 - 위치수두
> $= 5 - (-5) = 10\text{m}$
> • 간극수압 $= \gamma_w \times$ 압력수두
> $= 9.81 \times 10 = 98.1 \text{kN/m}^2$

18 흙을 다질 때 그 효과에 대한 설명으로 틀린 것은?

① 흙의 역학적 강도와 지지력이 증가한다.
② 압축성이 작아진다.
③ 흡수성이 증가한다.
④ 투수성이 감소한다.

> **해설** 다짐의 효과
> ㉠ 투수성의 감소
> ㉡ 전단강도의 증가
> ㉢ 지반의 압축성 감소
> ㉣ 지반의 지지력 증대
> ㉤ 흡수성의 감소

19 크기가 30cm×30cm의 평판을 이용하여 사질토 위에서 평판재하시험을 실시하고 극한지지력 200kN/m²를 얻었다. 크기가 1.8m×1.8m인 정사각형 기초의 총허용하중은 약 얼마인가? (단, 안전율 3을 사용)

① 220kN ② 660kN
③ 1,100kN ④ 1,296kN

> **해설** 정사각형 기초의 총허용하중 계산
> ㉠ 기초의 극한지지력($Q_{u(기초)}$)
> $$Q_{u(기초)} = Q_{u(재하판)} \times \frac{B_{(기초)}}{B_{(재하판)}}$$
> $$= 200 \times \frac{1.8}{0.3} = 1,200 \text{kN/m}^2$$
> ㉡ 허용지지력(Q_a)
> $$Q_a = \frac{Q_u}{F_s} = \frac{1,200}{3} = 400 \text{kN/m}^2$$
> ㉢ 총허용하중(Q_u)
> $$Q_u = Q_a A = 400 \times (1.8 \times 1.8) = 1,296 \text{kN}$$

20 지표면이 수평이고 내부마찰각 30°, 단위체적중량 20kN/m³, $c=0$인 흙을 높이 6m의 옹벽이 지지하고 있을 때 6m 깊이에서의 주동상태의 수평토압을 구하시오.

① 40kN/m² ② 20kN/m²
③ 36kN/m² ④ 18kN/m²

> **해설** 주동상태 수평토압의 계산
> ㉠ 주동토압계수의 계산
> $$K_a = \tan^2\left(45° - \frac{\phi}{2}\right) = \tan^2\left(45° - \frac{30°}{2}\right)$$
> $$= \frac{1}{3}$$
> ㉡ 주동토압강도의 계산
> $$P_a = K_a \gamma z$$
> $$= \frac{1}{3} \times 20 \times 6 = 40 \text{kN/m}^2$$

정답 19. ④ 20. ①

2024 제1회 토목기사 기출복원문제

✎ 2024년 2월 17일 시행

01 흙의 다짐에 대한 설명으로 틀린 것은?
① 건조밀도-함수비 곡선에서 최적함수비와 최대건조밀도를 구할 수 있다.
② 사질토는 점성토에 비해 흙의 건조밀도-함수비 곡선의 경사가 완만하다.
③ 최대건조밀도는 사질토일수록 크고, 점성토일수록 작다.
④ 모래질 흙은 진동 또는 진동을 동반하는 다짐방법이 유효하다.

> **해설** 다짐곡선(건조밀도-함수비 곡선)
> ㉠ A는 일반적으로 사질토로 급한 경사를 보인다.
> ㉡ B는 일반적으로 점성토로 완만한 경사를 보인다.
> ㉢ C는 영공극곡선이다.
>
>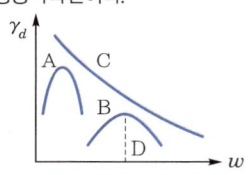

02 어떤 점토의 압밀 시험에서 압밀계수(C_v)가 $2.0 \times 10^{-3}\,\text{cm}^2/\text{s}$라면 두께 2cm인 공시체가 압밀도 90%에 소요되는 시간은? (단, 양면배수 조건이다.)
① 5.02분 ② 7.07분
③ 9.02분 ④ 14.07분

> **해설** 90% 압밀에 소요되는 시간
> $$t_{90} = \frac{0.848 H^2}{C_v} = \frac{0.848 \times \left(\frac{2}{2}\right)^2}{2 \times 10^{-3}} = 424\,\text{초}$$
> $= 7.07\,\text{분}$

03 흙의 동상을 방지하기 위한 대책으로 옳지 않은 것은?
① 배수구를 설치하여 지하수위를 저하시킨다.
② 지표의 흙을 화약약품으로 처리한다.
③ 포장하부에 단열층을 시공한다.
④ 모관수를 차단하기 위해 세립토층을 지하수면 위에 설치한다.

> **해설** 모관수를 차단하기 위해 지하수위보다 높은 곳에 모래, 콘크리트, 아스팔트 등의 조립토층을 설치한다.

04 다음 그림에서 모래층에 분사현상이 발생되는 경우는 수두 h가 몇 cm 이상일 때 일어나는가? (단, $G_s = 2.68$, $n = 60\%$이다.)

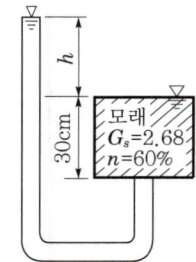

① 20.16cm ② 18.05cm
③ 13.73cm ④ 10.52cm

> **해설**
> ㉠ $e = \dfrac{n}{100-n} = \dfrac{60}{100-60} = 1.5$
> ㉡ $i_c = \dfrac{G_s - 1}{1+e} = \dfrac{2.68-1}{1+1.5} = 0.672$
> ㉢ $F_s = \dfrac{i_c}{i} = \dfrac{0.672}{\dfrac{h}{30}} = 1$에서
> $h = 20.16\,\text{cm}$

정답 1. ② 2. ② 3. ④ 4. ①

05 점토 덩어리는 재차 물을 흡수하면 고체-반고체-소성-액성의 단계를 거치지 않고 물을 흡착함과 동시에 흙 입자 간의 결합력이 감소되어 액성상태로 붕괴한다. 이러한 현상을 무엇이라 하는가?

① 비화작용(slaking)
② 팽창작용(bulking)
③ 수화작용(hydration)
④ 윤활작용(lubrication)

> **해설** 비화작용
> 건조한 토괴(흙덩이, clod)는 물에 젖으면 발포하면서 부서진다. 이것은 젖는 과정에서 흙덩이의 외측에서부터 급하게 포화될 때 안에 갇힌 공기의 압력이 침입하는 물에 의하여 높아지고, 높은 압력의 공기는 흙덩이를 부수면서 방출된다. 이와 같이 갇혔던 공기가 방출되면서 흙덩이가 부서지는 것을 비화작용이라 한다.

06 통일분류법에 의해 SP로 분류된 흙의 설명으로 옳은 것은?

① 모래질 실트를 말한다.
② 모래질 점토를 말한다.
③ 압축성이 큰 모래를 말한다.
④ 입도분포가 나쁜 모래를 말한다.

> **해설** 통일분류법에서 S는 모래, P는 입도분포가 나쁜 빈입도를 의미한다. 즉, SP는 입도분포가 나쁜 모래를 말한다.

07 다음 중 흙의 연경도(consistency)에 대한 설명 중 옳지 않은 것은?

① 액성한계가 큰 흙은 점토분을 많이 포함하고 있다는 것을 의미한다.
② 소성한계가 큰 흙은 점토분을 많이 포함하고 있다는 것을 의미한다.
③ 액성한계나 소성지수가 큰 흙은 연약점토지반이라고 볼 수 있다.
④ 액성한계와 소성한계가 가깝다는 것은 소성이 크다는 것을 의미한다.

> **해설** ㉠ 점토분이 많을수록 W_l, I_P가 크다.
> ㉡ $I_P = W_l - W_p$이므로 소성지수가 작을수록 소성이 작다는 것을 의미한다.

08 점토층이 소정의 압밀도에 도달하는 소요시간이 단면배수일 경우 4년이 걸렸다면 양면배수일 때는 몇 년이 걸리겠는가?

① 1년
② 2년
③ 4년
④ 16년

> **해설** 압밀도 도달 소요시간의 계산
> $$t_1 : t_2 = H^2 : \left(\frac{H}{2}\right)^2$$
> $$4 : t_2 = H^2 : \frac{H^2}{4}$$
> $$\therefore t_2 = 1년$$

09 말뚝의 부마찰력에 대한 설명으로 틀린 것은?

① 말뚝이 연약지반을 관통하여 견고한 지반에 박혔을 때 발생한다.
② 지반에 성토나 하중을 가할 때 발생한다.
③ 지하수위의 저하로 발생한다.
④ 말뚝의 타입 시 항상 발생하며 그 방향은 상향이다.

> **해설** 말뚝 주면에 하중 역할을 하는 하향으로 작용하는 주면마찰력을 부마찰력이라 한다.

10 어떤 흙의 입도분석 결과 입경가적곡선의 기울기가 급경사를 이룬 빈입도일 때 예측할 수 있는 사항으로 틀린 것은?

① 균등계수가 작다.
② 간극비가 크다.
③ 흙을 다지기가 힘들 것이다.
④ 투수계수가 작다.

정답 5. ① 6. ④ 7. ④ 8. ① 9. ④ 10. ④

> **해설** 빈입도(poor grading)
> ㉠ 같은 크기의 흙들이 섞여 있는 경우로, 입도분포가 나쁘다.
> ㉡ 특징
>   • 균등계수가 작다.
>   • 간극비가 크다.
>   • 다짐에 부적합하다.
>   • 투수계수가 크다.
>   • 침하가 크다.

11 다음 중 흙의 전단강도를 감소시키는 요인이 아닌 것은?

① 간극수압의 증가
② 수분증가에 따른 점토의 팽창
③ 수축·팽창 등으로 인하여 생긴 미세한 균열
④ 함수비 감소에 따른 흙의 단위중량 감소

> **해설** 점토의 전단강도
> 함수비가 감소함에 따라 흙의 연경도(consistency)가 액성 → 소성 → 반고체 → 고체 상태로 되어 전단강도가 증가한다(사질토는 영향이 적음).

12 연약지반개량공법 중에서 일시적인 공법에 속하는 것은?

① sand drain 공법   ② 치환공법
③ 약액주입공법   ④ 동결공법

> **해설** 일시적인 연약지반개량공법에는 웰포인트(well point) 공법, 딥웰(deep well) 공법, 대기압 공법, 동결 공법 등이 있다.
>
> **연약지반개량공법**
> ㉠ 샌드드레인(sand drain) 공법 : 점성토의 지반개량공법
> ㉡ 치환공법 : 점성토의 지반개량공법
> ㉢ 약액주입공법 : 사질토의 지반개량공법
> ㉣ 동결공법 : 일시적인 지반개량공법

13 자연함수비가 액성한계보다 큰 흙은 어떤 상태인가?

① 고체상태이다.   ② 반고체상태이다.
③ 소성상태이다.   ④ 액체상태이다.

> **해설** 자연함수비와 액성한계
> ㉠ 액성한계(W_l)란 소성상태의 최대 함수비, 액성상태의 최소 함수비이다.
> ㉡ 자연함수비가 액성한계(W_l)보다 크면 액성상태에 있다.

14 점토지반에 과거에 시공된 성토제방이 이미 안정된 상태에서, 홍수에 대비하기 위해 급속히 성토시공을 하고자 한다. 안정검토를 위해 지반의 강도정수를 구할 때, 가장 적합한 시험방법은?

① 직접전단시험   ② 압밀 배수시험
③ 압밀 비배수시험   ④ 비압밀 비배수시험

> **해설** 압밀 비배수시험(CU-test)
> ㉠ 프리로딩(pre-loading) 공법으로 압밀된 후 급격한 재하 시의 안정해석에 사용된다.
> ㉡ 성토하중에 의해 어느 정도 압밀된 후에 갑자기 파괴가 예상되는 경우

15 흙댐에서 상류측이 가장 위험하게 되는 경우는?

① 수위가 점차 상승할 때이다.
② 댐이 수위가 중간 정도 되었을 때이다.
③ 수위가 갑자기 내려갔을 때이다.
④ 댐 내의 흐름이 정상 침투일 때이다.

> **해설** 흙댐에서 위험한 경우
>
> | 상류측 사면 | 하류측 사면 |
> | --- | --- |
> | • 시공 직후
• 수위 급강하 시 | • 시공 직후
• 정상침투 시 |

16 비중이 2.65, 간극률이 40%인 모래지반의 한계동수경사는?

① 0.99   ② 1.18
③ 1.59   ④ 1.89

정답 11. ④ 12. ④ 13. ④ 14. ③ 15. ③ 16. ①

해설 **모래지반의 한계동수경사 계산**

㉠ $e = \dfrac{n}{100-n} = \dfrac{40}{100-40} = 0.67$

㉡ $i_c = \dfrac{G_s - 1}{1+e} = \dfrac{2.65-1}{1+0.67} = 0.99$

17 그림에서 A점 흙의 강도정수가 $c' = 30\text{kN/m}^2$, $\phi' = 30°$일 때, A점에서의 전단강도는? (단, 물의 단위중량은 9.81kN/m^3이다.)

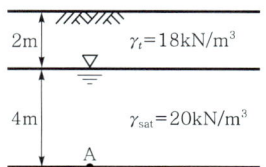

① 69.31kN/m^2
② 74.32kN/m^2
③ 96.97kN/m^2
④ 103.92kN/m^2

해설 **전단응력의 계산**

㉠ $\sigma = 18 \times 2 + 20 \times 4 = 116\text{kN/m}^2$
  $u = 9.81 \times 4 = 39.36\text{kN/m}^2$
  $\overline{\sigma} = \sigma - u = 116 - 39.36 = 76.64\text{kN/m}^2$

㉡ $\tau = c + \overline{\sigma}\tan\phi = 30 + 76.64\tan 30°$
  $\fallingdotseq 74.32\text{kN/m}^2$

18 입경가적곡선에서 가적통과율 30%에 해당하는 입경이 $D_{30} = 1.2\text{mm}$일 때, 다음 설명 중 옳은 것은?

① 균등계수를 계산하는 데 사용된다.
② 이 흙의 유효입경은 1.2mm이다.
③ 시료의 전체 무게 중에서 30%가 1.2mm보다 작은 입자이다.
④ 시료의 전체 무게 중에서 30%가 1.2mm보다 큰 입자이다.

해설 **가적통과율 30%에 해당하는 입경(D_{30})**

$D_{30} = 1.2\text{mm}$는 시료의 전체 무게 중에서 30%가 1.2mm보다 작은 입자라는 의미이다.

19 두께 5m의 점토층이 있다. 이 점토의 간극비(e)는 1.4이고 액성한계(W_l)는 50%이다. 압밀하중을 98.1kN/m^2에서 137.34kN/m^2로 증가시킬 때 예상되는 압밀침하량은? (단, 압축지수 C_c는 흐트러지지 않은 시료에 대한 Terzaghi & Peck의 경험식을 이용할 것)

① 0.11m
② 0.22m
③ 0.65m
④ 0.87m

해설 ㉠ 압축지수(C_c)
$C_c = 0.009(W_l - 10) = 0.009 \times (50 - 10)$
$= 0.36$

㉡ 압밀침하량(S_c)
$S_c = \dfrac{C_c}{1+e_1} \cdot \log\left(\dfrac{\sigma_2}{\sigma_1}\right) \cdot H$
$= \dfrac{0.36}{1+1.4} \times \left(\log\dfrac{137.34}{98.1}\right) \times 5 = 0.110\text{m}$

20 점착력(c)이 4kN/m^2, 내부마찰각(ϕ)이 30°, 흙의 단위중량(γ)이 16kN/m^3인 흙에서 인장균열이 발생하는 깊이(Z_c)는?

① 1.73m
② 1.28m
③ 0.87m
④ 0.29m

해설 **인장균열이 발생하는 깊이(Z_c, 점착고)**

주동토압강도의 크기가 0인 지점까지의 깊이를 말한다. 즉, 인장을 받아 균열이 발생하는 깊이를 점착고라 한다.

$Z_c = \dfrac{2c}{\gamma} \times \tan\left(45° + \dfrac{\phi}{2}\right)$
$= \dfrac{2 \times 4}{16}\tan\left(45° + \dfrac{30°}{2}\right)$
$= 0.87\text{m}$

정답 17. ② 18. ③ 19. ① 20. ③

2024 제2회 토목기사 기출복원문제

 2024년 5월 11일 시행

01 액성한계(LL, Liquid Limit) 40%, 소성한계(PL, Plastic Limit) 20%, 현장함수비(w) 30%인 흙의 액성지수(LI, Liquidity Index)는?

① 0　　　　　　② 0.5
③ 1.0　　　　　　④ 1.5

해설 흙의 액성지수(LI)

$$LI = \frac{w-PL}{LL-PL} = \frac{30-20}{40-20} = 0.5$$

02 포화점토의 비압밀 비배수시험에 대한 설명으로 틀린 것은?

① 시공 직후의 안정해석에 적용된다.
② 구속압력을 증대시키면 유효응력은 커진다.
③ 구속압력을 증대시킨 만큼 간극수압은 증대한다.
④ 구속압력의 크기에 관계없이 전단강도는 일정하다.

해설 포화점토에 있어서 비압밀 비배수시험의 결과 전단강도는 구속압력의 크기에 관계없이 일정하다.

03 채취된 시료의 교란 정도는 면적비를 계산하여 통상 면적비가 몇 %보다 작으면 잉여토의 혼입이 불가능한 것으로 보고 흐트러지지 않는 시료로 간주하는가?

① 10%　　　　　② 13%
③ 15%　　　　　④ 20%

해설 시료의 면적비
면적비 $A_r < 10\%$이면 불교란 시료로 취급한다.

04 다음 그림과 같은 옹벽에서 전주동토압(P_a)과 작용점의 위치(y)는 얼마인가?

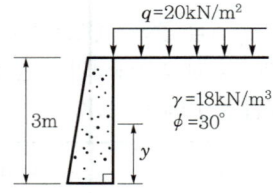

① $P_a = 37\text{kN/m}$, $y = 1.21\text{m}$
② $P_a = 47\text{kN/m}$, $y = 1.79\text{m}$
③ $P_a = 47\text{kN/m}$, $y = 1.21\text{m}$
④ $P_a = 54\text{kN/m}$, $y = 1.79\text{m}$

해설
㉠ 주동토압계수(K_a)

$$K_a = \tan^2\left(45° - \frac{\phi}{2}\right) = \tan^2\left(45° - \frac{30°}{2}\right) = \frac{1}{3}$$

㉡ 전주동토압(P_a)

$$P_a = P_{a1} + P_{a2}$$
$$= K_a \times q \times H + \frac{1}{2}K_a \times \gamma \times H^2$$
$$= \frac{1}{3} \times 20 \times 3 + \frac{1}{2} \times \frac{1}{3} \times 18 \times 3^2$$
$$= 20 + 27 = 47\text{kN/m}$$

㉢ 작용점(y)

$$y \times P_a = P_{a1} \times \frac{H}{2} + P_{a2} \times \frac{H}{3} \text{에서}$$
$$y \times 47 = 20 \times \frac{3}{2} + 27 \times \frac{3}{3} \text{이므로}$$
$$y = 1.21\text{m}$$

05 절편법에 의한 사면의 안정해석 시 가장 먼저 결정되어야 할 사항은?

① 절편의 중량
② 가상파괴 활동면
③ 활동면상의 점착력
④ 활동면상의 내부마찰각

정답 1. ②　2. ②　3. ①　4. ③　5. ②

> **해설** 절편법(분할법)
> ㉠ 파괴면 위의 흙을 수 개의 절편으로 나눈 후 각각의 절편에 대해 안정성을 계산하는 방법으로 이질토층과 지하수위가 있을 때 적용한다.
> ㉡ 사면의 안정해석 시 가상파괴 활동면을 먼저 결정하여야 한다.

06 평균 기온에 따른 동결지수가 520℃·day였다. 이 지방의 정수(C)가 4일 때 동결깊이는? (단, 데라다 공식을 이용한다.)

① 130.2cm ② 102.4cm
③ 91.2cm   ④ 22.8cm

> **해설** 데라다 공식에 의한 동결깊이의 계산
> $$Z = C\sqrt{F} = 4\sqrt{520} = 91.2\text{cm}$$

07 sand drain 공법에서 연직 방향의 압밀도 $U_v = 0.9$, 수평 방향의 압밀도 $U_h = 0.15$인 경우, 수직 및 수평 방향을 고려한 압밀도(U_{vh})는 얼마인가?

① 99.15% ② 96.85%
③ 94.5%   ④ 91.5%

> **해설** 수직·수평 방향의 평균압밀도의 계산
> $$U_{vh} = 1 - (1 - U_v) \times (1 - U_h)$$
> $$= 1 - (1 - 0.9) \times (1 - 0.15) = 0.915$$
> $$= 91.5\%$$

08 유선망에서 사용되는 용어를 설명하는 것으로 틀린 것은?

① 유선 : 흙 속에서 물 입자가 움직이는 경로
② 등수두선 : 유선에서 전수두가 같은 점을 연결한 선
③ 유선망 : 유선과 등수두선이 이루는 통로
④ 유로 : 유선과 등수두선이 이루는 통로

> **해설** 유로
> 인접한 유선 사이의 띠 모양 부분을 말한다.

09 점토광물 중에서 3층 구조로 구조결합 사이에 치환성 양이온이 있어서 활성이 크고, sheet 사이에 물이 들어가 팽창, 수축이 크며 공학적 안정성은 제일 약한 점토광물은?

① kaolinite   ② illite
③ montmorillonite ④ vermiculite

> **해설** 몬모릴로나이트(montmorillonite)
> ㉠ 2개의 실리카판과 1개의 알루미나판으로 이루어진 3층 구조로 이루어진 층들이 결합한 것이다.
> ㉡ 결합력이 매우 약해 물이 침투하면 쉽게 팽창한다.
> ㉢ 공학적 안정성이 제일 작다.

10 다음 중 다짐에 관한 사항으로 옳지 않은 것은?

① 최대 건조단위중량은 사질토에서 크고 점성토일수록 작다.
② 다짐에너지가 클수록 최적함수비는 커진다.
③ 양입도에서는 빈입도보다 최대 건조단위중량이 크다.
④ 다짐에 영향을 주는 것은 토질, 함수비, 다짐방법 및 에너지 등이다.

> **해설** 다짐에너지가 클수록 최대 건조단위중량은 커지고 최적함수비는 작아진다.

11 말뚝기초의 지반거동에 관한 설명으로 틀린 것은?

① 연약지반상에 타입되어 지반이 먼저 변형되고 그 결과 말뚝이 저항하는 말뚝을 주동말뚝이라 한다.
② 말뚝에 작용한 하중은 말뚝 주변의 마찰력과 말뚝 선단의 지지력에 의하여 주변 지반에 전달된다.
③ 기성말뚝을 타입하면 전단파괴를 일으키며 말뚝 주위의 지반은 교란된다.
④ 말뚝 타입 후 지지력의 증가 또는 감소 현상을 시간효과(time effect)라 한다.

정답 6. ③ 7. ④ 8. ④ 9. ③ 10. ② 11. ①

해설 ㉠ 주동말뚝 : 말뚝이 지표면에서 수평력을 받는 경우 말뚝이 변형함에 따라 지반이 저항하는 말뚝
㉡ 수동말뚝 : 지반이 먼저 변형하고 그 결과 말뚝이 저항하는 말뚝

12 두께 H인 점토층에 압밀하중을 가하여 요구되는 압밀도에 달할 때까지 소요되는 기간이 단면배수일 경우 400일이었다면 양면배수일 때는 며칠이 걸리겠는가?

① 800일　　② 400일
③ 200일　　④ 100일

해설 $t_1 : t_2 = H^2 : \left(\dfrac{H}{2}\right)^2$

$400 : t_2 = H^2 : \dfrac{H^2}{4}$

$\therefore t_2 = 100$일

13 다음은 전단시험을 한 응력경로이다. 어느 경우인가?

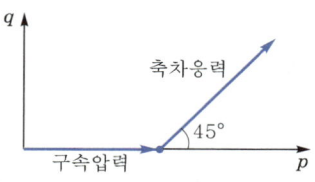

① 초기단계의 최대주응력과 최소주응력이 같은 상태에서 시행한 삼축압축시험의 전응력 경로이다.
② 초기단계의 최대주응력과 최소주응력이 같은 상태에서 시행한 일축압축시험의 전응력 경로이다.
③ 초기단계의 최대주응력과 최소주응력이 같은 상태에서 $K_0 = 0.5$인 조건에서 시행한 삼축압축시험의 전응력 경로이다.
④ 초기단계의 최대주응력과 최소주응력이 같은 상태에서 $K_0 = 0.7$인 조건에서 시행한 일축압축시험의 전응력 경로이다.

해설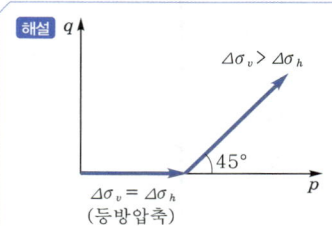
초기에 등방압축을 한 표준삼축압축시험의 전응력 경로이다.

14 다음 그림에서 각 층의 손실수두 Δh_1, Δh_2, Δh_3를 각각 구한 값으로 옳은 것은?

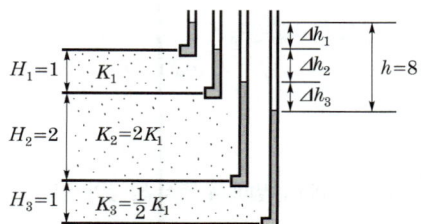

① $\Delta h_1 = 2$, $\Delta h_2 = 2$, $\Delta h_3 = 4$
② $\Delta h_1 = 2$, $\Delta h_2 = 3$, $\Delta h_3 = 3$
③ $\Delta h_1 = 2$, $\Delta h_2 = 4$, $\Delta h_3 = 2$
④ $\Delta h_1 = 2$, $\Delta h_2 = 5$, $\Delta h_3 = 1$

해설 **비균질 흙에서의 투수**
㉠ 토층이 수평 방향일 때 투수가 수직으로 일어날 경우 전체 토층을 균일 이방성 층으로 생각하므로 각 층에서의 유출속도가 같다.
$V = K_1 i_1 = K_2 i_2 = K_3 i_3$
$K_1\left(\dfrac{\Delta h_1}{1}\right) = 2K_1\left(\dfrac{\Delta h_2}{2}\right) = \dfrac{1}{2}K_1\left(\dfrac{\Delta h_3}{1}\right)$
$\therefore \Delta h_1 = \Delta h_2 = \dfrac{\Delta h_3}{2}$
㉡ $H = \Delta h_1 + \Delta h_2 + \Delta h_3 = 8$
$\therefore \Delta h_1 = 2, \Delta h_2 = 2, \Delta h_3 = 4$

15 Jaky의 정지토압계수를 구하는 공식 $K_o = 1 - \sin\phi'$이 가장 잘 성립하는 토질은?

① 과압밀점토　　② 정규압밀점토
③ 사질토　　　　④ 풍화토

[해설] 사질토의 정지토압계수(Jaky의 경험식)
$K_o = 1 - \sin\phi'$

16 다음 표의 공식은 흙 시료에 삼축압력이 작용할 때 흙 시료 내부에 발생하는 간극수압을 구하는 공식이다. 이 식에 대한 설명으로 틀린 것은?

$$\Delta u = B[\Delta\sigma_3 + A(\Delta\sigma_1 - \Delta\sigma_3)]$$

① 포화된 흙의 경우 $B=1$ 이다.
② 간극수압계수 A의 값은 삼축압축시험에서 구할 수 있다.
③ 포화된 점토에서 구속응력을 일정하게 두고 간극수압을 측정했다면, 축차응력과 간극수압으로부터 A 값을 계산할 수 있다.
④ 간극수압계수 A 값은 언제나 (+)의 값을 갖는다.

[해설] 흙 시료 내부에 발생하는 간극수압
㉠ 과압밀점토일 때 A계수는 (-)값을 가진다.
㉡ A계수의 일반적인 범위

점토의 종류	A계수
정규압밀점토	0.5~1
과압밀점토	-0.5~0

17 외경(D_w) 50.8mm, 내경(D_e) 34.9mm인 스플릿 스푼 샘플러의 면적비로 옳은 것은?

① 112% ② 106%
③ 53%   ④ 46%

[해설] 스플릿 스푼 샘플러의 면적비 계산
$A_r = \dfrac{D_w^2 - D_e^2}{D_e^2} \times 100$
$= \dfrac{50.8^2 - 34.9^2}{34.9^2} \times 100 ≒ 112\%$

18 다음 연약지반개량공법에 관한 사항 중 옳지 않은 것은?

① 샌드드레인 공법은 2차 압밀비가 높은 점토와 이탄 같은 흙에 큰 효과가 있다.
② 장기간에 걸친 배수공법은 샌드드레인이 페이퍼 드레인보다 유리하다.
③ 동압밀공법 적용 시 과잉간극수압의 소산에 의한 강도 증가가 발생한다.
④ 화학적 변화에 의한 흙의 강화공법으로는 소결공법, 전기화학적 공법 등이 있다.

[해설] 샌드드레인(sand drain) 공법은 2차 압밀비가 높은 점토와 이탄 같은 흙에는 효과가 없다.

19 다음 그림과 같은 3m×3m 크기의 정사각형 기초의 극한지지력을 Terzaghi 공식으로 구하면? (단, 내부마찰각 $\phi=20°$, 점착력 $c=50$kN/m², 지지력계수 $N_c=18$, $N_\gamma=5$, $N_q=7.5$이다.)

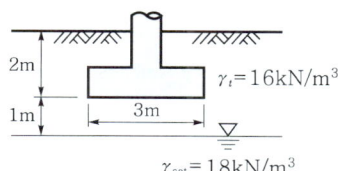

① 1315.71t/m²   ② 1419.42t/m²
③ 1517.26t/m²   ④ 1714.38t/m²

[해설] 테르자기(Terzaghi) 공식을 이용한 극한지지력 계산
㉠ $\gamma_1 = \gamma_{sub} + \dfrac{d}{B}(\gamma_t - \gamma_{sub})$
$= (18-9.8) + \dfrac{1}{3}[16-(18-9.8)]$
$= 10.8$kN/m³
㉡ 테르자기의 극한지지력
$q_u = \alpha c N_c + \beta \gamma_1 B N_\gamma + \gamma_2 D_f N_q$
$= 1.3 \times 50 \times 18 + 0.4 \times 10.8 \times 3 \times 5$
$+ 16 \times 2 \times 7.5$
$= 1474.8$kN/m²

정답 16. ④ 17. ① 18. ① 19. ②

20 다음 그림과 같은 지반의 A점에서 전응력(σ), 간극수압(u), 유효응력(σ')을 구하면? (단, 물의 단위중량은 9.8kN/m³이다.)

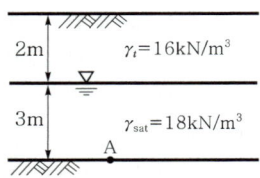

① $\sigma = 86\text{kN/m}^2$, $u = 9.8\text{kN/m}^2$, $\sigma' = 76.2\text{kN/m}^2$
② $\sigma = 86\text{kN/m}^2$, $u = 29.4\text{kN/m}^2$, $\sigma' = 56.6\text{kN/m}^2$
③ $\sigma = 100\text{kN/m}^2$, $u = 29.4\text{kN/m}^2$, $\sigma' = 70.6\text{kN/m}^2$
④ $\sigma = 100\text{kN/m}^2$, $u = 9.8\text{kN/m}^2$, $\sigma' = 90.2\text{kN/m}^2$

> **해설** 유효응력의 계산
> ㉠ 전응력 $\sigma = 16 \times 2 + 18 \times 3 = 86\text{kN/m}^2$
> ㉡ 간극수압 $u = 9.8 \times 3 = 29.4\text{kN/m}^2$
> ㉢ 유효응력
> $\sigma' = \sigma - u = 86 - 29.4 = 56.6\text{kN/m}^2$

정답 20. ②

2024 제3회 토목기사 기출복원문제

✏ 2024년 7월 6일 시행

01 흙의 공학적 분류법으로 통일분류법(USCS)과 AASHTO 분류법이 있다. 이들 분류법의 차이를 나타낸 것 중 가장 옳지 않은 것은?

① AASHTO 분류법은 조립토와 세립토의 구분을 No. 200 통과율 35%를 기준으로 한다.
② AASHTO 분류법은 유기질토의 판정이 없다.
③ 통일분류법의 소성도표에서 U선은 액성한계와 소성지수의 하한선을 나타낸다.
④ 통일분류법의 조립토에서 No. 200 통과량이 5% 미만일 때는 이중기호를 사용하지 않는다.

> **해설** 통일분류법의 소성도표
> ㉠ A선은 점토와 실트 또는 유기질 흙을 구분한다.
> ㉡ U선은 액성한계와 소성지수의 상한선을 나타낸다.
> ㉢ 액성한계 50%를 기준으로 H(고압축성), L(저압축성)을 구분한다.

02 흙 속에서의 물의 흐름 중 연직유효응력의 증가를 가져오는 것은?

① 정수압상태 ② 상향흐름
③ 하향흐름 ④ 수평흐름

> **해설** 흙 속에서의 연직유효응력의 증가
> 하향침투 시 $\bar{\sigma} = \bar{\sigma}' + F$ 이므로 유효응력이 증가한다.

03 Dunham의 공식으로, 모래의 내부마찰각(ϕ)과 관입저항값(N)과의 관계식으로 옳은 것은? (단, 토질은 입도배합이 좋고 둥근 입자이다.)

① $\phi = \sqrt{12N} + 15$ ② $\phi = \sqrt{12N} + 20$
③ $\phi = \sqrt{12N} + 25$ ④ $\phi = \sqrt{12N} + 30$

> **해설** Dunham의 공식(N값과 ϕ의 관계)
> ㉠ 흙 입자가 모나고 입도가 양호한 경우
> $\phi = \sqrt{12N} + 25$
> ㉡ 흙 입자가 모나고 입도가 불량한 경우
> $\phi = \sqrt{12N} + 20$
> ㉢ 흙 입자가 둥글고 입도가 양호한 경우
> $\phi = \sqrt{12N} + 20$
> ㉣ 흙 입자가 둥글고 입도가 불량한 경우
> $\phi = \sqrt{12N} + 15$

04 어떤 유선망에서 상하류면의 수두차가 4m, 등수두면의 수가 13개, 유로의 수가 7개일 때 단위 폭 1m당 1일 침투수량은 얼마인가? (단, 투수층의 투수계수 $K = 2.0 \times 10^{-4}$ cm/s)

① $9.62 \times 10^{-1} \text{m}^3/\text{day}$
② $8.0 \times 10^{-1} \text{m}^3/\text{day}$
③ $3.72 \times 10^{-1} \text{m}^3/\text{day}$
④ $1.83 \times 10^{-1} \text{m}^3/\text{day}$

> **해설** 침투수량 $Q = KH\dfrac{N_f}{N_d}$ 이므로
> $Q = (2.5 \times 10^{-6}) \times 4 \times \dfrac{7}{13}$
> $= 4.31 \times 10^{-6} \text{m}^3/\text{s}$
> $= 0.372 \text{m}^3/\text{day}$

05 어떤 흙에 대해서 직접전단시험을 한 결과 수직응력이 1.0MPa일 때 전단저항이 0.5MPa이었고, 또 수직응력이 2.0MPa일 때에는 전단저항이 0.8MPa이었다. 이 흙의 점착력은?

① 0.2MPa ② 0.3MPa
③ 0.8MPa ④ 1.0MPa

정답 1. ③ 2. ③ 3. ② 4. ③ 5. ①

> **[해설]** 직접전단의 저항
>
> $\tau = c + \bar{\sigma}\tan\phi$ 이므로
> ㉠ $0.5 = c + 1 \times \tan\phi$
> ㉡ $0.8 = c + 2 \times \tan\phi$
> ㉢ ㉠식×2−㉡식으로 ϕ를 소거하여 정리하면
> $c = 0.2\text{MPa}$

06 모래치환에 의한 흙의 밀도시험 결과 파낸 구멍의 부피가 1,980cm³였고 이 구멍에서 파낸 흙 무게가 3,420g이었다. 이 흙의 토질시험 결과 함수비가 10%, 비중이 2.7, 최대 건조단위중량이 1.65g/cm³였을 때 이 현장의 다짐도는?

① 약 85% ② 약 87%
③ 약 91% ④ 약 95%

> **[해설]** 토질시험 결과를 이용한 흙의 다짐도 계산
>
> ㉠ $\gamma_t = \dfrac{W}{V} = \dfrac{3420}{1980} = 1.73\text{g/cm}^3$
>
> ㉡ $\gamma_d = \dfrac{\gamma_t}{1+\dfrac{w}{100}} = \dfrac{1.73}{1+\dfrac{10}{100}} = 1.57\text{g/cm}^3$
>
> ㉢ $C_d = \dfrac{\gamma_d}{\gamma_{d\max}} \times 100 = \dfrac{1.57}{1.65} \times 100 = 95.15\%$

07 말뚝기초의 지지력에 관한 설명으로 틀린 것은?

① 부마찰력은 아래 방향으로 작용한다.
② 말뚝선단부의 지지력과 말뚝주변 마찰력의 합이 말뚝의 지지력이 된다.
③ 점성토 지반에는 동역학적 지지력 공식이 잘 맞는다.
④ 재하시험 결과를 이용하는 것이 신뢰도가 큰 편이다.

> **[해설]** 동역학적 지지력 공식
>
> ㉠ 점토지반에 부적합하다.
> ㉡ 모래, 자갈 등의 지지말뚝에 한해서 적용한다.

08 비교란 점토($\phi = 0$)에 대한 일축압축강도(q_u)가 36kN/m²이고 이 흙을 되비빔 했을 때의 일축압축강도(q_{ur})가 12kN/m²였다. 이 흙의 점착력(c_u)과 예민비(S_t)는 얼마인가?

① $c_u = 24\text{kN/m}^2$, $S_t = 0.3$
② $c_u = 24\text{kN/m}^2$, $S_t = 3.0$
③ $c_u = 18\text{kN/m}^2$, $S_t = 0.3$
④ $c_u = 18\text{kN/m}^2$, $S_t = 3.0$

> **[해설]** ㉠ 점착력(c)
>
> $q_u = 2c\tan\left(45° + \dfrac{\phi}{2}\right)$ 에서
>
> $c = \dfrac{q_u}{2\tan\left(45° + \dfrac{\phi}{2}\right)} = \dfrac{36}{2\times\tan\left(45° + \dfrac{0°}{2}\right)}$
>
> $= 18\text{kN/m}^2$
>
> ㉡ 예민비 $S_t = \dfrac{q_u}{q_{ur}} = \dfrac{36}{12} = 3$

09 그림과 같이 정수위 투수시험을 실시하였다. 30분 동안 침투한 유량이 500cm³일 때 투수계수는?

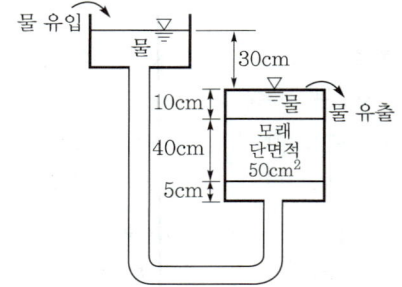

① 6.13×10^{-3} cm/s   ② 7.41×10^{-3} cm/s
③ 9.26×10^{-3} cm/s   ④ 10.02×10^{-3} cm/s

> **[해설]** 정수위 투수시험
>
> $Q = KiA = K \times \dfrac{h}{L} \times A$
>
> $\dfrac{500}{30 \times 60} = K \times \dfrac{30}{40} \times 50$
>
> $\therefore K = 7.41 \times 10^{-3}\text{cm/s}$

정답 6. ④ 7. ③ 8. ④ 9. ②

10 기초의 구비조건에 대한 설명으로 틀린 것은?

① 기초는 상부하중을 안전하게 지지해야 한다.
② 기초의 침하는 절대 없어야 한다.
③ 기초는 최소 동결깊이보다 깊은 곳에 설치해야 한다.
④ 기초는 시공이 가능하고 경제적으로 만족해야 한다.

> **해설** 기초의 구비조건
> ㉠ 최소한의 근입깊이를 가질 것(동해에 대한 안정)
> ㉡ 지지력에 대해 안정할 것
> ㉢ 침하에 대해 안정할 것(침하량이 허용값 이내에 들어야 한다.)
> ㉣ 경제적·기술적으로 시공이 가능할 것

11 표준관입시험(S.P.T) 결과 N값이 25였고, 그때 채취한 교란시료로 입도시험을 한 결과 입자가 모나고, 입도분포가 불량할 때 Dunham 공식에 의해서 구한 내부마찰각은?

① 약 32° ② 약 37°
③ 약 40° ④ 약 42°

> **해설** Dunham 공식(N값과 ϕ의 관계)
> 입도 및 입자상태 : 흙 입자가 모나고 입도가 불량, 흙 입자가 둥글고 입도가 양호한 경우
> $\phi = \sqrt{12N} + 20 = \sqrt{12 \times 25} + 20$
> $= 37.32°$

12 흙의 동해(凍害)에 관한 다음 설명 중 옳지 않은 것은?

① 동상현상은 빙층(ice lens)의 생장이 주된 원인이다.
② 사질토는 모관상승높이가 낮아서 동상이 잘 일어나지 않는다.
③ 실트는 모관상승높이가 낮아서 동상이 잘 일어나지 않는다.
④ 점토는 모관상승높이는 높지만 동상이 잘 일어나는 편은 아니다.

> **해설** 동해가 가장 심하게 발생하는 흙은 실트질 토이다.

13 현장에서 완전히 포화되었던 시료라 할지라도 시료 채취 시 기포가 형성되어 포화도가 저하될 수 있다. 이 경우 생성된 기포를 원상태로 융해시키기 위해 작용시키는 압력을 무엇이라고 하는가?

① 구속압력(confined pressure)
② 축차응력(deviator stress)
③ 배압(back pressure)
④ 선행압밀압력(preconsolidation pressure)

> **해설** 배압
> 지하수위 아래 흙을 채취하면 물속에 용해되어 있던 산소는 수압이 없어져 체적이 커지고 기포를 형성하므로 포화도는 줄어들게 되는데 이때 기포가 다시 용해되도록 바닥에 가하는 압력을 말한다.

14 sand drain의 지배영역에 관한 Barron의 정삼각형 배치에서 샌드드레인의 간격을 d, 유효원의 직경을 d_e라 할 때 d_e를 구하는 식으로 옳은 것은?

① $d_e = 1.128d$ ② $d_e = 1.028d$
③ $d_e = 1.050d$ ④ $d_e = 1.50d$

> **해설** 샌드드레인(sand drain)의 배열과 영향원 지름
> ㉠ 정삼각형 배열 : $d_e = 1.05d$
> ㉡ 정사각형 배열 : $d_e = 1.13d$

15 흙에 대한 일반적인 설명으로 틀린 것은?

① 점성토가 교란되면 전단강도가 작아진다.
② 점성토가 교란되면 투수성이 커진다.
③ 불교란시료의 일축압축강도와 교란시료의 일축압축강도와의 비를 예민비라 한다.
④ 교란된 흙이 시간경과에 따라 강도가 회복되는 현상을 틱소트로피(thixotropy) 현상이라 한다.

> **해설** 점성토가 교란될수록 투수계수, 압밀계수는 작아지므로 투수성은 작아진다.

정답 10. ② 11. ② 12. ③ 13. ③ 14. ③ 15. ②

16 그림과 같은 5m 두께의 포화점토층이 10t/m²의 상재하중에 의하여 30cm의 침하가 발생하는 경우에 압밀도는 약 $U=60\%$에 해당하는 것으로 추정되었다. 향후 몇 년이면 이 압밀도에 도달하겠는가? (단, 압밀계수 $C_v = 3.6 \times 10^{-4}$ cm/s)

	$U(\%)$	T_v
모래	40	0.126
5m 점토층	50	0.197
	60	0.287
모래	70	0.403

① 약 1.3년　　② 약 1.6년
③ 약 2.2년　　④ 약 2.4년

해설 압밀도 소요연수의 계산
$$t_{60} = \frac{0.287 H^2}{C_V} = \frac{0.287 \left(\frac{500}{2}\right)^2}{3.6 \times 10^{-4}}$$
$$= 19,826,388.89초 = 1.58년$$

17 응력경로(stress path)에 대한 설명으로 옳지 않은 것은?

① 응력경로는 특성상 전응력으로만 나타낼 수 있다.
② 응력경로란 시료가 받는 응력의 변화과정을 응력공간에 궤적으로 나타낸 것이다.
③ 응력경로는 Mohr의 응력원에서 전단응력이 최대인 점을 연결하여 구해진다.
④ 시료가 받는 응력상태에 대해 응력경로를 나타내면 직선 또는 곡선으로 나타난다.

해설 응력경로
㉠ 지반 내 임의의 요소에 작용되어 온 하중의 변화과정을 응력평면 위에 나타낸 것으로 최대전단응력을 나타내는 모어원 정점의 좌표인 (p, q)점의 궤적이 응력경로이다.
㉡ 응력경로는 전응력으로 표시하는 전응력경로와 유효응력으로 표시하는 유효응력경로로 구분된다.
㉢ 응력경로는 직선 또는 곡선으로 나타난다.

18 직경 30cm의 평판재하시험에서 작용압력이 30kN/m²일 때 평판의 침하량이 30mm였다면, 직경 3m의 실제 기초에 30kN/m²의 압력이 작용할 때의 침하량은? (단, 지반은 사질토이다.)

① 30mm　　② 99.2mm
③ 187.4mm　　④ 300mm

해설 사질토지반 기초의 침하량 계산
$$S_{(기초)} = S_{(재하판)} \times \left[\frac{2B_{(기초)}}{B_{(기초)} + B_{(재하판)}}\right]^2$$
$$= 30 \times \left[\frac{2 \times 3}{3 + 0.3}\right]^2 = 99.17 \text{mm}$$

19 다음 중 직접기초에 속하는 것은?

① 푸팅기초　　② 말뚝기초
③ 피어기초　　④ 케이슨기초

해설 얕은 기초(직접기초)의 분류
㉠ 푸팅(footing)기초(확대기초)
　• 독립 푸팅기초
　• 복합 푸팅기초
　• 캔틸레버 푸팅기초
　• 연속 푸팅기초
㉡ 전면기초(Mat기초)

20 암질을 나타내는 항목과 직접 관계가 없는 것은?

① N값　　② RQD값
③ 탄성파속도　　④ 균열의 간격

해설 N값은 지반의 연경 정도를 파악하기 위해 표준관입시험을 통하여 구해진다.

암반의 분류법
㉠ RQD 분류
㉡ RMR 분류 : 5개의 매개변수에 의해 각각 등급을 두어 암반을 분류하는 방법이다.
　• 암석의 강도
　• RQD
　• 불연속면의 간격
　• 불연속면의 상태
　• 지하수 상태

정답　16. ②　17. ①　18. ②　19. ①　20. ①

2025 제1회 토목기사 기출복원문제

2025년 2월 15일 시행

01 암질을 나타내는 항목과 직접 관계가 없는 것은?
① N값
② RQD값
③ 탄성파속도
④ 균열의 간격

> **해설** N값은 표준관입시험의 결과치로, 사질토의 전단강도나 모래의 압축성을 평가하는 데 사용된다.
>
> **RMR 분류법**
> 암석의 강도, RQD, 불연속면(균열)의 간격, 불연속면의 상태, 지하수상태 등 5개의 매개변수에 의해 각각 등급을 두어 암반을 분류하는 방법이다.

02 압밀시험에서 시간-압축량 곡선으로부터 구할 수 없는 것은?
① 압밀계수(C_v)
② 압축지수(C_c)
③ 체적변화계수(m_v)
④ 투수계수

> **해설** 압축지수(C_c)와 선행압밀하중(P_0)은 $e - \log P$ 곡선에서 구한다.
>
> **시간-압축량 곡선(시간-침하 곡선)**
> ㉠ 하중단계마다 시간-침하 곡선을 작도하여 t를 구하고 압밀계수(C_v)를 결정한다.
> ㉡ $C_v = \dfrac{K}{m_v \gamma_w}$

03 말뚝기초의 지반거동에 관한 설명으로 틀린 것은?
① 연약지반상에 타입되어 지반이 먼저 변형하고 그 결과 말뚝이 저항하는 말뚝을 주동말뚝이라 한다.
② 말뚝에 작용한 하중은 말뚝 주변의 마찰력과 말뚝 선단의 지지력에 의하여 주변 지반에 전달된다.
③ 기성말뚝을 타입하면 전단파괴를 일으키며 말뚝 주위의 지반은 교란된다.
④ 말뚝 타입 후 지지력의 증가 또는 감소 현상을 시간효과(time effect)라 한다.

> **해설** ㉠ 수동말뚝 : 지반이 먼저 변형한 뒤, 그 결과 말뚝이 저항하는 말뚝
> ㉡ 주동말뚝 : 말뚝이 지표면에서 수평력을 받는 경우 말뚝이 변형함에 따라 지반이 저항하는 말뚝

04 연약지반개량공법 중 프리로딩공법에 대한 설명으로 틀린 것은?
① 압밀침하를 미리 끝나게 하여 구조물에 잔류침하를 남기지 않게 하기 위한 공법이다.
② 도로의 성토나 항만의 방파제와 같이 구조물 자체의 일부를 상재하중으로 이용하여 개량 후 하중을 제거할 필요가 없을 때 유리하다.
③ 압밀계수가 작고 압밀토층 두께가 큰 경우에 주로 적용한다.
④ 압밀을 끝내기 위해서는 많은 시간이 소요되므로, 공사기간이 충분해야 한다.

> **해설** ① 프리로딩(pre-loading) 공법 : 성토 두께가 얇고 압밀계수가 큰 경우 적용하는 연약지반개량공법
> ② 압밀계수가 작고 두께가 두꺼운 점성토층에서는 sand drain 공법이나 paper drain 공법을 병용한다.

05 흙의 투수계수 K에 관한 설명으로 옳은 것은?
① K는 점성계수에 반비례한다.
② K는 형상계수에 반비례한다.
③ K는 간극비에 반비례한다.
④ K는 입경의 제곱에 반비례한다.

> **해설** 흙의 투수계수 $K = D_s^2 \dfrac{\gamma_w}{\eta} \dfrac{e^3}{1+e} C$ 이므로 투수계수는 입경의 제곱과 점착력에 비례하고, 점성계수에 반비례한다.

정답 1. ① 2. ② 3. ① 4. ③ 5. ①

SOIL MECHANICS FOUNDATION

06 다음 그림과 같이 $c=0$인 모래로 이루어진 무한사면이 안정을 유지(안전율 ≥ 1)하기 위한 경사각(β)의 크기로 옳은 것은? (단, 물의 단위중량은 9.81kN/m³이다.)

① $\beta \leq 7.94°$
② $\beta \leq 15.87°$
③ $\beta \leq 23.79°$
④ $\beta \leq 31.76°$

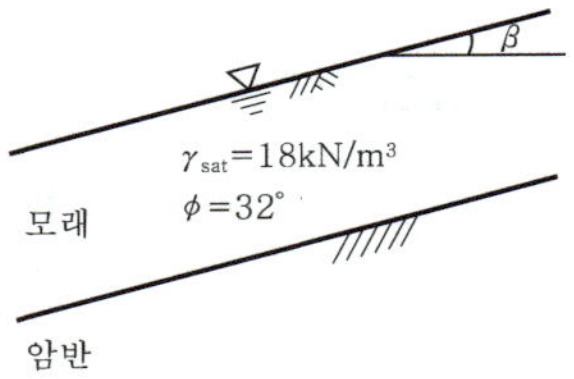

$\gamma_{sat} = 18\text{kN/m}^3$
$\phi = 32°$
모래
암반

> **해설** 반무한사면의 안전율($c=0$인 사질토, 지하수위가 지표면과 일치하는 경우)
> 안전율 $F_s = \dfrac{\gamma_{sub}}{\gamma_{sat}} \times \dfrac{\tan\phi}{\tan\beta} \geq 1$ 에서
> $F_s = \dfrac{18-9.81}{18} \times \dfrac{\tan 32°}{\tan\beta} \geq 1$ 이므로
> $\beta \leq \tan^{-1}\left(\dfrac{8.19}{18} \times \tan 32°\right)$
> $\therefore \beta \leq 15.87°$

07 도로의 평판재하 시험방법(KS F 2310)에서 시험을 끝낼 수 있는 조건이 아닌 것은?

① 재하 응력이 현장에서 예상할 수 있는 가장 큰 접지 압력의 크기를 넘으면 시험을 멈춘다.
② 재하 응력이 그 지반의 항복점을 넘을 때 시험을 멈춘다.
③ 침하가 더 이상 일어나지 않을 때 시험을 멈춘다.
④ 침하량이 15mm에 달할 때 시험을 멈춘다.

> **해설** 평판재하시험(PBT-test)을 멈추는 조건
> ㉠ 침하량이 15mm에 달할 때
> ㉡ 하중강도가 최대접지압을 넘거나, 지반의 항복점을 초과할 때

08 어느 모래층의 간극률이 35%, 비중이 2.66이다. 이 모래의 분사현상(quick sand)에 대한 한계동수경사는 얼마인가?

① 0.99
② 1.08
③ 1.16
④ 1.32

> **해설** ① 간극비(e)
> $e = \dfrac{n}{100-n} = \dfrac{35}{100-35} = 0.538$
> ② 한계동수경사(i_c)
> $i_c = \dfrac{G_s - 1}{1+e} = \dfrac{2.66-1}{1+0.538} = 1.08$

09 옹벽 배면의 지표면 경사가 수평이고, 옹벽 배면 벽체의 기울기가 연직인 벽체에서 옹벽과 뒤채움흙 사이의 벽면마찰각(δ)을 무시할 경우, Rankine 토압과 Coulomb 토압의 크기를 비교하면?

① Rankine 토압이 Coulomb 토압보다 크다.
② Coulomb 토압이 Rankine 토압보다 크다.
③ 주동토압은 Rankine 토압이 더 크고, 수동토압은 Coulomb 토압이 더 크다.
④ 항상 Rankine 토압과 Coulomb 토압의 크기는 같다.

> **해설** Coulomb 토압론은 벽면과 흙의 마찰을 고려($\delta \neq 0$)하는 이론이지만, 벽마찰각이 수평($\delta=0$)이고, 지표면이 수평($i=0$)이며 벽체 뒷면이 수직일 경우, Coulomb 토압과 Rankine 토압은 같아진다.

10 다음 중 흙의 연경도(consistency)에 대한 설명 중 옳지 않은 것은?

① 액성한계가 큰 흙은 점토분을 많이 포함하고 있다는 것을 의미한다.
② 소성한계가 큰 흙은 점토분을 많이 포함하고 있다는 것을 의미한다.
③ 액성한계나 소성지수가 큰 흙은 연약점토지반이라고 볼 수 있다.
④ 액성한계와 소성한계가 가깝다는 것은 소성이 크다는 것을 의미한다.

> **해설** ㉠ 소성지수는 액성한계와 소성한계의 차이
> $I_P = W_L - W_P$
> ㉡ 소성지수가 작을수록(액성한계와 소성한계가 가까울수록) 소성이 작다는 것을 의미한다.
> ㉢ 점토분이 많을수록 W_L, I_P가 크다.

정답 6. ② 7. ③ 8. ② 9. ④ 10. ④

11 아래의 경우 중 유효응력이 증가하는 것은?

① 땅속의 물이 정지해 있는 경우
② 땅속의 물이 아래로 흐르는 경우
③ 땅속의 물이 위로 흐르는 경우
④ 분사현상이 일어나는 경우

> 해설 땅속의 물이 아래로 흐르는 경우 침투수압만큼 유효응력이 증가한다.

12 그림에서 A점 흙의 강도정수가 $c' = 30\text{kN/m}^2$, $\phi' = 30°$일 때, A점에서의 전단강도는? (단, 물의 단위중량은 9.81kN/m^3이다.)

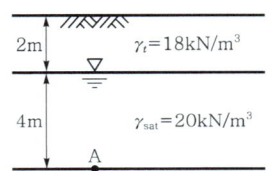

① 69.31kN/m^2
② 74.32kN/m^2
③ 96.97kN/m^2
④ 103.92kN/m^2

> 해설 ㉠ 전응력
> $\sigma = 18 \times 2 + 20 \times 4 = 116\text{kN/m}^2$
> ㉡ 간극수압
> $u = 9.81 \times 4 = 39.36\text{kN/m}^2$
> ㉢ 유효응력
> $\bar{\sigma} = \sigma - u = 116 - 39.36 = 76.64\text{kN/m}^2$
> ㉣ 전단강도 $\tau = c + \bar{\sigma}\tan\phi$에서
> $\tau = 30 + 76.64\tan 30° ≒ 74.32\text{kN/m}^2$

13 어떤 모래의 건조단위중량이 1.7t/m^3이고, 이 모래의 $\gamma_{d\max} = 1.8\text{t/m}^3$, $\gamma_{d\min} = 1.6\text{t/m}^3$라면, 상대밀도는?

① 47%
② 49%
③ 51%
④ 53%

> 해설 상대밀도 $D_r = \dfrac{\gamma_{d\max}}{\gamma_d} \times \dfrac{\gamma_d - \gamma_{d\min}}{\gamma_{d\max} - \gamma_{d\min}}$ 에서 백분율이므로 100을 곱하여 구하면,
> $D_r = \dfrac{1.8}{1.7} \times \dfrac{1.7 - 1.6}{1.8 - 1.6} \times 100 ≒ 53\%$

14 어떤 흙의 공시체에 대한 일축압축시험을 하였더니 일축압축강도가 $q_u = 294.3\text{kN/m}^2$, 파괴면의 각도 $\theta = 50°$였다. 이 흙의 점착력과 내부마찰각은 얼마인가?

① $c = 147.15\text{kN/m}^2$, $\phi = 10°$
② $c = 147.15\text{kN/m}^2$, $\phi = 5°$
③ $c = 123.47\text{kN/m}^2$, $\phi = 10°$
④ $c = 123.47\text{kN/m}^2$, $\phi = 5°$

> 해설 ① 내부마찰각(ϕ) : 최대주응력면과 파괴면이 이루는 각
> $\theta = 45° + \dfrac{\phi}{2}$ 이므로
> $\phi = 2\theta - 90° = 2 \times 50° - 90° = 10°$
> ② 점착력(C_u)
> $q_u = 2c\tan\left(45° + \dfrac{\phi}{2}\right)$에서
> $c = \dfrac{q_u}{2\tan\left(45° + \dfrac{\phi}{2}\right)} = \dfrac{294.3}{2\tan\left(45° + \dfrac{10°}{2}\right)}$
> $= 123.47\text{kN/m}^2$

15 그림과 같이 동일한 두께의 3층으로 된 수평모래층이 있을 때 토층에 수직한 방향의 평균투수계수(K_v)는?

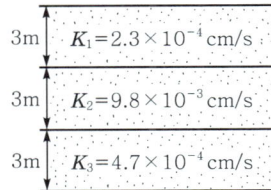

① $2.38 \times 10^{-3}\text{cm/s}$
② $3.01 \times 10^{-4}\text{cm/s}$
③ $4.56 \times 10^{-4}\text{cm/s}$
④ $5.60 \times 10^{-4}\text{cm/s}$

> 해설 **수직 방향 평균투수계수**
> $K_v = \dfrac{H}{\dfrac{h_1}{K_1} + \dfrac{h_2}{K_2} + \dfrac{h_3}{K_3}}$
> $= \dfrac{900}{\dfrac{300}{2.3 \times 10^{-4}} + \dfrac{300}{9.8 \times 10^{-3}} + \dfrac{300}{4.7 \times 10^{-4}}}$
> $≒ 4.56 \times 10^{-4}\text{cm/s}$

정답 11. ② 12. ② 13. ④ 14. ③ 15. ③

SOIL MECHANICS FOUNDATION

16 통일분류법에 의해 sp로 분류된 흙의 설명으로 옳은 것은?

① 모래질 실트를 말한다.
② 모래질 점토를 말한다.
③ 압축성이 큰 모래를 말한다.
④ 입도 분포가 나쁜 모래를 말한다.

> **해설** 통일분류법
> ㉠ 1문자 s : 모래(sand)
> ㉡ 2문자 p : 입도분포 불량, 세립분 5% 이하(poor graded)
> ㉢ sp : 입도 분포가 불량한 모래를 의미한다.

17 단위체적중량 $18kN/m^3$, 점착력 $20kN/m^2$, 내부마찰각 0°인 점토지반에 폭 2m, 근입깊이 3m의 연속기초를 설치하였다. 이 기초의 극한지지력을 Terzaghi 공식으로 구한 값은? (단, 지지력계수 $N_c=5.7$, $N_r=0$, $N_q=1.0$이다.)

① $232kN/m^2$ ② $168kN/m^2$
③ $127kN/m^2$ ④ $84kN/m^2$

> **해설** Terzaghi 공식에서 연속기초이므로
> $\alpha=1.0$, $\beta=0.5$를 적용한다.
> 극한지지력 $q_u = \alpha c N_c + \beta B \gamma_1 N_r + D_f \gamma_2 N_q$에서
> $q_u = 1 \times 20 \times 5.7 + 0 + 18 \times 3 \times 1 = 168kN/m^2$

18 기초폭 4m의 연속기초를 지표면 아래 3m 위치의 모래지반에 설치하려고 한다. 이때 표준관입 시험결과에 의한 사질지반 평균 N값이 10일 때 극한지지력은? (단, Meyerhof 공식 사용, 1t=10kN으로 계산)

① $4,200kN/m^2$ ② $2,100kN/m^2$
③ $1,050kN/m^2$ ④ $750kN/m^2$

> **해설** 사질토 지반의 지지력 공식
> $q_u = 3NB\left(1+\dfrac{D_f}{B}\right)$
> $= 3 \times 10 \times 4\left(1+\dfrac{3}{4}\right)$
> $= 210 t/m^2 = 2,100 kN/m^2$

19 모래시료에 대해서 압밀배수 삼축압축시험을 실시하였다. 초기 단계에서 구속응력(σ_3)은 $1000kN/m^2$이고, 전단파괴 시에 작용된 축차응력(σ_{df})은 $2000kN/m^2$이었다. 이와 같은 모래시료의 내부마찰각(ϕ) 및 파괴면에 작용하는 전단응력(τ_f)의 크기는 각각 얼마인가?

① $\phi=30°$, $\tau_f=1154.7kN/m^2$
② $\phi=40°$, $\tau_f=1154.7kN/m^2$
③ $\phi=30°$, $\tau_f=866.03kN/m^2$
④ $\phi=40°$, $\tau_f=866.03kN/m^2$

> **해설** ㉠ 축차응력 $\sigma_1 - \sigma_3 = 2000kN/m^2$이므로
> 최대주응력 $\sigma_1 = (\sigma_1 - \sigma_3) + \sigma_3$
> $= 2000 + 1000$
> $= 3000kN/m^2$
> ㉡ 내부마찰각 ϕ는 $\sin\phi = \dfrac{\sigma_1 - \sigma_3}{\sigma_1 + \sigma_3}$에서
> $\sin\phi = \dfrac{3000-1000}{3000+1000} = \dfrac{1}{2}$이므로 $\phi=30°$
> ㉢ 파괴면과 최대주응력면이 이루는 각
> $\theta = 45° + \dfrac{\phi}{2} = 45° + \dfrac{30°}{2} = 60°$
> ㉣ 전단응력 $\tau_f = \dfrac{\sigma_1 - \sigma_3}{2}\sin 2\theta$에서
> $\tau_f = \dfrac{3000-1000}{2} \times \sin(2 \times 60°)$
> $\fallingdotseq 866.03 kg/cm^2$

20 지표면이 수평이고 내부마찰각 30°, 단위체적중량 $20kN/m^3$, $c=0$인 흙을 높이 6m의 옹벽이 지지하고 있을 때 6m 깊이에서의 주동상태의 수평토압은?

① $40kN/m^2$ ② $20kN/m^2$
③ $36kN/m^2$ ④ $18kN/m^2$

> **해설** ㉠ 주동토압계수(K_A)
> $K_A = \dfrac{1-\sin 30°}{1+\sin 30°} = \dfrac{1}{3}$
> ㉡ 주동상태의 수평토압
> $\sigma_{ha} = K_A \cdot \gamma \cdot z = \dfrac{1}{3} \times 20 \times 6 = 40kN/m^2$

정답 16. ④ 17. ② 18. ② 19. ③ 20. ①

2025 제2회 토목기사 기출복원문제

2025년 5월 17일 시행

01 사면안정 해석방법에 대한 설명으로 틀린 것은?

① 일체법은 활동면 위에 있는 흙덩어리를 하나의 물체로 보고 해석하는 방법이다.
② 절편법은 활동면 위에 있는 흙을 몇 개의 절편으로 분할하여 해석하는 방법이다.
③ 마찰원방법은 점착력과 마찰각을 동시에 갖고 있는 균질한 지반에 적용된다.
④ 절편법은 흙이 균질하지 않아도 적용이 가능하지만, 흙속에 간극수압이 있을 경우 적용이 불가능하다.

> **해설** 절편법(분할법)
> ㉠ 절편법은 흙이 균질하지 않아도 적용이 가능하며, 흙속에 간극수압이 있을 때에도 적용이 가능하다.
> ㉡ Fellenius 방법, Bishop 방법, Spencer 방법 등이 있다.

02 흙시료 채취에 대한 설명으로 틀린 것은?

① 교란의 효과는 소성이 낮은 흙이 소성이 높은 흙보다 크다.
② 교란된 흙은 자연상태의 흙보다 압축강도가 작다.
③ 교란된 흙은 자연상태의 흙보다 전단강도가 작다.
④ 흙시료 채취 직후의 비교적 교란되지 않은 코어(core)는 부(負)의 과잉간극수압이 생긴다.

> **해설** 교란의 효과는 소성이 높은 흙이 소성이 낮은 흙보다 크다.
>
> **교란의 효과**
>
> | 일축압축시험 | 삼축압축시험 |
> |---|---|
> | • 교란된 만큼 압축강도가 작아진다.
• 교란된 만큼 파괴변형률이 커진다.
• 교란된 만큼 변형계수가 작아진다. | 교란될수록 흙입자 배열과 흙구조가 흐트러져서 교란된 만큼 내부마찰이 작아진다. |

03 단위중량(γ_t)=19kN/m³, 내부마찰각(ϕ)=30°, 정지토압계수(K_o)=0.5인 균질한 사질토 지반이 있다. 이 지반의 지표면 아래 2m 지점에 지하수위면이 있고 지하수위면 아래의 포화단위중량(γ_{sat})=20kN/m³이다. 이때 지표면 아래 4m 지점에서 지반 내 응력에 대한 설명으로 틀린 것은? (단, 물의 단위중량은 9.81kN/m³이다.)

① 연직응력(σ_v)은 80kN/m²이다.
② 간극수압(u)은 19.62kN/m²이다.
③ 유효연직응력(σ_v')은 58.38kN/m²이다.
④ 유효수평응력(σ_h')은 29.19kN/m²이다.

> **해설** ① 연직응력
> $$\sigma_v = 19 \times 2 + 20 \times 2 = 78 \text{kN/m}^2$$
> ② 간극수압
> $$u = 9.81 \times 2 = 19.62 \text{kN/m}^2$$
> ③ 유효연직응력
> $$\sigma_v' = 78 - 19.62 = 58.38 \text{kN/m}^2$$
> ④ 유효수평응력
> $$\sigma_h' = [19 \times 2 + (20 - 9.81) \times 2] \times 0.5$$
> $$= 29.19 \text{kN/m}^2$$

04 어떤 흙에 대한 일축압축시험 결과, 일축압축강도는 200kN/m², 내부마찰은 20°였다면 시료의 점착력은?

① 100kN/m² ② 280kN/m²
③ 70kN/m²   ④ 300kN/m²

> **해설** 점착력(c_u)
> $$q_u = 2c_u \tan\left(45° + \frac{\phi}{2}\right) \text{에서}$$
> $$c_u = \frac{q_u}{2\tan\left(45° + \frac{\phi}{2}\right)} = \frac{200}{2 \times \tan\left(45° + \frac{20°}{2}\right)}$$
> $$= 70 \text{kN/m}^2$$

정답 1. ④ 2. ① 3. ① 4. ③

05 흙막이 벽체의 지지 없이 굴착 가능한 한계굴착높이에 대한 설명으로 옳지 않은 것은?

① 흙의 내부마찰각이 증가할수록 한계굴착깊이는 증가한다.
② 흙의 단위중량이 증가할수록 한계굴착깊이는 증가한다.
③ 흙의 점착력이 증가할수록 한계굴착깊이는 증가한다.
④ 인장응력이 발생되는 깊이를 인장균열깊이라고 하며, 보통 한계굴착깊이는 인장균열깊이의 2배 정도이다.

> **해설** 한계고(한계굴착깊이, H_c)
> $$H_c = 2Z_c = \frac{4c\tan\left(45° + \frac{\phi}{2}\right)}{\gamma_t}$$ 이므로
> 흙의 단위중량이 증가할수록 한계고는 작아진다.

06 토립자가 둥글고 입도분포가 나쁜 모래지반에서 표준관입시험을 한 결과 N값은 10이었다. 이 모래의 내부 마찰각을 Dunham의 공식으로 구하면?

① 21°   ② 26°
③ 31°   ④ 36°

> **해설** Dunham 공식에 의한 내부마찰각(ϕ)
>
> | 입도 및 입자 상태 | 내부 마찰각 |
> |---|---|
> | 흙 입자가 모나고 입도가 양호 | $\phi = \sqrt{12N} + 25$ |
> | 흙 입자가 모나고 입도가 불량
흙 입자가 둥글고 입도가 양호 | $\phi = \sqrt{12N} + 20$ |
> | 흙 입자가 둥글고 입도가 불량 | $\phi = \sqrt{12N} + 15$ |
>
> $\phi = \sqrt{12 \times 10} + 15 ≒ 26°$

07 기초폭 4m의 연속기초를 지표면 아래 3m 위치의 모래지반에 설치하려고 한다. 이때 표준관입시험 결과에 의한 사질지반 평균 N값이 10일 때 극한지지력은? (단, Meyerhof 공식 사용, 1t=10kN)

① 4200kN/m^2 ② 2100kN/m^2
③ 1050kN/m^2 ④ 750kN/m^2

> **해설** 사질토 지반의 지지력 공식(Meyerhof 공식)
> $$\begin{aligned} q_u &= 3NB\left(1 + \frac{D_f}{B}\right) \\ &= 3 \times 10 \times 4\left(1 + \frac{3}{4}\right) \\ &= 210 \text{t/m}^2 = 2100 \text{kN/m}^2 \end{aligned}$$

08 어떤 흙의 변수위 투수시험을 한 결과 시료의 직경과 길이가 각각 5.0cm, 2.0cm이었으며, 유리관의 내경이 4.5mm, 1분 10초 동안에 수두가 40cm에서 20cm로 내렸다. 이 시료의 투수계수는?

① $4.95 \times 10^{-4} \text{cm/s}$
② $5.45 \times 10^{-4} \text{cm/s}$
③ $1.60 \times 10^{-4} \text{cm/s}$
④ $7.39 \times 10^{-4} \text{cm/s}$

> **해설** ㉠ $A = \frac{\pi \times 5^2}{4} = 19.63 \text{cm}^2$
> ㉡ $a = \frac{\pi \times 0.45^2}{4} = 0.16 \text{cm}^2$
> ㉢ 변수위 투수시험에서
> $$\begin{aligned} K &= \frac{2.3al}{At}\log\frac{h_1}{h_2} \\ &= \frac{2.3 \times 0.16 \times 2}{19.63 \times 70} \times \log\frac{40}{20} \\ &≒ 1.61 \times 10^{-4} \text{cm/s} \end{aligned}$$

09 다음 압밀도에 관한 설명으로 틀린 것은?

① 압밀도는 압밀계수에 비례한다.
② 압밀도는 압밀을 일으키는 데 요하는 시간에 비례한다.
③ 압밀도는 배수거리에 비례한다.
④ 압밀도는 배수거리의 제곱에 반비례한다.

> **해설** 압밀도는 시간계수의 함수이다.
> $$U = f(T_v) \propto \frac{C_v t}{d^2}$$
> ㉠ 압밀도는 압밀계수(C_v)에 비례한다.
> ㉡ 압밀도는 압밀시간(t)에 비례한다.
> ㉢ 압밀도는 배수거리(d)의 제곱에 반비례한다.

정답 5. ② 6. ② 7. ② 8. ③ 9. ③

10 sand drain 공법에서 sand pile을 정삼각형으로 배치할 때 모래 기둥의 간격은? (단, pile의 유효지름은 40cm이다.)

① 35cm ② 38cm
③ 42cm ④ 45cm

> 해설 pile의 유효지름 $d_e = 1.05d$에서
> $$d_e = \frac{40}{1.05} ≒ 38\text{cm}$$

11 사운딩에 대한 설명 중 틀린 것은?
① 로드 선단에 지중저항체를 설치하고 지반 내 관입, 압입, 또는 회전하거나 인발하여 그 저항치로부터 지반의 특성을 파악하는 지반조사방법이다.
② 정적 사운딩과 동적 사운딩이 있다.
③ 압입식 사운딩의 대표적인 방법은 Standard Penetration Test(SPT)이다.
④ 특수사운딩 중 측압사운딩의 공내 횡방향 재하시험은 보링공을 기계적으로 수평으로 확장시키면서 측압과 수평변위를 측정한다.

> 해설 **사운딩(sounding)**
> ① rod 선단에 설치한 저항체를 땅속에 삽입하여 관입, 회전, 인발 등의 저항치로부터 지반의 특성을 파악하는 지반조사방법이다.
> ② SPT 시험은 동적인 사운딩이다.

12 다음은 평판재하시험의 결과를 설계에 사용하기 전에 검토할 사항이다. 옳지 않은 것은?
① 토질종단을 조사하여 연약지반 여부를 조사한다.
② 지하수위는 계절적으로 변하므로 그 변동은 지지력에 관계없음을 알 수 있다.
③ 순수한 점토의 지지력은 재하판의 크기에 관계없다.
④ 순수한 모래질 흙의 지지력은 재하판의 폭에 비례한다.

> 해설 ㉠ 평판재하시험 결과 이용 시 유의사항
> • 토질종단을 알아야 한다.
> • 지하수위의 위치와 그 변동을 고려해야 한다.
> • scale effect를 고려한다.
> ㉡ 지지력은 고유한 값이 아니다.
> ㉢ 지하수위가 상승하면 지지력은 감소한다.

13 현장에서 완전히 포화되었던 시료라 할지라도 시료채취 시 기포가 형성되어 포화도가 저하될 수 있다. 이 경우 생성된 기포를 원상태로 융해시키기 위해 시료에 가하는 압력을 무엇이라고 하는가?

① 구속압력 ② 축차응력
③ 배압 ④ 선행압밀압력

> 해설 **배압(back pressure)**
> ㉠ 배압은 여러 단계로 나누어 천천히 충분한 시간을 두고 가해야 한다.
> ㉡ 지하수위 아래 흙을 채취하면 물 속에 용해되어 있던 산소는 수압이 없어져 체적이 커지고 기포를 형성하므로 포화도는 줄어들게 되는데 이때 기포가 다시 용해되도록 원상태의 압력을 바닥에 가하는 압력을 배압이라 한다.

14 크기가 30cm×30cm의 평판을 이용하여 사질토 위에서 평판재하시험을 실시하고 극한 지지력 200kN/m²를 얻었다. 크기가 1.8m×1.8m인 정사각형 기초의 총허용하중은 약 얼마인가? (단, 안전율 3을 사용)

① 220kN ② 660kN
③ 1100kN ④ 1296kN

> 해설 **정사각형 기초의 총허용하중 계산**
> ㉠ 기초의 극한지지력($q_{u(기초)}$)
> $$q_{u(기초)} = q_{u(재하판)} \cdot \frac{B_{(기초)}}{B_{(재하판)}}$$
> $$= 200 \times \frac{1.8}{0.3} = 1200\text{kN/m}^2$$
> ㉡ 허용지지력(q_a)
> $$q_a = \frac{q_u}{F_s} = \frac{1200}{3} = 400\text{kN/m}^2$$
> ㉢ 총허용하중(Q_u)
> $$Q_u = q_a A = 400 \times (1.8 \times 1.8) = 1296\text{kN}$$

정답 10. ② 11. ③ 12. ② 13. ③ 14. ④

15 점성토에 대한 압밀배수 삼축압축시험 결과를 $p-q$ diagram에 그린 결과 K_1-line의 경사각 α는 20°이고 절편 m은 340kN/m²이었다. 이 점성토의 내부마찰각(ϕ) 및 점착력(c)은?

① $\phi=21.34°$, $c=365\text{N/m}^2$
② $\phi=23.54°$, $c=343\text{N/m}^2$
③ $\phi=24.21°$, $c=347\text{N/m}^2$
④ $\phi=24.52°$, $c=352\text{N/m}^2$

> **해설** ㉠ 내부마찰각(ϕ)
> $$\phi=\sin^{-1}(\tan\alpha)=\sin^{-1}(\tan 20°)=21.34°$$
> ㉡ 점착력(c)
> $$c=\frac{m}{\cos\phi}=\frac{340}{\cos 21.34°}=365\text{N/m}^2$$

16 강도정수가 $c=0$, $\phi=40°$인 사질토 지반에서 Rankine 이론에 의한 수동토압계수는 주동토압계수의 몇 배인가?

① 4.6 ② 9.0
③ 12.3 ④ 21.1

> **해설** ㉠ 수동토압계수 $K_p=\tan^2\left(45°+\dfrac{\phi}{2}\right)$ 에서
> $$K_p=\tan^2\left(45°+\frac{40°}{2}\right)=4.599$$
> ㉡ 주동토압계수 $K_A=\tan^2\left(45°-\dfrac{\phi}{2}\right)$ 에서
> $$K_A=\tan^2\left(45°-\frac{40°}{2}\right)=0.217$$
> ㉢ $\dfrac{K_p}{K_a}=\dfrac{4.599}{0.217}=21.1$

17 다음 중 투수계수를 좌우하는 요인이 아닌 것은?

① 토립자의 크기 ② 공극의 형상과 배열
③ 포화도 ④ 토립자의 비중

> **해설** ㉠ 투수계수에 영향을 미치는 요소
> $$K=D^2\cdot\frac{\gamma_w}{\eta}\cdot\frac{e^3}{1+e}\cdot C_S$$
> ㉡ 토립자의 비중은 투수계수와 관계가 없다.

18 어떤 흙의 입도분석 결과 입경가적곡선의 기울기가 급경사를 이룬 빈입도일 때 예측할 수 있는 사항으로 틀린 것은?

① 균등계수는 작다.
② 간극비는 크다.
③ 흙을 다지기가 힘들 것이다.
④ 투수계수는 작다.

> **해설** 빈입도는 같은 크기의 흙들이 섞여 있는 경우로서 입도분포가 나쁘다.
> **빈입도(poor grading)의 특징**
> ㉠ 균등계수가 작다.
> ㉡ 공극비가 크다.
> ㉢ 다짐에 부적합하다.
> ㉣ 투수계수가 크다.
> ㉤ 침하가 크다.

19 통일분류법으로 흙을 분류할 때 사용하는 인자가 아닌 것은?

① 입도 분포 ② 아터버그 한계
③ 색, 냄새 ④ 군지수

> **해설** 흙의 공학적 분류
> ㉠ 통일분류법 : 흙의 입경을 나타내는 1문자와 입도 및 성질을 나타내는 2문자를 사용하여 흙을 분류한다.
> ㉡ AASHTO 분류법(개정 PR법) : 흙의 입도, 액성한계, 소성지수, 군지수를 사용하여 흙을 분류한다.

20 유선망의 특징에 대한 설명으로 틀린 것은?

① 균질한 흙에서 유선과 등수두선은 상호 직교한다.
② 유선 사이에서 수두감소량(head loss)은 동일하다.
③ 유선은 다른 유선과 교차하지 않는다.
④ 유선망은 경계조건을 만족하여야 한다.

> **해설** **유선망의 특징**
> ㉠ 각 유로의 침투유량은 같다.
> ㉡ 유선과 등수두선은 서로 직교한다.
> ㉢ 인접한 등수두선 간의 수두차는 모두 같다.
> ㉣ 침투속도 및 동수경사는 유선망의 폭에 반비례한다.
> ㉤ 유선망으로 되는 사각형은 정사각형이다.

정답 15. ① 16. ④ 17. ④ 18. ④ 19. ④ 20. ②

2025 제3회 토목기사 기출복원문제

2025년 8월 23일 시행

01 흙 속에서 물의 흐름에 대한 설명으로 틀린 것은?
① 투수계수는 온도에 비례하고 점성에 반비례한다.
② 불포화토는 포화토에 비해 유효응력이 작고, 투수계수가 크다.
③ 흙 속의 침투수량은 Darcy 법칙, 유선망, 침투해석 프로그램 등에 의해 구할 수 있다.
④ 흙 속에서 물이 흐를 때 분사현상이 발생한다.

> [해설] 불포화토는 포화토에 비해 유효응력이 크고, 투수계수는 작다.

02 토립자의 비중 G_s =2.65, 함수비 w =30%, 습윤밀도 γ_t =16.87kN/m³일 때 공극비 e는? (단, 물의 단위중량은 9.81kN/m³이다.)
① 0.90
② 1.00
③ 1.10
④ 1.20

> [해설] ㉠ 건조단위중량(γ_d)
> $$\gamma_d = \frac{\gamma_t}{1+\frac{w}{100}} = \frac{16.87}{1+\frac{30}{100}} = 12.98\,\text{kN/m}^3$$
> ㉡ 간극비(e)
> $$e = \frac{G_s \times \gamma_w}{\gamma_d} - 1 = \frac{2.65 \times 9.81}{12.98} - 1 = 1.00$$

03 흙의 비중이 2.60, 함수비 30%, 간극비 0.80일 때 포화도는?
① 24.0%
② 62%
③ 78.0%
④ 97.5%

> [해설] 상관식 $Se = wG_s$ 에서
> 포화도 $S = \dfrac{wG_s}{e} = \dfrac{30 \times 2.6}{0.8} = 97.5\%$

04 아래 식은 3축압축시험에서 간극수압을 측정하여 간극수압계수 A를 구하는 식이다. 이 식에 대한 설명으로 틀린 것은?

$$\Delta u = B[\Delta\sigma + A(\Delta\sigma_1 - \Delta\sigma_3)]$$

① 포화된 흙에서는 B=1이다.
② 정규압밀 점토에서는 A값이 1에 가까운 값을 나타낸다.
③ 포화된 점토에서 구속압력을 일정하게 할 경우 간극수압의 측정값과 축차응력을 알면 A값을 구할 수 있다.
④ 매우 과압밀된 점토의 A값은 언제나 (+)의 값을 가진다.

> [해설] A계수의 일반적인 범위
>
> | 점토의 종류 | A계수 |
> | --- | --- |
> | 정규압밀점토 | 0.5~1 |
> | 과압밀점토 | -0.5~0 |

05 포화된 점토지반 위에 급속하게 성토하는 제방의 안정성을 검토할 때 이용해야 할 강도정수를 구하는 시험은 무엇인가?
① CU-test
② UU-test
③ $\overline{CU}$-test
④ CD-test

> [해설] 비압밀 비배수시험(UU-test)을 사용하는 경우
> ㉠ 성토 직후 급속한 파괴가 예상되는 경우
> ㉡ 점토지반에 제방을 쌓거나 기초를 설치하는 등 급격한 재하가 발생했을 때 초기 안정해석에 사용

정답 1. ② 2. ② 3. ④ 4. ④ 5. ②

06 다음 중 흙의 연경도(consistency)에 대한 설명 중 옳지 않은 것은?

① 소성지수는 점성이 클수록 크다
② 터프니스지수는 콜로이드가 많은 흙일수록 값이 작다.
③ 액성한계시험에서 얻어지는 유동곡선의 기울기를 유동지수라 한다.
④ 액성지수와 컨시스턴시지수는 흙지반의 무르고 단단한 상태를 판정하는 데 이용된다.

> **해설** 흙의 연경도(consistency)
> ㉠ 터프니스지수는 소성지수와 유동지수의 비이다.
> ㉡ 몬모릴로나이트계 혹은 활성이 큰 콜로이드를 많이 함유한 점토는 터프니스지수가 크다.

07 다음 그림과 같은 전면기초의 단면적이 100m², 구조물의 사하중 및 활하중을 합한 총하중이 25,000kN이고 근입깊이가 2m, 근입깊이 내 흙의 단위중량이 18kN/m³이다. 이 기초에 작용하는 순압력은 얼마인가?

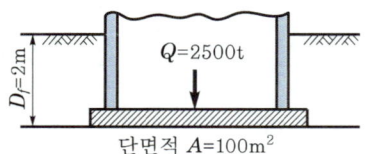

① 214kN/m² ② 250kN/m²
③ 268kN/m² ④ 286kN/m²

> **해설** 순압력(q_{net})
> $$q_{net} = \frac{Q}{A} - \gamma \times D_f$$
> $$= \frac{25000}{100} - 18 \times 2 = 214 \text{kN/m}^2$$

08 기초 폭 2m인 연속기초에서 기초면에 작용하는 합력의 연직성분이 100kN이고 편심거리가 0.2m일 때, 기초지반에 작용하는 최대 응력은 얼마인가?

① 20kN/m² ② 40kN/m²
③ 80kN/m² ④ 120kN/m²

> **해설** 편심하중을 받는 기초의 지지력
> $e = 0.2\text{m} < \frac{B}{6} = \frac{2}{6} = 0.33\text{m}$ 이므로
> $$q_{max} = \frac{Q}{BL}\left(1 + \frac{6e}{B}\right)$$
> $$= \frac{100}{2 \times 1}\left(1 + \frac{6 \times 0.2}{2}\right)$$
> $$= 80 \text{kN/m}^2$$

09 시험종류와 시험으로부터 얻을 수 있는 값의 연결이 틀린 것은?

① 비중계분석시험 – 흙의 비중(G_s)
② 삼축압축시험 – 강도정수(c, ϕ)
③ 일축압축시험 – 흙의 예민비(S_t)
④ 평판재하시험 – 지반반력계수(k_s)

> **해설** 비중계분석시험과 비중시험
> ㉠ 비중계분석시험은 세립토의 입경을 결정하는 방법이다.
> ㉡ 흙의 비중은 비중시험을 하여 얻는다.

10 다음 중 다져진 흙의 역학적 특성에 대한 설명으로 틀린 것은?

① 다짐에 의하여 간극이 작아지고 부착력이 커져서 역학적 강도 및 지지력은 증대하고, 압축성, 흡수성 및 투수성은 감소한다.
② 점토를 최적함수비보다 약간 건조측의 함수비로 다지면 면모구조를 가지게 된다.
③ 점토를 최적함수비보다 약간 습윤측에서 다지면 투수계수가 감소하게 된다.
④ 면모구조를 파괴하지 못할 정도의 작은 압력으로 점토시료를 압밀할 경우 건조측 다짐을 한 시료가 습윤측 다짐을 한 시료보다 압축성이 크게 된다.

> **해설** 다져진 흙의 역학적 특성
> 면모구조를 파괴하지 못할 정도의 작은 압력으로 점토시료를 압밀할 경우, 건조측 다짐을 한 시료가 습윤측 다짐을 한 시료보다 압축성이 작다.

정답 6. ② 7. ① 8. ③ 9. ① 10. ④

11 모래지반의 현장상태에서 습윤 단위중량을 측정한 결과 17.66kN/m³이었다. 동일한 모래를 채취하여 실내에서 측정한 결과, 가장 조밀한 상태의 간극비 $e_{min}=0.45$, 가장 느슨한 상태의 간극비 $e_{max}=0.92$를 얻었다. 현장상태의 상대밀도는 약 몇 %인가? (단, 모래의 비중 $G_s=2.7$이고, 현장상태의 함수비 $w=10\%$이고 물의 단위중량은 9.81kN/m³이다.)

① 44%   ② 57%
③ 64%   ④ 80%

해설 ㉠ 건조단위중량 $\gamma_d = \dfrac{\gamma_t}{1+\dfrac{w}{100}}$ 에서

$\gamma_d = \dfrac{17.66}{1+\dfrac{10}{100}} = 16.05\text{kN/m}^3$

㉡ $\gamma_d = \dfrac{G_s}{1+e}\gamma_w$ 에서

간극비 $e = \dfrac{G_s \cdot \gamma_w}{\gamma_d} - 1 = \dfrac{2.7 \times 9.81}{16.05} - 1$
$= 0.65$

㉢ 상대밀도 $D_r = \dfrac{e_{max}-e}{e_{max}-e_{min}} \times 100$ 에서

$D_r = \dfrac{0.92-0.65}{0.92-0.45} \times 100 = 57.45\%$

12 다음 그림에서 안전율 3을 고려하는 경우, 수두차 h를 최소 얼마로 높일 때 모래시료에 분사현상이 발생하겠는가?

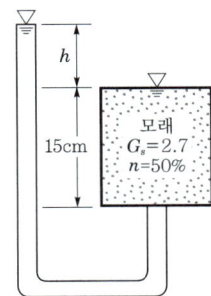

① 12.75cm   ② 9.75cm
③ 4.25cm   ④ 3.25cm

해설 수두차(h)

㉠ 간극비 $e = \dfrac{n}{100-n} = \dfrac{50}{100-50} = 1$

㉡ 분사현상 안전율

$F_s = \dfrac{i_c}{i} = \dfrac{\dfrac{G_s-1}{1+e}}{\dfrac{h}{L}}$

$= \dfrac{\dfrac{2.7-1}{1+1}}{\dfrac{h}{15}} = \dfrac{25.5}{2h} = 3$ 이므로

$h = 4.25\text{cm}$

13 점착력이 8kN/m², 내부마찰각이 30°, 단위중량 16kN/m³인 흙이 있다. 이 흙에 인장균열은 약 몇 m 깊이까지 발생할 것인가?

① 6.92m   ② 3.73m
③ 1.73m   ④ 1.00m

해설 점착고(인장균열깊이)

$Z_c = \dfrac{2c\tan\left(45° + \dfrac{\phi}{2}\right)}{\gamma_t}$

$= \dfrac{2 \times 8 \times \tan\left(45° + \dfrac{30°}{2}\right)}{16} = 1.73\text{m}$

14 두께 2m인 투수성 모래에서 동수경사가 1/10이고, 모래의 투수계수가 5×10^{-2}cm/sec일 때 이 모래층의 폭 1m에 대하여 흐르는 수량은 분당 얼마나 되는가?

① 6000cm³/min
② 600cm³/min
③ 60cm³/min
④ 6cm³/min

해설 $Q = Aki = Ak\dfrac{\Delta h}{L}$ 에서

$Q = (200 \times 100) \times (5 \times 10^{-2}) \times 60 \times \dfrac{1}{10}$
$= 6000\text{cm}^3/\text{min}$

정답 11. ② 12. ③ 13. ③ 14. ①

15 다음 중 사면안정 해석방법에 대한 설명으로 틀린 것은?

① 일체법은 활동면 위에 있는 흙덩어리를 하나의 물체로 보고 해석하는 방법이다.
② 절편법은 활동면 위에 있는 흙을 몇 개의 절편으로 분할하여 해석하는 방법이다.
③ 마찰원방법은 점착력과 마찰각을 동시에 갖고 있는 균질한 지반에 적용된다.
④ 절편법은 흙이 균질하지 않아도 적용이 가능하지만, 흙 속에 간극수압이 있을 경우 적용이 불가능하다.

> **해설** **절편법(분할법)**
> 파괴면 위의 흙을 여러 절편으로 나눈 후 각각의 절편에 대해 안정성을 계산하는 방법이다. 이질토층과 지하수위가 있을 때 적용한다.

16 얕은 기초에 대한 지지력계수 N_c, N_γ, N_q를 이루고 있는 항목은 어느 것인가?

① 내부마찰력과 점착력
② 내부마찰력과 기초 폭
③ 내부마찰력과 기초 깊이
④ 내부마찰력과 수동토압계수

> **해설** ㉠ 테르자기의 지지력공식
> $$q_u = a_c N_c + \beta \gamma_1 B N_r + \gamma_2 D_f N_q$$
> ㉡ 지지력계수는 수동토압의 함수이며, 이는 내부마찰각과의 함수이다.

17 사질토에 대해 직접 전단시험을 실시하여 다음과 같은 결과를 얻었다. 내부마찰각은 약 얼마인가?

수직응력(kN/m²)	30	60	90
최대전단응력(kN/m²)	17.3	34.6	51.9

① 25°
② 30°
③ 35°
④ 40°

> **해설** 전단강도 $\tau = c + \overline{\sigma} \tan\phi$에서 사질토의 점착력 $c=0$이므로
> $$\phi = \tan^{-1}\left(\frac{\tau}{\sigma}\right) = \tan^{-1}\left(\frac{17.3}{30}\right) = 30°$$

18 널말뚝을 모래지반에 5m 깊이로 박았을 때 상류와 하류의 수두차가 4m였다. 이때 모래지반의 포화단위중량이 19.62kN/m³이다. 현재 이 지반의 분사현상에 대한 안전율은 얼마인가? (단, 물의 단위중량은 9.81kN/m³이다.)

① 0.85
② 1.25
③ 1.85
④ 2.25

> **해설** **분사현상에 대한 안전율**
> $$F_s = \frac{i_c}{i_{ave}} = \frac{\gamma_{sub}}{\frac{h_{ave}}{D} \times \gamma_w} = \frac{\gamma_{sub}}{\frac{H}{D} \times \gamma_w} \text{에서}$$
> $$F_s = \frac{19.62 - 9.81}{\frac{4}{5} \times 9.81} = 1.25$$

19 정규압밀점토의 압밀시험에서 하중강도를 39.24kN/m²에서 78.48kN/m²로 증가시킴에 따라 간극비가 0.83에서 0.65로 감소하였다. 압축지수는 얼마인가?

① 0.3
② 0.45
③ 0.6
④ 0.75

> **해설** ㉠ 압축지수(C_c) : 압밀시험에서 $e - \log \sigma'$ 곡선의 직선부분의 기울기이다.
> ㉡ 압축지수(C_c)식
> $$C_c = \frac{e_1 - e_2}{\log \sigma_2' - \log \sigma_1'} = \frac{e_1 - e_2}{\log \frac{\sigma_2'}{\sigma_1'}}$$
> $$= \frac{0.83 - 0.65}{\log \frac{78.48}{39.24}} = 0.6$$
> ㉢ 압축지수는 압밀침하량 산정에 이용된다.

20 일반적인 기초의 필요조건으로 틀린 것은?

① 동해를 받지 않는 최소한의 근입깊이를 가져야 한다.
② 지지력에 대해 안전해야 한다.
③ 침하를 허용해서는 안 된다.
④ 사용성, 경제성이 좋아야 한다.

> **해설** **기초의 구비조건**
> ㉠ 최소한의 근입깊이를 가질 것(동해에 대한 안정)
> ㉡ 지지력에 대해 안정할 것
> ㉢ 침하에 대해 안정할 것(침하량이 허용값 이내에 들어야 한다.)
> ㉣ 시공이 가능할 것(경제적, 기술적)

정답 20. ③

CBT 실전 모의고사

01 어느 점토의 체가름 시험과 액·소성시험 결과 0.002mm(2μm) 이하의 입경이 전시료중량의 90%, 액성한계 60%, 소성한계 20%였다. 이 점토광물의 주성분은 어느 것으로 추정되는가?
① kaolinite
② illite
③ calcite
④ montmorillonite

02 다짐에 대한 다음 설명 중 옳지 않은 것은?
① 세립토의 비율이 클수록 최적함수비는 증가한다.
② 세립토의 비율이 클수록 최대 건조단위중량은 증가한다.
③ 다짐에너지가 클수록 최적함수비는 감소한다.
④ 최대 건조단위중량은 사질토에서 크고 점성토에서 작다.

03 그림과 같은 지반에서 $x-x'$ 단면에 작용하는 유효응력은? (단, 물의 단위중량은 9.81kN/m³이다.)

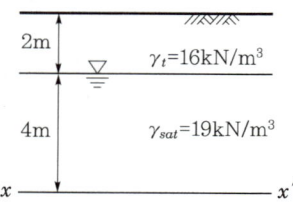

① 46.7kN/m²
② 68.8kN/m²
③ 90.5kN/m²
④ 108kN/m²

04 다음 중 사면의 안정해석 방법이 아닌 것은?
① 마찰원법
② 비숍(Bishop)의 방법
③ 펠레니우스(Fellenius)의 방법
④ 테르자기(Terzaghi)의 방법

05 통일분류법으로 흙을 분류할 때 사용하는 인자가 아닌 것은?
① 입도 분포
② 아터버그 한계
③ 색, 냄새
④ 군지수

06 중심 간격이 2m, 지름이 40cm인 말뚝을 가로 4개, 세로 5개씩 전체 20개의 말뚝을 박았다. 말뚝 한 개의 허용지지력이 150kN이라면 이 군항의 허용지지력은 약 얼마인가? (단, 군말뚝의 효율은 Converse-Labarre 공식을 사용한다.)
① 4,500kN
② 3,000kN
③ 2,415kN
④ 1,215kN

07 다음 그림과 같은 흙댐의 유선망을 작도하는 데 있어서 경계조건으로 틀린 것은?

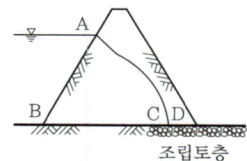

① $\overline{AB}$는 등수두선이다.
② $\overline{BC}$는 유선이다.
③ $\overline{AD}$는 유선이다.
④ $\overline{CD}$는 침윤선이다.

08 어떤 흙의 변수위 투수시험을 한 결과 시료의 직경과 길이가 각각 5.0cm, 2.0cm였으며, 유리관의 내경이 4.5mm, 1분 10초 동안에 수두가 40cm에서 20cm로 내렸다. 이 시료의 투수계수는?
① 4.95×10^{-4}cm/s
② 5.45×10^{-4}cm/s
③ 1.60×10^{-4}cm/s
④ 7.39×10^{-4}cm/s

09 다음 연약지반개량공법에 관한 사항 중 옳지 않은 것은?

① 샌드드레인 공법은 2차 압밀비가 높은 점토와 이탄 같은 흙에 큰 효과가 있다.
② 장기간에 걸친 배수공법은 샌드드레인이 페이퍼 드레인보다 유리하다.
③ 동압밀공법 적용 시 과잉간극 수압의 소산에 의한 강도 증가가 발생한다.
④ 화학적 변화에 의한 흙의 강화공법으로는 소결공법, 전기화학적 공법 등이 있다.

10 비교적 가는 모래와 실트가 물속에서 침강하여 고리모양을 이루며 작은 아치를 형성한 구조로 단립구조보다 간극비가 크고 충격과 진동에 약한 흙의 구조는?

① 봉소구조 ② 낱알구조
③ 분산구조 ④ 면모구조

11 일반적으로 기초의 필요조건과 거리가 먼 것은?

① 동해를 받지 않는 최소한의 근입깊이를 가질 것
② 지지력에 대해 안정할 것
③ 침하가 전혀 발생하지 않을 것
④ 시공성, 경제성이 좋을 것

12 강도정수가 $c=0$, $\phi=40°$인 사질토 지반에서 Rankine 이론에 의한 수동토압계수는 주동토압계수의 몇 배인가?

① 4.6 ② 9.0
③ 12.3 ④ 21.1

13 직경 30cm의 평판재하시험에서 작용압력이 30kN/m²일 때 평판의 침하량이 30mm였다면, 직경 3m의 실제 기초에 30kN/m²의 압력이 작용할 때의 침하량은? (단, 지반은 사질토이다.)

① 30mm ② 99.2mm
③ 187.4mm ④ 300mm

14 흙 입자가 둥글고 입도분포가 나쁜 모래지반에서 표준관입시험을 한 결과 N값은 10이었다. 이 모래의 내부마찰각을 Dunham의 공식으로 구하면?

① 21° ② 26°
③ 31° ④ 36°

15 흙 시료의 전단시험 중 일어나는 다일러턴시(dilatancy) 현상에 대한 설명으로 틀린 것은?

① 흙이 전단될 때 전단면 부근의 흙 입자가 재배열되면서 부피가 팽창하거나 수축하는 현상을 다일러턴시라 부른다.
② 사질토 시료는 전단 중 다일러턴시가 일어나지 않는 한계의 간극비가 존재한다.
③ 정규압밀점토의 경우 정(+)의 다일러턴시가 일어난다.
④ 느슨한 모래는 보통 부(-)의 다일러턴시가 일어난다.

16 동상 방지대책에 대한 설명으로 틀린 것은?

① 배수구 등을 설치하여 지하수위를 저하시킨다.
② 지표의 흙을 화학약품으로 처리하여 동결온도를 내린다.
③ 동결깊이보다 깊은 흙을 동결하지 않는 흙으로 치환한다.
④ 모관수의 상승을 차단하기 위해 조립의 차단층을 지하수위보다 높은 위치에 설치한다.

17 실내다짐시험 결과 최대 건조단위중량이 15.6kN/m³이고, 다짐도가 95%일 때 현장의 건조단위중량은 얼마인가?

① 13.62kN/m³ ② 14.82kN/m³
③ 16.01kN/m³ ④ 17.43kN/m³

18 표준관입시험에 대한 설명으로 틀린 것은?

① 질량 (63.5±0.5)kg인 해머를 사용한다.
② 해머의 낙하높이는 (760±10)mm이다.
③ 고정 piston 샘플러를 사용한다.
④ 샘플러를 지반에 300mm 박아 넣는 데 필요한 타격횟수를 N값이라고 한다.

19 얕은 기초에 대한 Terzaghi의 수정지지력 공식은 다음의 표와 같다. 4m×5m의 직사각형 기초를 사용할 경우 형상계수 α와 β의 값으로 옳은 것은?

$$q_u = \alpha c N_c + \beta \gamma_1 B N_\gamma + \gamma_2 D_f N_q$$

① $\alpha = 1.18$, $\beta = 0.32$
② $\alpha = 1.24$, $\beta = 0.42$
③ $\alpha = 1.28$, $\beta = 0.42$
④ $\alpha = 1.32$, $\beta = 0.38$

20 다음 그림과 같은 5m 두께의 포화점토층이 10t/m² 의 상재하중에 의하여 30cm의 침하가 발생하는 경우에 압밀도는 약 $u = 60\%$에 해당하는 것으로 추정되었다. 향후 몇 년이면 이 압밀도에 도달하겠는가? [단, 압밀계수(C_v)=3.6×10⁻⁴cm²/s]

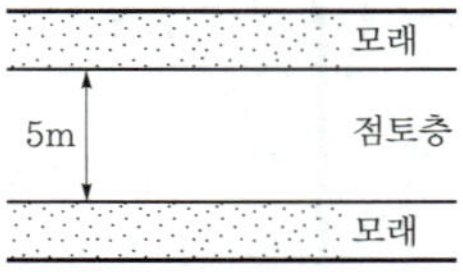

U(%)	T_v
40	0.126
50	0.197
60	0.287
70	0.403

① 약 1.3년
② 약 1.6년
③ 약 2.2년
④ 약 2.4년

CBT 실전 모의고사 정답 및 해설

01	02	03	04	05	06	07	08	09	10
①	②	②	④	④	③	④	③	①	①
11	12	13	14	15	16	17	18	19	20
③	④	②	②	③	③	②	③	②	②

01 점토광물의 주성분
㉠ 소성지수(PI, I_P)
$I_P = W_l - W_p = 60 - 20 = 40\%$
㉡ 활성도(A)
$A = \dfrac{\text{소성지수}(I_P)}{2\mu m \text{보다 작은 입자의 중량백분율}(\%)}$
$= \dfrac{40}{90} = 0.44$
㉢ 활성도에 따른 점토의 분류에서 활성도 $A = 0.44$인 점토광물은 카올리나이트이다.

02 다짐 특성
㉠ 다짐에너지가 클수록 최대 건조단위중량($\gamma_{d\max}$)은 커지고 최적함수비(w_{opt})는 작아지며, 양입도, 조립토, 급경사이다.
㉡ 다짐에너지가 작을수록 $\gamma_{d\max}$는 작아지고 w_{opt}는 커지며, 빈입도, 세립토, 완경사이다.

03 유효응력의 계산
㉠ 전응력
$\sigma = \gamma_{sat} H = 16 \times 2 + 19 \times 4 = 108 \text{kN/m}^2$
㉡ 간극수압
$u = \gamma_w h_w = 9.81 \times 4 = 39.24 \text{kN/m}^2$
㉢ 유효응력
$\bar{\sigma} = \sigma - u = 108 - 39.24 = 68.76 \text{kN/m}^2$

04 유한사면의 안정해석(원호파괴)
㉠ 질량법 : $\phi = 0$ 해석법, 마찰원법
㉡ 분할법 : 펠레니우스(Fellenius)의 방법, 비숍(Bishop)의 방법, 스펜서(Spencer)의 방법

05 흙의 공학적 분류
㉠ 통일분류법 : 흙의 입경을 나타내는 제1문자와 입도 및 성질을 나타내는 제2문자를 사용하여 흙을 분류한다.
㉡ AASHTO 분류법(개정 PR법) : 흙의 입도, 액성한계, 소성지수, 군지수를 사용하여 흙을 분류한다.

06
㉠ $\phi = \tan^{-1}\dfrac{D}{S} = \tan^{-1}\dfrac{0.4}{2} \fallingdotseq 11.31°$
㉡ 군항의 지지력 효율
$E = 1 - \dfrac{\phi}{90} \times \left[\dfrac{(m-1)n + m(n-1)}{mn}\right]$
$= 1 - \dfrac{11.31}{90} \times \left[\dfrac{(4-1)\times 5 + (5-1)\times 4}{4 \times 5}\right]$
$\fallingdotseq 0.805$
㉢ 군항의 허용지지력
$R_{ag} = ENR_a = 0.805 \times 20 \times 150 = 2,415 \text{kN}$

07 유선의 경계조건

유선	AD, BC
등수두선	AB, CD

08 투수계수의 계산
㉠ $A = \dfrac{\pi \times 5^2}{4} = 19.63 \text{cm}^2$
㉡ $a = \dfrac{\pi \times 0.45^2}{4} = 0.16 \text{cm}^2$
㉢ $K = \dfrac{2.3 al}{At} \log \dfrac{h_1}{h_2} = \dfrac{2.3 \times 0.16 \times 2}{19.63 \times 70} \times \log \dfrac{40}{20}$
$= 1.61 \times 10^{-4} \text{cm/s}$

09 샌드드레인(sand drain) 공법
㉠ 2차 압밀비가 높은 점토와 이탄 같은 흙에는 효과가 적다.
㉡ sand drain과 paper drain은 두꺼운 점성토 지반에 적합한 공법이다.

10 흙의 구조
㉠ 점토는 OMC보다 큰 함수비인 습윤측으로 다지면 입자가 서로 평행한 분산구조를 이룬다.
㉡ 점토는 OMC보다 작은 함수비인 건조측으로 다지면 입자가 엉성하게 엉기는 면모구조를 이룬다.
㉢ 봉소구조는 아주 가는 모래, 실트가 물속에 침강하여 이루어진 구조로서 아치형태로 결합되어 있으며 단립구조보다 공극이 크고 충격, 진동에 약하다.

11 일반적으로 기초의 조건으로는 침하량이 허용값 이내에 들어야 한다.

일반적인 기초의 필요조건
㉠ 동해를 받지 않는 최소한의 근입깊이를 가질 것
㉡ 지지력에 대해 안정할 것
㉢ 침하에 대해 안정할 것
㉣ 경제성이 좋을 것

12 수동토압계수와 주동토압계수
㉠ 수동토압계수
$$K_p = \tan^2\left(45° + \frac{\phi}{2}\right) = \tan^2\left(45° + \frac{40°}{2}\right) = 4.599$$
㉡ 주동토압계수
$$K_a = \tan^2\left(45° - \frac{\phi}{2}\right) = \tan^2\left(45° - \frac{40°}{2}\right) = 0.217$$
㉢ $\dfrac{K_p}{K_a} = \dfrac{4.599}{0.217} = 21.1$

13 사질토지반 기초의 침하량 계산
$$S_{(기초)} = S_{(재하판)} \times \left[\frac{2B_{(기초)}}{B_{(기초)} + B_{(재하판)}}\right]^2$$
$$= 30 \times \left[\frac{2 \times 3}{3 + 0.3}\right]^2 = 99.17\text{mm}$$

14 Dunham 공식에 의한 내부마찰각(ϕ)

입도 및 입자 상태	내부마찰각
흙 입자가 모가 나고 입도가 양호	$\phi = \sqrt{12N} + 25$
흙 입자가 모가 나고 입도가 불량 흙 입자가 둥글고 입도가 양호	$\phi = \sqrt{12N} + 20$
흙 입자가 둥글고 입도가 불량	$\phi = \sqrt{12N} + 15$

$\phi = \sqrt{12 \times 10} + 15 \fallingdotseq 26°$

15 ㉠ 느슨한 모래나 정규압밀점토에서는 (−)dilatancy에 (+)공극수압이 발생한다.
㉡ 조밀한 모래나 과압밀점토에서는 (+)dilatancy에 (−)공극수압이 발생한다.

16 동상 방지대책 중 치환공법은 동결깊이보다 상부에 있는 흙을 동결에 강한 재료인 자갈, 쇄석, 석탄재로 치환하는 공법이다.

17 다짐도 $C_d = \dfrac{\gamma_d}{\gamma_{d\max}} \times 100 = 95\%$에서
$$\gamma_d = \frac{C_d \times \gamma_{d\max}}{100} = \frac{95 \times 15.6}{100} = 14.82\text{kN/m}^3$$

18 N값
보링을 한 구멍에 스플릿 스푼 샘플러를 넣고, 처음 흐트러진 시료 15cm를 관입한 후 63.5kg의 해머로 76cm 높이에서 자유 낙하시켜 샘플러를 30cm 관입시키는 데 필요한 타격횟수를 표준관입시험값, 또는 N값이라 한다.

표준관입시험(SPT)
㉠ 샘플러 : 스플릿 스푼 샘플러
㉡ 해머무게 : 64kg
㉢ 낙하높이 : 76cm
㉣ 관입깊이 : 30cm

19 직사각형 기초
㉠ $\alpha = 1 + 0.3\dfrac{B}{L} = 1 + 0.3 \times \dfrac{4}{5} = 1.24$
㉡ $\beta = 0.5 - 0.1\dfrac{B}{L} = 0.5 - 0.1 \times \dfrac{4}{5} = 0.42$

20 압밀소요시간(t_{60})의 계산
$$t_{60} = \frac{0.287H^2}{C_v}$$
$$= \frac{0.287\left(\frac{500}{2}\right)^2}{3.6 \times 10^{-4}} = 49,826,388.89\text{초}$$
$$= \frac{49826388.89}{365 \times 24 \times 60 \times 60} = 1.58\text{년}$$

제2회 CBT 실전 모의고사

01 어떤 흙의 입도분석 결과 입경가적곡선의 기울기가 급경사를 이룬 빈입도일 때 예측할 수 있는 사항으로 틀린 것은?
① 균등계수가 작다.
② 간극비가 크다.
③ 흙을 다지기가 힘들 것이다.
④ 투수계수가 작다.

02 그림의 유선망에 대한 설명 중 틀린 것은? (단, 흙의 투수계수는 2.5×10^{-3}cm/s이다.)

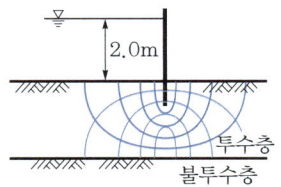

① 유선의 수=6
② 등수두선의 수=6
③ 유로의 수=5
④ 전침투유량 $Q=0.278$cm³/s

03 흙에 대한 일반적인 설명으로 틀린 것은?
① 점성토가 교란되면 전단강도가 작아진다.
② 점성토가 교란되면 투수성이 커진다.
③ 불교란시료의 일축압축강도와 교란시료의 일축압축강도와의 비를 예민비라 한다.
④ 교란된 흙이 시간경과에 따라 강도가 회복되는 현상을 틱소트로피(thixotropy) 현상이라 한다.

04 사운딩에 대한 설명 중 틀린 것은?
① 로드 선단에 지중저항체를 설치하고 지반 내 관입, 압입, 또는 회전하거나 인발하여 그 저항치로부터 지반의 특성을 파악하는 지반조사방법이다.
② 정적 사운딩과 동적 사운딩이 있다.
③ 압입식 사운딩의 대표적인 방법은 Standard Penetration Test(SPT)이다.
④ 특수사운딩 중 측압사운딩의 공내 횡방향 재하시험은 보링공을 기계적으로 수평으로 확장시키면서 측압과 수평변위를 측정한다.

05 암반층 위에 5m 두께의 토층이 경사 15°의 자연사면으로 되어 있다. 이 토층의 강도정수 $c=15$kN/m², $\phi=30°$이며, 포화단위중량(γ_{sat})은 18kN/m³이다. 지하수면이 토층의 지표면과 일치하고 침투는 경사면과 대략 평행이다. 이때 사면의 안전율은? (단, 물의 단위중량은 9.81kN/m³이다.)
① 0.85 ② 1.15
③ 1.65 ④ 2.05

06 사면안정 해석방법에 대한 설명으로 틀린 것은?
① 일체법은 활동면 위에 있는 흙덩어리를 하나의 물체로 보고 해석하는 방법이다.
② 마찰원법은 점착력과 마찰각을 동시에 갖고 있는 균질한 지반에 적용된다.
③ 절편법은 활동면 위에 있는 흙을 여러 개의 절편으로 분할하여 해석하는 방법이다.
④ 절편법은 흙이 균질하지 않아도 적용이 가능하지만, 흙 속에 간극수압이 있을 경우 적용이 불가능하다.

07 2m×2m인 정사각형 기초가 1.5m 깊이에 있다. 이 흙의 단위중량 $\gamma = 17kN/m^3$, 점착력 $c = 0$, $N_q = 22$, $N_\gamma = 19$이다. Terzaghi의 공식을 이용하여 기초의 허용하중을 구하시오. (단, 안전율은 3으로 한다.)

① 273kN ② 546kN
③ 819kN ④ 1,092kN

08 20개의 무리말뚝에 있어서 효율이 0.75이고, 단항으로 계산된 말뚝 한 개의 허용지지력이 150kN일 때 무리말뚝의 허용지지력은?

① 1,125kN ② 2,250kN
③ 3,000kN ④ 4,000kN

09 보링(boring)에 대한 설명으로 틀린 것은?

① 보링(boring)에는 회전식(rotary boring)과 충격식(percussion boring)이 있다.
② 충격식은 굴진속도가 빠르고 비용도 싸지만 분말상의 교란된 시료만 얻어진다.
③ 회전식은 시간과 공사비가 많이 들 뿐만 아니라 확실한 코어(core)도 얻을 수 없다.
④ 보링은 지반의 상황을 판단하기 위해 실시한다.

10 토질시험 결과 내부마찰각이 30°, 점착력이 $50kN/m^2$, 간극수압이 $800kN/m^2$, 파괴면에 작용하는 수직응력이 $3,000kN/m^2$일 때 이 흙의 전단응력은?

① $1,270kN/m^2$ ② $1,320kN/m^2$
③ $1,580kN/m^2$ ④ $1,950kN/m^2$

11 점토층 지반 위에 성토를 급속히 하려 한다. 성토 직후에 있어서 이 점토의 안정성을 검토하는 데 필요한 강도정수를 구하는 합리적인 시험은?

① 비압밀 비배수시험(UU-test)
② 압밀 비배수시험(CU-test)
③ 압밀 배수시험(CD-test)
④ 투수시험

12 다음의 표와 같은 조건에서 군지수는?

- 흙의 액성한계 : 49%
- 흙의 소성지수 : 25%
- 10번체 통과율 : 96%
- 40번체 통과율 : 89%
- 200번체 통과율 : 70%

① 9   ② 12
③ 15 ④ 18

13 연약지반 위에 성토를 실시한 다음, 말뚝을 시공하였다. 시공 후 발생될 수 있는 현상에 대한 설명으로 옳은 것은?

① 성토를 실시하였으므로 말뚝의 지지력은 점차 증가한다.
② 말뚝을 암반층 상단에 위치하도록 시공하였다면 말뚝의 지지력에는 변함이 없다.
③ 압밀이 진행됨에 따라 지반의 전단강도가 증가되므로 말뚝의 지지력은 점차 증가한다.
④ 압밀로 인해 부주면마찰력이 발생되므로 말뚝의 지지력은 감소된다.

14 현장 도로 토공에서 모래치환법에 의한 흙의 밀도 시험 결과 흙을 파낸 구멍의 체적과 파낸 흙의 질량은 각각 $1,800cm^3$, 3,950g이었다. 이 흙의 함수비는 11.2%이고, 흙의 비중은 2.65이다. 실내시험으로부터 구한 최대건조밀도가 $2.05g/cm^3$일 때 다짐도는?

① 92% ② 94%
③ 96% ④ 98%

15 그림에서 A점 흙의 강도정수가 $c' = 30\text{kN/m}^2$, $\phi' = 30°$일 때, A점에서의 전단강도는? (단, 물의 단위중량은 9.81kN/m^3이다.)

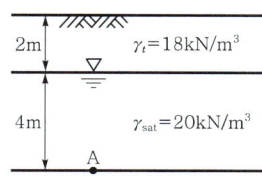

① 69.31kN/m^2 ② 74.32kN/m^2
③ 96.97kN/m^2 ④ 103.92kN/m^2

16 다음 그림과 같은 옹벽에서 전주동토압(P_a)과 작용점의 위치(y)는 얼마인가?

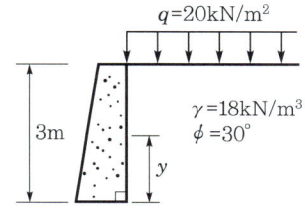

① $P_a = 37\text{kN/m}$, $y = 1.21\text{m}$
② $P_a = 47\text{kN/m}$, $y = 1.79\text{m}$
③ $P_a = 47\text{kN/m}$, $y = 1.21\text{m}$
④ $P_a = 54\text{kN/m}$, $y = 1.79\text{m}$

17 얕은 기초 아래의 접지압력 분포 및 침하량에 대한 설명으로 틀린 것은?
① 접지압력의 분포는 기초의 강성, 흙의 종류, 형태 및 깊이 등에 따라 다르다.
② 점성토 지반에 강성기초 아래의 접지압 분포는 기초의 모서리 부분이 중앙 부분보다 작다.
③ 사질토 지반에서 강성기초인 경우 중앙부분이 모서리 부분보다 큰 접지압을 나타낸다.
④ 사질토 지반에서 유연성 기초인 경우 침하량은 중심부보다 모서리 부분이 더 크다.

18 간극률이 50%, 함수비가 40%인 포화토에 있어서 지반의 분사현상에 대한 안전율이 3.5라고 할 때 이 지반에 허용되는 최대 동수경사는?
① 0.21 ② 0.51
③ 0.61 ④ 1.00

19 도로의 평판재하시험방법(KS F 2310)에서 시험을 끝낼 수 있는 조건이 아닌 것은?
① 재하 응력이 현장에서 예상할 수 있는 가장 큰 접지 압력의 크기를 넘으면 시험을 멈춘다.
② 재하 응력이 그 지반의 항복점을 넘을 때 시험을 멈춘다.
③ 침하가 더 이상 일어나지 않을 때 시험을 멈춘다.
④ 침하량이 15mm에 달할 때 시험을 멈춘다.

20 연약지반개량공법 중 프리로딩 공법에 대한 설명으로 틀린 것은?
① 압밀침하를 미리 끝나게 하여 구조물에 잔류침하를 남기지 않게 하기 위한 공법이다.
② 도로의 성토나 항만의 방파제와 같이 구조물 자체의 일부를 상재하중으로 이용하여 개량 후 하중을 제거할 필요가 없을 때 유리하다.
③ 압밀계수가 작고 압밀토층 두께가 큰 경우에 주로 적용한다.
④ 압밀을 끝내기 위해서는 많은 시간이 소요되므로, 공사기간이 충분해야 한다.

CBT 실전 모의고사 정답 및 해설

01	02	03	04	05	06	07	08	09	10
④	②	②	③	③	④	④	②	③	②
11	12	13	14	15	16	17	18	19	20
①	③	④	③	②	③	②	①	③	③

01 빈입도(poorly graded)
㉠ 같은 크기의 흙들이 섞여 있는 경우로서 입도분포가 나쁘다.
㉡ 특징
- 균등계수가 작다.
- 공극비가 크다.
- 다짐에 부적합하다.
- 투수계수가 크다.
- 침하가 크다.

02

구분	유선	유면(N_f)	등수두선	등수두면(N_d)
개수	6	5	10	9

침투유량 $Q = KH\dfrac{N_f}{N_d} = (2.5 \times 10^{-3}) \times 200 \times \dfrac{5}{9}$
$= 0.278 \text{cm}^3/\text{s}$

03
점성토가 교란될수록 투수계수, 압밀계수는 작아지므로 투수성은 작아진다.

04 사운딩(sounding)
㉠ 로드(rod) 선단에 설치한 저항체를 땅속에 삽입하여 관입, 회전, 인발 등의 저항값으로부터 지반의 특성을 파악하는 지반조사방법이다.
㉡ 표준관입시험(SPT)은 동적인 사운딩이다.

05
사질토이므로 점착력이 0이고, 지하수위가 지표면과 일치하는 반무한사면의 안전율이므로
$F_s = \dfrac{c}{\gamma_{sat} Z \cos i \sin i} + 1.5\dfrac{\gamma_{sub}}{\gamma_{sat}} \times \dfrac{\tan\phi}{\tan i}$
$= \dfrac{15}{18 \times 5 \times \cos 15° \times \sin 15°} + \dfrac{18 - 9.81}{18} \times \dfrac{\tan 30°}{\tan 15°}$
$≒ 1.65$

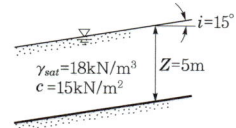

06 절편법(분할법)
파괴면 위의 흙을 수 개의 절편으로 나눈 후 각각의 절편에 대해 안정성을 계산하는 방법으로 이질토층과 지하수위가 있을 때 적용한다.

07 기초의 허용하중 계산
정사각형 기초의 형상계수 $\alpha = 1.3, \beta = 0.4$이므로
㉠ 극한지지력
$Q_u = \alpha c N_c + \beta B \gamma_1 N_\gamma + D_f \gamma_2 N_q$
$= 1.3 \times 0 \times 0 + 0.4 \times 2 \times 17 \times 19 + 1.5 \times 17 \times 22$
$= 819.4 \text{kN/m}^2$
㉡ 허용지지력
$Q_a = \dfrac{Q_u}{F_s} = \dfrac{819.4}{3} = 273.1 \text{kN/m}^2$
㉢ 허용하중
$P = Q_a \times A = 273.1 \times (2 \times 2) = 1092.4 \text{kN}$

08 무리말뚝의 허용지지력
$R_{ag} = ENR_a = 0.75 \times 20 \times 150 = 2,250 \text{kN}$

09 보링(boring)
㉠ 회전식 보링 : 거의 모든 지반에 적용되고 충격식 보링에 비해 공사비가 비싸지만 굴진성능이 우수하며 확실한 코어를 채취할 수 있다.
㉡ 오거보링 : 공 내에 송수하지 않고 굴진하여 연속적으로 흙의 교란된 대표적인 시료를 채취할 수 있다.
㉢ 충격식 보링 : 코어 채취가 불가능하다.

10 전단강도
$\tau = c' + \sigma' \times \tan\phi'$
$= 50 + (3,000 - 800) \times \tan 30°$
$≒ 1,320 \text{kN/m}^2$

11 비압밀 비배수시험(UU-test)
㉠ 포화된 점토지반 위에 급속 성토 시 시공 직후의 안정 검토
㉡ 시공 중 압밀이나 함수비의 변화가 없다고 예상되는 경우

ⓒ 점토지반에 푸팅(footing)기초 및 소규모 제방을 축조하는 경우

12 군지수의 계산

$a = P_{No.200} - 35 = 70 - 35 = 35$
$b = P_{No.200} - 15 = 70 - 15 = 55$
b는 0~40의 정수이므로 $b = 40$
$c = W_L - 40 = 49 - 40 = 9$
$d = I_P - 10 = 25 - 10 = 15$
$GI = 0.2a + 0.005ac + 0.01bd$
$\quad = 0.2 \times 35 + 0.005 \times 35 \times 9 + 0.01 \times 40 \times 15$
$\quad = 14.575 \fallingdotseq 15$

13 부마찰력(negative friction)

ⓐ 말뚝 주면에 하중 역할을 하는 아래 방향으로 작용하는 주면마찰력을 부마찰력이라 한다.
ⓑ 부마찰력이 발생하면 말뚝의 지지력은 크게 감소한다.
ⓒ 말뚝 주변 지반의 침하량이 말뚝의 침하량보다 클 때 발생한다.
ⓓ 상대변위의 속도가 클수록 부마찰력은 커진다.

14 건조밀도에 의한 다짐도의 계산

ⓐ 습윤단위중량
$\gamma_t = \dfrac{W}{V} = \dfrac{3{,}950}{1{,}800} = 2.19\,\text{g/cm}^3$

ⓑ 건조단위중량
$\gamma_d = \dfrac{\gamma_t}{1 + \dfrac{w}{100}} = \dfrac{2.19}{1 + \dfrac{11.2}{100}} = 1.97\,\text{g/cm}^3$

ⓒ 상대다짐도
$C_d = \dfrac{\gamma_d}{\gamma_{d\max}} \times 100 = \dfrac{1.97}{2.05} \times 100 = 96.1\%$

15 전단응력의 계산

ⓐ $\sigma = 18 \times 2 + 20 \times 4 = 116\,\text{kN/m}^2$
$u = 9.81 \times 4 = 39.36\,\text{kN/m}^2$
$\overline{\sigma} = \sigma - u = 116 - 39.36 = 76.64\,\text{kN/m}^2$
ⓑ $\tau = c + \overline{\sigma}\tan\phi = 30 + 76.64\tan 30°$
$\quad \fallingdotseq 74.32\,\text{kN/m}^2$

16 ⓐ 주동토압계수(K_a)

$K_a = \tan^2\left(45° - \dfrac{\phi}{2}\right) = \tan^2\left(45° - \dfrac{30°}{2}\right) = \dfrac{1}{3}$

ⓑ 전주동토압(P_a)
$P_a = P_{a1} + P_{a2} = K_a \times q \times H + \dfrac{1}{2} K_a \times \gamma \times H^2$
$\quad = \dfrac{1}{3} \times 20 \times 3 + \dfrac{1}{2} \times \dfrac{1}{3} \times 18 \times 3^2$
$\quad = 20 + 27 = 47\,\text{kN/m}$

ⓒ 작용점(y)
$y \times P_a = P_{a1} \times \dfrac{H}{2} + P_{a2} \times \dfrac{H}{3}$ 에서
$y \times 47 = 20 \times \dfrac{3}{2} + 27 \times \dfrac{3}{3}$ 이므로
$y = 1.21\,\text{m}$

17 지반종류별 강성기초의 접지압 분포

ⓐ 점토지반 접지압 분포 : 기초 모서리에서 최대 응력 발생
ⓑ 모래지반 접지압 분포 : 기초 중앙부에서 최대 응력 발생

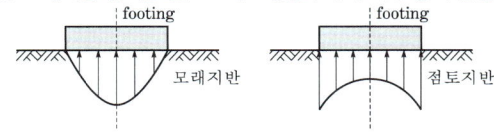

[강성기초]

18 ⓐ 간극비(e)

$e = \dfrac{n}{100 - n} = \dfrac{50}{100 - 50} = 1$

ⓑ 비중(G_s)
$G_s = \dfrac{Se}{w} = \dfrac{100 \times 1}{40} = 2.5$

ⓒ 한계동수경사(i_c)
$i_c = \dfrac{G_s - 1}{1 + e} = \dfrac{2.5 - 1}{1 + 1} = 0.75$

ⓓ 동수경사(i)
$F_s = \dfrac{i_c}{i}$ 에서
$i = \dfrac{i_c}{F_s} = \dfrac{0.75}{3.5} = 0.214$

19 평판재하시험(PBT-test)을 멈추는 조건

ⓐ 침하량이 15mm에 달할 때
ⓑ 하중강도가 최대접지압을 넘거나 또는 지반의 항복점을 초과할 때

20 프리로딩(pre-loading) 공법

ⓐ 성토의 두께가 얇고 압밀계수가 큰 경우에 적용하는 연약지반개량공법이다.
ⓑ 압밀계수가 작고 두께가 두꺼운 점성토층에서는 sand drain 공법이나 paper drain 공법을 이용한다.

01 시험종류와 시험으로부터 얻을 수 있는 값의 연결이 틀린 것은?

① 비중계분석시험 – 흙의 비중(G_s)
② 삼축압축시험 – 강도정수(c, ϕ)
③ 일축압축시험 – 흙의 예민비(S_t)
④ 평판재하시험 – 지반반력계수(k_s)

02 지표면에 설치된 2m×2m의 정사각형 기초에 100kN/m² 의 등분포하중이 작용하고 있을 때 5m 깊이에 있어서의 연직응력 증가량을 2:1 분포법으로 계산한 값은?

① 0.83kN/m²　　② 8.16kN/m²
③ 19.75kN/m²　　④ 28.57kN/m²

03 어떤 유선망에서 상하류면의 수두차가 4m, 등수두면의 수가 13개, 유로의 수가 7개일 때 단위 폭 1m당 1일 침투수량은 얼마인가? (단, 투수층의 투수계수 K = 2.0×10^{-4}cm/s)

① 9.62×10^{-1} m³/day
② 8.0×10^{-1} m³/day
③ 3.72×10^{-1} m³/day
④ 1.83×10^{-1} m³/day

04 말뚝기초에 대한 설명으로 틀린 것은?

① 군항은 전달되는 응력이 겹쳐지므로 말뚝 1개의 지지력에 말뚝 개수를 곱한 값보다 지지력이 크다.
② 동역학적 지지력 공식 중 엔지니어링 뉴스 공식의 안전율(F_s)은 6이다.
③ 부주면마찰력이 발생하면 말뚝의 지지력은 감소한다.
④ 말뚝기초는 기초의 분류에서 깊은 기초에 속한다.

05 그림과 같이 정수위 투수시험을 실시하였다. 30분 동안 침투한 유량이 500cm³일 때 투수계수는?

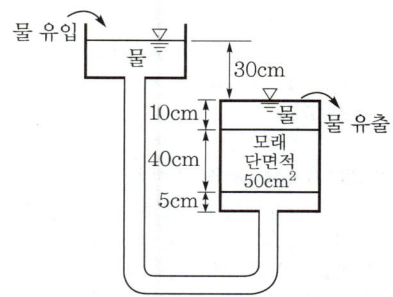

① 6.13×10^{-3}cm/s　　② 7.41×10^{-3}cm/s
③ 9.26×10^{-3}cm/s　　④ 10.02×10^{-3}cm/s

06 흙 속에서 물의 흐름에 대한 설명으로 틀린 것은?

① 투수계수는 온도에 비례하고 점성에 반비례한다.
② 불포화토는 포화토에 비해 유효응력이 작고, 투수계수가 크다.
③ 흙 속의 침투수량은 Darcy 법칙, 유선망, 침투해석 프로그램 등에 의해 구할 수 있다.
④ 흙 속에서 물이 흐를 때 분사현상이 발생한다.

07 무게 3.2kN인 드롭 해머(drop hammer)로 2m의 높이에서 말뚝을 때려 박았더니 침하량이 2cm이었다. Sander의 공식을 사용할 때 이 말뚝의 허용지지력은?

① 10kN　　② 20kN
③ 30kN　　④ 40kN

08 다음은 주요한 사운딩(sounding)의 종류를 나타낸 것이다. 이 가운데 사질토에 가장 적합하고 점성토에서도 쓰이는 조사법은?

① 더치 콘(Dutch cone) 관입시험기
② 베인 시험기(Vave tester)
③ 표준관입시험기
④ 이스키미터(Iskymeter)

09 응력경로(stress path)에 대한 설명으로 틀린 것은?

① 응력경로는 특성상 전응력으로만 나타낼 수 있다.
② 응력경로란 시료가 받는 응력의 변화과정을 응력공간에 궤적으로 나타낸 것이다.
③ 응력경로는 Mohr의 응력원에서 전단응력이 최대의 점을 연결하여 구한다.
④ 시료가 받는 응력상태에 대한 응력경로는 직선 또는 곡선으로 나타난다.

10 흙의 내부마찰각(ϕ)은 20°, 점착력(c)이 2.4t/m²이고, 단위중량(γ_t)은 1.93t/m³인 사면의 경사각이 45°일 때 임계높이는 약 얼마인가? (단, 안정수 $m = 0.06$)

① 15m   ② 18m
③ 21m   ④ 24m

11 흙의 다짐에 관한 설명 중 옳지 않은 것은?

① 조립토는 세립토보다 최적함수비가 적다.
② 최대 건조단위중량이 큰 흙일수록 최적함수비는 작은 것이 보통이다.
③ 점성토 지반을 다질 때는 진동롤러로 다지는 것이 유리하다.
④ 일반적으로 다짐에너지를 크게 할수록 최대 건조단위중량은 커지고 최적함수비는 줄어든다.

12 모래지층 사이에 두께 6m의 점토층이 있다. 이 점토의 토질 실험결과가 다음 표와 같을 때, 이 점토층의 90% 압밀을 요하는 시간은 약 얼마인가? (단, 1년은 365일로 계산)

- 간극비 : 1.5
- 압축계수(a_v) : 4×10^{-4} cm²/g
- 투수계수 $K = 3 \times 10^{-7}$ cm/s

① 52.2년   ② 12.9년
③ 5.22년   ④ 1.29년

13 토압에 대한 다음 설명 중 옳은 것은?

① 일반적으로 정지토압계수는 주동토압계수보다 작다.
② Rankine 이론에 의한 주동토압의 크기는 Coulomb 이론에 의한 값보다 작다.
③ 옹벽, 흙막이벽체, 널말뚝 중 토압분포가 삼각형 분포에 가장 가까운 것은 옹벽이다.
④ 극한주동상태는 수동상태보다 훨씬 더 큰 변위에서 발생한다.

14 다음 중 일시적인 지반개량공법에 속하는 것은?

① 동결공법
② 프리로딩공법
③ 약액주입공법
④ 모래다짐 말뚝공법

15 포화된 점토에 대한 일축압축시험에서 파괴 시 축응력이 0.2MPa일 때, 이 점토의 점착력은?

① 0.1MPa   ② 0.2MPa
③ 0.4MPa   ④ 0.6MPa

16 Mohr 응력원에 대한 설명 중 옳지 않은 것은?
① 임의 평면의 응력상태를 나타내는 데 매우 편리하다.
② σ_1과 σ_3의 차의 벡터를 반지름으로 해서 그린 원이다.
③ 한 면에 응력이 작용하는 경우 전단력이 0이면, 그 연직응력을 주응력으로 가정한다.
④ 평면기점(O_p)은 최소 주응력이 표시되는 좌표에서 최소 주응력면과 평행하게 그은 모어원과 만나는 점이다.

17 포화상태에 있는 흙의 함수비가 40%이고, 비중이 2.60이다. 이 흙의 간극비는?
① 0.65 ② 0.065
③ 1.04 ④ 1.40

18 표준관입시험(S.P.T) 결과 N값이 25이었고, 이때 채취한 교란시료로 입도시험을 한 결과 입자가 둥글고, 입도 분포가 불량할 때 Dunham의 공식으로 구한 내부마찰각(ϕ)은?
① 32.3° ② 37.3°
③ 42.3° ④ 48.3°

19 Terzaghi의 1차 압밀에 대한 설명으로 틀린 것은?
① 압밀방정식은 점토 내에 발생하는 과잉간극수압의 변화를 시간과 배수거리에 따라 나타낸 것이다.
② 압밀방정식을 풀면 압밀도를 시간계수의 함수로 나타낼 수 있다.
③ 평균압밀도는 시간에 따른 압밀침하량을 최종압밀침하량으로 나누면 구할 수 있다.
④ 압밀도는 배수거리에 비례하고, 압밀계수에 반비례한다.

20 흙의 투수계수 K에 관한 설명으로 옳은 것은?
① K는 점성계수에 반비례한다.
② K는 형상계수에 반비례한다.
③ K는 간극비에 반비례한다.
④ K는 입경의 제곱에 반비례한다.

ROUND 03회 CBT 실전 모의고사 정답 및 해설

01	02	03	04	05	06	07	08	09	10
①	②	③	①	②	②	④	③	①	③
11	12	13	14	15	16	17	18	19	20
③	④	③	①	①	②	③	①	④	①

01 비중계분석시험과 비중시험
㉠ 비중계분석시험은 세립토의 입경을 결정하는 방법이다.
㉡ 흙의 비중은 비중시험을 하여 얻는다.

02 2:1 분포법에 의한 지중응력 증가량

$$\Delta \sigma_v = \frac{BLq_s}{(B+Z)(L+Z)}$$
$$= \frac{2 \times 2 \times 100}{(2+5)(2+5)} = 8.16 \text{kN/m}^2$$

03 유선망도에 의한 침투량

침투수량 $Q = KH\dfrac{N_f}{N_d}$ 이므로

$Q = (2.0 \times 10^{-6}) \times 4 \times \dfrac{7}{13}$

$= 4.31 \times 10^{-6} \text{m}^3/\text{s} = 0.372 \text{m}^3/\text{day}$

04 군항의 허용지지력(q_{ag})

$q_{ag} = ENq_a$
군항의 허용지지력은 효율이 고려되므로 말뚝 1개의 지지력을 말뚝 수로 곱한 값보다 지지력이 작다.

05 정수위 투수시험

$Q = KiA = K \times \dfrac{h}{L} \times A$

$\dfrac{500}{30 \times 60} = K \times \dfrac{30}{40} \times 50$

$\therefore K = 7.41 \times 10^{-3} \text{cm/s}$

06
불포화토는 포화토에 비해 유효응력이 크고, 투수계수는 작다.

07 Sander의 허용지지력 계산

$Q_a = \dfrac{Wh}{8S} = \dfrac{3.2 \times 200}{8 \times 2} = 40 \text{kN}$

08 사운딩(sounding)의 종류

정적 사운딩	동적 사운딩
• 단관 원추관입시험 • 화란식 원추관입시험 • 베인시험 • 이스키미터	• 동적 원추관입시험 • 표준관입시험(SPT)

09 응력경로
㉠ 지반 내 임의의 요소에 작용되어 온 하중의 변화과정을 응력평면 위에 나타낸 것으로, 최대전단응력을 나타내는 모어원 정점의 좌표인 (p, q)점의 궤적이 응력경로이다.
㉡ 응력경로는 전응력으로 표시하는 전응력경로와 유효응력으로 표시하는 유효응력경로로 구분된다.
㉢ 응력경로는 직선 또는 곡선으로 나타낸다.

10
㉠ 안정계수 $N_s = \dfrac{1}{m} = \dfrac{1}{0.06}$
㉡ 임계높이(한계고)

$H_c = \dfrac{N_s \times c}{\gamma_t} = \dfrac{\dfrac{1}{0.06} \times 2.4}{1.93} ≒ 20.73 \text{m}$

11 현장다짐기계
㉠ 사질토지반 : 진동 또는 충격에 의한 다짐으로 진동롤러 사용
㉡ 점성토지반 : 압력 또는 전압력에 의한 다짐으로 sheeps foot roller, 탬핑롤러 사용

12 압밀소요시간의 계산
㉠ 압밀시험에 의한 투수계수

$K = C_v m_v \gamma_w = C_v \dfrac{a_v}{1+e_1} \gamma_w$ 에서

압밀계수
$C_v = \dfrac{K(1+e_1)}{a_v \times \gamma_w} = \dfrac{3 \times 10^{-7} \times (1+1.5)}{4 \times 10^{-4} \times 1}$

$= 1.875 \times 10^{-3} \text{cm}^2/\text{s}$

㉡ 압밀소요시간 $t_{90} = \dfrac{0.848H^2}{C_v}$ 에서

   $$t_{90} = \dfrac{0.848 \times \left(\dfrac{600}{2}\right)^2}{1.875 \times 10^{-3}} = 40,704,000s$$
   $$= 40,704,000 \div (365 \times 24 \times 60 \times 60)$$
   $$= 1.29년$$

13 토압의 특성
   ㉠ 수동토압계수(K_p) > 정지토압계수(K_o) > 주동토압계수(K_a)
   ㉡ Rankine 토압론에 의한 주동토압은 과대, 수동토압은 과소평가된다.
   ㉢ Coulomb 토압론에 의한 주동토압은 실제와 근접하나, 수동토압은 상당히 크게 나타난다.
   ㉣ 주동변위량은 수동변위량보다 작다.

14 일시적 지반 개량공법
   ㉠ well point 공법
   ㉡ deep well 공법
   ㉢ 대기압 공법(진공압밀공법)
   ㉣ 동결공법

15 일축압축강도 $q_u = 2c\tan\left(45° + \dfrac{\phi}{2}\right) = 2c\tan\theta$ 에서
   $$c = \dfrac{q_u}{2\tan\left(45° + \dfrac{0}{2}°\right)\theta} = \dfrac{0.2}{2 \times \tan 45°} = 0.1\text{MPa}$$

16 Mohr 응력원은 최대주응력과 최소주응력의 차이($\sigma_1 - \sigma_3$)의 벡터를 지름으로 해서 그린 원이다.

17 포화도 $Se = wG_s$ 에서
   $$e = \dfrac{wG_s}{S} = \dfrac{40 \times 2.6}{100} = 1.04$$

18 Dunham의 공식
   ㉠ Dunham 공식에 의한 내부마찰각(ϕ)

입도 및 입자 상태	내부마찰각
흙 입자가 모가 나고 입도가 양호	$\phi = \sqrt{12N} + 25$
흙 입자가 모가 나고 입도가 불량 흙 입자가 둥글고 입도가 양호	$\phi = \sqrt{12N} + 20$
흙 입자가 둥글고 입도가 불량	$\phi = \sqrt{12N} + 15$

   ㉡ 문제에서 흙 입자가 둥글고 입도분포가 불량한 경우이므로
   $\phi = \sqrt{12N} + 15 = \sqrt{12 \times 25} + 15 ≒ 32.32°$

19 압밀도와 시간계수의 함수
   $$U = f(T_v) \propto \dfrac{C_v t}{d^2}$$
   ㉠ 압밀도는 압밀계수(C_v)에 비례한다.
   ㉡ 압밀도는 압밀시간(t)에 비례한다.
   ㉢ 압밀도는 배수거리(d)의 제곱에 반비례한다.

20 흙의 투수계수
   $$K = D_s^2 \dfrac{\gamma_w}{\mu} \dfrac{e^3}{1+e} c$$
   ㉠ K는 점성계수에 반비례한다.
   ㉡ K는 형상계수와 무관하다.
   ㉢ K는 간극비에 비례한다.
   ㉣ K는 입경의 제곱에 비례한다.

건설재해 예방을 위한
건설기술인의 필독서!

그림으로 보는 건설현장의 안전관리

감수 이준수, 글·그림 이병수
297×210 / 516쪽 / 4도 / 49,000원

📖 이 책의 특징

최근 중대재해처벌법의 시행으로 건설현장에서의 안전관리에 대한 관심이 사회적으로 고조되고 있고, 또한 점점 대형화·다양화되고 있는 건설업의 특성상 이를 관리하는 건설기술인들이 다양한 공사와 공종을 모두 경험해 보기란 쉬운 일이 아니다.

이 책은 건축공사, 전기공사, 기계설비작업, 해체공사, 조경공사, 토목공사 등 전 공종이 총망라되어 있고, 공사에 투입되는 자재, 장비의 종류, 시공방법 등을 쉽게 이해할 수 있도록 입체적인 그림으로 표현하였으며, 각종 재해를 예방할 수 있도록 위험요인 및 대책이 제시되어 있어 현장소장, 관리감독자, 안전담당자의 교육교재로 활용할 수 있다.

쇼핑몰 QR코드 ▶ 다양한 전문서적을 빠르고 신속하게 만나실 수 있습니다.
경기도 파주시 문발로 112번지 파주 출판 문화도시   TEL. 031)950-6300   FAX. 031)955-0510

BM (주)도서출판 성안당

[저자 소개]

이진녕

- 건국대학교 토목공학과 공학박사
- 측량및지형공간정보기술사
- 현) ㈜동광지엔티 이사
- 현) 명지전문대학 지적과 겸임교수
  신구대학교 지적공간정보학과 겸임교수
  서울과학기술대학교 등 출강
- 전) 도화종합기술공사 단지설계부 과장
- 전) 삼보기술단 도로사업본부 이사
- 전) 신한항업 업무부 이사

[저서]
- 원샷!원킬 측량학(성안당, 2026)
- 공간정보학(구미서관, 2024)
- 기본측량학(구미서관, 2022)
- 지적측량 공무원 기출 총정리(구미서관, 2020)
- 알기 쉽게 풀어쓴 지적기사/지적산업기사[필기](에듀피디, 2022)
- 지적기사 기출문제로 끝내기[필기](에듀피디, 2022)
- 동영상과 함께하는 토목 CAD(예문사, 2008)

토목기사 필기 완벽 대비
원샷!원킬! 토목기사시리즈 ❺ 토질 및 기초

2025. 1. 15. 초 판 1쇄 발행
2026. 1. 7. 개정증보 1판 1쇄 발행

지은이 | 이진녕
펴낸이 | 이종춘
펴낸곳 | BM ㈜도서출판 성안당

주소 | 04032 서울시 마포구 양화로 127 첨단빌딩 3층(출판기획 R&D 센터)
     | 10881 경기도 파주시 문발로 112 파주 출판 문화도시(제작 및 물류)
전화 | 02) 3142-0036
     | 031) 950-6300
팩스 | 031) 955-0510
등록 | 1973. 2. 1. 제406-2005-000046호
출판사 홈페이지 | www.cyber.co.kr
ISBN | 978-89-315-1225-0 (13530)
정가 | 25,000원

이 책을 만든 사람들
기획 | 최옥현
진행 | 이희영
전산편집 | 이다혜
표지 디자인 | 박현정
홍보 | 김계향, 임진성, 김주승, 최정민, 이해솜
국제부 | 이선민, 조혜란
마케팅 | 구본철, 차정욱, 오영일, 나진호, 강호묵
마케팅 지원 | 장상범
제작 | 김유석

이 책의 어느 부분도 저작권자나 BM ㈜도서출판 **성안당** 발행인의 승인 문서 없이 일부 또는 전부를 사진 복사나 디스크 복사 및 기타 정보 재생 시스템을 비롯하여 현재 알려지거나 향후 발명될 어떤 전기적, 기계적 또는 다른 수단을 통해 복사하거나 재생하거나 이용할 수 없음.

※ 잘못된 책은 바꾸어 드립니다.